动物临床医学

宋玉伟　冯东亚　李进萍　主编

中国农业科学技术出版社

图书在版编目(CIP)数据

动物临床医学 / 宋玉伟，冯东亚，李进萍主编 . —北京：中国农业科学技术出版社，2016.10
ISBN 978-7-5116-2777-3

Ⅰ . ①动… Ⅱ . ①宋… ②冯… ③李… Ⅲ . ①兽医学—临床医学 Ⅳ . ① S8548

中国版本图书馆 CIP 数据核字（2016）第 238564 号

责任编辑 范　潇
责任校对 贾海霞

出 版 者 中国农业科学技术出版社
北京市中关村南大街 12 号　邮编：100081
电　　话（010）82106625（编辑室）（010）82109702（发行部）
（010）82109709（读者服务部）
传　　真（010）82106625
网　　址 http：//www.castp.cn
经 销 者 各地新华书店
印 刷 者 北京富泰印刷有限责任公司
开　　本 787mm × 1 092mm 1 /16
印　　张 32
字　　数 799 千字
版　　次 2016 年 10 月第 1 版　2016 年 10 月第 1 次印刷
定　　价 68.00 元

编写人员分工和编者

参加本书编写的人员分工如下：宋玉伟负责第一篇、第三篇、第四篇、第五篇、第七篇，冯东亚负责第六篇三十三章（1、2、3、4、5、6、7节），李进萍负责第六篇三十四章、三十五章，方春芳负责第二篇十一章、十三章，陈卫香负责第二篇九章、十四章，邢艳艳负责第二篇十五章，田丽伟负责第二篇十章、十二章、第六篇三十七章，晏利娜负责第六篇三十三章（8、9节）、三十六章，韩秀丽负责第二篇八章。

主　编　宋玉伟　冯东亚　李进萍

副主编　方春芳　陈卫香　邢艳艳

编　者　陈卫香　冯东亚　方春芳　李进萍　宋玉伟　田丽伟
邢艳艳　晏利娜　韩秀丽

前　言

近年来，动物临床技术发展很快。为了适应动物临床科学发展的需要，进一步普及动物临床知识，使广大从业人员全面、系统地掌握动物临床技术，我们组织编写了这部《动物临床医学》。这本著作可作为从事本专业工作的广大畜牧兽医工作者的参考用书，也可作为动物医学类专业的本科和大专辅助教材。

本书遵循“全面、系统、实用、创新”的方针，对庞大的动物科学知识体系进行了精心的筛选，汇集了动物临床知识的精华；与生产实际紧密结合，介绍了动物临床新技术、新方法。本书内容包括动物临床诊断技术、动物内科疾病、动物外产科以及动物传染病和动物寄生虫病等。本书突出学科特点和重点，注重理论与生产实践的结合，特别重视培养学员的实际操作技能。著作编写形式上注重多样化，图文并茂，力求起到激发兴趣、拓展思路、培养能力的作用。

本书共七篇，第一篇动物临床诊断技术，主要论述动物临床的基本方法和程序，一般检查方法及各个系统的检查。第二篇动物内科疾病，主要论述消化系统、呼吸系统、心血管系统、泌尿系统、营养代谢以及皮肤中毒等疾病。第三篇动物外科手术主要论述手术基本操作技术和常见外科手术。第四篇动物外科疾病，主要论述损伤、外科感染、风湿病、头颈部疾病、疝、泌尿生殖器官疾病和四肢疾病等。第五篇动物产科疾病，主要论述怀孕期疾病、分娩期疾病、常见难产及助产方法、产后期疾病以及卵巢乳腺和新生仔畜疾病等。第六篇动物传染病，主要论述动物共患传染病和猪、牛、羊、禽、兔等各种动物的传染病。第七篇动物寄生虫病，主要论述吸虫病、绦虫病、鞭毛虫病、孢子虫病和纤毛虫病等。

本书插图多引自公开出版的图书，限于篇幅，未逐一加注，在此谨向原作者表示谢意！

由于编者水平有限，编写时间仓促，错误和不当之处在所难免，恳请广大读者提出批评和建议，以便再版时修改。

编者

2016 年 3 月

绪　论

我国的兽医科学有悠久的历史，古代的一些兽医科学著作有隋朝的《伯乐医马经》，唐朝的《司牧安骥集》，元朝的《痊骥通玄论》，明代的《元享疗马集》。以及一批兽医针灸及中药方面的专著，直至今日仍是珍贵的医药遗产。

新中国成立后，我国的畜牧兽医事业突飞猛进，各地成立了畜牧兽医机构，大力开展畜牧兽医科学教育，建立畜牧兽医研究部门和兽医生物药品制造厂，因而一些家畜传染病和寄生虫病已得到了一定程度的控制，在这种情况下，家畜的临床病普遍发生于各种家畜，影响家畜的生产性能，降低由肉、奶、蛋、动物性油脂，皮毛等畜产品的质量，引起家畜的不孕，流产甚至死亡。因此，学好动物临床学，掌握诊断、治疗和预防知识，对于保护动物的健康，增强动物体质，促进农牧业生产发展，有着极其重要的现实意义。

动物临床医学是研究动物临床诊断的方法，内科疾病的病因、发病机制、病理解剖变化、临床症状、治疗方法，常见外科及产科疾病的发生特点、预防措施，动物传染病、寄生虫病的病原体传播途径、诊断要点、预防和治疗的方法等。这是一门多学科综合运用的复杂学科，具有理论性强、实用性高的特点。这门学科对动物临床实践具有直接的指导意义。

动物临床诊断学是以各种家畜为对象，从临床实践的角度，去研究其疾病的诊断方法和理论的科学，其内容概括起来包括二个方面：其一研究检查病畜的临床检查法、实验室检查法和特殊检查法，以及这些检查法所根据的科学原理，从而为检查病畜认识疾病提供必备的主要特征，产生原理。二是研究建立诊断的原则、步骤及方法，以作为本课程的最后概括和总结。动物临床诊断学是人类在畜禽疾病作斗争的长期过程中，逐步发展而来的一门应用学科。我国兽医发展史中，逐步形成了以望、闻、问、切四诊法为基础的临床诊断体系，特别在观外形、看口色、切脉等方面都有独特的研究和成就。18 世纪初，发明了体温计，叩诊和听诊法逐步得到临床应用。19 世纪中叶，开始应用了细菌、血液学诊断方法，X 线的发现及其在医学上的应用，使诊断学的发展进入了一个新的阶段。其后生化检验法、心电图描记法及超声波诊断法的应用等，使临床诊断学又向现代方面前进了一步。

家畜内科学是以研究家畜内脏器官非传染性疾病的发生发展规律和防治措施为主要内容的学科，它包括对每个疾病的病因、发病机制、病理解剖变化、所表现的临床症状、诊断依据、判断病程及预后、提出以应用药物为主要疗法的综合治疗措施，以及预防方法等各个方面的内容。家畜内科学的范围，包括消化系统、呼吸系统、心血管系统、血液、泌尿系统、神经系统、营养代谢、皮肤和中毒等方面的疾病。在每个系统前，设有对该系统疾病的概论，简要说明该系统疾病的共同要点和基本情况，以利于对各个疾病诊治知识的学习。学习家畜内科学的正确方法是理论联系实际，把收集来的病畜病因、临床症状、检查所见的材料，加以综合分析，并以生理、病理等基础学科的理论相联系，反复推敲，建立合乎逻辑和正确的诊断，进而拟定合理的治疗方案。在治疗上，应主意整体和局部的关系，认清本病发生的本质，采用包括中药、西药、针灸、物理疗法等在内的多种治疗手段，以取得最好的疗效。

家畜外科及产科学是兽医专业中的一门实际性很强的综合性兽医临床课。它是研究家畜外科及产科疾病的发生、发展规律，采用手术及其他医疗措施来防治外科及产科疾病，从而保障及促进畜牧业发展的一门科学。本课程包括家畜外科手术学、家畜外科学及家畜产科学。家畜外科手术学：主要研究外科手术的基本理论、基本操作技术、各部位及器官的局部解剖以及在畜体的器官、组织上进行手术的科学。这一学科不仅是兽医临床课的基础，而且还为畜牧兽医基础学科、生物学科提供研究手段。因此它是提高畜牧业生产，发展生物学科不可缺少的一门学科。家畜外科学：主要是研究家畜外科疾病的发生与发展规律、症状及其防治措施的科学。家畜产科学：主要研究家畜产科生理、怀孕期疾病、分娩期疾病及产后疾病的发生、发展规律、症状、诊断及其防治措施的科学。

家畜外科及产科学与其他兽医临床学科的关系更为密切，特别是兽医临床诊断学、家畜内科学的联系更为广泛。现在人们不仅用手术的方法去诊治外科、产科疾病，而且还广泛用于内科疾病的诊断及治疗。如严重的肠阻塞、肠变位、皱胃变位及扭转等疾病，有时必须用手术的方法才能挽救患畜的生命。本学科与家畜传染病学的联系也比较多，如厌气性细菌、腐败菌、坏死杆菌、放线菌及破伤风梭菌感染等内容，是传染病学共同关注的问题。又如布氏杆菌病（牛、羊、猪）、沙门氏杆菌、胎体弧菌病（牛）、病毒性下痢（牛）、结核病（牛）等，都直接危害着胎儿，引起家畜流产、子宫内膜炎及不孕症等疾病。另外，传染病学的不少诊断和治疗方法，在诊治外、产科疾病中发挥了重要的作用。某些寄生虫如混睛虫病、腱炎等病症，也是必须采用外科学的方法去进行治疗。既然家畜外科及产科学与兽医其他学科有着密切的关系，我们就应当努力学习与掌握这些知识，以便更好的诊治外、产科疾病。这不仅有利于外、产科学的发展，而且本学科的新技术、新成果，也丰富了其他兽医学科的内容。因此，本学科与其他兽医学是一个互相依存、互相促进、共同发展的有机整体。

本课程具有较高的理论性和较强实践性，是前人实践经验和理论的结合，我们必须学习它、掌握它，用它指导我们的临床工作。另外，人们的认识来源于实践，这种认识还要在实践中受到检验和提高。因此，我们除了学习本课程以外，更重要的是实践中锻炼提高，在临床工作中不断学习，以便在临床实践中有所发现、有所创新，使本学科的内容更加充实，并对兽医学的发展做出贡献。在学习本课程时我们还必须注意外科、产科基本功的训练。因此，我们应牢固掌握本课程的基本理论、基本知识和基本技术。只有具备了坚实而又系统的外、产科学的理论基础，才能在复杂的临床工作中独立思考，抓住主要矛盾，解决家畜外科及产科学中的疑难问题。同时，我们还要确立防重于治的指导思想，平时要加强家畜的饲养管理，预防外、产科疾病的发生。

家畜传染病学是研究畜禽传染病发生、发展的规律，以及掌握预防、控制和消灭这些传染病方法的科学。家畜传染病学分总论和各论两部分。总论部分研究的是本课程基础理论，家畜传染病发生和发展的一般规律及预防、消灭传染病的一般性措施。各论部分研究的是各种畜禽传染病的分布、特征、病原、流行病学、发病机理、临床症状、病理变化、诊断、防制措施和公共卫生。家畜传染病学以兽医微生物学、免疫学、家畜病理学、兽医药理学、临床诊断学和生物统计学等作基础，并与畜牧学、家畜内科学、家畜外科学、家畜寄生虫病学在理论和实践方面，有着广泛而密切的联系。特别是兽医微生物学和免疫学，是研究家畜传染病原体的生物学特性以及在传染过程中病原微生物与机体的相互关系（传染与免疫）等问题的学科。各学科的研究和进步，一定会大大充实和发展家畜传染病学。

近年来，随着我国实行改革开放，国际交往日益增多，家禽及畜产品的进出口贸易，各种交流，一年比一年兴旺发达和频繁，这时各种畜禽疾病的传播机会随之增加，对各种检疫工作也提出了更高的要求。因此，掌握家畜传染病学的知识和技能，预防和控制以致消灭危害畜禽严重的传染病，不仅是衡量一个国家兽医事业发展水平的重要标志，而且是畜牧业生产发展的当务之急。目前，不少国家在控制和消灭危害严重的畜禽传染病方面，取得了显著的成绩，可是，当前还有许多古老的或是新发现的畜禽传染病仍然是各国畜牧业的严重威胁。一些严重传染病如口蹄疫、猪瘟、牛病毒性腹泻 / 黏膜病、蓝舌病、非洲猪瘟、猪水疱病、猪流性行腹泻、鸡慢性呼吸道疾病等的扩大传播，是当前各国兽医当局密切关注的问题之一。很多国家根据多年来防疫工作的实践，制定了一系列兽医法令和规章，对某些危害严重的传染病制订了长远的防疫计划，采用综合防治措施付诸实现，这些对于控制和消灭畜禽疫病起了重要的保证作用。现代化畜牧业，向集约化，工厂化发展，畜禽密集，疫病很容易传播流行，有些烈性传染病一旦暴发，造成全军覆没的局面，必须及早做好预防以防患于未然。随着国民经济的不断发展，人民生活水平的提高和国际交往，兽医事业的业务范围，越来越广泛。如兽医科学研究与疾病防治的范围包括有食用动物、役用动物、毛皮用动物、军用动物以及鱼和蜜蜂的疫病，都需要家畜传染病学的知识和技能来解决。

家畜寄生虫病学包括寄生虫学和寄生虫病学二部分内容，前者研究寄生虫的种类、形态构造、生理、发展史、地理分布及其在动物分类学上的位置；后者研究寄生虫对家畜机体的致病作用，疾病的流行病学、临床表现、病理剖检变化、免疫、诊断、治疗和防制措施。通常又把家畜寄生虫病学分成家畜蠕虫病学、家畜蜘蛛昆虫病学和家畜原虫病学三个学科。家畜寄生虫病学的基本任务是直接为保证畜牧生产发展和人类健康服务。一方面是对危害严重的家畜寄生虫病，开展调查研究和诊断工作，制订和组织实施防治措施，使其尽早得到控制和消灭，保护畜禽免受寄生虫的侵袭，发挥正常的生产性能，提高畜牧业的经济效益；另一方面是与人医、环境保护者等一起，共同与严重威胁人民健康的人畜共患寄生虫病作斗争，保护人民免遭人畜共患寄生虫病的感染，提高人民的健康水平。

寄生虫病给畜牧业造成的经济损失：（1）引起畜禽的大批死亡：在家畜寄生虫病中，有些可在某些地区广泛流行，引起畜禽急性发病和死亡，如骆驼、马和牛的伊氏锥虫病，牛、马梨形虫病，牛、羊泰勒虫病，鸡、兔球虫病，猪弓形虫病，禽住白细胞虫病等；有些多呈现慢性型的疾病，如牛、羊肝片形吸虫病，猪姜片形吸虫病，禽棘口吸虫病和绦虫病，猪、鸡蛔虫病，牛、羊、猪肺线虫病，牛、羊消化道线虫病，猪、牛、羊、兔螨病等。（2）降低畜禽的生产性能：急性寄生虫病中，多数表现为慢性病程，甚至不表现临床症状，但可明显降低畜禽的生产性能。如猪感染蛔虫和棘头虫后，可使增重减少 30% ；牛患肝片形吸虫病，能使奶牛产乳量下降 25% ~ 40%，肉牛增重减少 12% ；（3）影响畜禽生长、发育和繁殖：

幼畜禽感染后生长发育受阻；种畜感染寄生虫后常使母畜发情异常，妊娠畜易流产或早产，公畜配种能力降低；（4）畜产品的废弃：按兽医卫生检验的要求，有些寄生虫病的肉品及脏器不能利用，甚至完全废弃，造成的直接经济损失和畜禽饲养期间因浪费人力、物力、饲料而造成的经济损失是非常严重的，特别是流行猪囊蚴病、牛囊尾蚴病、猪旋毛虫病、棘球蚴病、细颈囊尾蚴病和住肉孢子虫病等的省（区）。

我国现在经济增长很快，人民生活水平极大提高，我国畜牧业迎来了很好的发展机遇，并预示着广阔的发展前景，我们要认真学习动物临床医学，不断吸取国内外现代科学的新成就和新技术，以充实动物临床医学的内容，改进和提高动物临床诊断和治疗的技术和手段，推广应用实用新技术，以适应畜牧业发展的需求，为我国社会进步做出贡献。

目　录

第一篇　动物临床诊断技术

第二篇　动物内科疾病

第三篇 动物外科手术

第四篇 动物外科疾病

第五篇　动物产科疾病

第六篇　动物传染病

第七篇　动物寄生虫病

第一篇

动物临床诊断技术

第一章　兽医临床的基本方法和程序

第一节　临床检查的基本方法

为了发现和搜集症状，资料，而应用于临床实际的各种检查方法统称为临床检查法。但其中的问诊，视珍，叩诊，听诊，嗅珍是最为简便，适用于各种动物的方法，在任何场合下均可实施，并能较准确地判断病理变化的方法，故又称为临床检查的基本方法。

一、问诊

问诊是向畜主或饲养，管理等人员调查、了解病畜或畜群发病情况和经过的方法。

（一）问诊方法

问诊应采用交谈和启发式询问的方法。一般在着手检查病畜前进行，也可边检查边询问，以便尽可能全面地了解发病情况及经过。

（二）问诊的内容

问诊的内容十分广泛，主要包括现病史，既往病史及饲养管理，使役情况等几方面。

1. 现病史：是指本次发病情况及经过。应重点了解以下方面。

（1）发病时间：例如疾病发生于饲前或喂后，使役中或休息时，舍饲或放牧中，清晨或夜间，产前或产后等，借以估计可能的致病原因。

（2）病后表现：向畜主或饲养员问清其所见到的病理现象。例如，病畜的饮食欲、精神状态、排粪尿状态及粪尿物理性状的变化，有无咳嗽、喘气、流鼻液及腹痛不安、跛行表现，以及乳量和乳汁物理性状有无改变等。可作为确定检查方向和重点的参考。

（3）诊治情况：病后是否进行过治疗？用过什么药物及效果如何？曾诊断为何病：从开始发病到现时病情有何变化等，借以推断病势进展情况，也可作为确定诊断和用药的参考。

（4）畜生所能估计到的发病原因。例如，饲喂不当，使役过度，受凉，被其他外因所致伤等。常是推断病因的重要依据。

（5）畜群的发病情况同群或附近地区有无类似疾病的发生或流行？借以推断是否为传染病、寄生虫病、营养缺乏或代谢障碍病、中毒病等。

2. 既往病史：是指病畜或畜群过去的发病情况。即是否发生过类似疾病，其经过和结局如何？预防接种的内容和实施时间、方法、效果如何？特别当有传染病可疑和群发现象时，要详细调查、了解当地疫病流行、防疫、检疫情况及毒物来源等。这些资料在对确定现病与过去疾病的关系，以及对传染性和地方性疾病的诊断上都有重要的实际意义。

3. 饲养管理、使役情况：重点了解饲养的种类、数量、质量及配方、加工情况、饲喂制度、畜舍卫生及环境条件、使役情况及生产性能等。这些资料，不仅有助于致病原因的推断，而且在制定合理的防治措施方面也有重要的意义。

（三）注意事项

1. 问诊时，语言要通俗，态度要和蔼，随时注意解除饲管人员的思想顾虑，以便得到很好配合。

2. 对问诊所得资料不要简单地肯定或否定，应结合现症检查结果，进行综合分析，找出诊断的线索。

二、视诊

视诊是用肉眼或借助于简单器械（如额镜、内腔镜等）视察病畜异常表现的方法。

（一）视诊方法

视诊是检查病畜个体和从畜群中发现病畜的有效方法。

对病畜个体视诊时，检查者应与病畜保持适当的距离（一般约 2~3m），先视察全貌，而后有前向后，从左到右，边走边看，观察病畜的头、颈、胸、腹、脊柱、四肢。当至正后方时，应注意尾、肛门及会阴部，并对照观察两侧胸、腹部及臀部的状态和对称性，再从右侧到前方。最后可进行牵遛，观察运步状态。

观察畜群，从中发现病畜时，可深入畜群巡视，注意发现精神沉郁、离群呆立或卧地不动的，饮食异常或腹泻的，咳嗽、喘息的及被毛粗乱无光、消瘦衰弱的病畜，从群中挑出作进一步检查。

（二）应用范围

视诊的应用很广，通常用于对整体状态、被毛皮肤状态、可视黏膜状态、某些生理活动状态（如采食、咀嚼、吞咽、反刍及呼吸动作等）以及分泌物和排泄物的物理性状的观察等。

（三）注意事项

1. 视诊最好在自然光照的宽敞场所进行。

2. 对病畜一般不需保定，使其保持自然状态。

三、触诊

触诊是用手或借助于检查器具（如探管探针等）对被检部位组织器官进行触压和感觉，以判断其有无病理变化的方法。

（一）触诊方法

触诊可分为外部触诊和内部触诊法。

1. 外部触诊法：又可分为浅表触诊和深部触诊法。

（1）浅表触诊法：是用来检查躯体浅表组织器官的方法。依检查目的和对象的不同，而采用不同的手法，如检查皮肤温度、湿度时，将手掌或手背贴于体表，不加按压而轻轻滑动，依次进行感触；检查皮肤弹性或厚度时，用手指捏皱提举检查；检查皮下器官（如淋巴结等）的表面情况、移动性、形状、大小、软硬及压痛时，可用手指加压滑推法检查。

（2）深部触诊：是才从外部检查内脏器官的位置、形状、大小、活动性、内容物以及压痛等方法。常有下列几种：

① 双手按压触诊法：从左右或上下两侧同时用双手加压，逐渐缩短两手间的距离，以感知小家畜或幼畜内脏器官、腹腔肿瘤和积粪团块的方法。

② 插入触诊法：以并拢的 2~3 个手指，沿一定部位插入（切入）触压，以感知内部器官的性状。适用于肝、脾、肾脏的外部触诊检查。

③ 冲击触诊法：用拳或并拢垂直的手指，急促而强有力地冲击被检查部位，以感知腹腔深部器官的性状与腹腔积液状态的方法。适用于腹腔积液及瘤胃、瓣胃、皱胃内容物性状的判定等。

2. 内部触诊法：包括大家畜的直肠检查以及对食道、尿道等器官的探诊检查等。

（二）应用范围

触诊一般用于检查动物体表状态，如皮肤的温度、湿度、弹性、皮下组织状态及浅表淋巴结等；检查动物某一部位的感受能力及敏感性，如胸壁、网胃及肾区疼痛反应及个中感觉机能和反射机能等；感知某些器官的活动情况，如心搏动、瘤胃蠕动及脉搏等；检查腹腔内器官的位置、大小、形状及内容物状态等。

（三）触感

由于触诊部位组织、器官的状态及病理变化不同，可产生下列几种触感。

1. 捏粉样（面团样）感：感觉稍柔软，如压面团样，指压留痕，除去压迫后慢慢复平。为组织中发生浆液浸润所致。常见于皮下水肿时。

2. 波动感：柔软而有弹性，指压不留痕，行间歇压迫时有波动感。为组织间有液体潴留的表现。常见于血肿、脓肿等。

3. 坚实感：觉坚实致密，硬度如肝。见于组织间发生细胞浸润（如蜂窝织炎）或结缔组织增生时。

4. 硬固感：感觉组织坚硬如骨。见于骨瘤等。

5. 气肿感：感觉柔软而稍有弹性，并随触压而有气体向邻近组织窜动感，同时可听到捻发音。为组织间有气体积聚的表现。见于皮下气肿、气肿疽等。

（四）注意事项

1. 触诊时，应注意安全，必要时可适当保定。

2. 触诊检查马、牛的四肢和腹部时，要一手放在畜体适当部位支点，另一手按自上而下，从前向后的顺序逐渐接近欲检部位。

3. 检查某部敏感性时应本着先健区后病区，先周围后中心，先轻后重的原则进行，并注意与对应部位或健区比较、判断。

四、叩诊

叩诊是叩击动物体表某一部位，使之发生振动，产生声音，根据所发生音响的特性来推断被检组织、器官的状态及病理变化的检查方法。

（一）叩诊方法

叩诊分为直接叩诊法和间接叩诊法。

1. 直接叩诊法：是用手指或叩诊锤直接叩击被检部位，判断病理变化的方法。

2. 间接叩诊法：是在被检部位先放一振动能力较强的附加物（如手指或叩诊板），而后向附加物叩击的检查方法。又可分为指指叩诊法和锤板叩诊法。

（1）指指叩诊法：是将左手中指平放于被检部位，用右手中指或食指的第二指关节处呈 90° 屈曲，并以腕力垂直叩击平放于体表手指的第二指节处的方法。适用于中、小动物的叩诊检查。

（2）锤板叩诊法：通常以左手持叩诊板，平放于被检部位，用右手持叩诊锤，以腕力垂直叩击叩诊板的方法。适用于大家畜的叩诊检查。

（二）应用范围

多用于胸、肺部及心脏、副鼻窦的检查，偶尔也用于腹腔器官的检查。

（三）叩诊音

由于被叩诊部位及其周围组织器官的弹性、含气量不同，叩诊时常可呈现下列几种声音。

1. 清音：叩击具有较大弹性和含气组织器官时所产生的比较强大而清晰的音响。如叩诊正常肺区中部所产生的声音。

2. 浊音：叩击柔软致密及不含气组织、器官时所产生一种弱小而混浊的音响。如叩诊臀部肌肉时所产生的声音。

3. 半浊音：是介于清音与浊音之间的一种过渡音响。如叩诊肺边缘部分时所产生的声音。

4. 鼓音：是一种音调比较高朗，振动比较规则的音响。如叩击正常马盲肠底部或正常牛瘤胃上 1/3 部时所产生的声音。

（四）注意事项

1. 叩诊必须在安静的环境，最好在室内进行。

2. 间接叩诊时手指或叩诊板必须与体表贴紧，期间不能留有空隙，每点必须连续叩击 2~3 次后再行移位。

3. 叩诊用力要适宜，一般对深在器官用强叩诊，浅表器官用轻叩诊。

4. 如发现异常叩诊音时，则应左右或与健康部对照叩诊，加以判断。

五、听诊

听诊是听取体内某些器官机能活动所产生的声音，借以判断其病理变化的方法。

（一）听诊方法

听诊可分为直接听诊和间接听诊两种。

1. 直接听诊：是在听诊部位先放置一块听诊布，而后将耳直接贴于被检部位听诊的方法。此法的优点是所得声音真切，但不方便，一般仅用于幼小动物。

2. 间接听诊法：是借助于听诊器听诊的方法。

（二）应用范围

听诊主用于心、肺、胃、肠的检查。

（三）注意事项

1. 听诊必须在安静的环境，最好在室内进行。

2. 听诊时应注意区别动物被毛的摩擦音和肌肉的震颤音，防止听诊器胶管与手臂或衣服接触。

六、嗅诊

嗅诊是嗅闻、辨别家畜呼出气、口腔气味及排泄物、分泌物等有无异常气味的一种检查方法。其应用范围有限，仅在某些疾病时才有临床意义。例如牛酮血病时的呼出气有酮体气味等。

第二节　临床检查的程序

为了全面系统地收集病畜的症状、资料，并通过科学的分析而作出正确诊断，避免遗漏主要症状和产生误诊，临床检查应该有计划、有步骤、按一定的程序进行。在临床实际工作中，对门诊病畜一般应按下列程序进行检查。

一、病畜登记

病畜登记就是系统地记录就诊动物的一般情况和特征等，以便识别，同时也可为诊疗工作提供某些参考条件。

病畜登记的内容包括：动物的种类、品种、性别、年龄、个体特征（如畜名、畜号、毛色、烙印等），以及畜主的姓名、住址、单位等。这不仅便于对病畜的识别及与畜主的联系，而且因家畜种类、品种、性别、年龄不同，有其不同的常见病、多发病及特有的传染病，也有助于对某些疾病的诊断和治疗。

二、病史调查

病史调查包括现病史及既往病史的调查。主要通过问诊而进行调查、了解，但必要时尚须深入现场进行流行病学调查。

三、现症检查

现症检查包括一般检查、分系统检查及根据需要而选用的实验室检验或特殊检查。

最后综合分析前述检查结果，建立初步诊断。并拟定治疗方案，予以实施，以验证和充实诊断，直至获得确切的诊断结果。

第二章　一般检查

一般检查是对病畜全身状态的概括性检查，以了解病畜的全身基本状况，并可发现某些重要症状，为分系统检查提供线索。

一般检查的内容主要包括：整体状态的观察、被毛和皮肤的检查、眼结膜的检查、浅表淋巴结的检查，以及体温、呼吸、脉搏数的测定等。

第一节　整体状态的观察

一、精神状态

健康动物两眼有神，反应敏捷，动作灵活，行为正常。如表现过度兴奋或抑制，则表示中枢神经机能紊乱。兴奋的动物，表现惊恐不安，狂躁不驯，甚至攻击人畜。精神抑制的动物，轻则沉郁，呆立不动，反应迟钝；重则昏睡，只对强烈刺激才产生反应；严重时昏迷，倒地躺卧，意识丧失，对强烈刺激也无反应。

二、体格发育状况

体格是指骨骼和肌肉的发育程度。体格发育良好的家畜，其躯体高大，结构匀称，肌肉结实，给人以强壮有力的感觉，这种动物不仅生产性能良好，而且对疾病的抵抗力也强；发育不良的家畜，躯体矮小，结构不匀称，虚弱无力，发育迟缓或停滞，为营养不良或慢性消耗疾病所致。多见于某些营养不足，矿物质、维生素或微量元素缺乏症，慢性传染病和寄生虫病过程中。

三、营养状况

畜禽的营养状况代表着机体内物质代谢的总水平，与饲养管理密切相关。临床上主要根据肌肉丰满程度、皮下脂肪蓄积量的多少及被毛状态等，而将动物的营养状况分为营养良好、中等和不良三级。

营养良好的家畜，表现肌肉丰满，皮下脂肪丰富，轮廓丰圆，骨不显露，被毛富有弹性；营养不良的家畜，则表现消瘦，骨骼显露，被毛粗乱无光泽，皮肤缺乏弹性；营养中等，介于两者之间。营养不良，俗称消瘦，是常见症状，短期内急剧消瘦，多由于急性热病或重剧腹泻所致；缓慢消瘦，多见于长期营养不良及慢性消耗性疾病（如慢性传染病、寄生虫病及慢性肠胃病等）；极度消瘦，并伴有全身机能衰竭，则称为恶病质，为预后不良的指征。

四、姿势

各种动物都有其特有的生理姿势，正常时其姿势自然，动作灵活而协调。在病理状态下，可呈现各种异常姿势，常见有以下几种。

图 1.1 奶牛生产瘫痪时的姿势

1. 重型 2. 轻型

（一）异常站立

病畜耳竖尾挺，头颈挺伸，肢体僵硬，不能屈曲，形似“木马”，见于破伤风时；母牛拱背举尾，时作排尿姿势，而后肢向外展开站立，见于重剧阴道炎多子宫炎时；病畜两前肢后踏或两后肢前伸，单肢悬空或不敢负重，则为肢体有病的表现；鸡呈两腿前后叉开站立的姿势，常是马立克氏病的特征。

图 1.2 马麻痹性肌红蛋白尿时的姿势

（二）异常躺卧

病畜躺卧而不能站立，也称强迫性躺卧。伴有昏迷的强迫性躺卧，常见于脑病后期（脑膜脑炎、传染性脑脊髓炎等）、某些代谢病（如牛产后瘫痪、牛醋酮血病等）及某些中毒病过程中；意识清楚的强迫性躺卧，可见于颈部脊髓损伤、蹄叶炎及重度骨软症时；后躯瘫痪而呈犬坐姿势者，可见于腰荐部脊髓损伤及马麻痹性肌红蛋白尿病时。

（三）站立不稳

病畜站立不稳，躯体歪斜或四肢叉开，依墙靠壁站立，多为小脑、前庭神经受损所致，可见于小脑疾患、前庭或迷路神经核损伤时；病鸡呈扭头曲颈，两肢屈曲，站立不稳，甚至躯体滚转，可见于维生素 B 缺乏、鸡新城疫及呋喃西林中毒等。

（四）骚动不安

病畜呈现前蹄刨地，后蹄踢腹，回头顾腹，不时起卧，骚动不安，为腹痛的表现，常见于腹痛性疾病时。

（五）强迫性运动

病畜盲目徘徊或行转圈运动，可见于脑病、多头蚴病及食盐中毒等。

五、步态

健康家畜运步时，四肢轻键有力而协调。但在病理状态下，常呈现步态异常，左右摇摆，形似酒醉状，多为大、小脑或前庭受损所致，可见于脑病及中毒病过程中；病畜在运步时呈现跛行，则为四肢病痛的表现。

第二节　被毛及皮肤的检查

一、被毛的检查

健康动物的被毛匀整、柔润而富有光泽，家禽的羽毛平顺而光泽，除特定的换毛季节外，生长牢固而不易脱落。

家畜被毛粗乱而无光泽，脆而易断；家禽羽毛蓬乱而无光泽，换毛（或换羽）迟缓，在非换毛（或换羽）季节，呈现局部或全身性脱毛，均为病理现象。常见于长期饲养不良、营养物质的供给不足、慢性胃肠病、慢性消耗性疾病（如鼻疽、马传染性贫血、结核病、内寄生虫等）、皮肤病（如湿疹、匐行疹等）、外寄生虫病（如螨病、鸡食毛虱病等）时，也可见于某些微量元素缺乏或中毒症时。例如，锌缺乏时，可见羊、猪全身脱毛，牛大片脱毛，家禽缺乏翼羽或尾羽；碘缺乏时，可见新生羔羊广泛脱毛，新生仔猪全身无毛；慢性硒中毒时，可见马、牛尾根及尾部毛簇脱落，仔猪全身脱毛等。

二、皮肤的检查

皮肤检查包括皮肤的气味、颜色、温度、湿度、弹性的检查及有无疹疱及肿胀等。

（一）气味

各种家畜的皮肤都有其固有的气味。但患某些疾病时，可呈现病理性特殊气味。如出现类似烂苹果气味，多为醋酮血病的表现；出现腐败性臭味（尸臭味），可见于皮肤坏疽性疾患；出现尿臭味，可见于膀胱破裂及尿毒症时。

（二）颜色

皮肤颜色的检查仅对白色皮肤的动物，特别是猪病的诊断有一定的意义。白色猪皮肤上出现指压不退色的小点状出血，并多发于颈侧、腹侧及股内侧等部位，主色的较大红斑（菱形或多角形），见于猪丹毒；皮肤发绀（青白或蓝紫色），为缺氧的表现，见于亚硝酸盐中毒及重症心、肺疾病时；仔猪耳尖，鼻盘发绀，也可见于慢性副伤寒。

鸡的冠、髯及耳垂，正常红润。如发白，则为贫血的表现；如呈蓝紫色则为缺氧的表现，常见于鸡新城疫、禽霍乱及中毒性疾病时。

（三）温度

皮温的检查，可用手背或手掌触感。适于判定皮温的部位，马为耳、鼻端、胸侧及四肢，牛为角根、耳及四肢，猪为耳及鼻端，必要时，也可触摸全身皮肤。健康家畜皮肤各部的血管网及散热量不同，其皮温也不完全一样，一般股内侧皮温较高，头、颈、躯干部次之，尾及四肢部最低，但耳、鼻、唇部则常温热。家畜兴奋，天气炎热时，可见皮温增高，寒冷时可见皮温降低。

病理状态下，皮温可增高、降低或分布不均。全身性皮温增高，可见于一切发热性疾病时；局部性皮温增高，可见于局部炎症时；皮温降低，是因皮肤血流灌注不足所致，可见于大失血、心力衰竭及休克等；皮温不均，是由于皮肤血液循环不良或神经支配异常引起局部血管痉挛所致，如一耳热，一耳冷，或一耳时热时冷，可见于发热病的初期。

（四）湿度

皮肤的湿度主要取决于排汗的多少。健康动物在安静状态下，汗随出而随蒸发，皮肤不湿不干而有黏腻感。当外界气温过高，空气湿度过大，使役之后或受惊恐等情况下，常因汗腺分泌加强，而呈现生理性出汗。

病理性全身性多汗，较轻者多限于耳根、肘后及腹股沟部，重者全身出汗，被毛濡湿并呈卷束状，大量出汗时，汗液淌流。可见于剧痛性疾病、高热性传染病、中暑及高度呼吸困难等。在马属动物如出现全身冷汗淋漓，汗液黏腻，并伴有结膜苍白、四肢末梢发凉等症状者，多为胃、肠破裂的表现；局限性多汗，多为局部病变或神经机能失调所致。

血汗可见于马副丝虫病及其他出血性疾病过程中。

在牛应特别注意对鼻镜的观察。健康牛鼻镜常凉而湿润，汗珠均匀。如鼻镜变干，可见于前胃与真胃疾病、肠炎、发热病及其他全身性疾病过程中；鼻镜汗不成珠，或时干时湿，可见于感冒时。

健康猪鼻盘也表现湿润、凉感。鼻盘变干，可见于发热病时。

（五）弹性

检查皮肤弹性的部位，马在颈侧，牛在最后肋骨部，小动物可在背部。检查时将皮肤捏成皱褶，然后放开，观察恢复原状的快慢，正常时立即恢复原状。但在病理状态下，放手后恢复原状很慢，为皮肤弹性降低的表现，可见于脱水性疾病及营养不良性疾病过程中。

（六）疹疱

皮肤上常见的疹疱有丘疹、荨麻疹、水泡、脓泡等。

1. 丘疹：为皮肤乳头层发生浆液浸润所引起的圆形隆突，由小米到豌豆大。可见于痘病及湿疹的初期。

2. 荨麻疹：为真皮或表皮水肿所引起的圆形扁平隆起，由豌豆大至核桃大，与周围组织的界限明显，迅速发生而又很快消退，并伴有剧痒。多由于机体发生变态反应所致。可见于某些饲料中毒、注射血清、接触荨麻等有害植物或受到昆虫刺螫时。

3. 水泡：为大如豌豆、内含有透明浆液的小泡。可见于口蹄疫、痘病及湿疹等病过程中。

4. 脓泡：为内含有脓液的小泡。见于痘病、脓泡性口炎等。

（七）肿胀

皮肤上常见的肿胀有下列几种。

1. 皮下水肿：又称浮肿，其特征是皮肤紧张，指压留痕，长时复平，呈涅粉样硬度。若无热无痛，是为瘀血性水肿，多由于全身性或局部血液循环障碍或血液稀薄，血浆胶体渗透压下降等因所致，可见于心肾疾病，严重贫血及营养不良性疾病等；如同时伴有热、痛反应，则为炎性水肿，可见于体表炎症及局部损伤时。

2. 皮下气肿：其特征是局部肿起，边缘轮廓不清，皮肤紧张，触诊有气体窜动的感觉和捻发音。按其发生可分为以下两种。

（1）窜入性气肿：多由于含气器官如肺、器官发生破裂后，气体沿纵膈及食道周围组织窜入皮下组织，或在体表移动性较大部位（如肘后、腋窝及肩胛附近）发生创伤后，由于动物运动时，创口开闭，将空气吸入皮下，并逐渐向周围扩散所致。这种气肿，缺乏炎症变化，局部无痛无热，也无机能障碍。

（2）腐败性气肿：主要由于产气性细菌感染，引起局部组织腐败分解产生的气体积聚于皮下组织所致。这种气肿具有明显的局部炎症现象，切开时流出暗红色泡沫样恶臭液体，并含有大量的细菌（多为梭菌属细菌），常发生于肌肉丰满的臀部、股部及肩部等。可见于气肿疽、恶性水肿时。

3. 脓肿：其特征时初期有明显的热、痛、肿胀，而后从中央部逐渐变软，呈现波动，穿刺或自溃后流出浓汁。可见于皮下组织肌肉的急性化脓性炎症后期。

4. 血肿：其特征是迅速肿起，初期局部微热而有波动感，穿刺可放出血液，以后逐渐变硬、变冷，与周围组织有明显界限，多由于损伤而使皮下小血管破裂出血所致。

5. 淋巴外渗：其特征是逐渐肿大，波动明显，局部湿度不高，穿刺后又可胀满。是由于局部损伤，淋巴液回流受阻所致。

6. 象皮肿：是由于皮下结缔组织受到慢性刺激而致皮肤变厚及硬固的病理现象。其特征是皮肤失去痛觉，缺乏移动性，也不能捏成皱褶。马多发生于四肢下部，病肢轮廓变粗，形如大象腿，故称为象皮腿。多由于系部皮炎、蹄冠叉突伤、蹄冠下蜂窝织炎、皮肤鼻疽等病所引起。

此外，还应注意有无其他肿胀，如腹壁疝、脐疝、阴囊疝及肿瘤等。

第三节　眼结膜的检查

眼结膜是易于检查的可视黏膜之一，它具有丰富的毛细血管，其颜色的变化，往往有助于对有机体血液循环状态和血液化学成分改变的判断，因此，具有一定的诊断意义。

一、检查方法

检查马的眼结膜时，检查者立于马头一侧，一手握住笼头，另一手食指第一指节放于眼眶中央的边缘处，拇指放于下眼睑，其余三指屈曲并放于眼眶上面作支点，食指置上眼睑并向内上方稍压，拇指则同时拨开下眼睑，即可使结膜和瞬膜露出。

检查牛眼结膜时，主要观察其巩膜的颜色及血管状况，可用一手握鼻中隔，另一手握牛角，并用力扭转头部，或用两手分别握角向一侧扭转，使头偏向侧方，均可使巩膜露出，欲检查眼睑结膜时，可用拇指将下眼睑拨开观察。

检查骆驼眼结膜的方法基本与马相同。

检查羊、猪及小动物眼结膜时，可用双手拇指拨开上下眼睑观察。

二、正常状态

健康家畜双眼明洁，不羞明，不流泪，眼睑无肿胀，眼角无分泌物存在。马眼结膜呈淡红色；牛的眼结膜颜色较马稍淡，呈淡粉色，但水牛则较深；猪、羊的眼结膜较牛的稍深，也呈粉红色；犬的眼结膜为淡红色。

三、病理变化

眼结膜颜色的病理变化常见有以下几种。

（一）结膜潮红

结膜潮红是结膜毛细血管充血的象征。除局部的结膜炎所致外，多为全身性血液循环障碍的表现。结膜弥漫性潮红，可见于多种急性热性传染病、胃肠炎及重症腹痛病等；

结膜潮红并见小血管高度扩充血者，称树枝状充血，可见于脑炎、日射病及热射病、心脏病及伴有心肌能不全的其他疾病过程中。

（二）结膜苍白

是各种贫血的表现。迅速发生苍白，可见于大失血及肝、脾破裂时；逐渐发生苍白，可见于慢性失血性、营养不良性、再生障碍性、溶血性贫血及其他慢性消耗性疾病（如马慢性传染性贫血等）过程中。

（三）结膜发绀

结膜呈蓝紫色成为发绀，是血液中还原血红蛋白增多或形成大量变性血红蛋白的结果。可见于因肺呼吸面积减小（如肺炎）及肺循环障碍而致肺内气体交换障碍的肺脏、心脏疾病及某些毒物中毒（如亚硝酸盐中毒等）过程中。

（四）结膜黄染

为血液中胆红素含量增高的表示，可见于肝脏疾病、胆道阻塞及溶血性疾病过程中。

（五）结膜出血

结膜上呈现出血点或出血斑，是因血管受到毒素作用其通透性增大所致。可见于马传染性贫血、血斑病及梨形虫病等。

在进行眼结膜检查时，除注意其颜色的变化外，还应观察眼部的其他病理变化。如眼睑及结膜明显肿胀，眼睛羞明流泪，颜角部呈现多量浆性、黏性甚至脓性分泌物，可见于马流行性感冒、血斑病及猪瘟等病过程中。

角膜浑浊或生翳膜，甚至溃疡、穿孔，可见于角膜炎及各种眼病时。

第四节　浅表淋巴结及淋巴管的检查

淋巴系统时动物机体的防卫机构之一，浅表淋巴结和淋巴管的检查，在判定感染性疾患和对某些传染病的诊断上有一定的意义。

一、浅表淋巴结的检查

由于淋巴结体积较小并深埋在组织中，故在临床上只能检查浅表的少数淋巴结。牛、马常检查下颌、肩前、膝上及乳房上淋巴结，猪常检查腹股沟浅淋巴结。

（一）检查方法

淋巴结的检查主要用触诊法，必要时采用穿刺检查法。检查时应注意其大小、形状、硬度、敏感性及在皮下的移动性等。

1. 下颌淋巴结：检查时将手指伸入下颌间隙内侧，前后滑动触摸即可触及。正常马下颌淋巴结呈扁平椭圆形，约拇指头大小，牛的如核桃大，可移动。

2. 肩前淋巴结：牛肩前淋巴结位于冈上肌的前缘，腹侧达颈静脉沟。检查时将病畜头颈略向检查侧弯曲，使肩前皮肤松弛，然后在肩胛关节的前上方，将手指沿冈上肌前缘插入组织中，前后滑动触感，当发现淋巴结后，用中、食两指深深插入其两侧，固定好后仔细检查，马肩前淋巴结位于肩关节前方臂头肌深部，正常时很难触及。

3. 膝上淋巴结：又叫股前淋巴结，位于股扩筋膜张肌前缘的疏松组织中，大约在髋结节和膝盖骨的中间，位置浅在，易于触诊。检查时，面向动物尾方，一手放于腰部作支点，另一手放于髋结节和膝关节中点处，沿股扩筋膜张肌的前缘，用手指前后滑动触诊。也可用一手由膝皱褶的内侧向上深深插入，另一手由膝皱褶外侧配合，上下滑动触摸。

4. 腹股沟浅淋巴结：公马的腹股沟浅淋巴结呈两个泡状物，位于精索前后，检查时，在腹壁下精索前后触摸；母畜则称乳房上淋巴结，乳牛的乳房上淋巴结位于乳房座后方，约 6~10cm，检查时，从正后方将手伸向乳房座附近，把皮肤及皮下疏松组织捏成皱襞，滑动触诊；因猪的乳房上淋巴结位于倒数第二对乳头的外侧，可于乳房基部用手指左右触压判定。

（二）病理变化

病理状态下，淋巴结常发生下列变化。

1. 淋巴结急性肿胀：淋巴结体积增大、变硬、活动性变小、表面光滑平坦，触诊有热、痛反应。下颌淋巴结的急性肿胀，在马可见于马腺疫、急性鼻疽等，在牛可见于结核病时；肩前淋巴结的急性肿胀，可见于牛梨形虫病；猪腹股沟淋巴结的急性肿胀，可见于猪瘟、猪丹毒等。另外，淋巴结的急性肿胀，还可见于附近组织、器官的急性感染过程中。

2. 淋巴结化脓：先呈现重剧的急性肿胀，热、痛明显，进而局部皮肤紧张变薄，表面被毛脱落，触诊有波动感，最后破溃流出浓汁。马下颌淋巴结化脓，是马腺疫的特征。

3. 淋巴结慢性肿胀：淋巴结肿大、坚硬，表面凸凹不平，与周围组织粘连而失去移动性，无痛无热。下颌淋巴结的慢性肿胀，在马主见于慢性鼻疽，在牛主见于慢性结核病及放线菌病时。全身淋巴结的慢性肿胀，常见于淋巴性白血病。另外，淋巴结的慢性肿胀，还可见于附近组织、器官的慢性炎症过程中。

二、浅表淋巴管的检查

正常时动物浅表淋巴管不能明视。在病理状态下，淋巴管肿胀、变粗甚至呈索状，并常沿肿胀的淋巴管形成许多结节而呈串珠肿，结节破溃后形成溃疡。可见于马流行性淋巴管炎及皮型鼻疽时。

第五节　体温、呼吸、脉搏数的测定

体温、呼吸、脉搏数是家畜生命活动的重要生理指标，在很多疾病过程中，常先发生变化，因此，测定这些指标，在诊断疾病和判定预后上都有重要意义。

一、体温的测定

（一）判定方法

通常都测直肠温度。如遇直肠发炎、频繁下痢或肛门松弛的病畜时，对母畜可测阴道温度（但比直肠温度约低 0.2~0.5℃左右）。在家禽，也可测腋下温度（比直肠温度低 0.5℃）。

测量时，先对动物适当保定，将体温计的水银柱甩至 35℃以下，用酒精棉球擦拭消毒并涂上滑润剂，检查者通常站于动物的左侧后方（在牛应站于正后方），用左手提起尾部，用右手将体温计徐徐捻转插入直肠中，并以所附夹子夹于尾毛上固定之，经 3~5min 后取出擦拭干净，读取度数。

测量鸡的体温时，左手臂将鸡抱于怀内，鸡尾略向右向上，右手将体温计缓缓插入直肠内测定之。

（二）正常值

各种动物正常体温值见表 1-1。

表 1-1　各种动物正常体温　（℃）

动物种类	体温	动物种类	体温
马	37.5~38.5	鹿	38.0~39.0
骡	38.0~39.0	狗	37.5~39.0
黄牛、乳牛	37.5~39.5	猫	38.5~39.5
水牛	36.0~38.5	兔	38.0~39.5
牦牛	37.6~38.5	银狐	39.0~41.0
绵羊	38.5~40.0	豚鼠	37.5~39.5
山羊	38.5~40.5	鸡	40.5~42.0
猪	38.0~39.5	鸭	41.0~43.0
骆驼	36.0~38.5	鹅	40.0~41.0

健康家畜的体温，除清晨较低，午后稍高外，还常受某些生理因素的影响，发生一定程度的生理性变动。一般幼龄畜的体温比成年畜稍高，妊娠母畜的体温比空怀母畜稍高，动物兴奋、运动、劳役后的体温比安静时略高。但这些生理性变动，一般在0.5℃内，最高也不超过1℃。

（三）病理变化

体温的病理变化有升高和降低两种。

1. 体温升高　动物机体受到病原微生物及其毒素、代谢产物或组织细胞分解产物的刺激后，产生内生性致热源，进入血流，作用于体温调节中枢，使其功能改变，产热增多，散热减少，所致的以体温升高为特征，并伴有全身各器官系统功能改变和物质代谢变化的病理过程，成为发热；动物机体受到某些物理因素（如外界气温过高，空气湿度过大或不流通等）的刺激后，虽体内产热并未增加，但因散热困难所致的体温升高，则称为体温过高。因此，发热时必有体温升高这一特征，但仅有体温升高的症状不一定都是发热。

（1）发热：发热时许多传染病和炎性疾病最常见的症状之一，在临床上应注意对热候、发热程度及热型的分析、判定。

① 热候：发热时，除体温升高外，尚出现一系列的综合症状，称为热候。如精神沉郁，恶寒战栗，皮温不均，末梢发冷，呼吸脉搏加快，消化紊乱，食欲减退或废绝，尿量减少，尿中出现蛋白质，甚至出现肾上皮细胞及管型，白细胞增多等。

② 发热程度：根据体温升高的程度将发热分为微热、中热、高热和极高热。这种分类一般能反映疾病的程度、范围及其性质。

微热：体温升高0.5~1.0℃。可见于局限性炎症及轻症疾病，如口炎、鼻炎、胃肠卡他等。

中热：体温升高1~2℃。可见于消化道和呼吸道的一般性炎症及某些亚急性、慢性传染病，如胃肠炎、咽喉炎、急性支气管炎、慢性鼻疽、牛结核、布氏杆菌病等。

高热：体温升高2~3℃。可见于急性传染病和广泛性炎症，如猪瘟、猪肺疫、牛肺疫、马腺疫、流行性感冒、小叶性肺炎、大叶性肺炎、急性弥漫性腹膜炎与胸膜炎等。

极高热：体温升高3℃。以上。可见于严重的急性传染病，如传染性胸膜肺炎、炭疽、猪丹毒、脓毒败血症、日射病等。

③ 热型：诊疗疾病过程中，把每日上、下午所测得体温，逐日地记录在特制的体温曲线表内所连接成的曲线，称为热曲线。根据热曲线的特点而将发热又可区分为几种不同的发热类型。许多发热性疾病，都具有特殊的热型，可作为鉴别诊断的依据之一。

稽留热：高热持续3d以上或更长，每日的温差在1℃以内是因致热物质在血液内持续存在，病继续不断地刺激体温调节中枢所致。可见于大叶性肺炎、传染性胸膜肺炎、急性马传染性贫血、牛肺疫、猪瘟、猪丹毒、流行性感冒及马、牛、羊梨形虫病、猪弓形体病等。

弛张热：体温在一昼夜内变动在1~2℃或2℃以上，而又不降到常温。可见于许多化脓性疾病、败血症、小叶性肺炎及非典型性经过的某些传染病（如腺疫等）时。

间歇热：发热期与无热期交替出现，可见于牛伊氏锥虫病、亚急性和慢性马传染性贫血、亚急性和慢性钩端螺旋体病等。

不定型热：体温变动极不规则，日差有时极其有限，有时波动很大，忽高忽低，无一定的规律。可见于非典型的马腺疫、马鼻疽、传染性胸膜炎、牛结核及慢性猪瘟等。

但应注意，对发热程度及发热类型的前述区分，只有相对的诊断意义。因为动物个体特点及其反映性的不同，以及受治疗药物的影响，其发热程度有所不同，热型也有所改变。如老龄或过于衰弱的病畜，由于反应能力很弱，即或得了高热性疾病，其体温可能达不到高热的程度；相反，仅能呈现中热的疾病，发生在特殊的个体时，可能出现高热现象；抗生素、解热剂与肾上腺皮质激素的应用，也可使热型（主要时感染性发热）变为不典型。因此，对每个具体病例，应进行具体分析，才能对疾病作出正确的诊断。

（2）体温过高，这种并非产热增加，只因散热障碍，体温蓄积所致的体温过高，可见于热射病、日射病及广泛性皮肤病时。

（四）体温过低

由于病理性原因，使机体内产热不足，或体热散失过多，而致体温低于常温，称为体温过低。可见于大失血、内脏破裂、严重的脑病及中毒性疾病、产后瘫痪及休克是。在发热性疾病的退热期，如体温突然下降至常温以下，或不能测出（35℃以下）多为预后不良的表现。

二、呼吸数的测定

呼吸数的测定，是技术每分钟的呼吸次数，又称呼吸频率，以次 /min 为单位表示之。

（一）测定方法

呼吸数的测定，必须在动物处于安静状态或适当休息后进行。一般站于家畜的前侧方或后侧方一定距离处，观察与不负重后肢同侧的胸、腹部起伏运动，一起一伏为一次呼吸；也可将手背放于鼻孔前方的适当位置，感觉呼吸气流，呼出一次气流为一次呼吸。在寒冷的冬季，还可观察呼出气流来测定；必要时可听喉、器官或肺呼吸音而确定之。鸡的呼吸数，可观察肛门下部的羽毛起伏动作来测定。

（二）正常值

健康成年畜禽的每分钟呼吸数见表 1–2。

表 1–2　健康成年畜禽正常呼吸数（次 /min）

畜禽种类	呼吸数	畜禽种类	呼吸数
马、骡	8~16	骆驼	6~15
黄牛、乳牛	10~30	鹿	15~25
水牛	10~50	狗	10~30
牦牛	10~24	猫	10~30
羊、山羊	12~30	兔	50~60
猪	18~30	禽类	15~30

健康畜禽的呼吸频率，易受外界气温及某些生理因素的影响，而发生一定的变动。外界

气温过高、劳役、运动均可使呼吸数显著增加（尤其水牛、牦牛及绵羊）。另外幼畜比成畜的呼吸数稍多，母畜怀孕后期呼吸数也可增加等。应注意与病理变化的区别。

（三）病理变化

在病理状态下，呼吸次数常发生增多或减少两种变化。

1. 呼吸次数增加：为机体缺氧或因高热、剧痛等刺激而使呼吸中枢兴奋性增高所致。见于肺呼吸面积减少性疾病（如各型肺炎）、肺循环障碍性疾病（如肺充血与肺水肿、肺气肿、心机能不全等）、胸膜炎及胸水、各型贫血及血红蛋白变性疾病（如亚硝酸盐中毒）、致使腹内压增高的疾病以及高热性疾病和疼痛性疾病过程中。

2. 呼吸次数减少：为呼吸中枢兴奋性减低所致。可见于颅内压显著增高的疾病（如脑炎、脑水肿、脑肿瘤等）、某些代谢病（如产后瘫痪、酮血病）及高度吸入性呼吸困难时。

三、脉搏数的测定

脉搏数的测定，是计数每分钟的脉搏次数，又称脉搏频率，以次 /min 为单位表示之。

（一）部位及方法

马属动物可在颌外动脉检查。检查者站于马头一侧，一手握住笼头，另一手拇指置于下颌骨外侧，将食、中指伸入下颌枝内侧，在血管切迹处，前后滑动，发现动脉管后，用指轻压即可触知；牛和骆驼可在尾动脉检查，检查者站在牛的正后方，左手抬起尾部，右手拇指放于尾根背面，用食指、中指在距尾根 10cm 处的腹面检查；羊、犬可在后肢股动脉检查；猪的脉搏一般不便于检查，可借助心脏听诊法代替之。

检查脉搏数时，先使病畜适当休息，宜在动物安静状态下进行。一般计数 1min 内脉搏数。

（二）正常值

健康家畜每分钟脉搏数见表 1–3。

表 1–3　健康家畜脉搏数（次 /min）

家畜种类	脉搏数	家畜种类	脉搏数	资料来源
马	26~42	牦牛	33~55	中国人民解放军兽医大学王宪楷主编《兽医临床诊断学》
骡	42~54	水牛	30~50	
驴	40~50	犊牛（2~12 月）	80~110	
幼狗（1~2 岁）	45~60	绵羊、山羊	70~80	
黄牛	40~80	猪	60~80	
乳牛	60~80	仔猪（1~2 月）	80~120	

健康家畜的脉搏数，也会受年龄、兴奋、运动、劳役等生理因素的影响，发生一定程度的增多。

（三）病理变化

在病理状态下，家畜的脉搏数常发生增多，也可发生减少。

1. 脉搏次数增多：是心脏搏动加快的结果，可见于多数发热病、心脏病及伴有心机能不全的其他疾病、严重贫血、剧痛性疾病及某些中毒病过程中。

2. 脉搏次数减少：可见于窦性心动过缓及传导阻滞、某些颅内压增高的脑病、胆血病以及有机磷农药中毒等病过程中。

第三章　心血管系统的检查

心血管系统疾病，必将影响全身器官的机能，而其他器官疾病，特别是某些传染病和其他重症疾病过程中，常引起心血管系统的机能紊乱与形态学的变化，甚至终因心力衰竭而导致死亡。因此，对心血管系统的检查，不仅在疾病的诊疗上十分重要，而且对推断预后也有一定的意义。

第一节　心脏的临床检查

一、心搏动的检查

当心脏收缩时，其横径增大，纵径缩短，并沿其长轴向左方旋转，撞击左胸壁，引起相应部位的胸壁振动及被毛颤动，称为心搏动。

（一）检查部位

心搏动的检查部位，各种动物有所不同。马在左侧胸壁下 1/3 的第 3~6 肋间，而以第 5 肋间最明显，右侧第 3~4 肋间也可感触到；牛羊在左侧肩端水平线下 1/2 处的第 3~5 肋间，而以第 4 肋间最明显；犬猫在左侧第 4~6 肋间胸壁下 1/3 处，以第 5 肋间最明显，右侧在 4~5 肋间较清楚。

（二）检查方法

检查心搏动可用视诊和触诊法，应以触诊为主。

检查心搏动时，将被检动物取站立姿势，使其左前肢向前伸出半步，以充分露出心区。检查者站于动物的左侧方。视诊时，仔细观察左心区被毛和胸壁的振动情况；触诊时检查者一手放于动物鬐甲部，用另一手的手掌紧贴于动物心区感知胸壁的振动，主要判定其强度及频率。

（三）正常状态及其病理改变

正常情况下，如心脏的收缩力量不变，胸壁与心脏之间的介质状态无异常，则因动物营养状况、胸壁厚度的不同，而心搏动的强度有所差异。如过肥动物，因胸壁较厚而心搏动较弱，而营养不良的消瘦个体，因胸壁较薄而心搏动相对较强。另外，劳役、运动、外界气温增高、动物兴奋或恐惧时，均可呈现生理性心搏动增强。

心搏动的病理性改变，常见有增强、减弱或移位。

1. 心搏动增强：病理性心搏动增强，与心肌收缩力加强有关。可见于一切能引起心机能亢进的疾病过程中，如发热病的初期、剧痛性疾病、轻度的贫血及心脏疾病的代偿期等。

心搏动过度增强，可随心搏动而引起病畜全身的震动，则称心悸。

2. 心搏动减弱：病理性心搏动减弱，可因心肌收缩力减弱所引起。可见于心脏病的代偿机能障碍期及心力衰竭过程中。也可因胸壁增厚，胸腔和心包内积聚多量渗出液或漏出液等所引起。

3. 心搏动移位：多由于心脏被邻近器官或病理产物压迫所引起。向前移位，见于马急性胃扩张、肠臌气等病过程中；向一侧移位，见于他侧肺气肿或渗出性胸膜炎等。

此外，当触诊检查心搏动时，如病畜呈现疼痛反应，如回视、躲闪或抵抗，则为心区疼痛的表现。可见于心包炎或胸膜炎时。

二、心脏的叩诊检查

心脏叩诊检查的目的在于判断心脏体积的大小及疼痛反应。当叩诊心脏直接接触胸壁部分时呈现浊音，称心脏的绝对浊音区；叩诊被肺脏掩盖的心脏部分时呈现半浊音，称心脏的相对浊音区。相对浊音区能够较确切地反映心脏的后上界限。心脏的叩诊，在大动物宜用锤板叩诊法，小动物可用指指叩诊法。

（一）心脏叩诊区的确定

马心脏绝对浊音区在左侧呈近似不等边三角形，其顶点在第 3 肋间距离肩端水平线下方 1~3cm 处，由顶点向第 6 肋骨下端引一弧线，则为绝对浊音区的后界。距此线 3~4cm，再划一弧线，即为相对浊音区的后界。右侧相对浊音区显著较左侧为小，位于第 3~4 肋间的最下方。

牛、羊仅在左侧第 3~4 肋间，胸壁下 1/3 的中央部呈现相对浊音区，而且范围较小。若呈现绝对浊音区，即为病理状态。

猪在左侧胸壁下方第 2~3 肋间，呈现不甚清楚的相对浊音区。但对肥猪的心脏叩诊无任何实际意义。

（二）心脏叩诊区的病理性改变

1. 心脏浊音区扩大：为心脏体积增大的表示。可见于心脏肥大、心脏扩张及心包炎、心包积聚等病过程中，特别在牛创伤性心包炎时，心脏浊音区显著扩大。

2. 心脏浊音区缩小：常因遮盖心脏的肺边缘部分的肺气肿所引起，可见于肺气肿时。

3. 心区疼痛：叩诊时病畜呈现回视、躲闪、反抗表现，则为心区敏感疼痛的表示。可见于心包炎或胸膜炎等病过程中。

三、心脏的听诊检查

心脏的听诊检查，通常用间接听诊法，在左心区听诊，必要时再与右心区听诊。将被检查动物行自然站立保定，使左前肢向前伸出半步，以充分显露出心区，在肘头后上方心区内听诊。为了确定某以瓣膜音的病理性改变，以推断其形态和机能方面的病理变化时，可在该瓣膜音的最佳听取点上听诊。

心脏听诊检查的目的，主要在于听诊心音并判断其频率、强度、性质、节律有无改变，以及有无心音分裂与重复和心杂音等，依此推断心脏的机能、瓣膜及血液循环的状态。

（一）正常心音的产生及辨别

听诊健康家畜的心脏时，在每个心动周期内都可听到两个有节律相互交替出现的不同性质的声音，称为心音，分别称第一心音和第二心音。

第一心音产生于心室的收缩期，亦称心缩音。主要时由于心室收缩时，左右房室瓣（二、三尖瓣）的同时关闭与振动所产生，此外，主动脉瓣和肺动膜瓣开放，由心室内射出血液冲击主、肺动脉壁所引起的血管壁的振动，以及心室肌的紧张与振动等均参与第一心音的形成。由于房室瓣在心室开始收缩后就几乎立即关闭，因此第一音的出现可作为心室开始收缩的标志。

第二心音产生于心室舒张期，亦称心舒音。主要是由于心室舒张时，主动脉和肺动脉瓣的同时关闭与振动所产生。此外，房室瓣的开放，因室内压的突然降低，使血液在动脉基部的振荡等亦参与第二心音的产生。由于主、肺动脉瓣几乎在心室开始舒张时就立即关闭，因此，第二心音的出现，可作为心室开始舒张的标志。

此外，尚有第三心音和第四心音。第三心音发生于第二心音之后，是在心室舒张的早期，血液自心房急速流入心室，致使心室壁（包括乳头肌和腱索）振动而产生的；第四心音发生于下次第一心音之前，是由于心房收缩所产生的。这两种心音都很微弱，在正常时很难听到，只有在心率减慢或心音描记时，才易听出或描记出来。因此，在临床上一般只能听到第一、二心音。如果第三、第四心音变得明显，则属病理状态。

健康马属动物，第一心音的音调较低，持续时间较长，音尾延续，第二心音的音调较高，持续时间较短，音尾突然终止，第一心音与第二心音之间的间隔时间较短，而第二心音与下次第一心音之间的间隔时间较长；牛羊的心音基本与马属动物相同，但黄牛和乳牛的心音一般较马的心音清晰，并且较弱；猪的心音较钝浊，而且两心音间的间隔大致相等；犬的心音较清晰，且第一心音与第二心音的音调、强度、间隔及持续时间大致相等。

正常情况下，依据前述心音的特点及间隔时间辨别第一、第二心音，并不困难。但心率代偿性加快（如马的心率超过 80 次 /min 以上）后，两心音的间隔时间几乎相等，特别是两心音的强度和音性也变得非常相近（胎样心音）时，则第一、第二心音不易区分。在此情况下，可依据第一心音产生于心室收缩之际，与心搏动和脉搏同时出现，而第二心音产生于心室舒张之时，其出现在心搏动和脉搏出现之后的特点，一面听心音，一面触诊心搏动或脉搏，与心搏动或脉搏同时产生的心音便是第一心音，而在心搏动或脉搏后出现的心音则为第二心音。

（二）心音的最佳听取点

在心区内的任何一点都可听到两个心音。但为了判定心脏各瓣膜音的变化及心内杂音的产生部位，必须确定各瓣膜音的最佳（最强）听取点。心脏各瓣膜所产生的声音，常沿血流的方向传导到心区胸壁的一定部位，在此部位听诊时其相应瓣膜音最清楚，临床上称此部位为该瓣膜音最佳（最强）听取点。由于心音沿血流的方向传导，实际听到各瓣膜音最清楚的部位，并不完全与心脏各瓣膜在心区胸壁上的投影部位相一致。可按下表确定各种家畜心脏各瓣膜音的最佳听取点。

表 1–4　家畜心音的最佳听点

区分	第一心音		第二心音	
	二尖瓣口	三尖瓣口	主动脉瓣口	肺动脉瓣口
马	左侧第五肋间胸廓下 1/3 的中央水平线下方	右侧第四肋间胸廓下 1/3 的中央水平线下方	左侧第四肋间肩端水平线下 1~2 指处	左侧第三肋间胸廓下 1/3 的中央水平线下方
牛羊	左侧第四肋间主动脉瓣音最佳点下方	右侧第四肋间胸廓下 1/3 的中央水平线下方	左侧第四肋间肩端水平线下 1~2 指处	左侧第三肋间胸廓下 1/3 的中央水平线下方
猪	左侧第四肋间主动脉瓣音最佳点下方	右侧第三肋间胸廓下 1/3 的中央水平线下方	左侧第四肋间肩端水平线下 1~2 指处	左侧第三肋间接近胸骨处
犬	左侧第四肋间主动脉瓣音最佳点下方	右侧第四肋间，肋骨和肋软骨结合部稍下方	左侧第四肋间肩端水平线直下	左侧第三肋间靠近胸骨的边缘处

（三）心音的病理性改变

病理情况下，常可发生心音的频率、强度、性质或节律的变化。

1. 心音频率的测定及改变：心音频率是依每分钟的心动周期数而计测的，每呈现第一和第二两个心音，即表示一个心动周期，依此测定每分钟的心跳次数。但在某些严重病理过程中，尤其第二心音极度减弱时，可能只听到一个心音（第一心音），此时不能按每两个心音计算为一个心动周期，而应结合心搏动或脉搏数的测定结果推断心跳频率。

心音频率的病理性改变，常呈现加快或减慢两种，其原因和诊断意义与脉搏数的病理性增多或减少的原因和诊断意义基本相同。

2. 心音强度的改变：心音的强度时指心音的强弱而言。在正常情况下，第一心音在心尖部，即第四或第五肋间的下方较强；第二心音在心基部，即第四肋间肩端水平线稍下方较强。因此，判定心音的强弱时，必须在心尖和心基部进行比较听诊，如果两处的心音都增强或减弱，才能认为时心音增强或减弱。

心音强度的改变，可表现为第一、第二心音同时增强或减弱，也可呈现某个心音的增强或减弱。两个心音同时增强或减弱，可由于某些生理因素所引起，例如动物兴奋、恐惧、重剧劳役或运动时，可呈现两心音同时增强。但某一心音的单独增强或减弱，多属病理性改变。

（1）心音的病理性增强

① 第一、第二心音同时增强：时由于心肌收缩力加强，心脏输出血量增加，动脉根部血压增高，使房室瓣和动脉瓣的振动均增强所致。可见于发热病的初期、剧痛性疾病、心脏肥大和其他心脏病的代偿机能亢进以及轻度的贫血或失血等。

② 第一心音增强：第一心音增强，可因心肌收缩力增强，而致房室瓣振动增强所引起。可见于高热性疾病及心脏肥大时；但更多因病理性心动过速，心室舒张期缩短，心室充盈不

良，一方面由于室内压降低，在心室收缩初期，心肌很快达到最大紧张度，房室瓣迅速而紧张关闭，另一方面驱出血量减少，动脉压降低，动脉瓣的关闭与振动减弱，从而使第一心音明显增强。可见于重症心脏疾病（如急性心肌炎、急性心内膜炎、心力衰竭等）及伴发严重心肌能不全的其他疾病过程中；还常由于第二心音显著减弱而相对增强，可见于能引起第二心音减弱的疾病（如大失血、严重脱水、休克及虚脱等）时。

③ 第二心音增强：时因主动脉或肺动脉血压升高，在心室舒张时，动脉瓣的关闭与振动增强所致。主动脉口第二心音增强，是因主动脉增高所致。可见于肾炎、马肠系膜动脉血栓性腹痛症等；肺动脉口第二心音增强，是因肺动脉压增高所致。可见于慢性肺泡气肿、肺充血与肺炎的初期，二尖瓣关闭不全及其他能引起肺循环障碍的疾病过程中。

（2）心音的病理性减弱

① 第一、第二心音同时减弱：是因心肌收缩力减弱，心脏输出血量减少，主、肺动脉根部血压下降，使房室瓣和动脉瓣的关闭与振动均减弱所致。多见于心肌炎、心肌变性后期、心脏代偿机能障碍及濒死期。此外，还可见于影响心音传导的疾病，如心包积水、渗出性心包炎、渗出性胸膜炎、胸腔积水、重症的肺气肿及胸壁浮肿等。

② 第一心音减弱：比较少见，只是在心肌收缩力异常减弱，心室过度充盈的情况下，房室瓣的关闭与振动减弱所致。可见于心肌炎和心肌梗死的末期，以及主动脉瓣关闭不全等病过程中。此外，在第二心音增强的同时，也可呈现第一心音相对减弱。

③ 第二心音减弱：第二心音的减弱甚至消失比较常见，是因动脉根部血压显著降低所致。主、肺动脉口第二心音均减弱，多见于能够导致血容量减少的疾病（如大失血、严重脱水、休克与虚脱等）过程中；主动脉口第二心音减弱，时因主动脉根部血压下降所致。可见于主动脉口狭窄或主动脉瓣关闭不全时；肺动脉口第二心音减弱，是由肺动脉根部血压下降所致。可见于肺动脉口狭窄或动脉瓣关闭不全时。

3. 心音性质的改变：心音性质的病理性改变，可表现为心音浑浊或异常清朗（带有金属音色）。

（1）心音浑浊：是临床上最常见的病理性心音。其特点是心音低浊，甚至于含混不清，像是被杂音所掩盖。主要由于心肌变性或心脏瓣膜有一定的病变，使瓣膜振动能力发生改变所引起。可见于心肌炎、心肌营养不良与变性，以及伴发心肌变性的多种疾病（例如某些高热性疾病、严重贫血、高度的衰竭症、鼻疽、慢性马传染性贫血、牛结核、牛肺疫、口蹄疫、猪瘟、猪肺疫、猪丹毒、流行性感冒、幼畜硒缺乏症及某些中毒病等）过程中。

（2）心音异常清朗（金属样心音）：其特点是心音过于清脆，而带金属音响。可见于破伤风或邻近心区的肺叶中形成有含气性空洞，以及膈疝时。

4. 心音分裂与重复：第一心音或第二心音分裂成性质完全一致的两个声音，称心音的分裂或重复。两个声音未完全分开呈现前后高而中间低的音响，称心音分裂，如果两个声音完全分开，并有很短的间隔，则称心音重复。心音分裂与重复的诊断意义相同，只是程度不同而已。

（1）第一心音分裂与重复：是由于左、右心室不同时收缩，使左右房室瓣不同步关闭所致。可见于一侧房室束传导阻滞或一侧心室肌严重变性而收缩力减弱时。多提示心肌有重度的变性。健康牛马有时也因兴奋或一时性血压升高而出现第一心音分裂，但安静后可自然消失，无诊断意义。

（2）第二心音分裂与重复：是由主、肺动脉压单方面明显升高，使主、肺动脉瓣不同步关闭所致。可见于能使主动脉压单方面升高的重剧肾炎，或能使肺动脉压单方面升高的左房室口狭窄、肺淤血、肺气肿等病过程中。

5. 奔马律：除第一、第二心音外，又有第三个附加的心音连续而来，恰似从远处传来的奔跑的马蹄音，故称奔马律。一般认为是第三、第四心音病理性增强的结果。若附加的心音发生于心舒期（第二心音之后），称为心舒张早期奔马律。是在心肌收缩严重无力，心室壁异常弛缓的状态下，来自心房的血液进入心室，使心室壁振动增强，第三心音变得明显易被听到所致。可见于严重的心肌炎、心机能不全等；若附加的心音发生于心缩期前（第一心音之前），则称为缩期前奔马律。可由于左心室肥大，房室传导迟缓，心室收缩较晚，致使第四心音（心房音）变得明显而易听到所致。见于右心室肥大，心脏瓣膜病、心肌炎等。

6. 心音节律的改变：正常情况下，每次心音的间隔时间相等，强度一致。如果心音的间隔时间不等，强度不一，则称心律不齐。多由于窦房结兴奋起源发生紊乱、传导系统机能障碍及窦房结以外的异位兴奋灶所引起。并与植物性神经的兴奋性有关，常见有以下几种。

（1）窦性心动过速：是一种快速而均匀的心律。马心率在 60 次 /min 以上，常逐渐增强，逐渐减慢。可见于发热性疾病、心力衰竭及其他伴发心机能不全的疾病过程中。

（2）窦性心动过缓：是一种缓慢而均匀的心律，马心律在 25 次 /min 以下。可见于颅内压增高的疾病、严重黄疸及洋地黄中毒等。

（3）期外收缩（过早搏动）：期外收缩是在原来心律的基础上突然提前出现的心脏收缩，继之有个较长的间歇，使基本心律发生紊乱。听诊时，在一次或数次正常心音之后，经很短时间出现一次提前收缩的心音，称期外收缩音，其第一心音明显增强，第二心音则大多减弱，有时第二心音消失，仅能听到第一心音，其后再经较长的间歇时间，才出现下次心音。在期外收缩时所产生的脉搏微弱，甚至不能触及。

期外收缩属异位心律，当心肌的兴奋性改变而出现窦房结以外的异位兴奋灶时，在正常的窦房结兴奋冲动来之前，由异位兴奋灶先传来一次强烈的兴奋冲动，正好落在心室的相对不应期，引起心室的提前收缩，并产生期外收缩音，而来自窦房结的正常兴奋冲动刚好落在心室收缩的绝对不应期，致使原来应有的正常搏动消失，以致要待下次正常兴奋冲动传来后，才引起心室的正常收缩，产生正常心音，从而使其间歇时间延长，即出现所谓代偿性间歇。期外收缩时，由于心室舒张不全，心室充盈度下降，心脏驱出血量减少，甚至因充盈度过小而在心室收缩时不能将动脉瓣启开，从而致使第一心音明显增强，第二心音减弱，甚至消失，脉搏微弱或短促。

偶尔出现的期外收缩，多无重要意义。频繁而持续的期外缩，常为心肌损害的标志。

（4）传导阻滞：其特征时连续几次正常心搏动后，突然出现一次心室收缩暂停，两心音消失，在前次第二心音与后次第一心音之间出现长时间的间歇，其间歇时间一般相当于正常间歇期的两倍。是因心肌病变波及心脏传导系统，使窦房传导阻滞或房室传导阻滞，由窦房结传来的兴奋冲动不能传向心室而引起心搏动脱漏所致。明显而顽固的不规则传导阻滞性心律不齐，常为心肌损害的一个重要标志。健康老龄马骡在休息状态下由时偶可见之，但无诊断意义。

复杂的心律不齐，通常仅依临诊方法很难识别。必要时可行心电图检查而确定之。

（四）心杂音

心杂音时伴随心脏活动而产生的正常心音以外的附加音响。依据杂音产生的部位，可分为心外性杂音和心内性杂音。

1. 心外杂音：主要由于心包病变所引起。常见的有以下两种。

（1）心包摩擦音：由于心包发炎，纤维蛋白沉着，心脏搏动时，粗糙的心包内层与心外膜相互摩擦所产生，其性质类似于皮革的摩擦音，伴随心脏搏动而出现，在心收缩期和舒张期均可听到，杂音如在耳下，紧压集音器时，其因增强。时纤维素性心包炎的特征，常见于牛创伤性心包炎过程中。

（2）心包拍水音：因心包发炎或贫血、循环障碍，使心包内积聚一定量的渗出液或漏出液的条件下，心脏搏动时引起积液的振荡所产生。其性质类似于水击河岸或摇振不满水瓶的声音，伴随心脏搏动出现。其强度则受心包内积液量的多少、有无气体存在及心肌收缩力强弱等因素的影响，当渗出液发生腐败而产生气体，致使心包内积聚一定量的液体和气体时，变得更为明显。相反，当心包内积液量过多，或心肌收缩极度无力时，则变得十分微弱。可见于渗出性心包炎或心包积水时。

2. 心内杂音：是由于心脏瓣膜关闭不全或瓣膜口狭窄，以及血流速度加快等原因所引起的杂音。依据心脏瓣膜或瓣膜口有无不可逆性的病理形态学改变，可分为器质性心内杂音和机能性（非器质性）心内杂音；也可按其发生的时期（即缩期或舒期），又可分为缩期杂音和舒期杂音。缩期杂音时发生在心缩期，跟随在第一心音后面或和第一心音同时出现的杂音，可由于房室瓣关闭不全或主、肺动脉口狭窄而产生；舒期杂音时发生在心舒期，跟随在第二心音后面或和第二心音同时出现的杂音，可由于房室口狭窄或主、肺动脉瓣关闭不全而产生。

（1）器质性心内杂音：时由于心内膜发炎，引起心脏瓣膜肥厚、粘连、缺损、穿孔及腱索短缩或断裂等病理形态学变化，致使瓣膜关闭不全或瓣膜口狭窄所引起的杂音。

① 瓣膜关闭不全性杂音：由于心脏瓣膜关闭不全时，在心室的收缩和舒张过程中，瓣膜不能完全地将其瓣膜口关闭而留有空隙，从而使血液经过病理性空隙而发生逆流，形成漩涡，并引起血液、瓣膜、心壁的异常振动所产生。此类杂音的性质多类似于吹风样，较柔和，开始时较强而后逐渐减弱到消失。

左（二尖瓣）、右（三尖瓣）房室瓣关闭不全性杂音：发生在心缩期。其杂音跟随在第一心音之后或和第一心音同时出现，常可将第一心音所掩盖，并往往占据全心缩期。在二、三尖瓣最佳听取点上听诊最明显。

主、肺动脉瓣关闭不全性杂音：发生于心舒期。其杂音跟随在第二心音之后或和第二心音同时出现，常可将第二心音掩盖，往往占据全舒张期。在主、肺动脉瓣音最佳听取点上听诊最明显。

② 瓣膜口狭窄性杂音：由于瓣膜口狭窄时，在心室的收缩和舒张过程中，血液流经狭窄的瓣膜口而形成漩涡，并引起瓣膜、心室壁、血管壁的异常振动所产生。此类杂音的性质比较粗糙，类似于喷射音、锯木音或箭鸣音。

左、右房室口狭窄性杂音：发生于心舒期的中、晚期。其杂音出现于第二心音之后，终止于第一心音之前，开始时较弱而后逐渐增强到消失。

主、肺动脉口狭窄性杂音：发生于心缩期，其杂音出现于第一心音之后，终止于第二心音之前，由弱逐渐增强到心室收缩中期后又逐渐减弱到消失。

器质性心内杂音主见于心内膜炎，特别是慢性心内膜炎过程中，是心脏瓣膜病的重要诊断依据。但也不能作为唯一依据，如在普通血流速度下，高度的狭窄或关闭不全，可能不发生杂音。因此，在临床上，必须结合其他临床症状和疾病发展经过，综合分析，才能得出合乎逻辑的结论。

（2）机能性心内杂音：是心脏瓣膜上并无不可逆性的形态学改变，多由于机能的变化所引起的杂音。常见有两种。

① 房室瓣相对关闭不全杂音：多由于心室高度弛缓或扩张，房室瓣不能将扩大了的相应房室口完全关闭，形成房室瓣膜相对关闭不全的条件下，心室收缩过程中，血液发生逆流形成漩涡，并引起瓣膜的异常振动所产生。杂音发生在心缩期，跟随于第一心音之后或和第一心音同时出现，其性质类似于柔和的吹风样音，通常不掩盖第一心音。可见于心扩张、心脏病的代偿机能障碍及心力衰竭等病过程中。

② 贫血性（血流加速性）杂音：是由于严重贫血，血液变得稀薄、黏度降低，致使血流速度加快，形成漩涡，并引起心壁或血管壁的异常振动所产生的杂音。只产生于心缩期，属缩期杂音。常见于各种类型的严重贫血，尤其多见于亚急性和慢性马传染性贫血时。

（3）器质性缩期杂音与机能性心内杂音的区别：这两类杂音都发生于心缩期，均属缩期杂音，必须进行区别，主要应追随病程听诊观察而确定。器质性缩期杂音较粗糙而强，具有“不可逆性”特点，可长期存在，特别使动物运动或应用强心剂后，伴随心肌收缩力的增强，而其杂音变得更为明显而强；机能性心内杂音则较柔和而弱，不够稳定，时隐时现，时强时弱，并随病情的好转或应用强心剂后，杂音减弱或消失。

四、心脏的功能试验

心脏的功能试验是给予动物一定时间、一定强度的运动，并对比观察运动前、后的心跳（脉搏）数变化及其恢复正常（试验前的水平）的时间，以推断心脏机能状态的方法。

此法简便易行，在心机能不全的判断上有一定的意义。例如，心机能正常的马匹，经15min 的快步运动之后，心跳（脉搏）可增至 45~65 次 /min，但经 3~7min 休息之后，即可恢复正常；当心机能不全时，可增加 1 倍而达 70~95 次 /min，且须经 15~30min 休息之后，才能恢复正常。

进行此试验时，必须严格掌握运动的时间、距离及速度，并应注意地形、路面及外界温度等条件的影响。

临床上，应将试验的结果，同其他症状、资料相结合进行分析，以确切判断心脏的机能状态。

五、心包穿刺检查

当怀疑心包内有渗出液、漏出液或血液时，可行心包穿刺检查，进一步判定性质。

第二节　血管的检查

一、动脉脉搏的检查

脉搏的检查主要包括脉搏的频率、性质及节律的检查。

（一）脉搏频率的检查

详见一般检查。

（二）脉搏性质的检查

脉搏的性质一般系指脉搏的强弱、大小、虚实、软硬及迟速等特性而言。脉性的变化，可反映整个心血管系统的机能状态。

1. 脉搏的强弱与大小：脉搏的强弱是指脉搏搏动力量的强弱而言，其搏动力量强称强脉，搏动力量弱称弱脉；脉搏的大小是指脉搏搏动时脉管壁振幅的大小而言，其振幅大称大脉，振幅小称小脉。强脉与大脉、弱脉与小脉，通常综合而体现，形成强大脉与弱小脉。

（1）强大脉：也称洪大脉，是强、大、充实的脉搏。其特点是脉搏冲击检指的力量强，抬举检指的高度大。为心脏收缩力加强，每搏输出量增多，脉管壁比较迟缓而振幅增大，收缩压升高，脉压差增大的表示。可见于热性病初期，心脏肥大及其他原因而致的心脏代偿机能亢进时。

（2）弱小脉：是弱、小、充盈度不足的脉搏。其特点是脉搏冲击检指的力量弱，抬举检指的高度小。为心脏收缩力减弱，每搏输出量或血液总量减少，脉管壁振幅变小，收缩压下降，脉压差变小的表示。可见于心脏衰弱及其他重症疾病中、后期。如果脉搏搏动极微弱，甚至不感于手，则为病情重危、预后不良的表示。可见于心力衰竭及濒死期。

2. 脉搏的虚实：脉搏的虚实是指脉管的充盈度的大小而言。主要由每搏输出量及血液总量所决定。可用检指加压、放开反复操作，依据脉管内径的大小判定。

（1）虚脉：脉管内径小，血液充盈不良，为血容量不足的表示。可见于大失血及严重脱水时。

（2）实脉：脉管内径大、血液充盈、为血液总量充足及心脏功能代偿性增强的表示。可见于热性病初期及心脏肥大时。

3. 脉搏的软硬：脉搏的软硬时由脉管壁的紧张度所决定，依据脉管对检指的抵抗力的大小而判定。

（1）软脉：检指轻压脉搏即消失，为脉管紧张度降低、脉管弛缓的表示。可见于心力衰竭、长期发热及大失血时。

（2）硬脉：又称弦脉。对检指的抵抗力大，为血管紧张度增高的表示。可见于破伤风、急性肾炎及疼痛性疾病过程中。

硬而小的脉又称金线脉，可见于重症腹膜炎、胃肠炎、肠变位等。

4. 脉搏的迟速：脉搏的迟速并非指的是脉搏快慢，而是指动脉内压上升和下降的速度。

（1）迟脉：脉搏波形上下变动迟慢，触诊时感到脉搏徐来而慢去。可见于主动脉口狭窄时。

（2）速脉：又称跳脉，脉搏波形上升及下降快速，触诊感到脉搏骤来而急去。为主动脉瓣关闭不全的一个特征。

（三）脉搏节律的检查

正常情况下，每次脉搏之间的间隔时间相等，强度一致，称为有节律的脉搏。反之，则称脉搏节律不齐。可呈现脉搏的强弱、大小不均，间隔时间不等，甚至出现间歇等，均为病理性表现。脉搏节律不齐是心律不齐的直接后果和反映，其诊断意义与心律不齐相同。

二、静脉的检查

（一）体表静脉淤血程度的检查

为判定全身性静脉淤血的程度，除注意观察可视黏膜血管的充血程度外，重点观察颈静脉及马胸外静脉的淤血显露程度，特别是牛，如呈现颈静脉怒张，甚至呈绳索状，则多为创伤性心包炎的表现。

（二）颈静脉搏动的检查

根据其产生的原理，可分为下列 3 种。

1. 阴性颈静脉搏动：又称心房性颈静脉搏动，是左右心房收缩时，还流入心房的腔静脉血一时受阻，使部分静脉血的逆行，波及前腔静脉及颈静脉，而引起的颈静脉搏动。在正常情况下，这种搏动只在胸腔入口处或颈静脉沟的下 1/3 处明显，但在病理状态下，如心力衰竭时，这种搏动可波及颈静脉沟的中、上 1/3，甚至波及下颌支后下方的颈沟处。其特点是指压时，远心端和近心端波动均明显减弱或消失，出现时间与脉搏或心搏动不相一致。

2. 阳性颈静脉搏动：又称心室性颈静脉搏动，多在三尖瓣关闭不全的条件下，心室收缩时，使部分血液经关闭不全的空隙逆流入右心房，并经右心房逆流入腔静脉以至颈静脉所引起的搏动。其特点是波动力量较强，表现明显，通常可波及颈静脉沟的上 1/3 处，指压时远心端搏动消失，近心端搏动则不消失，甚至加强，并与心搏动和脉搏同时出现。可见于三尖瓣关闭不全时。

3. 假性（伪性）颈静脉搏动：是由于颈动脉的强力搏动所引起的颈静脉波动。其特点是与动脉搏动时出现，指压时远心端和近心端的搏动均不消失。多在主动脉瓣关闭不全时产生。健康动物也可出现假性颈静脉搏动。

三、微血管再充盈时间的测定

微血管再充盈时间的检查，在判定微循环功能状态方面具有重要的诊断意义。

1. 测定方法：保定好被检动物，助手打开口唇（家禽打开口腔），检查者观察齿龈黏膜颜色（家禽为上颚部黏膜），左手持秒表，用右手指（家禽及实验动物用铅笔的橡皮头），压迫齿龈黏膜 2~3s，然后除去手指（橡皮头），同时按动秒表，当黏膜颜色恢复到压迫前颜色时，则按停秒表，记录所示时间，然后与正常值相比较，判定微循环功能状态。

2. 正常参考值：为便于比较，现将国内所测得结果列表于下。

表 1–5　各种畜禽微血管再充盈时间正常参考值（单位：s）

动物种类	变动范围	动物种类	变动范围	资料来源
马	1.03 ± 0.10	乳山羊	1.26 ± 0.10	云南农业大学郭成裕等
骡	1.04 ± 0.09	猪	1.34 ± 0.08	
驴	1.02 ± 0.10	梅花鹿	1.50 ± 0.26	
黄牛	1.33 ± 0.13	犬	0.68 ± 0.12	
乳牛	1.35 ± 0.13	猫	1.23 ± 0.10	
水牛	1.45 ± 0.08	兔	1.25 ± 0.10	
牦牛	1.77 ± 0.16	鸡	1.27 ± 0.10	
绵羊	1.25 ± 0.07	鸭	1.33 ± 0.08	
山羊	1.28 ± 0.09	鹅	1.37 ± 0.09	

3. 诊断意义：在兽医临床上，微血管再充盈时间的检查，是判断微循环障碍程度的一项重要参考指标。微循环障碍，毛细血管网处于淤血的状态下，不仅可见到可视黏膜淤血及发绀，而且微血管再充盈时间延长，通常达 3~5s 以上。可见于马急性出血性盲、结肠炎、心力衰竭，中毒性休克等。

第三节　心血管系统检查结果的综合分析

心血管系统正常的表现是脉搏充实有力，心音音质纯正，第一心音低而长，第二心音高而短，节律整齐，且无杂音。如发现病畜无力、出汗、气喘、发绀，静脉淤血和皮下浮肿，心音和脉性异常，可提示心血管系统机能不全或有器质性病变。应进一步综合分析对血管系统检查的异常所见，初步判定其机能不全的程度和所发生疾病的性质。

1. 初步判断心血管机能不全心血管机能不全包括急、慢性心机能不全和血管机能不全（又称外周血管衰竭），是临床上常见的病理过程，首先应注意判定。

（1）病畜脉搏弱快，甚至不感于手，心动过速（马 100 次 /min 以上），第一心音高朗，第二心音减弱甚至消失，严重时常呈现缩期心内杂音，同时伴有极度无力，呼吸速快，黏膜发绀等症状，可初步判断为急性心机能不全（急性心力衰竭）。

（2）病畜表现易疲劳、出汗、动则气喘，夜间浮肿，次日运动消失，心音浑浊、减弱，其他器官系统因瘀血而其机能障碍。可初步判断为慢性心机能不全（慢性心脏衰弱）。

（3）病畜可视黏膜苍白或发绀，体表静脉萎陷，脉搏十分微弱甚至不感于手，第一心音增强，而第二心音微弱甚至消失，体温降低，末梢厥冷，大量出冷汗，短暂的惊恐后出现共济失调，甚至倒地、昏迷和痉挛，可初步判断为血管机能不全（外周血管衰竭）。

2. 初步判断所发生疾病的部位及性质

（1）病畜静脉淤血，甚至怒张（牛以颈静脉、马以胸外静脉最明显），皮下浮肿，心区敏感疼痛，听诊有心包摩擦音或拍水音。可初步诊断为心包炎（牛多为创伤性心包炎）。

（2）病畜表现极度虚弱无力，脉搏虚快，节律不齐，甚至短促，心悸亢进，心动过速，第一心音浑浊或分裂，第二心音显著减弱，心律不齐（期外收缩，传导阻滞），严重时呈现心内杂音。体温升高，白细胞增多。可初步诊断为急性心肌炎。

（3）病畜无力，脉搏弱快，心悸亢进，振动胸壁，呈现恒定的心内器质性杂音，体温升高，多为急性心内膜炎的可能；病畜易疲劳、出汗，并呈现恒定的心内器质性杂音，则多为慢性心脏瓣膜病的可能。

心血管系统疾病多为继发性，可继发于多种急性传染病，某些中毒病及其他器官系统重症疾病过程中。因此，在临诊中应特别注意对原发病的诊断。

第四章　呼吸系统的检查

呼吸系统疾病的发病率仅次于消化系统，而且发生许多传染病（如巴氏杆菌病、牛肺疫、猪支原体肺炎等）及某些寄生虫病（如牛、羊、猪的肺线虫病等）时，都可侵害呼吸系统而致病，因此，呼吸系统的检查具有重要的实际意义。

第一节　呼吸运动的检查

家畜呼吸时，鼻翼、胸廓和腹壁呈现有节律的协调运动，称为呼吸运动。呼吸运动的检查主要包括呼吸频率、呼吸类型、呼吸对称性、呼吸节律及呼吸困难的检查。

一、呼吸频率的检查

呼吸频率的检查，详见第二章一般检查。

二、呼吸类型的检查

呼吸类型也称呼吸方式，是指呼吸时胸壁与腹壁起伏动作强度的对比而言。健康家畜呼吸时胸壁与腹壁的运动协调，强度也大致相等，叫胸腹式呼吸，只有犬例外，属胸式呼吸。呼吸类型的病理改变，有以下两种。

（一）胸式呼吸

其特征为呼吸时胸壁的起伏动作特别明显，而腹壁运动却极微弱。为膈肌、腹壁、腹膜有病或腹腔内器官患有某些能使腹内压增高而影响膈肌运动疾病的表现。可见于膈肌麻痹或破裂、腹壁创伤、腹膜炎及瘤胃臌气、急性胃扩张、肠臌气、腹腔大量积液等。

（二）腹式呼吸

其特征为呼吸时腹壁的起伏动作特别明显，而胸壁的活动却极微弱。为胸壁及胸腔内器官有病的表现。可见于胸壁创伤、肋骨骨折、胸膜炎、胸膜肺炎、胸腔大量积液等。

三、呼吸对称性的检查

健康家畜呼吸时，两侧胸壁起伏的强度一致，称呼吸对称（匀称）。当胸部疾患局限于一侧时，则患侧的呼吸运动显著减弱或消失，而健侧的呼吸运动常出现代偿性加强。可见于一侧性胸膜炎、肋骨骨折、肋间肌风湿及气胸时。

四、呼吸节律的检查

健康家畜的吸气与呼气所持续的时间有一定的比例（马 1∶1.8，牛 1∶1.2，犬 1∶1.6），每次呼吸的强度一致，间隔时间相等，称为节律性呼吸。呼吸节律可受兴奋、运动、喷鼻、嗅闻等生理因素的影响，发生暂时改变，但很快恢复正常。呼吸节律的病理性改变，常见有以下几种。

（一）间断性呼吸

其特征是在呼吸时，出现多次短促的吸气或呼气动作。是由于病畜先抑制呼吸，然后补偿以短促的吸气或呼气所致。常见于细支气管炎、慢性肺泡气肿、胸膜炎等。有时也可见于呼吸中枢兴奋性降低的疾病（如脑炎、中毒及濒死期等）。

（二）陈－施二氏呼吸

又称潮式呼吸，其特征是呼吸逐渐加强、加深、加快，当达到高峰后，逐渐减弱、变浅、变慢，而后代之以呼吸暂停，约经数秒乃至15~30s以后，又重新出现同样的呼吸运动，如此周而复始，呈现周期性变化。其发生机理是在呼吸中枢机能严重障碍，而兴奋性降低的情况下，来自肺和血管反射区的正常冲动，只能引起呼吸中枢微弱的应答反应，血液中正常浓度的CO_2不足以引起呼吸中枢的兴奋，以致呼吸逐渐减弱而停止，在呼吸暂停期间，血液中CO_2浓度又逐渐增高，并刺激呼吸中枢及颈静脉窦与运动脉弓的化学感受器，重新引起呼吸中枢的兴奋，使呼吸运动加强、加深、加快，待达到高峰后，随着血液中CO_2浓度的下降，而血氧浓度的升高，呼吸中枢兴奋性也随之降低，呼吸又逐渐变弱、变浅、变慢，最后暂停，待到血液中CO_2浓度再次升高，又呈现同样的呼吸运动。多为呼吸中枢机能衰竭的早期表现。可见于脑炎、心力衰竭、中毒病及某些重症疾病的后期。

（三）毕欧特氏呼吸

又称间歇呼吸，其特征是数次连续而深度大致相等的呼吸后，呈现一短时的呼吸暂停，然后重新发生同样的呼吸，并交替发生。多为呼吸中枢兴奋性极度降低，病情重危的表现。可见于脑膜炎、某些中毒症（如蕨中毒、酸中毒及尿毒症等）时。

（四）库斯摩尔氏呼吸

又称深长呼吸，其特征是呼吸深大而慢，呼吸次数减少，且带有明显的呼吸杂音（如鼾音），但无呼吸暂停现象。为呼吸中枢机能衰竭的晚期表现。可见于脑脊髓炎、脑水肿、某些中毒病、大失血后期及濒死期。

五、呼吸困难的检查

呼吸运动加强，呼吸频率改变，辅助呼吸肌参与活动，有时呼吸节律及呼吸类型也发生变化，称为呼吸困难。依据引起呼吸困难的原因及表现形式，可分为3种类型。

（一）吸气性呼吸困难

其特征是吸气时间延长，吸气费力，辅助吸气肌也参与吸气运动。病畜在吸气时，表现鼻孔张大，头颈伸直，肘头外展，胸廓开张，肛门内陷，并可常听到类似口哨声的狭窄音。为上呼吸道狭窄、空气吸入发生障碍的表现。可见于上呼吸道狭窄性疾病，如鼻腔狭窄、喉水肿、咽喉炎、猪传染性萎缩性鼻炎、鸡传染性喉气管炎等。

（二）呼气性呼吸困难

其特征是呼气时间延长，呼气用力，辅助呼气参与呼气运动。病畜呼气时表现脊背弓曲，腹肌强力收缩，腹部动作明显加强，肛门突出，并常呈现二重性呼气（连续二次呼气运动），严重时可沿肋骨弓下缘出现较深的凹陷，称“喘线”或“息痨沟”。为肺泡壁组织弹性减弱或细支气管狭窄，而致肺泡内空气排出障碍的表现。可见于肺泡气肿、急性细支气管炎、胸膜肺炎等。

（三）混合性呼吸困难

其特征是吸气和呼气都发生困难，并常伴有呼吸频率增加，甚至呼吸节律改变，是最多见的一类呼吸困难。不仅因肺内气体交换障碍、血氧浓度下降所致，也常因对血氧的输送障碍，组织细胞对氧的利用障碍，以及呼吸中枢机能障碍等因所引起。

肺内气体交换障碍、血氧浓度下降而致的呼吸困难，可见于肺实质发炎、实变而使呼吸面积减少的各型肺炎；致使肺内气体交换受阻的肺充血与肺水肿、肺气肿；能使膈肌运动障碍的胸膜疾病、膈肌疾病及腹内压增高的疾病；以及使肺循环障碍的心脏疾病过程中。

对血氧的输送发生障碍而致的呼吸困难，可见于致使红细胞减少、血红蛋白含量下降的各型严重贫血，伴发贫血的传染病（如马传染性贫血等）、寄生虫病（如血孢子虫病等）、溶血性疾病（如新生仔畜溶血病等），以及致使血红蛋白变性的中毒病（如亚硝酸盐中毒等）时。

组织细胞对氧的利用障碍而致的呼吸困难，可见于能使组织细胞呼吸酶系统受到抑制的某些中毒病（如氢氰酸中毒等）时。

呼吸中枢机能障碍而致的呼吸困难，可见于某些脑病（如脑膜炎、传染性脑脊髓炎、脑瘤等）、某些中毒病和代谢障碍病过程中。

第二节　呼出气、鼻液及咳嗽的检查

一、呼出气的检查

（一）呼出气的气味

健康家畜的呼出气一般无特殊的气味。但在某些疾病过程中，可使呼出气具有某种特殊气味。例如，当肺组织或呼吸道的其他部位有坏死性病变时，致使呼出气具有腐败气味，可见于副鼻窦炎、腐败性支气管炎及肺坏疽时；在尿毒症时，呼出气可呈现尿臭气味；酮病时，呼出气可呈现酮体气味（类似烂苹果气味）。

（二）呼出气的温度

呼出气温度增高，常见于发热病及呼吸系统炎症性疾病过程中；呼出气温度降低，发凉，常见于严重的脑病、中毒、虚脱及严重的贫血时。

（三）呼出气流强度的匀称性

健康家畜两侧鼻孔呼出气流相等。如一侧鼻孔呼出气流小于他侧，则表示该才侧鼻腔有狭窄、肿胀、肿瘤等，并常伴有鼻狭窄音。

二、鼻液的检查

鼻液是经鼻孔流出的呼吸道黏膜分泌物、炎性渗出物及其他病理产物。健康家畜虽有少量鼻液，马常以喷鼻方式排出 ，牛则用舌舔去或咳出。因此，如发现家畜流多量鼻液，多为呼吸系统有病的表现。对鼻液的检查，应注意其排出状态、流量、性状及有无混合物等，必要时还可进行鼻液中弹力纤维的检查。

（一）鼻液的排出状态

一侧鼻孔流鼻液，仅见于一侧鼻腔、副鼻窦、喉囊的炎症和鼻腔鼻疽等病过程中；两侧鼻孔流鼻液，则为两侧鼻腔、副鼻窦特别是喉以下部分有病的表示。

（二）鼻液的量

鼻液的流量取决于呼吸系统疾病的发生部位、性质及发展时期。一般在呼吸器官急性炎症的初期、慢性炎症及某些传染病时，鼻液量较少。可见于急性气管炎和肺炎初期，慢性支气管炎及肺结核等；而在呼吸器官急性炎症的中、后期及某些传染病时，鼻液量较多。可见于急性支气管炎、支气管肺炎、大叶性肺炎的溶解期、肺坏疽、肺脓肿破裂及马腺疫、急性开放性鼻疽等；当病畜做低头、咳嗽、采食等动作时，从一侧鼻腔流出多量鼻液，可见于一侧性副鼻窦炎或喉囊炎时。如两侧鼻腔流出多量鼻液，可能是由肺坏疽等引起。

（三）鼻液的性状

因炎症的性质及病理过程的不同而有所差异。一般可分为下列几种。

1. 浆性鼻液：无色透明，呈水样。可见于呼吸道炎症、感冒、马腺疫及犬瘟热病的初期等。

2. 黏性鼻液：黏稠、蛋清样，灰白色不透明，因含有多量黏液，可呈牵丝状。可见于呼吸道卡他性炎症的中后期等。

3. 脓性鼻液：黏稠浑浊而成糊状、膏状或凝乳样，多呈灰黄色或黄绿色。可见于副鼻窦炎、马腺疫、流行性感冒、鼻腔鼻疽及肺脓肿破溃时。

4. 腐败性鼻液：污秽不洁，呈灰黄或灰褐色，有时混有崩溃的组织碎块，具有腐败臭味。可见于坏疽性肺炎及腐败性支气管炎等。

5. 铁锈色鼻液：呈红褐色。可见于大叶性肺炎和传染性胸膜肺炎等病的肝变期。

6. 泡沫状鼻液：呈白色或淡红色，含有细小泡沫，一般流量不多。可见于肺充血和肺水肿等。

（四）混合物

鼻液中混有血丝、血凝块或全血，则为鼻出血或肺出血的表现；鼻液中混有唾液及食物碎片，则为呕吐或吞咽障碍的表现。可见于急性胃扩张的后期及咽炎、食道阻塞等。

（五）鼻液中弹力纤维的检查

鼻液中弹力纤维的检查，对了解肺实质有无破坏具有重要的意义。

检查时，取鼻液 2~3ml 置于试管中，加入等量的 10% 氢氧化钾（钠）溶液，在酒精灯上加热煮沸，直到变成均匀溶液为止，然后加 5 倍蒸馏水混合，离心沉淀 5~10min，取沉淀物少许滴在载玻片上，加盖盖玻片，镜检；也可取鼻液置载玻片上，加 10% 氢氧化钾（钠）溶液 1~2 滴，放置片刻镜检。

弹力纤维呈细长弯曲如羊毛状，折光力强，边缘呈双层轮廓，末端常分叉，可能单独存在，或集聚成乱丝状。

鼻液中发现弹力纤维，则为肺实质崩解的结果。可见于坏疽性肺炎、肺脓肿及牛结核等。

三、咳嗽的检查

咳嗽时喉及其以下呼吸道、肺、胸膜等受炎性产物或强烈的理化性因素的刺激而产生的一种保护性反射动作。

咳嗽的检查可通过问诊、听其自然咳嗽声和人工诱咳法进行。

人工诱咳检查时，检查者站在病畜（大家畜）颈侧，面向头方，一手放在鬐甲部作支点。用另一手的拇指和食指压迫第一、二气管软骨环，观察反应。对牛多次拉舌，对小动物短时间闭塞鼻孔，也可诱发咳嗽。正常时不发生咳嗽或仅发生一二声咳嗽，如发生连续多次的咳嗽，则为病理表现。

咳嗽的检查应注意其强度和性质。一般强大有力的咳嗽，多为喉及气管有病的表现；而低弱痛性的咳嗽，多为肺和胸膜有病的表现。

干性咳嗽（声音清脆而干、短）为呼吸道内无分泌物或仅有少量黏稠分泌物存在的表示，常见于急性喉炎的初期、慢性支气管炎、肺结核、猪肺疫等病过程中；湿性咳嗽（声音钝浊湿而长）为呼吸道内有多量稀薄分泌物存在的表示，常见于支气管炎、支气管肺炎、肺脓肿、肺坏疽等疾病过程中；昼轻夜重的咳嗽，最常见于慢性喉炎、慢性气管炎及慢性肺泡气肿等疾病过程中；低弱、痛性、抑制性咳嗽，常见于肺炎及胸膜炎等。

第三节　上呼吸道的检查

上呼吸道的检查主要包括鼻、副鼻窦、喉囊、喉及气管的检查。

一、鼻的检查

（一）外部状态的观察

重点注意鼻面部形态的变化。马、骡的鼻面部、唇周围皮下浮肿，外观呈河马头样，可见于血斑病；鼻部膨隆，常见于软骨症，尤以幼驹更为典型；猪鼻面部短缩、弯曲、变形时，为猪传染性萎缩性鼻炎的特征。

（二）鼻部敏感性的检查

鼻部敏感性增高时，病畜可呈现喷鼻、摩擦鼻端现象，捏压鼻颌切迹部则发生喷鼻反应。可见于鼻炎、猪传染性萎缩性鼻炎及羊鼻蝇蚴病等。

（三）鼻黏膜的检查

鼻黏膜的检查在马属动物较常用，也易进行，牛较马困难。

1. 检查方法：可用徒手法开张鼻孔，利用自然光线或头灯照明检查，羊、猪及其他小动物还可用鼻镜检查。

2. 正常状态及病理变化：健康动物的鼻黏膜稍湿润，有光泽，表面呈颗粒状，呈淡红色。在病理状态下，其颜色及形态等都可发生改变。

鼻黏膜潮红、肿胀，常见于急性鼻炎、流行性感冒、马腺疫、鼻疽、牛恶性卡他热及犬瘟热；鼻黏膜上呈现出血斑，可见于血斑病及马传染性贫血等；马属动物鼻黏膜上呈现由小米粒至黄豆大、黄白色、周围绕以红晕的结节，边缘不整而稍隆起，底部呈灰白或黄白色，如猪脂样的溃疡或星芒状瘢痕，则多为鼻疽的表示；在偶蹄动物鼻黏膜上呈现由粟粒大至黄豆大的水泡，有时水泡溃破融合而成糜烂，可见于口蹄疫，在猪还可见于传染性水泡病。

二、副鼻窦的检查

副鼻窦的检查可用视诊、触诊、叩诊法进行，必要时还可行穿刺检查、X线检查或行圆锯术探查。额窦或上颌窦区隆起、变形、触诊敏感疼痛，叩诊呈现浊音，可见于副鼻窦炎等；窦区隆起变形，触诊坚硬，无明显疼痛，可见于放线菌病、骨瘤等。

三、喉囊的检查

喉囊仅马属动物有之，是耳咽管的膨大部分，位于耳根和喉头之间，在腮腺的上内侧，下颌支的后方。检查主要用视诊和触诊法，配合应用叩诊及喉囊穿刺。如喉囊区肿胀膨隆，触诊有热、痛及波动感，压之缩小，并从同侧鼻孔流出鼻液或鼻液量增加，多为喉囊发炎渗出或积脓的表现。

四、喉及气管的检查

喉及气管的检查，主要用视诊、触诊及听诊法。

（一）视诊

注意喉部有无肿胀。喉周围组织及附近淋巴结肿胀，可见于咽喉炎、马腺疫、急性猪肺疫及猪、牛炭疽等。

（二）触诊

轻触诊喉部敏感、疼痛、肿胀，并呈现剧烈的咳嗽，多为急性喉炎的表现；较用力触诊喉部敏感、咳嗽，多为慢性喉炎的表现；当触压健侧勺状软骨时，呈现呼吸困难，甚至发生窒息现象，则为马喘鸣症的表现；触诊气管敏感、咳嗽，多时气管炎的特征。

（三）听诊

听诊健康家畜的喉及气管时，可听到类似“赫”的声音，呼气时最清楚，称为喉呼吸音，是在呼吸过程中气流冲击声带赫喉壁形成漩涡运动所产生。此音沿整个气管向内传导扩散，渐变柔和，在气管出现者，称气管呼吸音，在胸部支气管区出现者，称支气管呼吸音。喉和气管呼吸音的病理性改变常见有下列几种。

1. 喉、气管呼吸音增强：喉和气管呼吸音变为强大而粗粝的“赫”音，多见于各种呼吸困难性疾病过程中。

2. 喉狭窄音：其性质类似于口哨音、丝丝音或拉锯 音，有时声音相当粗大，可在数步外听到。是在喉黏膜重度肿胀，致使喉狭窄的条件下过产生。可见于喉水肿、重症咽喉炎及马腺疫等病过程中。

此外，当返回神经麻痹时出现的喉狭窄音又称为喘鸣音，见于马喘鸣症时。

3. 啰音：当喉及气管内又分泌物存在时，可呈现啰音。如分泌物黏稠时，可听到干性啰音，分泌物稀薄时，则呈现湿性啰音，可见于喉炎、气管炎及其以下呼吸道炎症过程中。

对猪和家禽、肉食兽，可开口直接对喉腔及其黏膜进行视诊，注意喉黏膜有无肿胀、出血、溃疡、渗出物、异物及肿瘤等。

第四节　胸部和肺的检查

胸部和肺的检查是该系统检查的重点。主要用触诊、叩诊、听诊法，必要时配合 X 线检查和胸腔穿刺检查。

一、胸部的触诊检查

将手背或手掌平放于胸壁上，以判定其温度及胸膜摩擦震颤感；用并拢伸直的手指，垂直放在肋间，自上而下依此进行短促触压，以判定胸壁的敏感性等。

胸壁局部温度增高，可见于胸壁炎症、脓肿及胸膜炎时；触诊时病畜表现回视、躲闪、反抗，为胸壁敏感性增高的表现。可见于胸膜炎及肋骨骨折等病过程中；当患纤维素性胸膜炎时，因胸膜表面纤维蛋白沉着而变得粗糙，在呼吸过程中粗糙的胸膜壁层和脏层相互摩擦，触诊患部胸壁可感知与呼吸一致的震颤，称为胸膜摩擦震颤。可见于纤维蛋白性胸膜炎。

二、胸部和肺的叩诊检查

胸部和肺的叩诊检查主要判定肺部有无能用叩诊法检查出的实变区，肺叩诊区有无病理性改变及胸腔有无积液等。

（一）肺叩诊区的确定

肺叩诊区仅表示肺的可叩诊检查的投影部位，并不完全与肺的解剖界限相吻合。由于家畜肺的前部被发达的肌肉和骨骼所掩盖，以致叩诊不能振动深在的肺脏，因此，家畜的肺叩诊区，比肺脏实体约小 1/3。家畜的肺叩诊区因种类不同而有所差异，但均略呈三角形。

1. 马肺叩诊区：近似一直角三角形。其前界为自肩胛骨后角向下至第 5 肋间所引的垂线；上界为自肩胛骨后角所引与脊柱的平行线，距背正中线约一掌宽（10cm 左右）；后下届为从第 17 肋骨与上界相交处开始，向下向前所引经髋结节水平线与 16 肋骨相交点、坐骨结节水平线与第 14 肋骨相交点、肩端水平线与第 10 肋骨相交点，止于第 5 肋间与前界相交的弧线（图 1.3）。

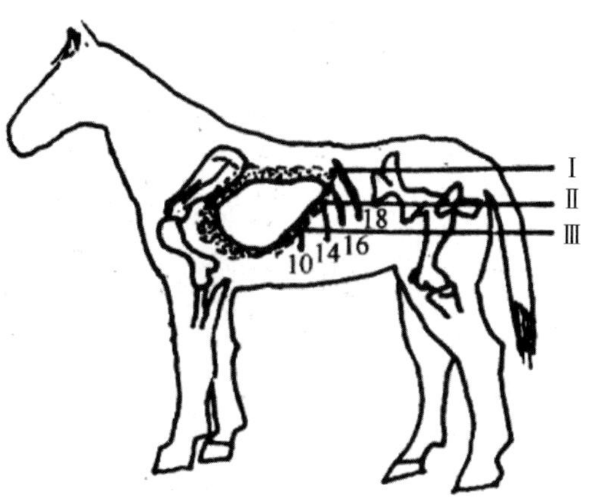

图 1.3　马肺叩诊区

Ⅰ. 髋结节水平线　Ⅱ. 坐骨结节水平线　Ⅲ. 肩端水平线
□叩诊区（叩诊音清楚的部位，清音）⋯⋯叩诊音不清楚的区域（肺叩诊区后下界附近呈浊鼓音，前、上界附近呈半浊音）—肺叩诊界 ⋯肺的位置

2. 牛、羊肺叩诊区：牛肺叩诊区，可分

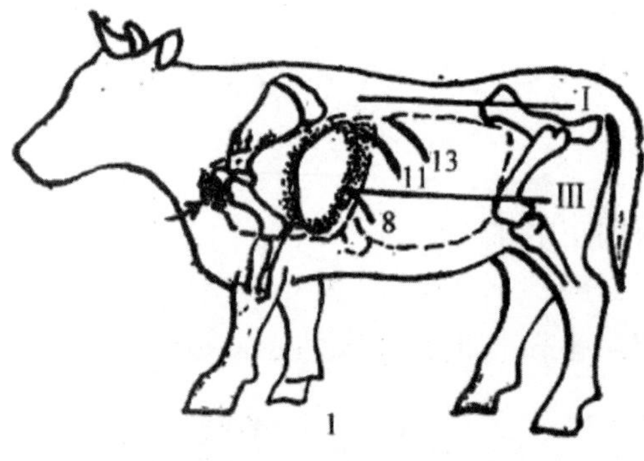

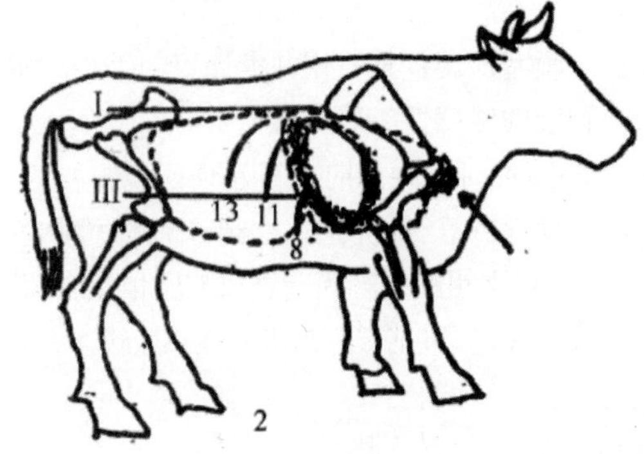

图 1.4 牛肺叩诊区

1. 左侧 2. 右侧

→示肩前叩诊区，其他标号与图 1.3 马肺叩诊区相同

为胸部和肩前两部分。胸部叩诊区亦近似三角形，其前界为自肩胛骨后角沿肘肌向下所引类似“S”形曲线，止于第 4 肋间；上界与马相同；后下界为从第 12 肋骨与上界线相交处开始，向下向前所引经髋结节水平线与第 11 肋骨相交点、肩端水平线与第 8 肋骨相交点，止于第 4 肋骨间与前界相交的弧线（图 1.4），但在左胸侧，因有瘤胃的影响，第 9 肋骨以后的肺叩诊音不易判别。

肩前叩诊区只是在瘦牛将其前肢向后牵引后，才能在肩前 1~3 肋间所呈现的上宽约 6~8cm，下宽约 2~3cm 狭窄叩诊区。在此叩诊区检查，有助于对肺结核及犊牛地方流行性肺炎的诊断。

绵羊、山羊肺叩诊区与牛胸部叩诊区相同，但无肩前叩诊区。

3. 猪肺叩诊区：猪肺叩诊区的前界和上界与马相同，上界距背正中线约 4~5 指；后下界为自髋结节水平线与第 11 肋骨相交点开始，向下向前所引经坐骨结节水平线与第 9 肋骨相交点、肩端水平线与第 7 肋骨相交点，止于第 4 肋骨间的弧线（图 1.5）。肥猪的肺叩诊区不清楚，其上界要往下移，而前界则往后移。

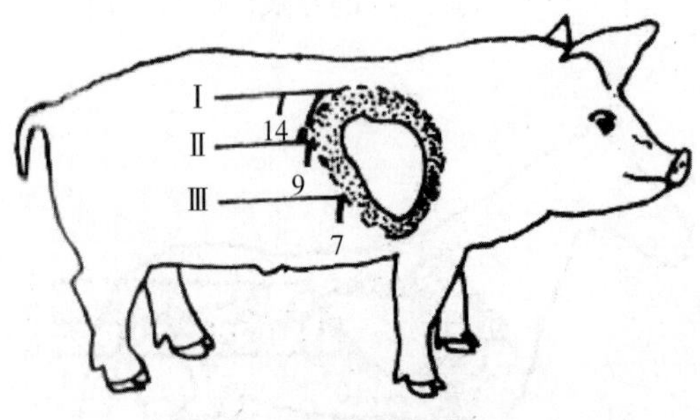

图 1.5 猪肺叩诊区

图中标号与图 1.3 马肺叩诊区相同

4. 骆驼肺叩诊区：前界为自肩胛骨后角沿其后缘和肘肌向下所引曲线；上界为肩胛骨后角向后缩引水平线，距双峰之间的脊柱约 15cm；后下界自第 12 肋骨与上界线相交点开始，向下向前所引经髋结节水平线与第 10 肋骨相交点、肩端水平线与第 8 肋骨相交点，止于第 6 肋骨与肋软骨与肋软骨连接处的弧线（图 1.6）。

5. 犬肺叩诊区：前界为自肩胛骨后角并沿其后缘所引线，止于第 6 肋骨间下部；上界为自肩胛后角所引水平线，距背正中线约 2~3 指宽，后下界为自第 12 肋骨与上界线相交点开始，向下向前所引经髋结节水平线与第 11 肋骨相交点、坐骨结节水平线与第 10 肋骨相交点、肩端水平线与第 8 肋骨相交点，止于第 6 肋间下部与前界相交的弧线（图 1.7）。

图 1.6　骆驼肺叩诊区

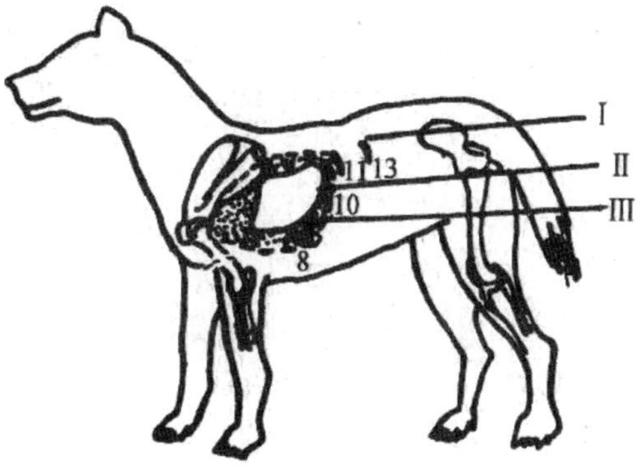

图 1.7　犬肺叩诊区

图中标号与图 1.3 马肺叩诊区相同

（二）叩诊方法

大动物宜用捶板叩诊法，小动物宜用指指叩诊法。叩诊时，一般两侧肺区均应自上而下、自前向后地沿每个肋间进行全面的叩诊，如发现异常，则与周围键区及健侧相应区域进行比较叩诊，以正确判断其病理变化。

（三）肺叩诊区的病理改变

比正常肺叩诊区扩大或缩小 3cm 以上，才能认为是病理性改变。肺叩诊区的病理改变主要表现为扩大，有时也可见缩小。

1. 肺叩诊区扩大：为肺过度膨胀或胸腔积气所致，可见于急慢性肺泡气肿和气胸时。

2. 肺叩诊区缩小：可因腹内压增高，将肺的后缘向前推移所致，可见于急性瘤胃臌气、急性胃扩张、肠臌气等病过程中；也可因心脏体积增大，使心区肺缘向后上方移动所致，可见于心脏肥大、心脏扩张、心包炎（牛创伤性心包炎）和心包积液等。

（四）胸壁叩诊音

胸部叩诊音是由胸壁的振动音和肺组织及肺泡内空气柱振动音组成的综合音。其性质和强弱受胸壁厚度、肺内含气量和叩诊力量等因素的影响。

1. 肺正常叩诊音：健康大家畜肺叩诊区呈现清音，其特点为音响宏大，持续时间较长，音调较低。但在小动物（如犬、猫、兔等），由于肺内空气柱振动较小，则正常叩诊音稍带鼓音性质。由于家畜胸壁各处的厚度和肺脏各部的含气量不同，再加之胸腔后下部又有腹腔器官（如肝脏、胃肠）的影响，健康家畜肺叩诊区各部所呈现的叩诊音也不完全相同，一般在肺叩诊区中部叩诊音较响亮，而其周围部分的叩诊音则较弱而短，带有半浊音性质。

2. 胸、肺部病理性叩诊音：在病理情况下，胸肺部叩诊音的性质可发生明显变化，并在不同的病理状态下，可呈现不同的异常叩诊音。

（1）半浊音、浊音：叩诊病畜肺部呈现半浊音，为肺组织被浸润，肺内含气量减少所致。可见于肺充血与肺水肿、大叶性肺炎的充血渗出期与溶解吸收期等。

叩诊病畜肺部呈现大面积或散在性、点片状浊音区，为肺泡内充满炎性渗出物，使肺组织发生实变或肺内形成无气组织（如瘤体、棘球蚴包囊等）所致。大面积浊音区，可见于大叶性肺炎的肝变期（典型经过者多发生于肺叩诊区的前下部，且上界呈弓形，非典型经过者多发生于肺叩诊区的后上部）以及传染性胸膜肺炎、牛肺疫、牛出血性败血病和猪肺疫等病过程中；散在性、点片状浊音区（病灶大小一般要到拳头大，并距胸壁 5~7cm 内时，才能叩诊出），常见于小叶性肺炎，也可见于肺脓肿、肺棘球蚴病、肺结核、异物性肺炎及肺肿瘤等。

另外，当胸壁发生外伤性肿胀、发炎或胸膜炎而致胸壁过度增厚时也可呈现半浊音，应注意判断，不要误认为时肺实质的病变。

（2）水平浊音：叩诊胸部呈现具有水平上界的浊音区，其上界可随病情的加重而上升，并随病畜体位的变更而改变，为胸腔内积聚多量渗出液、漏出液或血液等所致。可见于渗出性胸膜炎、胸水及血胸等病过程中（图 1.8，图 1.9）。

图 1.8 大叶性肺炎的浊音区

图 1.9 胸腔积液及水平浊音区

（3）过清音：是清音和鼓音之间的一种过渡性声音，其音调较高，其性质类似敲打空盒的声音，故又称为空盒（匣）音。为肺泡扩张，含气量增多所致。可见于肺泡气肿及各型肺炎病变周围健康肺组织代偿性气肿、大叶性肺炎的消散恢复期等。

（4）鼓音：为肺内形成洞壁光滑，紧张度较高的肺空洞（其直径不小于 3~4cm，距离胸壁不超过 3~5cm）或胸腔积气所致。可见于气胸、肺空洞及膈疝时。

（5）破壶音：类似于叩击破壶所产生的声音。是在肺内形成大的肺空洞，并与支气管相通的条件下，叩诊时空洞内空气急剧的经支气管逸出而产生。可见于肺坏疽、肺脓肿及肺结核等疾病过程中。

（五）胸部叩诊的敏感性

叩诊胸部，呈现回视、躲闪，甚至抗拒检查，则为胸部疼痛敏感的表现，常见于胸膜炎、肋骨骨折、胸部创伤时。叩诊发生咳嗽，可见于幼畜支气管肺炎等。

三、胸、肺部的听诊检查

胸、肺的听诊与叩诊配合应用，是诊断肺和胸膜疾病比较可靠的方法。家畜肺听诊区与叩诊区时基本一致的。

（一）听诊方法

对家畜胸、肺部的听诊检查，必须在安静环境条件下（最好在室内）进行。一般用间接听诊法，在野外吹风的情况下或对幼小动物可用直接听诊法。听诊时先从胸中部开始，其次听上部和下部，均由前向后依此进行，每个部位听 2~3 次呼吸音，直至听完全肺。如发现呼吸音有异常时，与该部周围及对侧相应健康部位进行比较听诊。为了使呼吸增强，便于发现病理变化，可使家畜适当运动，或短时间闭塞鼻孔后再行听诊。

（二）肺正常呼吸音

健康家畜肺区内一般都可听到肺泡呼吸音。此外，在牛、羊、猪的肺区前部及犬的整个肺区内尚可听到生理性支气管呼吸音。

1. 肺泡呼吸音：正常肺泡呼吸音比较微弱，类似于轻读“夫”的声音。其特点时吸气时较明显而长，在整个吸气期间都可听到，于吸气之末最为清楚，呼气时则变短而弱，仅于呼气的初期可以听到。

肺泡呼吸音主要是由吸气时，空气通过毛细支气管和狭窄的肺泡口进入肺泡内产生漩涡运动，并引起肺泡壁振动及肺泡壁由弛缓转为紧张时产生的声音，以及呼气时将肺泡内空气从狭窄的肺泡口驱出至毛细支气管及肺泡壁由紧张转为弛缓时产生的声音所组成。此外，还有部分来自上呼吸道的呼吸音也参与肺泡呼吸音的形成。由于在肺呼气时肺泡壁迅速地由紧张转为弛缓，故肺泡呼吸音很快消失。

正常情况下，家畜整个肺区内的肺泡呼吸音强度并不完全一致，一般在肺区中 1/3 最为明显，肩后、肘后及肺边缘部分则较弱。

肺泡呼吸音的强度还常因家畜种类、年龄、营养状况及胸壁厚度的不同而有差异。一般羊的肺泡呼吸音较明显，牛次之，马的最微弱，故在外界气温不高，平静休息状态下，常不易听到，但犬、猫的肺泡呼吸音又比其他家畜明显而强；幼畜的肺泡呼吸音较明显，成年家畜次之，老龄家畜微弱；营养良好、胸廓宽广家畜的肺泡呼吸音，则比营养不良、胸廓狭窄家畜的肺泡呼吸音弱。

2. 生理性支气管呼吸音：支气管呼吸音是一种类似于将舌抬高而呼出气时所发出的“赫”的声音，是空气通过声门裂时产生漩涡运动所引起的喉呼吸音，沿气管传到支气管而形成的。其特点是吸气时较弱而短，呼气时较强而长，声音粗糙而高。

健康马属动物由于解剖生理的特殊性，在其肺部听不到支气管呼吸音。其他家畜肺区的前部接近较大支气管处（支气管区），虽可听到生理性支气管呼吸音，但并非时单纯的支气管呼吸音，而是带有肺泡呼吸音的混合性呼吸音（混合性支气管呼吸音）。

生理状态下，在牛的第 3~4 肋间肩端水平线上下可听到混合性支气管呼吸音。羊和猪的支气管呼吸音大致与牛相同，但更为清楚。只有犬，在其整个肺部都能听到明显的支气管呼吸音。

（三）病理性呼吸音

在病理情况下除正常呼吸音的性质和强度发生改变外，还呈现其他异常呼吸音，统称为病理性呼吸音。

1. 肺泡呼吸音的病理性改变：可分为增强、减弱或消失。

（1）肺泡呼吸音增强：可表现为普遍和局限性增强两种。

① 肺泡呼吸音普遍增强：其特征是在整个肺区内的肺泡呼吸音均增强，皆可听到重读“夫”的音。为呼吸中枢兴奋、呼吸运动和肺换气加强的结果。可见于发热病及其他伴有轻度呼吸困难的疾病过程中。

② 肺泡呼吸音局限性增强：又称代偿性增强，为一侧或肺的一部分发生病变，使其呼吸机能减弱或丧失，而健侧或无病部分肺组织发生代偿性呼吸机能增强所致。可见于各型肺炎等。

（2）肺泡呼吸音粗粝：也是肺泡呼吸音增强的一种表现。其特征时肺泡呼吸音异常增强而粗粝。主要由于毛细支气管黏膜充血肿胀，使肺泡口处变得更为狭窄，从而使空气出入肺泡口时多产生的狭窄音成分异常增强所致。可见于毛细支气管炎、支气管肺炎等疾病过程中。

（3）肺泡呼吸音减弱或消失：肺泡呼吸音过于微弱称减弱，完全听不到称消失。

肺泡呼吸音减弱，可由于进入肺泡内空气量减少、肺泡壁弹性减弱或丧失、肺泡呼吸音的传导受阻等因所致。进入肺泡内空气量减少而致的肺泡呼吸音减弱，可见于细支气管炎、肺炎及胸膜炎、肋骨骨折等病过程中；肺泡壁弹性减弱或丧失而致的肺泡呼吸音减弱，可见于急慢性肺泡气肿时；肺泡呼吸音的传导受阻而致的肺泡呼吸音减弱，可见于渗出性胸膜炎、胸水及气胸等病过程中。

肺泡呼吸音消失，多由于肺部发生大面积实变，空气完全不能进入肺泡内所致。可见于大叶性肺炎、传染性胸膜肺炎的肝变期，以及其他类型的肺炎、牛肺疫、猪肺疫等疾病过程中。

2. 病理性支气管呼吸音：马属动物肺部听到支气管呼吸音，其他家畜肺区中除正常可听到混合性支气管呼吸音区域以外的部分呈现支气管呼吸音，均为病理现象。是在肺部发生大面积、浅在性实变，但支气管却畅通的条件下，实变肺组织对支气管呼吸音的传导性增强所致。为肺部有大面积、浅在性实变的表示。可见于大叶性肺炎和传染性胸膜肺炎的肝变期，以及其他类型的肺炎和伴发肺炎的某些传染病和寄生虫病过程中。此外，在渗出性胸膜炎、胸水等病过程中，由于胸腔内积液压迫被浸于其中的肺组织引起脾变，其传音能力增强，故可在水平浊音界上缘附近区域也可听到支气管呼吸音

3. 病理性混合呼吸音：又称为支气管肺泡呼吸音。其特征是在吸气时以肺泡呼吸音为主，呼气时以支气管呼吸音为主，形成类似“夫－赫”的声音。一般认为在浸润实变区与正常的肺组织相间存在，深部肺组织发生炎灶而周围被正常肺组织所遮盖，以及肺部实变逐渐形成或开始溶解消散的条件下所产生。可见于小叶性肺炎、大叶性肺炎的初期和末期、肺结核等病过程中。

4. 啰音：是一种最常见的病理性附加音。据其性质可分为干啰音和湿啰音两种。

（1）干啰音：其性质类似于哨音、笛音、飞箭音及丝丝音。其特点是在吸气和呼气时都能听到，但在吸气时最为清楚，且有变动性，时而明显，时而消失。是在支气管黏膜发炎、肿胀、管径变窄或有黏稠分泌物存在的条件下，空气通过狭窄的支气管腔或气流冲击附着在

支气管内壁上的黏稠分泌物并引起振动所产生，为支气管有病变的表示。可见于支气管炎、支气管肺炎、慢性肺结核及牛、羊肺线虫病等。

（2）湿啰音：其性质类似于水泡破裂音，亦称水泡音。其特点是在吸气和呼气时都可听到，但在吸气末期更为清楚，也有变动，有时连续不断，有时在咳嗽后消失，经短时间后又重新出现。在临床上又可分为大、中、小三种湿啰音，分别产生于大、中、小支气管内。是在支气管内有稀薄渗出物存在的条件下，气流通过时引起稀薄渗出物的移动或形成气泡并破裂而产生。湿性啰音是支气管疾病最常见的症状，亦为肺部许多疾病的症状之一。

5. 捻发音：是一种细小均匀、类似耳边捻发的声音。其特点是吸气时听到，尤以吸气的顶点最明显，呼气时听不到。是在肺实质发炎，肺泡内有渗出物存在，并将肺泡壁相互粘着，但并未完全实变，或毛细支气管黏膜肿胀并被黏稠的分泌物粘着的条件下，吸气时气流将黏着的肺泡壁或毛细支气管部分分开时所产生。捻发音的出现，表明肺实质的病变。常见于小叶性肺炎、大叶性肺炎的充血期与溶解消散期、肺充血与肺水肿、肺结核等病过程中，也可见于毛细支气管炎时。在临床上应注意与小湿啰音的区别。

表 1-6 捻发音与小湿啰音的区别

区分	捻发音	小湿啰音
出现时间	吸气顶点最明显	吸气与呼气时均可听到
性质	类似于耳边捻发的声音，大小一致	类似于小水泡破裂的声音，大小不一致
咳嗽后	几乎不变	咳嗽后减少，或可能暂时消失或移位

6. 空瓮呼吸音：其性质类似于轻吹狭口瓶时所产生的声音。较柔和而深长，带有金属音色，吸气与呼气时均能听到，呼气时更为明显。是在肺内形成周壁光滑与支气管相通的较大肺空洞，其周围肺组织又处于实变的条件下，支气管呼吸音进入空洞内共鸣而增强所致。见于坏疽性肺炎、肺脓肿破溃时。

7. 胸膜摩擦音：其性质类似于将一手平放于耳边，用另一手在此手背部摩擦所产生的声音。其特点是音调干而粗糙，声音接近体表，且呈断续性，出现于吸气末期和呼气初期。是在胸膜发炎，纤维蛋白沉着，使之变得粗糙的条件下，在呼吸时，胸膜壁、脏两层相互摩擦所产生。为胸膜炎的示病症状。可见于纤维素性胸膜炎、传染性胸膜炎、牛肺疫、肺结核和猪肺疫等病过程中。

8. 胸腔拍水音：类似摇振半瓶水或水浪撞击河岸时产生的声音，吸气和呼气时都能听到。是在胸腔内有积液和气体同时存在的条件下，随呼吸运动或体位的突然改变而引起振动所产生。见于腐败性胸膜炎及气胸伴发渗出性胸膜炎时。

四、胸腔穿刺检查

胸腔穿刺在胸膜炎及胸腔积液等病的诊断上具有重要的作用。穿刺部位、方法及穿刺液的鉴别。

第五节　呼吸系统检查结果的综合分析

通过检查，如发现病畜咳嗽、流鼻液及呼吸困难，可提示呼吸系统有病，应主要依据对上呼吸道及胸、肺检查的异常所见，并参考整体状态的变化，综合分析，初步判定疾病的部位及性质。

1. 如见病畜喷鼻（马）、喷嚏（羊、猪），流多量鼻液、咳嗽声音较粗大，有时还呈现吸气性呼吸困难，但全身症状轻微或不明显，胸肺检查无明显异常，则提示病变的部位在上呼吸道。

（1）如见病畜喷鼻或喷嚏，流鼻液，鼻部敏感，鼻黏膜发红、肿胀，但对喉以下部分检查无明显异常，可提示为鼻炎；病畜单侧或两侧鼻孔流脓性鼻液，特别在低头时流量增多，副鼻窦部肿胀，多为副鼻窦炎的可能；病畜呈现剧烈咳嗽，触诊喉部敏感，并发生连续性咳嗽，但对胸、肺部检查无明显异常，可提示为喉炎。

（2）病畜不仅呈现上呼吸道炎症的症候，还具有传染流行特点时，应考虑某些主要侵害上呼吸道的某些传染病。例如，在猪见喷嚏，流鼻液，鼻面部短缩、歪曲、变性，可提示为传染性萎缩性鼻炎；在马见流鼻液，剧烈咳嗽，并迅速传染流行，多为传染性上呼吸道卡他的可能；在鸡见呼吸困难，咳嗽，喘气，鼻孔有分泌物，有时咳出带血的黏液，喉黏膜上有淡黄色凝固物附着，不易擦去，迅速传播，多为传染性喉气管炎的可能。均应进一步确诊。

2. 如见病畜咳嗽、流鼻液、明显呼吸困难，肺部叩、听诊及 X 线检查异常，可提示疾病主要侵害支气管及肺脏。

（1）病畜咳嗽，流鼻液，听诊肺部有明显的干性或湿性啰音，叩诊肺部无异常，X 线检查肺纹理增重，并有程度不同的全身症状，可初步诊断为支气管炎。

（2）病畜呼吸困难，低弱痛性咳嗽、流鼻液，肺部叩诊呈现点片状或大面积浊音区，听诊呈现捻发音、病理性支气管呼吸音，病变部肺泡呼吸音减弱或消失，全身症状重剧，X 线检查可见点片状或大面积阴影，可初步诊为肺炎。

（3）病畜呼吸困难，鼻液淡红色或白色泡沫状鼻液，肺泡呼吸音粗粝或呈现广泛湿性啰音，可提示为肺充血与肺水肿。

（4）病畜高度呼吸困难，叩诊肺部呈现过清音，叩诊界扩大，听诊肺泡呼吸音减弱或消失，可提示为肺泡气肿；如见病畜呼吸困难，叩诊肺部呈现过清音，但叩诊界多不明显扩大，常伴有皮下气肿，可提示为肺间质气肿。

3. 如见病畜呼吸表浅困难，低弱痛性咳嗽，触、叩诊胸壁敏感疼痛，听诊胸部呈现胸膜摩擦音或叩诊呈现水平浊音，胸腔穿刺，放出渗出液，可诊断为胸膜炎。

4. 如见病畜不仅具有肺、胸膜发炎的症喉群，而且还具有传染流行特点时，多考虑为主要侵害肺、胸膜的传染病（如牛肺疫、结核病、鼻疽、传染性胸膜肺炎、猪肺疫、猪霉形体肺炎等）和寄生虫病（牛、羊、猪肺线虫病等）。应进一步作流行病学调查及病原学、血清学诊断等，以确诊之。

第五章　消化系统的检查

家畜消化系统疾病是多发、常见病，如不早期诊疗，就会直接影响动物的生长发育、生产性能及其他器官系统的正常机能活动，直至造成死亡。其他系统的疾病也常会引起消化机能的紊乱。因此，消化系统的检查有着重要的临床意义。

第一节　饮食机能与动作的检查

一、饮食欲的检查

饮食欲的检查，主要用问诊和视诊，必要时可进行饲喂或饮水试验，以了解动物对饲料或饮水的要求和采食量或饮水量的多少等。

（一）食欲

生理状态下，家畜的食欲常因饲料种类和质量的不同、饲喂制度和饲喂环境的改变等因素的影响而发生暂时改变，但能很快适应和恢复。在病理状态下，家畜的食欲常发生下列变化。

1. 食欲减退：病畜采食量明显减少，即使给予优质适口的饲料也只采食少量。是消化机能轻度障碍的表现。可见于各种较轻微的胃肠疾病、发热及能引起消化机能轻度障碍的其他疾病过程中。

2. 食欲废绝：病畜食欲完全丧失，拒绝采食。是消化机能严重障碍或病情重剧的表现。可见于重症的消化道疾病、肝脏疾病、高热性疾病及其他中部过程中。

3. 食欲不定：食欲时好时坏，变化无常，常见于慢性消化不良时。

4. 异嗜：俗称异食。是食欲紊乱的另一种异常表现。病畜喜食正常饲料成分以外的物质，如垫草、泥土、灰渣、骨头、碎布、破塑料布、砖块、皮、毛、羽毛等。多由于某些矿物质、维生素、微量元素及氨基酸缺乏所引起。可见于骨软症与佝偻病，铜、钴、锌缺乏症，以及慢性氟中毒、慢性胃肠卡他等。

5. 食欲亢进：病畜食欲异常旺盛，采食量异常增多。这种病理现象在家畜较少发生。可见于犬、猫糖尿病及其他家畜的重症疾病恢复期和肠道寄生虫病等。

（二）饮欲

正常情况下，家畜的饮欲常受气温、运动、劳役和饲料中含水量等因素的影响而有所变化。但在病理状态下，则呈现明显异常。

1. 饮欲减退或废绝：病畜饮水量显著减少或不饮水。可见于咽麻痹、马骡腹痛病、食道完全阻塞、脑病及重危疾病时。

2. 饮欲增加：病畜口渴喜饮，饮水量显著增加。可见于发热病、脱水性疾病（如重剧腹泻、大量出汗及渗出性腹膜炎或胸膜炎等）及食盐中毒等。

二、采食

咀嚼和吞咽状态的检查　各种家畜都有其固有的采食方式，如牛用舌卷草入口，马、羊用唇卷拨并用切齿切取食物，猪张口吞食。饮水时均使唇接触水面，上下唇间略留缝隙，舌向后移造成负压，吸水入口。咀嚼灵活有力。吞咽快速顺利。在病理状态下，常可呈现各种障碍。

（一）采食饮水障碍

病畜表现采食不灵活，或不能用唇舌采食，或采食后不能利用唇、舌运动将饲料送至臼齿间进行咀嚼。可见于颜面神经麻痹、牙齿疾患、舌伤、下颌骨骨折、下颌关节脱臼及放线菌病等；如在采食时用牙齿去衔草，将饲草衔在口中而忘记咀嚼，饮水时将口鼻伸入水中而不吸饮，直至呼吸困难时急剧抬头，多为脑机能障碍的表现，可见于慢性脑室积水及脑炎等。

（二）咀嚼障碍

可表现为咀嚼缓慢、痛苦和困难。病畜咀嚼无力，次数减少，称咀嚼缓慢，可见于发热疾病初期及消化机能障碍的疾病等；咀嚼时小心谨慎，想咀嚼而又不敢用力，并往往突然停止咀嚼，并将食物吐出，称咀嚼痛苦，可见于口炎、舌伤、牙齿疾患等；咀嚼费力，张口困难或不能咀嚼，则称咀嚼困难，可见于咀嚼肌麻痹、破伤风和士的宁中毒等。

（三）吞咽障碍

轻者吞咽时表示摇头、伸颈、前蹄刨地，屡次试咽之后，拒绝采食。可见于轻症咽炎及食道炎等；严重者吞咽困难或不能吞咽，大量流涎，食物或饮水经鼻孔逆流而出。常见于重症咽炎、咽麻痹及食道阻塞等。

三、反刍

嗳气状态的检查

（一）反刍

反刍是反刍动物特有的一种消化机能活动。健康反刍动物采食后 1h 左右开始反刍，对每个食团咀嚼 50-60 次后再咽下，每次反刍约持续 0.5~1h 左右，每昼夜约反刍 6~8 次。

反刍的病理变化可表现为反刍缓慢、稀少、短促、无力，完全停止及反刍痛苦等。开始出现反刍的时间延迟，如采食后 3~4h 后才出现反刍，称为反刍迟缓；每昼夜反刍的次数减少，如每昼夜仅反刍 1~2 次，称反刍稀少；每次反刍持续的时间过于短少，如每次反刍仅持续 5~15min，称为反刍短促；反刍时咀嚼无力，时嚼时止，食团未经充分咀嚼即行咽下，称为反刍无力；病畜完全不进行反刍，称为反刍停止；反刍时病畜伸颈，不断发出呻吟声，称为反刍痛苦。反刍缓慢、稀少、短促、无力，为前胃兴奋性降低、运动机能减弱的表现，可见于前胃弛缓、瘤胃积食、创伤性网胃炎、瓣胃和皱胃阻塞的前期、皱胃炎以及引起前胃功能障碍的多种全身性疾病时；反刍完全停止，则为前胃运动机能严重障碍、病情危重的表现，可见于重症的前胃、皱胃疾病及其他重症疾病时；反刍痛苦，可见于创伤性网胃——

腹膜炎等。

（二）嗳气

嗳气也是反刍动物特有的生理活动，是排出瘤胃内气体的主要途径。健康牛每小时约嗳气 18~20 次，羊 9~11 次。嗳气的病理性变化可表现为嗳气增加或减少。

1. 嗳气增加：可见于急性瘤胃臌气的初期，但很快转为减少或停止。

2. 嗳气减少或停止：嗳气减少为前胃运动机能减弱或瘤胃内容物发酵不足的表现，可见于前胃弛缓、瘤胃积食、创伤性网胃炎及引起前胃机能障碍的其他疾病过程中；嗳气停止，可见于食道阻塞、瘤胃臌气后期等。

单胃动物发生嗳气，均为病理现象，由于胃内食物急剧发酵产气所致。在马属动物，可见于急性胃扩张，且为预后不良的表示。

四、流涎、呕吐的观察

（一）流涎

口腔中的分泌物（正常或病理性）流出口外，称为流涎。健康家畜中，除牛因其唾液分泌比较旺盛，生理状态下有时可见少量流涎外，其他家畜均不流涎，若见牛流涎异常增多及其他家畜呈现流涎，均为病理状态，为唾液腺分泌机能亢进或唾液的咽下障碍所致，可见于重症口炎、唾液腺炎、咽炎、咽麻痹、食道阻塞及某些中毒病等。如在牛群中发现大多数牛发生大量牵线性流涎，则为口蹄疫特征。

（二）呕吐

胃内容物不自主地经口或鼻孔中排出来，称为呕吐。草食和杂食动物发生呕吐，均为病理现象，肉食动物可发生生理性呕吐。由于各种家畜胃和食道的解剖生理特点和呕吐中枢的感应性不同，呕吐的难易程度也不一样，肉食动物容易发生呕吐，猪次之，反刍动物再次之，马属动物最难呕吐。呕吐依其发生原因可分为反射性呕吐和中枢性呕吐两种。

1. 反射性呕吐：多由于咽、食道、胃肠黏膜或腹膜受到刺激后，反射性地引起呕吐中枢兴奋所引起。可见于咽梗塞、食道阻塞、牛急性瘤胃臌气以及马急性胃扩张后期、牛皱胃炎、猪胃食滞和胃炎、仔猪蛔虫病等。马发生呕吐，多为预后不良的表现。

2. 中枢性呕吐：多由于呕吐中枢直接受到有毒物质和炎性刺激所引起。可见于某些脑病（如乙型脑炎、脑炎）及某些中毒病过程中。

检查呕吐时还应注意呕吐出现的时间、频度及呕吐物的性状等。如刚采食后，一次性吐出大量食物，多因采食过量所致，可见于肉食动物及猪过食时；频繁多次性呕吐，多因胃黏膜长期遭受某种刺激或呕吐中枢机能紊乱所致，可见于牛皱胃炎及皱胃溃疡、猪胃溃疡及中枢神经系统重症疾病（如脑炎）过程中；呕吐物呈黄色或绿色，且为碱性，则为混有胆汁的表现，可见于小肠阻塞或变位时；呕吐物呈红色或暗红色，则为混有血液的表现，可见于肉食动物及猪的出血性胃炎及某些出血性疾病（如犬瘟热、猫瘟热及猪瘟等）过程中。

第二节　口、咽、食道的检查

一、口腔的检查

（一）开口方法

动物的开口法，可根据临诊的需要，选用徒手开口法或开口器开口法。

1. 牛徒手开口法：用一手的拇指和食指捏住鼻中隔并向上提举，另一手从口角伸入口腔牵出舌并下压下颌，即可使口张开。

2. 羊徒手开口法：用一手拇指与中指由颊部捏握上颌，另一手的拇指和中指由左、右口角处握住下颌，同时用力向上下拉之，即可开口。

3. 猪开口法：可用木棒撬口腔，或用开口器开口，即将猪开口器平直伸入口内，达到口角后，将把柄用力下压，即可打开口腔。

4. 马开口法：仅观察口黏膜颜色时，检查者站于马头侧方，一手握住笼头，另一手食指和中指从一侧口角伸入口腔，使中指抵于舌系带处，用食指顶住上腭，两指分开，一般即可开口。也可将舌从口角处牵拉出检查。若要检查口腔内部器官时，将舌拉出的同时用另一手拇指从它侧口角伸入并顶住上腭，然后检查者移向马的正前方，进行检查。若开口不充分时，也可用开口器开口。

5. 犬开口法：用两手把握犬的上下颌骨部，将颊压入齿列，使颊被盖于臼齿上，然后掰开口，或用开口器开口。

（二）口唇的检查

健康家畜的口唇，除老弱马匹因其下唇组织的紧张性降低而松弛下垂外，两唇闭合良好。病理状态下，常可出现下列变化。

1. 口唇下垂不能闭合：可见于颜面神经麻痹、昏迷、某些中毒病（如马霉玉米中毒）等。一侧性颜面神经麻痹时，则口唇歪向健侧。

2. 口唇紧张性增高：双唇紧闭，口角向后牵引，口腔不易或不能打开。可见于破伤风和士的宁中毒等。

3. 口唇肿胀：可见于血斑病、口唇黏膜深层发炎及马传染性脑脊髓炎等。

4. 唇部疹疱：可见于牛和猪口蹄疫、马传染性脓疱性口炎等。

（三）口腔气味

健康动物的口腔一般无特殊臭味。当动物患消化机能障碍的某些疾病时，由于长期饮食欲废绝，口腔上皮脱落及饲料残渣腐败分解而发生臭味。可见于口炎、热性病、胃肠炎及肠阻塞、瘤胃积食等；当患齿槽骨膜疾患时，也可呈现腐败臭味；牛酮血病时，可呈现类似氯仿的酮体气味。

（四）口黏膜的检查

应注意其色泽、温度、湿度及形态变化。

1. 色泽：健康家畜口黏膜颜色淡红而有光泽。在病理情况下，可呈现苍白、发红、发黄及发绀等变化，其诊断意义与眼结膜颜色变化的意义相同。

2. 温度：口腔温度的检查，可将手指伸入口腔内感知。口温升高，可见于口炎、胃肠炎及一切发热病等；口温降低，可见于肠痉挛、严重贫血、虚脱及濒死期。

3. 湿度：口腔湿度的检查可用视诊，也可用手指检查。如检查马骡口腔湿度时，可将食、中指伸入口腔，转动一下后取处观察。检指上干、湿相间为湿度正常；检指干燥者，为口腔稍干的表现；检指湿润者，为口腔稍湿的表现。口腔过于湿润，甚至流涎，为唾液分泌增多或吞咽障碍所致，可见于肠痉挛、口炎、咽炎、食道阻塞、有机磷农药中毒、口蹄疫等；口腔干燥，为机体脱水的表现，可见于发热病、马骡肠阻塞、牛瘤胃积食、瓣胃阻塞及其他脱水性疾病时。

4. 口黏膜的形态变化：口黏膜肿胀，并发生水泡、脓疱、糜烂、溃疡等，除见于各型口炎外，还可见于某些传染病，如口蹄疫、传染性水泡病、痘病、牛瘟等。

（五）舌苔及舌的检查

舌苔是覆盖在舌面上的一层疏松或紧密的附着物，主要由脱落不全的上皮细胞所组成，呈灰白色或黄白色。是消化机能特别是胃和小肠消化机能障碍的表现，可见于胃肠卡他、胃肠炎及引起胃肠消化紊乱的其他疾病时。

舌的检查应注意舌色及舌体的变化。舌色绛红（深红或带紫色），多为循环高度障碍或缺氧的表现；舌色青紫，舌软如绵则可提示病到危期，预后不良；牛舌体肿胀、变硬、体积增大，多为放线菌病的表示；舌垂于口角外并失去活动能力，则为舌麻痹的表现，可见于各型脑病后期及某些饲料中毒病（如霉玉米中毒）时；舌部创伤，可被口衔勒伤，尖锐异物刺伤，也可因中枢神经机能紊乱而被咬伤。

（六）牙齿的检查

在幼龄家畜（马骡）应注意有无赘生齿发生，在成畜及老龄家畜应注意齿列及牙齿的磨灭状况。切齿珐琅质失去光泽，表面粗糙，呈现黄褐色斑纹，过度磨损，多为慢性氟中毒的表现；臼齿磨灭不整，牙齿松动，且下颌骨肿胀，多为齿槽骨膜炎的表示；老龄马骡还可见锐齿、过长齿、波状齿等。

二、咽的检查

（一）检查方法

咽的检查主用视诊和触诊，视诊应注意病畜头颈姿势，咽喉局部肿胀及舌咽机能的变化。触诊时，检查者站于病畜颈侧面斜向头的方向，用两手从咽部两侧对称按压（图 1.10），判定有无肿胀和局部敏感性、温度变化等。咽部正常时只感到两手指间被薄层组织分开，无痛无热。

小动物及禽类还可打开口腔进行咽的内部诊视，以判定咽黏膜的病变。

图 1.10　牛咽部触诊法

（二）病理变化

视诊见病畜吞咽机能障碍，咽部肿胀，触诊咽部敏感疼痛，甚至发生咳嗽，局部肿胀发热，可提示为咽炎；虽见病畜吞咽机能障碍，但触诊部无热、痛、肿胀，可提示为咽麻痹。此外，牛咽周围的硬性肿胀，可见于腮腺炎、结核及放线菌病等；猪咽部及周围肿胀、热痛，可见于急性猪肺疫、咽炭疽等；幼驹咽喉及其附近淋巴结的化脓性肿胀，可见于马腺疫。

三、食道的检查

检查食道，常用视诊、触诊及探诊，有条件时可行 X 线造影检查。

（一）视诊

健康家畜的食道深在于食道沟内，正常时不易看见。当颈部食道阻塞时，常可看到局限性膨隆，如阻塞物前部食管充满饲料、唾液时可出现筒状隆起；马属动物急性胃扩张后期发生呕吐时，可见食管自下而上的逆蠕动现象。

（二）触诊

健康家畜的食道触摸不到。但在颈部食道阻塞时，可触摸到阻塞物，并可感知其大小、形状及性质；食道痉挛时，可感知食道呈索状物；食道炎时，触及患部，病畜表现疼痛反应。

（三）探诊

食道探诊，大家畜可选用适宜的胃管，小动物可用家畜导尿管或其他适宜的橡胶导管。

1. 探诊方法：探诊前先将家畜妥善保定。将胃管用温水浸泡软后涂以润滑剂（如石蜡油）。探诊时术者站于马的一侧，一手握住鼻翼软骨，另一手将胃管前端沿下鼻道底壁缓缓送入（牛、羊、猪常用开口器开口后自口腔送入），当胃管前端抵达咽部时即可出现抵抗感，此时不要强行推送，可将胃管轻轻转动或前后移动，趁家畜发生吞咽动作之际将胃管送入食道内。若家畜不吞咽时，可用捏压咽部或牵拉舌等法诱发吞咽动作，再将胃管送入食道内。在判定无误后，继续缓慢送入直达胃内。

胃管通过咽后，应立即进行试验，正确判定在食道内后送入。当胃管进入食道内后，可感到推送有一定阻力，而不像误送入气管内那样畅通无阻；若前后移动胃管或向胃管内吹气时，可于左侧颈静脉沟部见到波动，在胃部也可听到特殊音响；通常在左侧颈静脉沟触摸胃管；如用口将胃管内空气吸出，使舌尖或上唇接触管口时能够吸住，或将压扁的橡皮球插入胃管口时不会鼓起。相反，则表明误送入气管内，特别是病畜呈现频频咳嗽时更应注意，应将胃管抽回到咽部，重新 再送。

2. 临床意义：食道探诊在食道疾病的诊疗上具有一定的意义。例如食道阻塞时，胃管到达阻塞部位后受阻不能继续送入，若用力推送时，病畜疼痛不安，吹气不通，灌水不下；食道炎时，胃管到达发炎部位后，表现剧烈疼痛，极度不安；食道狭窄时，只能使细小胃管通过；食道扩张并形成憩室时，胃管到达病变部位后往往抵于憩室部受阻，但细心调转胃管方向后又可顺利通过等。

（四）X 线检查

X 线造影检查能为食道疾病（如食道阻塞、食道狭窄、食道扩张等）的诊断提供可靠的依据。

第三节　腹部及胃肠的检查

一、腹部的检查

（一）腹部视诊

主要观察判定腹围的大小及有无局限性肿胀等。

1. 腹围的检查：腹围的病理性改变，可呈现增大或缩小。

（1）腹围增大：多由于胃肠积气、积食及腹腔积液等原因所致。

胃肠积气所致者，腹围常于短时内迅速增大，尤以腹部上方显著膨胀，叩诊呈现鼓音。可见于瘤胃臌气、肠臌气等。

胃肠积食所致者，腹围增大比较缓慢，程度较轻，并且常于接近积食器官部位的腹部明显增大。例如牛皱胃积食时，右侧中腹部向后下方局限性膨大；猪胃积食时，在左肋下区明显膨胀。

腹腔积液所致者，腹部对称性膨大下垂，冲击触诊可产生波动感。

（2）腹围缩小：腹围急剧缩小，多由于重剧腹泻、严重吞咽机能障碍性疾病以及伴有腹壁肌肉痉挛的疾病所引起。可见于急性胃肠炎、重剧咽炎、咽麻痹、急性弥漫性腹膜炎初期、破伤风、蹄叶炎等；腹围逐渐缩小，多由于长期发热、慢性腹泻及慢性消耗性疾病所引起。可见于慢性发热病、慢性胃肠卡他、慢性鼻疽、结核、慢性马传贫及肠道寄生虫病等。

2. 腹部病变的检查：应注意腹部有无局限性膨大及肿胀，如腹壁疝、腹壁浮肿、血肿及腹壁局限性淋巴外渗以及腹壁创伤等。

（二）腹部触诊

大家畜腹部触诊主要用于判定腹壁的敏感性、紧张度及有无腹腔积液等，也常用于牛的前胃及皱胃疾病的诊断。触诊时，检查者站在家畜胸侧，面向尾方，一手放在背部作支点，另一手平放于腹部，用手掌或手指有序地进行触压检查。健康家畜的腹部柔软无痛。若触诊腹壁敏感疼痛、腹部肌肉紧张板硬，可提示为腹膜炎；腹壁肌肉紧张性增高，但无疼痛反应，则仅为腹壁肌肉紧张性增高的表现，可见于破伤风及后肢疼痛性疾病（如蹄叶炎等）时；如见下腹部对称性膨大下垂，行冲击触诊产生波动感，多为腹腔积液的表现。

小动物腹部触诊的应用较广，不仅用于腹部敏感性、紧张度及腹腔积液的判定，也可用于腹腔内器官状态的检查。

（三）腹腔穿刺检查

其目的主要是查明腹腔穿刺液的性质，借以诊断某些疾病，如腹膜炎、牛创伤性心包炎、马肠变位及胃肠破裂等。

二、牛、羊胃肠的检查

（一）前胃和皱胃的检查

1. 瘤胃的检查：瘤胃位于腹腔的左侧，与腹壁紧贴。对其检查在左侧腹部进行。

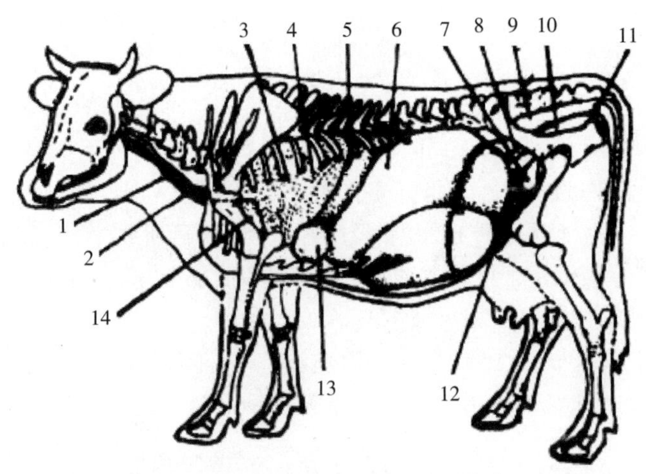

图 1.11　母牛内脏器官（左侧）

1. 食道　2. 气管　3. 横膈前缘顶轮廓　4. 肺　5. 脾脏（其前缘以虚线表示）6. 瘤胃　7. 膀胱　8. 左子宫角　9. 直肠　10. 阴道　11. 阴道前庭　12. 空肠　13. 网胃　14. 心脏

（1）视诊：主要判定瘤胃的充满程度。正常时左肷窝部稍凹陷，放牧牛、羊在饱食后接近平坦。病理状态下，可呈现左肷部膨胀，甚至高起，见于瘤胃臌气、瘤胃积食时；左肷部凹陷加深，可见饥饿、长期腹泻及前胃消化机能障碍等。

（2）触诊：主要判定瘤胃内容物的性状及瘤胃蠕动力量的强弱，也可测定瘤胃蠕动次数。触诊时，检查者站于动物的左腹侧，左手放于背部作支点，右手握拳，在左肷部先行反复触压瘤胃，以感知瘤胃内容物的性状，尔后用手掌持续抵压瘤胃、检查瘤胃蠕动的强弱及测定其蠕动次数。

触诊健康牛、羊瘤胃上部软而稍带弹性（因有少量气体存在），其内容物在采食前较松软，采食后呈面团样硬度，触压可留压痕，一般可保持 10s 后恢复；触诊瘤胃中部虽感柔软，但比上部稍硬，其内容物稍坚实；瘤胃下部因食物积聚，触诊有坚实感，并由于下部腹肌张力较大，一般需行冲击或深部触诊，才能辨别其内容物性状。正常瘤胃蠕动的力量较强，随着瘤胃蠕动由弱到强，直至顶点能将检手抬起，而后又逐渐减弱至消失。

病理状态下，瘤胃内容物性状及瘤胃的蠕动力均可发生改变。瘤胃臌气时，则其上部腹壁紧张而有弹性，甚至用力强压亦不能感知内容物的性状；瘤胃积食时，瘤胃内容物充实而硬，压之留痕，恢复缓慢，时间延长，其蠕动力减弱或消失；前胃弛缓时，瘤胃内容物通常稀软，有时虽感较硬，但量不多，瘤胃蠕动力减弱，次数减少；冲击触诊瘤胃呈现波动感和振水音，为瘤胃积液的表示，可见于皱胃阻塞、皱胃变位等。

（3）叩诊：也有助于对瘤胃内容物性状的判定。正常状态下，叩诊瘤胃上部呈现过清音或鼓音，中部呈现半浊音，下部则为浊音。病理状态下，叩诊胃中、上部，呈现浊音，多为瘤胃积食的表现；若叩诊瘤胃中上部呈现鼓音，甚至带有金属音色，则为瘤胃臌气的表现。

（4）听诊：通常在左肷部行间接听诊。主要判定蠕动音的强度、性质、次数及持续的时间等，以推断瘤胃的兴奋性和运动机能状态。正常情况下，听诊瘤胃时随每次蠕动出现逐渐增加而又逐渐减弱至消失的沙沙音。2min 内，牛出现 2~3 次、山羊 2~4 次、绵羊 3~6 次，每次蠕动持续的时间为 15~30s。

病理情况下，瘤胃蠕动音常发生下列变化：①瘤胃蠕动者减弱、次数减少、持续时间短暂，为瘤胃兴废性降低、运动机能减弱的表示，可见于前胃弛缓、瘤胃积食，瓣胃阻塞及能引起前胃弛缓的其他多种疾病时；②瘤胃蠕动音消失，则为瘤胃运动机能严重障碍，甚至瘤胃肌肉麻痹的表示，可见于瘤胃臌气、瘤胃积食等重剧前胃疾病的后期，以及能引起前胃运动机能严重障碍的其他疾病过程中；③瘤胃蠕动音明显增强、次数增多、每次蠕动音持续的时间延长，则为瘤胃兴奋性增高、运动机能加强的表示，可见于瘤胃臌气的初期。

2. 网胃的检查：网胃位于腹腔的左前下方，约与第 6~8 肋间相对，前缘紧贴膈肌而靠近心脏，其后部在剑状软骨之上。网胃的检查部位，在左侧心区后方腹壁下 1/3 第 6~8 肋骨与剑状软骨之间，但对其触诊宜在剑状软骨之下进行。对网胃的检查可用视、触、叩、听诊法，但以触诊较为有效，亦可用金属探测仪检查，有条件时还可行 X 线检查。

（1）视诊：主要观察病牛有无缓解网胃疼痛的异常姿势。如呈现前高后低站立，四肢缩于腹下，起卧呻吟，下坡斜形等异常姿势，多为创伤性网胃炎或创伤性网胃 – 心包炎的表现。

（2）触诊：主要判定网胃的敏感性，可用于下列方法。

拳压法：检查者蹲于病畜左侧，右膝屈曲于其腹下，将右臂肘部置于右膝上做支点，右手握拳并抵在病畜剑状软骨部，然后用力抬腿并以拳顶压，观察病畜有无疼痛反应。

抬压法：两人用一木棍，置剑状软骨部向上抬举，并将木棍前后移动，以观察病畜有无疼痛反应。

捏压鬐甲法：检查者用双手捏提鬐甲部皮肤，或用一手握住牛鼻中隔向前牵引，使头成水平状态，用另一手捏提鬐甲部皮肤，观察反应。捏压健康牛鬐甲部皮肤时，牛虽可呈现背腰下凹姿势，但不试图卧下。

前述诸法检查时，病牛发生呻吟、躲闪、反抗或试图卧下等疼痛反应，多为创伤性网胃炎或创伤性网胃—心包炎的表现。

（3）叩诊：可在网胃区行强叩诊，观察病畜有无疼痛反应。

（4）听诊：正常状态下，在网胃区可听到网胃蠕动音，其性质类似柔和的噼啪音，次数与瘤胃蠕动音相同，但发生于瘤胃蠕动前。但在病理状态，多不可闻，可见于创伤性网胃炎、创伤性网胃—心包炎等。

（5）金属探测仪检查：用国产金属探测仪，将“I”字形探头接触网胃区，如网胃内有金属异物存在时，mA 表上的指针即发生摆动，金属异物越大，指针的摆动幅度也越大。这只能探明有无金属异物存在，但不能探明金属异物是否损伤了网胃，因此也有一定的局限性。

（6）X线检查：有条件进行X线检查，也能提供重要的诊断依据。

3. 瓣胃的检查：瓣胃的检查，可在右侧第7~9肋骨间，肩端水平线上、下3cm的范围内进行。

（1）触诊：在瓣胃区内用拳轻击，或用伸直手指在第7、8、9肋间触压，以观察病畜有无疼痛反应。如出现疼痛反应，多为瓣胃阻塞或瓣胃炎的表示；当瓣胃阻塞而体积显著增大时，如在靠近瓣胃区的肋弓下部，行冲击或深部触诊，可触及坚实的瓣胃壁。

（2）听诊：正常时在瓣胃区可听到微弱的瓣胃蠕动音，其性质类似于细小的沙沙音，常随瘤胃蠕动音之后出现，在采食后较为明显。瓣胃音减弱或消失，常见于瓣胃阻塞。

4. 皱胃的检查：皱胃位于右腹部，大部分在腹腔的底壁，前端盲囊与剑状软骨和网胃相贴，并向后伸至第12肋骨与其肋软骨的联合处（图1.12）。在右侧第9–11肋间，肋骨弓区直接与腹壁接触，皱胃的检查部位就在右侧第9、10、11肋间的肋骨弓下区域。

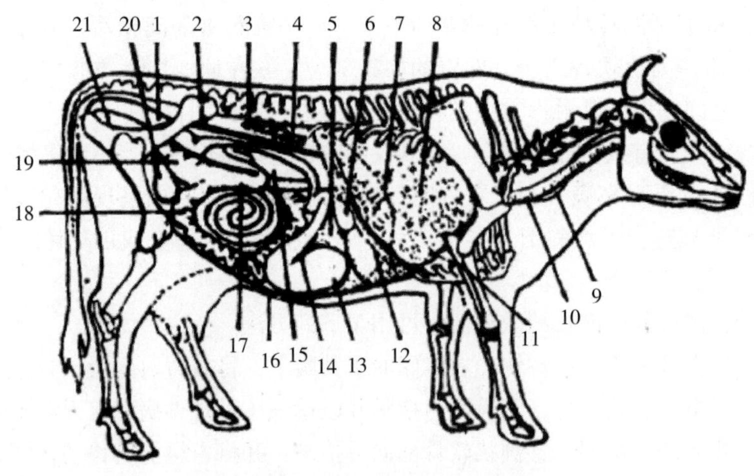

图1.12　母牛内脏器官（右侧）

1. 直肠　2. 腹主动脉　3. 左肾　4. 右肾　5. 肝脏　6. 胆囊　7. 横隔膜　圆顶轮廓线　8. 肺　9. 食道　10. 气管　11. 心脏　12. 横膈沿肋骨　附着线　13. 皱胃　14. 十二指肠　15. 胰脏　16. 空肠　17. 结肠　18. 回肠　19. 盲肠　20. 膀胱　21. 阴道

（1）视诊：右腹部皱胃区向外侧膨大、下垂，左、右腹壁显得很不对称，可提示皱胃阻塞或扩张。

（2）触诊：主要判定皱胃的敏感性及其内容物性状。牛行站立保定，犊牛和羊可使其呈侧卧姿势。将检手手指深插入皱胃区肋弓下，强力移行触压，以观察动物反应及感知皱胃状态。如病畜呈现呻吟、哞叫、躲闪及抗拒等疼痛反应，多为皱胃炎的表示；皱胃膨大，其内容物充实而硬，则为皱胃阻塞的特征；冲击触诊有波动感，并能听到振水音，多为皱胃积液的表示，可见于皱胃扭转或幽门阻塞、十二指肠阻塞等。

（3）听诊：皱胃蠕动音类似于肠蠕动音，呈流水音或含漱音。皱胃蠕动音增强，可见于皱胃炎；皱胃蠕动音减弱或消失，可见于皱胃阻塞或扩张等。

（二）肠的检查

牛羊的肠道位于腹腔的右侧。中间时结肠盘，盲肠位于右髂部，其盲端向后伸向骨盆腔，小肠卷曲于结肠周围。对肠的听诊及外部触诊检查均可在右腹部进行，对成年牛还可用直肠检查法。

1. 听诊：健康牛羊的肠蠕动音较弱、短而稀少，呈流水音或含漱音。如肠音明显增强、频繁似流水状，则为肠蠕动机能病理性增强的表示，可见于各型肠炎及腹泻；肠音变得微弱，可见于一切热性病和消化机能障碍时；肠音消失，可见于肠道不通性疾病，如肠便秘或肠变位等。

2. 外部触诊：正常时有软而不实之感。若触诊有坚实感，多为肠便秘的表现；若右肷部触之有膨胀感，或同时有振水音，叩诊呈鼓音，可疑为小肠或盲肠变位。

（三）直肠检查　牛的直肠检查在胃肠疾病的诊断上也有重要意义。检查时，先对动物进行适当的站立保定，检查者剪短磨光指甲，手臂上涂以润滑剂，将检手缓慢伸入直肠内，先判定直肠内状况，检手继续向前，到骨盆腔内的直肠膨大部时，将手掌心向下，以触诊膀胱，而后检手继续向前右下方移动，进入到结肠的最后段，即 S 状弯曲部后，借此部有较大的可移动性，可比较自如地检查腹腔内的一些脏器。

正常时，直肠内充满稀软的粪团。如发现直肠内变得空虚干涩，直肠黏膜上附着干燥、碎小的粪屑，多为肠便秘的表示；直肠内有大量黏液或带血的黏液，则多为肠套叠或肠扭转的表现。

牛的盲肠，正常时位于骨盆腔前口的偏右方约为一个拳头的容积。盲肠扭转时，则有一高度充气的肠段，横位于骨盆前口的前方；右腹侧中部可触及到圆盘状的结肠盘，当结肠便秘时，可感知肠内容物坚实而有压痛；空肠及回肠位于结肠盘的下方，正常感觉柔软，但肠套迭时，可触及到香肠状的肠管，并有剧痛，肠扭转时可触到一小团柔软的肠袢，游离性较大，且与紧张的肠系膜相连，但肠管很少发生积气，这点与马的肠扭转不同。

在骨盆腔前口的左侧，最易触到瘤胃的背囊，正常时，其内容物呈面团状硬度，当瘤胃积食时，其内容物充实而硬，压迫瘤胃可呈现疼痛反应；正常情况下，直肠检查不能触及皱胃，当皱胃扭转时，由于积气膨胀，而致体积增大，充满于右腹腔，甚至可达骨盆腔附近，触诊皱胃壁紧张；当皱胃阻塞时，在个体较小的牛，可在骨盆右前方，瘤胃的右侧，中下腹区可触摸到阻塞膨胀的皱胃，其内容物呈面团样硬度。

牛直肠检查，更适应于母牛卵巢，子宫疾病的诊断，以及母牛发情鉴定和妊娠诊断。

三、马胃肠的检查

（一）胃的检查

马胃位于腹腔中部，偏左侧，其盲囊与左侧第 14~17 肋骨和髋结节水平线相交区域较近。由于马胃深在，视、叩、听诊检查的效果有限，主要用胃管探诊和直肠检查，必要时还可行胃液的检查。

1. 胃管探诊：正常状态下，送入胃管仅能排出少量带酸味的气味。但如送入胃管排出大量酸臭气体，病情迅速得到缓解，为气胀性胃扩张的表示；送入胃管导出多量液状胃内容物，病情也能得到缓解，则为液胀性胃扩张的表示；如病情反复加重，能反复导出一定量的液状胃内容物，多为继发性胃扩张的表示；虽有明显的胃扩张症状，但送入胃管仅排出少量酸臭气体，病情也得不到缓解，则多为食滞性胃扩张的表示。

2. 直肠检查：正常状态下，马胃后缘可达第 16 肋骨，因位置靠前，不易触及。但在胃扩张时，通常能触感到脾脏位置后移，胃壁扩张而紧张（气胀性），或紧张而有波动（液胀性），或胃内容物充实而硬，触压留痕（食滞性），并均有疼痛反应。

（二）肠的检查

马属动物肠的检查主要用听诊和直肠检查法，以判定其机能状态及内容物的性状等。

1. 听诊：主要判定肠蠕动音的频率、性质、强度等，借以推断肠蠕动机能状态。

（1）肠音的听诊部位：听诊马属动物肠音时，分别在左肷部听取小结肠和小肠音（其上 1/3 主听小结肠音，中 1/3 主听小肠音），左侧腹部下 1/3 听取左侧大结肠音，右肷部听取盲肠音，右侧肋弓下方听取右侧大结肠音。由于小结肠与小肠混在一起，在听诊时还应结合肠蠕动音的性质加以辨别。

（2）正常肠音：肠音是由于肠管蠕动时，肠内容物的移动而产生的。马的正常肠音，清晰易听，小肠音如流水音或含漱音，平均 8~12 次 /min，大肠音如雷鸣音或远炮音，平均 4~6 次 /min。

正常肠音受植物性神经机能状态、肠壁的紧张度及饲料的性质、饮水量的多少、肠内容物的性状等多种生理因素的影响而发生生理性变化。一般在副交感神经相对兴奋的马匹或饲喂多汁饲料及刚饮水后，肠蠕动音呈现生理性增强，反之，可呈现生理性减弱。因此，在临床上遇到轻微的肠音变化时，应结合饲养管理情况来考虑，以免误诊。

（3）肠音的病理变化：肠音的病理性改变常见有下列几种。

肠音增强：其特点是肠音高朗，连续不断，有时离数步远也能听到。为副交感神经过度兴奋或肠黏膜发炎而敏感性增高，使肠蠕动机能明显增强所致。常见于肠痉挛、肠卡他、肠臌气初期及传染病、寄生虫病所引起的肠炎过程中。

肠音减弱：其特点时肠音短促而微弱，次数减少。为肠蠕动机能减弱，肠内容物积滞的表示。常见于重剧胃肠炎后期及肠阻塞等。

肠音消失：肠音完全停止。为肠麻痹或病情重剧的表现。常见于肠阻塞后期及肠变位时。

肠音不整：其特点是肠音时强时弱，时快时慢，持续时间时长时短，为肠蠕动机能紊乱的表示。常见于消化不良及大肠便秘的初期。

金属音性肠音：其性质类似于水滴落于金属板上所产生的声音。是因肠内充满气体，特别是一段肠管臌气，肠壁紧张，邻近的肠内容物移动冲击该部紧张的肠壁发生振动而产生。见于肠臌气、肠痉挛等。健康马骡的盲肠底部也能听到金属音性肠音。

2. 直肠检查

（1）直肠检查前的准备：基本与牛的直肠检查相同。但更要做好病畜的保定及必要的检前处理工作。在六柱栏内站立保定时，应加腹带和鬐甲部压绳，在野外，可保定于车辕内或用双绊保定；对腹痛剧烈的病畜应先行镇静止痛；对腹胀严重的病畜先行穿肠放气；对心功能严重不全的畜，应先用强心剂；为了清除直肠内积粪和使肠管松弛，一般应进行温肥皂灌肠，必要时可用0.5%普鲁卡因溶液20~30ml行后海穴封闭。

（2）检查方法：马属动物的直肠检查方法也与牛基本相同。术者站于病畜的后外侧，将病畜尾抬起或由助手保定，一手置于腰荐部或髋结节作支点，使检手成圆锥形，缓慢旋转伸入直肠内，当检手伸入到直肠狭窄部后，用指端轻轻探查肠腔的方向，使狭窄部肠段套在手上，即可进行对各器官、部位的检查。在检查过程中如遇病畜努责不安和肠蠕动时应暂停检查，待病畜安静和肠管弛缓后继续进行。检查完毕后，应将检手缓慢退出。

（3）直肠检查的顺序：为能容易发现异常和确定诊断，一般可按肛门→直肠→膀胱→小结肠→左侧大结肠→骨盆曲→腹主动脉→左肾→脾脏→前肠系膜根→十二指肠→回肠→胃→胃状膨大部→盲肠的顺序进行，但这并非是死的规定，在临诊实际中，可根据需要，直接检查某一器官，可灵活检查。

（4）直肠检查的意义：直肠检查可触摸到脏器的位置、特征及其病理改变的诊断意义如下。

直肠：检手通过肛门即入直肠内。直肠膨大部空虚，表明肠内容物后送停止，可见于肠阻塞（结症）的中、后期及肠管的机械性阻塞时；直肠壁紧张、同时肠内有多量黏液蓄积，可见于直肠炎和肠变位时；检手上附有血液，并感知黏膜有损伤或破口，表明直肠破裂。

膀胱：位于骨盆腔底部直肠之下，母马必须隔着子宫体才能摸到。膀胱无尿时，为拳头大梨状物，当尿液充满时呈囊状，触压有波动。

小结肠：大部分位于骨盆腔前方，体中线左侧，少部分位于体中线右侧，内有鸡蛋大粪球，呈长串状排列，且有较大的移动性。如小结肠内有拳头或双拳大的圆形或椭圆形坚硬结粪块存在，触压时病畜疼痛明显，则为小结肠阻塞的特征。

左侧大结肠：位于腹腔左侧，左下大结肠具有纵肌带和肠袋，左上大结肠肠壁光滑，有一条纵肌带，但感觉不明显，重叠于左下大结肠之上或在左下大结肠内上方与其平行。其内容物呈捏粉样硬度。如左下大结肠内容物充实而硬，触压疼痛，并伴有腹痛症状，可提示为左下大结肠阻塞（或呈蓄粪）。

骨盆曲：较细而光滑，呈游离状态。通常位于骨盆腔入口前方左侧或体中线处，也有时稍偏右侧。检查时，顺粗大的左下大结肠向后，即可摸到。如骨盆曲有结粪存在，使呈肘状或长圆柱状，触压时病畜疼痛明显，则为骨盆曲阻塞的特征。

腹主动脉：位于腹腔顶部，椎体下方稍偏左侧，是体中线的标志。

左肾：在腹主动脉左侧，在第二、三腰椎横突下可触摸到左肾后缘。

脾脏：脾脏紧贴于左腹壁，呈边缘菲薄的扁平镰刀状，正常时其后缘一般不超过最后肋骨。脾脏位置明显后移，见于急性胃扩张。

前肠系膜根：沿腹主动脉向前，在第一腰椎下方，指尖可感到前肠系膜动脉的搏动。当有动脉瘤时，可摸到蚕豆大至鸡蛋大的硬固物，并随动脉搏动发出一种特殊的震颤。可见于马肠系膜动脉栓塞性腹痛症。

十二指肠：在前肠系膜根的后方，上距腹主动脉约10~15cm左右，从右向左横行，呈扁平带状，正常时不易触知。若十二指肠呈手臂粗的香肠状或有鸡蛋大的积食块存在，触压时疼痛明显，为十二指肠阻塞的特征。

回肠：正常时不易触知。当回肠阻塞时，可在耻骨前缘摸到呈香肠状或鸡蛋大阻塞的回肠，触压时疼痛明显。

胃：位于腹腔左前方，正常时很难触及，但在胃扩张时，容易摸到，其诊断意义已前述。

胃状膨大部：在右侧腹腔上 1/3 处，盲肠的前内侧，正常时不易摸到。当胃状膨大部阻塞时，可触感到其内容物充实而硬，且呈半球状，并随呼吸运动前后移动。

盲肠：在左肷部可触摸到盲肠底和盲肠体，具有从后上方走向前下方的盲肠后纵肌带。当盲肠阻塞时，其内容物充满而有坚实感，触压时病畜疼痛明显。

此外，直检感知肠管位置紊乱，局部肠管臌气或有扭转、缠结等病变，并且呈现剧烈腹痛，多提示为肠变位。

（5）注意事项：①操作时必须严格遵守常规方法和要领，以免造成直肠破裂；②直肠检查结果应结合一般临床检查结果，进行全面综合分析，提出合理正确的诊断。

四、猪胃肠的检查

（一）胃的检查

猪胃的容积较大，位于剑状软骨上方的左季肋部。检查主用视诊和触诊。

1. 视诊：腹围增大，特别是左侧肋下区突出，病猪呼吸困难，表现不安或犬坐，多为胃臌气或胃食滞的表示。

2. 触诊：触诊左季肋下区紧张而抵抗感明显，可见于胃臌气或过食；强力触压胃区，出现呕吐，可见于胃炎及某些传染病，如猪瘟、副伤寒等。

（二）肠的检查

猪的小肠位于腹腔右侧和左侧的下部，盲肠大部分位于腹腔右侧，结肠成圆锥状位于腹腔左侧。检查可用视、触、听诊法。

1. 视诊：除妊娠猪外，如见左右侧腹部同时膨胀，为大、小肠同时臌气的表现；若仅左侧明显膨胀，为结肠臌气的表示；右侧显著膨胀，则为小肠、盲肠臌气的表示。

2. 触诊：对小猪和瘦猪的检查较为有用。触诊时，宜行侧卧保定，两手上下同时配合触压，以感知、判定肠内容物性状等。正常时腹部柔软，无异常表现。如触诊腹部感知有较硬的肠内容物积块，并有疼痛反应，多为肠便秘的表示。

3. 听诊：肠音增强、连绵，为肠蠕动机能病理性增强的表示。可见于各型肠炎及某些伴发肠炎的传染病，如大肠杆菌病、副伤寒、猪瘟及猪传染性胃肠炎等；肠音减弱或消失，可见于肠便秘等。

五、小动物胃肠的检查

犬、猫、兔及毛皮兽胃肠的检查，主要用视、触、听诊法，必要时也可行胃液检查、直肠检查及 X 线检查等。

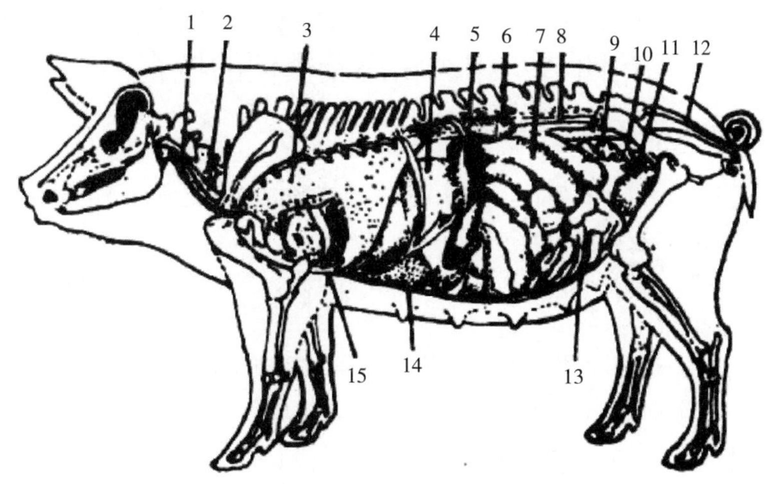

图 1.13　猪的内脏器官位置（左侧）

1. 食道　2. 气管　3. 肺　4. 胃　5. 脾　6. 左肾　7. 结肠　8. 盲肠　9. 左子宫角　10. 左输尿管　11. 膀胱　12. 直肠　13. 空肠　14. 肝　15. 心脏

（一）胃的检查

1. 视诊：应注意有无呕吐及胃区膨胀。呕吐，可见于急性胃炎、胃溃疡、胃扩张、胃扭转及胃肠炎等；在左侧肋弓下方膨隆，是胃扩张的特征。

2. 触诊：使动物站立，有时横卧或提举前肢保定；将两手置于两侧肋弓的后方，用拇指于肋骨内侧向上方触压，观察其反应。如呈现疼痛及呕吐反应，则为胃部有病的表示。可见于胃炎、胃溃疡及胃肠炎时。

（二）肠的检查

1. 视诊：注意有无腹痛、腹胀及腹泻现象。腹痛，可见于出血性胃肠炎、肠梗阻（小肠阻塞）等；结肠便秘时，于髋结节和季肋部之间出现局限性隆起；腹泻，常见于肠卡他、胃肠炎等。

2. 触诊：各型肠炎、肠便秘及肠变位时，触诊腹部均可呈现疼痛反应。肠便秘时，可触感到积粪块；肠套迭（多发生于十二指肠及回肠）时，可触感到圆筒状有弹性局限性肿胀。

3. 听诊：小动物肠音类似哔拨音或捻发音。其病理变化可呈现增强、减弱或消失。肠音高亢、次数增多，可见于肠炎、腹泻及中毒病等；肠音减弱，次数减少，可见于胃炎、便秘初期及热性病等；肠音废绝，可见于便秘后期及肠变位等。

4. 直肠检查：将动物行站立或横卧保定，然后用食指或食中指，涂以润滑剂，缓慢伸入直肠检查，另一手由腹部下壁徐徐向骨盆腔前口压迫，使内脏后移，以便检查。当肠套迭时可感知套入肠段的钮扣状端，触压敏感疼痛。便秘时，也可感知积粪块。

第四节　排粪状态及粪便的检查

一、排粪状态的检查

排粪是一种复杂的反射动作。正常情况下，当直肠内粪便充满到一定程度后，压迫刺激直肠的感觉神经末梢，反射地引起排粪动作。

健康家畜排粪时，都呈现背部微拱起，后肢稍开张，并略向前伸。只有犬排粪时采取近似坐下的姿势。

健康家畜的排粪次数及所排粪便的性状，与采食饲料的数量、质量及使役情况等有密切关系。但一般马每日排粪约 8~10 次，粪便成球，落地后部分破碎；牛约 10~18 次，奶牛可达 24 次，粪便稀软，落地呈迭饼状；羊、猪 6~8 次，羊粪便呈球粒状，猪粪便呈圆柱状。

病理状态下，常因肠道运动及吸收机能障碍，或因腰荐部脊髓损伤及脑病而致对排粪动作的神经调节障碍，常可引起排粪状态的下列变化。

（一）便秘

排粪费力，粪便费力，粪便干硬、色深、量少，次数减少或停止。为肠蠕动机能减弱或肠道阻塞的表示。除见于慢性消化不良及发热病外，马常见于肠阻塞，牛、羊常见前胃弛缓、瘤胃积食、瓣胃阻塞、皱胃阻塞、皱胃变位、肠便秘，猪常见于肠便秘时。

（二）腹泻

排粪频数，甚至排粪失禁，粪便呈稀粥状或水样，为肠蠕动机能病理性增强，吸收机能减弱的表示。可见于各型肠炎、肠卡他及能引起肠炎的某些传染病（如牛肠结核、猪大肠杆菌病、副伤寒、传染性胃肠炎、猪瘟等）、肠道寄生虫病及某些中毒病过程中。

（三）排粪失禁

病畜不取排粪姿势而不自主地排出粪便，为肛门括约肌弛缓或麻痹所致。可见于持续性腹泻、腰荐部脊髓损伤及脑病后期。

（四）里急后重

其特征是屡呈排粪动作并强力努责，但仅排出少量粪便或黏液，为直肠炎的特征。顽固性腹泻，常有里急后重现象，是炎症波及直肠黏膜结果。

（五）排粪痛苦

排粪时病畜表现疼痛不安、惊惧及呻吟等，可见于腹膜炎、创伤性网胃炎、胃肠炎、直肠炎等。

二、粪便的检查

（一）粪便物理性状的检查

应注意粪便的气味、颜色、硬度及混合物等。

家畜的粪便有其固有的气味、颜色及硬度。粪便呈现特殊的腐败臭或酸臭气味，可见于消化不良或胃肠炎时；前端肠管出血时，可使粪便呈褐色或黑色，后段肠管出血时，可在粪便表面附有血液；阻塞性黄疸时，粪便可呈灰白色；粪便变得干硬难下，为便秘的特征；

粪便变得稀薄如粥状或水样，为腹泻的特征。

粪便中混有多量未消化的饲料颗粒和粗纤维，可见于消化不良；粪便稀软，混有黏液，见于胃肠卡他；泻粪呈粥状或水样，混有脓血，可见于胃肠炎；混有多量血液，则为出血性肠炎的特征；混有大量脓样液体，可见于化脓性肠炎、痢疾；混有灰白色、成片状的脱落伪膜，可提示伪膜性肠炎，亦可见于猪瘟等。此外，还应注意有无线虫虫体、绦虫节片及马胃蝇蚴等。

（二）粪便的化学检查

常行其酸碱性、潜血的检查等。

第五节　肝、脾的检查

一、肝脏的检查

家畜肝脏疾病及其功能障碍，并非少发，只因肝脏位置深在，临床检查甚为困难，常被忽视或误诊。对肝脏的临床检查可用触诊、叩诊法，但必须配合肝功能检查，结合临床症状，必要时还可行肝穿刺检查，有条件时亦可做超声波检查。

（一）肝脏的临床检查

应先注意有无肝脏疾患的临床症状，如消化障碍、黄疸、心动徐缓、腹腔积水、嗜睡和昏迷等。再行对肝脏的触诊、叩诊检查。

马属动物的肝脏大部分位于腹腔右侧中部，右叶向后达第 15 肋间，左叶向后仅达第 8 肋骨，正常时左右两侧都超不过肺叩诊界，触、叩诊检查均难进行，只有肝脏明显肿大后，才可在右侧肺叩诊界下部（第 16~17 肋间下部）呈扩大的肝浊音区。对肝脏的触诊可在右侧第 12~14 肋骨的中 1/3 部位行冲击触诊，当肝脏急性肿胀时，可呈现疼痛反应，如回头、摇尾或蹴踢等。也可将检手插入右肋骨弓下进行触压，当肝肿大时，可触到坚硬的肝脏边缘。

牛肝脏位于腹腔右侧中部，在右侧第 10~12 肋骨的上部突出于肺脏的后缘，在此区叩诊呈现浊音，为正常肝浊音区。当肝脏肿大时，浊音区扩大，在坐骨结节线上可达第 12 肋间，向下可达肩关节线下。肝脏肿大时，外部触诊可感知有硬固物，并随呼吸而运动，有时从直肠内也能触摸到肿大的肝脏。

绵羊和山羊的肝脏也位于腹腔右侧中部，其一部分接近肋骨弓后下缘的腹壁。其肝浊音界的位置于牛相似。肝脏肿大时，肝浊音区扩大，亦能触及到肿大的肝脏。

健康仔猪的右侧第 10~13 肋间有一带状浊音区，而左侧浊音区较小，仅达第 12 肋骨处。

犬在右侧第 7~12 肋间，肺的后缘有 1~3 指宽的肝浊音区，左侧第 7~9 肋间沿肺的后缘也有较小的肝浊音区。肉食动物的腹壁薄，从右侧最后肋骨的后方，用拇指向前上方触压可触知肝脏。

马出现肝浊音区，牛、羊、犬等的肝浊音区扩大，触诊肝区敏感，甚至触及到肿大的肝脏，均属病理状态，为肝实质发炎肿胀或肝脏发生占位性病变的表现。可见于急慢性肝炎、肝脓肿、肝脏肿瘤及牛羊的肝棘球蚴病、肝片吸虫病等。

（二）肝功能检查

肝功能检查，能为肝脏疾病的诊断提供有价值的诊断依据。其内容较多，但在兽医临床上以血清胆红质的定性试验、血清蛋白质的测定及血清谷—草转氨酶（GOT）和谷—丙转氨酶（GPT）的测定等具有较大的诊断意义。

二、脾脏的检查

脾脏是体内最大的淋巴器官，其主要功能有造血（主要在胎儿时期）、破坏红细胞、储存血液及调节血量以及参与免疫活动等。它无消化功能，不属于消化系统，只是因其位于腹腔，在此附以检查。

马属动物的脾脏，通过直肠检查，即可正确确定其位置及状态。正常时在左侧肺叩诊区后界与肋骨弓之间，可叩出一带状浊音区。当脾脏肿大时，其浊音区向后方扩大，甚至达髋结节的垂线。

牛羊的脾脏位于瘤胃背囊前部，为左肺的后缘所覆盖，所以正常时难于检查。但当脾脏显著肿大时，可在左侧肺后界与瘤胃之间，能叩得一长圆形的半浊音。

脾脏肿大，常见于急慢性脾炎及某些传染病过程中。牛脾脏慢性肿大，多为淋巴性白血病的特征。

第六节　消化系统检查结果的综合分析

病畜饮食减少或废绝，采食、咀嚼、吞咽机能紊乱，腹痛、腹胀、便秘或腹泻等症侯群的出现，可提示为消化系统的疾病。应结合对本系统各组成器官的检查所见，进一步综合分析，初步推断疾病主要侵害的部位、器官及性质。还应考虑主要侵害消化系统的某些传染病、寄生虫病。

一、口腔、咽及食道疾病

病畜流涎、采食、咀嚼及吞咽机能障碍，可提示疾病发生于口腔、咽及食道。

（一）口炎

病畜采食小心，咀嚼缓慢，口内过度湿润或流涎，口温较高，口黏膜红肿或有水泡溃疡，但无明显全身症状，吞咽正常，可提示为口炎。但在偶蹄动物不仅口黏膜上发生水泡而且在趾间、乳房部也发生水泡，并具有重剧全身症状及大流行特征，可疑为口蹄疫。在猪还应考虑水泡病。

（二）牙齿疾患

病畜特别时马属特别时马属动物，呈现咀嚼小心、疼痛、甚至吐草，检查牙齿有异常者，可提示为牙齿疾患。但还应考虑佝偻病、骨软症及慢性氟中毒等。

（三）咽炎

病畜吞咽困难，甚至食物、饮水从鼻腔逆流而出，触诊咽部敏感疼痛、肿胀，可提示为咽炎。但还应考虑并发咽炎的某些传染病及寄生虫病。

（四）咽麻痹

病畜虽现严重吞咽机能障碍，但触诊咽部则无热、痛、肿胀者，应多考虑为咽麻痹。

（五）食道阻塞

常于采食过程中突然发病，咽下不能、探诊不通或在颈部食道触摸到阻塞物，可提示为食道阻塞。

二、反刍动物前胃疾病

反刍动物的反刍、嗳气机能障碍，食欲减退或废绝，鼻镜变干，前胃蠕动音减弱或消失，可提示为前胃疾病。在此基础上，再综合对各胃的检查结果，进一步确定疾病性质。

（一）瘤胃臌气

病畜腹围迅速增大，左肷部隆起，呼吸困难，触诊瘤胃充张而有弹性，瘤胃蠕动音初期短时增强，但很快减弱而消失，可诊断为急性瘤胃臌气。

（二）瘤胃积食

病畜腹部胀满，瘤胃内容物充实而硬，压之留痕，缓慢复平，瘤胃蠕动音减弱或消失，可提示为瘤胃积食。

（三）前胃弛缓

病畜食欲减退，反刍缓慢，瘤胃内容物通常稀软，有时虽感软硬，但量不多，其蠕动音减弱、短促、次数减少，可提示为前胃弛缓。

（四）瘤胃酸中毒

病牛常于采食谷物饲料后突然发病，全身症状重剧，具有明显神经症状，排粪稀软或呈水泻，脱水、酸中毒症状明显，可提示为瘤胃酸中毒。

（五）创伤性网胃炎

长期不明原因的前胃弛缓，并可呈现缓解网胃疼痛的异常姿势，网胃疼痛反应检查有痛感，多为创伤性网胃炎的可能。

（六）重瓣胃阻塞

前胃疾病的一般症状重剧，粪便干小难下，呈算盘珠状，触诊瓣胃区敏感疼痛，其蠕动音消失，可提示为重瓣胃阻塞。

三、反刍动物消化机能障碍

皱胃检查异常，多应考虑皱胃疾病。如病牛消化障碍，前胃弛缓，皱胃区明显膨胀，触诊皱胃区敏感疼痛，甚至于敏感充实而硬的皱胃，可提示为皱胃阻塞；病牛消化障碍，口黏膜发黄，舌苔白腻，触诊真胃区敏感疼痛，可提示为真胃类病。

四、马属动物腹痛性胃肠病

马属动物呈现腹痛起卧，饮食欲通常废绝，可提示为腹痛性胃肠病。

（一）急性胃扩张

病马急剧腹痛，呼吸困难，腹围不大，胃管检查导出多量气体或液状胃内容物，病情得到缓解，直检脾脏后移，可触到扩张胃壁，可提示为急性胃扩张。

（二）肠痉挛

病畜间歇腹痛，排稀软粪便，口色青白，舌津滑利，肠音增强，胃管检查无异常，直检肠管紧张性增高，摸不到结粪，可提示为肠痉挛。其他家畜也常发生此病，症状相似。

（三）肠阻塞

病畜呈现不同程度的腹痛起卧，排粪迟滞或停止，口干舌燥，肠音减弱或消失，直检摸到结粪块，可提示为肠阻塞。

（四）肠臌气

病畜腹胀，腹痛不安，肠音减弱或停止，金属音明显，为臌气的特征。

（五）肠变位

病畜重剧腹痛，一般止痛药无效，肠音减弱或停止，直检肠管位置紊乱，常可摸到局限性肠管臌气，腹腔穿刺有血样液体，可提示为肠变位。

五、胃卡他或胃肠炎

病畜食欲减退或废绝，呕吐（肉食兽及猪），腹泻或便秘，肠蠕动音异常，可提示为胃卡他或胃肠炎。胃肠卡他的全身症状较轻，体温正常，口色青白或青黄，肠音不整，粪便稀软或呈水样，混有黏液，不含脓血或伪膜；胃肠炎的全身症状明显，体温升高，口色红燥，舌苔黄厚，肠音在中、后期减弱，泻粪腥臭呈粥状或水样，混有脓血或伪膜。这两种疾病常继发于多种传染病、寄生虫病及中毒病，应注意对原发病的诊断。

六、肝脏疾病

病畜食欲减退，可视黏膜黄黄染，严重时表现昏睡或昏迷，心动徐缓，触诊肝区敏感，叩诊肝浊音区扩大，肝功能检查明显异常，可提示为肝脏疾病。

七、腹膜炎

病畜呈现缓解腹壁疼痛的异常姿势，触诊腹壁紧张板硬，敏感疼痛，体温升高，腹腔穿刺有渗出液，可提示为腹膜炎。

第六章　泌尿、生殖系统的检查

泌尿、生殖系统在解剖生理上有着密切的联系，临床检查不宜截然分开。

家畜泌尿生殖系统疾病并不少见，因此，泌尿生殖系统的检查，对疾病的诊断与治疗均具有现实意义。

第一节　泌尿系统的检查

一、排尿状态的检查

排尿状态检查，包括排尿姿势、排尿次数及排尿量的检查。正常时，各种动物依其性别不同而采取固有排尿姿势，并有一定的排尿次数和排尿量。牛每昼夜排 5~10 次，排尿量 6~12L，最高达 25L；马 5~8 次，尿量 3~6L，最高达 10L；羊 2~5 次，尿量 0.5~2L；猪 2~3 次，尿量 2~5L。排尿状态的病理变化，常见有以下几种。

（一）频尿和多尿

排尿次数增多，但每次仅有少量尿液排出，称为频尿。多因膀胱或尿道发炎，敏感性增高所致。可见于膀胱炎、尿道炎等。

排尿次数增多，每次排尿量并不减少称多尿。是肾小球滤过机能增强或肾小管重吸收机能减弱的结果。可见于慢性间质性肾炎、糖尿病、渗出性胸膜炎的吸收期等。

（二）少尿与无尿

排尿次数减少，每次排尿量亦少，称少尿。多因肾小球滤过机能减弱或肾小管重吸收机能增强，尿液的生成减少所致。可见于急性肾炎、发热病及脱水性疾病过程中。

排尿停止称无尿。多因肾功能衰竭、尿液的生成严重障碍，或因尿液的排出障碍所致。前者称真性无尿，常见于肾功能衰竭时；后者称假性无尿，常见于输尿管阻塞、膀胱麻痹、膀胱括约肌痉挛、膀胱破裂及尿道阻塞等。

一般将真性无尿又称尿闭，其特点是排尿停止，膀胱内也无尿；假性无尿又称尿潴留，其特点是排尿停止，但膀胱内充满尿液。

（三）尿失禁与尿淋漓

病畜无一定的排尿动作和相应的排尿姿势，不自主地继续排出尿液，称尿失禁。可见于脊髓挫伤、膀胱括约肌麻痹及重症脑病时。

排尿不畅，尿液呈点滴状流出，称尿淋漓。多是排尿失禁、排尿疼痛和神经性排尿障碍的一种表现。

（四）排尿痛苦

排尿时病畜呻吟不安，回头顾腹或屡取排尿姿势，但无尿排出或呈点滴状排出。见于尿道炎、尿结石等。

二、泌尿器官的检查

（一）肾脏的检查

马的右肾位于最后2~3肋骨的上端与第1腰椎横突的腹面，左肾位于最后一肋骨端上与第1~3腰椎横突的腹面；牛羊的右肾位于第1~2肋间与第2或第3腰椎横突的腹面，左肾位于第2~5腰椎的腹面，夹在瘤胃背囊与结肠盘之间，可随瘤胃充满程度的不同而向右或向左移动；猪左右肾的位置几乎对称，均位于第1~4腰椎横突的腹面；肉食兽的右肾位于第1~3腰椎横突的腹面，左肾位于第2~4腰椎横突的腹面；骆驼的右肾位于第2~5腰椎横突的腹面，左肾位于第4~7腰椎横突的腹面。对肾脏的检查主要用触诊法。

1. 外部触诊：大小动物皆可用。检查大动物肾脏时先将左手掌放于肾区，右手握拳，向左手背上锤击并观察动物的反应；检查小动物肾脏时可用两手插入肾区腰椎横突下触压，同时观察动物反应。正常时一般无明显反应，如肾区敏感性增高，动物表现疼痛不安，拱背摇尾，躲避检查，多为急性肾炎或肾损伤的表示。

2. 直肠检查：主要用于大家畜。肾脏正常时触诊坚实，表面光滑，无疼痛反应。但如肾脏体积增大，触诊敏感疼痛，可见于急性肾炎、肾盂肾炎等；肾脏质地坚硬、体积增大，表面粗糙不平，可见于肾硬变、肾结核、肾肿瘤等；肾脏体积显著缩小，可见于先天性肾发育不良、萎缩性肾盂肾炎及慢性间质性肾炎等；触诊肾盂部敏感疼痛，内有坚硬物体，可提示为肾盂结石。

（二）输尿管的检查

大家畜输尿管的检查可行直肠内触诊。但在正常时触摸不到，只有在患输尿管炎时，才可在肾脏至膀胱的经路上感知输尿管呈粗如手指，紧张而有压痛的索状物。

小动物的输尿管不能用一般方法检查，如有条件时可行X线造影检查。

（三）膀胱的检查

大家畜膀胱位于骨盆腔底部，主要用直肠内触诊，有时可配合导尿管探诊。健康马牛的膀胱在刚排尿后空虚时呈柔软的梨形体，充满尿液时，其壁紧张，轮廓明显，触压有波动感。病理状态下，可呈现下列变化。

1. 膀胱体积增大：膀胱过度充满，体积显著增大，充满于整个骨盆腔，甚至由骨盆腔前缘伸向腹腔的后部，膀胱壁紧张性显著增高，为膀胱积尿（尿潴留）的表示。多由于膀胱肌麻痹、膀胱括约肌痉挛及膀胱或尿道结石所致。因膀胱麻痹所致时，压迫膀胱可使尿液被动排出，停止压迫则排尿停止，无疼痛反应，也不产生排尿动作，可见于腰荐部脊髓损伤或某些脑脊髓疾病过程中；膀胱括约肌痉挛所致时，触压膀胱虽可呈现疼痛反应及排尿动作，但排不出尿液，导尿管探诊时不易插入膀胱；膀胱或尿道结石所致时，可触摸到结石，触压可引起剧烈疼痛反应。

2. 膀胱压痛：触诊膀胱敏感疼痛，抗拒检查，且感尿液不多，可提示为膀胱炎。

3. 膀胱内有坚硬物体　触诊膀胱内有坚硬物体存在，并有剧痛。可见于膀胱结石、膀胱肿瘤或有血凝块形成时。

4. 膀胱空虚：除肾性无尿外，常见于膀胱破例。可进一步腹腔穿刺确诊，此时可排出大量淡黄、微黄浑浊、有尿臭气味的液体或污红色浑浊的液体。

小动物膀胱位于耻骨联合前方的腹腔底部，当膀胱充满时可达脐部。检查主要用腹壁外触诊，可触感到如球形而有弹性的光滑物体。其诊断意义基本与大家畜相同。如触压膀胱敏感疼痛，多为膀胱炎的表示；膀胱体积过于增大，多为膀胱积尿的表现。

检查膀胱的较好方法是膀胱镜检查，可直接观察膀胱黏膜状态及其病理形态变化。

（四）尿道的检查

母畜尿道很短，多无检查意义，但对公畜尿道必须进行检查。对位于骨盆腔内的部分，可行直肠内触诊，位于骨盆切迹以外的部分，可行外部触诊。如触诊或探诊尿道，表现剧痛不安，多为尿道炎的表示；触诊尿道某部有坚硬的固体物存在，探诊时导管不能通过，并出现剧痛，可提示为尿道结石。

三、尿液的检查

（一）尿液物理性状的检查

重点检查尿液的气味、颜色、透明度及比重等。可结合排尿状态的检查进行，也可用导尿管采集尿液，结合尿液的化学检验等进行。

各种健康家畜的尿液有其固有的气味、颜色及透明度。例如，猪尿透明无色，牛尿清亮微黄，马尿浑浊呈淡黄色。其病理变化也有一定的诊断意义。

1. 气味：尿液呈现强烈的氨臭味，见于膀胱炎或长期尿潴留时；呈现腐败性臭味，可见于膀胱、尿道有溃疡、坏死或化脓性炎症时；呈现其芳香的丙酮气味，见于醋酮血病等。

2. 尿色：其病理改变常见有下列几种。

（1）尿色深黄：尿量减少，尿色变深，见于发热病；尿呈深黄色，摇振后可产生黄色泡沫，为尿中含有胆红素的表示，常见于肝胆疾病。

（2）尿呈红色：为尿中混有血液、血红蛋白或肌红蛋白所致。

尿中混有血液，称血尿，其特征时尿液浑浊红色，静置或离心沉淀，有少量红色沉淀，镜检有大量红细胞，为肾脏或尿路部分出血的表示。可根据血尿出现的时期大致推断出血的部位。排尿初期呈现血尿，多为尿道出血所致，排尿终末出现血尿，多为膀胱出血所致。常见于相应出血部位的重剧炎症、结石等。

尿中混有血红蛋白，称血红蛋白尿。尿液呈透明红色或暗红色，甚至呈酱油色，静置或离心无沉淀，镜检无红细胞或仅有少数红细胞。常见于新生仔畜溶血病、牛血红蛋白尿及血孢子虫病等。

尿中混有多量肌红蛋白，称肌红蛋白尿。尿呈暗红色，静置或离心无沉淀，镜检无红细胞。易与血尿区别，而与血红蛋白尿相似。但血红蛋白尿时有严重的贫血症状，如血液红细胞减少，血红蛋白含量下降；肌红蛋白尿时，具有明显的肌肉病变及其功能障碍。还可用分光镜或电泳法、化学检验等加以区别。常见于马麻痹性肌红蛋白尿病及幼畜硒缺乏症等。

此外，有时可见尿成乳白色，镜检有大量的脂肪滴和脂肪管型，为尿中含有脂肪所致。常见于犬脂肪尿病，也可见于肾及尿路的化脓性炎症时。

检查尿色时，应注意某些药物的影响，如内服呋喃西林、痢特灵后，尿呈深黄色；注射美蓝或台盼蓝后尿呈黄色等。

3. 透明度：牛和肉食动物尿变浑浊，多由于尿中混有黏液、白细胞、上皮细胞、坏死组织片所致。可见于肾盂肾炎、尿路及母畜生殖器官疾病时；马尿液变得透明而呈酸性，可见于纤维性骨营养不良等。

4. 比重

（二）尿液的化学检验

尿液化学检查的内容包括尿酸碱度、尿蛋白、尿糖、尿血红蛋白、尿胆红素、尿胆素原等。

1. 尿酸碱度

健康动物尿液的 pH 为：马 7.2~7.8，牛 7.7~8.7，羊 8.0~8.5，猪 6.5~7.8，犬 6~7，猫 6~7。

病理性的尿液 pH 降低 (酸度增高)，见于某些发热性疾病、长期饥饿和酸中毒 (如奶牛酮病、瘤胃酸中毒等)。病理性的尿液 pH 增高 (碱度增高)，常见于尿道阻塞和膀胱炎使尿液在膀胱内积滞，也见于代谢性碱中毒及摄入乳酸钠、碳酸氢钠、枸橼酸钠等盐类物质。

2. 尿蛋白

尿液中能用一般定性方法检测出蛋白质，均为病理现象。尿蛋白的定性检测方法有加热醋酸法、磺基水扬酸法、尿蛋白试纸法，还可通过双缩服法、染料结合法及尿蛋白分析仪进行定量测定。

3. 血尿

健康动物的尿液中个含有红细胞或血红蛋白。尿被中不能用肉眼直接观察的红细胞或血红蛋白称潜血。如果由于泌尿器官的出血而使尿中混有血细胞，称为血尿。由于红细胞在血管中的溶解而使尿液中出现大量的血红蛋白，则称为血红蛋白尿。常用联苯胺法检测。

4. 尿胆素原 采用埃利希氏法检测，尿胆素原显著增多见于溶血性疾病及肝实质性疾病，当动物患阻塞性黄疸时尿胆素原消失。

5. 尿糖

健康动物的尿中仅含微量的葡萄糖，一般化学方法无法检出。虽然葡萄糖很容易从肾小球滤出，但在肾小管内全部被重吸收。如果血液中葡萄糖含量超过了肾脏的葡萄糖阈，尿液中即出现多量葡萄糖。若用一般方法能检出尿中含有葡萄糖时，称为糖尿。常用斑氏试剂法检测。

（1）暂时性糖尿　又称生理性的糖尿，见于恐惧、兴奋等引起机体肾上腺素分泌增多及肾小管对葡萄糖的重吸收暂时性降低，也见于饲喂大量含糖饲料等。

（2）病理性的糖尿 可见于糖尿病、甲状腺功能亢进、肾上腺皮质功能亢进、肾脏疾病、化学药品中毒、肝脏疾病等。

（三）尿沉渣的检查

尿沉渣标本的制备与检查方法

将尿液静置 l h 或低速 (1 000r/min) 离心 5~10min 小取沉淀物 1 滴，置于载玻片上。用玻棒轻轻涂布使其分散开。滴加1滴稀碘溶液（也可不加），加盖玻片，低倍镜、稍暗的视野进行观察。观察到大体印象后再转换高倍镜仔细观察。

1. 上皮细胞

（1）肾上皮细胞　呈圆形或多角形，细胞核大而明显，核呈圆形或椭圆形，位于细胞中央。细胞浆中有小颗粒。尿中出现肾上皮细胞，表明肾实质损伤，见于急性肾小球肾炎、肾病等。

（2）肾盂及输尿管上皮细胞　比肾上皮细胞大，肾盂上皮细胞呈高脚杯状，细胞核较大，偏心。输尿管上皮细胞多呈纺锤形，也有呈多角形及圆形者，核大，位予中央或略偏心。尿中大量出现以亡细胞，为肾盂炎、输尿管炎的症状。

（3）膀脱上皮细胞　为大而多角的扁平细胞，内有小而圆或椭圆形的核。在膀肮炎时尿中大量出现。

2. 血细胞、脓细胞及黏液

（1）红细胞　小而圆，淡黄褐色，无细胞核。尿中出现红细胞，见于肾炎、膀胱炎、尿道炎、结石及泌尿器官的出血。

（2）白细胞　比红细胞略大，有细胞核。尿中出现大量白细胞，见于肾及尿路的炎症。

（3）脓细胞　为变性的分叶核中性粒细胞。结构模糊，细胞核隐约可见，常聚集成堆。尿中出现多量脓细胞，见于肾炎、肾盂炎、膀胱炎和尿道炎。

（4）黏液　为无结构的带状物，被稀碘液染成淡黄色，比透明管型宽，称为假管型。尿道炎时，黏液显著增多。

3. 管型

管型是蛋白质在肾小管发生凝固而形成的圆柱状物质。如果尿中出现多量管型，表示肾脏实质受到严重损害。管型的形成机理是在病理情况下，肾小管的蛋白质(少量的清蛋白和由肾小管上皮细胞产生的T–H糖蛋白)发生浓缩，在酸性环境中由溶胶状态逐渐转变为凝胶状态，而且进一步硬化，最后在肾小管的远曲段形成透明管型。管型内常含有细胞和细胞碎片等物质，常以蛋白质为基质而嵌入，其所含细胞量超过管型体积的1/3时，称为细胞管型。临床上常见的管型有以下几种：

（1）肾上皮细胞管型　在蛋白质基质中嵌入肾上皮细胞而形成的管型。见于急性肾炎、慢性肾炎、间质性肾炎、肾病及某些化学物质中毒病(如镉、汞等中毒)等。

（2）红细胞管型　红细胞穿过肾小球或肾小管基底膜进入肾小管，在管型形成过程中嵌入蛋白质基质中而形成。常见于急性肾炎、慢性肾炎的急性发作期等。

（3）白细胞管型　在蛋白质基质中嵌入白细胞而形成的管型。见于肾盂肾炎、间质性肾炎等。

（4）颗粒管型　为肾上皮细胞变性、崩解或由血浆蛋白及其他物质等崩解的大小不等颗粒聚集于H–T糖蛋白中而形成的管型。细胞结构不明显，管型表面散在有大小不等的颗粒。见于各种肾炎。

（5）透明管型　结构细致、均匀、透明、边缘明显，长短不一，伸直而不弯曲。

（6）脂肪管型　为肾上皮细胞脂肪变性而形成。

第二节 生殖系统的检查

一、公畜外生殖器官的检查

公畜外生殖器官通常指阴囊、睾丸和阴茎，检查主要用视诊和触诊法。

（一）阴囊和睾丸的检查

应注意其形状、大小及硬度等。单纯的阴囊肿胀，可见于阴囊局部炎症、马媾疫及心功能不全、严重贫血等；阴囊增大，在马如伴有腹痛，内容物柔软，可经腹股沟管还纳入腹腔则为阴囊疝的特征；阴囊增大，睾丸肿胀，触诊局部热痛明显，睾丸在阴囊内的滑动性很小，并常有明显的全身症状，为睾丸发炎的表现，可见于睾丸炎、睾丸周围炎，以及猪布氏杆菌病、马鼻疽等过程中。

去势后不久，发现精索断端形成大小不一、坚硬的肿块，同时伴有阴囊、阴鞘甚至腹下水肿，为精索硬肿的特征。

（二）阴鞘和阴茎的检查

阴鞘包皮的肿胀，除常见于包皮炎外，也可见于心、肾功能不全及马媾疫等疾病过程中；阴茎脱出不能缩回，称阴茎麻痹，可见于支配阴茎的神经麻痹或中枢性神经机能障碍过程中；阴茎及龟头部发生部规则的肿块，多呈菜花状，表面溃烂出血，有恶臭分泌物，则为阴茎龟头肿瘤的特征。

二、母畜生殖器官的检查

（一）外生殖器官的检查

母畜外生殖器官主要指阴道和阴门。检查主要用视诊，先注意观察外阴部病变及所附分泌物，而后用开腔器打开阴道，观察其黏膜状态、分泌物及子宫颈口状态。阴门中流出浆液黏性或黏脓性污秽腥臭分泌物，甚至附着在阴门尾根部变为干痂，病畜表现不时拱背、努责等，多为阴道炎或子宫疾病的表示；马外阴部皮肤呈现圆形或椭圆形脱色斑，见于马媾疫；牛、猪阴户肿胀，应注意镰刀菌、赤霉菌毒素中毒病。

健康母畜的阴道黏膜呈淡粉红色，光滑而湿润。母畜除发情时，阴道黏膜可发生特征性变化外，如见阴道黏膜潮红、肿胀、溃疡或糜烂，并有病理分泌物存在，多为阴道炎的表现；子宫颈口潮红肿胀，为子宫颈口发炎的表现；子宫颈口松弛，并有多量浆液黏性或黏液脓性分泌物不断流出，为子宫内膜炎的表现；若分泌物呈脓性，流量增多，并有腐败臭气味，多为化脓性子宫内膜炎或胎衣滞留的表现。

（二）子宫、卵巢的检查

在此主要指的是大家畜子宫、卵巢检查。主要用直肠内触诊。检查时先摸到子宫颈后，再向前依次触摸子宫体、子宫角及卵巢；或先在髋结节前下方摸到卵巢后，再由前向后触摸子宫角和子宫体。

正常未怀孕子宫的子宫角大小一致，位置对称，有弹性，无异常内容物，触诊时收缩变硬。病理状态下，如感知一侧子宫角变大，子宫壁变厚，对触诊的收缩反应微弱或有波动，多为子宫内膜炎的表现；触诊子宫内有多量液体，出现波动，多为子宫蓄脓的表现。

检查卵巢时，应注意其大小及形态等。卵巢变硬而体积缩小，摸不到卵泡及黄体者，多为卵巢机能减退或萎缩的表示；卵巢体积增大，并有一个或数个大而波动的囊泡，若多次检查固定存在，母畜有慕雄狂表现者，则为卵巢囊肿的特征；卵巢体积增大，触诊敏感疼痛，多为卵巢发炎的表示。

卵巢、子宫的检查时目前大家畜发情鉴定和妊娠诊断的最可靠的手段，

三、乳房的检查

乳房的检查主要用视诊和触诊，注意乳房有无肿胀、疼痛、乳腺硬结以及乳汁和乳房淋巴结的状态等。

正常时，乳房柔软，乳汁正常。病理状态下，如见乳房肿胀，热痛明显，乳腺硬结，乳汁稀薄，含絮状物、乳凝块、纤维凝块、血液和脓汁，患侧乳房淋巴结肿大，可提示为乳房炎；乳房淋巴结肿胀、硬结、无热痛反应，见于乳腺结核；牛、羊乳房上发生疹疱或结痂，见于痘病。

第三节　泌尿、生殖系统检查结果的综合分析

一、泌尿系统检查结果的综合分析

排尿状态的异常，尿液物理性状的变化往往提示泌尿系统疾病。应结合对泌尿器官的检查、尿液的化学检验及尿沉渣检查结果，综合分析，初步判断疾病的发生部位、器官及性质。

病畜排尿量减少，甚至呈现无尿，具有较明显的全身症状，触诊检查肾脏敏感疼痛，尿液检查多量的肾上皮细胞及管型，可提示为急性肾炎。慢性肾炎的临床症状不明显，主要依据尿液检验结果而确诊。

病畜频尿，尿液浑浊或混有脓血、触诊膀胱敏感疼痛，可提示为膀胱炎。

病畜排尿痛苦，有时呈现腹痛，血尿明显，多提示为尿石症，可进一步通过直肠内触诊等法确定结石存在的部位。

有肾功能严重障碍的病史和症状，病畜精神由沉郁转为昏迷，食欲废绝，甚至腹泻或呕吐，时呈阵发性痉挛，应多考虑为尿毒症。

二、生殖系统检查结果的综合分析

公畜睾丸肿胀、硬结、伴有热痛反应，运步时后肢强拘，常伴有全身症状，为睾丸炎的特征。

母畜阴道分泌物增多，或混脓、血并有恶臭，阴道黏膜潮红，肿胀或有溃烂，可提示为阴道炎。

阴道内流脓性分泌物，子宫颈口弛缓甚至开张，直检子宫体积增大并有波动感，全身症状明显，可提示为化脓性子宫内膜炎或子宫蓄脓症。

第七章　神经系统的检查

神经系统的检查与其他器官系统不同，往往很难运用一般的听诊、叩诊等方法确定其病理状态，主要根据神经机能的异常改变，来分析、推断病理过程的部位与性质。

第一节　精神状态的检查

动物的精神状态时中枢神经系统特别时大脑皮质机能活动的反映。主要通过问诊、观察动物的神态和对各种刺激的反应进行检查。

正常时大脑皮质的兴奋与抑制过程保持着动态平衡，因而动物姿态自然，动作灵活，反应敏捷，行为正常。在病理状态下，由于兴奋与抑制过程的相对平衡被破坏，而呈现过度兴奋或抑制。

一、精神兴奋

轻者表现易惊、不安，对轻微刺激即产生强烈的反映。重则狂躁不驯，前冲后退，攀登饲槽或顶撞墙壁，暴目凝视，甚至攻击人畜，有时癫狂、抽搐、摔倒而骚动不安。为中枢神经兴奋过程病理增强所致。可见于脑及脑膜充血、脑膜脑炎、日射病与热射病、某些侵害神经系统的传染病（各型流行性脑脊髓炎、狂犬病、李氏杆菌病等）及某些中毒病（如食盐中毒等）过程中。

二、精神抑制

精神抑制按其程度，又可分为沉郁、昏睡和昏迷。

图 1.14　病马兴奋状态

图 1.15　病马昏迷状态

（一）精神沉郁

病畜对周围食物的注意力降低，离群呆立，低头耷耳，眼睛半闭，行动无力，但对外界刺激尚易作出有意识的反应。是由于脑组织受到有毒物质轻度刺激、大脑皮质机能轻度抑制所致。可见于各种热性病、缺氧及其他多种疾病过程中。

（二）昏睡

病畜重度萎靡，头常抵于饲槽或墙上，或躺卧而陷入沉睡状态，只对强烈刺激才能产生迟钝而短暂的反应，但又很快陷入沉睡状态。为大脑皮层机能中度抑制所致。可见于脑膜脑炎，脑室积水及其他侵害神经系统的疾病过程中。

（三）昏迷

病畜躺卧不起，昏睡不醒，意识丧失，反射消失，甚至瞳孔散大，粪尿失禁，对强烈刺激也无反应，仅保留植物神经的活动，心搏动、呼吸虽仍存在，但多缓慢而节律不齐。为大脑皮层机能高度抑制所致。见于严重的脑病、中毒、生产瘫痪、肝肾机能衰竭等。

精神兴奋和抑制，可因一定的条件而相互转化或交替出现。例如在脑炎初期，脑细胞受炎性产物或毒素的刺激，以及轻度的缺氧而呈现兴奋状态。以后由于脑细胞受到损伤、高度缺氧或颅内压增高等，即转变为抑制状态。也有的病例兴奋与抑制交替发生，最终至昏迷状态。

第二节　运动机能的检查

家畜的运动是在大脑皮质的调节下，通过椎体系统和椎体外系统实现的。生理状态下，椎体系统与椎体外系统互相配合，共同完成各种协调的运动。但在病理状态下，由于致病因素的作用，而使支配运动的神经中枢、传导径路及感受器等任何一部位受害或机能障碍，家畜的运动便发生障碍。一般表现为共济失调、痉挛、麻痹（瘫痪）及强迫运动等。

一、共济失调

健康家畜不论站立或运动时，在大脑皮质的调节下，主要藉小脑、前庭、椎体系统和椎体外系统以调节肌肉张力，协调其动作，从而维持体位平衡和运动协调。此外，视觉也有参与维持体位平衡和运动协调的作用。在病理状态下，大脑皮质、小脑、前庭及脊髓传导经路损伤及反射性调节机能障碍后，就会导致家畜体位及各种运动的异常，称为共济失调。通常可分为体位平衡失调和运动失调两种。

（一）体位平衡失调

俗称静止性共济失调。其特点是病畜站立时体位不能保持平衡，表现头部摇晃，体躯偏斜，四肢叉开发抖，关节屈曲，力图保持平衡，如将四肢稍微收拢，缩小支撑面积，便很易跌倒。通常提示小脑、前庭神经或迷路受损害。

（二）运动失调

俗称运动性共济失调。其特点时运动时出现失调，病畜体躯摇摆，步态不稳，动作笨拙，运步时肢蹄高举，并过分向侧方伸出，用力着地，如涉水样动作，有时呈醉酒状。可见于大脑大脑皮质、小脑、前庭或脊髓损伤时。

此外，按所致共济失调的病变部位，又可分为以下几种。

1. 大脑性失调：病畜虽然能直线行进，但躯体向健侧偏斜，在转弯时失调特别明显，容易跌倒。可见于大脑皮层的颞叶或额叶受损伤时。

2. 小脑性失调：不论静止或运动时均呈现明显的失调现象，只有当整个身体倚托在墙壁等支持物上后失调现象才开始消失，不伴有眼球震颤，也不因遮眼而加重。当一侧性小脑损伤时，患侧前后肢失调现象明显。可见于小脑疾病及损伤时。

3. 前庭性失调：动物头颈屈曲及平衡被破坏，头向患侧歪斜，常伴有眼球震颤，遮眼失调加重。为迷路、前庭神经或前庭神经核受损伤所致。可见于家禽的 B 族维生素缺乏症、鸡新城疫等。

4. 脊髓性失调：运步时左右摇晃，但头不歪斜，遮眼后失调加重。可见于脊髓根损伤时。

二、痉挛

骨骼肌（随意肌）的不随意地急剧收缩称痉挛。是神经肌肉的一种常见病理现象，多由于大脑皮层受刺激、脑干或基底神经节受损伤所致。按其形式可分为以下几种。

（一）阵发性痉挛

又称间歇性痉挛。肌肉作短暂、快速、重复的收缩，收缩与弛缓交替出现，常突然发生而又迅速停止。主要由于大脑皮层受到刺激，兴奋性增高，直接向脑干和脊髓的运动神经原发出多量、强烈的运动性冲动所引起，也可在某些代谢病，如钙镁缺乏，使神经肌肉的应激性增强所致。常见于病毒或细菌感染性脑炎、某些中毒病（如有机磷农药中毒、食盐中毒等）、低钙血症、低镁血症等代谢障碍病过程中。

阵发性痉挛常发生于单个肌肉或单个肌群，但有时也向邻近肌组扩散，甚至蔓延到体躯的广大范围，有时仅限于个别肌束。临床上将大范围的强大而快、发作时能引起全身震动的阵发性痉挛，称为惊厥或搐搦；而将仅限于个别肌束纤维而不扩散到整个肌肉、不产生运动效应的轻微阵发性痉挛，称为纤维性痉挛。可见于创伤性网胃 ~ 心包炎（肘部肌肉纤维性痉挛）、酮血病、急性败血症等重剧疾病时。

（二）强直性痉挛

其特点时肌肉作长时间均等的持续性收缩，无弛缓和间歇。是大脑皮质受抑制，基底神经节受损伤，或脑干和脊髓的低级中枢受刺激的结果。常见于破伤风、士的宁中毒时，也可见于脑炎、脑脊髓炎、肉毒中毒等。

（三）癫痫

癫痫是大脑无器质性变化，而脑神经兴奋性增高所引起的病理现象。其特点是阵发性痉挛和强直性痉挛同时发生，同时感觉和意识也暂时消失，可反复发作，家畜极少见。在家畜有时因大脑皮质器质性变化，而出现癫痫样症状，称为症候性癫痫，发作时呈现强直性痉挛，意识丧失，大小便失禁，瞳孔散打。见于脑炎、尿毒症、脑肿瘤及某些传染病，如仔猪副伤寒、仔猪水肿病、犊牛副伤寒等。

三、瘫痪（麻痹）

动物骨骼肌随意运动机能减弱或丧失，称为麻痹（瘫痪）。其随意机能减弱，称不完全麻痹，丧失则称完全麻痹。

动物骨骼肌的随意运动，是借椎体系统和椎体外系统的运动神经元（上运动神经元）和脊髓腹角及脑神经核的运动神经元（下运动神经元）的协同作用而实现的。当上或下运动神经元受损伤而致肌肉与脑之间的传导中断，或运动中枢机能障碍，均可引起随意运动机能减弱或丧失。通常按引起麻痹的病变部位分为中枢性麻痹和外周性麻痹。

（一）中枢性麻痹

是由于大脑皮层运动区及上运动原损伤所致。其特点时麻痹范围大，肌肉紧张性增高，甚至出现痉挛，腱反射增强，被动运动时抵抗力强，皮肤感觉机能减弱，并常伴有意识障碍，但肌肉萎缩现象轻微。见于脑炎、脑脊髓炎、脑部肿瘤及脊髓损伤等。

（二）外周性麻痹

是由于下运动神经元、脊髓腹角等损伤所致。其特点时麻痹范围局限，肌肉紧张性降低，腱反射减弱或消失，麻痹部肌肉易发生萎缩，但意识清楚，饮食正常。如肩胛上神经麻痹、桡神经麻痹、颜面神经麻痹等。

瘫痪按其病变其病变的范围又可分为单瘫、偏瘫和截瘫。

1. 单瘫：是指某一肌肉和肌群的麻痹。多属外周性麻痹，如颜面神经麻痹等。

2. 偏瘫：一侧躯体发生瘫痪。由于大脑半球或椎体传导径路受损伤所致。常见于脑病及脑脊髓疾病时。

3. 截瘫：身体两侧对称部位发生瘫痪。由脊髓疾病所致。可见于脊髓炎、脊髓震荡与挫伤、脑脊髓丝虫病等。

四、强迫运动

强迫运动是指脑机能障碍所引起的不自主运动。检查时应将病畜缰绳放开，任其自由活动，以便观察其运动行为的变化。

（一）盲目运动

病畜作无目的徘徊，对外界刺激缺乏反应。有时不断行进，一直走到头顶障碍而无法再前进时，则头抵于障碍物而不动，人为地将其头转动后，又开始徘徊。见于脑炎、多头蚴病等。

（二）圆圈运动

病畜按一定方向作圆圈运动或以一肢为轴向一侧作圆圈运动（时针运动）。前庭核的一侧性损伤向患侧转圈运动；四叠体后部至脑桥的一侧性损伤向健侧运动；而大脑皮层的两侧性损伤可向任何一侧运动。可见于脑膜炎、李氏杆菌病、伪狂犬病、多头蚴病及食盐中毒等。

第三节　感觉机能与感觉器官的检查

一、感觉机能的检查

（一）皮肤感觉机能的检查

主要包括触觉和痛觉的检查。

1. 检查方法：一般在检查前应遮盖动物的眼睛。用细木棒、手指尖等轻触鬐甲部被毛或肷部或肘后部皮肤，以检查动物的触觉；用消毒的细针头，由臀部开始向前沿脊柱两侧直至颈侧，或从四肢远端逐渐向上而至于脊柱部轻刺皮肤，以观察动物的痛觉反应。

健康动物当被毛及皮肤受到刺激时，出现相应部位被毛颤动、皮肤和肌肉收缩，并见回头、竖耳、躲闪、鸣叫或四肢骚动等。

2. 皮肤感觉障碍：常见有以下几种。

（1）感觉减弱或消失：表现为对强烈刺激也无反应或反应不明显。是由于感觉神经末梢传导径路或感觉中枢机能障碍所致。局限性感觉减弱或消失，乃是支配该区域的末梢感觉神经受损害的结果。全身性皮肤感觉减弱或消失，常见于各种疾病所引起的精神抑制或昏迷时。

（2）感觉过敏：是因对刺激的兴奋阀降低，轻微刺激即可引起强烈反应（但应注意，有力的深触诊反而不能显示感觉过敏点）。见于局部炎症、脊髓膜炎、牛的神经型醋酮血症和家畜 DDT 中毒等。

（3）感觉异常：指不受外界刺激影响而自发产生的感觉，如痒感、蚁行感、烘灼感等。但动物不能以语言表达，只是表现为对感觉异常部位反复啃咬、摩擦、搔抓等。见于牛酮血病、狂犬病、伪狂犬病、多发性神经炎等。

（二）深部（本体）感觉的检查

位于皮下深处的肌肉、关节、骨骼、韧带等，将有关肢体的位置、状态和运动等情况的冲动传到大脑产生深部感觉，即所谓本体感觉。借以调节身体在空间的位置、方向等。

检查时，可人为地使动物肢体取不自然的姿势，如将其两前肢交叉或广为分开站立等。健康动物在除去人为力量后能立即恢复。深部感觉障碍时，则较长时间不能恢复自然姿势。可见于慢性脑室积水、脑炎、脑脊髓炎、棘豆草中毒等。

二、感觉器官的检查

（一）视觉器官的检查

一般用视诊，注意观察动物的眼睑、眼球、角膜、瞳孔的状态，必要时检查瞳孔对光的反应。检查视力时可用手指在动物眼前轻轻晃动观察其闭眼反应。

1. 眼睑：注意有无眼睑擦伤、肿胀、下垂等。眼睑擦伤多由于横卧时擦伤所致；眼睑肿胀，可见于外伤、马流行性感冒、牛恶性卡他热、猪瘟、猪水肿病及血斑病等；眼睑下垂，可见于颜面神经麻痹、脑炎及某些中毒病时。

2. 眼球：注意眼球有无下陷、不正及震颤等。眼球下陷为脱水的表示；眼球萎缩，见于周期性眼炎、瞎眼等；眼球不正（斜视），为一侧眼肌麻痹或一侧眼肌过度牵张所致，为支配该眼肌的神经核或神经受损伤的表示；眼球震颤的表现为眼球有节奏的呈水平（左、右）、垂直（上、下）或回旋的剧烈运动，为动眼肌痉挛所致。可提示小脑、脑干及前庭神经损伤。常见于症候性癫痫、脑炎及食盐中毒等。

3. 角膜：角膜浑浊或形成角膜翳，可见于角膜炎、周期性眼炎、流行性感冒、牛恶性卡他热及角膜受伤等。

4. 瞳孔　瞳孔散大，可见于脑炎、脑脊髓炎、脑肿瘤、多头蚴病及阿托品类毒物中毒时；瞳孔缩小，可提示脑内压中等程度升高或能使副交感神经兴奋或交感神经抑制的毒物中毒，可见于脑水肿、脑炎、有机磷农药中毒等；两侧瞳孔大小不等，变化无常，时而一侧大，时而另一侧稍大，并伴有对光反射迟钝或消失，以及昏睡或昏迷，为脑干受损伤的特征。

5. 眼底检查：注意视网膜及视神经乳头的状态及变化。

6. 视觉丧失（失明）：先天性失明，常见于犊牛，可能与近亲繁殖有关；后天性失明，可由重症眼病所致，也可见于羊小萱根中毒、急性硒中毒、食盐中毒及维生素 A 缺乏症等。

（二）听觉器官检查

可用不同音量或在不同距离发出声响，观察动物的反应，以判断其听觉机能的状况。检查时应遮盖眼睛，以避免视觉干扰。听觉机能障碍可表现为以下方面。

1. 听觉过敏：对音响敏感，表现不安，易惊，对轻微声响即作出强烈反应，耳的动作特别灵活。多见于脑和脑膜疾病、反刍兽酮病早期时。

2. 听觉减弱或丧失：多见于中耳、内耳疾病或大脑皮层颞叶受损伤时。

第四节　反射机能的检查

反射是神经活动的基本方式。但只有当反射弧的结构和机能保持完整时，反射才能得以实现。当反射弧的任何部分发生病变时，都可使反射机能发生病理性改变。检查时应避免视觉的参与。

一、反射种类及检查方法

（一）浅表反射的检查方法

1. 鬐甲反射　轻触鬐甲部被毛，则见肩部及鬐甲部皮肤发生收缩，马最显著。其反射中枢在第 7 颈髓及第 1~2 胸髓段。

2. 肛门反射：轻触或针刺肛门部皮肤，正常时肛门括约肌迅速收缩。反射中枢在第 4~5 荐髓段。

3. 眼睑及角膜反射：用手指、羽毛等轻触眼睑或角膜时，动物立即闭眼。反射中枢在脑桥。

（二）深部反射的检查方法

1. 膝反射：将动物横卧保定，使上侧后肢保持松弛状态，然后叩击膝韧带的直上方，正常时由于股四头肌牵缩，而下腿伸展。其反射中枢在第 4~5 腰髓段。此反射检查在犬可得满意结果，但在大家畜效果较差。

2. 腿腱反射：叩击腿腱后，健康动物跗关节伸展而球关节屈曲。反射中枢在荐髓前端。

3. 蹄冠反射：针刺、脚踩蹄冠，则家畜立即提起该肢或回视。前肢蹄冠反射中枢在颈膨大，后肢蹄冠反射中枢在腰膨大。一般认为此种反射检查意义较大，当患颅内压增高性脑病（如慢性脑积水）时，四肢蹄冠反射均减弱或消失（尤以前肢明显）；当多头蚴病等脑占位性病变时，则对侧蹄冠反射减弱或消失。

二、反射机能的病理变化

（一）反射机能增强

可因反射弧或反射中枢兴奋性增高或刺激过强，以及大脑皮层对脊髓内反射中枢失去控制（如脊髓横断性损伤）所引起。可见于脊髓膜炎、破伤风、脊髓损伤等。

（二）反射机能减弱或消失

可由于中枢神经抑制或反射弧的感觉纤维或运动纤维受损所致。可见于脊髓背根、腹根及脑、脊髓的灰、白质受伤或昏睡、昏迷时。

第五节　头盖及脊柱的检查

检查头盖和脊柱常用视诊和触诊。对头盖尚可配合叩诊进行检查。

一、视诊

观察头盖和脊柱形态有无异常变化。额部和头盖局限性隆凸，可由外伤、脑和颅壁的肿瘤压迫而引起。脊柱下弯及侧弯，多由于颈肌痉挛所致，见于脑脊髓炎、霉玉米中毒及鸡的维生素 B_1 缺乏和前庭神经麻痹等。颈部脊柱向背后弯曲称为角弓反张，见于脊髓疾病及某些中毒病过程中。

二、触诊

应检查头盖温度、硬度以及是否发生椎骨骨折。头盖温度增高，见于中暑、脑膜炎等。椎骨骨折，则压迫局部疼痛明显，软组织肿胀，有时出现摩擦音。

第六节　植物性神经机能检查

对植物神经检查，主要依据症状分析，也可配合应用其他检查方法。

一、植物性神经机能障碍的症状

（一）交感神经紧张性亢进

交感神经异常兴奋时，可呈现心搏动亢进，外周血管收缩，血压升高，口腔干燥，肠蠕动减弱，瞳孔散大，出汗增加（马、牛）如高血糖等症状。

（二）副交感神经紧张性亢进

副交感神经异常兴奋时，可呈现与前者相颉颃的症状。即表现心动徐缓，外周血管紧张性降低，血压下降，腺体分泌机能亢进，口内过湿，胃肠蠕动增强，瞳孔缩小，低血糖等。

（三）交感、副交感神经紧张性均亢进

可出现恐怖感，沉郁，眩晕，心跳加快，呼吸加快或困难，排尿和排粪障碍，子宫痉挛和性欲减退等症状。

二、植物性神经机能障碍的检查方法

常用物理检查法，即先计数动物的心跳次数，而后用耳夹子或鼻捻棒绞夹耳朵（心 ~ 耳反射），或用手压迫眼球（心 ~ 眼反射），再计数心跳次数，以比较前后心跳的变化。一般当副交感神经过度紧张时，则每分钟心跳次数可减少 6~8 次，甚至更多，而且心律不齐；如交感神经紧张时，则心跳次数不减少，甚至反而增多。

第二篇

动物内科疾病

第八章　消化系统疾病

第一节　口、咽和食道疾病

一、口炎

口炎是口腔黏膜的炎症。病畜由于空腔黏膜发炎疼痛，表现出采食困难，并反射性地引起流涎及消化障碍。临床上最常见的是卡他性口炎，其次为水泡性和溃疡性口炎。各种家畜均可发生，多发生于夏末、秋初季节。

病因　原发性口炎主要由于机械的损伤，其次是化学性和物理性的刺激而引起。

机械的损伤：如粗硬饲料，大麦芒、异物（竹枝、树枝、铁钉等）、尖锐的牙齿、口衔使用不当等引起的损伤。

化学性刺激：如采食有植物、霉败饲料；误食石灰、氨水以及口服刺激性、腐蚀性药物（如水合氯醛、吐酒石、冰醋酸等浓度过高时）等。

物理性刺激：如给家畜饲喂过热的饲料，或灌服过热的药液等。

继发性口炎：常继发于消化障碍、咽炎、维生素 A 缺乏以及某些传染病（牛瘟、口蹄疫、恶性卡他热、猪水泡病）的病程中。

症状　由于病畜口黏膜敏感性增高，感觉过敏，因而采食、咀嚼缓慢，有时吐出混有黏液的未嚼碎的饲料。

由于炎症刺激，因而唾液分泌增加，故口腔湿润，常有大量唾液流出。

口温增高，口黏膜潮红、肿胀。马属动物有时硬腭黏膜下淤血而显著肿胀。舌面常有灰白色舌苔和恶臭气味。

原发性口炎，精神、体温、脉搏、呼吸均无明显变化，预后良好。一般经 7~10d 痊愈。

水泡性口炎，病初除呈现上述症状外，病畜体温稍有升高，经 1~2d 后，在唇内、颊、舍、齿龈等处，出现大小不等的内含透明或黄色液体的水泡。经 3~4d，水泡破后，形成鲜红色、边缘不整的烂斑。经 5~6d 后，上皮新生而愈合。

溃疡性口炎，由于口黏膜疼痛，咀嚼无力，不愿采食，因而食欲不振，消化不良。口黏膜有大小不一的溃疡，并有灰褐色不洁的恶臭唾液流出。有时还可见到牙龈出血，牙齿动摇或脱落。一般经 10~15d 痊愈，如并发败血症，则预后不良。

诊断　根据口黏膜的炎症变化，流涎、咀嚼困难、口温增高、舌苔等症状可以确诊，但应与下列疾病加以区别。

偶蹄动物患水泡性口炎时，应与口蹄疫、牛瘟、猪水泡病等传染病相区别。口蹄疫、牛瘟和猪水泡病有传染性、发高热、呈现全身症状。口蹄疫除口腔外，趾间、乳房等处也有水泡发生。

马的水泡性口炎，应与脓疱性口炎相区别。脓疱性口炎的舍的别面形成脓疱，并有接触性传染性。

治疗　治疗原则一除去病因，加强护理，消炎止痛，消毒收敛为主。

治疗方法：首先除去致病因素，图拔去刺在口黏膜上的异物，修整锐齿等。在护理上，应给予柔软消化的饲料，病多给饮水。

药物治疗：可用1%~2%盐水，2%~3%硼酸溶液，2%~3%碳酸氢钠溶液，0.1%高锰酸钾溶液等冲洗口腔。流涎较多的可用2%明矾冲洗。

当口腔黏膜及舌面发生烂斑或溃疡时，除应用上述消毒液洗涤外，在溃疡面上，每天1~2次涂布碘甘油（5%碘酊1ml，甘油9ml）或3%龙胆紫液。

中药治疗：青黛10g　黄连6g　黄柏6g　桔梗10g　儿茶6g

共研细末，装入小纱布袋内，热水浸湿后，两端拴绳，系于病畜口内。吃草时取下，吃完后再戴上，饮水时不必取下，通常每天更换一次。

预防　合理调制饲料，及时修整锐齿，防止误食毒物以及对口黏膜的机械性或理化性损伤。

二、食道阻塞

食道阻塞是食道被饲料团块或异物阻塞而引起，以突然发病和咽下障碍为特征的疾病。牛发生较多，马次之。

病因　原发性食道阻塞，多因过度饥饿，采食过急，咀嚼不全，吞咽过猛，食团阻塞于食道而发生本病。

饲料调配不当，如用未泡开的豆饼或未经切碎的甘薯、萝卜、马铃薯、甜菜等饲喂家畜，未及咬碎即匆忙吞下（特别是突然受到惊吓）而发生本病。

各种异物，如毛发、布片、塑料薄膜、金属等也易引起本病。

本病可继发于食道麻痹、食道狭窄等病的过程中，由于食道通过困难而发生阻塞。

症状　在采食是突然发生，停止采食，恐惧不安，摇头伸颈，不断流涎，并见白色泡沫状唾液附于唇边；不断作吞咽动作或呕吐动作。由于唾液误入气管而不断发生咳嗽。

咽部阻塞时，可在咽部确诊发现食物或异物。

颈部食道阻塞时，可在左颈静脉沟处看到膨大部，确诊时可感到异物，并有疼痛反应，饮水时，立即由鼻孔流出。

胸部食道阻塞时，在阻塞部上方，因唾液和分泌液积于阻塞部上方的食道内，可见食道膨大，确诊有波动感。由于食道逆蠕动把液体从口、鼻排出，膨大部暂时消失，但不久又充满液体再膨大，如此反复发生。用胃管探诊时，可感触到阻塞物，向前推进困难。

牛、养食道完全阻塞时，除上述症状外，反刍、嗳气停止，由于瘤胃内的气体不能排除，而迅速发生瘤胃膨气，病畜出现呼吸困难。

诊断　本病特征为突然发病，大量流涎，咽下困难，痛苦不安以及食道确诊、探诊可感知硬固异物，结合病史，可以确诊。鉴别诊断应注意以下各病。

食道痉挛：为食道壁肌肉强烈挛缩引起，有些症状如咽下障碍，大量流涎等与食道阻塞相似，但食道痉挛时，于左静脉沟处可见到索状挛缩的食道，当挛缩时，胃管不易插入，如给予水合氯酸镇静剂，使痉挛缓解后，则胃管能顺利进入胃内。

食道狭窄：水合液状饲料一般能通过狭窄的食道，但当采食饲料到一定量时，则能引起狭窄上方的阻塞。若以粗细不同的胃管进行探诊，粗者难以通过，而细管可以通过即可证明为食道狭窄。

治疗　治疗原则为急则治其标，缓则治其本。当继发急性瘤胃膨气时，应先行瘤胃穿刺放气，以防窒息，然后除去食道阻塞物。

治疗方法：先确定阻塞物的性质和阻塞物的部位与阻塞情况，选用下列方法进行治疗。

1. 挤压法：适用于甘薯、萝卜等阻塞于颈部食道。方法是将病畜保定好。向食道内灌入石蜡油或植物油 200~300ml，以润滑食道，并浸软阻塞物，然后用手掌由下向上把阻塞物向咽头方向挤压，顺颈部食道挤压出咽腔，再装上开口器，取出阻塞物。

2. 推送发：适用于胸部食道阻塞，先灌入石蜡油或植物油，用胃管插入食道，向胃内慢慢推送，直至把阻塞物推入胃内。

3. 手术疗法：使用于颈部食道阻塞，如上述方法无效或由于尖锐异物阻塞时，应及时施行食道切开术，切开食道阻塞部位取出异物。

【预防】平时要加强饲养管理，饲喂要定时定量，不过饥，不急食，饲料要切碎等。

第二节　反刍兽前胃疾病

一、瘤胃积食

瘤胃积食是瘤胃内积滞大量饲料，致使瘤胃容积增大，胃壁扩张及运动机能障碍的疾病。中兽医称为宿草不转。本病一年四季均可发生，但多见于冬、春季节，多发生于牛，特别是老龄、体弱、和舍饲的牛更胃常见。

病因　主要是采食过量饲料。如突然更换饲料，特别是由粗饲料转为精饲料；由舍饲该胃放牧；由劣质饲料更换优质饲料了；或因饥饿一次采食大量的饲料，特别是纤维多水分少不易消化的饲料（如干草、干甘薯藤、干稻草、干玉米秸、干豆荚、干花生苗、干麦秸等），食后有缺乏饮水；或过食膨胀的精料（如豆类、甘薯干、玉米等），食后有大量饮水；或偷食大量谷豆（如稻谷、黄豆、干豆饼）等均可发生本病。

本病也可继发于前胃弛缓、创伤性胃炎、瓣胃阻塞等疾病的发病过程中。

发病机制：当瘤胃充满过量饲料是，由于胃壁受到压迫和刺激，反射地使植物性神经机能发生紊乱。初期副交感神经兴奋，瘤胃蠕动加强，随后专为抑制，瘤胃蠕动减弱甚至消失，陷于弛缓、扩张乃至麻痹。瘤胃体积正大，压迫邻近器官，同时使膈前移，影响心、肺活动及静脉回流，以致呼吸、循环紊乱。积聚在瘤胃内的食物，因腐败分解和发酵，产生大量气体和有毒物质，而导致自体中毒。

症状　病畜食欲、反刍减少或停止，嗳其酸臭，鼻镜干燥。站立不安，摇尾拱背，四肢开张，回头用角撞击腹部，或用后肢踢读肚不断起卧，每当起卧时，疼痛呻吟。粪便秘结、干硬、暗黑色，继发肠炎时则下痢。

腹部膨大，左肷充满。瘤胃听诊，蠕动音减弱或消失；触压瘤胃，内容物坚实，叩诊虽浊音，用拳按压瘤胃，患畜常有疼痛表现。

直肠检查，瘤胃扩张，容积增大，充满坚实内容物。

重症后期，呼吸急速，脉搏加快，结膜发绀，病呈现脱水及心力衰竭症状。体温一般无明显变化。

诊断　根据病因如采食过量饲料及临床特征如瘤胃充满内容物、触压坚实等，可以确诊。但本病应与急性瘤臌气相鉴别。

急性瘤胃臌气一般病情发展急剧，肚腹显著膨胀，瘤胃壁紧张而有弹性。但如继发瘤胃臌气时，应先行穿刺放气，以缓解病情，然后再治本病。

治疗方法：病初停喂 1~2d，多次少量饮水，待瘤胃内容物排除，且出现食欲、反刍时，逐渐给予柔软易消化的草料。如吃了大量易膨胀的饲料，则应限制饮水。

防腐制酵：鱼石脂 15~30g，75% 酒精 50~100ml，常水 1 500~2 500 ml，混合后一次灌服（牛）。

促进瘤胃蠕动：可用五酊合剂（用法参照前胃弛缓治疗），也可用番木鳖酊 15~20ml、稀盐酸 10~20ml、75% 酒精 50~100ml、常水 500ml，混合一次内服，每天 2 次，连用 3~5d（牛）。同时用 10% 氯化钠溶液 300ml、5% 氯化钙溶液 100ml、10% 安钠咖溶液 20ml，给牛静脉注射。

在应用药物的同时，配合瘤胃按摩，每天 3~4 次，每次 20~30 min ，并适当惊醒牵行运动。

泻下：由粗硬饲料引起的积食，可用盐类泻剂，如应用硫酸镁（硫酸钠）500~800g，加水配成 5% 溶液，一次给牛灌服。

由谷物或豆类饲料引起的积食，可用油类泻剂，如石蜡油 1 000~2 000ml，内服。也可用蓖麻油、花生油、豆油等。

重症伴有脱水和酸中毒是，可静脉注射复方氯化钠溶液或 5% 葡萄糖生理盐水 2 000~3 000ml ，每日 2 次（牛），同时静脉注射 5% 碳酸氢钠溶液 500~800 ml（牛）。也可用体温温度的清水反复洗胃，将胃内容物排除。

重要治疗：一健脾开胃，消食化气为主，可用三仙硝黄散。

处方：山楂 90g，神曲 90g，芒硝 120g（后下），大黄 60g，牵牛子（炒）60g，枳壳 30g，槟榔 12g，郁李仁 60g。

煎水去扎，候温灌服（牛）。

如上述各种方法治疗无效时，应立即施行瘤胃切开术，取出积食。

预防　主要在于加强饲养管理，防止过食，饲料的搭配要适当，不要突然更换饲料，要定时定量，合理使役，防止脱绳偷食。

二、瘤胃臌气

瘤胃臌气主要是采食了大量容易发酵的饲料，在瘤胃内迅速产生大量气体，使瘤胃容积急剧增大所引起的一种疾病。中兽医称为气胀。本病多发生于初春以及夏季放牧的牛和绵羊。

病因　原发性瘤胃臌气，主要是采食大量易发酵的饲料，在瘤胃内产生大量气体，一般为急性。容易发酵的饲料，如初春的嫩草，或露水过的、被雨水淋湿的青草，开花前的紫云英、苜蓿草；或咸干树藤、萝卜缨、白菜叶、甜菜叶、甘蔗尾等；或青贮饲料、块根饲料、霉败饲料以及冰冻饲料等。

此外，舍饲的牛，长期饲喂干草，突然改喂青草，采食过多；或误食有毒植物（如毒芹、无头、白黎芦等）；或饲喂后即使役，或使役后立即喂饮，均可导致本病的发生。

继发性瘤胃臌气，多见于前胃弛缓、创伤性网胃炎、食道阻塞等疾病的过程中，一般胃慢性臌气。

发病机制：在正常情况下，瘤胃内发酵所产生的气体（主要是二氧化碳、甲烷、硫化氢等）能通过嗳气排除，也有一部分被胃肠吸收，因而使产气和排气之间保存相对平衡，而不发生臌气。如果瘤胃内迅速产生大量气体，超过了正常的排气机能，既不能通过嗳气排出，又不能通过胃肠吸收，因而导致瘤胃急剧积气而扩张、膨胀。特别是采食了大量含有植物蛋白、皂甙和粘性物质的饲料或粉状饲料（如豆科植物中的紫云英或小麦麸、玉米麸、粉状谷物等）是，产生的气泡与食糜混合，不易上升而形成大量的泡沫，阻塞贲门，翻盖嗳气，迅速地导致泡沫性臌气的发生和发展，病情急剧，最为危险。

由于瘤胃过度膨胀，膈向胸腔前移，使胸腔变小，心、肺受到压迫，因而导致呼吸及循环障碍而呈现呼吸困难，心跳加快，进而引起窒息或心脏停搏而导致死亡。

症状　本病多于采食过程中或采食后突然发病，其主要特征是左腹部急剧膨大肷部突出。按压腹壁紧张有弹性，强力压迫，并牛有疼痛表现。瘤胃叩诊呈鼓音，偶呈金属样音；听诊是瘤胃蠕动音消失。

病畜精神沉郁，食欲、反刍、嗳气完全停止，腹痛不安，时起时卧，回顾腹部或用后肢踢肚，拱背摇尾。

严重时呼吸困难，张口伸舌，呼吸时两前肢开张，结膜发绀，心跳加快，静脉怒张，眼球突出，站立不稳，最后倒地不起，窒息死亡。

慢性瘤胃臌气，病程缓慢，多反复发作，患畜呈现慢性消化不良症状。

诊断　根据临床表现，发病急剧，腹围显著增大，左肷突出，按压有弹性，叩诊呈鼓音，呼吸困难等特征可作出确诊。

继发性瘤胃臌气，多继发于前胃弛缓、创伤性胃炎、食道阻塞等疾病的过程中，应根据各原发病的其他特征进行诊断。

治疗　本病发展急剧，延误治疗会造成死亡，应及时抢救。故以排气制酵，消除泡沫和回复瘤胃蠕动机能胃治疗原则。

治疗方法：当病情严重，有窒息危险时，应立即施行瘤胃穿刺放气，但放气速度宜慢。放气后从套管针筒向瘤胃注入制酵剂，如福尔马林 10~15ml，或来苏儿 15~20 ml（均配成 3% 溶液）。

若为泡沫性臌气，气体不能从套管针筒排除，必须经套管针筒向瘤胃内注入消沫药，如松节油 30~40ml、豆油（花生油）500ml 的合剂，或花生油（豆油）0.5~1kg，或二甲基硅油 2~2.5g（配成 2%~5% 的没有溶液）。

消沫药能降低泡沫的表卖弄张力使其破裂，气体上升于瘤胃上部，从套管针筒排除，故应将套管针筒留置瘤胃内若干时间。上述消沫药如不能经套管针筒注入瘤胃，也可改为内服用药。

当病情较轻，无窒息危险时，可行制酵、泻下、促进瘤胃蠕动和排气等方法进行治疗。

制酵可灌服鱼石脂 15~30g，加 75% 酒精 100ml、常水 1 000ml，或来苏儿 15~25ml（配成 3% 溶液），也可用硫酸钠 500g、鱼石脂 20g、75% 酒精 100ml、常水 5 000ml，混合溶解后，一次灌服。

为了促进瘤胃的蠕动机能，可内服五酊合剂（用法参照前胃弛缓的治疗），同时静脉注射 10% 氯化钠溶液 300~500ml、5% 氯化钠溶液 100ml、10% 安钠咖溶液 20ml 的合剂 。

为了促进反刍、嗳气，排除气体，可用一小木棒，中间缠以棉花纱布，涂上鱼石脂或松馏油，横衔于牛口，用绳缚在角上，使牛不断舔食，反射性地促进反刍、嗳气，排出气体。同时配合按摩瘤胃，效果更好。

对于泡沫性臌气，当药物治疗无效时，应立即施行瘤胃切开术，取出泡沫性内容物。

预防　预防本病在于加强饲养管理，不让牛、羊采食霉败和易发酵的饲料，或雨后、早晨有露水的嫩草。

三、创伤性网胃炎

创伤性网胃炎，是由于尖锐金属异物混杂在饲料内，被牛采食吞咽进入网胃，刺伤网胃壁而引起的网胃炎症。本病主要发生于舍饲的牛和在工矿地区或建筑工地放牧的牛，羊少发生。

病因　本病的发生用牛采食的特点有关，牛采食快，不加咀嚼立即吞咽。同时，口黏膜对机械性刺激敏感性较差，舌、颊黏膜上具有朝向后方的乳头，因此，易将混在饲料中的铁钉、钢线、铁片、缝针等异物吞下而进入网胃，在网胃强有力的收缩下，刺伤网胃壁而引起本病。

另外，在腹内压增高的情况下，如瘤胃积食、臌气、妊娠后期、分娩等，均易促进本病的发生。

据资料报道，内蒙古锡林浩特地区，自 1987 年以来，有 12 例奶牛由于缺钙出现异嗜找骨头吃，被尖锐骨片（长约 3~4cm），刺伤网胃而发生创伤性胃炎。

发病机制：随饲料吞入的异物，先进入瘤胃，较大钝体异物，可停留在瘤胃内长期不引起发病，而尖锐的金属异物，当瘤胃收缩时，随食糜进入网胃。由于网胃体积小，收缩力强，因此异物很易刺伤网胃壁而引起创伤性炎症。如果异物穿透网胃壁向膈刺入，还可刺伤心包乃至心脏，引起网胃、膈肌、心包乃至心脏的炎症。有时也能传入肝、脾、肺等器官，并继发细菌感染，而招致炎症、坏死、脓肿等病变。

症状　病畜突然呈现前胃弛缓症状。精神沉郁，食欲、反刍障碍，鼻镜干燥，瘤胃蠕动音减弱，次数减少，呈现慢性臌气。确诊瘤胃内容物粘硬。病除体温升高，以后逐渐恢复正常。白细胞增多。由于消化紊乱，病畜逐渐销售，被毛松乱，乳牛产乳量减少或停止。

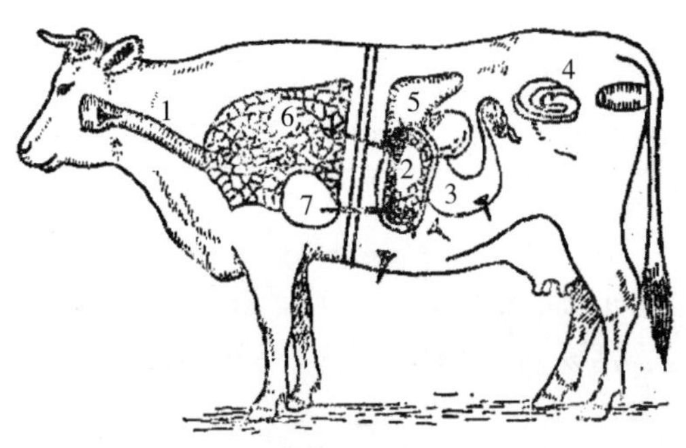

图 2.1　异物造成损伤的模式图

1. 食道　2. 网胃　3. 皱胃　4. 肠　5. 肝　6. 肺　7. 心包

表现疼痛，病畜整天站立，不愿卧下。卧下和起立时，小心谨慎，不愿行动。行走时，步态拘禁，特别是走下坡路及急转弯时更为明显，痛苦不安，鸣叫。

姿势异常，病畜站立时，肘头外展，肘肌震颤，采取前高后低姿势，减少腹压，以缓解疼痛。卧下时，非常小心，以两后肢先卧下，起立时两前肢先立起，如犬坐式姿势（于健康牛的起卧动作相反）。

用拳击或扛抬病牛的剑状软骨后方时，敏感、疼痛、躲避。

如果异物穿过膈刺伤心包、心肌，则出现心包炎或心肌炎症状。如刺伤肝、脾、肺时，则引起这些器官发生脓肿。

诊断　本病根据前胃弛缓反复发作，药物治疗无明显效果，疼痛表现，异常姿势，网胃区检查等临床特征，再配合使用牛胃金属异物探测仪，可作出诊断。

本病如发展胃创伤性心包炎时，可根据创伤性心包炎的特征性症状进行诊断。本病初期以心区疼痛和心音的变化胃主要特征，如左侧肘肌震颤，肘头外展，心浊音区扩大；可听到心包摩擦音，随着炎症发展，心包摩擦音消失而出现拍水音和金属音；心跳急速，心音微弱，似从远方传来。病至后期，则出现颈静脉怒张和颌下、胸垂水肿，心包穿刺液浑浊（有脓汁或纤维素块）等特征性变化。

治疗　本病早期施行瘤胃切开术，伸手如网胃取出金属异物，这是治疗本病的根本方法。

药物治疗：主要是控制病情发展，每天用青霉素 400 万单位、链霉素 400 万单位，分 2 肌肉注射，连续用药 3 天。同时可使用牛胃金属异物探测仪，并配合牛胃铁质异物吸取器，取出网胃内的金属异物，可望受到治愈效果。

预防　预防本病主要避免在饲料中混有金属异物，为此喂牛的草料或精料要小心检查，精料最好筛过，以清除混杂其中的金属异物，也可用磁铁吸引。要远离工矿区、建筑工地和垃圾堆的地方放牧，不要在牧地或畜舍丢放铁线、铁钉及其他尖锐异物，这样就能防止或减少本病的发生。

第三节　胃肠疾病

一、胃肠卡他

胃肠可他是胃肠黏膜表层的轻度炎症，同时伴有胃肠运动、分泌、吸收机能紊乱，表现以消化障碍为特征的一种疾病。各种家畜均可发生。

病因　原发性胃肠卡他的发病原因是多方面的，主要由下列因素引起。

1. 饲料质量不良：如饲料过于粗硬、发霉、虫蛀，或混有泥沙太多、霜冻等都易损伤胃肠黏膜而引起本病。

2. 饲料加工不当。如草铡得过长，豆饼等未充分泡软，粒料与粉料搭配不均等，亦易引起本病的发生。

3. 饮喂失宜：如饮水不足，影响消化液的分泌，发生消化不良；水质不良，不仅影响饮水量，而且污水中的病原微生物可以致病；渴后暴饮，特别是在冬天，一次暴饮大量冷水，易发生胃肠痉挛，引起腹痛和消化不良。

4. 饲料骤变或经常改变饮喂顺序，或饮喂不定时不定量等，均能引起胃肠功能失调，导致胃肠卡他的发生。

5. 劳逸不均、运动不足，或饲喂后立即服重役，重役后立即饲喂等，可使肠胃的血液供应不足，消化液分泌减少，也能促使本病的发生。

6. 误食有毒植物，或刺激性、腐蚀性药物剂量太大或浓度过高等也易致病。

继发性胃肠卡他，常见于胃肠道寄生虫病、牙齿疾病、过劳、骨软症、维生素缺乏症及某些传染病的经过中。

发病机制：健康家畜的胃肠黏膜，具有一定的屏障机能。当上述各种致病因素作用于胃肠黏膜时，或胃肠道血液供应的动态平衡发生紊乱，使胃肠黏膜的屏障机能（包括分泌机能）发生紊乱，消化液和消化酶的分泌和活力发生改变，消化机能减退时，会引起消化不良。

消化机能减退，一方面消化不安全产物、细菌霉素、炎症产物等在肠道内积聚，或腐败或发酵，并刺激肠管，使肠蠕动增强，引起腹泻，把大量有毒物质排出体外，从而减少了有毒物质的吸收，在一定程度上起保护作用。但是，腹泻可使大量的体液、电解质和碱贮随之丢失，引起一定程度的脱水和酸中毒。另一方面，由于营养物质消化不全，不能很好地吸收利用，经久则病畜逐渐消瘦衰弱，尤其慢性胃肠卡他病畜，因蛋白质缺乏以及造血物质铁的吸收减少，血红蛋白的合成减少，而发生营养性贫血，出现贫血症状。

症状　胃肠卡他的症状依病变所在部位不同，表现不一样，有的以胃机能紊乱为主。有的以肠机能为主，如变为慢性其表现亦异，分述如下。

以胃肠机能紊乱为主的胃肠卡他的症状　以胃机能紊乱为主的胃肠卡他其主要病变在胃，其临床表现为精神沉郁，常打哈欠，食欲明显减退，有时出现异嗜。口腔变化明显，多干燥，有甘臭或恶臭味，舌苔增多。可视黏膜黄染。病的初期，肠音多减弱，粪球由干变软，发生腹泻。

以肠机能紊乱为主的胃肠卡他的症状：以肠机能紊乱为主的胃肠卡他，其主要病变在肠。其症状表现为病畜口腔湿润，可视黏膜黄染轻微。肠蠕动音增强，呈不同程度的腹泻，粪便稀软或呈水样，混有饲料碎片，有酸败气味，严重时排粪失禁。重症腹泻可引起脱水酸中毒。

如果胃和肠均有卡他性病变，而胃、肠机能均紊乱时，则双方面的症状同时表现出来。

慢性胃肠卡他的症状：病畜表现食欲不安，往往发生异嗜，舔食平时不愿吃的东西，如煤渣、沙土和被粪尿污染的垫草等。肠音不定，有时便秘，有时腹泻，粪便干稀交替发生。病畜逐渐消瘦，毛焦肷吊，并出现贫血症状。

诊断　本病根据口腔变化、粪便状态和肠蠕动情况等，诊断并不困难。但必须注意以胃机能紊乱胃主的胃肠卡他，应区分是胃酸过多型还是胃酸过少型。胃酸过多型临床主要表现为食欲减退、口内粘滑、肠音减弱、粪球干小等；胃酸过少型多表现食欲不定、口干、舌燥和腹泻等。

在鉴别诊断中应注意同胃肠炎区别。胃肠炎是胃肠黏膜及黏膜下深层组织的重剧炎症。全身症状明显，体温升高，脉搏、呼吸增数。口腔变化显著。肠音初期增强，以后减弱或消瘦。持续性重剧腹泻，粪便稀软，内有血液、黏液、脓液及组织碎片，并有腥臭气味。胃肠卡他则体温、脉搏、呼吸无明显变化。口腔变化较轻。粪内混有未消化饲料，但无血液、组织碎片等，也无腥臭气味。

慢性胃肠卡他时应考虑同胃肠寄生虫病和引起肠道病变的传染病区别，此时根据粪便检查和流行病调查结果，可以进行鉴别。

治疗　治疗的基本原则是精心护理，清肠止酵，调整胃肠机能，止泻和补液纠正酸中毒。

1. 精心护理：对恢复胃肠机能，促进病畜康复，具有重要意义。应切实做好以下几点。

（1）除去病因：治疗胃肠卡他病畜，如果不除去病因，不但胃肠机能不易恢复，难以治愈，而且暂时治愈也往往容易复发。因此应排除引起胃肠卡他的一切原因，并使病畜完全休息。

（2）保护胃肠黏膜：对能自行采食的胃肠卡他病畜，尽量创造条件，喂给柔软易消化的饲料，条件许可的需是放牧，使吃青草，晒太阳，多运动。治愈后逐渐恢复常饲。

2. 清肠制酵：为减轻对胃肠黏膜的刺激，防止和缓解自身中毒，必须清理胃肠和制止发酵。为此可给于清肠制酵剂。大家畜常用硫酸钠或硫酸镁 200~300g，加水做成 5% 的浓度，并加入硫桐脂（或鱼石脂）15~20g 或克辽林 15~20ml，一次服用。如用敌百虫 10~15g，温水 1 000~2 000ml，一次服用，不但有清理胃肠的效果，而且还可以驱除胃肠道内的寄生虫。

3. 调整胃肠机能：出现胃酸过多症状者，可内服人工盐或碳酸氢钠，牛、马 30~50g；猪、羊 5~10g。出现胃酸过少症状的患畜，可给予稀盐酸，牛、马 10~30ml，并配合陈皮酊或龙胆订 30~50ml 等苦味健胃内服。应用健胃剂的同时，配合应用一些消化酶类，效果更好，如胃蛋白酶、胰蛋白酶，均一次内服 2~5g，一日一次，连服数日。

4. 止泻：在清理胃肠后，仍持续腹泻时可用木炭末 50~150g 或用 0.1% 高锰酸钾溶液 1 000~2 000ml，给大家畜一次内服。连服数天。

5. 补液纠正酸中毒：出现脱水及心脏衰弱者，可应用复方氯化钠溶液或 5% 葡萄糖生理盐水 3 000~5 000ml，内加强剂进行静脉滴入。同时静脉滴入 5% 碳酸氢钠溶液 500~1 000ml，以纠正酸中毒。

6. 中药疗法：本病从中兽医观点来看，是由于内伤外感等引起脾胃功能失调的疾病，按临床常见类型分为胃火、胃寒、寒湿、脾虚四种。因此治疗时，也有所不同。

胃寒（胃寒不食）：治宜温中散寒，温补脾阳，方用理中汤；党参 30g，白术 70g，干姜 30g，炙甘草 30g 共为细末，开水冲，候温灌服。

胃火（胃热不食）：治宜清热降火为主，辅以滋阴生津，健胃理气，方用芩连散；黄芩25g，连翘 30 g，石膏 60g，花粉 25g，枳壳 25g，党参 30g，知母 25g，大黄 30g，地骨皮25g，建曲 45g，陈皮 25g，甘草 18 g 水煎去渣内服。

寒湿（冷肠唧泻）：治宜温脾暖胃，渗湿利水，方用猪苓散；猪苓 15g，泽泻 15g，木通 12g，瞿麦 12g，茵陈 12g，当归 12g，青皮 12g，厚朴 12g，枳壳 12 g，苍术 12g，木香12g，藿香 12g 共为细末，开水冲，侯温灌服 。

脾虚（脾虚泄泻）：治宜补中益气，燥脾渗湿，方用健脾散；当归 30g，白术 30 g，青皮 12g，陈皮 12g，厚补 12 g，甘草 12g，茯苓 12 g，五味子 12g，共为细末，开水冲，侯温灌服。

预防　胃肠卡他发病原因，主要是饲料管理不当，预防本病应着重做好以下各项工作。

1. 注意草料质量，不喂变质草料，不饮不洁或过冷的水；

2. 防止草内混入有毒植物或其他毒物；

3. 合理使役，精心饲养，饲喂定时定量，不要突然更换饲料和饲养方法，使役后休息再喂，饲喂后休息再使役；

4. 平时注意观察，发现采食、饮水或排粪异常时，及时检查治疗；

5. 定时驱虫，以免继发本病。

二、胃肠炎

胃肠炎中兽医肠癀，是胃肠黏膜及黏膜下深层组织的重剧炎症。临床上以经过短急、胃肠机能障碍和自体中毒明显为特征。

胃肠炎根据病程经过可分为急性的和慢性的。根据发生原因可分为原发性的和继发性的。各种家畜均可发生，无地区性的和季节性。

病因　原发性肠胃炎的发病原因与急性胃肠卡他基本相同。所不同的是，其致病作用更为强烈，或作用时间比较持久，而引起重剧后果——胃肠炎。

继发性胃肠炎，常见于胃肠卡他、肠阻塞和肠变位的病程中。也继发于某些传染病（如猪传染性胃肠炎、炭疽、猪瘟、仔猪副伤寒、鸡白丽病等），中毒病（如棉籽饼中毒、砷中毒等），寄生虫病（如球虫病）等。

发病机制：在致病因素的作用下，当机体抵抗力降低，尤其胃肠的结构和屏障机能被破坏时，即可发生胃肠炎。

胃肠炎发生后，胃肠黏膜在致病因素、炎性产物的刺激下，黏液分泌增多，肠蠕动增强引起腹泻。大量黏液虽有一定的保护作用，但是，黏液分泌过多，不仅影响消化液和消化酶的分泌，而且又可包裹食糜，阻碍食糜颗粒与消化酶类接触，从而加重消化障碍。尤其是由于黏膜蛋白大量选入肠腔，为肠道内的大肠杆菌、腐败梭菌以及沙门氏杆菌等的发育繁殖，提供良好的环境条件，使肠道菌群的比例发生急剧改变。大肠杆菌等革兰氏阴性杆菌过度繁殖，其菌体大量崩解，释放出大量内毒素，吸收入血，则可发生内毒素血症，甚至引起休克。随着炎症进一步的发展，消化不全产物、炎性产物、腐败产物和细菌毒素等有毒物质不断积聚，对胃肠黏膜的刺激增强，使黏膜坏死、剥脱，甚至侵害到黏膜下的深层组织使之发生出血、坏死，不仅使肠壁的防御机能更加破坏，而且使选择性吸收功能丧失，肠道内的有毒物质，更易吸收入血，迅速弥散。尤其是炎症主要侵害胃和小肠时，由于肠蠕动减弱，排粪迟缓，其自体中毒发展更快、更严重，全身性反应（体温升高，呼吸、脉搏加快，精神沉郁等）更显著。

腹泻尤其是持续而重剧的腹泻，大量体液、电解质（主要 Na^+，K^+）和碱性物质（主要是 HCO_3^-）随腹泻丢失，引起水盐代谢紊乱和酸碱平衡失调，发生不同程度的脱水，石炎和酸中毒。

因脱水致使血液浓稠，外周云换阻力增大，有效循环血量减少，血流速度缓慢，加重心脏的负担，最终引起心力衰竭，如不早期进行治疗，多于短时间内死亡。

症状　病初多呈现急性胃肠卡他症状，以后则逐渐或迅速地呈现胃肠炎的症状。

病畜精神沉郁，饮欲增加，食欲废绝。可视黏膜暗红并黄染，乃至蓝紫带黑色。口腔干燥，气味恶臭，舌面皱缩。被覆多量舌苔，常有轻微的腹痛，喜卧回顾腹部。在猪病初出现呕吐，腹部有压痛反应。

持续重剧腹泻，是胃肠炎的主要症状，不断排稀软或水样恶臭或腥臭排便。粪内混有数量不等的黏液、血液、脓液及坏死组织碎片。腹泻时肠音增强，病至后期，则肠音减弱或消失。肛门松弛，排粪失禁或病畜不断努责而无粪便排出，呈现里急后重现象。

在马，炎症主要侵害胃和小肠时，肠音往往减弱或消失，排粪减少，粪干小而硬，色暗，表面被覆大量胶冻样黏液。同时由于小肠内容物逆流，往往继发胃肠扩张，插入胃管常流出微黄色酸臭的液状胃内容物。

胃肠炎症重剧病畜，由于持续性腹泻，脱水症状明显，表现皮肤干燥，弹力减退，眼球凹陷，肚腹卷缩，角膜干燥，暗淡无光，尿少色弄，血液浓稠暗黑。自体中毒明显，全身症状重剧。大多数病畜体温突然升高至40℃以上（少数病畜体温无改变），心率增快，脉搏增数，病初充实有力，以后迅速减弱，甚至不感于手。

病畜血、尿的变化比较明显。白细胞总数增多，核左移。血液浓稠，红细胞压积容量值和血红蛋白量增多。尿呈酸性反应，尿中出现蛋白质或血液。尿沉渣内可能混有少量的肾上皮细胞、白细胞，严重病例可出现管型。

诊断　典型的胃肠炎，根据重度腹泻，体温升高，心率增数等迅速加重的全身症状及白细胞增多，且核左移等炎性反应，不能拿诊断。但临床上应注意与胃肠卡他鉴别。

胃肠炎是胃肠黏膜及其深层组织的重剧炎症。临床上表现体温升高，脉搏增数，呼吸增快，精神、食欲、口腔变化显著。粪便稀软或水样，内混黏液、血液、脓液及组织碎片，有腥臭气味。在剧烈腹泻的情况下，迅速陷入脱水、酸中毒和心力衰竭。急性胃肠卡他，全身症状不明显，脱水反应、粪便性状等都与胃肠炎有所不同（参照胃肠卡他）。

治疗　本病治疗要以制菌消炎，掌握缓泻和止泻时机，结合补液、解毒、强心，加强护理胃原则。

1. 制菌消炎：可根据病情，选用高锰酸钾配成0.1%溶液，内服，马一次2 000~30 000ml，一日 1~2 次。磺胺脒，日量 0.1~0.3g/kg 体重，分 2~3 次内服。黄连素，内服，马、牛 2~5g 新霉素，日量 4 000~8 000IU/kg 体重，分 2~4 次内服。链霉素内服，马、牛 1 次 3~5g，每日 2~3 次。

2. 缓泻和止泻：根据病情，适时地进行缓泻和止泻，是治疗胃肠炎的两种重要措施。

缓泻，当病畜排粪迟滞，或虽排恶臭西边，但排粪并不通畅时进行缓泻。在病的早期，可用硫酸钠或人工盐，200~300g（大家畜），加适量的防腐消毒药内服。晚期则以无刺激性的油类泻剂，如液体石蜡为宜。

止泻，适用于肠内积粪已基本排除，粪的臭味不大而仍不泻不止的非传染性胃肠炎，可用吸附剂，木炭末一次 100~200g（大家畜），加水 1 000~2 000ml，配成悬浮液内服。也可应用收敛剂，鞣酸蛋白 20g（大家畜），加水适量，一次内服。

胃肠炎家畜，腹泻时间较长，粪有恶臭气味，并混有多量脓血时，不易应用泻剂，也不易止泻。应着重抑菌消炎可补液解读。

3. 补液、解毒、强心：三者以补液为主，补足有效循环血容量，是抢救胃肠炎病畜的主要措施。在实施补液时，应注意以下几个问题。

药液的选择　胃肠炎引起的脱水，是混合型脱水，即水盐同时丧失，以输注复方氯化钠液，生理盐水或 5% 葡萄糖生理盐水为宜。出现微循环障碍时，加输 10% 低分子右旋糖酐液，其扩充血容量和疏通微循环的作用优于前者。

补液速度　视脱水程度和心，肾机能状态而定，脱水严重而微循环障碍重剧时，初起，可按每公斤体重每分钟 0.5ml 的速度，快速输液，2~3h 后减半输液。

补液数量：大家畜一般每次静脉注入 3 000~4 000ml，小家畜 3 000~4 000ml，小家畜 300~1 000ml，每日 2~4 次。胃准确去掌握补液量，马可按下式计算：

补液量（L）=[测定红细胞压积容量 – 正常红细胞压积容量（32）]×[0.05× 体重（kg）/ 32]，例如：脱水病马重 300kg 测得红细胞压积容量为 52，则其补液量 =（52~32）×（0.05×300/32）=9.4L。

在补液过程中，如果病畜高度脱水，心力极度衰竭，大量快速输液，心脏不能忍耐时，可施行腹腔补液或用 1% 温食盐水内服，大家畜每次 3 000~4 000ml，隔 4~6h 一次。

为了纠正酸中毒，可静脉注射 5% 碳酸氢钠液，马 1 000~2 000ml，每日 1~2 次。最好是根据血浆 CO_2 结合力测定结果，计算补碱量。计算公式为：需补 5% 碳酸氢钠液（ml）=（50~ 测定血浆 CO_2 结合力）×0.5× 体重（kg）。

例如：300kg 体重脱水病马的血浆 CO_2 结合力为 45 容积 %，则应补 5% 碳酸氢钠液 =（50~45）×0.5×300=750（ml）。

为了维护心脏机能，可在静脉补液时，加入 20% 安纳咖注射液 10~20ml，或皮下注射 10% 樟脑磺酸钠 10~20ml，或选用西地兰、洋地黄苷等强心药。

4. 对症治疗：胃肠炎经过中，腹痛明显的大家畜，可应用 30% 安乃近注射液 20ml，一次肌肉注射。胃肠道出血严重的，可用 10% 氯化钠注射液 100ml，一次静脉注射或 0.5% 兽用止血注射液 5~10ml，肌肉注射，每日一次。

5. 中药疗法：常按以下三种类型辨证施治。

湿热型：清热解毒，渗湿利水。可选用白头翁汤加减；白头翁 60g，黄连 30g，黄柏 30g，秦皮 30g，苦参 30g，猪苓 15 g，泽泻 15g 水煎去渣灌服（大家畜）。

实热型：清热解毒，导滞通便。可选用郁金散加减；郁金 75g，黄连 25g,，黄芩 50g，黄柏 50 g，茵陈 25g，厚朴 25 g，白芍 25 g，大黄 75 g，芒硝 200g 水煎去渣灌服（大家畜）。

热毒型：清热、解毒、凉血、止血。可选用凉血地黄汤加减；水牛角 30g，生地 60g，丹皮 30g，栀子 25g，双花 25g，连翘 22 g，槐花 15g，钩藤 25g 水煎去渣灌服（大家畜）。

6. 加强护理：参照胃肠卡他的护理。

预防　胃肠炎的预防措施，基本上与胃肠卡他相同，加强饲养管理，减少气温骤变等应激因素的刺激，及时治疗容易继发胃肠炎的便秘和消化不良等原发病。

三、急性胃扩张

急性胃扩张是由于采食过多和胃排空机能障碍，使胃急性膨胀而引起的一种急性腹痛病，中兽医称为大肚结。临床上以采食后突然发病、腹痛剧烈、腹围变化不大而呼吸促迫、导胃可排出不同数量的气体和其他胃内容物为特征。按发病原因，分为原发性和继发性胃扩张。原发性胃扩张，又有食滞性、气性和液性胃扩张之分。本病多发于马、骡，驴发生较少。

病因　原发性胃扩张，通常发生于下列情况。

饲喂不及时，过度饥饿，饲喂时，添加精料过多过早，因贪食而发生胃扩张。

突然改变饲养制度，由舍饲突然改为放牧时，采食过多幼嫩青草，或豆科植物（如豌豆茎叶、青苜蓿）等，由放牧突然改为舍饲时，贪食过多的精料。贪食大量幼嫩青草容易发酵产气。贪食过多精料容易膨胀，均易引起急性胃扩张。

马、骡等因脱缰偷吃大量精料或饱食后饮大量冷水，或立即负重役而发生急性胃扩张。

继发性胃扩张，通常继发于小肠阻塞或变位以及肠臌气的过程中。这是由于肠腔阻塞，阻塞部前方肠管分泌增加并发生逆蠕动，将肠内容物返回到胃内，使胃过度膨满而发生胃扩张。

发病机制：生理情况下，胃内的食物在神经体液的调节下，通过胃腺分泌的消化液、胃壁的蠕动、幽门的开张，将食物不断搅拌、消化、后送，使胃内容物的进入量和后送量始终保持着动态平衡。

当马、骡在饥饿状态下，贪食过多的饲料，特别是容易发酵和膨胀的饲料，使胃的容纳量超过生理限度，胃体积增大，胃壁膨胀。过度膨胀的胃壁受强烈的刺激，分泌和蠕动机能发生障碍，同时发生幽门痉挛使胃排空机能障碍，从而导致胃内容物积聚而发生胃扩张。

胃扩张发生后，胃内堆积的大量食物，使胃膨胀，并刺激胃壁，引起胃壁痉挛，从而导致剧烈腹痛。与此同时，胃液大量分泌，加水腹痛出汗而使机体迅速脱水。随着食物积聚时间的延长，一方面由于胃内容物在细菌的作用下，腐败发酵产生大量气体和有毒物质（胺、酚），使胃壁更加膨胀，腹痛更剧烈；另一方面由于胃也分泌继续增多，腹痛出汗继续加重，使体液过度丧失，使病马的脱水状态更为严重。

膨胀的胃，不仅引起剧烈腹痛，而且压迫膈，使膈的位置前移，胸腔内压增高，限制肺活动引起呼吸困难，同时又限制心脏舒张，影响血液回流，外周阻力加大，加上因严重脱水而造成的血液浓稠，因而加重心脏负担，迅速出现心力衰竭。严重的胃扩张病马，由于胃内压过高，对膈的压迫也过重，往往在病马剧烈滚转、起卧、摔倒的情况下，发生胃或膈破裂。

症状　原发性急性胃扩张，通常在食后1~2h内发病，其主要临床症状如下。

剧烈腹痛：病初呈中等程度的间歇性腹痛，很快变成持续性的剧烈腹痛，病马倒地滚转，急起急卧，或朝天仰卧，个别病马呈犬坐姿势。

全身症状：结膜潮红或暗红，脉搏增数，腹围变化不大而呼吸促迫，每分钟可达20~50次，鼻翼煽动，胸前、肘后、耳根不出汗明显，甚至全身出汗。

消化系统症状：病马饮食欲废绝，口腔湿润或黏滑，有酸臭味，肠音减弱消失。初排少量粪便，以后排粪停止。多数病马在左侧14~17肋间，髋结节水平线上，可听到短促的胃蠕动音，类似沙沙音，每分钟3~5次或10次以上。不少病马出现嗳气，嗳气时，可在左侧静脉沟部看到食管的逆蠕动波，并能听到含漱样蠕动音。个别病马发生呕吐，呕吐时，病马低头，鼻孔开张，腹肌强烈收缩，由口腔或鼻孔流出酸臭食糜。

胃管插入：对胃扩张的病马进行胃管插入时，感到食管松弛，阻力小，容易推进。胃管进入胃内后，若是气性胃扩张，可排出大量酸臭气体和少量粥样食糜；食滞性胃扩张时，仅排出少量气体，胃内容物不易排出；液性胃扩张时，则排出多量液状内容物。

直肠检查：胃扩张的病马，脾脏后移，其后缘可达髋结节垂直线。但有的马骡，在生理状态下，脾就后移，应结合其他症状，进行全面分析，方能得出正确结论。由于胃过度膨胀，在左肾前下方，可摸到膨大的胃盲囊，它随呼吸而前后移动。

继发性胃扩张：先有原发病的表现，以后才出现嗳气、呼吸促迫、胃蠕动音等胃扩张的主要症状。插入胃管时，立即喷出大量黄绿色的酸臭液体。液体排出后，腹痛暂时缓解，若原发病不除，数小时后，又出现腹痛。对胃内容物进行胆色素检查，呈阳性反应。

胃破裂：胃破裂时腹痛多在激烈骚动或摔跌后突然消失，全身情况迅速恶化，肌肉颤震，低头呆立或卧地不起，站立时体躯摇晃，步态不稳，全身出冷粘汗，脉细弱，黏膜青紫或枯白，腹腔穿刺液混有草渣。

慢性胃扩张，其临床特点是慢性周期性腹痛发作，其表现与急性者相似。在每次发作的可看到慢性胃卡他的症状和消瘦。由于膈受到压迫，所以腹痛发作时常伴发呼吸困难。

诊断　在临床上，如遇到有嗳气，腹围不大而呼吸促迫的剧烈腹痛病马，就要考虑可能是胃扩张。此时应做食管及胃的听诊，如能听到食管的逆蠕动和胃蠕动音，就可初步诊断为急性胃扩张。再做插入胃管试验，能排出多量气体及一定量食糜，或胃排空机能有障碍（灌入1 000~2 000ml温水后，能导出大部分甚至超过灌入量），就可确诊为急性胃扩张。

要鉴别是气性胃扩张，食滞性胃扩张，还是液性胃扩张。

吃了大量易发酵的饲料，腹痛剧烈，胃管插入时，喷出大量酸臭气体和粥样食糜，直肠检查时胃壁紧张而有弹性，是气胀性胃扩张。

吃了大量易膨胀的精料，腹痛逐渐加剧，胃管插入后仅排出少量酸臭气体和食糜，或导不出食糜，直肠检查时，感觉胃壁呈捏粉样或粘硬感，是食滞性胃扩张。

喝了大量的谁后发生剧烈腹痛，胃管插入后排出大量的液体胃内容物，或定期反复导胃，均能排出多量液体胃内容物时，是液性胃扩张。

还要区分是原发性胃扩张还是继发性胃扩张。

先无其他疾病，在大量采食后不久发病，导胃时导出的胃内容物是多量气体和食糜，导胃后腹痛迅速消失，不再复发，直肠检查，肠管无明显异常的，是原发性胃扩张。

先有其他腹痛病的表现，导胃时导出的胃内容物是大量黄绿色或黄褐色液体，食糜较少，其中含有胆色素，导胃后腹痛仅减轻，不久又加重，直肠检查可摸到阻塞或变位的部位，是继发性胃扩张。

治疗　治疗时应当采取以排出胃内容物、镇痛解痉为主，强心补液、加强护理为辅的治疗原则。

1. 排出胃内容物：为排除胃内气体、液体和食糜，应及时导胃，原发性气性胃扩张，在导胃后再灌服适量制酵剂，病畜即可好转或治愈。食滞性胃扩张在导胃后，反复洗胃有一定效果。

2. 镇痛解痉：为了缓解腹痛，解除幽门痉挛，恢复胃后送胃内容物的机能，可根据病情选用治法。腹痛较轻的病畜，可肌肉注射 30% 安乃近 20~30 ml，或静脉注射安溴注射液 100ml；腹痛剧烈的病畜，可静脉注射 5% 水合氯醛酒精溶液 200~300ml。并在导出胃内容物后，灌入乳酸 20~30ml 或醋酸 30~60ml，加水 500ml，一次内服。

在农村也可用食醋（或酸菜水）500~1 000ml 一次内服。

根据急性胃扩张的性质不同，也可采取下列治疗方法。

水合氯醛 15~25g，酒精 30~40g，福尔马林 15~20 ml，温水 500ml，一次内服，对气性胃扩张，可收到满意的效果；普鲁卡因粉 3~4g，稀盐酸 30~40ml，液体食醋 500~1 000ml，水适量，乙烯胃管投服。对食滞性胃扩张有显著疗效，也可用于液性胃扩张、气性胃扩张。

3. 强心补液：重症胃扩张或病的后期，病马精神沉郁，心力衰竭，脱水和自体中毒时，应及时的进行强心补液（祥见胃肠炎的治疗）。

继发性急性胃扩张，上述疗法仅是治标，根本措施在于治疗原发病。

4. 中药疗法：可应用调气攻坚散加减。香附 50g，苍术 40g，枳壳 50g，青皮 40 g，三棱 30g，莪术 30g，莱菔子 40g 水煎过滤，取煎液 500ml，加醋、麻油各 250ml 内服。

加减胃中气胀较重时，重用莱菔子、加砂仁、台乌。

胃中液体较多时，减莱菔子加大腹皮、泽泻。

胃中积料较多的，加焦三仙。

5. 护理：专人护理，防止病马滚转造成胃、膈破裂。病马不需要牵遛。治愈后，停喂一天，然后恢复正常饲料。

预防　复方本病在于加强饲养管理，在劳役过度，极饥饿时，应少喂勤添，避免采食过急。在由舍饲改放牧，放牧改舍饲时，逐渐过渡，避免采食过多。加强管理防止偷吃大量精料。

四、肠便秘

肠便秘是由于肠运动和分泌机能降低，肠内容物停滞，阻塞于某段肠腔而引起的以腹痛、排粪迟滞为主症的一种疾病。

病因　牛的肠便秘主要是由于长期饲喂粗硬难消化的饲料，如甘薯藤、劣质干草、豆荚、玉米秸、花生苗、稻草以及粗的麸糠饲料和干燥谷粒等，因消化困难，在肠管内积滞，阻塞肠腔；或饲料中混有大量植物根须、毛发、泥沙等，在肠内形成团块而 阻塞肠腔。此外，饮水不足，使役过度，以及各种导致肠弛缓的疾病，也可促使本病的发生。

猪的肠便秘通常是由于饲喂谷糠、酒糟或大量黏稠粉状饲料而又饮水不足引起；或由青料突然改喂粉料，因而导致胃肠不适，也会引起本病。

发病机制：由于上述含纤维素的粗硬饲料最先是刺激肠管使之兴奋，以后引起肠运动和分泌机能减退，最后引起肠弛缓与肠积粪。

症状　牛的肠便秘：病初食欲、反刍减少，以后逐渐废绝，瘤胃及肠音微弱，瘤胃轻度臌气。鼻镜干燥，出现腹痛症状，两后肢频频交替踏地，摇尾不安，拱背、努责、呈排粪症状姿势，后肢踢服。通常不见排粪，频频努责时，仅排出一些胶冻样黏液。以拳冲击右腹侧往往出现水音，尤以结肠阻塞时明显。病至后期，眼球下陷，目光无神，卧地不起，头颈贴地，最后发生脱水和心力衰竭而死。

猪的肠便秘：腹痛症状不明显，病初排出干硬的小粪球，随后排粪停止。多发生继发性肠臌气，瘦猪和幼猪从腹壁外按压触摸，可触到圆柱状或串珠状结粪块。十二指肠便秘时可出现呕吐。大肠完全秘结时，由于粪球积聚过多压迫膀胱颈，可能发生尿闭。

诊断　牛便秘的特征是腹痛表现，不断努责并排出胶冻样黏液，以及右腹冲击时的振水音，以此可与瓣胃阻塞、皱胃阻塞、肠扭转等疾病相鉴别。

猪便秘的特征：是排粪停止，继发肠臌气和腹部检查时往往触到结粪，可以作出诊断。

治疗　治疗原则以通肠泻下为主，配合直肠灌洗，补液、强心，对病情严重者，可施行手术治疗。

治疗方法：牛便秘可用硫酸镁（钠）500~800g，配成5%浓度内服，隔12h后，皮下注射新斯的明4~15mg。若为结肠便秘，可采用温肥皂水10 000~15 000ml作深部灌肠。对顽固性便秘，可试用瓣胃注入液体石蜡500~1 000ml。

补液强心：可用5%葡萄糖生理盐水1 000~3 000ml加入20%安纳咖10~20ml，静脉注射。

如药物治疗无效时，应尽早施行剖腹破结术。

猪便秘可采用温肥皂水1 000~2 000ml作深部灌肠，效果很好，必要时可用手指帮助挖出阻塞于直肠内的粪球。也可给予盐类或油类泻剂，如硫酸钠50~100g，配成5%浓度，内服；或液体石蜡100ml，内服。

预防　对牛要经常给予多汁的块根或青绿饲料，粗纤维饲料要合理搭配，要饮水充足并适当运动，避免饲料内混入毛发、植物根须等。对猪，饲料要搭配合理，不要突然变换饲料，避免长期单一饲喂谷糠、酒糟等。

（四）腹痛病的鉴别诊断

马、骡腹痛病经过急，发展快，病情重，症状较复杂，因此各病的临床特点，均已分述于各病诊断项内。

（五）腹痛病畜的护理

1. 防止病畜打滚，要作适当的牵遛运动。

2. 勤饮温水，尤其灌服盐类泻药的病畜，更应供给充足的饮水。

3. 注意畜舍保温，防止病畜受寒。

4. 病畜恢复期，应逐渐增加饲喂量，可暂不喂精料。对食欲恢复慢的病畜，应及时查明原因，采取相应措施，以免复发或发生其他疾病。

（六）腹痛病的预防

引起马腹痛病的原因，虽然种类很多，但归纳起来无非是饲养失宜，因此，要想杜绝本病的发生，必须从加强饲养管理入手，认真地进行科学养畜。提高家畜体质，增强抗病能力，要做好下列几方面的工作。

1. 饲养方面：在饲养制度上要做到给草给料定时。饿不急喂，渴不急饮，草、料、水，喂饮要合理，饲料要逐渐更换。

在饲养方法上应贯彻少给勤添，先草后料，先粗后细的饲养原则。对于老弱瘦马，要分槽饲喂。

在饮水上应做到“五不饮”，饲喂之前不多饮，喂后不立即饮，使役完了不急饮，酷热大汗不暴饮，带冰雪水不饮。

在饲料品质上应先选质量好的饲料，不洁、发霉、冻冰的饲料不喂；草不易过长，俗话说：“草长不过寸，吃上能有劲，寸草铡三刀，料少也上膘”，“干草切成细瓣瓣，牲口吃成肉蛋蛋”。这充分说明了，在饲喂家畜时，草不宜过长的好处。

2. 管理方面：管理家畜要注意清洁卫生，厩舍应做到三起三垫三打扫，俗话说：“圈干槽净，牲口没病；牲口棚里勤打扫，一年四季疾病少。”使役要细心，俗话说：“使役得当，头头健壮。”量畜使车，因畜定活；三分喂手，七分使手；不安千次使，就怕一次累；饱不加鞭，饿不赶路；力强不逼，力尽不赶；宁走十里光，不走十里荒，宁拉千里远，不拉几步喘。同时还要注意运动以及畜体清洁。

对马、骡的健康状态要经常注意观察，教育饲养人员，加强责任心，做到“饲养员、使役员、放牧员”三结合，建立健全交接班制度，若家畜出现异常，应及时报告，执行无病防有病、有病早治的原则。

要注意检查马、骡口腔，发现牙齿异常时，要及时修整。

要定期检查粪便中的虫卵，一年两次驱虫。

际情况，去制定预防措施，才能切实地防止腹痛病的发生。

对已得的患畜，在治疗期除根据病情加强护理外，在恢复期的饲养管理，也应予以注意，否则常复发而求预后不良。

第四节　肝脏和腹膜疾病

一、肝炎

肝炎是肝脏的炎症，以干细胞变性和坏死，发生黄疸、消化机能障碍及肝功能异常等为特征。按其经过可分为急性和慢性两种。

本病各种家畜均可发生，但以马、牛比较多见。

病因　本病主要是由传染性与中毒性因素引起的。如长期饲喂霉败饲料，特别是含有黄曲霉菌毒素的饲料更危险。或因误食某些农药以及使用某些剧毒药物所致的中毒等，都会引起肝炎的发生。

一些传染病（如马传染性贫血、牛恶性卡他热、钩端螺旋体等）、寄生虫病（血孢子虫病、肝片吸虫病等），以及严重的细菌感染等，也常伴发肝炎。

在胃肠炎的自体中毒，或心脏衰弱等疾病过程中也能并发或继发肝炎。

发病机制：在上述致病因素的强烈作用下，肝组织结构被破坏，解毒功能丧失，造成胆红素在血液中大量蓄积，引起黄疸。

由于胆汁排泄障碍，血液中胆酸盐过多，刺激迷走神经，使心跳减慢。肠内胆汁缺乏，结果导致下消化机能障碍，出现腹泻、不食等消化不良现象。

肝实质受损，糖、蛋白质、脂肪的代谢也随着发生障碍，因此，病畜发生严重的自体中毒、昏迷等症状。

由于肝实质受损，对经肠壁吸收、通过门静脉进入肝脏的尿胆素原，也不能利用，结果使大量的尿胆素经肝静脉进入血液，迅速同血液中积蓄的胆红素一起自肾脏排出，故尿中的尿胆素和胆红素大量增加。

症状　急性实质肝炎病畜表现精神沉郁，有的病畜先兴奋后转入昏睡，甚至昏迷。食欲减退，全身无力，可视黏膜黄染，尤以颊部黏膜黄染明显。体温升高时，患畜两眼常出现黏性分泌物。脉搏急速，但随着血液中胆酸盐的增多，心跳变慢。

在病程中，患畜常有腹痛表现。初便秘，后下痢，臭味大，粪色淡。

肝区触诊有疼痛反应。肝脏肿大，叩诊肝浊音区扩大。

尿色发暗，尿液检查有胆红素、尿胆素、蛋白质、肾上皮细胞及各种管型。

由急性肝炎转为慢性时，则长期消化机能紊乱，如继发肝硬变时，发生腹水。

诊断　主要根据黄疸、消化紊乱，粪便干稀不定、恶臭及色淡，肝区触诊与叩诊的变化等来确诊，但应与下列疾病加以区别。

急性消化不良：黄疸较轻，多不发热，粪便臭味不太大，肝区检查无变化；病情轻，经过治疗，容易康复。

马传染性贫血：发生黄疸，间歇热型，高度贫血，血液检查有吞铁细胞。

牛血孢子虫病：稽留热，周期性发作，渐进性贫血，黄疸，血尿，红细胞聂有血孢子虫。

治疗　治疗原则以除去病因，解毒保肝为主，并配合清肠止酵、防腐、利胆和加强护理，以利于康复过程。

治疗方法：对患畜首先饲喂含糖类、维生素较多的易消化饲料，减少蛋白性饲料，停喂脂肪性饲料。

在药物治疗上，为了解毒保肝，增强肝脏机能，促进肝 组织再生，可静脉注射10%~25% 葡萄糖注射液 1 000~1 500ml，加入 5% 维生素 C 及维生素 B1 注射液各 20ml，一次静脉注射，每天 1~2 次（马、牛），也可肌肉注射 2% 肝泰乐注射液 50~1 000ml（马、牛）。

为了清肠止酵、防腐、利胆，可用硫酸钠（镁）300g，配成 5% 浓度，加入鱼石脂 15~20g，一次内服（马、牛）；或人工盐 300g，鱼石脂 15~20g，加水适量，一次内服（马、牛）。

另外，还应给予适量的复合维生素 B 和酵母片（粉）内服，以改善新陈代谢，增进消化机能。

预防　本病的预防，应加强饲养管理，防止霉败饲料、有毒植物、以及化学毒物的中毒；加强防疫卫生，防止感染，增强肝脏功能，以保证家畜健康。

二、腹膜炎

腹膜炎是腹膜的局限性或弥漫性炎症，各种家畜均可发生，但以马、牛为多见。

病因　家畜原发性腹膜炎比较少见，多为继发性。

继发性腹膜炎，是由于腹壁创伤、病原微生物轻伤口感染腹壁而引起，如腹壁透创、腹腔手术、穿肠放气、瘤胃穿刺术、去势术等的感染而发生腹膜炎。

严重的肠炎、子宫炎或顽固性的肠阻塞等，因肠壁损伤，肠内细菌经肠壁侵入腹腔而发生腹膜炎。

另外，由于腹腔脏器破裂，或在直肠检查时引起直肠破裂，导尿或尿闭引起的膀胱破裂，难产时子宫破裂，以及牛创伤性网胃炎等，也常引起本病。

病因机制：腹膜不仅面积大，而且毛细血管、淋巴管和神经分布很丰富，它具有很强的防御机能。当病原微生物及毒素侵害时，能发生强烈的炎症反应，发生充血、渗出。开始时，渗出主要是浆液性的，它可中和与稀释毒素，减轻致病因素对腹膜的刺激，对机体起防御作用。

以后随着炎症的发展，大量纤维蛋白和中性颗粒细胞渗出，而形成纤维素覆盖于腹膜表面，腹膜失去光泽，变为粗糙。若炎症局限于部分腹膜，称为局限性腹膜炎，炎症波及大部分和全部腹膜，称为弥漫性腹膜炎。弥漫性腹膜炎时，因有大量渗出液蓄积在腹腔中（马可达 40 000ml，牛可达 100 000ml），故在临床上出现腹水症状。

当化脓菌侵入时，则发生脓性腹膜炎，有脓性渗出物。腐败菌侵入时，则发生腐败性腹膜炎，而有恶臭的渗出物。血管严重损伤时，渗出物中有大量红细胞；胃肠破裂时，则有饲料颗粒和粪便。膀胱破裂，则有尿液。

由于病理产物被吸收，引起自体中毒，病畜出现全身症状。

症状　弥漫性腹膜炎：全身症状重剧，精神沉郁，食欲废绝，体温升高到 40℃以上。脉搏增数，呼吸加快，呈胸式呼吸。由于腹膜疼痛，病畜回顾腹部，摇尾，拱腰，四肢集于腹下，行走时举步谨慎。

病初站多卧少，即或卧下，动作缓慢，有的卧地后随机起立。

当大量渗出液积于腹腔时，则下腹部膨大，若继发肠臌气则整个腹围膨大，触压腹壁，表现疼痛不安。叩诊呈水平浊音。

肠蠕动音初期增强，随后减弱或消失，病畜排粪迟滞或便秘。

直肠触诊，发炎部粗糙敏感。

腹腔穿刺，常有多量渗出液流出，很有纤维蛋白的絮状物和多量的红、白细胞，如因胃肠破裂引起的，则穿刺液内混有饲料颗粒和粪渣。

血液检查，白细胞总数增多，核高度左移。

极限性巨魔眼：全身症状轻微，触压腹壁时可感到腹肌紧张，当触压到发炎的局部时，表现敏感、疼痛、躲避触压。另外，马常呈消化不良症状，牛表现前胃弛缓。

猪除具有腹膜炎的一般症状外，常有呕吐现象。

诊断　根据腹壁敏感、胸式呼吸、体温升高，腹腔穿刺及直肠检查等可作出诊断。

治疗　治疗原则为抗菌消炎，制止渗出，增强病畜抵抗力。腹壁穿孔或腹腔内脏器破裂时，应立即施行手术。

治疗方法：首先使病畜安静，病初禁食 1~2d，以减轻胃肠负担，以后给予易消化饲料。

为了抗菌消炎，早期可应用大剂量抗生素。青霉素 200 万 IU，链霉素 200 万 IU、0.25% 普鲁卡因溶液 300ml、5% 葡萄糖注射液 500~1 000ml，一次腹腔注射，连用 3~5d（马、牛）。必要时采取联合用药，青霉素 200 万 IU，链霉素 200 万 IU，溶于 10ml 生理盐水内，肌肉注射；磺胺二甲基嘧啶片，每 0.1g/kg，内服（第一次剂量加倍，即每 0.2g/kg），连用 3~5d（马、牛）。

若腹腔有大量渗出液积聚时，可行腹腔穿刺排液，排液后，用青霉素 200 万 IU，链霉素 200 万 IU，溶于 500ml 生理盐水内，行腹腔内注射（马、牛），效果较好。

为了制止炎性渗出，降低腹内压力，以减轻对心、肺压迫，可用 10% 氯化钙注射液 100~150ml 或 5%~10% 葡萄糖酸钙注射液 200~500ml，一次静脉注射，每天一次，连用 3~5d（马、牛）。

为了增强全身机能，应根据病畜体质强弱，体格大小，及时进行补液、强心、利尿，以及给予健胃药，配合治疗。

当腹壁穿孔时，应立即进行外科处理；当腹腔内脏器破裂时，可行剖腹手术。

预防　本病的预防，在于平时避免各种不良因素的刺激和影响，特别之一防止腹腔及骨盆腔脏器的破裂和穿孔导尿、直肠检查、灌肠、洗涤子宫等，都要小心进行，以免引起穿孔。去势、腹腔穿刺以及腹壁手术均应按照操作规程进行，防止腹腔感染。

母畜分娩、胎盘剥离、子宫整腹、难产手术以及子宫内膜炎的治疗等，都要谨慎进行操作，防止本病发生。

第九章　呼吸系统疾病

呼吸系统有鼻、喉、气管、支气管、肺、胸膜腔和膈组成，其功能是排出机体在新陈代谢过程中产生的二氧化碳和从空气中吸进氧气，以维持生命活动。呼吸系统发生疾病时，不仅体内产生的二氧化碳排出受阻，而且吸收氧的能力也降低，直接影响正常的生理功能，从而使家畜的使役和生产能力下降，幼畜的生长和发育受阻，严重时发生呼吸衰竭和酸中毒死亡。所以研究呼吸系统疾病的发生、发展和防治是非常必要的 。

鼻、喉、气管总称为上呼吸道，它能导入空气，并使之清洁、温暖和湿润。鼻腔内的皱壁和隅角能阻留异物。上呼吸道黏膜经常有分泌物，而且气管及支气管内又附有许多纤毛上皮运动将其向喉推送，通过咳嗽，排出体外。支气管和肺泡反而分泌物中含有居噬细胞，能吞噬外来的细菌和细小的尘埃。较大的支气管还能分泌免疫球蛋白，以抵抗感染。这些构造和机能，形成呼吸系统的防御屏障，以抵抗有害因素对呼吸系统的侵害。

由于呼吸系统与外界直接相通，呼吸时能将有害气体、烟尘、各种致病性微生物等吸入肺内，当营养不良、过劳和感冒，使呼吸道的防御能力降低时，即能引起呼吸器官疾病。

除上述病因外，某些传染病和寄生虫病，如流行性感冒、鼻疽、结核、传染性胸膜炎、猪肺疫、猪气喘病、肺线虫病、蛔虫病、鼻绳幼虫病等，也能引起呼吸系统疾病。

呼吸系统病的主要症状为喷嚏、咳嗽、流鼻液、可视黏膜发绀及呼吸困难等。肺部有病时，叩诊出现浊音、听诊出现啰音等病理呼吸音。多数病例出现体温升高且伴有热病症候群，严重时，能发生呼吸衰竭死亡。

由于呼吸系统病发病率高，能给农牧业生产带来很大的损失，因此应掌握呼吸系统疾病的发生发展规律，尽早确定诊断，以采取有效的防治措施。

呼吸系统疾病的治疗，应采取抗菌、祛痰、输氧、给呼吸兴奋剂等综合性治疗措施，而且早期进行，才能取得良好效果。

预防呼吸系统疾病，在于平时坚持锻炼，有条件时适当放牧，以提高机体的耐寒和抗病能力。厩舍应保持清洁通风，避免受寒感冒。对传染病和寄生虫病，应及时而确切地作好预防工作，以减少或防止继发性呼吸器官疾病的发生。

第一节　感冒及上呼吸道疾病

一、感冒

感冒是机体由于受风寒侵袭而引起的以上呼吸道炎症为主的急性热性全身性疾病，以流清涕、羞明流泪、呼吸增快、皮温不均为特征。无传染性，一年四季都可发生，但以早春和晚秋、气候多变季节多发。各种家畜均可发生。

病因 健康家畜的上呼吸道，常寄生着一些能引起感冒的病毒和细菌，当家畜由于营养不良、过劳、出汗和受寒等因素，使畜体抵抗力下降时，则呼吸道防御机能降低，寄生于其上的常在微生物大量繁殖而发病。

发病机制：由于呼吸道常在细菌和病毒的大量繁殖，产生毒素，刺激黏膜充血、肿胀、渗出、而引起呼吸道黏膜发炎，以上黏膜敏感，出现呼吸不畅、咳嗽、喷鼻、流鼻液等现象。

细菌毒素及炎性产物被机体吸收后，作用于体温中枢，时体温上升，初皮温不均，不久皮温升高。由于温热的作用，眼结膜充血、呼吸心跳加快、尿量减少、胃肠蠕动减弱。从而出现因体温上升而引起的一系列症状，如结膜潮红，呼吸、脉搏增快，肠音低沉稀少、粪便干燥、尿量减少、食欲不振、精神沉郁等，临床上将这些综合症状统称为热症候群。

体温升高，能促进壁细胞的活动并加强其吞噬机能，同时也不利于致病微生物的生存和繁殖，这是对机体抗病的有利的一面。另外，高温可使糖耗增加，并使脂肪和蛋白质加速分解，使中间代谢产物如乳酸、酮体和氨等在体内积蓄，导致酸中毒，引起实质器官如脑、肾、心脏的变性。这是体温升高对机体抗病不利的一面、抑制不利的一面，是治疗热性病的重要环节。

症状 起病较急，体温升高至40℃，病畜精神萎靡，低头，嗜睡，耳尖、鼻端和四肢末端发凉。眼结膜潮红，羞明、流泪、咳嗽，呼吸、脉搏增数。病畜流浆性鼻液，以后变为粘性和脓性，附着于鼻孔皱胃，并有鼻塞音。

食欲减退或废绝，反刍减少或停止，鼻镜干燥，肠蠕动减弱，粪干，有时出现便秘。

如并发喉、支气管和肺反而感染，则呼吸困难，体温持续不退，鼻液增多。听诊肺部肺泡呼吸粗厉，出现干性或湿性啰音。

感冒无合并感染时，一般经3~5d，全身症状逐渐好转，7~10d痊愈。

诊断 根据受寒病史，季节特点，有发热、皮温不均、流鼻液、流泪、咳嗽等主要症状时，可以诊断。

在鉴别诊断上，要与流行性感冒相区别。流行性感冒，体温突然升高达40~41℃，有高度传染性，可与本病区别。

治疗：本病治疗以解热镇痛为主，有并发症时，可适当抗菌消炎。

药物治疗，用30%安乃近注射液肌肉注射，马、牛10~30ml，猪、羊5~10ml或用复方氨基比林注射液肌肉注射，马、牛20~50ml，猪、羊5~10ml.也可内服阿司匹林，马、牛15~20g，猪、羊2~6g，或内服扑热息痛，马、牛10~30g，猪、羊1~3g。

病情较重或有合并感染时，可用磺胺类或抗生素类，20%磺胺嘧啶钠，牛、马每次100~120ml，加于5~10%葡萄糖液中，静脉注射，每日1~2次。猪、羊可用10%磺胺嘧啶钠，按含药量技术，每日每公斤体重80~100mg，分两次肌肉注射。也可用磺胺嘧啶，加等量小苏打内服，首次量牛、马、猪、羊0.2g/kg，维持量0.1g/kg，每日二次。也可内服磺胺甲基鸣唑（新诺明），剂量同磺胺嘧啶。

抗生素类，可用青霉素，马、牛每日10 000~15 000IU/kg，分二次肌肉注射，必要时可与链霉素混合肌肉注射，马、牛、羊、猪每日 20mg/kg。也可用四环素，马、牛每日 10~15mg/kg，用 5% 葡萄糖做成每毫升溶解 1~2ml 的浓度，静脉滴入。如用庆大霉素，则马、牛、猪、羊每日 2~3mg/kg，分 2~3 次肌肉注射。

中药治疗：以解表清热为原则。由于病畜的个体和发病季节的不同，有偏寒和偏热的区别。

风热感冒发热重，怕冷轻，口干舌燥，口色偏红，舌苔薄白或薄黄，治宜辛凉解表、清泻肺热为主。可用桑菊银翘散；桑叶 21g，菊花 15g，银花 9g，连壳 15g，杏仁 15g，桔梗 15g，甘草 12g，薄荷 15g，牛蒡 15g，生姜 30g 共为细末，开水冲，候温灌服（牛、马）。

加减：热盛、口干、舌燥者，加知母 15g，石膏 30g，花粉 21g，麦冬 15g，咽喉肿痛者重用牛蒡子，加元参 15g，射干 15g，高热不退者加栀子 18g，黄芩 21g，生地 18g，丹皮 15g 等。

风寒感冒发热轻，怕寒重，耳鼻凉，肌肉战抖，无汗，舌苔薄白，治宜辛温解表，散肺寒和镇咳为主。可用杏苏散；杏仁 18g，桔梗 30 g，紫苏 30 g，半夏 15g，陈皮 21g，前胡 24 g，甘草 12g，枳壳 21g，茯苓 30g，生姜 30g，葱白三根为引，共为末，开水冲，候温灌服（牛、马）。

针刺疗法：马取玉堂、血堂、降温、蹄头、耳尖和尾尖等穴。牛、羊取肺俞、血印、山根、八字和尾尖等穴。猪取血印、山根、尾尖、玉堂、肺俞和八字等穴。

治疗期间，病畜应充分休息，多给饮水，适当增加精料有助于康复。

预防　加强饲养管理，避免过劳，防止受寒。特别要注意出汗后，免受寒冷和风雨的侵袭。猪圈内要适当增加褥草以保暖。

二、喉炎

喉炎是喉黏膜的炎症，以喉部感觉敏感和剧烈开水为其特征。按病因和临床经过有原发和继发、急性和慢性之分，各种家畜均可发生。多发于春秋气候多变季节。

病因　原发性喉炎主要是由受寒感冒引起。此外，吸入尘埃、有害气体，过度使役时吸入冷空气，饲料中有粗硬草茎吞咽时刺伤喉部，长期剧烈咳嗽也能引起。

继发性喉炎多由邻接蔓延引起，如鼻炎、咽炎、副鼻窦炎和气管炎等。在一些传染病如腺疫、毕疫、流行性感冒、传染性上呼吸道卡他、猪肺疫、结核、传染性胸膜肺炎等的经过中，也常伴发喉炎。

发病机制：由于上述有害因素的作用，机体的抵抗力降低，使寄生在喉黏膜和从外界侵入到喉黏膜的微生物大量繁殖，引起喉黏膜充血、肿胀、渗出，出现炎症过程。

病的初期，渗出物是浆液性的，以后由于黏膜上皮细胞脱落，黏液分泌增加而变为黏液性，随着病的进展，血液有形成分尤其是白细胞大量渗出，形成脓液而变为脓性的。如果炎症剧烈，则血液蛋白成分渗出，形成纤维蛋白膜被覆盖于喉黏膜。

由于喉黏膜肿胀，压迫感觉神经末梢，敏感性增强，病畜出现咳嗽。当喉黏膜高度肿胀时，不仅引起呼吸困难，而且影响吞咽，同时出现喉头狭窄音和发音嘶哑。如果病程延长，则炎症慢性化，出现黏液腺肿胀，上皮细胞增生，特别是结缔组织增生，使喉黏膜变为肥厚，随之渗出减少，敏感性降低。

喉部严重感染时，炎症向周围器官、组织蔓延，引起喉蜂窝织炎、咽炎、喉囊炎、气管炎和肺炎等。

症状　轻症喉炎，一般全身状态无明显变化。重症者，病畜体温上升，精神沉郁，脉搏、呼吸增数，结膜发绀。

急性喉炎早期，渗出物较少，因黏膜敏感，发生痛性干咳，后渗出物逐渐增多，变为湿咳，而且渗出物常随咳嗽从口鼻咳出。因这个波及声门、声带时，则出现发音嘶哑。

由于喉部肿胀、疼痛，头颈活动受限制，常前伸，避免向两侧活动。触诊喉部，敏感、肿胀、有热，可引起强咳，加压时引起呼吸困难。喉部听诊，渗出物稀薄，可听到湿啰音；渗出物黏稠，可听到干啰音，声音尖锐，类似笛声。肿胀剧烈时，可听到喉狭窄音，并出现吸气性呼吸困难和吞咽障碍。

慢性喉炎，常由急性喉炎转变而来，其主要症状为成年累月的干性咳嗽和呼吸困难，尤其早晨初出畜舍时，咳嗽严重。

诊断　本病根据喉部肿胀、敏感、咳嗽、发音嘶哑、吸气性呼吸困难和听诊喉部有干湿性啰音等，可以诊断。但必须与下列疾病相鉴别。

气管炎：触诊喉部无肿胀，不敏感，啰音发生在器官内而不是喉头内。

咽炎：吞咽困难，吞咽时，食物和饮水常从鼻孔流出。

继发性喉炎：与喉炎的同时，出现原发病的症状。

治疗　治疗本病的原则，是加强护理和消除炎症。

首先除去病因，停止使役，安静休息。厩舍要温暖，通风良好，给予柔软易消化而营养丰富反而饲料，如嫩青草、麦麸或玉米粉粥等，同时给温水，减少对喉部的刺激。

喉部皮肤可涂刺激剂，如四三合剂、鱼石脂软膏、10% 樟脑软膏、松节油与 5% 碘酊的等量合剂等，以促进局部血液循环，加速对炎性渗出物的吸收。

喉部可深部冲洗，使患畜低头，并装有开口器，而后将胶管由口导入喉部，缓慢注入 0.1% 高锰酸钾液，冲洗后在喉部涂布碘甘油。也可用球状喷粉器，经口向喉部吹入冰硼散。喉头渗出物黏稠不易排出时，为促进炎症渗出物排出，可使用祛痰剂，为此可用碳酸氢钠 30~50g、氯化钠 20~30g、酒石酸锑钾 4~8g、茴香末 20~40g，加水适量给牛、马一次内服。也可用 2% 松节油或克辽林溶液进行蒸气吸入，每次 30min。

为缓解疼痛，减轻咳嗽，可用 0.2% 盐酸普鲁卡因 20~30ml，青霉素 40~80 万单位，混合后给牛、马一次喉头周围封闭，一日两次。喉部严重肿胀，出现极度呼吸困难时，可进行气管切开术。

为消炎制菌，可用青霉素 200 万 IU、链霉素 2g 混合给牛、马一次肌肉注射，每日 2 次。或用 10% 磺胺嘧啶钠液，大家畜 100ml，静脉注射，每天 2 次。也可用四环素 3~4g，溶于葡萄糖液 2 000~3 000ml 中，给牛、马静脉滴注，一天一次。其他如红霉素、强力霉素、庆大霉素等，均可使用。

中药治疗：以清热解毒、止咳消肿为原则。

处方：知母 15 g，黄柏 15 g，黄药子 15 g，黄连 12g，白药子 15 g，黄芩 21g，栀子

15g，连翘 15g，大黄 21 g，贝母 15g，冬花 15 g，甘草 12g，秦艽 15g，蜂蜜 60g，鸡蛋清 7 个共为末，开水冲，候温灌服（牛、马）。

预防　为预防本病的发生要做到保护家畜勿受寒风侵袭，使役出汗后迅速擦干，不要饮过冷的水和饲喂冰冻的饲料，注意厩舍卫生，及时清除粪尿，防止吸入有刺激性的气体和尘埃。

第二节　支气管及肺脏疾病

一、支气管炎

支气管炎是支气管黏膜表层或深层的炎症。主要病理过程为黏膜充血、肿胀、敏感性增高和分泌物增多。临床上以不定型热、咳嗽、流鼻液为特征。

按病程可分为急性和慢性，根据炎症部位可分为弥漫性支气管炎那、大支气管炎和细支气管炎。

本病可发生于各种病畜，尤以幼畜多见，春秋两季发病率高，有时具有流行性。

病因　可分为原发性和继发性两种。

原发性：受寒感冒是发生本病的主要原因。如气候多变，出汗后受寒风或冷雨侵袭；野外放牧，气温低或受雨淋等，皆能降低机体抵抗力而发病。

吸入刺激性物质，如吸入石灰、烟雾、喷洒的农药、化肥颗粒、饲草中的粉尘和霉菌孢子、高浓度的粪尿发酵产生的气体等，均能刺激支气管黏膜引起炎症。

吞咽困难时的误咽，经鼻投药时的误投，药液流入气管时也能发生本病。

继发性：见于传染病和寄生虫病，如马腺疫、流行性感冒、口蹄疫、肺丝虫病、猪蛔虫病等的发病过程中。邻接器官的蔓延，如鼻炎、咽炎、喉炎等的病理过程也可蔓延到支气管而引起本病。

慢性支气管炎通常由急性支气管炎转化而成，此外慢性心脏病引起的肺和支气管的长期淤血，慢性传染病的鼻疽、结核、肺丝虫病，普通病的肺水肿、慢性肺气肿等，也能继发慢性支气管炎。

营养不良、过劳、维生素 A 和维生素 C 的缺乏，常成为支气管炎发病的诱因。

发病机制：在致病因素的作用下，机体防御机能降低，使支气管内常在的和从外侵入的细菌得以繁殖，引起支气管黏膜充血、渗出、肿胀、分泌物增多而发生炎症。由于充血、渗出、分泌物增多，使支气管内存留大量炎性产物，不仅呼吸受障碍，而且出现各种啰音。由于支气管黏膜肿胀，口径缩小，引起呼吸困难，而且压迫黏膜中感受神经末梢，使黏膜敏感发生咳嗽。当炎症蔓延至细支气管时，则继发细支气管炎。向广范围的支气管蔓延时，则继发弥漫性支气管炎。蔓延到肺泡时，则继发支气管炎。

由于细菌毒素和炎性分解产物的吸收，可引起体温升高和其他全身症状。

急性支气管炎如果不能及时治疗，消除病因，因病原因素长期反复的刺激，引起黏膜和黏膜下层组织增生，而转变为慢性支气管炎。

症状　急性支气管炎时，体温一般正常或升高 0.5~1℃。全身症状不明显，仅表现精神沉郁、食欲减少，牛反刍减少。其主要症状是咳嗽，病初因黏膜充血肿胀，敏感性增强，但因渗出物较少，故发生短、干、痛性咳嗽。经 3~4d 后，炎性渗出物增多，则变为湿润而长的湿性咳嗽。随着咳嗽，常有黏性或脓性痰液从鼻孔中流出。

肺部听诊，病初肺泡呼吸音增强，2~3d 后，可听到啰音。最初几天由于气管黏膜肿胀，口径狭窄和分泌物黏稠，可听到干性啰音。随着炎症发展，当支气管内有多量的稀薄渗出物时，则出现湿性啰音，可听到大、中、小水泡音。叩诊一般无变化。

当支气管炎发展为细支气管炎或弥漫性支气管炎时，全身症状加重，体温升高 1~2℃，且持续不退，并出现呼吸困难，眼结膜发绀，呼吸、脉搏增数，食欲废绝，精神萎靡等。肺部听诊有各种水泡音及捻发音。炎症侵入肺泡，可引起支气管肺炎。

急性支气管炎如未得到及时治疗，因病因长期反复作用，即转为慢性。慢性支气管炎的特点为拖延数月甚至数年的持久咳嗽。体温一般不升高，全身症状也不明显。但因支气管狭窄常继发肺泡气肿，出现混合性呼吸困难和其他肺泡气肿的症状。

诊断　急性支气管炎的特点是全身症状轻，频发咳嗽，流鼻液，肺部出现干性或湿性啰音，叩诊一般无变化。

慢性支气管炎的特点是病程长，长期咳嗽，常拖延数月甚至数年。听诊肺部有干性啰音，极易继发肺气肿。

在鉴别诊断时，必须与下列疾病区别。

喉炎：触诊喉部敏感、疼痛、有时肿胀，常有饲料碎片与脓汁一起从口鼻流出。肺部叩诊、听诊无变化。

支气管肺炎：体温呈驰张热型，全身症状明显。胸部叩诊有岛屿状浊音区，听诊病变部肺泡呼吸音减弱或消失，有小水泡音或捻发音。

肺充血和肺水肿：突然发病，有积累活动的病史，出现红色或淡黄色泡沫样鼻液。呼吸高度困难，肺部听诊有湿性啰音和捻发音。

肺丝虫病：本病呈慢性经过，在畜群中往往大批发生，镜检粪便可找到虫卵。

肺气肿：气喘，二段呼气，沿肋弓出现喘沟。肋间隙增宽，肺部叩诊鼓音，两肺叩诊界后移。

治疗　本病的治疗原则是加强护理，消除炎症，祛痰和适当止咳。

为加强护理，使病畜完全休息，置于清洁、温暖、通风良好的厩舍中。饮清洁温水，给多汁易消化的饲料，并适当增加精料。

炎性渗出物黏稠不易咳出时，为了祛痰可内服祛痰药。氯化铵，马、牛 20~30g，猪、羊 2~4g；人工盐，马、牛 40~60g，猪、羊 5~10g；吐酒石，马、牛 1~3g，猪、羊 0.2~0.5g；吐根酊，马、牛 20~30ml，猪、羊 5~10ml。

出现痉挛性咳嗽，没有痰或痰不多而影响休息时，可内服止咳药。复方樟脑酊，马、牛 40~60ml，猪、羊 4~8ml；复方甘草合剂，马、牛 40~100ml，猪、羊 10~20ml；磷酸可待因，马、牛 0.2~1g，猪、羊 15~60mg。

为了消除炎症，可用磺胺类或抗生素类药物。10% 磺胺嘧啶钠溶液，马、牛 100~150ml，猪、羊 10~20ml，每日 2 次肌肉注射或静脉注射；青霉素，马、牛 1 万 ~1.5

万 IU/kg 分 2 次肌肉注射，必要时可与链霉素混合使用，马、牛、猪、羊 10~20mg/kg；卡那霉素，马、牛、猪、羊 10~20mg/kg，肌肉注射或加入 5% 葡萄糖液中静脉滴注，每日 2 次；红霉素，马、牛、羊 2~4mg/kg，用 5% 葡萄糖液稀释成 10mg/kg 浓度后静脉滴注，每日 2 次。其他如氨苄青霉素、强力霉素、四环素、庆大霉素等均可使用。

慢性支气管炎的治疗基本上同急性支气管炎，以祛痰、适当止咳、控制感染为主。春夏二季施行放牧，有利于疾病的康复。

中药治疗：主要清热降火，止咳祛痰，方用款冬花散；款冬花 30g，知母 24g，贝母 24g，马兜铃 18g，桔梗 21g，杏仁 18g，双花 24g，桑皮 21g，黄药子 21g，郁金 18g 共为末，开水冲，候温灌服（牛、马）。

预防　为预防本病应加强耐寒锻炼，使役出汗后免受风、寒、雨侵袭，以防止感冒；避免机械的或化学的致病因素的刺激；及时治疗易引起支气管炎的原发病。

二、支气管肺炎

支气管肺炎是肺的小叶或小叶群的炎症，故又称小叶性肺炎。由于在肺泡内充满脱落的上皮细胞、白细胞及血浆等卡他性炎症渗出物，因此又名卡他性肺炎。

临床上以驰张热、呼吸增数、叩诊有岛屿状浊音区、听诊有捻发音等为特征。

各种家畜均可发生，幼弱和老龄家畜多见，春秋两季发病率高。

病因　支气管炎大多是由于支气管黏膜的炎症蔓延到肺泡而发病。所以凡能引起支气管炎的致病因素都可引起支气管肺炎。

幼弱、老龄、过劳、营养不良的家畜，患有贫血、慢性消化障碍、佝偻病、维生素缺乏症等疾病的家畜，因抵抗力降低，容易发生本病。

引起支气管肺炎的病原微生物有很多种，但多是肺特异性的。常见的有肺炎球菌、坏死杆菌、副伤寒杆菌、多种化脓菌、沙门氏杆菌、大肠杆菌、链球菌等以及某些病毒。

继发性支气管炎常继发于支气管炎、流行性感冒、鼻疽、牛恶性卡他热、口蹄疫、猪瘟、猪肺疫、猪气喘病、肺丝虫病、猪蛔虫病、棘球蚴等疾病。

发病机制：在上述致病因素的作用下，机体抵抗力降低，病原微生物在细支气管和肺泡内大量繁殖，使之充血、肿胀、渗出、上皮细胞脱落而进入炎症过程。这些炎性渗出物和脱落的上皮细胞积聚在细支气管和肺泡内，肺泡的呼吸机能发生障碍。随着病程的发展，炎症过程逐渐向周围肺小叶蔓延，使几个或多个肺小叶发病，形成较大的肺炎灶，在一个肺叶上，以不同的时间陆续出现，能出现一处到数处或多处，使肺的有效呼吸面积逐渐缩小，引起呼吸困难，而且在叩诊上出现岛屿状浊音区。

由于肺炎灶的出现时间不同，体温变化也不一样。当旧的肺炎灶的炎症过程走向消退时，则体温下降，但新的肺炎灶又出现时，则体温又上升。由于炎症过程如此波浪式地发展，所以支气管炎的热曲线是驰张热型。

本病如果机体抵抗力强，治疗及时，经过良好，2~3 周可以治愈。否则继发化脓性肺炎或肺坏疽，往往在 8~10d 内内死亡。也可转为慢性，发生肺肉变，长期气喘、消瘦，失去经济价值。

症状　病畜体温上升至 40~41℃以上，驰张热型，精神沉郁，食欲减退或废绝，脉搏加快。

由于肺的有效呼吸面积缩小，出现混合性呼吸困难，鼻翼开张、扇动，结膜发绀，呼吸增快，每分钟可达 40~80 次。

发病初期，鼻液增多，初为浆液性，后为黏液性，最后变为脓性，干固，附着于鼻孔周围。咳嗽出现于病的全程，当炎症波及到胸膜时，则出现痛性咳嗽。

由于体温升高，饮水少，呼吸加快等因素，使病畜轻度脱水，呈现鼻镜干燥，口腔干热，皮肤弹性下降，角膜无光泽，有时发生便秘。

由于呼吸困难，体内二氧化碳排出受阻，常发生呼吸性酸中毒，心跳、呼吸加快，结膜发绀，尿变酸性，严重时，出现肌肉抽搐、昏迷等症状。

胸部听诊：病灶区肺泡呼吸音减弱，并可听到捻发音、湿性或干性啰音。若渗出物堵塞细支气管和肺泡时，则肺泡呼吸音消失。在病灶周围的健康区和对侧的健康肺脏呼吸音增强。

血液检查：白细胞总数增多，核左移，如继发化脓性肺炎或脓胸时，则可达 20 000 以上。

诊断　根据驰张热型，全身症状明显，呼吸困难，叩诊岛屿状浊音，听诊肺泡呼吸音减弱或消失，有干性或湿性啰音、捻发音等特征，可以诊断。但必须与下列疾病相区别。

细支气管炎：全身症状较轻，热型不定，肺部叩诊有过清音或鼓音，无岛屿状浊音区。

大叶性肺炎：病程发展快，稽留热型，定型经过，肺部叩诊呈大面积的片状浊音，听诊有支气管呼吸音，流铁锈色鼻液。

继发性肺炎：出现于由多种传染病如猪喘气病、流感、猪瘟等的病程中。

治疗　本病的治疗原则为加强护理，消除炎症，祛痰止咳，制止渗出和促进炎性渗出物的吸收和排出，以及其他对症疗法。

首先置病畜于通风良好、光线充足、温暖的厩舍中。给予富有营养、多汁易消化的饲料及清洁的温水。

抗菌消炎：可用磺胺类和抗生素类药物如磺胺嘧啶钠、青霉素、青霉素于链霉素合剂等，剂量和用法，参照支气管炎的治疗。土霉素，马、牛 10~15mg/kg，用 5% 葡萄糖稀释呈后，静脉滴注，每日一次。或用强力霉素，马、牛 1~2mg/kg，每日一次，用 5% 葡萄糖稀释成 1mg/kg 后静脉注射，首日量加倍。

也可用青霉素 200 万 IU，链霉素 1g，用注射用水 10~20ml 稀释后，从气管环的间隙处刺入针头，将药液缓慢地滴注入气管内，每天一次（马、牛）。

其他抗生素如庆大霉素、四环素、卡那霉素、红霉素等均可选用，用法用量同支气管炎的治疗。当一种抗生素的疗效不佳时，可采用二种抗生素联合治疗，或更换另一种抗生素。

为了祛痰可用祛痰药，可参照支气管炎的治疗。

由于咳嗽能排出肺和气管内的炎性渗出物和细菌，是有机体的一种保护性反应，所以一般不用止咳药。只有在发生痉挛性咳嗽和无痰干咳而不能休息时，才能适当使用，如复方樟脑酊、复方甘草合剂、磷酸可待因等。

为制止渗出，可用5~10%氯化钙静脉注射，马、牛100ml。

呼吸困难、结膜发绀时，可进行氧气吸入，或用3%双氧水1ml，5~10%葡萄糖液9ml的比例配制成的双氧水液，缓慢静脉滴注，剂量每千克体重2~3ml。

对感染严重的重症肺炎或中毒性肺炎，为减轻炎症反应和缓解中毒，在使用抗生素的同时，可在短期内同时使用糖皮质激素，如氢化可的松0.2~0.5g或清华泼尼松50~150mg，加入5%葡萄糖液中给马、牛静脉滴注。也可使用地塞米松磷酸钠注射液作肌肉注射，马2.5~5mg，牛5~10mg，每日一次。

心脏衰弱时，可用10%安钠咖10~20ml，给马、牛肌肉注射，每日1~2次。或用毒毛旋花子疳K（每支1ml，含0.25mg）10ml，加于10%葡萄糖液500ml中，给马、牛缓慢静脉滴注。或用西地兰（每支2ml，含0.4mg）8~16ml，加入10%葡萄糖液500ml中，给马、牛缓慢静脉滴注。必要时，毒毛旋花子苷K或西地兰在间隔6~8h后，再用半量重复一次。西地兰也可单独肌肉注射，用量同静脉用量。

体温高而又持续不退时，可给退热药，内服阿司匹林或肌肉注射复方氨基比林等。

中药治疗：治疗原则为清热降火，祛痰止咳为主，可用下方。

桑白皮30g，地骨皮30g，花粉30g，天冬24g，知母30g，贝母24 g，黄芩30g，麦冬24 g，栀子30 g，桔梗24 g，甘草18g水煎去渣灌服（牛、马）。

预防　为预防本病，应加强饲养管理，改善卫生条件，防止过劳，避免受寒感冒。及时治疗能引起本病的原发病。

三、大叶性肺炎

大叶性肺炎为一种呈定型经过的肺部急性炎症，因侵害整个肺部，故名大叶性肺炎。又因炎性渗出物中含有大量纤维蛋白，故又名纤维素性肺炎或格鲁布性肺炎。临床以稽留热型、广泛浊音区、定型经过、铁锈色鼻液为特征。

病因　本病的病因分传染性和非传染性两种。非传染性的大叶性肺炎，因有机体感冒、受寒、机体抵抗力下降时，存在于肺中的肺炎双球菌大量繁殖而发病。本病也是一种变态反应性疾病，在致敏的机体中或致敏的肺组织中发生。

传染性的大叶性肺炎常见于马、牛、羊的传染性胸膜肺炎，猪肺疫等时。

一起非传染性大叶性常见菌种有肺炎双球菌、肺炎杆菌、肺炎链球菌、葡萄球菌、绿脓杆菌、坏死杆菌等。

受寒感冒、过劳、吸入有刺激性的气体、环境卫生条件不良、营养缺乏等因素，均能促进本病的发生。

发病机制：侵入机体的微生物，通过支气管、血液循环或淋巴径路，到达细支气管和肺泡，迅速繁殖引起炎症反应，并沿着淋巴径路、支气管和肺泡间组织继续蔓延，引起肺间质和新的肺泡发炎，使病变范围逐渐扩大，甚至蔓延到胸膜引起胸膜炎。

细菌毒素和炎症组织分解产物被吸收以后，能引起机体的全身反应，如高热稽留、心血管系统紊乱、呼吸困难、感染性休克等。

大叶性肺炎多发生在一侧或双侧肺前下部尖叶和心叶。

大叶性肺炎多取定型经过，可分为以下三个时期。

1. 充血渗出期：肺毛细血管扩张充血，肺泡上皮肿胀脱落，同时大量浆液、纤维蛋白、白细胞和红细胞渗出，沉积于细支气管和肺泡内。使病变部肺体积膨胀增大，接着渗出物发生凝固，肺组织呈深红色，致密度增加，逐渐进入肝变期。本期病程短促，约为 1~2d。

2. 肝变期：充塞于肺泡和支气管内的大量纤维蛋白、红细胞、白细胞等渗出物发生凝固，使肺泡组织致密如肝样，加之渗出物中红细胞量多，病变呈红色，故称为红色肝变期。以后红细胞崩解，血红蛋白被吸收，红色消退，凝固物中以白细胞及纤维蛋白为主，病变呈灰色，故称为色肝变期，以后，逐渐进入溶解期。本期病程约为 3~5 天。

3. 溶解吸收期：凝固于支气管和肺泡内的纤维蛋白，被白细胞及组织液所形成的蛋白溶解酶的作用而溶解液化，部分被吸收，大部分在咳嗽时随痰液排出体外。随着渗出物的不断被吸收和排出，肺泡组织逐渐被空气所充满，受损的肺泡组织和细支气管黏膜上皮也不断增生，肺组织逐渐恢复正常。

有时，某些病变组织未被溶解诶和吸收，在重复感染的情况下，变成肺脓肿甚至肺坏死。炎症如果波及胸膜和心包时，则并发胸膜炎及心包炎。

症状　本病前驱症状不明显，病初，体温突然升高至 40~41℃以上，稽留热型，一直维持到溶解期开始，约 6~9d，以后迅速下降至常温。

病畜精神沉郁，战栗，低头，耳耷，乏力，呆立，四肢开张。食欲减退或废绝，牛反刍紊乱，鼻镜干燥，泌乳停止，喜卧，常卧于病侧，猪喜卧于垫草中，鼻面、皮肤干燥，皮温不均，耳尖和鼻端发凉。

病畜出现混合性呼吸困难，呼吸每分钟增至 40~60 次，鼻孔开张，呼出气因发热而温度升高，出现短、干、痛性咳嗽，结膜潮红并轻度黄染。

脉搏初期增数，体温每升高一度，每分钟增快 6~8 次，同时出现大脉与强脉，后期因心脏机能衰弱，则变为细脉而快，体温下降至常温时，脉搏逐渐恢复正常。

发病 2~3d，从两侧鼻孔流出铁锈色鼻液，以后变为脓性鼻液并随咳嗽不断排出。

胸部叩诊：叩诊胸壁有疼痛反应，充血期因肺泡充血，泡壁弛缓，含气量多，出现过清因，肝变期因肺泡已不含空气，出现明显的浊音。次浊音区马常出现在肘突的后上方，弓形浊音区。牛的浊音区除在肘后大面积出现外，也常在肩前出现。

胸部听诊：病初充血渗出期，肺泡呼吸音增强而粗厉，并有捻发音和湿性啰音，吸气时更明显。肝变期，病变部肺泡呼吸音消失而出现支气管呼吸音，附近的健康肺部则呼吸音增强。后期，由于渗出物被溶解吸收与排除，支气管呼吸音逐渐消失，又出现湿性啰音和捻发音，肺泡呼吸音逐渐增强，直至各种啰音消失后，肺泡呼吸音恢复正常。

个别体弱及病情严重的病畜，常并发心肌炎、心包炎、肺脓肿、肺坏疽和胸膜炎等合并症。

血液检查：白细胞总数达 20 000 以上，中性细胞比例增高，核左移，血沉加快。

诊断　根据本病的典型经过，稽留热型，铁锈色鼻液，叩诊有大片弓形浊音区，听诊出现湿性啰音、捻发音和支气管呼吸音，白细胞增加，中性粒细胞比例增高且核左移等，可以诊断。但必须与下列疾病相区别。

胸膜炎：本病出现不定型热，病初有胸膜摩擦音，大量浆液渗出后，出现水平浊音。

传染性胸膜肺炎：各种家畜的传染性胸膜肺炎，在同种动物间有较强的传染性，同时具有流行性病学的特点。

治疗　停止使役，隔离观察，置病畜于通风、湿暖、光线良好、空气清新的厩舍，给营养丰富易消化的饲料，饮水清洁、温暖。

药物治疗的原则是抑菌消炎，促进炎性渗出物的呼吸。

青霉素可加大剂量，马、牛2~3万IU/kg，分2次肌肉注射，最好与链霉素联合使用，以增加疗效。对严重感染的病畜，开始治疗的1~2d内，可用青霉素钠盐，马、牛800~1 600万单位，加入5%葡萄糖液500ml中静脉滴注，每日2次。

新胂凡纳明（九一四），剂量15mg/kg，马、牛一般为3.5~4.5g，临用时溶于5%葡萄糖500ml中，缓慢静脉滴入，3~4d后再用1次，可连用3次。注射前半小时，最好肌注20%安钠咖20ml，以增强心脏功能，保证用药安全。注射胂凡纳明后，如出现寒战、出汗、不安等过敏反应时，应迅速皮下注射0.1%肾上腺素2~4ml。

其他抗菌药，如磺胺嘧啶钠、复方新诺明、红霉素、四环素等均可使用（剂量参照感冒和支气管炎的治疗）。

对重症感染，可使用氢化可的松、泼尼松、地塞米松等糖皮质激素类，以达抗炎、抗感染、抗休克的目的。

对症疗法：为减少渗出，可静脉注射5%氯化钙，马、牛150~200ml。心脏功能不佳时，可肌注安钠咖，或毒旋花子甙K或西地兰，用法用量同支气管肺炎。

为促进渗出物的排出，可用双氢氯噻嗪，马、牛0.5~2g，猪、羊0.05~0.1g内服，每日1~2次。呋喃苯胺酸（速尿），马、牛0.5~1mg/kg，肌肉注射，每日1~2次。

当临床上出现严重结膜发绀、呼吸困难等缺氧症状时，可0.3%双氧水葡萄糖液静脉滴注。每千克体重用2~3ml，有呼吸衰竭症状时，可使用呼吸兴奋药，尼克刹米，马、牛2.5~5g，猪、羊0.25~1g，肌肉注射或加于5%葡萄糖液500ml中静脉滴注。

为祛痰可用碘化钾，马、牛5~10g，每日乙烯口服，但不能长期使用，以免引起碘中毒和高血钾症。此外，人工盐、氯化铵等也可使用。

对发热一般不予处理，但当体温超过41℃，而又持续不下降时，为保护心、肝、肾、脑的功能，可适当使用退热药，如30%安乃近，马、牛20~30 ml肌肉注射。

中药治疗：原则以清热、宣肺、化痰为主，方用麻杏石甘汤加味；麻黄24g，杏仁30g，石膏90g，甘草24 g，芦根60g，茅根60g，黄芩45g，大青叶30g，双花30g，蒌仁30g，木通24g水煎去渣灌服（牛、马）。

预防　为预防本病的发生和蔓延要做到隔离病畜，积极治疗；病畜痊愈后单独饲养一周以上；新购入的家畜最好隔离一周，经检查无病时，方可混群饲养。

第三节　胸膜疾病

一、胸膜炎

胸膜炎是胸膜脏层和壁层的炎症。按引起的原因有原发性和继发性两种，按炎性渗出物的性质有浆液性。纤维蛋白行、浆液纤维蛋白性、出血性、化脓性和化脓腐败性数种。致病的病原体有巴氏杆菌，化脓杆菌，结核杆菌，鼻疽杆菌，牛、羊传染性胸膜肺炎丝状枝原体等。

各种家畜均可发病，但多见于马。

病因　原发性胸膜炎是由于胸壁穿透创，或由于受寒感冒、过劳、使机体抵抗力降低时细菌侵入胸腔所致。

继发性胸膜炎多见于异物性肺炎、传染性胸膜肺炎、猪肺疫、牛结核、马鼻疽、大叶性肺炎、化脓性肺炎、创伤性心包炎、肋骨骨折、脓毒败血症、食道穿孔等疾病的经过中。

发病机制：胸膜在上述致病因素的作用下，胸膜毛细血管充血、扩张，内皮组织肿胀、变性及脱落，并渗出大量浆液和纤维蛋白。当渗出物中的液体部分被胸膜未受损害的部分吸收后，纤维蛋白则沉积于胸膜上，形成干性胸膜炎或纤维蛋白性胸膜炎。如果渗出液量过多不能被完全吸收时，则渗出液积蓄于胸腔，形成浆液性—纤维蛋白性胸膜炎。

如果感染化脓菌或腐败菌，则发生化脓性或腐败性胸膜炎，当渗出物中含有大量红细胞时，则称为出血性胸膜炎。

炎症初期，胸膜敏感性增高，胸膜疼痛，故呼吸快而浅表，偶尔出现弱咳。由于脏胸膜和壁胸膜附有纤维蛋白而变为粗糙不平，所以随呼吸运动出现胸膜摩擦音。如果渗出液增多，两层胸膜被液体隔开，则胸膜摩擦音消失。叩诊出现水平浊音，听诊在水平浊音界上，肺泡呼吸音增强，以下则肺泡呼吸音消失。当渗出液量过多而压迫肺脏时，使肺膨胀不全，出现以腹式呼吸为主的呼吸困难。压迫心脏时，使心脏舒张困难，引起静脉淤血和心跳加快，出现心脏机能障碍。

慢性化时，胸膜炎在液体被吸收后，沉积于胸腔内的纤维蛋白发生机化，可使胸膜壁层与脏层或与膈发生粘连。

炎性产物和细菌霉素被吸收后，可引起体温升高，出现弛张热型。

症状　病畜精神沉郁，食欲减退或废绝。初期脉搏快而有力，以后则变弱，节律不齐。体温升高达 40℃以上，呈弛张热型。

当渗出液过多时，出现以腹式呼吸明显的呼吸困难，鼻孔开张，前肢展开，呼吸浅表而快，有时出现继续性呼吸。

两侧胸膜患病时，病畜长期站立，不愿走动，也不愿卧下，一侧胸膜发炎并有渗出时，患侧胸廓饱满，为缓解呼吸困难，减轻病侧的呼吸运动和疼痛，病畜常以病侧卧地。

触诊胸部时，有疼痛，不安，向对侧躲避，左侧胸腔积液量多时，心搏动向右方移位。

叩诊胸部，有疼痛可咳嗽，积液时，出现单侧或双侧的水平浊音，在小动物，可因体质改变而浊音区的界限也随着改变。

听诊胸部，病初可听到胸膜摩擦音，马在肘关节后方较明显，随着渗出液的出现，摩擦音可消失。在水平浊音界以下的部位，肺泡呼吸音减弱，在水平浊音界以上的部位，肺泡呼吸音增强，有时可听到支气管呼吸音。胸腔有大量积液时，心音似遥远而弱。

在渗出期，尿量较少，吸收期则尿量增多。当渗出液量多压迫心脏时，可发生心功能障碍，出现胸腹下部、阴囊和牛的肉垂部水肿。

血液检查，白细胞总数增多，中性粒细胞比例增高，当换单纯的结核性胸膜炎时，淋巴细胞略有增高，胸腔穿刺时，穿刺液浑浊，李凡特实验阳性，穿刺液腐败臭味或脓汁时，表示病情恶化，胸膜已化脓坏死。

诊断　根据本病出现以腹式呼吸为主的呼吸困难，触诊胸壁疼痛，叩诊水平浊音，听诊有胸膜摩檫音，胸腔穿刺液为渗出液的特点，可以诊断。但必须与下列疾病相鉴别。

1. 胸水：不发热，胸部触诊、叩诊无痛感，胸腔穿刺液为漏出液，李凡特试验阴性。

2. 传染性胸膜肺炎：有流行性，发生胸膜炎的同时，多并发肺炎。

3. 心包炎：心包摩檫音与心搏动一致，胸膜摩檫音与呼吸运动一致。心包有积液时，心脏叩诊浊界增大，但不出现水平浊音。

4. 大叶性肺炎：体温呈稽留热型，浊音区上界为弧形，有铁锈色鼻液。

治疗　治疗原则为消除炎症，制止渗出，促进渗出物的呼吸与排除，防止自体中毒。

消除炎症，可用磺胺类药物，如磺胺嘧啶钠静脉注射或肌肉注射。也可用磺胺甲基一恶唑（新诺明），静脉或深部肌肉注射，马、牛、羊、猪每次 0.07g/kg，每日 2 次。或用青霉素、链霉素混合肌肉注射，每日 2 次。其他如庆大霉素、四环素、强力霉素等均可使用。

为制止渗出和促进渗出液的呼吸和排除，可用 10% 氯化钙 100~200ml，或 10% 葡萄糖酸钙 200~300ml，给马、牛静脉注射。为了利尿，可用双氢克尿塞静脉或肌肉注射，马、牛 100~200mg，羊、猪 40~80mg。也可用呋喃苯胺酸（速尿），马、牛 0.5~1mg/kg，羊、猪 1~2mg/kg，用 5% 葡萄糖 500ml 稀释后静脉注射，或直接肌肉注射，每日 1~2 次。

为促进炎症的消散，可在胸壁涂檫 10% 樟脑酒精或四三一合剂。

心功能不佳时，可肌肉注射安钠咖，马、牛 2~4g，羊、猪 0.5~1.5g。也可用强尔心，马、牛 0.05~0.1g，羊、猪 0.025~0.05g，皮下或肌肉注射。

如渗出液过多，妨碍呼吸时，可胸腔穿刺缓慢排出积液，再向胸腔内注入青霉素 300 万单位、链霉素 2g、氢化可的松 100g、生理盐水 100ml 的溶液。

中药治疗：宜攻逐水饮，体弱者则宜攻补兼施，方用十枣汤加味。

加味十枣汤

芫花 18g，大戟 18g，甘遂 18g，葶苈 30g，黄芪 30g，党参 45g，白术 30g，茯苓 30g，当归 30g，大枣 45g，陈皮 30g 水煎去渣灌服（马）。每天一剂，如发现腹痛，可停药 1~2 后再服。

预防为了预防本病应做到加强饲养管理，注意家畜卫生，避免各种不良因素的刺激，及时治疗原发病，以防止继发本病。

二、胸水（胸腔积水）

胸水是胸腔内积有大量的漏出液，胸膜并无炎症变化的疾病。可由多种全身性疾病引起，临床上以呼吸困难为主要症状。

多数为两侧性，但在局部血液循环紊乱时，也可发生一侧性胸水。

病因　一侧性胸水主要是由于局部血液和淋巴循环引起，常见于静脉干或胸导管受到压迫时。两侧性胸水多发生于全身静脉淤血的慢性心脏病和心包严重积液时。此外，能产生低蛋白血症的慢性肝病、肾病、严重贫血、营养不良和消耗性疾病，如马传染性贫血、白血病、鼻疽、结核、寄生虫病和恶性肿瘤等，均可引起两侧性胸水。

发病机制：本病的发生，主要由于慢性心脏病时，心功能不全，搏出血量减少，回心的静脉血阻力增加，引起胸膜毛细血管内压增高，血管的通透性增大，血管内液体漏出而发生胸水。

低蛋白血症时，因胸膜毛细血管内胶体渗透压降低，组织间液的胶体渗透压相对升高，因此毛细血管内的水分不断漏出，发生胸水，临床上常同时发生腹水、心包积液和全身性水肿等。

由于胸腔积液，压迫肺脏使肺膨胀不全而导致呼吸困难。

症状　由于本病多为继发性，因此具有原发病的症状，如慢性心脏病和引起低蛋白血症的一些疾病的特有症状。

胸水少时，无明显的临床症状，当液体积聚过多时，因压迫肺脏而出现呼吸困难。体温一般正常，触诊胸壁无痛感，叩诊出现两侧性水平浊音，听诊水平浊音界以下部位肺泡呼吸音减弱或消失，以上部位呼吸音增强，甚至可听到支气管呼吸音。

胸腔穿刺液为漏出液，澄清，不易凝固，，李凡特试验阴性。

诊断　根据本病叩诊有水平浊音，胸壁触诊，叩诊无痛感，体温正常，病程缓慢，常同时发生腹水，有全身性水肿的特点，可以诊断，但必须与胸膜炎相区别。胸膜炎体二年升高，驰张热型，病情发展快，叩诊、触诊胸壁有痛感，听诊有胸膜摩擦音，胸腔穿刺液为渗出液，可以区别。鉴别诊断见表 2。

治疗　改善饲养管理，适当限制饮水，积极治疗原发病。

为制止渗出，可用氯化钙或葡萄糖酸钙静脉注射。用利尿药促进胸水的排除。

如果是由慢性心力衰竭引起的胸水，可用安纳咖、强尔心、洋地黄类强心药，配合葡萄糖、维生素 C 等，以增强心脏机能。

严重呼吸困难时，可胸腔穿刺放出部分胸水，但远期疗效不佳，不宜反复使用。若同时发生腹水，心包积液和全身性水肿时，一般预后不良。

中药治疗：本病属里虚证，治宜补虚和血，行水散淤为主。可用下方

当归 30g，黄芪 30g，党参 30g，白芍 30g，桑白皮 60g，桔梗 15g，麦冬 15g，黄芩 15g，滑石 30g，木通 15g，泽泻 15g，茯苓 15g 共为末，开水冲，候温灌服（牛、马）。

预防，加强饲养管理，合理使役，保证动物健康，早期治疗原发病，防止继发本病。

第十章　心血管系统及血液疾病

心血管系统也即循环系统，是由心脏和血管构成。其主要功能是通过血液循环，向各个器官组织输送营养物质、氧气和各种激素，并将组织新陈代谢所产生的废物运至肺及肾脏等排泄器官排出体外，使机体能保持相对稳定的内环境，对维持机体的生命活动起着极其重要的作用。

循环系统，起主导作用的是心脏，正常的心脏有丰富的储备力和代偿能力，心脏的功能加强时，可比平时多搏出 5~10 倍的血量，以适应机体内外环境改变时的需要。但这种储备和代偿能力是有限度的，一旦超过机体所能耐受的吸纳度，可出现心功能不全，甚至危及生命。由于心功能不全，会影响全身各个组织器官的生理功能，如发生全身性水肿，肝、肾、肺和脑的功能失调。同时全身及其他器官的疾病如中毒、热性病、代谢病、严重贫血和各种传染病等，也可引起心脏的病理变化和功能障碍。因此在检查心脏时，在考虑心脏本身疾病的同时，还应想到其他器官的疾病。

血管的疾病，如局部性静脉淤血，多为局部静脉血流通过受阻引起，全身性静脉淤血，则多见于牛的创伤性心包炎和心功能不全时。动脉常见的病有血栓形成和栓塞，可发生在肠系膜、肾、心脏冠状动脉或脑动脉，大部由心脏瓣膜病和马的血管内普通戴拉风线虫的幼虫寄生引起。因此，血管病的发生，往往是其他疾病在血管部位的一种症状表现。

血液是由有形成分的红细胞、白细胞、血小板和无形成分的血浆构成。血浆中含有水、蛋白质、糖、矿物质、维生素、各种酶、激素、少量气体等成分。血液是构成内环境的主要因素，通过心泵作用，血液在血管内流动，将消化道吸收来的营养成分和经肺吸收的氧送到各组织器官，并将组织所产生的代谢废物和二氧化碳送到肾和肺等排泄器官排出体外。

血液本身的疾病如严重贫血、白血病、血液寄生虫病等，能影响其他器官的功能，很多全身性疾病如肝病、肾病、中毒、代谢性疾病、营养缺乏症等，也能改变血液成分的结构，因此检查血液的形态学变化和理化反应等，对其他疾病的诊断也有很重要的意义。

血液和循环系统疾病的病因，与平时的使用管理有关，适当的运动，合理的饲养，适度的使役，预防中毒、感冒、传染病、血液寄生虫病的发生和防止非传染性细菌和病毒的感染，都能减少和制止血液和心血管疾病的发生。

第一节　心血管系统疾病

一、心包炎

心包的炎症成为心包炎。按病因可分为非创伤性和创伤性两类，据炎性渗出物的性质又可分为浆液性、浆液—纤维蛋白性、出血性、化脓性、化脓—腐败性等多种类型。

创伤性心包炎主要见于牛，非创伤性心包炎则多为继发性的，可见于牛、猪、马等家畜。

病因　创伤性心包炎主要发生于牛，当牛摄取饲料时，不经细嚼即急速咽下，很易将尖锐物如铁钉、针、锻铁丝等吞入胃中。到达网胃后，由于网胃强烈收缩，或因排粪、分娩

瘤胃臌气、拉扯等使腹压升高，网胃内的尖锐物可随着网胃前后收缩而刺破网胃和膈并刺伤心包，前胃内的微生物随之侵入而引起心包的炎症。胸壁创伤、肋骨骨折、心区刺伤，损及心包时，也可发生心包炎。

非创伤性心包炎除原发性者外，多见于一些传染病，如猪肺疫、猪丹毒、猪瘟、结核、口蹄疫、传染性胸膜肺炎和脓毒败血症等。邻近器官和组织的严重病变如肺脏、胸膜和心肌等的炎症也能蔓延至心包。此外，马、牛的急性风湿症过程中，也可继发风湿性心包炎。感冒、过劳、维生素缺乏等，可成为本病的诱因。

发病机制：非创伤性心包炎为某些传染病的细菌或病毒经血循使心包感染所致，邻近组织如胸膜、心肌的炎症蔓延至心包也能发生。病初心包充血、渗出，上皮肿胀、变性、剥脱，随后大量含纤维蛋白的浆液渗出，充满于心包腔内。

创伤性心包炎时，由于胃内的化脓菌或腐败菌随同异物感染心包，故除发生上述的浆液一纤维蛋白性炎症以外，往往引起腐败和化脓过程（图 10-1）。

图 10-1　创伤性心包炎

1. 正常的心脏浊音区　2. 心包炎时浊音区

（虚线表示水肿出现的部位）

包腔由于炎症而大量积液，心包腔内压力升高而产生心脏受压体征。在心脏舒张期，心脏扩张受限制，静脉的回心血量减少；心脏收缩期，由于心室充盈不足，心搏出血量减少，动脉压急速下降，静脉压持续升高，造成全身静脉淤血；继而发生下颌、颈及胸膜下水肿。

心包腔的大量积液，又可压迫肺、支气管和肺静脉，使肺循环血流郁滞和肺活量减少，出现呼吸困难。

最后引起呼吸、心力衰竭和败血症使病畜死亡。

症状　创伤性心包炎发生于创伤性网胃炎之后，前期可出现创伤性网胃炎的症状，如前胃弛缓、下痢、网胃区压痛，运步谨慎，站立或卧下时发生磨牙、呻吟等疼痛表现。

心包有炎症坏死，全身症状较重，脉搏增数达 100 次以上，体温上升到 40~41℃。精神沉郁，呆立不动，头下垂，伸颈，前肢叉开，肘头外展，肘关节和肩胛部肌肉震颤，两后肢集于腹下。自由活动时，常取前高后低位，如强迫其前低后高位时，因内脏向前压迫心包，使患牛疼痛而呻吟。

呼吸浅表、疾速，轻微运动即可出现呼吸困难，结膜发绀。全身淤血症状明显，可见颈静脉怒张，下颌、颈和胸膜下水肿。

叩诊心区有疼痛反应，浊音界扩大，上方有时可达肩关节水平线，后界可达 7~8 肋间。

由于心包腔积液，心搏动减弱。听诊心区病初心音增强，心率加快，出现心包摩擦音，随着心包腔内渗出液增多，心音逐渐遥远而微弱，摩擦音也随之消失。如心包腔内有积液并发生腐败性气体时，可出现排水音或金属音。如果异物直接刺伤心肌时，可发生心动过速，节律不齐，严重时甚至停搏死亡。

非创伤性心包炎常有原发病的固有症状，同时出现与创伤性心包炎的相似症状，但心区疼痛不明显，也不出现网胃炎的特有症状。

本病多死于心力衰竭或脓毒败血症。

血液检查白细胞增数，每立方毫米多达2万~3万以上，中性粒细胞比例增高，核左移。

心包穿刺液暗黄色、浑浊、有时为血性、脓性，心包腐败性炎时，呈污秽暗褐色，有腐败臭味。

诊断　创伤性心包炎依据心区叩诊痛疼、心浊音界扩大，听诊心动过速而心音遥远，后期出现颈静脉高度怒张和颌下水肿，心包穿刺液为渗出液或脓血液等的特点，可以诊断，但必须与下列疾病相区别。

1. 胸膜炎：浆液一纤维蛋白性胸膜炎出现的胸膜摩擦音与呼吸动作同时出现，而且范围不局限于心区，有渗出时，出现胸部的水平浊音。而心包炎的心包摩擦音与心搏动一致，仅局限于心区。

2. 心包积水：心包积水时也出现心浊音界的扩大，心音遥远及循环淤血等症状，但不出现心区疼痛和心包摩擦音。

治疗　非创伤性心包炎，可结合原发病进行治疗，使用青霉素，牛、马400万IU，链霉素3g，每日2次，肌肉静脉滴入，每日1次。其他如庆大霉素，卡那霉素、红霉素等均可选用。

心脏衰弱时，可用10%安钠咖注射液20ml肌肉注射，或用0.5%强尔心20ml肌肉注射。也可用0.025%毒毛旋花子苷K10ml，加入5%葡萄糖液500ml中缓慢静脉注射。

水肿严重时，可用利尿药，如双氢克尿塞，牛、马1~2g口服，每日2次。速尿注射液，每次牛、马0.5~1g/kg，羊、猪1~2mg/kg，肌肉注射，每日1~2次。长期多次使用利尿药时，应适当补钾，可用氯化钾溶液，牛、马每次3~5g，用5%葡萄糖溶液稀释成0.1%~0.3%浓度后，缓慢静脉注射滴入。

创伤性心包炎可进行心包腔穿刺，排出心包腔内的积液后，向心包腔内注入青霉素200万单位、链霉素2g、生理盐水100ml所配成的溶液。在刺入心包的异物退回网胃的情况下，有可能治愈。如病情严重，治疗效果不佳，应尽早淘汰。

预防　应清除饲料中混入的铁钉等尖锐物，防止牛吞食入胃.

二、心力衰竭

心力衰竭又称心脏衰弱或心功能不全，分急性和慢性两种。心肌收缩力突然减弱，使心脏搏出血量在短期内积聚下降时，称为急性心力衰竭。由于心脏的器质性或其他病变，使心肌收缩力渐渐减退，即使通过代偿机能调节，仍不能维持足够的心排血量时，称为慢性心力衰竭。慢性心力衰竭时因伴有静脉淤血，故又称充血性心力衰竭。

心力衰竭是各种心脏疾病和其他多种疾病发生的一种综合症或并发症，各种家畜均有发生。

病因　原发性急性心力衰竭，主要发生于过重的劳役，如奔跑、重载、犁地、挽车上坡、猪长途驱赶急性等。快速大量输液使心脏过度负荷时也能引起。

继发性急性心力衰竭多见于多种急性传染病、中毒病和热性病等，由病原微生物或毒素直接侵害心肌所致。

慢性心力衰竭常继发或并发于心脏本身的各种疾病，如心包炎、心肌炎、先天性心脏病、慢性心内膜炎等。肺气肿、慢性肾炎（引起高血压时）长期负重役等，使心脏长期负担过重，心力逐渐耗损时，也能发生。

发病机制：心脏具有强大的代偿能力，当心力衰竭出现后，它可通过急性和慢性的代偿功能，来弥补出现的循环障碍，以维持正常的生理机能。

急性代偿功能：心力衰竭发生后，心输出血量减少，血压下降，通过主动脉弓和颈动脉窦压力感受器的反射，使交感神经的兴奋性增高，引起心率加快、心肌收缩力增强，周围静脉收缩，回心血增加，同时周围小动脉收缩，使血压维持在正常水平。在循环血量的分布上，体表和四肢肌肉等处的血管收缩，排出血量以供应对缺血和缺氧敏感的脑和心的需要。此外，当心输出血量减少时，能使肾脏供血不足，刺激肾小球旁细胞分泌肾素，作用于肝脏产生的血管紧张素原，转变成血管紧张素，刺激肾上腺皮质分泌过度的醛固酮，以加强肾小管对钠离子的吸收，使血浆渗透压增高。同时由于肾脏的血流量不足，肾小球滤过率降低，尿的生成减少，从而增加循环血流量，使心排血量增多。

慢性代偿功能：表现为心肌肥厚，由心缩期负荷加重引起。心肌肥厚，能增强心肌的收缩力，以维持正常的血液循环。

当血量衰竭的病因被消除，心脏的代偿性变化可以减轻或消失。当病情加重或因心肌病变和心脏负荷超出代偿功能的限度，则心功能将从代偿期发展为失代偿期。血量衰竭发生在左心时，出现体循环淤血，全身水肿等症。

症状　按照血量衰竭的程度，临床上有以下几种情况。

轻度的急性血量衰竭：病畜精神沉郁，食欲中易疲劳、出汗、呼吸加快、心音和心搏动增强，脉搏增数，马每分钟赠至 60~80 次，强力活动后，心跳常急速增加到 100 次以上，但经短期休息后可恢复正常。在心跳增速的同时，常有肺呼吸音增强和可视黏膜发绀的症状出现。

中等度的急性心力衰竭：精神沉郁，轻度运动即见气喘，肺泡呼吸音增强，结膜发绀，静脉怒张，心搏动增强，第一心音增强，出现心内性杂音和节律不齐，脉搏增数，每分钟 80 次以上，即使休息，也不能完全恢复正常。

重度的急性心力衰竭，精神高度沉郁，食欲废绝。体表静态怒张，结膜高度发绀，出汗，四肢末梢、耳尖和体表发凉，呼吸高度困难。肺区有广泛的湿性啰音，心搏动增强，第一心音响亮，第二音减弱，心跳每分钟可达 100 次以上。有时病畜昏迷，倒地痉挛死亡。

慢性心力衰竭：其病情发展缓慢，病畜精神沉郁，食欲不振，易疲劳、出汗。黏膜发绀体表静态怒张。垂皮、腹下、四肢末端常发生水肿。常常是病畜经一夜伫立，水肿明显，第二天适当使役或运动后，水肿减轻或消失。心音减弱，脉搏增数，心浊音区增大，并可听到心内杂音。随着全身淤血的加重，除胸、腹、心包腔积水外，常引起脑、胃肠、肝、肺、肾等器官淤血，呈现意识障碍、消化不良、肝功异常、支气管炎、呼吸困难、少尿等症状。

诊断　根据发病史、静脉怒张、结膜发绀、脉搏增数、呼吸困难、肺部啰音、泡沫样鼻液、全身性水肿、心内性杂音、心浊音界增大等可以诊断。但要注意分清心力衰竭是急性的还是慢性的，是原发性的还是继发性的。

治疗　使病畜充分休息，饲喂易消化和富有营养的饲料，并从以下几个方面进行药物治疗。

1. 增强心肌营养，牛、马可用25%葡萄糖液500~1 000ml、维生素C5~6g，静脉注射。

2. 结膜发绀，有缺氧症状时，可用5%~10%葡萄糖液稀释成0.3%的双氧水静脉注射，每千克体重用2~3ml。

3. 使用兴奋剂，改善血液循环，为此可用20%安钠咖肌肉注射，牛、马10~20ml，猪、羊5~10ml。或用10%樟脑磺酸钠皮下或肌肉注射，牛、马10~20ml，猪、羊5~10ml。10%氧化樟脑肌肉注射，牛、马10~20ml，猪、羊3~5ml。

4. 非心肌炎、心肌变性引起的心力衰竭，可用毒毛旋花子苷K，牛、马1.25~3.75mg（或西地兰1.6~3.2mg），加于5%葡萄糖液500ml中，以不少于10min的时间缓慢静脉注射。必要时，经4~6h后，再用半量重复一次。

5. 水肿严重时，可用利尿剂，双氢氯噻嗪口服，马、牛每次0.5~2g，猪、羊0.05~0.2g。呋喃苯胺酸（速尿）肌肉注射或静脉注射，每千克体重马、牛0.5~1mg，羊、猪1~2mg，每日1~2次。贡撒利肌肉注射，马每次0.3~0.5g，猪、羊0.05~0.2g。

6. 对经济价值较高的动物，可用三磷酸腺甙、辅酶A、细胞色素C等，加入5%~10%葡萄糖液中静脉注射。此外，皮质激素如氢化可的松、泼尼松、地塞米松等，根据情况也可酌情使用。

预防　合理使役，避免过劳，及时治疗原发病。

第二节　血液疾病

一、贫血

贫血是一个症状。凡单位容积血液中，红细胞数、血红蛋白和红细胞压积于正常标准时，均称为贫血。临床上将贫血分为失血性、营养不良性、溶血性和再生障碍性贫血四个类型。各种家畜皆可发生。

病因　失血性贫血：分内外出血两种，外出血，包括创伤、手术、流产、分娩等时的出血。内出血为寄生虫病过程中的反复少量出血，消化、呼吸、生殖、泌尿系统器官的急慢性出血，某种原因引起的肝、脾破裂出血。

1. 营养不良性贫血：由铁、铜、钴、维生素B12、叶酸和蛋白质等的缺乏，以及胃肠的消化和吸收功能障碍引起。临床上以仔猪的缺铁性贫血最为多见。

2. 溶血性贫血：见于某些溶血性毒物中毒，如汞、铅、砷铜和蛇毒中毒。也见于某些血源性寄生虫病和传染病，如锥虫病、梨型虫病、马传染性贫血、钩端螺旋体病等。此外，不相合血型输血和新生幼畜溶血病，都能发生溶血性贫血。

3. 再生障碍性贫血：由于骨髓的造血功能衰竭引起。见于某些有毒物质中毒，如汞、苯、砷、有机磷中毒。也见于某些药物中毒，如安乃近、磺胺等中毒。在某些传染病和寄生虫病的经过中，也常出现，如马鼻疽、传染性贫血、结核病、梨形虫病、钩端螺旋体病等。此外，放射线的经常照射，也能引起本病。

发病机制：急性失血性贫血：当短期内失血达到全身血量 50~60% 时，可引起休克、虚脱，甚至死亡。大失血后，由于血量不足，颈动脉窦内压力减低，反射地引起交感神经兴奋，肾上腺分泌增加，因而心动疾速，末梢血管收缩，促使肝、脾和皮下血管丛内的储备血液进入血管内，参与血液循环。与此同时，大失血后，由于血中含氧量减少，使血管壁的通透性增强，加之血管内流体静压降低，促使组织经液迅速渗入血管，所以循环血量逐步得到恢复。但血液被稀释后，单位容积血液内反而红细胞和血红蛋白量均减少，故体内氧不足，由于缺氧，促使肾脏产生大量促红细胞生长素，使骨髓造血功能增强，血中出现多量的幼龄红细胞，如网织红细胞、多染性红细胞和有核红细胞等。

1. 慢性失血性贫血：当组织或内脏长期反复出血时，体内铁和蛋白质大量损耗，虽然造血器官产生强烈的再生反应，但血中出现大量的幼龄红细胞。同时由于长久而持续的贫血，血管内皮发生变性，而通透性增强，加之长期蛋白质的损耗，血液胶体渗透压降低，故血管内的水分不断地渗入组织间隙而引起全身性水肿。

2. 应用不良性贫血：蛋白质是血红蛋白的主要成分，铁是合成血红蛋白的原料，铜是合成血红蛋白的催化剂。当蛋白质、铁和铜均缺乏时，红细胞直径变小，血红蛋白含量不足，故引起小细胞底色素性贫血。若铁不足，主要引起血红蛋白量下降，若铜缺乏，则引起红细胞数减少。钴是维生素 B12 的组成成分，维生素 B12 与叶酸能促进红细胞的成熟，当缺乏时，红细胞在骨髓中的成熟过程发生障碍，以致原红细胞不能发育成正常的幼红细胞而形成巨红细胞性缺血。

3. 溶血性贫血：由红细胞大量崩解引起，析出的大量血红蛋白被网状内皮细胞转变成大量的脂溶性间接胆红素，如果肝脏机能正常，即能将这些间接胆红素加工为水溶性的直接胆红素，因肝脏中直接胆红素量多，故粪胆素与尿胆素皆相应增加，粪尿颜色加深，同时全身发生溶血性黄疸。

4. 再生障碍性贫血：骨髓受病因刺激后，发生变性、萎缩、红骨髓量减少而导致造血机能衰竭所致。这时血液中红细胞、白细胞、血小板数均减少，免疫机能下降，易发生感染和出血。

症状　贫血的共同症状，主要表现为体质虚弱，容易疲劳，多汗，心跳，呼吸加快，结膜苍白，血红蛋白量和红细胞总数减少，红细胞形态改变等。

急性失血性贫血，病程发展迅速，病畜衰弱，精神萎靡，步态不稳，出冷粘汗，烦渴欲饮，体温减低，鼻端、耳尖和四肢厥冷，可视黏膜积聚苍白，脉快而若，呼吸加快，心音微弱。濒死期，瞳孔散大，眩晕甚至昏迷、休克，倒地痉挛死亡。

慢性失血性贫血，出现渐进性消瘦及衰弱，嗜睡，脉搏快而弱，呼吸快而浅表，荚膜苍白，病程长时在胸膜下部及四肢末端发生水肿，最终死于因贫血而引起的心力衰竭。

血液检查，血液稀薄、血沉加快，血红蛋白和红细胞减少，病程长时，可见有核红细胞及淡染、大小不均的红细胞。

营养不良性贫血，病程较长，精神萎靡易于疲劳，皮肤干燥，被毛无光泽，消瘦，可视黏膜苍白，出现代偿性心扩张，新浊音界扩大，心跳呼吸及加快，听诊心脏有贫血性心内杂音，脉快而空虚，胸膜下部和四肢末端出现水肿。

仔猪缺铁性贫血，是因缺铁和铜引起，多见于2~3周龄的仔猪，可大群发病，仔猪精神倦怠、喜卧，皮肤和可视黏膜苍白，两耳因血稀呈半透明状态，心跳呼吸加快，食欲降低或异嗜，常有腹泻，易发生肺炎，死亡率很高。

营养不良性贫血，血液检查，除血红蛋白和红细胞数降低外，血中可出现大量网织红细胞和异性红细胞。缺铁时，红细胞直径缩小、淡染。缺维生素B12和叶酸时，红细胞直径增大。

溶血性贫血时，黏膜苍白且黄染，血液中出现大量胆红素，范登白重氮试验间接反应阳性，粪便色深，尿中尿胆素增多。

再生障碍性贫血，由于骨髓造血机能障碍，所以外周血液内红细胞数减少，而且几乎不见幼龄红细胞。此外，白细胞和血小板数也减少。结膜苍白，在皮肤和黏膜下，往往有出血斑点。血液不易凝固，血沉加快等。

诊断　急性出血性贫血，可根据临床症状和发病情况作出诊断。对内出血则需作各系统详细检查，如为肝脾破裂，只作腹腔穿刺即可确定。有贫血症状，而且黄疸较重时，可考虑溶血性贫血。贫血同时有营养逐渐降低现象，且出现红细胞淡染，环状红细胞、红细胞直径缩小等，可确定为缺铁性贫血。如果出现血性素质，血液中缺乏幼龄红细胞，同时白细胞和血小板皆减少，可考虑为再生障碍性贫血。

治疗　贫血的治疗，要根据不同的病因采取相应措施。

外伤性出血，除采取外科方法外，可适当使用全身止血药。安络血肌肉注射，马、牛10~20ml 猪 0.1~0.3g 他如维生素K、氯化钙、凝血质等均可使用。如果出血量过多，可输给同型血，牛、马一次1 000~2 000ml

营养不良性贫血，以缺铁性贫血多见，大家畜可用硫酸亚铁口服，每天6~8g，一周后改为3~5g，连用1~2周，如同时给予0.1%亚砷酸钾溶液，每天10~15ml提高疗效。对仔猪缺铁性贫血，可用硫酸亚铁5g. 硫酸铜1g、氯化钴0.5g、常水100ml，配成溶液涂于母猪乳头上或每日1~2ml服。母猪在产前两周，肌肉注射右旋糖酐铁（每含元素铁25mg）10ml，可预防仔猪缺铁性贫血。国产兽用右旋糖酐铁（每支10ml，元素铁150mg）2~3日龄仔猪一次可肌肉注射1ml效可维持20d以上。

再生障碍性贫血，主要在于除去病因，给予富含蛋白质的饲料，并补给氯化钴和维生素B12，或反复应用中等量的输血，以兴奋造血机能。药物疗法可试用硝酸土的宁，通过兴奋支配骨髓的内脏神经，从而改善骨髓的微循环，促进造血功能，可每周肌肉注射5d，休息2d，牛、马用量为5mg、10mg、15mg、15、20mg。丙酸睾丸素能刺激骨髓的造血功能，牛、马每日肌肉注射 200~300mg，疗程至少一月以上。

继发于传染病、消化不良、内脏寄生虫病及血液寄生虫病的贫血，应及时治疗原发病。

预防　对急性失血性贫血应查明病因，及时采取治疗措施。平时应加强饲养管理，定期驱除内外寄生虫，供给富含蛋白质、维生素和矿物质的饲料。

二、新生仔畜溶血病

新生仔畜溶血病又称新生仔畜溶血性黄疸，是初生仔畜吮食初乳后，迅速出现黄疸、贫血、血红蛋白尿为主要特征的一种急性溶血性疾病。发病原因系由于种间杂交或同种而血型不同所引起的一种免疫性疾病。临床上常见的有新生骡驹（或駃騠）、新生马驹和新生仔猪的溶血病。

病因新生驴驹溶血病：马驴种间杂交后，后代骡驹（公驴 × 母驴）或駃騠（公马 × 母驴）在胎儿期具有父系遗传特性的抗原物质刺激怀孕母畜，产生一种能够凝集和溶解骡驹或駃騠红细胞的特异性抗体，当抗体通过母乳进入仔畜体后发生免疫反应而发病。

新生马驹和新生仔猪溶血病：为带有种公畜血型的胎儿与母畜血型不同所引起的一种免疫性疾病，临床上发病率不高。

发病机制：种间杂交或同种但血型不同之间配种的胎儿，均具有从父系遗传来的因子，这种因子能构成抗原性物质，它能够通过胎盘出血进入母体血液循环，或分娩时的出血或胎儿脐带血被母体产道吸收而进入母体（新生骡驹溶血病胎次愈多发病率愈高），刺激母畜产生能使仔畜红细胞凝集或溶解的特异性抗体，存在于母畜血液中，在胎儿期间，由于这种抗体的分子太大，不能通过胎盘进入胎儿体内，故胎儿能够正常发育成长并能健康出生。在妊娠末期开始泌乳时，抗体进入初乳。当新生仔吮食初乳后，抗体可以通过小肠壁吸收到体内，与红细胞上的抗原结合，发生红细胞凝集或溶血而发病。

仔畜出生后，肠壁吸收抗体的时间能维持 30~40h，过此时间，即不能再直接吸收。母畜分娩后，经乳汁排抗体的时间能持续 4~6d，过此时间，乳汁中的抗体即消失。

症状　仔畜出生后，无任何病状表现，但一经吮食母乳，则立即发病，出现萎靡不振，呆立或卧地，可视黏膜逐渐黄染，排黄红色或黄红褐色血红蛋白尿 。体温下降，肌肉震颤，心跳加快，呼吸快而浅表，严重时出现肌肉痉挛、昏迷倒地、休克死亡。

血液检查，红细胞迅速减少至每立方毫米 200 万 ~300 万，同时血浆变红，血沉加快。

诊断　新生仔畜健康，吮食初乳后，迅速出现贫血、黄疸及血红蛋白尿，结合血沉加快，红细胞数减少和临床症状，可以诊断。

防治　立即停止吮食母乳，代以人工哺乳或更换母畜哺乳，在此时间，应按时挤出母乳，经 3~4d 后，即可再行哺乳。严重的病仔畜，可输经交叉试验法互不凝集的血液，马驹或骡驹每日 500~1000ml，以每分钟 5~6ml 的速度静脉滴入，连用 2~3d。

发生本病后，下次配种应更换种公畜，对经济价值不高的猪，可淘汰处理。

第十一章　泌尿系统疾病

泌尿器官由肾脏和尿路（输尿管、膀胱、尿道）组成。其中肾脏是最主要的泌尿器官，它是机体的重要排泄器官。

在正常状态下，泌尿器官，特别是肾脏具有强大的代偿机能，但当发生超越泌尿器官或肾脏自身代偿能力的严重障碍或损伤时，则可引起泌尿器官或肾脏的病理变化而发病。

引起泌尿器官疾病的原因，主要是由于细菌毒素，以及进入体内的其他有毒物质刺激所引起，也常见于某些传染病、寄生虫病和中毒病的发病过程中。受寒感冒以及过冷等因素，在肾脏病的发生上，也具有重要的作用。另外，有些地区的耕牛，特别是水牛，尿结石的发病率很高，究其原因，与该地区的水源有很大关系，这也是值得注意的发病因素。

由于泌尿系统各器官在解剖生理上是密切联系的，因此，泌尿器官的疾病，多数是互相联系、互相继发、互相转化、互为因果的。

此外，泌尿器官和机体其他内脏器官（心脏、肝脏、肺脏、肠胃等）之间也具有极其密切的机能联系。因此，当机体任何一个器官发生机能障碍，或肾脏和其他泌尿器官发生病变时，均能产生不同程度的相互影响。例如，在肾脏的疾病过程中，可以引起心脏、肺脏、肝脏和胃肠道的机能紊乱，这是由于肾脏机能不全，导致分泌机能障碍，有毒代谢产物大量蓄积，对上述器官产生一系列的炎症影响所致。同样，当上述某一器官有病时，则病原菌及其毒素或各种病理产物，亦能通过不同途径侵入肾脏，刺激肾脏和其他泌尿器官而引起发病。

由此可见，泌尿器官疾病并非某一器官单独的病变，而是整个机体疾病的一种局部反应。

泌尿系统疾病可见于各种家畜，一般轻症的，如能及时治疗，预后良好，重症病例或转为慢性，则预后可疑。故应注意平日的饲养管理，避免受寒感冒，增强畜体的抵抗力，以防止泌尿系统疾病的发生。对已患病的家畜，要加强护理，及早治疗，促进疾病的康复。

在兽医临床上，常见的泌尿器官疾病，主要有肾炎、肾盂肾炎、膀胱炎、膀胱麻痹、尿道炎、尿结石等。

第一节　肾脏疾病

一、肾炎

肾炎是肾小球、肾小管和肾间质炎症的总称。临床上以泌尿机能障碍、肾区疼痛、水肿及尿内出现蛋白、血液、管型、肾上皮细胞等为特征。按病程可分为急性肾炎和慢性肾炎两种。

本病各种家畜均可发生，但以马、牛多见。

病因　本病一般原发性的较少，多继发于传染病、中毒病等的过程中。急性肾炎常由某些传染病（如炭疽、猪瘟、猪丹毒、口蹄疫等）、某些中毒病（如砷、汞中毒）、刺激性物质（如松节油、强酸、强碱）等引起。有毒物质随血流经肾排泄，致使肾组织遭受损伤而发病。此外，内源性毒物，如胃肠炎、大面积烧伤等，毒性分解产物经肾排出，也可招致本病。

此外，由于邻近器官炎症（肾盂炎、膀胱炎、子宫内膜炎、阴道炎）的转移、蔓延，亦可引起本病。

近年来有人认为，肾炎的发生主要是机体变态反应的结果。

腰部损伤，过劳，特别是受寒、感冒，也常为肾炎的诱因。

慢性肾炎的发病原因与急性肾炎相同，但病因刺激持续时间较长，或由急性肾炎转化为慢性肾炎。

发病机制：关于家畜肾炎的发病机制，尚不十分清楚，目前存在两种论点。

一种论点是，病原微生物或毒素、有毒物质及有害的代谢产物，随血流到肾小球毛细血管网，对其产生刺激作用而发病。根据刺激的强度不同，可呈现弥漫性的或局限性的病理变化。另一种论点是，肾炎是机体的变态反应结果。即病原微生物或其毒素随血流到肾，在肾小球毛细血管基底膜中形成一种复杂抗原（自体抗原）。机体对这种抗原产生自家抗体。当机体重新感染这种病原微生物时，抗体便在肾小球毛细管基底膜发生抗原抗体反应，而发生变态反应性炎症。

肾炎的初期，与哦与病原物质的刺激反射地引起肾小球毛细血管充血，出现短时期的尿频现象。以后随着炎症的发展，肾小球毛细血管基底膜肿胀，增生，管腔变窄，接着肾小球毛细血管的内皮细胞和毛细血管间的间质细胞也肿大并增生，再加上中性粒细胞的浸润和纤维蛋白的沉积，使肾小球毛细血管管腔更狭窄肾脏堵塞，结果尿量由减少（少尿）到无尿。

肾小球毛细血管阻塞，泌尿机能降低，但肾小管的重吸收机能，往往正常，所以其重吸收机能基本良好，因此引起钠、水潴留，而发生水肿。

由于肾小球毛细血管的基底膜变性、坏死，结构疏松，使血浆蛋白和红细胞漏出而发生蛋白尿和血尿。并使血液胶体渗透压降低，血液液体成分渗出，水肿更为严重。泌尿机能障碍，代谢产物及某些毒性产物不能排出，而发生尿毒症。肾小球的炎症过程必然会波及肾小管，使其上皮细胞变性、坏死、脱落，这些细胞与肾小球毛细血管漏出的蛋白质凝集在肾小管内形成各种管型。肾小球毛细血管的狭窄或堵塞，肾脏血液流入量减少，引起肾素分泌增多，致使血浆内血管紧张素增多，引起小动脉收缩，结果血压升高，主动脉第二心音增强。

症状

1. 急性肾炎：患畜体温升高，精神沉郁，食欲减退。肾区疼痛，背腰拱起，站立时两后肢张开，或集于腹下，不愿走动，若强使行走，则后肢举步不高。外部触压神曲，表现敏感。直肠触诊肾脏时，肾脏打，疼痛。动脉压升高，主动脉第二心音增强。

病初，频频排尿，但每次尿液不多或呈点滴状排出，以后由少尿到无尿。尿色呈淡红至暗红色。尿比重增大。尿中含有蛋白及红细胞、白细胞、肾上皮细胞以及管型。

病的后期，在眼睑、胸腹下及阴囊等部位发生水肿。

严重病例，由于排尿障碍，大量尿素和有毒物质蓄积，引起尿毒症，出现呼吸困难，昏睡，甚至昏迷，肌肉痉挛，呼出气和皮肤有尿臭味。

2. 慢性肾炎：由急性肾炎转化而来，其症状与急性肾炎基本相似，但病程较长。

急性肾炎的病程，视肾脏的损害程度而不同，一般可持续 1~2 周或更长的时间，经适当的治疗和良好的护理可以痊愈。如病程拖长，则转为慢性肾炎。重症病畜，多因肾机能不全，并发尿毒症而死亡。

慢性肾炎病程较长，可持续数月乃至数年。在病期中，常出现周期性好转与恶化相交替的现象。多数不易治愈，故预后多不良。

诊断　本病的特征初期频尿，后期少尿或无尿，肾区疼痛，主动脉第二心音增强，肾性水肿、蛋白质以及尿沉渣中出现红细胞、白细胞、肾上皮细胞、管型等，根据这些特征可作出诊断。

本病应与肾病区别，肾病是与细菌或毒物直接刺激肾脏而引起的肾小管上皮的变性过程，临床症状以水肿、蛋白尿为主，而无血尿、肾区疼痛及动脉压升高现象。

治疗　首先应加强饲养管理，将病畜置于温暖、通风良好的畜舍，充分休息，防止受寒感冒，不喂食盐和减少高蛋白饲料，给予易消化且无刺激性的饲料，并限制饮水。

药物治疗：采取消炎、利尿及尿路消毒等综合性措施。

为消除炎症，可用抗生素，如青霉素，马、牛 240 万 ~400 万 IU，猪、羊 40 万 ~80 万 IU；链霉素，马、牛 2~3g，猪、羊 0.5~1g，肌肉注射，每日 2 次，3~5d 为一疗程，也可用呋喃旦叮钠盐，马、牛 0.5~1g，每日 2~3 次，肌肉注射，3~5d 为一疗程。

激素疗法，可使用 0.5% 强的松龙注射液，马、牛 200~400mg；猪、羊 25~50mg，分 2~4 次肌肉注射。或地塞米松 0.1~0.2mg/kg 体重，肌肉或静脉注射。

为提高泌尿功能，可使用利尿剂，如双氢克尿塞，马、牛 0.5~2g；猪、羊 0.05~0.2g，内服，每日 1~2 次，连用 3~5d 后停药。也可用速尿片，1~3mg/kg 体重，内服，每日 2 次，连用 3~5d 后停药。

尿路消毒，可使用 40% 乌洛托品注射液，马、牛 50~100ml，猪、羊 10 = 20ml，静脉注射。或呋喃旦叮，各种动物内服日量 12~15mg/kg，分 2~3 次。

对症治疗：当心脏衰弱时，可应用强心剂，如 20% 安钠咖 10ml，加入 10~25% 葡萄糖注射液内，静脉注射。当出现尿毒症时，可应用 5% 碳酸氢钠注射液，马、牛 200~00ml，

静脉注射。

中药治疗：以清热利湿为治疗原则。

处方：车前 30g，木通 24g，瞿麦 45 g，萹蓄 30g，滑石 30g，甘草 24g，栀子 24g，大黄 30g，灯芯一撮水煎去渣，侯温灌服（马、牛）。

预防　本病预防应加强饲养管理，不饲喂霉败或有刺激性的饲料，防止受寒感冒和过劳，防止各种感染和毒物中毒，并及早治疗原发病。

第二节　尿路疾病

一、膀胱炎

膀胱炎是膀胱黏膜下层的炎症。按炎症的性质，可分为卡他性、纤维蛋白性、化脓性、出血性四种，一般多位卡他性。本病多发生于牛，有时也见于马。

病因　本病主要是由于病原微生物的感染，邻近器官炎症的蔓延和膀胱黏膜机械性、化学性的刺激或损伤引起。

病原微生物的感染，除某些传染病的特异性细菌继发感染外，一般是由非特异性细菌如华农杆菌、葡萄球菌、大肠杆菌等通过血液循环或尿道侵入膀胱而感染，或因导尿时导尿管或手指消毒不严而导致本病。

邻近器官炎症的蔓延，多有肾炎、尿道炎、子宫炎、阴道炎等的炎症过程蔓延到膀胱而发病。

机械性损伤，如粗暴的导尿、膀胱结石；化学性刺激，如刺激性药物的松节油、斑蝥；各种有毒物质、尿液在膀胱内蓄积时的分解产物以及体内代谢产物等经膀胱排出时，均可刺激黏膜导致炎症的发生。

发病机制：经血液或尿路侵入膀胱的细菌，首先引起尿液发酵、分解，形成的分解产物，刺激膀胱黏膜而导致黏膜发炎。加之细菌毒素和其他各种有毒物质的作用，不仅使炎症迅速发展，而且逐渐加重。膀胱黏膜由于受炎症和炎症产物的不断刺激反射地引起膀胱收缩，而出现疼痛性尿频。如果膀胱括约肌发生反射性痉挛，则可导致排尿困难或尿闭。

炎症产物混入尿中，引起尿液的成分改变，尿中出现脓液、血液、膀胱上皮细胞及坏死组织等。

炎症产物被吸收，则引起机体中毒，出现全身机能变化，如体温升高，食欲、反刍障碍，嗜中性粒细胞增多等。

症状　急性膀胱炎时，病畜疼痛，尿少而频繁，常作排尿姿势，但排尿量不多。严重病例由于膀胱颈部黏膜肿胀或因括约肌痉挛而引起尿闭时，则患畜不安，后躯摇摆，前肢刨地或后肢踢腹，公畜阴茎不断勃起，母畜阴门频繁开张。病畜体温升高，精神沉郁，食欲废绝。直肠检查，膀胱高度充盈，压迫有波动感，而且患畜变现疼痛。如尿闭时间过久，则可导致膀胱破裂。

尿液浑浊，尿沉渣间车，可见大量红细胞、白细胞、膀胱上皮细胞、黏液、脓液以及细菌等。如为出血性膀胱炎，则在排尿后期，尿内有血液或血块。

慢性膀胱炎，基本上与急性相同，但病势较轻，病程延长，临床上无明显的排尿困难。

诊断　膀胱炎的主要特征是排尿频繁而尿少。尿沉渣检查时，可见大量红、白细胞和膀胱上皮细胞等。直肠检查，膀胱充满或空虚，触压膀胱有痛感，以这些可作出诊断。

治疗　治疗原则以抗菌消炎为主。

治疗方法：尿路消毒可用40%乌洛托品注射液，马、牛50~100ml，猪、羊10~20ml，静脉注射。或用乌洛托品，马、牛 20~40ml，猪、羊 5~10g，或萨罗，马、牛 15~25g，猪 3~5g，合并一次内服，每日 2 次，3~5d 为一疗程，亦可用呋喃旦叮（日量 12~15mgkg）及双氢克尿塞等内服。

插入导尿管洗涤膀胱，冲洗液儿科选用 1~3% 硼酸溶液、1~2% 明矾溶液、0.1% 高锰酸钾溶液或 0.1% 雷佛奴尔溶液等，冲洗后将青霉素 100 万 ~200 万单位加入 100ml 生理盐水内，注入膀胱，每日 1~2 次，3~5d 为一疗程。

出现全身症状时，可肌肉注射抗生素或磺胺类药物，并配合输液及其他对症治疗。

中药治疗：以清热解毒。利水通淋为治则，方用滑石散。

处方：滑石 60g，木通 30g，猪苓 2g，泽泻 30g，茵陈 30g，酒知母 24g，酒黄柏 24g，甘草 15g，灯芯草 30g，竹叶 30g，水煎去渣，候温灌服（马、牛）。

加减：热盛加栀子 30g，公英 30g，尿血加秦艽 30g，茅根 24g。

预防　本病预防应建立严格的卫生管理制度，防止病原微生物的感染。导尿时应严格遵守操作规程和无菌原则。患其他生殖、泌尿系统疾病时，应及时治疗，以防蔓延。

二、尿道炎

尿道炎的炎症称为尿道炎。各种家畜均可发生，主要发生于马和牛。

病因　常由于尿道的细菌感染，如导尿时，由于导尿管消毒不彻底，无菌操作不严密导致细菌感染。或导尿时操作粗暴，尿结石的机械刺激，致使尿道黏膜损伤而感染。也可由邻近器官如膀胱、阴道及子宫内膜的炎症蔓延引起。

症状　病畜常呈排尿姿势，排尿时，表现疼痛，尿液呈断续状流出。由于炎症的刺激，常反射地引起公畜阴茎频频勃起，母畜阴唇不断开张。严重时可见到黏膜液性、脓性分泌物不断从尿道口流出。尿液浑浊，其中含有黏液、血液或脓液，肾脏混有坏死、脱落的尿道黏膜。

触诊或导尿检查时，病畜表现疼痛不安，并抗拒或躲避检查。

诊断　根据病畜频频排尿、排尿时疼痛，阴道肿胀、敏感，导尿管插入受阻及疼痛不安，尿液中存有炎性产物但无管型和肾、膀胱上皮细胞等，可作出诊断。

治疗　治疗原则和方法与膀胱炎相同，但用药液冲洗尿道时，为减少对尿道的刺激，可使用人用导尿管接上注射器，连续注入消毒剂。

中药治疗：以清热解毒，通淋利尿为主。

处方：金钱草 60g，海金沙 90g，车前草 30g，银花 30g，竹叶少许，木通 18g，甘草 12g，水煎去渣，候温灌服（马、牛）。

预防　为了防止尿道感染，因此，导尿时导尿管要彻底消毒，操作时要严格按操作规程进行，防止尿道黏膜的损伤感染。患泌尿或生殖系统疾病时哟按及时治疗，以防蔓延。

三、尿结石

溶解在尿中的各种盐类析出，在尿路中形成的凝结物，称为尿结石。中兽医称“砂石林”症。根据结石的存在部位不同，粪便称为肾结石、膀胱结石、尿道结石等。本病各种家畜均可发生，但多发生于公牛。特别是去势后的公水牛多发，且多呈地区性发病。

病因及发病机制 尿结石的形成，是由多种因素造成的，主要是尿中保护性胶体物质减少，晶体盐类据胶体物质之间的比例发生变化，某些盐类化合物过度饱和，以致从溶解状态中析出，附着于尿路晶核（脱落的上皮细胞、凝血块、纤维蛋白块及其他异物等）上，逐渐形成结石。或由于饲料和饮水中含有大量的碱土金属（主要是钙盐），易于沉淀而形成结石。

此外，尿液潴留时，由于尿液分解，形成不溶解的盐类化合物（磷酸钙、碳酸钙、磷酸铵镁等）沉淀亦能形成尿结石。

饲料中维生素 A 缺乏时，尿路黏膜上皮角化变性，脱落形成晶核，也易形成结石。

长期饮水不足，尿液浓缩，致使盐类浓度过高，也可促进尿结石的形成。

尿结石的形状为多样性，有的呈球形、椭圆形或多边形，亦有呈细颗粒或砂石状的。其大小也不一致，小者如粟粒，打者如蚕豆或更大。

较大的结石，固定而不易移动，较小的结石，容易随尿移行，往往引起输尿管和尿道的阻塞。在施行公牛尿道切开术，治疗尿道阻塞时，有些病例，在一个部位就发现数十粒体积小的结石，而造成尿道阻塞。

尿结石刺激尿路黏膜，引起局部黏膜损伤、发炎、出血，因而该部敏感性增高，致使尿路平滑肌发生痉挛收缩，患畜呈现肾性疼痛。

由于尿道阻塞导致排尿障碍，如不全阻塞时，则见有少量尿液呈点滴状流出，如完全阻塞时，则发生尿闭，膀胱积尿，逐渐膨大而导致麻痹，严重时发生尿毒症与膀胱破裂。

症状 由于尿结石发生的部位及损害的程度不同，所呈现的临床症状也不一样。

1. 肾结石：肾结石位于肾盂，呈现肾盂炎症和血尿，特别是剧烈运动后，血尿加重。肾区疼痛，病畜极度不安，步态紧张。直肠触诊肾脏时，疼痛加剧。如肾结石移至两侧输尿管引起阻塞时，排尿点滴或停止。

2. 膀胱结石：结石位于膀胱腔时，有时不呈现明显症状，大多数病畜表现有频尿或血尿。直肠触诊膀胱，膀胱敏感性增高，可能触到结石，压迫表现疼痛。公牛、公羊有时可见细小结石随尿排出附于尿道口周围的被毛上，形成沙粒结晶。

尿结石位于膀胱颈部时，病畜呈现明显的疼痛和排尿障碍，常呈现排尿姿势，但尿量较少或无尿排出。排尿时患畜呻吟，腹壁抽搐。

3. 尿道结石：常发生于公牛，多见于阴茎“S”状弯曲或龟头上方。当尿道不完全阻塞时，排尿呈线状或点滴状，排尿时疼痛不安，尿内可见血块或小结石（沙石）。若尿道完全阻塞时，病畜腹痛明显，拱背蹲腰，后肢开张，不断举尾，常呈排尿姿势，阴茎抽动，欲尿而尿不出，出现尿闭。直肠触诊，膀胱充满尿液，膨大如球，富有弹性，按压膀胱，无尿排出。长期尿闭，可导致尿毒症或发生膀胱破裂。

膀胱破裂时，因尿闭而引起的努责、疼痛、不安等肾性腹痛现象突然消失，病畜转为安静。由于尿液大量流入腹腔，下腹部腹围迅速增大，如尿液渗入下腹肌肉、皮下时，则脐部周围皮肤出现蓝紫色，此时施行腹腔穿刺，则有大量含有尿液的渗出液流出，液体一般呈棕黄色并有尿的气味。直肠触诊，膀胱空虚，缩小如拳。

尿液流入腹腔后，可引起腹膜炎。

在公牛“S”状弯曲部进行外部触诊，可摸到结石的存在，用尿道探子进行尿道探诊，可确定结石所在的部位。

尿沉渣检查，可发现脓球和脱落的肾盂上皮、膀胱上皮、红细胞及微笑的沙粒样物质。

诊断　可根据上述临床症状及尿液检查、尿道探诊、外部触诊（指尿道结石）等结果，作出诊断。

治疗　对较大的尿结石，如确诊结石位于尿道（公牛 ）时，可施行尿道切开术取出结石。同时应注意饲喂含矿物质少和维生素多的饲料及饮水。对小颗粒或粉末状结石，可给予利尿剂和尿路消毒剂，如双氢克尿塞、乌洛托品等，使其随尿液排出。为了防止膀胱破裂，应及时进行膀胱穿刺，排除尿液（公牛）。

中药治疗：以清热利尿、排石通淋为治则。

处方：金钱草 120g，木通 45g，瞿麦 60g，萹蓄 60g，海金沙 60g，车前子 60g，生滑石 90g，栀子 45g，水煎去渣，侯温灌服（马、牛）。

预防　本病预防应防止长期饲喂含某种矿物质过多的饲料或饮水。口粮中应含有适量的维生素 A。对泌尿器官疾病应及时治疗，以防止尿液潴留。

第十二章　神经系统疾病

神经系统疾病，是指中枢神经系统与外周神经系统的神经组织发生病变或机能障碍，呈现独特的临床症状而言，其主要内容包括脑及脊髓疾病和机能性神经病。

家畜神经系统疾病，主要是由于机体受到内外环境各种致病因素的影响而发生。例如，日射、电击、脑脊髓震荡等物理因素，酒精、亚硝酸盐、农药等化学因素，均能引起神经系统疾病的发生和发展。特别是某些病原微生物和脑部寄生虫，对神经系统也具有极大的危害和影响。体内的异常代谢产物也能引起大脑皮层的过度兴奋和高度抑制，从而导致神经系统机能紊乱。遗传基因在神经系统某些疾病的发生上也有一定关系。

神经系统疾病的病因是极其复杂的，所引起的病理变化及其症状也是多种多样的。但通常表现为意识障碍、精神沉郁、嗜睡、昏迷、狂躁不安、姿态异常、强迫运动、反射亢进或消失等。尤其是痉挛、麻痹、共济失调等病理现象，在中枢神经系统疾病的发展过程中，具有十分重要的意义。

家畜神经系统疾病的诊断，一般根据病史和临床症状，但确诊是比较困难的。因此，必须借助于某些特殊检查的新技术，如脑电图等，进行综合分析、判断。

神经系统疾病的防治，首先应加强日常饲养管理，合理使役，增强抗病力，预防病的发生。治疗应根据病的特点和病情，制定治疗原则，采用综合性措施，提高疗效，促进康复。

第一节　脑及脊髓疾病

一、脑膜脑炎

脑膜脑炎是脑遭受到传染性或中毒性因素的侵害，引起脑膜及脑实质发生炎症，以伴发生严重的脑机能障碍为特征。

本病主要发生于马，猪、牛、羊亦可发生，其他家畜少见。

病因　本病多数是由病原微生物引起，例如，链球菌、葡萄球菌、双球菌、李氏杆菌等均可致病。亦有由寄生虫、脑脊髓丝虫、脑包虫及血液原虫等的侵袭，而导致脑膜脑炎的。猪食盐中毒、马霉玉米中毒等中毒性疾病也能引起本病。

发病机制：病原微生物或毒物通过各种不同的途径侵入血液，运行到脑或沿着神经干侵入到脑，引起脑组织炎性浸润，发生急性脑水肿，使脊髓液增多，颅内压升高，脑组织遭受到严重侵害，导致脑机能障碍。

症状　通过经常发病，病情发展急剧。病马，初期表现神志不清，狂躁不安，甚至攻击人、畜。继而陷入昏睡或 昏迷状态。行动时姿态异常，表现强迫运动，步态蹒跚，共济失调。有时盲目徘徊或作圆圈运动。

病牛，眼神凶恶，轧齿摇头，以角抵物，哞叫甩尾。病猪，兴奋不安，前冲后退，转圈后突然倒地，四肢划动，或尖声嚎叫，磨牙空嚼，口吐白沫。

病畜的体温，若由传染性因素引起的，则体温升高，毒物引起的，通常无明显异常变化。呼吸与脉搏，兴奋时呼吸疾速，脉搏增数；抑制时呼吸慢而深，脉搏时有减少。饮食状态，食欲减退或废绝，饮水异常，拒绝缓慢，在猪常有呕吐现象。

诊断　本病的诊断，不能依靠典型的综合症，因其他脑病也可呈现与此类似的症状。因此，诊断必须根据病史调查，现症状观察及病情发展，结合穿刺检查（脑脊炎检查、蛋白质、与细胞的含量明显增多）进行综合分析。

鉴别诊断上，应与下列疾病相区别。

1. 马传染性脑脊髓炎：由病毒引起，本病主要发生于马，多于秋季流行，除有明显的症状外，还出现高度的黄疸。

2. 乙型脑炎：在蚊蝇活动的 7~8 月份流行。马，特别是幼驹，易受感染。此外还能感染人牛、羊、猪，有的病例、可能出现后躯麻痹等症状。

3. 霉玉米中毒：主要发生于马、骡等动物，有采食霉玉米的病史，由于脑实质内常有液化灶，故临床上病灶症状明显，出现单瘫、咬肌痉挛及失明等。常同时伴有胃肠道的症状，如肠弛缓、腹痛、下痢等。

4. 李氏杆菌病：主要侵害猪、牛、羊、马属动物少见，除神经症状外，常伴有下痢、咳嗽，以及败血症等现象。

治疗　治疗时应根据加强护理，降低颅内压，消炎解毒，保护大脑的原则，采取综合性的治疗措施，以改善病情，促进康复。

伴发急性脑水肿，颅内压升高时，可先放血，马属动物及牛可泄血 1 000~2 000ml，再静脉注射高渗葡萄糖溶液，如 25~50% 葡萄糖溶液 1 000~1 500ml，如血液粘稠，同时可用 10% 氯化钠溶液 200~300ml，静脉注射。最好选用 20% 甘露醇溶液 500~1 000ml，静脉注射，有较好的脱水效果。也可用 40% 乌洛托品溶液，60~80ml，静脉注射。

安神镇静：高度兴奋，狂躁不安时，可用 2.5% 盐酸氯丙嗪溶液，牛、马 10~20ml，猪、羊 2~4ml，肌肉注射。

消炎制菌：肌肉注射；亦可选用青霉素，必要时配合链霉素。

根据病情发展，结合进行对症治疗。如心力衰竭时，强心利尿，可用葡萄糖溶液和安钠咖。便秘时，清肠消导，易用硫酸镁或硫酸钠。增强消化功能，可投服适量的复合维生素 B。

预防　加强平时的饲养管理，搞好清洁卫生，防止传染性与中毒性因素的侵扰。相继发病时应及时隔离观察和治疗，防止扩散蔓延。

二、日射病及热射病

家畜在炎热的季节中，头部受到日光直射（日射病），或外界环境潮湿闷热，新陈代谢旺盛，产热和散热平衡失调，体热不能放散而蓄积于体内（热射病）。本病最常见于马、耕牛、猪和犬，家畜和乳牛亦有发生。如病情发展急剧，可迅速引起死亡。因此，在炎热的季节尤应注意。

病因　酷热盛夏，易用家畜犁田耕地；军马行军演习；肥猪、肉牛长途车船运输；圈养的群鸡或群鸭，未采取适宜的防暑措施，因阳光直射头部，可引起直射病。暑热季节，即使阴天，但气温高、湿度大，饲养密集，圈舍通风不良，潮湿闷热，散热减少，体热蓄积，可引起热射病。

发病机制：日射病，头部在强烈日光照射下，红外线和紫外线透过颅骨，作用于脑膜及脑组织分别发生不同的作用，红外线可使脑及脑膜过热，血管扩张，引起脑及脑膜充血；紫外线依其光化作用，可引起脑组织发生炎性反应，脑脊液增量，颅内压升高，对脑机能发生严重影响。作用于全身的太阳辐射热，又可使机体过热，产生热射病的同一结果。

热射病，由于周围环境潮湿闷热，影响体热放散，产热与散热不能保持相对的统一与平衡，导致体内积热，反射的引起大出汗，快呼吸，促进热的放散与蒸发，使机体大量失水，而引起失水。

因体热蓄积，体温升高，并发代谢旺盛，产生过多的氧化不全的中间代谢产物，蓄积体内，引起酸中毒。

由于脱水，酸中毒，使心、肺负担过重，迅速发生呼吸、心力衰竭、全身淤血，黏膜发绀，左后死于窒息和心脏停搏。

症状

1. 日射病：初期，精神沉郁，步态不稳，共济失调，突然倒地，四肢划动，有时全身出汗。体温升高，随着病情的发展，心力衰竭，静脉怒张，黏膜发绀，脉搏细弱，呼吸迫促。后肢皮肤、角膜及肛门反射消失。瞳孔散大，视力减退或消失，意识丧失，迅速死亡。

2. 热射病：体温高达42~44℃，皮温灼手，浑身出汗。马、牛，在使役或运动中，停步不前，剧烈喘息，常突然倒地，呈现昏迷状态。猪，病初不食，饮水增加，口吐白沫，卧地不起，神志不清，痉挛，抽搐。鸡及鸭，精神沉郁，软弱无力，共济失调。

诊断　本病主要发生于炎热的夏季，有过度劳役，饮水不足，环境潮湿闷热及日光直射等病史。出现突然发病，高热，出汗，气喘及血液循环、神经机能障碍等症状，可以诊断。但必须与一些急性热性传染病相区别。

1. 炭疽：突然发热，可视黏膜发绀，天然孔出血，大小便带血，伴有恶寒及肌肉颤抖等症状。耳静脉血片镜检可发现炭疽杆菌。

2. 猪瘟：具有明显的流行病学特点，除高热外，长期便秘，后期腹泻，皮肤上有出血点等症状。

治疗　必须遵循防暑降温，镇静安神，强心利尿，消除脱水酸中毒，防止病情恶化的原则，及时采取急救措施。

首先将病畜转移到阴凉、通风的地方，用冷水浇头或直肠灌注，或浇注全身同时饮给大量淡盐水。

为了促进体热发散，可用2.5%盐酸氯丙嗪溶液，牛、马10~20ml，猪、羊4~5ml，肌肉注射，如同时用安钠咖强心，则疗效更佳。伴发沛充血及肺水肿时，用强心剂注射后，立即静脉放血（牛、马1 000~2 000ml，猪、羊100~200ml），再静脉注射复方氯化钠溶液，或

5% 葡萄糖生理盐水，牛，马 1 000~2 000ml，猪、羊 300~500ml。

为缓解脱水和酸中毒（乳酸、酮体的蓄积），宜用 5% 碳酸氢钠溶液，牛、马 500~1 000ml，静脉注射。同时再用复方氯化钠容易，牛、马 1 000~2 000ml，猪、羊 300~500ml，静脉注射。

病的恢复期，可内服缓泻剂，如人工盐，牛、马 300g，同时用中枢神经系统兴奋剂，如 10% 安钠咖 20~30ml，皮下或肌肉注射。还应加强护理，促进康复。

预防　加强饲养管理，补喂食盐，给足饮水，保持圈舍空气流通，防止潮湿、拥挤和闷热。车船运送，切勿拥挤，并应做好防暑和抢救准备工作。乳牛舍可装置电扇或风机，或其他排热降温设备。

三、脊髓损伤及震荡

脊髓挫伤及震荡，是由跌倒、跳跃、打击或冲撞而引起的脊髓损伤，以倡导途径阻断，发生感觉和运动机能障碍，呈现局部麻痹为特征。

本病多见于马属动物及役用牛，犬亦可发生。难以治愈。

病因　本病多是由于跌倒、受打击或被车冲撞引起。倒卧保定或柱栏保定方法不当也能引起。公畜配种时，因腰肌强烈收缩，使脊髓过分受牵连，也可引起本病。

当患佝偻病、骨软症及弗骨病时，由于骨骼的韧性降低，容易诱发椎骨骨折，引起脊髓震荡或挫伤。

发病机制：由于脊髓发生挫伤，或受到出血性压迫，将发生两种后果。严重者可使脊髓发生横断性损伤，通向中枢或通向外周的神经纤维束的传导作用间断，致使损伤后部的躯体发生截瘫，感觉、运动机能丧失；轻症者仅脊髓一侧或个别神经纤维束的传导作用间断，致使损伤后部的躯体发生一侧性或局部性感觉、运动机能障碍，呈现小范围的麻痹状态。例如腹角部损伤时，则受该腹角支配的部位反射技能消失，肌肉发生变性和萎缩。

症状　由于脊髓受损伤的部分和程度不同，症状表现也不一样。

颈部脊髓全横径损伤时，四肢、体躯和尾麻痹，呼吸中枢与呼吸机神经传导中断，呼吸中止，几秒钟内即可死亡。仅部分受损伤时，前肢反射消失，全身肌肉痉挛，大小便失禁。有些病例还可以表现延髓的机能紊乱，表现吞咽困难，脉搏徐缓，呼吸困难，体温升高。

胸部脊髓全横径损伤时，如在前部，则臀、后肢、尾的感觉、运动麻痹；如在中部，骨神经核受损，腱反射消失，股四头肌麻痹，后肢不能站立；如在后部，则尾和后肢的感觉、运动麻痹，大小便失禁。

脊髓全半侧损伤时，则对侧的知觉麻痹，同侧的运动麻痹，皮肤感觉过敏。

脊髓腹角受损伤时，其中的运动神经核被伤害，所支配的部位发生弛缓性麻痹，肌肉萎缩。

脊髓背角受损伤时，其所支配部位感、觉反射消失。

当暴力作用的瞬间，常在受损伤部位的后方，由于运动神经纤维束受到刺激，引起一时性肌肉痉挛。当脊髓膜发生广泛性出血时，神经根遭受刺激，所支配的肌肉呈现强直性或阵发性痉挛，感觉过敏。当脊神经受到刺激时，则躯干和四肢的肌肉痉挛，尤其是前肢更加明显。

在受伤害的脊柱局部，可出现局部性肿胀、变形和疼痛。如椎骨骨折，可听到哗发音并可发现箍带状或片状持续性出汗。

诊断　根据病史，局部病变，临床表现，即可建立诊断。小动物还可以进行 X 射线检查。同时注意与下列疾病鉴别。

1. 马麻痹性肌红蛋白尿病：它是由糖代谢障碍引起的一种疾病，主要于休闲后，主要发生于休闲后，突然剧烈运动的重挽马。其特征为后躯运动障碍、排褐红色肌红蛋白尿。

2. 骨盆骨折：皮肤和肛门反射无异常变化，直肠检查或经 X 射线检查，即可发现受损伤部位。

治疗　本病的治疗，如大家畜病情严重，小动物发生椎骨骨折或脱位，可考虑予以淘汰。

治疗时，应使病畜保持安静，防止椎骨及其碎片或移位，应进行镇静和止痛并加强护理。

脊椎损伤部位，初期施行冷敷，后期热敷或用樟脑酒精涂擦患部，粗经消炎。麻痹部位可施用按摩或电疗，或用硝酸士的宁，牛、马 0.01~0.05g，猪、羊 0.003~0.005g，皮下注射。为预防感染应及时运用抗生素或磺胺类药物治疗。同时加强护理，尤其应注意加铺垫草，定时翻身

预防　加强饲养管理，给予富含矿物质（钙）和维生素的饲料，役用或保定时应注意安全，以防本病发生

第二节　机能性神经病

一、癫痫

周期性发作并伴有中枢神经机能障碍的强直性或阵发性痉挛发作的疾病称为癫痫，俗称羊痫风。原发性癫痫有时见于牛，继发性癫痫多见于猪和幼畜。

病因　原发性癫痫又称自发性癫痫或真性癫痫，其原因目前不甚了解，一般认为时体质因素。具有癫痫素质的个体，在轻微刺激下，即能引起脑皮层运动中枢的强烈兴奋引起癫痫发作，但脑实质并无组织学的改变。

继发性癫痫又称症候性癫痫，常见于脑炎、维生素 A 或维生素 D 缺乏、低血钙、低血镁、士的宁和食盐中毒、过敏反应及高热等的经过中。

症状　癫痫发作多是不定期。发作前通常没有任何前驱症状，常突然发病，神志昏迷，突然倒地，痉挛和惊厥，全身僵硬，知觉消失。眼球震颤，旋转或凝视，瞳孔散大。鼻翼张开，呼吸迫促。咬肌痉挛，口吐白沫，颈部强直。心动急速，脉搏细弱，呼吸深而快。后期，病畜大量出汗，痉挛和抽搐停止。病程仅 10 秒至数分钟，神志逐渐恢复，知觉正常，但全身软弱无力，稍后即能站立，运步缓慢，迅速恢复正常。

诊断　临床上真性癫痫较常见，所见癫痫多属症候性癫痫或癫痫样发作。真性癫痫，根据病史，发病特点，一般诊断并不困难。继发性癫痫除阵发性的癫痫发作之外，尚有原发病

的其他特征。如维生素 A 缺乏症，尚能呈现角膜炎、角膜软化等症状。猪的脑囊虫病常有肩和臀部的肌肉增宽，眼肌和舍肌上有突出的猪囊尾蚴结节，同时有声音嘶哑和吞咽困难等症状。

治疗　原发性癫痫，因发作不定时，预防性治疗，比较困难。如果短期内，频繁发作，可经常服用镇静剂（水合氯醛、苯巴比妥、氯丙嗪等）亦可用牛黄 1.5~2.5g，内服，每天 1~2 次，连服 3~5d。

预防　对有癫痫病史的家畜不宜作长途及持续在田间劳役。缰绳不宜拴的太短，以免突然发作倒地时被勒死。平时注意给予容易消化的青绿或多汁饲料。原发性癫痫的家畜不宜种用。

二、膈痉挛

膈痉挛（俗称跳肷）时由于膈痉挛神经遭受刺激，发生痉挛性收缩，躯干呈现有节律的震颤，同时引起神情不安的一种机能性神经病。

本病主要发生于马属动物，牛时有发生，其他动物少见。

病因　本病主要时由于临近膈神经的器官、组织有病变，如食道扩张、阻塞，胃过满，肿瘤，心悸亢进等，都能压迫刺激膈神经，使其兴奋而发病。此外胃肠疾病、中毒时等，由于外源性或内源性毒素，经夏夜刺激或通过迷走神经反射性地引起膈神经兴奋，发生膈痉挛。

症状　病畜的躯干发生有节律的震颤，尤其是肷部出现有节奏的跳动。同时伴发急促的吸气，在鼻孔附近，可听到异常呃逆音。

当膈收缩力较弱时，仅能用手掌紧贴于肋骨处，才能感知膈的痉挛性收缩。膈的收缩力强时，于几步之外，即可见到肷部跳动。膈收缩的频率，一般为 10~60 次 /min。部分病例，吸气时，神情不安，全身震颤，头颈伸直，口腔流涎。病程较短，通常是突然发作，迅速康复。有的可持续 1~4d。

诊断　根据发病经过，临床症状，即可建立诊断。但应注意于阵发性心动过速鉴别。

阵发性心动过速，病畜全身震颤，与心搏动一致，心悸明显，心音高郎，而无呃逆音。故与膈痉挛不难区别。

防治　首先应着重治疗原发病。为抑制痉挛发生，可用 25% 硫酸镁溶液 50ml，静脉注射。亦可用 0.25% 盐酸普鲁卡因 100~200ml，静脉注射。用水合氯醛 15~25g，淀粉浆 500~1 000ml，内服或灌肠，有较好疗效，同时加强护理，减少刺激，保持安静，促进康复。

第十三章　营养代谢疾病

营养代谢是动物有机体与其外界环境之间物质交换和体内物质转化的过程。通过合成与分解，实现体内的物质和能量转化，维持其正常的生命活动。当发生营养代谢障碍时，即可引起组织细胞发生病理变化，呈现临床病状，甚至危及生命。

畜禽营养代谢疾病包括糖、脂肪和蛋白质代谢障碍，矿物质和水盐代谢扰乱，维生素及微量元素缺乏等几个主要部分。学习和研究它必须要以饲养学、生物化学、家畜生理学、病理学、药理学及临床兽医学等学科知识为基础，结合动物的 生长发育、生殖和生产特点，阐明营养代谢疾病的原因，发病机制，知道疾病的 诊断与防治，确保生命的延续和发展，提高畜禽品种的的数量和质量，满足人们对物质生活的需要。

近代畜牧生产的高度发展，营养代谢疾病时常发性、群发性和地区性尤为突出，并出现了许多新问题，引起了科技、教育工作者的极大关注。例如，母猪提前断奶，快速重配，导致正常代谢紊乱和营养缺乏而发生的“瘦母猪综合征”；乳牛生产的高度发展，从产后瘫痪的研究种所发现的“母牛睡倒站不起来”综合症；维生素 E 配合硒制剂法治白肌疾病的协同作用等。

生产实践和科学试验表明，我国当代畜禽营养代谢疾病的研究已经跨入一个高新技术的发展阶段，迫切需要从各方面深入寻找和发现代谢疾病的致病原因，合理地解释临床病状，科学地阐明发病机制，正确地做出病因学诊断，从而达到保护畜禽健康和促进畜牧业发展的目的。

第一节　糖、脂肪、蛋白质代谢障碍病

一、牛醋酮血病

牛醋酮血病又称奶牛酮病，是由于泌乳母牛在产犊后几天至数周内，日粮中生糖物质不足，以致引起代谢紊乱，分解加速，大量酮体在体内蓄积，导致血液中酮体增高的一种代谢疾病。临床上以呈现顽固性消化紊乱，呼气、泌乳及排尿时散发酮味以及有一定的神经症状为特征。

本病发生于长期舍饲，运动不足，饲养良好，产乳量较高，3~6 胎的母牛。

病因　牛醋酮血病通常发生于产犊后的早期泌乳阶段，母牛需要消耗大量的能量和更多的矿物质，此时如果生糖物质不足或日粮中碳水化合物供应不足，即会导致葡萄糖的负平衡，引起脂肪代谢障碍而呈现酮病。

发病机制：内牛酮病的发生，主要是因为酮体的产生率过高。而酮体产生率过高则是碳水化合物供应不足，草乙酸减少或缺乏的结果。奶牛因妊娠、分娩已消耗了大量的碳水化合

物，尤其在分娩后，开始大量泌乳时，不仅乳汁中需要碳水化合物，而且能在能量供应上也需要碳水化合物。此时，如果在饲养上碳水化合物饲料供应不足，只有大量分解体脂肪来解决这一需要。

体脂肪分解、氧化的场所是肝脏。脂肪酸经 β－氧化过程产生大量乙酰辅酶 A。此时因碳水化合物供应不足，草酰乙酸生成的少，所以大量乙酰辅酶 A 只有一少部分和草酰乙酸结合合成柠檬酸而进入三羧循环。其余的乙醛辅酶 A 在肝脏中缩合成乙酰乙酰辅酶 A，肝细胞中有一些活性很强的酶能催化乙酰乙酰辅酶 A 变成乙酰乙酸。乙酰乙酸又还原成 β—羟丁酸和脱羧生成丙酮，此三物质通称酮体，入血发生酮血症。血中酮体的浓度和酮血症的程度决定于体脂肪的分解量和速度以及草酰乙酸的不足程度。

当酮体在肝脏中生成后，易从肝细胞渗出，进入血液循环，随血液循环，随血液到其他组织，部分随呼气、汗液和尿液排出，并散发出酮味。酮体本身没有毒性，但它是有机酸，当体内蓄积浓度过高时，则导致代谢性酸中毒。当酮体中的丙酮还原成 β—羟丁酸，脱羧生成异丙醇时，可引起神经症状（兴奋不安）。脑组织缺糖，能使病牛呈现精神沉郁甚至进入昏迷状态。

症状　初期，病牛可能表现轻度的不安和对外刺激的反应性增强，从呼吸、尿和乳汁中可闻到轻度的烂苹果味（酮味）。但这些情况有时会被人所忽视。随着病情发展，症状逐渐明显，病牛精神沉郁，对刺激（如针刺）的反应能力减弱或消失。食欲减退，产乳量下降，尿中出现酮体。有的兴奋不安，转动舌头，空口咀嚼，大量流涎，颈背部肌肉痉挛，时做圆圈运动。少数病例过分兴奋，盲目徘徊，步态蹒跚，或冲撞障碍物。神经症状通常间断地多次发生，每次约 1h。以后卧地不起，头颈侧转，状似生产瘫痪。尿呈淡黄色，水样，易形成泡沫。通常体温正常，有时偏低，但病初可能略有升高。

诊断　临床症状一般不太明显，诊断尚有一定困难。确诊必须在病史调查（特别是产犊时间）的基础上通过生化检验，查出酮体，才能作出诊断。

临床上酮病易与生产瘫痪混淆，应加以区别。酮病时，瞳孔反射保持存在而生产瘫痪则瞳孔反射消失。酮病按生产瘫痪治疗，效果不明显，甚至无效（如乳送风）。

治疗　本病经合理及时治疗，可获满意效果。主要方法有代替疗法和激素疗法两种。

1. 代替疗法：用 50% 葡萄糖溶液 500ml，静脉注射，每天 1~2 次，连续 2~3d。亦可用 20% 的葡萄糖施行腹腔注射。口服丙酸钠 200g，每天 1 次，连续 5d，已被广泛采用，效果满意。亦可用乳酸钠或乳酸钙内服。

2. 激素疗法：促肾上腺皮质激素 200~600IU，肌肉注射，每隔 3 天注射一次，效果确实。实验证明，醋酸可的松治疗效果较好，其每次剂量 1g，肌肉注射。

预防　加强对妊娠和泌乳牛的饲养管理，合理配置日粮，保证供给足够的碳水化合物饲料，切忌多给青贮饲料。妊娠牛要适当运动，高产泌乳高峰期，可适当补喂丙酸钠（每日 100g 连续 3~6 周）

二、绵羊妊娠毒血症

绵羊妊娠毒血症，是绵羊怀孕后期，由于碳水化合物和挥发性脂肪酸（乙酸、丙酸和丁酸）代谢障碍所发生的一种酮病，以酮血、酮尿和低血糖为特征。

本病多发生于美国、澳大利亚和日本，我国西北绵羊饲养地区也常有发生。

病因　母羊多胎妊娠，尤其是妊娠后期，由于营养供应不足，糖和蛋白质缺乏，脂肪代谢障碍，血液中酮体增多而发生酮病。运动不足，天气寒冷和严重的寄生虫，能促进病的发生。

发病机制：妊娠期间，由于碳水化合物和蛋白质供应不足，加之胎儿发育，所需要的营养物质增多，引起体内贮备的脂肪和蛋白质代谢加强，以维持正常必需的营养物质和能量消耗。伴随脂肪代谢的不断加强，碳水化合物又供给不足，则导致肝脏和血液中的草酰乙酸含量降低，使脂肪氧化分解，而产生的乙酰辅酶A，不能进入三羧酸循环，而转变为酮体。由于酮体生成增多，导致血液中含酮量升高而发生酮病。

图 2.3　绵羊妊娠毒血病的头颈后仰呈观星姿势

症状　母羊多于妊娠后期发病。食欲减退，前胃弛缓，粪球小而干硬，甚至附着血性黏液。呼吸增数，脉搏细弱，尿液有特异的丙酮味。体温正常或偏低，精神高度沉郁，头颈低垂或向后仰呈观星姿势，对刺激的反应迟钝。重剧病例磨牙，失明，常于昏迷中死亡，轻者多于分娩或流产后症状减轻，乃至消失。

诊断　一般根据饲料营养缺乏（尤其是碳水化合物），妊娠后期呈现无热的精神高度沉郁以及食欲减退，可作出初步诊断。确诊必须结合生化检验及葡萄糖治疗反应。临床上应注意与产前低血钙症状区别，后者病程急速，肌肉发抖，常于发病后1~2d死亡，治疗用葡萄糖酸钙溶液静脉注射，可获显著疗效。

治疗　用10%葡萄糖100~200ml，静脉注射。口服甘油3ml/kg，加等量水稀释。也可用25%葡萄糖溶液200ml，5%丙酸钠溶液100ml，静脉注射有较好的效果。必要时，可施行剖腹产中断妊娠，同时加强护理，可望痊愈。

预防　加强妊娠后期母羊的饲养，补充含碳水化合物饲料（如胡萝卜、甜菜等）给予足够的精料，添加优质甘草。

三、猪黄脂病

猪黄脂病（俗称黄膘）是指猪的脂肪组织内形成蜡质黄色颗粒，导致脂肪变为黄色的一种代谢性疾病。

病因 由于饲喂多量含高级不饱和脂肪酸的动物性饲料，如鱼粉、鱼碎块、鱼制品残渣或蚕蛹等，在维生素 E 缺乏的情况下，使抗酸色素在脂肪组织中积聚，形成一种类蜡质的黄色小颗粒，而使脂肪变为黄色，引起黄脂病。人们认为比目鱼和鲑鱼最有危险性，因为这些鱼的脂肪酸中 80% 是不饱和脂肪酸。

症状 病猪生前症状不明显。一般可见体况不良，消瘦，发育停滞，被毛粗乱，黏膜苍白，有时发生跛行。常从体表散发出一种难闻的恶臭气味。

病变：肉眼可见皮下脂肪和腹部脂肪色泽变成光亮黄色以至淡黄棕色，心肌和骨骼肌显灰白色。淋巴结肿大、水肿。肝脏脂肪变性呈黄褐色。肌肉有特殊的鱼腥味。

诊断 生前无明显的临床症状表现，诊断有一定困难，往往于宰后尸检时，发现病变即可作出初步诊断，但必须与黄脂和黄疸区别。黄脂仅皮下、网膜、肠系膜及腹部等部位的脂肪组织呈黄色，其他组织不发黄。黄脂肉随放置时间延长而黄色逐渐减轻或消失。黄疸则不仅脂肪组织发黄。而且皮肤、黏膜、结膜、甚至实质器官均染成不同程度的黄色。黄疸肉随放置时间的延长黄色变得更深。必要时，可采取病料进行实验室检查，具体办法如下：

取 6~8g 脂肪剪碎后置于 50% 的酒精 20~30m1 中，不断振荡。然后过滤，取 8ml 滤液置于试管中，再加入 10~20 滴浓硫酸，若是黄疸，滤液则呈绿色，继续加入硫酸，经水浴适当加热则为淡蓝色。

治疗 主要是调整日粮组成，减少鱼肉、蚕蛹来源的不饱和脂肪酸。每天每头饲喂维生素 E 500~700mg 能控制“黄膘”。卫检中确诊后应按规定处理。黄脂肉在无其他不良变化时，可以食用，如伴有不良气味则需做工业用或销毁。黄脂病肉，脂肪组织做工业用，肉尸和内脏可食用。黄疸肉，原则上禁止食用。

第二节 维生素缺乏症

一、维生素 A 缺乏症

本病由于机体内维生素 A 或 A 原不足而引起的一种代谢性疾病。牛、猪、鸡对维生素 A 缺乏十分敏感，特别是犊牛、仔猪和雏鸡最易发病，但极少发生于马。

病因 植物中的维生素 A 主要是以维生素 A 原（胡萝卜素）的形式存在。各种青饲料（包括青贮饲料）、青干草、胡萝卜、玉米和南瓜等，均含丰富的维生素 A 原。马铃薯、萝卜、甜菜根、棉子、亚麻子中几乎不含维生素 A 原。长期不喂饲富含维生素 A 原的饲料，或因腹泻和肝脏疾病，维生素 A 损失过多和不能吸收、利用及贮藏等，均可导致维生素 A 缺乏症。

发病机制：维生素 A 能增强黏膜和腺上皮以及神经组织的抵抗力，并参与视网膜视紫质的合成，以加强对弱光的适应能力。当维生素 A 缺乏时，由于视网膜对弱光的感光能力减弱而呈现夜盲，由于黏膜上皮变性、萎缩，角化，眼角膜不能保持湿润和溶解侵入的细菌，而发生柏膜炎，黏膜屏障功能的降低而引起呼吸、消化及泌尿生殖等器官发炎，母畜由于生殖细胞损害，性机能减退，繁殖能力降低致使性周期紊乱，并引起流产或不孕’由于神经系统遭受损害而呈现中枢和外周神经机能障碍的症状（如共济失调、痉挛、目盲等）。

症状　各种畜禽维生素 A 缺乏时，通常表现流泪、腹泻、咳嗽、鼻流分泌物、视力减弱，骨骼发育不全等共同症状。由于动物种类的不同，症状也有所差异。

1. 牛：特别是犊牛，当其他症状不甚明显时可发现在早晚或月光下盲目行动，甚至碰撞障碍物。被毛粗乱，皮肤出现麸皮样痂块，鼻分泌物显著增多，并发生角膜浑浊。公牛精予活力降低、睾丸体积缩小。母牛胎盘变性，常引起流产及胎衣不下。产后的犊牛有的死亡，多数为弱犊，并多为瞎眼或视力减弱，逐渐发生目盲，还有时蟹现轻度头部转位，强直性痉挛。

2. 猪：夜盲症不如其他家畜明显。其特征为被毛粗乱，干燥。骨骼肌麻痹，共济失调，轻度跛行，如荐神经及股神经变性，呈现关节屈曲，甚至肢体陷于全麻痹。母猪常流产，即使正常分娩，在新生仔猪中常有死胎、盲胎、木乃伊胎。还有的无眼、小眼、兔唇、附耳，甚至全身水肿。

3. 鸡：雏鸡生长发育缓慢，逐渐消瘦，喙和小腿部皮肤的黄色消失。神经症状明显，如捕捉时，头颈扭转、或后退。后期，幼皱和成鸡常从眼角和鼻孔流出浑浊或透明的渗出物。母鸡产蛋量少，蛋的孵化率降低。

4. 马：病初呈现夜盲。如继续发展，蹄角质干燥，垂直的皲裂尤为明显。幼驹的症状与犊牛症状基本相同。

诊断　根据维生素 A 缺乏的主要症状，如夜盲、角膜软化、仔畜的先天性失明，中枢神经症状的癫痫样发作、共济失调、后躯麻痹，母畜易发生流产、死产、生后仔畜衰弱等，结合日粮分析，和治疗试验等，可作出综合诊断。

治疗　可肌肉注射维生素 A、维生素 D 注射液，牛、马 5~10ml，犊牛、猪、羊 2~3m1，禽 0.5~1ml，每天 1~2 次。急性病例用药后能很快见效，但慢性的则效果较差。同时，要供给充足的维生素 A 饲料。

二、维生素 B 缺乏症

核黄素（VB1）、维生素 B12 等，它们虽同属一族，但化学结构和生理功能却各不相同。当动物缺乏某种维生素 B 时，即可引起相应的维生素 B 缺乏症。尤其是大群养鸡场，维生素 B 缺乏症，是一种常见的群发病，危害养鸡生产的发展。

病因　维生素 B 广泛存在于青绿饲料、酵母、麸皮及米糠中，也可通过消化道微生物合成。因此，在自然条件下，一般不会发生缺乏症。但是，如饲料长期水泡或饲料单一，慢性胃肠疾病等时，即可引起发病。

发病机制：维生素 B1 缺乏时，丙酮酸的氧化发生障碍，神经组织所需能量供给不足。引起神经功能扰乱。禽的多发性神经炎就是这样引起的。维生素 B2 在体内构成一些氧化还原酶的辅酶参与各种物质代谢，缺乏即可呈现病征，如猿的腿弯曲、僵硬。维生素 B12 是生物合成核酸和蛋白质所必需的要素。缺乏时，厌食、贫血和生长停滞。

症状　维生素 B1 缺乏症，在鸡呈现多发性神经炎的症状。鸡腿弯曲、坐地、头向后仰，呈“观星状”。成年鸡鸡冠呈淡蓝色。肌肉麻痹，由趾的屈肌逐渐波及腿、翅和颈的伸肌。病猪则厌食、呕吐、腹泻、生长缓慢、黏膜发绀、常突然发生死亡。

1. 维生素 B2 缺乏时：雏鸡足趾向内卷缩、两腿麻痹，翅膀松垂，运步谨慎或飞节着地。成年鸡产蛋量迅速下降。病猪生长缓慢，步态强拘，皮肤发生湿疹、肥厚及脱毛。

2. 维生素 B12 的缺乏时：在自然条件下，除地方性钴缺乏的地区外，动物一般很少发生。猪缺乏叫，可发生贫血，生殖也受影响。鸡缺乏时，生长缓慢，蛋的孵化率明显降低。

治疗　维生素 B1 缺乏症，可用硫胺素，按每千克体重 0.25~0.5mg 计算，皮下或肌肉注射。维生素 B12 缺乏症，可肌肉注射维生素 B12，猪 0.3~0. 4mg，鸡 2~4mg，每天 1 次，或隔日 1 次。维生素 B1 缺乏症，用核黄素治疗，剂量猪 0.02~0.03g，鸡每千克饲料中加入 2~5mg。

预防　主要应于日粮中增加维生素 B 饲料（如青料、米糠、麦麸等）。亦可于饲料中加入相应的维生素 B。维生素 B。缺乏症，猪可在日粮中按每千克体重加入硫胺素 30~60mg，加入酵母亦可；鸡可加入乳、肝和肉粉等。维生素 B1 缺乏症，猪可在每吨日粮中加入核黄素 2~3g，鸡可在每千克饲料中加入核黄素 1.3~1.5mg；维生素 B12 缺乏症，猪可在每吨饲料内加入维生素 B12 1~5mg，种鸡可在每吨饲料中加入维生素 B124mg，肉鸡可用适量鱼粉补充。

三、维生素 D 缺乏症

病因　长期舍饲，光照不足，冬季主要供给日照短的饲料，及缺乏必要的运动均能引起本病的发生。

发病机制：动物的皮肤中含有维生素 D 原（7– 脱氢胆固醇）经过目光紫外线照射而转变为维生素 D1；如长期舍饲，光照不足即会影响动物皮肤维生素 D 原的转变，而导致维生素 D 缺乏症。

青绿饲料的叶中含有麦角固醇，经紫外线照射后，麦角固醇则转变为维生素 D2，可被动物利用。

维生素 D 缺乏，不仅影响动物的食欲及生长，而且与体内钙磷代谢有关。维生素 D 能促进钙、磷在骨骼中沉积和在消化道中吸收。如维生素 D 缺乏，则钙与磷不足或比例失调，最后导致佝偻病或骨软症。但是，即使维生素 D 供给充足，而钙、磷供应不足，或比例失宜，动物也是要发生佝偻病的。

症状　维生素 D 缺乏时，主要表现为食欲和饲料利用率降低，生产力下降及增重缓慢，后期则引起骨营养不良，呈现跛行，甚至长骨弯曲和关节肿大，进一步发展成为佝偻病或骨软病。

成年母鸡，早期产软壳蛋，随后产蛋量明显下降。随着病情发展，则呈现蹲伏姿势，鸡的喙、爪变软，胸骨弯曲。雏鸡生长发育缓慢，两腿无力，步态不稳，常以飞节着地，不愿活动。

治疗　维生素 D 缺乏症的治疗，可选用维生素 D：胶性钙（骨化醇胶性钙）皮下或肌肉注射，马、牛 2.5 万 ~10 万 IU，猪、羊 5000~2 万 IU，犬 2 500~5 000IU。电可用维生素 Da，每千克体重 1 500~3 000IU，肌肉注射。用维生素 AD 注射液也可，马、牛 5~10ml，猪、羊 2~4ml。

预防　增加畜舍光照，加强户外运动，饲喂日照充足的饲草，并添加日光照射过的千酵母。经济动物及良种畜禽，可补充鱼肝油（猪 10~30ml，犬 5~10m1，鸡 1~2m1）。第三节矿物质代谢障碍疾病佝偻病佝偻病是幼龄动物在生长发育过程中，钙磷代谢障碍和维生素 D 缺乏，导致成骨细胞钙化不全的一种代谢性疾病。' 临床上以消化扰乱、异食癖，跛行、骨骼弯曲变形等为特征。

第三节　矿物质代谢障碍疾病

一、佝偻病

本病常见于幼驹、犊牛和羔羊，尤其在我国南方的猪群中多见群发，危害严重。

病因　主要是动物体内钙磷不足或比例失调和维生素 D 缺乏所致。

图 2.4　猪佝偻病时的腕部着地

幼畜断奶后生长迅速，未及时补充骨盐（如骨粉、碳酸钙等），长期饲喂缺钙饲料（如麸皮，米糠、玉米等）I 长期大量饲喂富含草酸的饲料（如牛皮菜）；畜舍光照不足，运动减少，饲草日照短等，均可促进佝偻病的发生。

发病机制：动物在生长过程中，成骨细胞必须在维生素 D。（成骨醇）、维生素 D。的参与下才能钙化成为骨细胞，构成骨组织。当日光中紫外线照射植物叶的麦角固醇时，则合成维生素 D2，照射动物皮肤中的 7 一脱氢胆固醇时则合成维生素 D3。因此饲料和动物长期光照不足即可引起维生素 D 缺乏，而且维生素 D 还能促进肠对磷、钙的吸收和维持血钙水平。

当钙和磷的供应能满足生长发育需要时，机体并不需要维生素 D 的额外补充。当钙磷比例失调时，机体对维生素 D 的不足十分敏感，成骨细胞钙化为骨细胞的过程降低，骨样组织（软骨）增多，这是本病重要的病理特征。

症状　病初精神沉郁，食欲减退，然后出现异食癖。动物喜卧，不愿活动，生长停滞，日渐消瘦。最后骨骼变形，特别是四肢骨。

仔猪先以蹄尖着地，点头运步，随着病势发展，即用腕部着地行走，触诊前肢高声尖叫，后期卧地不起。呈现瘫痪状态。犊牛站立时拱背，腕关节向前外侧凸出，后肢跗关节内收，呈“八”字形叉开。小鸡长期伏卧，肌肉萎缩，鸡喙变软，弯曲变形。

动物由于长期卧地，发生褥疮，引起感染导致败血症死亡。或因卧地不起，食欲减退，消化不良，终因极度衰竭而死亡。

诊断　根据动物年龄，饲养管理条件，慢性经过，生长缓慢，异食癖，跛行及骨骼变形等特征，一般不难作出诊断，但应与风湿症区别，风湿症随着运动时间的延长和运动量的增大跛行逐渐减轻，甚至消失；用钙制剂治疗无效，而用水杨酸制剂则有疗效。

治疗　可选用维生素 D3，肌肉注射 1 500~3 000IU/kg；维生素 D1 胶性钙（每 1ml 内含钙 0.5mg 及维生素 D 20.125mg)，皮下或肌肉注射，牛、马 2. 5 万 ~10 万 IU，猪、羊 5 000~20 000Ul 犬 2 500~5 000IU。应用维生素 D 制剂的同时，还必须应用钙制剂，牛、马 50~100g，猪、羊 5~10g；碳酸钙口服，牛、马 30~120g，猪、羊 3~10g，犬 0.5~2g

预防　改善日粮组成，切忌饲料单一，尤应注意钙与磷的比例（正常钙、磷比例为 1.2∶1~2∶1）。鱼粉是理想的补充物（含钙、磷）。蛋壳粉、贝壳粉等均不含磷。

二、骨质软化症

骨质软化症是成年动物的一种矿物质代谢障碍疾病，主要表现为钙和磷代谢改变，已形成的骨组织发生脱钙而被未钙化的骨样组织所代替，从而引起骨骼的软化。‘II 缶床上以消化紊乱、异食癖、踱行、骨质疏松以及骨骼变形，甚至瘫痪等为特征。

本病主要发生于牛和绵羊，特别是妊娠和高产乳牛。马、山羊、猪也发生与本病极为类似的病，人们认为其病因与骨质软化症不同，是钙不足引起的，其脱钙的骨组织被增生的结缔组织代替，为此特将其称之为纤维性骨营养不良。

病因　本病由于饲料及饮水中含磷不足，钙磷比例失调引起的。成年动物骨骼中钙占 38%，磷占 17%，钙与磷之比约为 2∶1。如日粮中钙含量相对增高，或磷含量相对减少，或相反，则破坏正常比例的平衡关系而导致骨软症或纤维性骨营养不良。

长期干旱，植物对磷的吸收减少，发病率高 I 山地土壤、黄粘土及岗岭土中含磷较少，因此，山地植物含磷量比平原土壤低，其发病率也相对提高。

冬季或长期阴雨连绵，日照不足，维生素 D 缺乏，则易促进本病发生。

发病机制：由于钙磷代谢紊乱，失去正常平衡，无论钙多磷少或磷多钙少，动物均会发生明显的脱钙，致使骨质疏松而疏松结构又拨未钙化的骨样组织取代（纤维性骨营养不良则为结缔组织取代），最后导致骨质软化（或纤维性骨营养不良）。

骨质疏松通常起始于骨的营养不足，以后借破骨细胞产生 CO_2 以破坏哈佛氏管，因此管状骨的间隙扩大，哈佛氏管的皮层界限不清，骨的小梁消失，表面粗糙，组织多孔，致使骨接受机械力作用的能力降低，易于发生骨折。脱钙的结果和骨样组织（或结缔组织）的增多，导致骨质软化，骨骼弯曲变形（或骨体积增大——马）。

症状 本病的主要症状为消化紊乱、异嗜、跛行及骨骼变形，与佝偻病的特征基本一致。

初期，消化紊乱，并呈现明显的异食癖。在牛舔食泥土、墙壁及铁器，在猪可见采食垫草，咀嚼煤渣，吞食胎衣，在鸡常见啄蛋、啄肛或啄羽。由于骨骼疼痛，动物经常卧地，不愿起立，运步呈现跛行。母猪后躯无力或跛行，多发生于产后或断奶后不久。骨骼的严重脱钙，骨样组织增多，骨质软化，乃至变形。在牛尾椎骨的排列变形、变软、萎缩以致最后几个椎体消失，骨盆变形，容易难产。肋骨与肋软骨接合处肿胀，倒卧时易引起骨折。马、猪和山羊头骨变形，上颌骨肿胀，口腔闭合困难影响采食。鼻道狭窄时，则发生吸气性呼吸困难，呈现似拉锯声的呼吸音响。

常见的并发症，主要是由于长期躺卧，导致胃肠弛缓，褥疮及败血症等。如无继发感染，很少发生死亡。

诊断　根据自然条件，日粮组合，病畜的种类、年龄、产仔或断奶情况，发病季节以及临床特征和治疗效果等，即可诊断。但应与风湿症及氟中毒区别。风湿症与气候有关，骨骼无变软变形的变化，运动后跛行症状减轻，水杨酸制剂有较好的疗效。氟中毒动物牙齿呈现典型的对称性斑釉齿（牙齿釉质发生黑褐色斑纹）。

治疗　早期可用骨粉，马每天饲喂250g，5~7d为一疗程，待症状减轻后，量减少到50~100g，持续一周，猪的用量酌减。临床上亦常用钙剂治疗，能收到较好的效果，如碳酸钙，口服，牛、马30~120g，猪、羊3~10g犬0. 5~2g；南京石粉，口服，牛、马150~200g，猪、羊0. 5~2g，犬0. 2~0. 5。必要时，牛用20%磷酸二氢钠溶液300ml或用3%次磷酸钙溶液1 000ml，静脉注射，每天1次，连续3~5d。同时口服碳酸钙或乳酸钙，可获得理想效果。猪用10%葡萄糖酸钙溶液50~100ml，或10%氯化钙溶液20~50ml，静脉注射，每天1次，连续3~5d，注意在用钙磷制剂的同时，必须补给充足的维生素D及其制剂，才能获得预期效果。

预防　改变日粮配合，调整钙、磷比例，猪约1∶1，乳牛1. 5∶1，马1. 2∶1，山羊2.5∶1。

牛及羊主要补充磷，并搭配豆科牧草、青干草、麸皮、花生秸（含磷高于钙含量）及豆荚等。同时适当减少钙的补充（如蛋壳粉、贝壳粉、南京石粉等）。尤其注意乳牛钙与磷的补充，可按每产1 kg乳需补钙4g、磷3. 2g。马、母猪以补钙为主，可选用碳酸钙、南京石粉、贝壳粉、蛋壳粉等。

三、牛血红蛋白尿

牛血红蛋白尿包括产后血红蛋白尿、细菌性血红蛋白尿和水牛血红蛋白尿。在这里主要叙述牛产后血红蛋白尿。

产后血红蛋白尿是高产乳牛的一种代谢性疾病，以溶血、血红蛋白尿和贫血为特征。本病一般发生于分娩后2~4周内，营养状况良好的舍饲乳牛，其中以3~6胎母牛发病最多。且多发生于冬季，特别在当年干旱，次年开春是发病比较集中的时期。

病因　产后血红蛋白尿，是由于饲喂十字花科植物（如萝卜、甘蓝、油菜、包菜等）所致。

十字花科植物含溶血物质皂苷，而且还是一种缺磷饲料。长期干旱，则使植物的根部对磷的吸收减少，同时由于母牛妊娠和泌乳，增加体内磷的消耗，而寒冷则可促使母牛体内血磷降低。溶血性皂苷及血磷的降低可导致红细胞溶解，释放出血红蛋白，经肾脏而随尿液排出，即呈现血红蛋白尿。

症状　血红蛋白尿是病初的唯一症状。尿液的颜色，逐渐由淡红变成红、晴红、甚至呈棕黑色，不含红细胞。体温、呼吸、食欲均无明显的异常变化。脉搏数增加，心搏动疾速，颈静脉怒张及明显的颈静脉搏动。

随着病势进展，可视黏膜苍白，血液稀薄，呈樱桃红色。食欲减退或废绝。严重贫血或并发尿闭，即可引起死亡。其死亡率可达50%左右。

诊断　红尿是本病的重要病征，必须与牛细菌性血红蛋白尿、水牛血红蛋白尿、钩端螺旋体病和梨形虫病区别。

牛细菌性血红蛋白尿，是一种急性传染病，病原为溶血性梭菌。缺乏采食十字花科植物的病史。体温升高，并有严重的肠出血，死亡极快。抗生素治疗效果满意。

产后血红蛋白尿和水牛血红蛋白尿，两者既有共同点也有相异点。共同点是均没有热征候和肠出血，均伴有低磷酸盐血症·均对抗生素治疗无效，均对磷酸二氢钠及骨粉治疗确良好效果。不同点是水牛血红蛋白尿的发生与天气变冷或干燥有联系而母牛产后血红蛋白尿的发生与采食十字花植物有联系，虽然两者发病率相同，但在死亡率上，水牛红蛋白尿不超过12%，而产后血红蛋白尿可达50%以上。

牛钩端螺旋体病和梨形虫病，两者均有热征候，多发生夏季，前者用广谱抗生素或链霉素治疗，后者用阿卡普林治疗有良好效果。

其他伴有m红蛋白尿或血尿的疾病根据病史和临床特征以鉴别。

治疗　治疗以补磷为主，用20%磷酸二氢钠溶液300~500ml，静脉注射，每日2次，连续2~3d，可获满意效果。亦可用磷酸钙30 g，溶于1 000m1等渗糖或生理盐水中，一次静脉注射。

预防　改变日粮组成，补充富含磷的饲料（如豆饼、麸皮、米糠），不喂十字花科植物。冬季和气候突变时要加强防寒保暖工作。

第四节　微量元素缺乏病

动物体内含有碳、氢、氧、氮组合构成的有机营养素．如蛋白质、脂肪、碳水化合物、维生素等，还有十余种无机元素，如钠、钾、钙、镁、磷、氯、硫、铁、铜、锌、锰、钻、硒、碘、氟和钼等。前7种元素体内含量高，占体重的0. 01%以上，称常量元素，后9种体内含量低，称微量元素。

微量元素在动物体内含量虽少，但仍起着重要作用。矿物质元素不可能在体内合成，只能由饲料和饮水供给。不同元e素构成的不同化合物，所起的生化作用也不同。当缺乏时，能够引起代谢紊乱，生长发育停滞，生理机能减退，生产性能和产品质量下降，抗病能力降低，甚至引起严重的群发病而造成畜禽大批死亡。

微量元素缺乏病的发生一般比较缓慢（但也有急性发作的），在一定规模的（畜禽）中，其发病具有一定的群发性和地方性，危害相当大，不亚于传染病。微量元素的疾病的诊断，必须根据饲料分析，流行特点，临床表现以及生化检验等方面的资料进行综合分析，获得特殊证据，才能建立正确的诊断，采取有效的防治措施，控制微量元素缺乏病的发生和发展。

一、硒缺乏病

是由硒或硒和维生素E缺乏所引起的畜禽硒—维生素E缺乏症。临床上以骨骼肌变性、坏死、肝营养不良以及心、肝纤维变性为特征。

本病在我国的西南、西北、华北、东北等地均有发生，给畜牧业的发展带来了极严重的危害。

病因　主要由于饲喂低硒（0. 03~0. 04mg/kg以下）和低维生素E的饲料所致。饲料中硒的含量与土壤中可利用硒的水平有关，因此种植在低硒地区的植物性饲料，其含硒量低，以这种贫硒的饲料作日粮，则可发生缺硒症。

据现有文献资料已知畜禽硒缺乏症具有明显的地区性，一定的季节性及发病的群体性等特征。畜禽多在每年的冬季和春季发病，一般以2—5月份为发病高峰期。这与缺乏青饲料有关。而且发病的畜禽，以幼龄畜禽多发，这可能与机体的生长发育旺盛、抗病能力较弱、对营养的需求量增加以致对某些特殊营养物质的缺乏等更为敏感有关。

发病机制：关于硒和维生素E缺乏症的发病机制，目前尚无肯定的结论。多数学者认为硒和维生素E具有抗氧化的作用，可使机体的组织细胞免受过氧化物的损害，而对细胞的正常生理功能起保护作用。

硒的抗氧化作用，主要是通过谷胱甘肽~过氧化物酶实现的。机体在代谢过程中产生能使细胞脂肪膜受到破坏的过氧化物，可引起细胞的变性、坏死。谷胱甘肽过氧化物酶能破坏过氧化物，使之变为羟基化合物，从而起到防止细胞氧化、变性、坏死的作用。硒是组成谷胱甘肽过氧化物酶的主要元素，所以硒缺乏，谷胱甘肽过氧化物酶不能形成，抗氧化即不能实现。

含硒酶可破坏体内过氧化物，维生素E可降低不饱和脂肪酸过氧化物的产生（维生素E），能抑制体内不饱和脂肪酸的过氧化过程，二者均可引起保护组织免受过氧化物的损害。当机体内缺乏时，过氧化物增多，使细胞的脂质膜和含~SH基的氨基酸等受到损害，由此引起一系列的临床病理变化。

症状　硒缺乏症的临床表现，因畜禽种类、年龄、性别的不同而异。其共同特征为发育停滞，营养不良，伴发贫血（如皮肤、黏膜苍白）；运动机能障碍，背腰拱起，四肢僵硬，运步强拘，共济失调，重者瘫痪，心律不齐，呼吸困难，食欲减退或废绝，并有腹泻等消化机能紊乱，一般体温正常或稍偏低；部分病例常未出现明显症状而突然死亡。

猪主要发生于3~5周龄的仔猪。急性病例多为体况良好、生长迅速的仔猪，并常无早期症状而突然抽搐和尖叫数声后死亡。病程长者体温不高（36~39℃），精神沉郁，皮肤、黏膜苍白。食欲废绝，步样强拘，站立困难，常是前腿跪下或犬坐姿势，后期四肢麻痹。心跳和呼吸增数，肺部出现湿罗音及排出红棕色尿液。

犊牛精神不振，消化不良，共济失调，肌肉发抖。心率高达140次/min，呼吸数多达80~90次。部分病例发生结膜炎。排尿次数增多，尿呈酸性反应。最后食欲废绝，卧地不起，角弓反张，心力衰竭和肺水肿而死。

羔羊肌肉乏力，不愿行走，共济失调。心动疾速，高达200次/min以上。呼吸浅而快，可达80~100次/min，腹式呼吸明显。肠音弱，多有腹泻。可视黏膜苍白，有的发生结膜炎，角膜浑浊，甚至失明。少数羔羊出生后即呈现全身衰竭，不能自行起立。

雏鸡全身软弱无力，贫血，鸡冠苍白。站立不稳，共济失调，两翅下垂甚至发生腿麻痹而卧地不起。头、颈、胸常成片脱毛。胸、腹部皮下结缔组织呈现淡蓝绿色水肿样变化，穿刺即可流出水肿液，这是血液外渗，溶血引起的，即所谓渗出性素质。病雏可于3~4日死亡，病程最长者可达1~2周。

病理变化：主要病变为骨骼肌色淡苍白，呈鱼肉样外观，间有灰白或灰黄色斑纹或条纹状坏死。（猪）心脏扩张，两心室容积增大，横径变宽星球形。由于沿心肌走向发生出血而呈红紫色，外观似桑椹，故称“桑椹心”。肝的红褐色正常小叶和红色出血性坏死小叶及白色或淡黄色缺血性凝固坏死的小叶混杂在一起。形成彩色多斑的外观（称花肝）。（鸡）胸、腹水肿部皮下聚积有淡蓝绿色胶冻样渗出物或纤维蛋白凝结物。腹及股内侧可见不同程度的淤咀斑。

诊断　根据病史、临床症状、病理剖检及硒制剂治疗效果等即可作出诊断。

治疗　本病用硒制剂治疗效果满意。常用0. 1%亚硒酸钠溶液，仔猪、羔羊1~4ml，犊、驹5~10ml，肌肉注射，隔15d注射一次。鸡用1% mg的亚硒酸钠溶液饮水即可。同时也可配合用维生素E治疗，犊、驹300~500mg，仔猪、羔羊100~150mg，肌肉注射。鸡在饲料中添加适量维生素E即可。

预防　加强饲养管理，饲喂富含硒和维生素E的饲料，或直接补硒和维生素E。缺硒地区可给作物喷洒亚硒酸钠，每亩不超过7g，或将硒施于种植饲料的土壤中，每亩施硒15~25g，以提高饲料的含硒量。同时，饲喂富含维生素E的青饲料和优质干草。对曾发生过缺硒症或缺硒可疑的地区，可于冬季给妊娠母畜注射0.1%的亚硒酸钠溶液，牛、马10~20ml，猪、羊4~8ml，同时配合应用维生素E，牛、马200~250mg，猪、羊50~100mg，隔15~30d注射一次。对2~3日龄的羔羊，仔猪注射1ml，新生犊牛、注射5~10ml，鸡用1mg混于100ml饮水中，让其自饮。

二、异食癖

异食癖是由于代谢机能紊乱，摄取正常食物以外的物质的多种疾病的综合征。临床上以舔食、啃咬异物为特征。

本病各种家畜均可发生，且多发生于冬季和早春舍饲的牛，羊和马。

病因　关于本病的发生原因迄今尚无统一认识，有待进一步研究。一般认为是由于畜禽有机体内矿物质和维生素不足，引起盐类物质代谢紊乱，特别是钠盐的代谢失调所致。

钠的缺乏可因饲料内钠不足引起，或因饲料内钾盐过多，机体为排除过多的钾，必须同时增加钠的排出，造成钠的大量丧失。土壤中含钴量低于每千克土壤含铺量2.3mg以下时，也会发病。另外，干草中含铜量低于2~5mg/kg、或钙磷比例失调、维生素B缺乏，体内代谢紊乱等，均可导致本病的发生。猪吃胎衣、鸡啄肛可能是某些蛋白质和氨基酸缺乏的缘故。

症状　病初食欲不振，消化不良，继后出现味觉异常和异食症状。病畜舔食墙壁、饲槽，吞食粪尿污染的垫草，采食煤渣、破布巾等。皮肤干燥，弹力减退，被毛松乱，磨牙，拱腰，畏寒发抖，贫血、消瘦，食欲逐渐恶化，最后终因高度衰竭而死亡。

绵羊食毛癖，可能与含硫氨基酸及矿物质缺乏有关。羔羊常啃吃母羊被粪尿污染的被毛，或拣食脱落的羊毛。被毛粗乱，发黄，食欲减退，消化不良，贫血、消瘦。当毛球堵塞幽门或肠道时，禽欲废绝，胃肠臌气，磨牙，气喘。触诊腹部，可能摸到硬固的阻塞物。

母猪异食时，常将所产仔猪或排出的胎衣吃掉。仔猪、架子猪相互啃咬耳朵、尾巴和鬃毛。一般认为这是由于蛋白质或氨基酸缺乏的一种病理表现。

鸡的异食癖，常在鸡群中发生，常见的有食羽癖（缺硫），啄卵癖（缺钙和蛋白质）及啄肛癖等。尤其是啄肛癖，一旦发生，即可引起很多鸡猛力追赶啄肛，甚至造成伤亡。

初生驹常发生食粪癖。幼驹食马粪后，常可引起肠阻塞，若不及时治疗，常导致死亡。

诊断　将异食癖作为一种病状诊断并不困难，但欲作病原学诊断，必须从病史，临床特征以及试治效果等方面进行具体分析。这是由于异食癖是多种疾病的一种症状表现，而且引起发病的原因又非常复杂，只有在确定病因后才能迅速地进行有效的防治。

防治　药物治疗应视病因而定。一般常用钙盐、磷酸盐、氯化钴等治疗，有一定疗效。氯化钴用量，牛为 30~40mg，马 20mg，猪、犊牛 10~20mg，羊 3~5mg，内服。若配合铁铜合剂则效果更好。鸡可补喂石膏（硫酸钙）每天每只 0. 5~3 乳猪、鸡还可配合补充动物性饲料，如鱼粉、骨粉等。据称对鸡应用镇静剂，治疗恶癖有一定的疗效。

预防　改善饲料管理，给予全价日粮。有青草的季节多喂青草，缺青草时要饲喂优质干草、青贮料。并适当补给谷芽、麦芽及酵母等富含维生素的饲料。

第十四章　皮肤病

皮肤覆盖动物体表，既能保护深层的软组织，防止体内水分蒸发，又能防止有害因素侵入体内，是机体和周围环境的屏障。皮肤能产生溶菌酶和免疫体，皮肤中的组织细胞和白细胞，又有包围吞噬异物的功能。因此，皮肤是畜体的重要保护器官。

皮肤里分布着各式各样的感受器，能感受触觉、压觉、温觉、痛觉，是体内重要的感受器官。

皮肤是畜体水、盐的贮存仓库，并能参与体内的水、盐代谢。皮肤还能通过排汗排出体内的废物，并具有调节体温、分泌皮脂、合成维生素 D 等作用。因此，皮肤结构和机能的完整性，对机体的健康有重大作用。

家畜皮肤病，通常由于饲养管理不当所引起，发病原因可分为内、外两种。属于外在的原因有机械的作用、物理的作用、化学的作用、寄生虫的作用以及微生物的作用等。属于内在的原因有神经性原因（由中枢神经或外周神经系统疾病引起）中毒性原因以及代谢机能紊乱和过敏性因素等。

对皮肤病的治疗，必须进行综合性疗法，以改变整个机体的机能状况，并结合局部治疗，才能收到良好的效果。

皮肤病的预防，必须改善饲养管理，保护皮肤，注意清洁，及时消灭外寄生虫并及时治疗各种原发病。

一、湿疹

湿疹是皮肤表层的炎症，以皮肤表面形成红斑，丘疹、水泡、脓疱以及患病部位皮肤肥厚、脱毛等为特征。各种家畜皆易发生，春夏尤以多雨潮湿季节更为多见。

病因　主要为畜体皮肤不洁，如汗液的浸渍、脓汁及各种病理分泌物的污染、被毛内积存大量尘土、体外寄生虫的寄生以及厩舍过度潮湿等均能引起。也多发生于慢性消化道疾病（胃肠卡他、胃肠炎、便秘）、维生素缺乏、肾脏疾病、肝脏疾病、内分泌机能紊乱的过程中、持续的摩擦、长期暴晒、昆虫的叮咬以及涂擦强刺激性药物（石炭酸、松节油、汞剂软膏）、内服某些药物（碘制剂）及长期饲喂发霉腐败饲料等均可引起本病。

机制　上述致病因素引起皮肤局部的毛细血管扩张、充血、通透性增高，浆液渗出，形成红斑性湿疹。

由于炎性产物的刺激，皮肤乳头层发生浆液和细胞浸润，乳头肿胀，形成小结节，突出于皮肤的表面，称丘疹性湿疹。

组织液向角质层流动，以及炎性渗出液增多和棘状细胞液化，在表皮层下蓄积大量透明渗出液，形成所谓水泡性湿疹。

当感染化脓菌时，水泡发生化脓，形成脓疱性湿疹。水泡破裂后，呈现鲜红糜烂面，组织液自糜烂面上渗出，并逐渐干燥凝固，形成结痂性湿疹。

此后由于炎性渗出和充血逐渐减轻，存痂皮的保护下，形成健康的新生表皮细胞，痂块脱落而痊愈。

在湿疹的过程中，由于刺激神经末梢，动物感觉瘙痒，同时由于于含氧较丰富的组织液能抑制生发层细胞的角化，使之角化不全，上皮细胞不能像正常那样以不易察觉的方式脱落，而是只有在较强的机械作用下，以较大的块片方式脱落，所以不论急性湿疹的末期和慢性湿疹的病程中，常常发生上皮脱屑现象。慢性湿疹除上述变化外，主要是表皮增厚变粗糙。

症状　湿疹常发部位，依家畜种类而不同。马常发于四肢球关节以下和颈、背、鬐甲和尾根部，有时也发生于头和腹下。

牛常发生在后肢股内侧、颈部和乳房、会阴等处。

羊的湿疹主要发生在背、腰部。

猪的湿疹一般多发生于全身各部，尤以股内侧、胸侧、腹侧及腹下多发。

湿疹的典型经过为红斑期、丘疹期、水泡期、脓疱期、糜烂期、结痂期和表皮脱落期。但临床上并非完全采取这种定型经过。家畜患湿疹后，一般可发现皮肤粗厚、湿润或擦伤。被毛脱落或粘着纠缠成片，有时可见丘疹和水泡，表层有分泌物，常因细菌感染而形成脓疱，最后结痂。病畜有痒感和摩擦现象，触诊敏感。

慢性湿疹主要是由于长期的刺激，致使结缔组织增生，因而呈现乳头肥大，皮肤硬化，角质层肥厚，汗腺、皮肤腺萎缩，皮肤粗糙和皲裂等现象。有些病例可见发热。由于蛋白质的损失，瘙痒不安和发热消耗营养等，可导致病畜消瘦。

诊断　在病史调查中，应查明皮肤的清洁卫生情况、饲料的质量、是否用过驱虫药的喷雾和药浴、是否用过皮肤刺激剂和过去有无慢性疾病等。

详细检查皮肤，根据本病最初皮肤发红和瘙痒，并很快发生丘疹、水泡和脓疱，水泡破裂后逐渐结痂等特征，诊断不难。但必须与下列疾病相鉴别。

外寄生虫病，选择新鲜病变区，详细检查有无螨、蜱和虱寄生，以及有无蚊、虻刺蛰等。必要时可刮取病料，进行显微镜检查，确定有无寄生虫。

毛囊炎：结节较大，不很密集，红、肿、热、痛，皮肤无增厚，皲裂等变化，以此可与本病相区别。

治疗　基本原则以消除病因，脱除敏感，收敛、防腐和促进角化上皮的溶解脱落为主，辅以对症治疗。

消除病因：适当运动和日光浴，保持畜体皮肤和厩舍的干燥清洁，给以营养丰富而易于消化的饲料，注意治疗原发性疾病。

收敛防腐，促进角化上皮的溶解脱落，先剪去患部及其周围的被毛，选用2%~3%明矾溶液、1%~2%鞣酸溶液、1%高锰酸钾溶液、3%硼酸溶液等清洗病部。渗出不多时，可用3%~5%龙胆紫溶液涂抹，渗出多时，可用1∶9的碘仿鞣酸撒粉或1∶1的氧化锌滑石粉撒粉撒布；化脓时，可用磺胺类或抗生素软膏涂擦，瘙痒时，可用水杨酸石炭酸酒精溶液（水杨酸5份、石炭酸1份、70%酒精100份）涂抹，皮肤增厚角化时，可用氧化锌水杨酸软膏（氧化锌20g、水杨酸4g、凡士林100g）、10%水杨酸软膏或碘仿鞣酸软膏（碘仿10g、鞣酸5g、凡士林100g）涂布。

脱敏：可内服水合氯醛，马、牛10~25g，猪、羊2~5g，或内服苯海拉明马、牛0.5~1g，猪、羊0.2~0.3g，也可以应用10%氯化钙注射液马、牛100~150dal，静脉注射，每隔1日，注射1次。

对症治疗；根据病情，给予绥泻药、维生素C、维生素B1等。

中药治疗：原则是凉血清热，渗湿利水，祛风解表。

石膏30g，知母24g，苍术15g，荆芥18g，防风18g，蝉蜕24g，苦参45g，牛子15g，生地30g，胡麻仁15g，当归24g，海桐皮15g，威灵仙15g，木通15g，地肤子15g，甘草9g共为末，开水冲，候温港服。

预防　加强饲养管理，保证营养，保护皮肤，注意清洁，及时治疗胃肠卡他等易继发本病的慢性病。

二、荨麻疹

荨麻疹，中兽医称为遍身黄，是动物机体受到体内、外不良因素的刺激所引起的一种过敏性疾病。其特征是在病畜体表发生许多圆形或扁平的疹块，发展快，消失也快，并伴有皮肤瘙痒。

本病主要见于马和牛，猪和犬次之，其他家畜则少见。

病因　荨麻疹的病因比较复杂，常见的病因如下。

外源性荨麻疹：蚊、虻、蜂、蚁等昆虫的刺激，荨麻毒毛的刺激I石炭酸、松节油、芥子泥等刺激剂的涂擦；出汗后感受寒冷或凉风，均能引起本病的发生。

内源性荨麻疹：采食变质或霉败饲料，吸收其中某些异常成分而致敏}或者饲料质地良好，而畜体对其有特异敏感性，或者胃肠消化紊乱，某种消化不全产物或菌体成分被吸收而致敏，或者胃蝇蛆、蛔虫、绦虫寄生，其虫体成分及代谢产物被吸收而致敏，牛皮蝇蛆因囊壁破溃而后吸收，有时可发生荨麻疹。

传染性荨麻疹：在媾疫、腺疫、胸疫、流感、猪丹毒等传染病的经过中或在痊愈后，由于病毒、细菌、原虫等病原体对畜体的持续作用而致敏，再接触致敏原时即可发病。在结核菌素注射、鼻疽菌素点眼、注射免疫血清之后，有的也可能发生荨麻疹。

发病机制：该病的发病机制目前还不完全清楚。有些荨麻疹的发病属速发性变态反应的第I型，即过敏反应。引起过敏反应的物质，分子量常较小，多为半抗原，与体内组织蛋白结合后才具有免疫原作用，刺激机体产生免疫球蛋白E（IgE）又称反应素型抗体，后者与皮肤、黏膜的肥大细胞结合。当致敏物质再度进入机体时，则与已结合在肥大细胞上的抗体呈抗原抗体反应，于是肥大细胞释放出组织胺等介质，使毛细血管通透性增加，在黏膜时发生水肿，在皮肤则出现荨麻疹，严重时可发生过敏性休克。

症状　马和牛除有时表现消化紊乱，倦怠和发热外，一般多无前驱症状而突然发病，于颈部、胸侧壁、臀部开始发生丘疹，丘疹扁平或呈半球形，豌豆火至核桃大，迅速增多、变大、遍布全身，甚至互相融合而形成大面积肿胀。白色皮肤处可见丘疹周边有红晕，牛的丘疹多见于胀的周围、外阴部、鼻镜、乳房等处。疹块的特点是发生快，消散也快，有时此起彼伏，反复发生。有时丘疹的顶端变成浆液性水泡。并逐渐破溃，形成痂皮。丘疹的痒觉不定，外源性荨麻疹剧烈发痒，病畜站立不安，常用力摩擦，以致皮肤破溃，浆液外溢，状似湿疹（湿性荨麻疹）。内源性和传染性荨麻疹痒觉轻微或几乎无痒觉。

有的病例，眼结膜、口黏膜、鼻黏膜及阴道黏膜亦发疹块或水泡，伴有口炎、鼻炎、结膜炎、下颌淋巴结肿胀。个别重剧病例，伴有胸下浮肿。

诊断　根据荨麻疹特征性丘疹，突然发生急起急消等特征，结合病史调查，不难诊断。

治疗　治疗原则是消除病因，缓解过敏反应，防止皮肤感染。

消除病因：针对发病原因的调查结果，对能引起荨麻疹的一些因素，应尽力排除。如为霉败饲料引起，应停止饲喂发霉酸败的饲料，同时内服缓泻剂，消除胃肠道的刺激物。

缓解过敏反应。0.1%肾上腺素液马、牛3~5ml，皮下注射，每日1次，连续数日；盐酸苯海拉明0.5~1g，乳酸钙20~30g，1次内服，每日2~3次；或10%氯化钙100~150ml，静脉注射；也可静脉注射10%维生素C 10~30ml；或用自家血液疗法。

对症治疗。病畜剧痒不安时，可内服镇静荆如溴化钠（钾）15~20g，必要时可用石炭酸2ml，水合氯醛5g，酒精200ml，混合后涂擦患部。

中药疗法：清热解毒，祛风止痒。

知母18g，栀子15g，黄芩15g，大黄18g，芒硝60g，贝母15g，连翘21g，黄连12g，郁金15g，荆芥24g，白药子15g，白药子15g，麦冬15g，防风15g，蝉蜕15g，甘草12g，鸡蛋清4个共为末，开水冲，候温灌服。

预防　加强饲养管理，禁喂腐败和发霉的饲料，停止继续在有荨麻的草场放牧，切忌涂擦剧烈的皮肤刺激剂，合理使役，特别注意大汗后受寒冷的刺激，及时治疗各种原发病。

第十五章　中毒性疾病

第一节　概述

一、毒物与中毒

某种物质以一定的剂量进入动物机体后，能侵害机体的组织和器官，破坏机体的正常生理功能，发生病理过程，这种物质称为毒物。由毒物引起的疾病，称为中毒。毒物与药物是相对的，药物超过剂量时，便可引起中毒。如士的宁、阿托品，呋喃西林及某些饲料添加剂等，若使用不当，即能引起中毒。而某些非毒性物质如食盐用量过大，也会引起中毒，甚至死亡。

中毒有很多种，但归纳起来可分为生物性的，如肉毒中毒、真菌毒素中毒等；物理性的，如一氧化碳中毒、天然元素中毒（氟中毒、硒中毒等）等，化学性的，如有机磷农药中毒、化学肥料中毒等。

毒物的毒性是指毒物的剂量与机体的反应间的关系而言。其计算单位，用某种物质引起实验动物产生某种毒性反应所需要的剂量来表示，剂量越小，则表示毒性越大。等。

二、中毒的原因

中毒常见的原因可分为自然病因和人为病因。自然病因包括矿物质、有毒植物、毒蛇、有毒昆虫。我国幅员辽阔、地区广大，每个区域的自然条件差别很大，造成中毒的情况也颇不一致，含氟的矿石、土壤，水源可以引起氟中毒。含硒高的地区生长的植物，容易引起硒中毒。大量生长某种有毒植物的地区，容易发生该有毒植物引起的中毒，例如我国西南地区四川、贵州等地牛的青杠叶中毒，东北地区黑龙江的毒芹中毒。

人为病因包括工业污染、农药的使用、饲料的调制与保管不当以及某些药物不合理使用等。工业污染，如氟对草原的污染引起的氟中毒，农药使用不当，如有机磷农药中毒，某些药物使用不当，如鸡呋喃西林中毒，牛敌百虫中毒等，饲料保管或调制不当，如白菜、甜菜叶，萝卜叶，南瓜藤、叶灰菜、苋菜等引起的猪亚硝酸盐中毒，霉烂稻草引起的牛霉稻草中毒等。

刑事性投毒引起的畜禽中毒虽不常见，但应引起警惕，必须加强安全防范措施，严防破坏事故的发生，确保畜禽的健康与安全。

三、中毒的诊断

中毒的诊断主要根据病史、症状、病理变化、动物试验以及毒物检验等，进行综合分析，提出诊断。

1. 病史了解与中毒有关的环境条件，为诊断供给线索。详细询问病畜（禽）有无接触毒物的可能性，如剧毒农药、灭鼠剂、化肥以及其他化学药剂等，并摸清接触某种毒物的可能数量或程度。查明饲料及饮水情况，了解有无有毒植物、霉菌及其他毒物的混入。如果是群发时，则应注意发病率与死亡率，经过时间，饲养方法和免疫记录等。了解与诊断有关的其他内容，如采食最后一批饲料的持续时间，病畜（禽）的临床表现以及治疗情况等。持体温，预防惊厥发作等。

2. 施行特效解毒疗法，中毒一经确诊，应迅速使用特效解毒剂，可获得满意效果。例如有机磷农药中毒用解磷定、阿托品；亚硝酸盐中毒用美蓝（亚甲蓝）等。

第二节　饲料中毒

一、亚硝酸盐中毒

由于动物过量采食富含硝酸盐或亚硝酸盐的饲料，即可引起中毒，发生高铁血红蛋白血症。临床上以皮肤、黏膜发绀眨其他缺氧症状为特征。本病各种畜禽均可发生，其中以猪最为多见，其次为牛、羊、马及鸡。

病因　动物吃食富含硝酸盐的植物性饲料，如白菜、甜菜叶、牛皮菜、萝卜叶、南瓜藤、野苋菜、灰菜等，即可引起中毒。对动物来说，硝酸盐是无毒或低毒的，而亚硝酸盐则是高毒。促进硝酸盐转成亚硝酸盐的条件主要有以下几个。

1. 在潮湿、闷热的季节，将菜类饲料堆放或长途运输，由于堆积发酵产热，温、湿度均适合还原性细菌的生长繁殖，很快使硝酸盐还原成亚硝酸盐，而剧毒化。

2. 将菜类饲料蒸煮后喂猪时，用火少，不煮沸，盖锅闷放，也像堆积发热一样，适合还原性细菌的生长繁殖，迅速使硝酸盐还原成亚硝酸盐，而剧毒化。温度在 25~37℃，经 24~48 h，产生亚硝酸盐量最高。

3. 单胃动物（猪）是由于食入已形成亚硝酸盐的饲料而中毒。然而反刍动物（牛）瘤胃的温、湿度均较适宜于还原性细菌的生长繁殖使硝酸盐还原为亚硝酸盐。因此，牛、羊过多地采食含硝酸盐的菜类饲料，即可引起中毒。

4. 日粮搭配正常或富含碳水化合物时，瘤胃内产生亚硝酸盐的过程受到一定限制，相反，则促进硝酸盐还原成亚硝酸盐。

5. 畜禽动物的敏感性，不同种类的动物对亚硝酸盐的敏感性有很大差异。其中猪最为敏感，牛、羊、马次之，禽亦可发生。食欲旺盛，吃得越多，发病愈快，甚至在中毒猪群中可见到“边吃，边倒、边死亡”的现象。

发病机制　当硝酸盐还原为亚硝酸盐后，则毒性剧增，动物食后立即发生中毒。亚硝酸盐对猪的致死量为 88mg/kg 体重，中毒量为 48~77mg/kg 体重。牛最小致死量为 88~110mg/kg 体重。硝酸盐主要是对消化道（尤其是胃）发生强烈的刺激作用，而引起动物发生呕吐。而亚硝酸盐的毒害作用主要是破坏血红蛋白的携氧功能。

被吸收入血液的亚硝酸盐，使血中的氧合血红蛋白（二价铁血红蛋白）迅速氧化为高铁血红蛋白（三价铁血红蛋白）而失去正常的携氧功能，造成组织细胞缺氧。

亚硝酸盐还具有扩张血管作用，导致外周循环障碍，有效循环血量减少，血压降低，脑组织供血不足，呈现神经症状。

亚硝酸盐引起的血红蛋白变性是可逆的，因正常血液中的辅酶。

1. 谷胱甘肽、抗坏血酸等，都可使高铁血红蛋白还原成正常的低铁血红蛋白，并恢复其携氧功能。因此，若采食少量的亚硝酸盐，体内即可自行解毒。这种解毒能力或对毒物的耐受性，由于个体不同，差异也是比较大的。因此临床上常出现同圈猪有的发病，有的不发病，发病者有的死亡，有的幸存的现象。

当畜禽食入已形成的亚硝酸盐后发病急速，甚至边吃边倒（如猪）。但如果是在瘤胃内转化为亚硝酸盐，则

2. 症状症状在中毒的诊断上十分重要，应特别仔细观察，有时轻微的异常表现可能就是中毒的特征，但仅靠症状是不全面的，还必须结合其他方法了解到的材料进行综合分析。

毒物引起的临床症状，一般有呕吐、腹泻、腹痛、厌食、运动失调、昏迷、痉挛、麻痹、呼吸困难、肌肉颤动等。

3. 病理变化尸体剖检常为中毒诊断提供有价值的依据。皮肤和可视黏膜，有时能出现特殊的颜色变化。如亚硝鲑盐中毒，能显示灰紫色。胃内容物的性质十分重要，如胃发现植物的根、茎、叶、皮、花、果残片等，是有毒植物中毒的诊断依据，磷中毒散发大蒜气味。胃肠道的炎症变化是中毒常见的一种病理表现。肝、肾的损害也屡见不鲜，例如肝损害可在锑、砷、磷、氯仿和单宁酸中毒时见到，肾损害可见于食盐中毒和磺胺类药毒性反应过程中。肌肉组织的出血性贫血可见于灭鼠灵和蕨中毒时。

4. 动物试验，用动物试验不仅可以缩小毒物的范围和提供是否属于中毒的依据，而且为毒物的分析创造条件。动物试验通常用已患病的同种动物饲喂过的可疑物质进行试验，其阳性结果对于诊断是有价值的，但是阴性结果也不能否定中毒，因为同种动物，或同种动物的个体差异对该种毒物的敏感性差别也是很大的。

5. 毒物的检验：毒物检验在诊断中毒疾病中具确重要的价值。有些毒物检验方法简便，迅速可靠，现场即可进行，这对中毒病的防治是有现实意义的。但多数场合靠毒物检验是有限的，只有把毒物检验结果与临床表现和尸体剖检结果结合起来综合分析，才能作出准确的诊断。

毒物检验采取的样品，不能用水洗。应尽量保持新鲜，不变质。脏器样品应放入玻璃容器内密封。样品应注明畜主姓名、畜别、死亡日期、取料日期、送检要求和送检单位等。从尸体采取样品如表 4。

四、中毒的防治

防治畜禽中毒，首先应贯彻“预防为主”的方针，以减少或消灭畜禽中毒的发生。在预防方面要求做好下列工作。

开展经常性的中毒病调查研究，组织有关部门互通情况，分工协作，采取有力的预防措施。饲料饲草必须作无害或无毒处理。建立健全农药、杀鼠剂和化肥的保管与使用制度。提

高警惕，加强安全防范措施，严格制止任何破坏事故的发生。

在治疗方面，由于病情发展急剧，危害十分严重，当畜禽发生中毒时，必须及早进行紧急的治疗和处理。其原则是，防止毒物继续吸收，进行对症治疗，采取特效解毒疗法（如已确定为何种毒物）。临床上，通常采取下列治疗方法。

1. 为防止毒物继续吸收，首先除去毒源，不再接触毒物，然后采取催吐、洗胃、泻下等方法，排除胃肠道中的毒物。

2. 为维持机体的生命活动，施行对症治疗。其中包括增强心脏机能，调整电解质和体液的平衡，缓解呼吸困难，维发病缓慢（如牛）。

猪食入亚硝酸盐后，一般是20~150min发病，快的甚至几分钟就呈现高铁血红蛋白血症。猪发病后，最急性病例，仅稍显不安，即站立不稳，突然倒地，四肢划动，很快发生死亡，即所埘"饱潲症"。急性病例，立即呈现呼吸困难，时发呕吐，四肢无力，共济失调，皮肤、黏膜发绀，体温正常或稍低，四肢末端及耳发凉。脉搏增数，心跳急速。如能耐过，很快恢复正常，否则很快倒地死亡。

牛、羊大量食入菜类饲料后，1~5h发病，呈现中毒症状。牛发病后，流涎、腹泻、腹痛、甚至呕吐、呼吸困难。肌肉发抖，步态不稳，倒地后四肢痉挛。如抢救及时，可获痊愈。

诊断　根据病史，结合饲料状况和临床表现，即可作出诊断。确诊必须进行亚硝酸盐检验，方法如下。

二苯胺法：此法可检验硝酸盐和亚硝酸盐试剂配制，取二苯胺0.5g，溶于20ml水中，然后加入浓硫酸至100ml，贮于有色瓶中。检验时取样1~2滴，滴于白瓷板上，加入试剂2~3滴，如显蓝色，表示有硝酸盐，若呈绿色，表示有亚硝酸盐。

治疗　目前常用的特效解毒剂为美蓝（亚甲蓝）。用于猪的剂量为1~2mg/kg，配成1%溶液静脉注射。但用于牛、羊的剂量为4~8mg/kg。亦可用甲苯胺蓝，剂量按千克体重5mg，配成5%溶液，静脉、肌肉或腹腔注射。

促进外周血管收缩，升高血压，可选用0.1%肾上腺素，其剂量在猪，羊为0. 2~1ml，牛为2~5m，皮下或肌肉注射。强心可用安钠咖，兴奋呼吸中枢用尼可刹米。

预防　改善青绿饲料的堆放和调制方法。将青绿饲料摊开放置，切忌堆集发热，熟饲时切忌小火焖煮，是预防亚硝酸盐中毒行之有效的措施。已腐败变质的青绿饲料，如白菜、萝卜叶等，千万不能用以喂猪。用含硝酸盐的饲料喂牛，要保证适当的碳水化合物饲料的比例。长途运输和过度饥饿的牛、羊不要喂给含硝酸盐的饲料。迫不得已要喂，则最好加入四环隶（30~40mg/kg）饲料，有一定的预防作用。

二、食盐中毒

食盐是日常饲养中必需的营养物质，若食入过量的食盐，则会发生中毒。临床上以胃肠炎，脑水肿及神经症状为特征。

本病可发生于各种动物，其中以猪、鸡最为常见，其次为牛、羊和马。据测定，食盐的中毒量在猪和牛为1~2.2g/kg，绵羊为3g/kg，家禽为1~2g/kg。

病因　猪由于利用含盐分过高的咸鱼水、咸菜水、腌肉水、溯水和废弃的咸鱼、咸肉、咸菜、酱渣等喂饲，如突然食入量过多或与其他饲料搭配用量太大时，即可引起中毒。鸡的中毒，常因饥饿时，采食大量槽底食盐所致。饮水不足，亦容易导致食盐中毒。

发病机制食入大量食盐后，其中部分被吸收入血液，大部分停留在消化道内，直接刺激胃肠黏膜而引起胃肠炎。当血液中食盐含量增多时，血浆渗透压即明显增高，引起组织细胞内液向血浆渗入，故病猪呈现口渴、少尿及脑机能扰乱。当血液中二价 Mg^{2+}、Ca^{2+}。离子增多时，则动物呈现抑制状态。而一价 Na^{+}、K^{+} 离子增多时，则动物星现兴奋状态。食盐中毒时，血浆中钠及氯离子均明显增多。因此。动物呈现严重的中枢神经系统兴奋状态。

症状　猪食盐急性中毒时，高度衰竭，肌肉发抖，阵发性痉挛，约经两天于昏迷中死亡。慢性中毒，便秘，口渴，对刺激的反应迟钝，无目的地徘徊或前冲，遇障碍后退，呈犬坐姿势或转圈后突然倒地，四肢划动。痉挛时，不断作空口咀嚼运动，时有磨牙、流涎、呼吸困难。不久进入昏迷状态，直至下次痉挛发作为止。体温通常无明显变化，但耳及皮温降低。病程约几小时至 3 天。

病牛厌食、口渴、流涎、腹泻、粪便中混有黏液。神经症状，表现为麻痹、步态不稳、四肢无力。鼻腔分泌物增多，排尿次数及尿量减少。肌肉痉挛，卧多立少，病牛常・病状出现 24h 内死亡。慢性病例食欲不振，严重脱水，体温降低，强迫运动，常引起虚脱及惊厥，甚至死亡。

鸡中毒时，极度口渴、腹泻、过敏、惊厥、两足麻痹。口鼻流出黏液性分泌物，呼吸困难，终因呼吸衰竭而死亡。

诊断　主要根据采食过量食盐的病史，无体温反应而有典型的神经症状，容易作出诊断。但应与病毒性脑脊髓炎，李氏杆菌病等进行区另。为此，可采取胃内容物及黏膜，加水过滤，将滤液燕发至干，其残留物有强烈碱味，可以鉴别。

治疗　用药前停止饲喂含食盐的饲料和水，并饮以淡水，如不喝可用胃导管灌水。

药物治疗通常采用对症疗法，如给予钙制剂、利尿剂、镇静剂等。为恢复血液中一价和二价阳离子的平衡，牛、马静脉注射 5%葡萄糖酸钙溶液 200~400ml，或 10%氯化钙溶液 100~200ml 猪用 5%氯化钙明胶溶液（氯化钙 10g，溶于 1%明胶溶液 200ml 内），剂量按每千克体重 0.2g 氯化钙计算，每点注射量不超过 50ml，或用 5%葡萄糖酸钙溶液 50~100ml，静壮注射。也可用 10%氯化钙溶液 10~20ml，静脉注射。

为缓解脑水肿，降低颅内压，可用 25%葡萄糖（高渗）静脉注射，牛 200~500ml，猪 50~100ml。为促进毒物排除，可用利尿剂双氧克尿塞口服，牛、马 0.5~2g，猪 0.05~0.2g，每日 1~2 次。为缓解兴奋和痉挛发作，可用溴化钾口服，牛 15~60g，马 10~50g，猪 5~10g，羊 5~15g，禽 0.1~0.5g。

预防　富含食盐的酱渣、咸菜水和咸鱼水以及腌肉残水等切忌长期饲喂或一次喂量过大。日粮中食盐的含量不应超过 0.5%，而且要保证饮水（猪在自由饮水的条件下，日粮中含食盐达 19%，也不会中毒）。

三、牛黑斑病甘薯中毒

牛黑斑病甘薯中毒俗称牛喘病，是由于吃了一定量的黑斑病甘薯引起的。其特征为急性肺水肿与肺泡气肿，严重呼吸困难以及后期皮下气肿。

本病多发生于黄牛、水牛及乳牛。1937年从日本传入我国东北，其后在河南、广东、福建、安徽、浙江及四川等地发生。

病因　甘薯黑斑病的病原是一种霉菌，当这种霉菌侵入甘薯的虫害部分或表皮裂口，则甘薯表皮干枯、凹陷、坚实，出现圆形或不规则的暗黑色斑点，表面长有刚毛，甘臭、昧苦。有毒物质为翁家酮、甘薯酮和翁家醇。若牛食入一定量的病薯或病薯酿酒后的酒糟即可发生中毒。

发病机制当毒素侵入消化道后，刺激胃肠黏膜，引起出血性胃肠炎。毒素被吸收后进入血液，经门静脉到肝脏，引起肝功能降低，肝脏肿大，经大循环到心脏，引起心肌出血、变性，心包积液。毒素随血液到延脑引起呼吸中枢、迷走神经中枢抑制，使肺泡弛缓，呼吸机能减弱，最终发生肺气肿。当支气管和肺泡发生破裂，吸入的气体即被排入肺间质引起间质性肺气肿，而且气体逐渐窜到纵嗝，再经纵隔的疏松结缔组织侵入颈部和躯干部皮下，形成皮下气肿。毒素作用于丘脑，糖代谢扰乱，促使脂肪分解，产生大量酮（乙酰乙酸、B- 羟丁酸和丙酮），导致代谢性酸中毒。

症状　临床症状出现的早晚和程度，则视采食量的多少，毒性的大小，个体耐受性的高低等而有所差异。一般于采食后24h内发病。病初精神沉郁，食欲不振，反刍减退，其他症状多不明显而常被忽略。

本病的突出症状为呼吸困难，呼吸数增至80~90次/min。甚至高达100次/min以上。以后逐渐减少，但呼吸运动加深。由于吸气用力，呼吸音增强，在远处即呵听到好似拉风箱的声音。初期由于支气管和肺泡充血及渗出，时发咳嗽，并出现湿锣音，继后由于肺泡弹性减弱，肺泡内气体不能排空，发生肺泡气肿，出现明显的呼气性呼吸困难。由于肺泡内残留的气体逐渐增多，肺泡逐渐扩张，加之呼气时的腹肌剧烈收缩，终于迫使肺泡壁破裂，气体窜入肺的间质，造成间质性肺气肿。病后期则发生皮下气肿，触诊确捻发音。由于呼吸困难，病牛张口呼吸，头颈平伸，长期站立，并不断从口鼻流出大量鼻液及唾液混有气泡。结膜发绀，眼球突出，瞳孔散大，肌肉痉挛，呈现窒息状态。病程1~3d。

诊断　根据病史，发病季节（春末夏初甘薯种出窖时期），并查明甘薯现场及饲喂过甘薯的事实，结合临床症扶，不难诊断。必要时可用黑斑病甘薯及其泅精浸出液；作动物复制试验。但应与牛的巴氏杆菌病区别。本病常以群发为特征，体温不高，剖检时胃内发现病薯残渣，即可鉴别。

治疗　目前，对本病尚无特效解毒药，临床上多采用对症治疗措施，如促使消化道内毒物排除，改善呼吸功能，提高肝脏解毒和肾脏排毒功能等。必要时还可结合输氧。

发现中毒后，立即内服氧化剂，如0.1%高锰酸钾溶液，牛2 000~4 000ml，猪500~1 000ml，使毒物氧化无毒。而后内服硫酸钠500g、人工盐200g、常水5 000ml，排出胃肠道中的有毒内容物。

为了缓解呼吸困难，增强解毒机能，可用10%硫代硫酸钠注射100~200ml、20%葡萄糖注射液500~1 000ml、5%维生素C注射液30~50ml，给马、牛静脉注射。猪、羊可酌减剂量。

缺氧时，可用3%过氧化氢溶液1ml，5%~10%葡萄糖溶液9ml，配成0.3%的过氧化氢溶液，牛、羊每千克体重用2~3ml静脉注射。酸中毒时，可用5%碳酸氲钠500ml，给牛静脉注射。

中药可选用白矾散。白矾，贝母、白芷，郁金、黄芩、葶苈、甘草、石苇、黄连、龙胆各50g，蜂糖200g，水煎、候温、调蜜口服。

预防　根本性的预防措施在于消灭甘薯黑斑病菌和防止甘薯感染黑斑病。严禁用黑斑病甘薯及其副产品喂牛。甘薯产区，应加强饲养管理，防止牛采食霉烂甘薯。

四、马铃薯中毒

本病是由于采食含有毒成分多的马铃薯引起，以神经症状、胃肠炎、皮肤湿疹为特征。常见于猪，牛、马、羊等也能发生。

病因　用腐烂生芽以及日晒变绿、生芽的马铃薯块根喂饲畜禽即能引起中毒。其有毒成分是马铃薯素（又名龙葵素），它含于马铃薯植株和块根的各个部位，但依部位不同，含量不一。如成熟的块根含0.004%，块根皮含0.01%，绿叶含0.26%，芽含0.5%，花含0.7%，果实含1%。但保存不当，块根发芽、腐烂、皮变绿时，其含毒量大增，块根可达0.58~1.84%，芽可达4.76%，尤其绿而且紫的芽含世更多。

此外，腐烂发霉的马铃薯内尚含一种腐败毒，对机体也是有害的。

从上述资料可知，用腐烂、发霉、变绿、生芽的马铃薯喂饲畜禽最为危险。正常的马铃薯中，因马铃薯素含量甚微，用它作饲料是无危险的。

发病机制：马铃薯素对胃肠黏膜有强烈的刺激性，能引起重剧的胃肠炎甚至是出血性胃肠炎。吸收入血后，作用于延脑和脊髓，引起感觉和运动神经障碍。作用于红细胞能使之破坏，呈现溶血现象，作用于皮肤能使之发生湿疹样病变。

症状　各种家畜的共同症状依中毒程度不同，其表现不一。

重症者：出现神经症状，狂暴不安，运动麻痹，共济失调，心脏衰弱，呼吸无力，黏膜发绀，瞳孔散大，全身痉挛，2~3d死亡。

轻症者：多为慢性经过，呈现明显的胃肠炎症状，呕吐、流涎，腹泻粪便中混有血液，病畜精神不振，极度衰弱，体温有时升高，妊畜往往流产。

此外，依家畜种类不同，除上述共同症状外，尚有各自的特殊症状。

1. 猪：神经症状轻微，除明显的胃肠炎症状外，在腹部，股内侧发生湿疹，头部、颈部、眼睑部发生水肿。

2. 牛、羊：在口唇周围、肛门、尾根、四肢系凹部、阴门周围、乳房部发生湿疹。有时四肢，特别是前肢皮肤发生深层组织的坏疽性病变。

诊断　根据病史，对饲料情况的了解，病后症状表现（神经症状、胃肠炎、皮肤湿疹）等进行综合分析是容易确定诊断的。

治疗　首先更换饲料或绝食。而后马、牛可用0.1%高锰酸钾溶液或1%鞣酸溶液洗胃，猪用1%硫酸铜溶液20~50ml催吐。

在洗胃和催吐后，为排出肠内毒物可灌服硫酸钠等泻剂。

对兴奋不安者，可用10%安溴注射液，马、牛100ml静脉注射，或用溴化钠，马、牛15~50g，猪、羊5~15g灌服；或用2.5%氯丙嗪注射液，马、牛10~20ml，猪1~2ml肌肉注射；或马、牛5~10ml，静脉注射，或用25%硫酸镁注射液马、牛50~100ml，猪、羊10~20ml静脉或肌肉注射。

对胃肠炎严重者，可用0.1%高锰酸钾溶液，马、牛2 000~4 000ml，猪、羊500~1 000ml灌服，或用1%鞣酸溶液，马、牛1 000~2 000ml，猪、羊100~500ml灌服，或灌服粘浆剂，吸附剂，以保护肠黏膜。

为增强肝脏的解毒机能和稀释，排除血中毒物，可用5%~10%葡萄糖注射液或5%葡萄糖生理盐水1 000~2 000ml，猪、羊500ml静脉注射。

预防　预防工作应从下列几个方面做起。

1. 不要用发芽、变绿、腐烂、发霉的马铃薯喂畜禽。必需饲喂时，应去芽，切除发霉、腐烂、变绿部分，洗净，充分煮熟后再用，但也应限制喂量。

2. 用马铃磬茎叶饲喂时，用量不要太多，并应和其他青绿饲料配合饲喂，发霉腐烂的不能用作饲料。也不要用马铃薯的花、果实饲喂畜禽。

3. 应用马铃薯作饲料时要逐渐增量。

五、酒糟中毒

病因　酒糟是酿酒后的一种副产品，常用做猪的饲料，其他家畜也常用为辅助饲料。引起酒糟中毒的毒物是什么，目前还没有肯定的说法。一般认为是与下列一些因素有关。

来自制酒原料，如发芽马铃薯叶的龙葵素、黑斑病甘薯的翁家酮、谷类的麦角毒索和麦角胺、发霉原料中的霉菌毒素等。这些物质若存在于用该原料酿酒的酒糟中，都会引起相应的中毒。酒糟在空气中放置一定时间后，由于醋酸菌的氧化作用，将残存的乙醇氧化成醋酸，则发生酸中毒。残存于酒糟中的乙醇，引起酒精中毒。酒糟保管不当，发霉腐败，产生霉菌毒素，引起中毒。

综合上述，酒糟中毒，究系哪种因素引起，应根据具体情况做具体分析。

症状

急性中毒，首先表现兴奋不安，而后出现胃肠炎症状，食欲减少或废绝，腹痛，腹泻。心动快速，呼吸促迫。走路共济失调，以后四肢麻痹，倒地不起。最后呼吸中枢麻痹死亡。

慢性中毒，多发皮疹或皮炎，尤其系部皮肤明显显。病部皮肤，先湿疹样变化，后肿胀甚至坏死。病畜消化不良，结膜潮红黄染。有时发生血尿，妊畜可能流产。牛有的牙齿松动脱落，而且骨质变脆，容易骨折。

治疗　立即停止饲喂酒糟。

中和胃肠道内的酸性物质和排出毒物可用硫酸钠400g，碳酸氢钠30g，加水4000ml给牛内服，猪可用硫酸钠30g，碳酸氧钠10g，内服。也可用10%葡萄糖溶液1000ml、10%

苯甲酸钠咖啡因溶液20ml，5%维生素C50ml，给牛静脉注射，以增强肝的解毒机能和稀释毒物。猪可适当减量。

中和血中酸性物质，可用5%碳酸氢钠溶液牛300~500ml，猪50ml，静脉注射。皮肤的局部病变，按湿疹的治疗方法进行处理。

预防　用酒糟喂家畜时，要搭配其他饲料，不能超过日粮的20~30%。用前应加热，使残存酒精挥发而且消灭寄生的细菌和霉菌。

贮存酒糟时要踩实盖严，杜绝空气，以防酸坏。充分晒干保存亦可。已发酵变酸的酒糟，可加入石灰水澄清液，以中和酸，降低毒性。

六、蓖麻中毒

本病是由于采食或饲喂蓖麻子、蓖麻子饼或其茎叶而引起，形成血栓为主要病理变化。发生于各种畜禽。

蓖麻为大戟科植物产于我国各地。其有毒成分有两种，一种叫蓖麻毒素，是一种毒蛋白，毒性强大，有凝固血液的作用。它在蓖麻子巾含2.8%~3%，在蓖麻油中含1%，另一种是蓖嘛碱，毒性较小，存在于蓖麻的全植株中。

病因　用蓖麻子或蓖麻子油饼，且不经加热处理，直接喂饲畜禽即可引起中毒。用碾过蓖麻子或蓖麻予油饼的碾子再碾其他饲料也能引起中毒。

对蓖麻毒素的耐受性依动物种类不同而不一样。蓖麻子对各种动物致死量如表5。

发病机制蓖麻毒素和蓖麻碱能促进血液纤维蛋白元凝固，使红细胞发生凝集，形成大量血栓，使广范围血管栓塞，引起血液循环障碍。易发生栓塞的部位是肠壁和腹膜的血管。所以中毒后发生剧烈腹痛和出血性肠炎。蓖麻毒素还能作用于细胞膜，使细胞溶解，并能作用于呼吸中枢及血管运动中枢，使之麻痹，招致动物死亡。

症状　采食蓖麻后，4~8h出现症状。病畜精神沉郁，体温上升，呼吸困难，心脏亢进，脉搏增数可达100次/min以上。可视黏膜，初潮红黄染，后发绀。腹痛不安，下痢，粪中混血液和假膜，肠音极弱，甚至消失。排血红蛋白尿，尿呈褐红色，初尿少，以后因膀胱麻痹而尿闭。并有神经症状，表现狂躁不安，全身肌肉痉挛。病至后期卧地不起，1~2d死亡。

诊断　根据病史和临床症状进行综合分析，可以作出诊断。

治疗　为排除胃肠内的毒物，首先用0.1%高锰酸钾液或1%鞣酸液进行洗胃。猪可用1%硫酸铜20~50ml催吐。洗胃后内服盐类泻剂，排出不良胃肠内容物。

为排出、稀释血液中的毒物，可泻血500~1 000ml（大家畜），而后用5%~10%葡萄糖注射液或5%葡萄糖生理盐水注射液，输液。

其他可对症治疗。

预防　不能直接用蓖麻子或蓖麻子油饼喂畜禽，必须煮沸2h以上再喂，而且限制用量，不能超过日粮的10~20%。

碾过蓖麻子的碾子不加处理，不能用它碾饲料。

七、马霉玉米中毒

马霉玉米中毒是马属动物以神经症状（如狂暴或沉郁）为特征的真菌毒素中毒性疾病。

本病多发生于马属动物，并且有较明显的地区性和季节性，即常发生于每年玉米收获后的9~11月份，其他月份喂饲霉玉米也能发生。其死亡率很高，可达50~80%。我国的河北、河南、山东、山西、辽宁、吉林、黑龙江、广西、云南等省，均有本病发生，危害十分严重，必须引起注意。

病因　主要由于喂饲发霉玉米引起，现已从发霉玉米中分离出致病性真菌。其中致病性强的菌株为串珠镰刀菌。其产生的毒素为串珠镰刀菌素。该毒素不仅能引起马属动物中毒，而且对鸡、鸭也有致病作用。

症状　本病具有明显的神经症状，通常可分为狂暴型（兴奋型）和沉郁型两种。

1. 狂暴型：呈现突发性神经兴奋，表现狂暴，视力减弱，甚至失明。当系于饲槽或围栏时，则以头猛撞或抵于其上。有时挣断缰绳、盲目行动，步态不稳，或猛向前冲，以头抵住障碍物。跌倒后，用力挣扎起立，或四肢作游泳状划动。在挣扎过程中，常以嘴或眼眶部碰地并致伤。有时病畜全身肌肉痉挛，角弓反张，眼球颤动，火小便失禁，公畜阴茎勃起。多数病例经数天后便陷入心力衰竭而死亡。少数病例可转为慢性。

2. 沉郁型：精神高度沉郁，食欲减退，头低耳耷，双目无神。唇舌麻痒，流涎，视力减退，甚至失明。吞咽障碍，咀嚼困难，低头呆立，肌肉震颤。共济失调，遇障碍物即易跌倒。肠蠕动迟缓，排粪排尿次数减少，数日后死亡。或于昏迷后逐渐好转而痊愈。

3. 混合型：病畜有时表现兴奋，有时呈现沉部，两种神经症状交替出现。

诊断　凡在同一地区或同样饲养条件下多数家畜发病时，应查明饲料质量，结合发病情况，临床表现等的特征，进行综合分析，建立诊断。临床上应与马传染性脑脊髓炎相区别。

马传染性脑脊髓炎多发生于吸血昆虫活跃季节，没有喂霉玉米的病史．体温升高，时有黄疸现象。

治疗　通常采取排除毒素，减少毒素的吸收以及恢复并增强中枢神经调节机能的治疗措施。在药物治疗的同时，必须立即停止饲喂霉玉米，改喂优质草料，并保持安静，减少外界的不良刺激。可用10%氯化钠溶液1 00~150ml、40%乌洛托品溶液50ml，混合后静脉注射。每天1次，连续2~3d为1疗程，同时用20%葡萄糖500~1 000ml静脉注射，每天1次，连续数日，直到病情好转为止。用硫酸钠300~500g，做成5%~10%水溶液给马、牛内服，排出不良胃肠内容物。

心脏衰弱可用10%安钠咖10~40ml，肌肉或静脉注射；兴奋不安用10%安溴注射液100ml，静脉注射或内服水合氯醛10~20g。恢复期病例，可给予健胃剂。

预防　预防的关键在于注意饲料的保存，防止霉败。严禁用发霉玉米饲喂马属动物。

八、黄曲霉毒素中毒

黄曲霉毒素中毒是人畜共患、危害极其严重的一种中毒性疾病。主要以肝脏受到损害，肝功能障碍，肝细胞变性、坏死、出血、增生为特征。

本病在美园、英国、巴西等十几个国家早已发生，我国的江苏、广西、贵州等省区也曾有报道，给畜禽生产造成严重的危害和经济损失。

病因　病原为黄曲霉毒素。本病的发生，是由于畜禽吃了被黄曲霉毒素污染的花生、玉米、麦类、豆类、酒糟及其他农副产品所致。

黄曲霉毒素是黄曲霉菌的代谢产物，目前已知黄曲霉毒索及其衍生物有 20 余种。其中以黄曲霉素 B1 致癌性最强。当黄曲霉素 B1 进入机体后，在肝细胞内在氧化酶的催化下，转变为环氧化黄曲霉毒素 B1，再与核糖核酸、脱氧核糖核酸结合，并发生变异，使肝细胞转化为癌细胞。

黄曲霉毒素广泛存在于自然界中，各科谷物及其副产品极易污染，尤其是梅雨季节，温度为 24~3n℃和湿度适宜的时期，若收割、保管不当，污染情况更为严重，产生的毒素量也最多，用以饲喂畜禽则易引起发病。

症状　雏禽对黄曲霉毒素的敏感性较高，多取急性经过。幼鸡多发生于 2~6 周龄，症状为食欲不振，生长缓慢，衰弱，贫血，鸡冠苍白，排出带血稀粪。幼鸭食欲废绝，脱羽，鸣叫，腿趾发紫，共济失调，伴有跛行。多数病鸭常在角弓反张发作中死亡，其死亡率高达 80%~90%。成年鸭耐受性较强，一旦发病，病程较长者可发生肝癌。

猪于食入霉败饲料后 1~2 周即可发病。急性型多发生于 2~4 月龄小诸。食欲旺盛，体质较好的小猪，常无明显症状而突然死亡。亚急性型，体温升高，精神沉郁，食欲废绝，粪便干燥，直肠出血；可视黏膜苍白、黄染，后肢无力，步态不稳，少数病例常发出呻吟，或呆立一角；重者卧地不起，常于病后 2~3d 死亡。大猪多取慢性经过，精神不振、运步强拘，异嗜和偏吃生冷饲料；眼睑肿胀，被毛粗乱，皮肤发白或黄染，随着病情发展，出现神经癌状，离群呆立，或角弓反张，体温多无异常，病程可达数月，较少发生死亡。

乳牛多取慢性经过，厌食，消瘦，精神委顿，一侧或两侧角膜浑浊；腹腔积液，间歇性腹泻；少数病例呈现神经症状，突发转圈摇动，多在昏迷状态下死亡。

诊断　发现黄曲霉毒素中毒的可疑病例，应立即调查病史，并对现场的饲料进行检查，结合临床症状，综合分析，可作出初步的诊断。确诊必须进行毒素检测和病原菌分离培养。

治疗　目前，尚无特效药疗法。发现中毒，应立即停喂霉败饲料，给予含碳水化合物丰富的青绿饲料，减少含脂肪多的饲料。

重剧病例，可服盐类泻剂（如硫酸镁、人工盐等），排除胃肠内自毒物质。解毒保肝，防止出血，可用 25%~50% 葡萄糖溶液、并加入维生素 C 作静脉注射或用 5% 氯化钙或葡萄糖酸钙，40% 乌洛托品注射液，静脉注射。心脏衰弱者，可肌肉注射安钠咖。

预防　本病预防的关键是做好饲料的防霉工作，从收获到保存，勿使其遭受雨淋，堆场发热，以防止霉菌生长繁殖。对已经发霉的饲料，未经去毒处理，不得作饲料使用。

九、霉稻草中毒

耕牛霉稻革中毒，俗名“脚肿病”，是由镰刀菌所产生的毒索引起的非传染性疾病。临床上以跛行、溃烂、甚至蹄匣脱落为特征。

本病在我同自 1973 年后，陆续大批发病，危害十分严重。涉及十几个省区，如四川、湖南、湖北、浙江、云南、贵州、陕西等。常发于牛，尤其是水牛，黄牛也能发病，但症状轻微，至今未见有乳牛发病的报道。

病因　本病多发于以舍饲为主的水牛。每当秋收时，阴雨连绵，稻草收割后未经晒干露天堆放，以致稼茵大量生长繁殖。用这种发霉稻草喂牛，即可引起发病。特别是南方产稻地区，耕牛劳役负担过重，体内大量营养消耗抗病能力降低，则更易促进本病的发生。

镰刀菌的代谢产物—丁烯酸内脂具有较强的毒性，可使外周局部血管发生痉挛性收缩，致使管腔狭窄，血流缓慢，继而血栓形成，引起局部血液循环障碍，导致瘀血、水肿、坏死；如感染细菌，刚使病情恶化，甚至发生蹄匣脱落。

镰刀菌低温培养比常温培养毒性强，寒冷季节，由于冷的刺激，引起远端末梢血管收缩血流缓慢，加之温度较低，更易促使发病。所以低温是本病发生的促进性因素。

症状　本病发生有明显的季节性，主要发生在 10 月至翌年 3 月，其中以儿 11~12 月为发病的高峰期。发病突然，多在早晨，发现步态僵硬，轻度跛行。病初，蹄铤微肿、发热，系凹部皮肤呈现横行皲裂，稍有痛感。几天后，肿胀向上蔓延至腕或跗关节，跛行加重。局部皮温降低，随后，肿胀皮肤的表面渗出淡黄色透明液体，并很快发生凝固。如继续发展，痂皮肤破溃、出血、感染、化脓。严重者，最后蹄匣脱落而被淘汰。少数病例，肿胀可蔓延到前肢的肘部，后肢的股部，有的一肢肿，有的四肢肿，如多肢肿胀，则病牛卧地不起，但仍有食欲。由于长期躺卧，发生褥疮，继而感染，终因极度衰竭或败血症而死亡。

病畜精神沉郁，被毛粗乱，可视黏膜微红，通常体温、脉搏、呼吸、食欲及大小便均无明显异常变化。如能及时合理治疗，除蹄匣脱落者外，均可获得痊愈。

诊断　首先应全面调查，了解饲养管理情况，如有无饲喂霉稻草的病史，是否劳役负担过重等。根据发病季节、饲养管理，结合临床特征，即可作出诊断。但应与伊氏锥虫病区别。锥虫病检血能检出锥虫，用抗锥虫药治疗效果良好，可以区别。

治疗　用药之前，应停喂霉稻草，加喂精料，并防寒保暖。药物可用 10% 葡萄糖 1 000~2 000ml，静脉注射，每天 1~2 次，连用 3~5d。如加入 5% 维生素 C30~50ml，则效果更好。强心利尿可用 10% 安钠咖 20ml，皮下、肌肉或静脉注射。

病初，局部可施行热敷，并且灌服白胡椒酒（白胡椒 20~30g、白酒 200~300ml），以促进局部血液循环。肿胀部位破溃，继发细菌感染者，可用抗生素或磺胺类药物治疗。

预防　平时合理使役，防止稻草霉败，已发霉的稻草，不能用做饲料。入冬后，耕牛应补给青饲料和精料。

十、氢氰酸中毒

氢氰酸中毒是由予家畜采食富含氰甙配糖体的青饲料，在胃内由于酶和盐酸的作用，产生游离的氢氰酸而发生中毒。其主要特征为伴有呼吸困难、震颤、惊厥综合征的组织中毒性缺氧症。

病因　主要由于采食或误食含氰苷或可产生氰苷的饲料所致。含氰苷的饲料有下列一些。

1. 木薯南方产的木薯含有大量淀粉，故常用作饲料，但含有较多的氰苷，如饲喂不当，则易引起中毒。

2. 高粱或玉米苗　新鲜幼苗含有氰苷，特别是再生苗禽量更多。

3. 亚麻子其榨油残渣（亚麻子饼），可用作饲料，但含氰苷较多，食后容易发生中毒。

4. 其他植物如桃、杏、枇杷、樱桃等的叶和种子内也含有氰苷，饲喂不当时，均可引起中毒。

发病机制含氰苷配糖体的植物，当动物采食咀嚼时，在有水分与适宜温度的条件下由于植物体内脂解酶的作用，而产生氢氰酸。当氢氰酸进入体内后，氰离子能抑制细胞色素氧化酶的活性，阻止组织细胞对氧的吸收，以致破坏组织内的氧化过程，导致机体缺氧。由于组织细胞不能从毛细血管的血液中摄取氧，因而在组织向心脏回流的静脉血液中，仍保留着动脉血液流入组织以前的含氧水平，结果，静脉血液呈现如同动脉血液一样的鲜红色。

由于中枢神经系统对缺氧特别敏感，所以当组织内呼吸障碍时，中枢神经系统首先遭受损害，尤其血管运动中枢和呼吸中枢为甚。临床上呈现先兴奋后抑制、呼吸麻痹等的中毒特征。

症状　氢氰酸中毒，发展急速，常于采食含氰甙的饲料后约 15~20min，呈现腹痛不安（马），呼吸困难，可视黏膜鲜红，流出泡沫状唾液。首先兴奋，但极快转为抑制，呼出气带杏仁味。随之全身极度衰弱，行走不稳，很快倒地，肌肉痉挛，瞳孔放大，反射减弱，心动徐缓，脉搏细弱，最后陷于昏迷死亡。

诊断　了解病史及发病原因，结合临床表现，可作出初步诊断。最后确诊须作毒物检验。但应与亚硝酸盐中毒区别。亚硝酸盐中毒血液呈暗红色，氢氰酸中毒血液为鲜红色。

治疗　立即用亚硝酸钠，牛、马 2g，猪、羊 0.1~0.2g，配成 5% 的溶液，静脉注射，随后静脉注射 10% 硫代硫酸钠，马、牛 100~150ml，猪、羊 10~30ml。亦可用亚硝酸钠 3g、硫代硫酸钠 15g、蒸馏水 200ml，混合配成溶液，供牛一次静脉注射。猪、羊则用亚硝酸钠 1g，硫代硫酸钠 3g，蒸馏水 50ml，静脉注射。亦可用美蓝，但疗效较差。

预防　含有氰苷配糖体的饲料，最好能经过流水浸渍 24h 或漂洗后，再加工利用。不要用含氰苷配糖体的高粱苗、玉米苗喂饲牲畜。更要防止牲畜进入长有高粱、玉米苗的地内偷吃幼苗，招致中毒。

十一、感光过敏

感光过敏是由于动物的外周血液中有某种光能剂，经阳光照射而发生的一利，病理状态。本病以动物皮肤的无色素部分发生红斑和皮炎为特征。多发生于白色的猪和羊。

病因　本病是由于采食含光能剂的饲料引起。含光能剂的饲料主要有荞麦、苜蓿、红三叶草，灰菜、苋菜、黄花羽扇豆、猪屎豆等，蚜虫体内电含有光能剂，采食附着大量蚜虫的青草或蔬菜也能致病。有的药物如吩噻嗪也的光能效应，内服后，也能发生感光过敏。

发病机制：采食含光能剂饲料后，光能剂经胃肠吸收，进入血液，到达皮肤组织。在那里经日光照射被激活，而作用于局部细胞，将其损伤，使细胞结构破坏，析出组织胺，引起血管扩张，皮肤充血、潮红、渗出、水肿，甚至坏死，而发生所谓日光性皮炎。

症状　感光过敏的主要症状为皮炎，而且局限于日光能够照射到的无色素的皮肤。

1. 轻症者：在无色素部位，白猪或剪过毛的羊在耳、眼睑、颈上部、背腰部、臀部，牛在乳房、乳头、四肢、胸腹部、颌下、口周围皮肤充血、潮红、肿胀，并形成红斑，其色泽由浅逐渐变深，甚至呈紫红色。病部奇痒，边跑边摩擦。白天日晒时加重，晚间减轻。其他方面无变化。改换饲料后痒觉缓解，数日后病变消失。

2. 重症者：皮肤肿胀显著，疼痛，形成水泡破溃后，流出黄色透明液体，干燥形成痂皮。严重者痂皮下化脓，甚至皮肤坏死。病畜体温升高，精神沉郁，心律不齐，常并发口炎、鼻炎、结膜炎、阴道炎。食欲废绝。有的出现神经症状，表现兴奋、痉挛、麻痹、共济失调，昏睡。多不易治愈。

诊断　根据病史和症状，不难诊断。但应与锌缺乏症区别。锌缺乏症多发于8~12周龄的仔猪，有日粮中缺锌而钙多的病史。补喂硫酸锌即可治愈。

治疗　立即停止喂饲含光能剂的饲料，置病畜于遮阴处。

内服泻剂，如硫酸钠（镁）等。

应用抗过敏，如苯海拉明，猪、羊40mg口服。同时用5%氯化钙注液，猪，羊20~40ml，静脉注射。

同时还要应用抗生素类或磺胺类药物以预防感染。

局部可用石灰水洗涤，并涂鱼石脂软膏。

预防　不要用含光能剂的饲料喂饲。存发病地区或季节，白猪或剪过毛的羊及其他白色皮肤的动物，也不要到危险草场放牧。

第三节　有毒植物中毒

一、苦楝子中毒

苦楝子为楝树科植物，它的根、皮及果实含有毒成分苦楝素和苦楝子酮。猪喜欢苦楝子，日采食过量，即发生中毒。临床上有时应用苦楝子驱虫，超量也可发生中毒。

有毒成分对消化道有刺激性，吸收后则损害肝脏，并且使血液的凝固性降低，导致血液循环衰竭而发生死亡。

症状　病猪嘶叫，口流白沫，呕吐、腹痛不安，呼吸困难。四肢无力，卧地不起，甚至瘫痪。耳及四肢发冷，临死前体温下降。病程几小时至两天。

治疗　猪中毒后，灌服硫酸镁25~50g，以排除胃肠中有毒内容物。再用10%安钠咖5~10ml肌肉注射，50%葡萄糖50~100ml，静脉注射。

图2.5　楝　树

预防　猪场周围不宜栽种苦楝树，以防落果被猪采食。药用时注意剂量（猪口服苦楝子剂量 5~10g 或苦楝子皮 5~15g），预防过量中毒。

二、闹羊花中毒

闹羊花即黄杜鹃。主要分布于江苏、福建、河南、湖北、云南等省，有毒成分为杜鹃花素、槍木素、石楠素等。本病多发于羊、山羊。马、牛、猪亦有发生。

病因　中毒的发生主要是由于早春季节青草缺乏，在山坡放牧家畜时，误食闹羊花所至。

闹羊花的有毒成分，具有缓慢心律，降低血压，麻醉及引起呕吐等作用。

症状　牛、羊采食后，约 4~5d 发病，见流涎、呕吐、精神不振、四肢开张、步态不稳。重症病例，四肢麻痹、不能站立、间歇性腹痛、脉搏细弱、心律不齐、血压下降、呼吸困难，最后，卧地不起、昏迷、体温下降、呼吸中枢麻痹而死亡。

猪发病后呕吐、磨牙、运步时后肢叉开、共济失调。严重时，全身痉挛、后肢瘫痪、叫声嘶哑、眼结膜充血，体温正常。一般经治疗可获痊愈。

诊断　根据临床症状和曾在生长闹羊花的山坡放牧的病史，即可作出诊断。

治疗　治疗时，牛可用 0.5% 硫酸阿托品注射液 10~20ml 和 10% 樟脑磺酸钠注射液 15~20ml，分别皮下注射，每天两次。再用 20%~50% 葡萄糖溶液 1 000~2 000ml、10% 安钠咖注射液 10~20ml、5% 维生素 C 注射液 20~60ml，混合静脉注射。

预防　初春饲料缺乏，而且家畜在饥饿时，切忌到生长闹羊花的地区放牧。

第四节　农药中毒

一、有机磷农药中毒

目前，我国在农业和牧草生产上有时会使用有机磷农药杀虫剂，对保护农作物、牧草和蔬菜等的正常生长起着重要作用。但由于农药的使用、保管不当，引起家畜中毒事故，仍不断发生，造成畜禽大批死亡和严重影响畜产品的国内供应和出口任务的完成，给国家和集体带来巨大的经济损失。因此，畜禽农药中毒的防治对于保护牲畜健康和食品卫生等具有重要意义。

有机磷农药种类较多，其中较常见的有钾拌磷、对硫磷、甲基对硫磷（剧毒类）、乐果、敌敌畏、杀螟松、敌百虫、马拉硫磷（弱毒类）等。

家畜有机磷农药中毒是由于接触、吸收或采食被污染的饲料、草料及饮水所至。

病因　主要有下列几种。

1. 采食、误食或偷食施过农药不久的农作物、牧草、蔬菜等。尤其是用药过后而未被雨水冲刷过的，更为危险。

2. 误食拌过或浸过的农药种子。例如，为防治地下害虫，用对硫磷、钾拌磷或敌百虫等拌种。

3. 作为药用所至的中毒。例如，滥用或过量用敌百虫、乐果驱除家畜体内外寄生虫所引起的中毒。

4. 饮水被农药污染引起的中毒。例如，在池塘、水槽等饮水处配制农药、洗涤喷药用具和工作服；饮用撒过农药的田水；破坏性投毒使水源污染而引起中毒。

5. 错误的农药保管，例如，用同一库房储存农药和饲料或在饲料间内配制农药或拌种。

发病机制有机磷农药，经胃肠、皮肤吸收后，随血液和淋巴循环分布到全身各组织器官，抑制胆碱酯酶的活性，使其丧失水解乙酰胆碱的能力，致使胆碱能神经末梢释放的传递神经冲动的乙酰胆碱发生蓄积，使副交感神经的节前、节后纤维和分布于腺体的交感神经的节后纤维所支配的一些组织、器官的功能异常，呈现心血管活动受抑制、平滑肌兴奋、腺体分泌亢进、瞳孔缩小等变化。

症状　病牛不安，流涎、鼻液增多、反刍停止、粪稀日水、肌肉痉挛、眼球震颤、结膜发绀、瞳孔缩小、呻吟、磨牙、呼吸困难、出冷汗、四肢末端发凉，病情恶化后，则陷于麻痹，终因呼吸肌麻痹而死亡。

马：饮、食欲废绝，流涎、出汗、站立不稳、呼吸困难、肠蠕动音增强、粪便稀软、腹围明显增大、黏膜潮红、瞳孔缩小、视力减退、腹痛不安。

猪：大量流涎、肌肉发抖、站立不稳、共济失调、突然倒地、四肢划动、呼吸困难。

鸡：表现不安、流涎、流泪、食欲废绝、腹泻、排血便、嗉囊积液、肌肉痉挛、运步困难、几乎不能行走、卧多立少。最后麻痹，于昏迷状态下死亡。

诊断：根据病史，临床症状，实验室检验，特效解毒剂的应用效果等，可以作出诊断。

病史　它是确定有机磷农药中毒的重要依据之一，应对当时、当地使用农药和保管农药的情况，做深入细致的调查。

综合分析　将收集到的症状，结合病史，进行综合分析，若发现主要症状和病史都与有机磷中毒有联系时，即可作出初步诊断。

毒物检验　用血液胆碱酯酶活性全血纸法测定，具有敏感度高，测定范围宽，并能判断中毒程度，推断预后等优点。

原理　有机磷农药中毒后，血液中胆碱酯酶活性受到抑制，故对乙酰胆碱分解为乙酸和无活性的胆碱的能力降低，影响 pH 值变化的乙酸量减少，通过溴麝香草酚蓝指示剂的显色反应，即能间接地测出胆碱酯酶的活性。

试纸制备：取溴麝香草酚蓝 0.14g，溴化乙酰胆碱 0.46g（或氯化乙酰胆碱 0.185g），将两者溶于 20ml 无水酒精中。再用 0.4ml 氢氧化钠溶液调整 pH 值由橘红至黄绿色（pH 值约为 6.89）。将定性滤纸浸入上述溶液中，待滤纸完全被浸湿后，取出阴干（呈橘黄色），剪成长方形纸片，贮于棕色瓶中，备用。

操作方法：取上述滤纸两片，分别置于载玻片的两端。一端滴加被检末梢血液一滴，另一端滴加等量的同种健畜末梢血 1 滴，然后立即加盖载玻片，用橡皮筋扎紧置于 37oC 恒温箱（或利用人的体表温度）中 20min。取出以血滴中央的颜色同标准色卡比较，判断胆碱酶活性百分率（表 6）

表 6　胆碱酯酶活性对照表

色调	酶活性（%）	中毒程度
红色	80~100	未中毒
紫红色	60	轻度中毒
深紫色	40	中等中毒
蓝色	20	严重中毒

治疗　本病先用阿托品对症治疗，控制症状，其剂量高于常规的 2~4 倍，马、牛 0.06~0.20g，羊 0.02~0.04g，肌肉注射或溶于 5% 葡萄糖液 100~200ml 中静脉注射，每隔 1~2h，用半量或全量重复给药。接着应用特效解毒剂解磷定，马、牛 5~10g，猪、羊 10g，以葡萄糖液或生理盐水配成 5% 的溶液静脉注射。氯磷定还可肌肉或皮下注射。解磷定或氯磷定与阿托品交替使用则效果更好。

当病畜流涎停止，瞳孔散大，痉挛消失，呼吸症状减轻时，应继续强心、利尿和健胃。

预防　认真执行《剧毒农药安全使用规程》等有关规定，建立健全农药的购销、保管和使用制度。喷过农药的农田、菜地，7d 内不得让牲畜进入喷洒过或被有机磷农药污染的青草，一个月内不准用以饲喂家畜。

二、有机氟化物中毒

有机氟化物是当今应用比较广泛的农药之一。目前常用的有氟酰胺、氟乙酸钠、甘氟、氟蚜螨等。

有机氟化物是高效农药，但动物可因吃食被有机氟化物污染的饲料，或被有机氟化物毒死的老鼠而引起的中毒。例如，1975 年，某省一生产队的家畜，因氟乙酰胺中毒，全部死亡，十几只狗吃了死畜死体，亦发生中毒死亡。

病因　有机氟化物主要经消化道，进入机体引起中毒。家畜中毒是因吃了被有机氟化物污染的植物、饲料、谷物、饮水所至。狗、猫及鸡的中毒，常常是吃了毒饵或被有机氟化物毒死的肉尸引起。

有机氟化物对动物的毒性很大，但只有进入动物组织后转化为氟化酸时才具有活性。氟乙酰胺进入机体后，脱胺基形成氟乙酸（$C_2H_3FO_2$）。氟乙酸能阻断柠檬酸的代谢，且能抑制乌头酸梅，故使羧酸循环中断，组织和血液中柠檬酸蓄积，三磷酸腺苷（ATP）生成受阻，细胞内呼吸严重障碍，尤其脑及心血管系统受害明显，呈现中毒症状。

症状　动物食入有机氟化物约 0.5~2h 发病，一旦症状出现，便迅速发展，病情逐渐恶化。

马：以心血管系统症状为主，精神沉郁、肌肉震颤、呼吸困难、四肢末端发凉。心跳加快、节律不齐。腹痛不安、出汗、步态不稳。死前，惊恐、高声鸣叫、突然倒地、四肢划动、肌肉震颤，在心力衰竭下死亡。

牛：以高度兴奋为特征。病牛不安、惊恐尖叫、肌肉震颤，间或呈癫痫样搐搦，随后倒地，角弓反张，呼吸困难，心动加快，体温无明显变化。重剧病例，倒地后呼吸抑制，几分钟后心跳停止而死亡。慢性时，静卧，食欲废绝，反刍停止。病程一般约 2~3d。

猪：急性中毒表现阵发性痉挛、空口咀嚼、步态不稳、共济失调、心跳加快，终因心衰死亡。

犬：常因吃食被氟乙酰胺毒死的老鼠死体而发生急性中毒，呕吐、里急后重、兴奋不安、狂奔、嚎叫，倒地后十几分钟死亡。

诊断　根据吃食被污染的饲料、饮水的病史，结合临床症状，可初步诊断。必要时，可测定动物血液中的柠檬酸含量，由于病畜血液中柠檬酸含量显著升高，有助于诊断。

治疗　治疗前，应立即离开现场，更换饲料及饮水。用 0.02% 高锰酸钾溶液或澄清石灰水洗胃，最后服盐类泻剂。

解氟灵为特效解毒剂。剂量为每千克体重每天用 0.1~0.2g，分 2~3 次肌肉注射，首次量为全日量的一半，疗程 5~7d。其作用是，解氟灵进入机体后，对氟乙酸的生成具有干扰作用。阻止氟乙酰胺生成氟乙酸，而起到解毒作用。口服 5% 乙醇和 5% 醋酸，每千克体重各 2ml 也有效。

控制痉挛，可用葡萄糖酸钙；镇静用巴比妥、氯丙嗪；呼吸抑制，用尼可刹米。酸中毒可用碳酸氢钠溶液。补充营养，提高机体抗病力，可静脉注射葡萄糖溶液。

预防　加强对有机氟化物农药的保管和使用。中毒死亡的死体，应深埋，以防止被动物食入而招致中毒。

第五节　灭鼠药中毒

一、磷化锌中毒

磷化锌是我国使用广泛的一种毒鼠药。如鸡场、猪场或仓库灭鼠时，毒饵放置不当，常引起畜禽中毒。中毒多见于鸡、猪、猫和狗。

病因　畜禽磷化锌中毒，往往由于误食毒饵或被磷化锌污染的饲料所至。狗和猫吃入磷化锌中毒致死的老鼠而发生中毒。

磷化锌进入胃内后与胃酸（HCl）发生化学反应，生成磷化氢和氯化锌，而磷化氢则是剧毒，它除对胃肠黏膜具有强烈刺激作用外，吸收进入血液后，能毒害肝、心、肾等器官，引起细胞变性、坏死。对神经系统、造血器官亦有一定的影响。最终由于全身广泛性出血、组织缺氧而于昏迷中死亡。

症状　食入磷化锌后，常在几分钟至数小时出现中毒症状。精神沉郁，食欲减退，呕吐、腹泻物和粪便有大蒜的气味，于暗处有时可发出磷的荧光。腹痛、心跳和呼吸增数，心力衰竭，节律不齐。严重时，可出现蛋白尿、血尿。最后痉挛发作，呼吸极度困难，昏迷而死亡。

诊断　根据病史，临床症状，呼吸困难，呕吐及胃内容物有大蒜气味等，即可诊断。

治疗　猪中毒时，及时灌服 1%~2% 硫酸铜溶液 25~50ml 催吐和解毒（产生无毒的磷化酮）。亦可用 0.1%~0.5% 高锰酸钾洗胃，洗出毒物，然后用盐类泻剂排除毒物。同时，强心、补液、利尿。鸡中毒后，可切开嗉囊，排除有毒物质，效果理想。

预防　加强毒鼠药的使用和保管。毒饵应妥善放置，防止动物误食。为防止动物误食磷化锌毒饵中毒，可于毒饵内掺入酒石酸锑钾（磷化锌 10g，酒石酸锑钾 3.75g，食饵 986g），一旦误食可发生呕吐，但老鼠却不呕吐。

二、敌鼠钠中毒

敌鼠钠为黄色无味结晶体，微溶于水，易溶于丙酮、乙醇等有机溶剂。在鼠体内不易分解和排泄，对弱氧化剂稳定，无腐蚀性。作为饵剂，可用 1%粉剂 1 份，拌和饵料（如玉米粉）20 份配成含敌鼠钠 0.05% 的毒饵，再加少量食油既成。亦可用 1%敌鼠钠 50 份，加水 1000ml，溶化成 0.05% 溶液，进入少量的食糖、米饭等即可使用。

病因　动物中，猪、狗和禽类易误食毒饵或食入中毒死鼠而引起中毒。敌鼠钠为一种抗凝血的高效杀鼠剂。大鼠口服 3mg，兔 3.5mg，狗 3~7.5mg（均以每千克体重计算）即可中毒。

进入机体的敌鼠钠，对维生素 K 具有抑制作用，从而影响凝血致活酶原的合成，延长凝血时间，导致内脏器官出血，组织细胞缺氧。同时，敌鼠钠可直接作用于毛细血管壁，使其通透性和脆性增加，易于破裂出血。

症状　中毒多为慢性过程。病畜精神沉郁，食欲减退，有时呕吐。随后，可视黏膜苍白，呼吸促迫，排出血粪和血尿，皮肤呈现紫斑。后期，黏膜发绀，四肢末端发凉，呼吸困难，卧地挣扎，终因窒息死亡。

诊断　根据病史，结合临床症状，必要时进行毒物检验，综合分析，建立诊断。

治疗　病初洗胃或内服呕吐剂，排出毒物。维生素 K3，猪 8~40mg、犬 10~30mg，肌肉注射，每天 2~3 次。维生素 C，猪 0.2~0.5g，犬 0.02~0.1g，静脉注射或肌肉注射。必要时可用高渗葡萄糖液并加入氢化可得松静脉注射。

第三篇

动物外科手术

第十六章　手术基本操作技术

第一节　保定

采用人为的方法来控制动物的活动叫保定。其目的是保护人、畜安全，便于诊疗工作的顺利进行。

实施保定时，应根据动物种类、个体特性、神经类型及手术部位的不同，选用适当的保定方法；所用的保定方法应安全可靠、简便易行。

一、牛的保定法

图 3.1　牛四柱栏保定法

图 3.2　藏族倒牛法

（一）柱栏保定法

1. 四柱栏保定法：用四根木柱或钢管制成。同侧前后柱间以横木（钢管）连接，前柱前方设一单柱，两前和两后柱间均设有可动的横杆或皮带，穿过住上贴坏，以防牛的进退。头绳系于单柱上，最后吊挂胸、腹绳（图 3.1）。

2. 六柱栏保定法：同马的六柱栏保定，但牛用的六柱栏比马用的规格要大些。

（二）侧卧保定法

1. 藏族倒牛法：取圆绳一条，将绳的中央部分曲折置于右侧胸壁，引两绳端经胸腹下和背部返回右胸壁，穿过曲折部向上折曲或双围绳，将两围绳分开，前者置胸部，后者置于腹部，使绳中央的曲折部分位于胸腹部上 1/3 处。一人用鼻钳固定头部，另外两人于牛的两侧各执胸、腹围绳的游离端用力向下拉绳，牛即产生不适感而自然倒地（图 3.2）。

2. 提肢倒牛法：将一条长绳折成一长一短，在折转处作一套结，套在倒卧侧前肢系部，将绳从胸下由对侧向上绕过肩峰部，长绳由倒卧侧绕腹部一周，扭一结而向后拉。

倒牛时，一人索缰绳并按住牛角，一人拉短绳，二人拉长绳，将牛向前牵，拉紧短绳提起前肢并向下压，二人拉长绳用力向后牵引，牛即倒卧（图 3.3）。

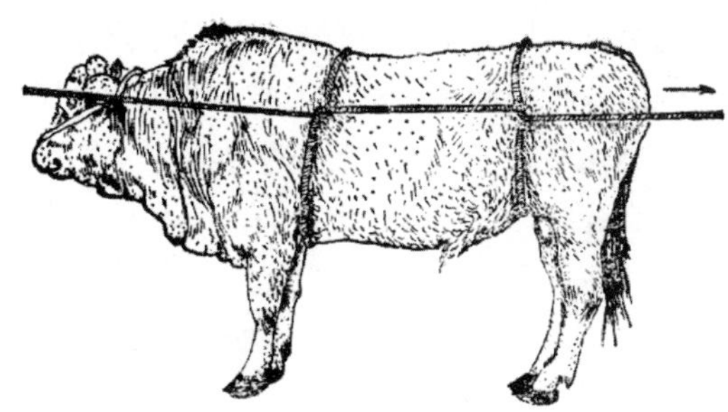

图 3.3　提肢倒牛法

二、马的保定法

（一）柱栏保定法

1. 四柱栏保定：同牛的四柱栏保定，其胸腹带均为特制的扁绳。铁制栏的前柱上方向前外方伸出，末端下弯并设有吊环，以备结系缰绳用。

2. 六柱栏保定法：六柱栏有木制、铁制两种，除设胸、臀绳（或铁链）外，还有压颈绳和胸、腹吊带，以防马的进、退和跳、卧，柱上设活钩，以便紧急时解脱（图 3.4）。

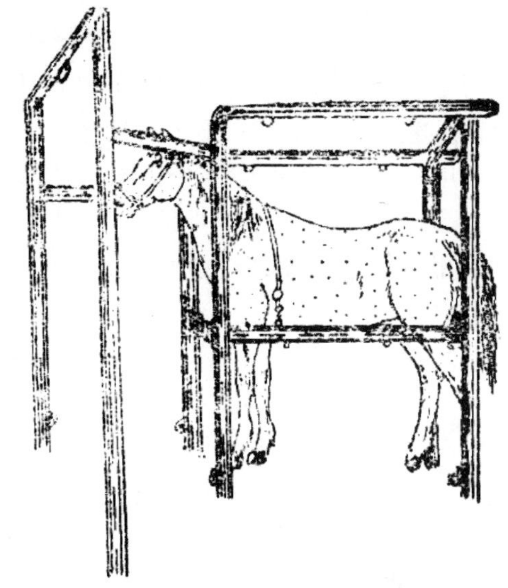

图 3.4　马六柱栏保定法

3. 头部保定法：先摘掉马笼头，取一条长约 6m、宽约 3~4cm 的扁绳，将绳中央部分挂在颈部，于下颌中央处结扣；将头左侧绳端绕过鼻梁至右侧，置于右侧绳端的下方，再将左绳端迂回颊绳后方从其内侧穿过，并从鼻梁绳内侧自上向下抽出绳端，拉紧后系于右侧柱栏铁环上；右侧绳端从下颌处拉向左侧，再从颌下绳内侧由上向下抽出绳端，拉紧系于左侧柱栏铁环上。为固定牢靠，可用麻绳穿过柱栏上梁铁环，其一端系于鼻梁绳上，另一端从左或右侧柱栏铁环穿出后，返回头部从鼻梁绳内侧穿出，拉紧系于同侧柱栏下方铁环上；再取一绳系于鼻梁绳上，向下牵引拉紧，系于另一侧柱栏下方的铁环上。解除保定时，将项绳向马头前方一拉，即可全部解脱（图 3.5）。

图 3.5　头部保定法

4. 四肢转位保定法

前肢前方转位法：用扁绳系于系部或掌下部，牵绳至同侧前柱的外侧，越过柱栏下横木，由内往外自上而下绕到该柱外侧，再返回保定肢的掌部，自掌后向掌前回转，提拉绳端即可将该前肢牵至前柱外侧，用绳将该肢再缠绕一周，压于腕关节上方。

后肢后方转位法：用扁绳系于跖部下端或系部，拉绳经同侧后柱后方上行，越过柱栏下横木，由内往外自上而下绕到后柱外侧，再返回跖部并从内向外将绳回转，牵引绳端则保定肢即被提到后柱外侧，用绳缠绕 1~2 圈后，压于跟腱上方。

后肢前方转位法：用扁绳系于系部，引绳经马腹侧平行向前至前柱与马体之间，绕过前柱返回到两后肢间，再从保定至跗关节上方绕过，用力拉绳提起后肢至横木处并用绳缠绕数圈固定。

（二）侧卧保定法

1. 单套绳倒马法：用一条长约 10cm 的粗圆绳，一端套以铁环并于右颈基部系成单套结。助手牵住马头。保定者持圆绳另一端向后行至马体后部，使绳置于两后肢间，拉绳转向马右侧，将绳端从马背上绕过，经腹下抽出，穿过颈基部的铁环，再推移背绳，使之经臀部下滑至左后肢系部，保定者以脚蹬住铁环处，在用力拉绳使左后肢尽量前提至胸下的瞬间，持绳迅速至马左臀部并下压；保定马头的助手密切配合，则马体失去重心而向左侧倒卧。保定者用力拉绳使后蹄至颈部铁环处，把绳拧一活结，套于系部拉紧，再将绳穿过铁环拉出一个活套，套在另一后肢系部拉紧，使两后蹄达同一位置，再作一活套，套住两个系部拉紧，最后用剩余绳段经跖部、左臀和背部作一围绳固定，绳端交助手拉住，使马呈半仰卧姿势（图 3.6）。

2. 双套绳倒马法：用长约 15cm 的粗圆绳一条，于绳中央处系一双套结，依颈围大小拉出长、短两个绳套，各套入一个铁环。引双绳套至鬐甲前上方并用木棒连接固定。再将绳的两游离端通过两前肢间和两后肢间，由跗关节上方分别绕到其前方，从内向外各绕过原绳拉向颈部，穿过铁环后，再拉向马体后方。最后将跗关节上方绳套移至系部，由助手两人拉紧绳端一齐用力，马即坐下随之倒卧。助手压住马头。拉紧绳端并分别用猪蹄结缚住后肢系部，再将绳的两游离端插入铁环并引向后方，经腹下和两后肢间再向前折转，从跗关节上方向前拉即可（图 3.7）。解除保定时，先解开系部绳结，再将鬐甲部连接绳套的木棒拉出即可。

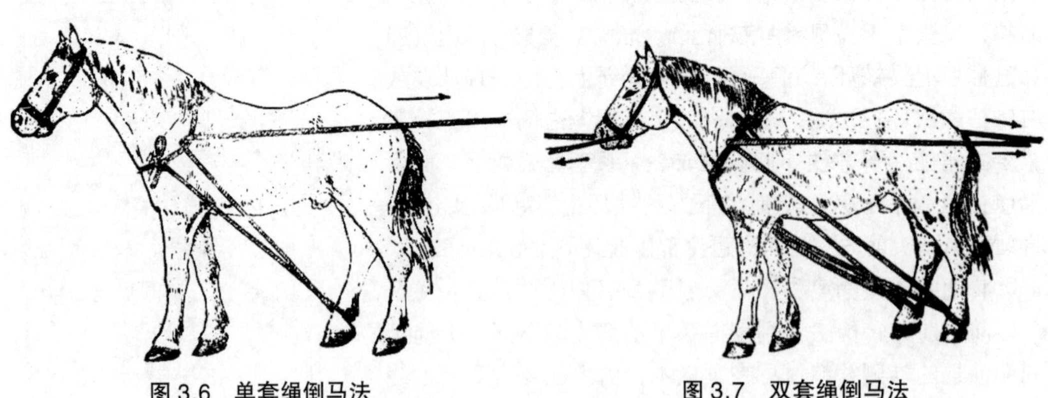

图 3.6　单套绳倒马法　　　图 3.7　双套绳倒马法

三、猪的保定法

1. 站立保定法　先抓住猪尾、猪耳或猪的后肢，再作进一步保定。亦可用绳的一端作一活套或用鼻捻棒绳套自鼻部下滑，套入上颌犬齿并勒紧或向一侧捻紧即可固定（图3.8）。

图 3.8　猪绳套保定法

2. 提举保定法　紧握猪的双耳提起，使前肢悬空，并以双膝夹住猪的背胸或腰腹部即可。

3. 网架保定法　取两根粗钢管，其间用绳织成担架式网架，再用钢筋制成"┏┓"字形插芯并插入两钢管内，网架下可设活动支架。使用时先将支架收平，把猪牵站在网架上，再将支架支起，则猪的四肢落入网孔并离地悬空而无力挣扎。

4. 保定架保定法　将猪放于活动的保定架或适宜的木槽内，使呈仰卧姿势，再固定四肢。

5. 双手横卧保定法　左手紧握猪的右耳，右手抓住右膝前皱褶，向怀内提举放倒，使猪背部靠近保定者，腹部朝向术者，再将猪的前后肢交叉固定。

6. 倒立保定法　用绳分别拴住猪的两个跗关节，头部朝下，绳的另一端吊在横梁上。亦可用两手握住跗关节将猪提起，使头部朝下，腹部朝前，保定者以两腿夹住猪背部即可固定。

四、其他动物保定法

（一）羊的保定法

1. 站立保定法：保定者手握羊角或羊耳即可，必要时可用两腿夹住羊的肩部或胸部；亦可面向羊尾，骑于羊背上，双手握住两侧膝前皱褶提起后躯进行保定。

2. 倒卧保定法：保定者用右手提起羊的右后肢，左手握右膝前皱褶部，同时以左膝抵于羊的臀部，左手突然上提，在右手配合下将羊放倒，再用绳缚住四肢；亦可用两手分别握住卧侧前臂和小腿部，并以两臂肘部压住卧对侧的肘后和膝前即能保定。如是有羊角，可一手把持羊角，另手握住卧侧小腿部作倒卧保定。

（二）犬的保定法

犬的保定应请饲养或调教人员协助，重点是保定口部，以防咬伤。

1. 扎口法：用布条或绷带作成猪蹄结，套于犬口后颜面部勒紧，将带子经下颌部拉绕至耳后，在枕后颈部打结固定即可。

2. 犬夹仰卧保定法：先用犬夹住犬的颈部并使其呈仰卧姿势，再将犬夹紧按于地，分开犬的两后肢，保定者以脚踩住犬的小腿部，亦可用绳拴住两后肢。

（三）猫的保定法

1. 抓猫：保定者以右手抓住猫的颈背部皮肤，提起使四肢及爪悬空，以防抓伤或咬伤。

2. 帆布袋保定法：将猫装进袋内，露出头部，在猫颈部抽紧袋口绳（勿影响呼吸）。亦可将猫的头、颈和胸部装进袋内，在其腰部抽紧袋口绳，再适当固定两后肢。头部装入袋内保定法，时间不宜过长，以防发生窒息。

五、手术台保定法

手术台有木制和铁制两种，其规格和型号各地不一。手术台的台面能竖起和翻倒放平，有的还能升降、倾斜至一定位置。使用时，先将台面竖起，使马或牛靠近手术台拴好缰绳或头绳，周围绳将施术家畜靠紧台面，再装好胸腹带，最后翻倒台面（用人力或手摇式、电动和电动液压式等动力传动系统），使其平躺于台面上，固定好四肢即可。手术结束按逆顺序解除保定。

此外，尚有用于猪、羊、犬、猫等动物的各种形式的小动物手术台。

六、保定的注意事项

要熟练掌握各种保定方法的操作程序，动作敏捷、沉着细心，不可鲁莽从事。要熟悉和了解被保定动物的习性，注意有无恶癖，以便选择适宜的保定方法，必要时可选用两种以上的方法妥善保定。

要检查动物有无软骨症、疝以及其它易在保定中发生意外伤害的疾病。保定前要仔细检查所用的绳索、器械。保定时所有绳结必须是活结，便于解脱。

倒卧保定时，应选择平坦而松软的地面，防止倒卧时发生骨折和内脏器官破裂等。牛侧卧保定时切勿突然翻转，以防胃肠变位。

第二节　消毒

临床上采用物理或化学的方法来杀灭微生物或抑制微生物生命活动的措施，称谓消毒。用物理方法消毒常称灭菌。消毒是严格遵守无菌操作原则、防止感染、保证手术成功和提高治愈的关键。

消毒包括无菌法和防腐法。用物理、化学或机械方法杀灭微生物、防止创伤感染的措施叫无菌法；应用化学药品或抗生素来杀灭或抑制微生物生命活动的措施叫防腐法。临床上常联合使用无菌法和防腐法，以达到消毒的目的。

一、手术器械的消毒

（一）器械消毒前的准备

每次手术所用的器械均需严格消毒。消毒前，金属器械要用纱布擦去油脂，彻底擦净；并详细检查器械，以保证刀、剪锋利、转轴灵活；各种钳和镊子闭合紧密、锁扣开闭可靠；再用纱布包住刀刃，缝合针及注射针头用纱布包好，以备消毒。

（二）手术器械消毒方法

1. 煮沸灭菌法：先在煮沸消毒器内的器械盘上铺好纱布，按顺序放入器械，其上再覆盖一块纱布，然后把镊子或器械钳子放入，最后加蒸馏水至淹没全部器械，加热煮沸后维持30min。

灭菌完毕打开锅盖，用镊子或器械钳子取出覆盖的纱布铺在消毒过的器械盘内；再取出器械依次摆在该盘内，将锅内盘底的纱布取出盖在器械上面；最后把器械盘盖盖好。

煮沸灭菌时，应保证煮沸灭菌的时间，为防止器械生锈并提高沸点，可向常水中加碳酸钠（为 2% 浓度）或氢氧化纳（0.25% 浓度），其灭菌时间是煮沸后分别维持 10min 和 5min。

2. 高压蒸汽灭菌法：将准备好的手术器械分别用消毒巾包好，依次放入高压灭菌器的盛物桶内，按规定加入开水，再盖好上盖，旋紧螺丝，加热至 6.8kg/cm^2，金属器械要维持 25min，敷料及其他物品应维持 30min。灭菌完毕，停止加热，待气压自然下降后，开启上盖，取出灭菌物品备用。

煮沸和高压蒸汽灭菌时，事先应检查并保证灭菌器性能完好，设专人操作、看管，要确保安全。

3. 化学药品消毒法：将擦拭干净的手术器械放于 0.1% 将洁尔灭或 1%~2% 煤酚皂 1% 甲醛等溶液中，浸泡 30min 即可。使用前必须用灭菌生理盐水冲洗。手术中用过的器械，也常用此法消毒后继续使用。临床上还常用石炭酸 20g、甘油 266ml、酒精 26ml、蒸馏水加至 1 000ml 或石炭酸 11g、甲醛溶液 20ml、碳酸氢钠 10g、蒸馏水加至 1 000ml 配成溶液浸泡 30 分钟进行消毒。此两种液体不损害器械的锋利性。

4. 火焰灭菌法：主要用于大型或紧急使用的器械及搪瓷盘等的消毒。大型或紧急使用的器械用镊子夹取酒精棉球点燃烧烤即可；搪瓷盘擦净后，倒入 95% 酒精适量，点燃后转动使均匀燃烧。此法消毒的器械冷却后方可使用，刃性器械禁止用火焰消毒。

二、敷料及其他物品的消毒

（一）敷料的制备与消毒

手术所用敷料包括棉球、纱布棉垫、止血纱布、吸水棉球、绷带及创巾等。

1. 棉球：把脱脂棉展开，将其一片撕成 3~4cm 的小块，团揉成球或一一塞入拳内压紧成球后，放入广口瓶或搪瓷缸内倒入 2%~5% 碘酊或 75% 酒精，即分别成为碘酊棉球和酒精棉球。

2. 纱布棉垫：用一层纱布铺平，放上一层脱脂棉，再覆盖一层纱布压平，制成适当大小并重叠在一起，用纸包好或放入贮槽内。

3. 止血纱布：大的 40cm × 40cm，小的 15cm × 20cm，折叠起来用纸包好放入贮槽。

4. 吸水棉球：将 10cm × 10cm 的方形纱布，沿对角线剪开，每块的毛边折向上面，放上棉花及纱布碎块，把两对角打结包成球形，剪去多余的纱布头，放入贮槽。吸水棉球多用于吸取创内渗出液和手术创内的血液及渗出液。

5. 创巾（手术巾）：即用白布制成的大于手术区域的布块，中间开以 20cm 长的窗洞，主要用于隔离术野。

消毒方法　将装有敷料的贮槽，打开周围及底部窗孔，放入高压灭菌器内灭菌。灭菌结束，取出贮槽及时关闭所有窗孔，保存备用。如无贮槽可将敷料分别装入布袋内灭菌。

（二）注射器的消毒

常用煮沸灭菌法。消毒前，应注意检查针筒与活塞是否适合，再分别包好；金属注射器必须将橡胶活塞放松并与玻璃管分开包好。消毒时，将消毒巾包好的注射器包放入煮沸灭菌器内，加冷水后煮沸并维持 10~15min 即可。消毒后，用灭菌的敷料钳或镊子取出，配套安装好备用。

（三）橡胶制品的消毒

乳胶手套、橡皮围裙、输液胶管可用高压蒸汽或煮沸灭菌。高压蒸汽灭菌前，橡胶手套内撒匀滑石粉，手套口外翻 6~7cm，每副手套附一小包滑石粉，用双层纱布或消毒巾包好，灭菌 30min 即可。煮沸灭菌时，水中勿防碱性药物，包好的胶手套勿接触锅壁或金属器械，以免变质和损坏，并应在水沸后放入，继续煮沸 5~10min。

（四）手术衣的消毒

手术衣应事先洗净晒干叠好，用消毒巾或纸包起来，放入高压灭菌器内灭菌 30min 即可。

三、手术场地的消毒

（一）手术室及其消毒

手术室内采光要良好，并应配备无影手术灯或其它照明设施；面积不应小于 30~40m^2，要配置相应的清洗间、器械物品消毒间，要有取暖和上、下水设备。手术室的地面、墙壁等要便于冲刷消毒；室内应设保定栏、手术台、器械台和保定用具等，其他陈设不要繁杂。

手术室的消毒可用 0.1% 新洁尔灭、3% 石炭酸、2% 煤酚皂等溶液，对保定栏、手术台、地面和墙壁及空间进行喷洒或喷雾消毒。最好按 1W/m^2 安装紫外线灯 1~2 支，其距地面勿超过 3m，施术前照射 1h 进行空间、设施的消毒。

（二）室外手术场地的消毒

室外施行手术时，要选择平坦、避风的场地。地面要清扫干净，用清水洒湿，再用消毒药液喷洒消毒，最后在地面上铺以塑料布或油布或草席均可。

四、施术动物的准备和手术部位的消毒

（一）施术动物的准备

手术前应刷拭畜体，必要时可用水洗刷动物体表，再用湿布顺毛流擦拭干净，最后用消毒药喷洒动物体表。

（二）手术部位的消毒

皮肤及被毛内存有大量微生物，是手术创感染的主要来源之一，术部消毒是保证无菌、防止感染的重要措施。

1. 术部除毛：依切口大小和方向确定手术区后，用剪毛剪逆毛流依次剪除术区内的被毛，并用温水涂肥皂刷洗、浸软被毛，再顺毛流剃净。亦可用现配制的 7% 硫化钠溶液（皮肤较薄或被毛稀少处为减轻刺激，可加甘油 10~15ml）涂于剪毛后的区域，待被毛呈糊状后拭去并用水洗净。

2. 术部消毒：除毛后，用肥皂水或 0.5% 氨水清洗脱脂；再用清水洗净并用灭菌纱布擦干；而后涂 5% 碘酊，方法是由中心向外周依次涂擦，感染创是由外周向中心涂擦；碘酊干燥后用 75% 酒精棉球擦拭脱碘，方法同上。

3. 术野隔离：术部消毒后覆盖创巾并用巾钳将其固定于术部周围皮肤上，以隔离切口以外的皮肤被毛，减少污染机会。创巾宁大勿小，遮盖范围越大越好。

五、施术人员的准备于消毒

（一）施术人员消毒前的准备

施术人员术前均应穿灭菌手术衣，戴手术帽及口罩。穿手术衣的方法见图 3.9。

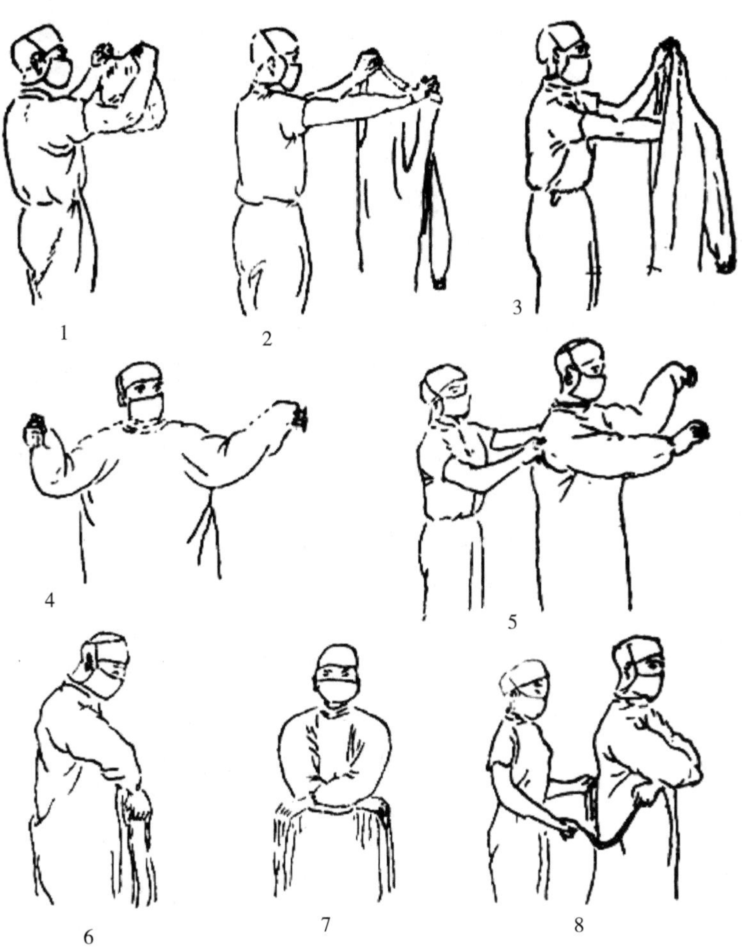

图 3.9　穿手术衣的顺序

若术者手臂有创伤，可涂碘酊后贴敷胶布作保护。将衣袖卷至肘关节以上，修剪并磨光指甲，用肥皂水充分刷洗手臂，洗净后用毛巾擦干。

（二）手臂的消毒

1. 氨水消毒法：用0.5%氨水（系指100ml水中加10%氨水5ml）刷洗浸泡2~3min，用灭菌纱布擦干；再在装有0.1%新洁尔灭溶液的泡手桶内浸泡擦洗2~3min，擦干；用2%碘酊如擦指甲周围、指间及关节皱纹处，碘酊干后用75%酒精棉球擦去碘酊；最后戴灭菌胶手套，等待施术。

2. 酒精消毒法：手臂洗净后，浸入盛有75%酒精的泡手桶内3~5min，再按上法涂碘酊、酒精脱碘和戴胶手套，以待施术。

3. 简易消毒法：手臂洗净后，用0.1%新洁尔灭溶液浸泡、洗刷，再用75%酒精棉球涂擦，即可进行简单的手术。

遇有特殊情况不戴手套施术时，应每隔一定时间，重复用消毒液洗手，以洗去手臂上的血液和清除、杀灭从皮脂腺、汗腺排出的细菌。手臂消毒后，双手举于胸前，盖上灭菌纱布，等待施术，不能接触任何未经消毒的物品，否则应重新消毒。

六、手术后器械物品的处理及保管

（一）金属器械使用后，在清水中洗净，对器械的齿纹及关节转轴部分要仔细刷洗，然后用纱布擦干，将关节转轴部分打开，摆在器械盘内烘干后保存。不常用的器械涂油后保存。

（二）注射器用过后，用清水洗净，按针筒与活塞号码依次放入搪瓷盘内烘干后再安装好。金属注射器，洗净烘干后，放松活塞安装好保存。注射针头用清水反复冲洗干净（针孔要通畅，针尖保持锋利），烘干后保存。

（三）用过的乳胶手套、橡皮围裙和输液胶管等，在0.1%新洁尔灭溶液中浸泡30min，用清水洗净，晒干后撒布滑石粉，置干燥处保存。

（四）敷料用过后，先用冷水浸泡并洗去血迹，再用清水漂洗干净，晒干后重新包好灭菌，备用。被脓汁污染的敷料不可回收利用。

第三节　麻醉

施行手术时，使动物失去局部或全身的知觉、意识暂时性的抑制或消失的方法称为麻醉。

手术时损伤神经会引起疼痛，这时动物的高级神经系统是一种不良刺激，当此种刺激非常强烈又时间较久时，则将严重影响机体的生活机能，同时必然引起动物的强烈反抗，给施术造成困难；严重时导致创口感染而影响愈合，并有引起术后出血及创伤性休克的危险。因此，麻醉是保证手术安全进行的基础，也是防止手术并发病及促进手术创第一期愈合的必要措施。

现代兽医外科的麻醉方法种类繁多，如药物麻醉、电针麻醉、激光麻醉等，目前仍以药物麻醉应用最广泛。根据麻醉剂对机体的作用不同，可分为全身麻醉与局部麻醉。

选用麻醉方法时，应考虑麻醉的安全性，家畜的种类、神经类型、性情好坏及手术的繁简等因素。一般来说猪较敏感，反刍动物敏感度最低。机体各种不同的组织对疼痛刺激的敏感度也不同，较敏感的除神经组织外，尚有骨膜、精索、腹膜、脑膜、皮肤、口腔、角膜、阴道和肛门等，疏松结缔组织、脂肪组织、肌膜、肌肉及软骨和骨组织等较不敏感。总之，施术时，局部麻醉能达目的者，就无须施行全身麻醉。

一、全身麻醉

全身麻醉是用全身麻醉剂，使动物中枢神经系统发生抑制，呈肌肉松弛，对外界刺激的反应减弱或消失，但生命中枢的功能仍然保持。

根据麻醉程度，全身麻醉分为浅麻醉和深麻醉。前者是动物呈欲睡状态，各种反射活动降低或部分消失，茫然站立，头颈下垂，肌肉轻微松弛；后者是动物进入昏睡状态，瞳孔缩小，各种反射活动消失，将舌拉出口腔不能自动缩回，肌肉松弛，心跳变慢，呼吸慢而深，雄性者阴茎脱出。介于二者之间的称中麻醉。临床上可利用不同的药物剂量来控制麻醉的深度。药量适当，对动物并无危险；若药量过大，则可抑制呼吸、心跳等生命中枢而危及生命。因此，施行麻醉时，要注意控制药物剂量，必要时，可配合局部麻醉。一般来说小手术多用浅麻醉，大手术常用中麻醉或深麻醉。

今年来，动物化学保定药的研究进展迅速，其中复方合剂，如保定宁、846 合剂等较二甲苯胺噻唑（静松灵）等更具有高效低毒的药理效应，已形成发展趋向。临床上，水合氯醛等传统的动物全身麻醉药物已逐渐被上述新药所取代。

（一）马的麻醉方法

1. 保定宁麻醉法：保定宁时国产二甲苯胺噻唑与乙二胺四乙酸等量合并后制成的一种兽用麻醉复合剂。

用药方法与剂量：骡、马 0.8~1.2mg/kg，驴 2~3mg/kg，肌肉注射，中等体型的家畜肌肉注射量 2.5~3.0ml（1.09~1.39mg/kg），可维持 30~40min；注射 4ml，约维持 2h，以后根据麻醉表现可按半量（2ml）进行追加麻醉。

麻醉现象：注射后 5~10min 即出现精神沉郁、对外界刺激反应迟钝、站立不稳，随后痛觉和角膜反射消失、耳奄头低、下唇松弛、舌软如绵拉出后不能缩回、瞳孔散大，但意识、听觉和肛门、眼睑反射不见消失。

麻醉后，心跳减慢、呼吸加快，体温下降 0.2~2℃，无其他不良反应。

2. 二甲苯胺噻唑麻醉法　国产的二甲苯胺噻唑又称静松灵，对马又很强的镇静、镇痛和肌松作用。

用药剂量、方法及麻醉效果：按 1~2mg/kg 肌肉注射时，可行站立手术；超过此剂量，马即倒卧。以 1mg/kg 静脉注射时，通常呈倒卧熟睡状态，可进行各种大手术。麻醉可维持 1h 以上，但镇痛作用仅为半小时左右，故需要时可在上次给药后 20~30min，再连续用药。

驴的肌肉注射量是 3~5mg/kg，按常规剂量 4mg/kg 用药时，麻醉可维持 20~110min。

（二）牛的麻醉方法

1. 846 合剂麻醉法：国产麻醉复合剂速眠新简称 846 合剂，是由高效镇痛药盐酸二氢埃托啡（DHE）和强安定镇静、肌松药保定宁及氟哌啶醇经正交试验选取的最优组合制成，具有用法简便、剂量小、适用范围广、价格低廉（仅是氯胺酮药价的1/17~1/20）等优点。

用药剂量、方法及麻醉效果：按0.6ml/100kg肌肉注射，5~10min即平稳进入麻醉状态，持续40~80min；剂量增至4ml/kg，除麻醉时间延长外，无明显不良反应。

2. 二甲苯胺噻唑麻醉）国产的二甲苯胺噻唑与国外的二甲苯胺噻嗪（隆朋）有相同的作用和特点，而其毒性更低，是广泛用于牛等多种动物的一种镇静、肌松麻醉剂。

用药剂量、方法及麻醉效果：二甲苯胺噻唑的剂量因品种及个体差异而稍有不同，一般是0.2~0.4mg/kg，肌肉注射，注射后20min内出现镇静和麻醉现象并迅速达到高峰。主要呈现精神沉郁、活动减少、头颈下垂、眼半闭、唇下垂、大量流涎，少数牛可见舌松弛并伸出口外，绝大多数牛呈站立不稳、俯卧、嗜睡或熟睡状态。俯卧时，头部多扭向躯体一侧，全身肌肉松弛，躯干及四肢上部针刺无痛觉，意识并未完全丧失。一般麻醉可维持60~120min。

用药量过大，可出现一定程度的毒性反应，如按0.6mg/kg以上的剂量使用，则出现呼吸困难、心跳减弱、腹部臌胀等不良反应，但是一般不造成严重后果，2h消失后可逐渐恢复正常。

（三）羊的麻醉方法

1. 846合剂麻醉法：羊使用846合剂麻醉时，可按0.02~0.1ml/kg肌肉注射，经3~10min即平稳进入麻醉状态，持续时间为2~3h。麻醉期内，羊的唾液稍多外，无其他异常。

2. 二甲苯胺噻唑麻醉法：羊二甲苯胺噻唑麻醉的剂量是1mg/kg肌肉注射，麻醉现象于牛相同；若剂量超过7mg/kg，即发生中毒死亡。

（四）猪的麻醉方法

1. 二甲苯胺噻唑与氯胺酮复合麻醉法：用二甲苯胺噻唑，按2mg/kg，氯胺酮按7mg/kg，混合肌肉注射。

2. 保定宁与氯丙嗪复合麻醉法：保定宁按0.38ml/kg，氯丙嗪按0.25ml/kg，使用前两药混合并加1倍量的生理盐水，猪耳静脉注射，麻醉可持续1h。必要时可配合0.5%~1%盐酸普鲁卡因局部浸润麻醉。

3. 氯仿（三氯甲烷）吸入麻醉法：用棉球浸上氯仿固定于两鼻孔间，一般每头猪5~10ml即可，手术中可随时滴加氯仿。如有吸入麻醉用的口罩更为方便。本法具有进入麻醉快、苏醒快、兴奋期短、镇痛效果好、麻醉可靠等优点。麻醉表现为瞳孔缩小，肢体放松，呈睡眠状态。

4. 硫喷妥钠麻醉法：硫喷妥钠按10~15mg/kg，用前以生理盐水配成3%~6%溶液，猪耳静脉注射。注射后数秒至1min就进入麻醉期，麻醉持续时间为20~40min。术中追加用药时，个别猪有肌肉颤抖现象。

5. 戊巴比妥钠或苯巴比妥钠麻醉法：将戊巴比妥钠或苯巴比妥钠配成2%~5%溶液，按0.01g/kg的剂量静脉注射或腹腔注射。注射后即呈现麻醉状态，腹腔注射后10min出现麻醉表现，麻醉可维持30~90min或更长。

（五）其他动物的麻醉方法

1. 犬的麻醉方法：846 合剂麻醉法：846 合剂用于犬的剂量是 0.04~0.3ml/kg，肌肉 注射，给药 3~10min 即平稳进入麻醉状态，可持续 90min。麻醉期内犬的声反射和角膜反射不消失，饱食犬有呕吐和排便现象。

二甲苯胺噻唑麻醉法：二甲苯胺噻唑按 3.97mg/kg 肌肉注射，5min 进入麻醉状态，麻醉可持续 100min，配合盐酸普鲁卡因局部麻醉效果最佳，对犬进行组织切开、止血、牵拉内脏和缝合，均表现安静无痛。

2. 猫的麻醉方法：846 合剂麻醉法：846 合剂用于猫的剂量是 0.194~0.33ml/kg，给药 3~10min 即平稳进入麻醉 状态，可维持 90~120min。个别猫虽然是绝食后手术，但仍有呕吐和排便现象。

3. 鹿的麻醉方法：鹿的麻醉目前多用盐酸二氢埃托啡（DHE）与二甲苯胺噻唑经优选配比制成的复合剂——眠乃宁。给药剂量，梅花鹿 1.5~2.5ml/ 头，马鹿 2~3ml/ 头，均采用麻醉枪枪击或用注射器打飞针法进行肌肉注射，多数动物在给药后 5~10min 倒卧，由于是肌肉松弛致四肢不支而缓慢倒卧于地，故不损伤鹿茸，麻醉可维持 2h。若用药后 15min 内仍未击倒，表明药量不足，应予以追加给药量。眠乃宁具有效果确实、安全、量小、价格低廉等优点。

二、局部麻醉

局部麻醉是使用局部麻醉剂有选择地暂时性阻断手术区域的疼痛传导及神经末梢失去接受刺激的能力，以便于施行手术的一种措施。

局部麻醉具有安全、无麻醉后并发症、机体恢复快、操作简便和适用范围广等优点。大手术时，常配合镇静药物或全身麻醉。

常用的局部麻醉剂是盐酸普鲁卡因。其毒性较小，对感觉神经有亲和力，能使之失去感觉与传导刺激的作用。本品药效迅速，注入组织内 1~3min 即发生作用，可维持 45~90min 左右。依目的和使用方法不同，其常用浓度是 0.5%~5%。应用时，为延长麻醉时间、减少毒性反应、控制创口出血，可向本品 100ml 内加入 0.1% 肾上腺素 0.3~1ml。

本品渗透能力较弱，多不用于表面麻醉。兽医临床中，常用的局部麻醉方法有：

（一）表面麻醉

即用局部麻醉剂与组织表面的神经末梢直接接触，使之失去痛觉的方法。主要用于口、鼻、阴道、直肠、膀胱等黏膜和眼结膜、角膜，有时也用于胸、腹膜的麻醉。

1. 眼结膜、角膜的麻醉：用点眼法将药液滴入结膜囊内即可。首选药物是地卡因，具有效果完全、血管不收缩、结膜不苍白、瞳孔不散大等优点。用时配成 1% 浓度，用后即废弃。亦可用可卡因，但无上述优点。盐酸普鲁卡因的弥散、穿透能力较差，用 3~5% 浓度时，每 3min 应点眼一次，根据需要可点 3~5 次。

2. 口、鼻黏膜的麻醉：用浸有 1% 地卡因溶液或 3%~5% 盐酸普鲁卡因溶液的棉球或纱布块涂擦口、鼻黏膜，亦可用上述药液喷雾。

（二）浸润麻醉

即将局部麻醉剂注射于皮下、黏膜下及深部组织以麻醉感觉神经末梢或神经干，使之失去感觉和传导刺激能力的方法。本法操作简便，效果可靠，较为安全，但用于感染部位时，细菌或毒素可随药液向周围扩散。本法可用于各种动物，但犬较敏感，应特别注意。浸润麻醉常用的方法有：

1. 皮肤及皮下结缔组织的麻醉法

直线麻醉法：在欲行切口的一端将针头刺入皮下沿切口方向推进到所需深度，边抽针边注入药液，拔出针头在切口另端作同样操作。药量依切口长度而定。本法适于切开皮肤或体表手术。

菱形麻醉法：用于术野较小的手术，如圆锯术、食道切开术等。在欲行切口的两侧中间各定一个针刺点 A、B，切口两端定为 C、D，即成一个菱形区。麻醉时由 A 点进针至 C 点，边退针边注药液，针退至 A 点后再刺向 D 点，边退针边注药液。B 点注射方法同 A 点（图 3.10）。

扇形麻醉法：用于术野较大、切口较长的手术，如开腹术等。在欲作切口的两侧各选一刺针点，针刺入皮下并推向切口的一端，边退针边注药液，针退至刺入点后再依次改变角度刺向切口边缘，退针注药，直至到切口另一端止。以同样方法麻醉切口另一侧。每侧进针数切口长度而定，一般需 4~6 针（图 3.11）。

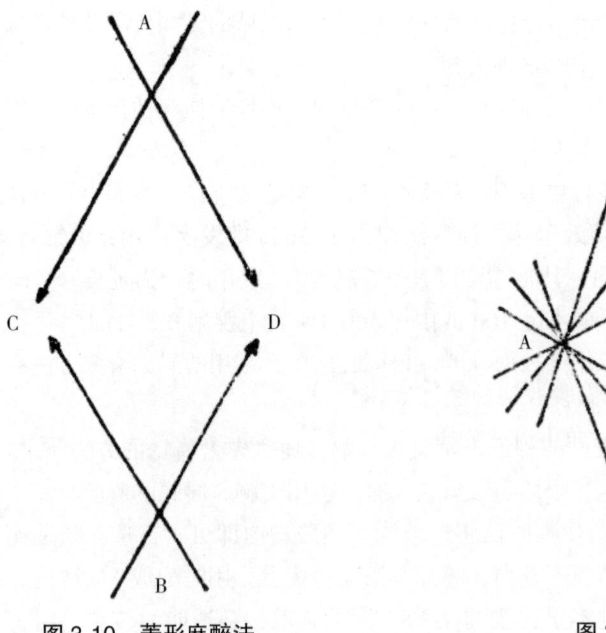

图 3.10　菱形麻醉法　　图 3.11　扇形麻醉法

多角形麻醉法：用于横径较宽的术野，如肿瘤切除术等。先在病灶周围选数个刺针点，使针刺入后能达到病灶基部，再以扇形麻醉法将药液注于切口周围的皮下组织内，使手术区域形成一个环形封锁区，故亦称封锁浸润麻醉法（图 3.12）。

2. 深部组织麻醉法　开腹术等深部组织手术时，为使皮下、肌肉、筋膜及其间的结缔组织都达到麻醉，可采取锥形或分层注射法将药液注射于各层组织之间。具体的操作方法，同于上述各种麻醉法。根据具体情况选用（图 3.13）。

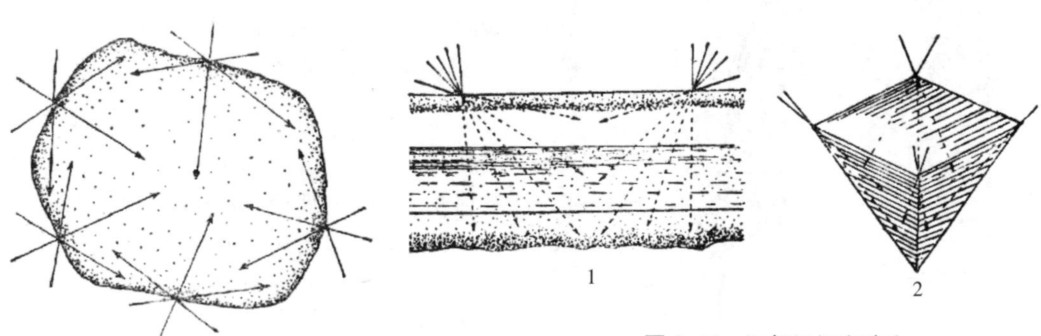

图 3.12　多角形麻醉法

图 3.13　深部组织麻醉法

1. 分层麻醉　2. 锥形麻醉

浸润麻醉常用 2% 盐酸普鲁卡因溶液，注射后 5~10 分钟即可产生麻醉作用。

（三）传导麻醉

即将局部麻醉剂注射于神经干的周围，使该神经失去接受和传导刺激的能力，进而使所支配的区域失去感觉，以利施术。临床上最常用的是腰旁神经干传导麻醉，简称腰旁麻醉。

1. 马腰旁神经干麻醉：在欲施行手术的体侧分三点注射：第一点是麻醉第 18 肋间神经（最后胸神经的腹侧支），部位是在第一腰椎横突游离端前角下方，先垂直进针达腰椎横突游离端前角骨面，再将针头移向横突前缘向下刺入 0.5~0.7cm；第二点是麻醉髂腹下神经（第一腰神经的腹侧支），部位在第二腰椎横突游离端后角下方，先垂直进针达该处骨面，再将针头移向横突后缘向下刺入 0.7~1cm; 第三点是麻醉髂腹股沟神经，部位在第三腰椎横突游离端后角下方，先垂直进针至该处骨面，再将针头移向横突后缘向下刺入 0.7~1cm（图 3.14）。

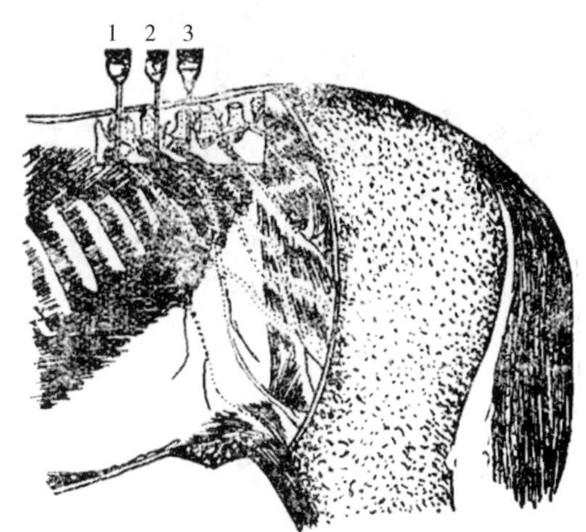

图 3.14　马腰旁神经干麻醉部位

1. 第一注射点　2. 第二注射点　3. 第三注射点

腰旁麻醉均使用 3% 盐酸普鲁卡因溶液，三个注射点都是在进针部位注入药液 10ml，再将针头退至皮下注入药液 10ml。

2. 牛腰旁神经干麻醉：牛腰旁麻醉的方法，除第三点注射部位在第四腰椎横突游离端前角下方之处，其余两个注射点及用药、剂量、注射方法等均与马相同（图 3.15）。

腰旁麻醉，注射药液 15min 后发生作用，可维持 1~2h，此麻醉法常用于腹腔手术，能

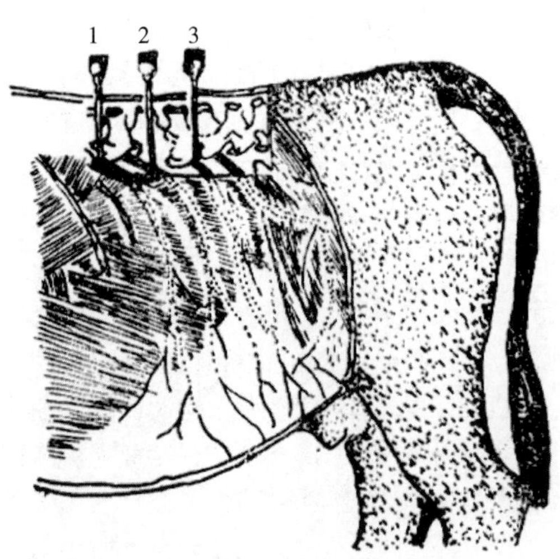

图 3.15　牛腰旁神经干麻醉部位

1. 第一注射点　2. 第二注射点　3. 第三注射点

使家畜呈站立姿势。

（四）脊髓麻醉

脊髓麻醉常用于腹腔、乳房及生殖器官等手术。包括硬膜外腔麻醉和蜘蛛膜下腔麻醉两种方法，前者最常应用。

硬膜外腔为锥管内骨膜与脊髓硬膜之间的空隙，腔内有半液体状的脂肪。硬膜外腔麻醉是将麻醉剂注入该腔内，使经由此腔的脊神经（包括腰神经、荐神经及尾神经）失去传导能力（图 3.16）。

1. 腰荐部硬膜外腔麻醉法：马的腰荐部硬膜外腔麻醉适用于包皮、阴茎、臀部、阴道、直肠及后肢的手术。注射部位在两髂骨内角的连线与背中线的交点上，即第六腰椎和第一荐椎的间隙内（图 3.17）。

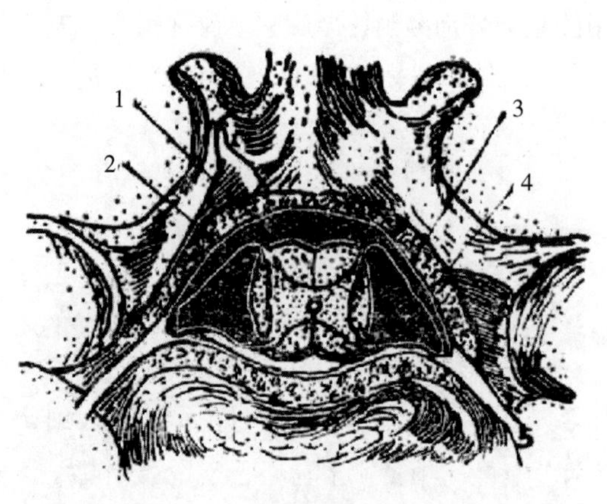

图 3.16　马的脊椎脊髓横断面

1. 硬膜外腔　2. 硬膜　3. 蜘蛛膜下腔　4. 蜘蛛膜　5. 脊神经

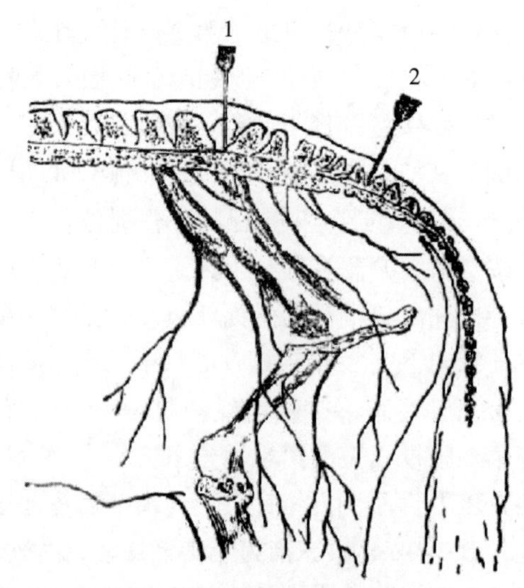

图 3.17　马硬膜外腔麻醉部位

1. 腰荐间隙硬膜外腔麻醉部位
2. 荐尾间隙硬膜外腔麻醉部位

麻醉方法：马妥善保定于柱栏内，局部常规消毒后，术者用 18 号麻醉针于注射部位垂直刺入（进针深度依马体大小膘情而定，马、骡约 7cm，驴约 5cm）。当刺穿椎间韧带时，有刺破窗户纸样的感觉，阻力随之骤减，即达注射部位；接上穿有药液的玻璃注射器，按压活塞。若阻力很小或无阻力，活塞自动下降，表示部位正确，可将药液注入，否则应重新矫正针头位置，用药量依马体大小，可注射 3% 盐酸普鲁卡因溶液 20~30ml。注药后 3~5min

呈现麻醉状态：最初是尾巴松弛无力、活动减少，待 5~15min，活动消失；随之感觉消失，肛门、阴户松弛，公畜阴茎脱出。剂量在 25ml 以下时马尚能站立，超过 25ml，则后肢站立不稳而倒地。麻醉可维持 1~3h。

牛的腰荐间隙硬膜外腔麻醉主要用于腹腔手术、难产的手术助产、直肠或阴道或子宫脱出的整复术、乳房及后肢手术等。注射部位在两髂骨外角连线与背中线交点后方 2~3cm 处，较瘦用的注射点在腰荐间隙凹陷内的正中点。牛皮厚而坚韧，需先用粗针头或手术刀尖刺穿，再用 18 号麻醉针沿该孔刺入，进针深度一般为 4~7cm。进针正确与否的判断、用药及剂量与马相同。

2. 荐尾部硬膜外腔麻醉法：此麻醉法的目的是麻醉荐神经，以便站立时施行手术。

马和牛常用第一、第二尾椎间隙进行麻醉，在牛是位于尾中线与两坐骨结节前缘水平处同尾根部所作横线交点的凹陷处；在马是于两髋关节的水平作一连线，沿此线找出第一尾椎棘突，其后即为针刺点，也可举起马尾，在屈曲的背侧出现的横沟于尾中线的交点即为注射点。操作时，术者站在畜体后方，稍抬尾巴，将针垂直刺入皮肤后，再以 45° ~65° 角向前刺入，当穿破椎间韧带时，略向左右移动，使针头保持在硬膜外腔内（图 3.17）。刺入深度牛为 2~4cm，马为 2~5cm，注射 2% 盐酸普鲁卡因溶液 15~20ml，3~15min 后产生麻醉作用，可维持 60~90min。

三、麻醉的注意事项

（一）麻醉剂，应进行健康检查，了解整体状态，以便选择适宜的麻醉方法。全身麻醉要绝食，牛应绝食 24~36h，停止饮水 12h，以防麻醉后发生瘤胃臌气，甚至误咽和窒息。

（二）麻醉操作要正确，严格控制药量。麻醉过程中要随时观察，监测动物的呼吸、循环、反射功能及脉搏、体温变化，发现不良反应，要立即停药，以防中毒。

（三）麻醉过程中，药量过大，出现呼吸、循环系统技能紊乱，如呼吸浅表、间歇，脉搏细弱而节律不齐，瞳孔散大等症状时，要及时抢救。可注射苯甲酸钠咖啡因、樟脑磺酸钠、氧化樟脑等中枢兴奋剂；若呼吸停止，可打开口腔，以每分钟 20 次的频率拉舌或压迫胸壁进行人工呼吸，促使呼吸恢复。一般情况下静脉注射麻醉剂发生中毒很难解救，临床上务必谨慎。

（四）麻醉后，动物开始苏醒时，其头部常先抬起，护理员应注意保护，以防摔伤或致脑震荡。开始挣扎站立时，应及时扶持头颈并提尾抬起后躯，至自行保持站立时为止，以免发生骨折等损伤。寒冷季节，当麻醉伴有出汗或体温降低时，应注意保湿，防止动物发生感冒。

第四节　组织分离

组织分离就是用机械方法把原来完整的组织分离开，以完成手术目的。

组织分离是造成手术通路、显露病变部位和除去病变组织的重要手术步骤。正确而合理的组织分离是手术成功、提高治愈率的必要条件。

根据组织的不同，分为软组织分离法和硬组织分离法。皮肤、黏膜、浆膜、结缔组织、肌肉、血管及神经组织的分离属于软组织分离；骨、软骨、角、蹄壁等的分离属硬组织分离。

一、常用外科器械及其使用方法

（一）手术刀

主要用于切割组织。要求锋利、无锈、使用方便。常用的手术刀有两种：

1. 活刀柄式手术刀：由刀柄和刀片两部分组成，刀片可拆卸和更换。刀片依用途不同而有多种形状；而刀柄还可用作钝性分离。刀柄和刀片要配合适当，18 号以下的刀片形状特殊，可配 3、5、7、9 号刀柄；19 号以上的刀片可配 4、6、8 号刀柄。此种手术刀锋利，但易折断，故常用于分离分离皮肤以下的软组织，不宜用于深部组织和硬组织。

2. 固定刀柄式手术刀（连柄手术刀）：刀柄和刀片为一体，刀的形状有圆刃、尖刃、弯刃和球头（钝头）等数种。此种刀坚固、耐用。刀刃用钝后，需磨锋利再用。

手术刀的持刀有多种（图 3.18），不论用哪种方法，均应持刀稳妥、有力，并能准确掌握切割深度和运刀距离。

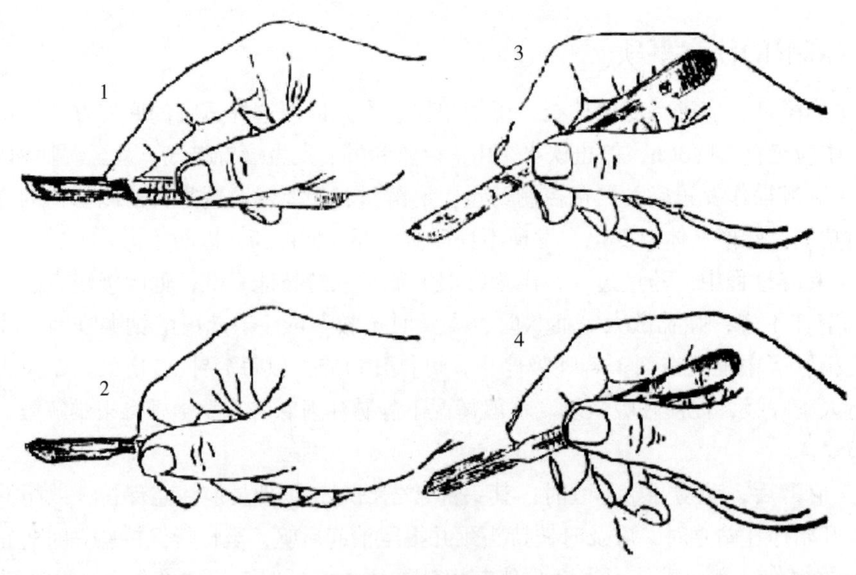

图 3.18　执刀法

1. 弹琴式　2. 拳握式　3. 执笔式　4. 反挑式

执笔式持刀法：即如执钢笔的方法。本法用力轻而灵活，操作精细，常用于切割、小的切口，分离血管、神经、切开腹膜等较细微的手术操作。

弹琴式持刀法：即如拿提琴弓式的方法。适用于切开皮肤或黏膜等组织。

餐刀式持刀法：用拇指、中指及无名指执刀，食指压刀背，如拿刀切食物的方法。此持刀法切割有力，多用于切割较硬而厚的组织。

支柱式持刀法：以掌心握刀柄，拇指为支柱的执刀法。适用于不安定动物手术。

拳握式持刀法：即以手掌拳握刀柄的方法。此执刀法强而有力，适用于粗硬而厚的组织或切口距离较长之时。

此外，还有反挑式执刀法，即执笔式持刀时，将刀刃朝上进行切割的方法。适用于切开腹膜、腔洞、脓肿、腔体或管状脏器等。

（二）手术剪

主要用于剪断软组织、缝线、敷料及钝性分离组织之时。按其形状分为直剪、弯剪、膝状剪等。直剪用于外向式剪开，弯剪用于内向式剪开。直剪与弯剪有钝、尖头之分。钝头剪又分单、双钝头，用于剪开腱膜、腹膜等组织，以防误伤深部组织或脏器。尖头剪用于剪断和分离细微组织。此外，尚分剪毛剪、敷料剪、拆线剪和眼科剪等。

正确的持剪法是拇指与无名指伸入柄环内，食指压在关节部，中指固定无名指侧的剪柄，以利于手术剪的张开和咬合的操作（图 3.19）。

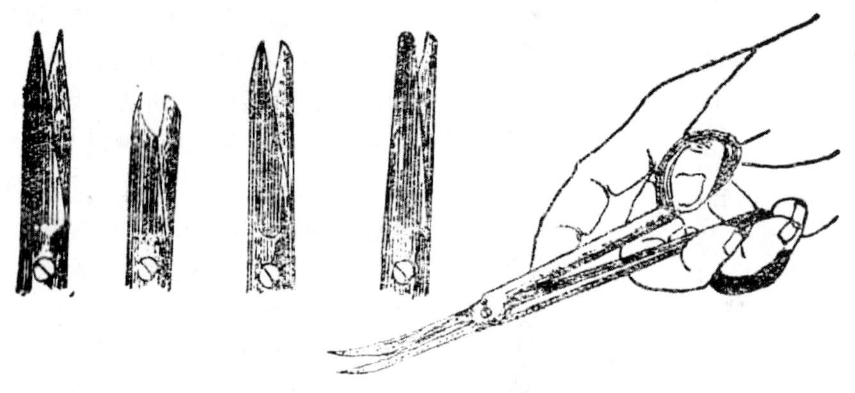

图 3.19 手术剪及持剪方法

（三）止血钳

主要用于钳夹损伤之血管和组织。亦可用于分离组织、协助缝合、结扎打结等。止血钳分直形和弯形、有齿与无齿等基本形式（图 3.20）。直钳用于浅表组织止血，弯钳用于深部组织止血，有齿钳用于钳夹或牵拉较硬或光滑组织，无齿钳用于钳夹一般组织。此外还有用

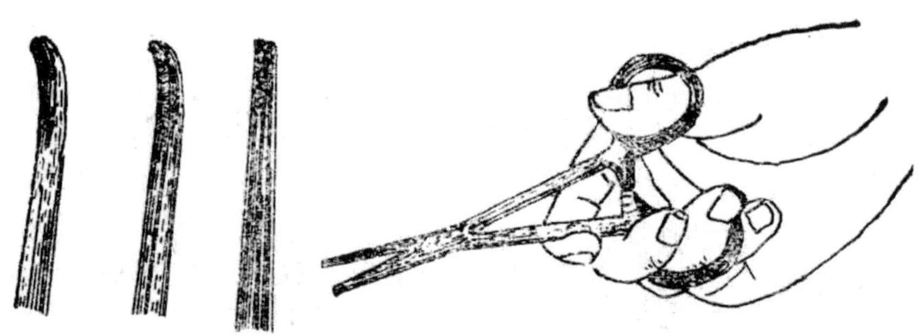

图 3.20 止血钳及持钳法

于精细手术或微血管止血的蚊式止血钳和适于夹持肥厚组织或较大血管的麦粒式止血钳。

持止血钳的方法与持剪刀法相同。

（四）手术镊子

用于夹持或提起组织以利分离或缝合，亦用于夹取敷料等。镊子的规格、大小、长短不同，分有钩两类。有钩镊子尖部有唇头钩，又称外科镊、组织镊或鼠齿镊，用于夹持皮肤、筋膜等较坚韧的组织，夹持牢固，不易滑脱，但损伤组织较大。无钩镊子尖部无唇头钩，仅有齿，又称解剖镊、敷料镊，用于夹持血管、神经、黏膜、肠壁等脆弱柔软组织，损伤组织小，但易滑脱。

持镊子的方法有两种：拳握式用于夹持敷料、深部止血、处理创伤、涂布消毒药等；以拇指与食指、中指相对捏持镊子中段的持镊法，即稳妥又灵活。

（五）扩创钩

用于扩开创口，充分显露术野及深部组织。依用途不同，其形状和规格各异（图 3.21）。有齿钝钩和板状拉钩不损伤组织，使用较多，常用于扩开深部创口及脆弱组织。腹壁拉钩用于扩开腹壁切口。使用时，除选择大小适度外，两侧拉力要均等对称，并按术者意图与指令牵拉，紧密配合手术进程随时调整，显露术野；严禁用力过猛或随意牵拉，以免损伤组织；必要时可于扩创钩下衬垫湿纱布保护创缘与创壁组织。

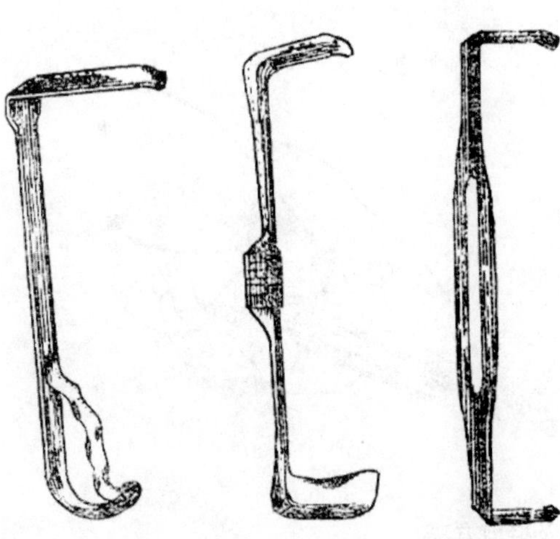

图 3.21　扩创钩

（六）巾钳

又称帕巾钳、创布钳，用于固定手术巾。使用时将手术巾连同皮肤一起用巾钳夹住并扣紧锁止牙即可。其执法同止血钳。

（七）其他器械

除上述常规器械外，还有组织钳、舌钳、肠钳、海绵钳、器械钳、锐匙和探针等。

二、组织切开法

（一）组织切开的形状

合理的组织切开应根据手术部位的解剖生理学特点和手术目的而定。切开的形状有直线形、棱形、T 字形、十字形、V 字形、U 字形及圆形等数种。

直线切开是最常用的一种方法，损伤组织小、易于愈合。棱形、圆形切开，主要用于切除病变组织或过多的皮肤（如肿瘤、瘘及乳房切除等）。T 形和十字形切开，多用于充分显露深部组织或切除脓肿之时。U 字形及圆形切开主要用于圆锯术。V 字形切开主要用于皮肤成形术。

（二）组织切开的原则

1. 组织切开的大小要适当，以便于显露或除去某些组织、器官为宜。

2. 组织切开时，应根据组织张力选择切开的方向（躯干和腹壁两侧切开，多用垂直或斜切；四肢、颈部、躯干中线及其附近的手术，多采取纵切），以免术部张力过大而难于缝合或延迟创伤的愈合过程。

3. 组织切开时要避免损伤大血管、神经和腺体的输出管，以免影响术部机能。

4. 切口要利于创液排出。创缘要整齐，两侧创缘、创壁应能密切接触，以利缝合和愈合。

5. 切开部位应选在健康组织，坏死组织及已被感染的组织要切除干净。二次手术时应避免在伤疤处切开，以免影响愈合。

6. 应采取分层切开法，以便认清组织构造，避免损伤血管和神经，有利于止血与缝合。

（三）软组织切开法

1. 皮肤切开法：在预定切口的两侧，术者用拇指和食指将皮肚撑紧并固定（图 3.22）或由术者及助手各用一手分别压住切口的一侧，使皮肤撑紧（图 3.23）。对阴囊皮肤及软松软的组织，可用于紧握或撑紧后，再在预定切口位置切开。

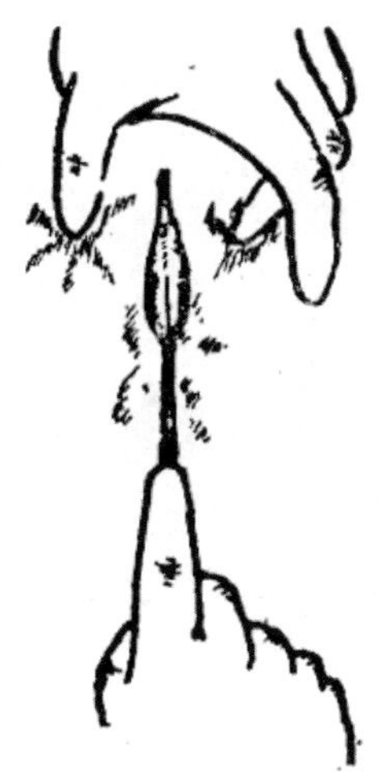

图 3.22　单手固定皮肤切开法

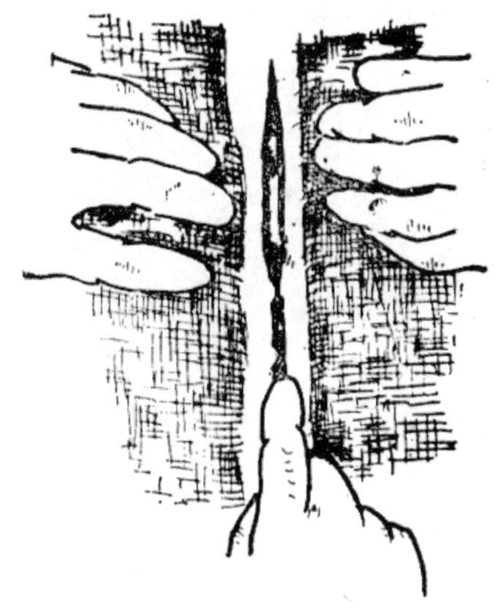

图 3.23　双手固定皮肤切开法

采取上述紧张切开法，下刀时先用刀尖在切口上角垂直刺透皮肤，然后将刀刃倾斜约 45° 角按预定切口的方向、长度，一次切透皮肤运刀至切口下角，最后使刀刃与皮肤垂直而提出（图 3.24），防止切口两端呈斜坡或多次重复运刀使切口呈锯齿状，造成不必要的组织损伤，影响愈合。

为避免损伤切口下面的大血管、大神经、分泌管和重要器官，可用皱襞切开法（图 3.25），即以手指或镊子在预定切口的两侧，提起一个与切口垂直的皱襞后，再行切开。

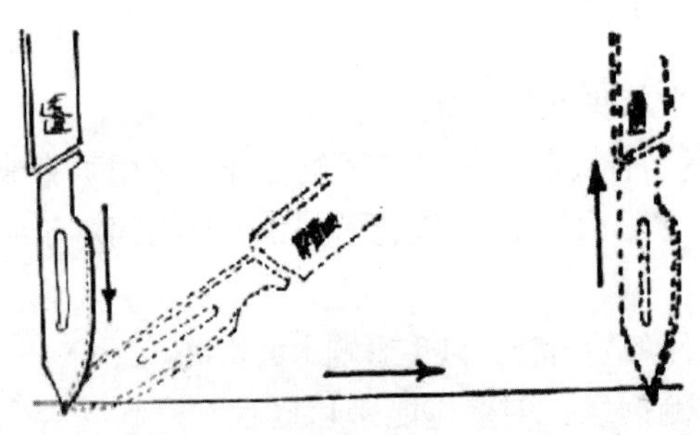
图 3.24　皮肤切口运刀方法

2. 疏松结缔组织达切开：皮肤切开后，作必要的止血，再用尖刃刀切开皮下结缔组织。切口应与皮肤切口一致，并要及时止血。切割时避免将皮肤与深部筋膜或筋膜与肌肉分离，以防造成不必要的组织损伤。要保存创缘的血液供应，防止缝合后留有潜在的空隙，造成渗出液积存而影响愈合。

3. 筋膜切开法：为防止筋膜下的血管和神经受损伤，应先用镊子将筋膜提起切一小口，用弯剪或止血钳伸入切口，分离筋膜下组织与筋膜的联系，然后用手术剪剪开。

4. 肌肉切开法：原则上应按肌纤维的方向分离，分离前需先切开肌膜。扁平肌肉采取钝性分离法，即沿肌纤维方向切一小口，再用刀柄或止血钳、手指伸入切口，按肌纤维的方向分离至所需要的长度；肌肉较厚含腱质较多时，须用切开法分离，但要结扎横过切口的血管。

5. 腹膜切开法：为防止损伤内脏，应先用皱襞切开法将腹膜切一小口，再伸入有钩探针，用反挑式运刀法切开或用手术剪剪开腹膜。亦可伸入食、中二指，用刀或剪沿二指之间切、剪开（图 3.26）。切口长度应小于腹壁切口，以利于缝合。

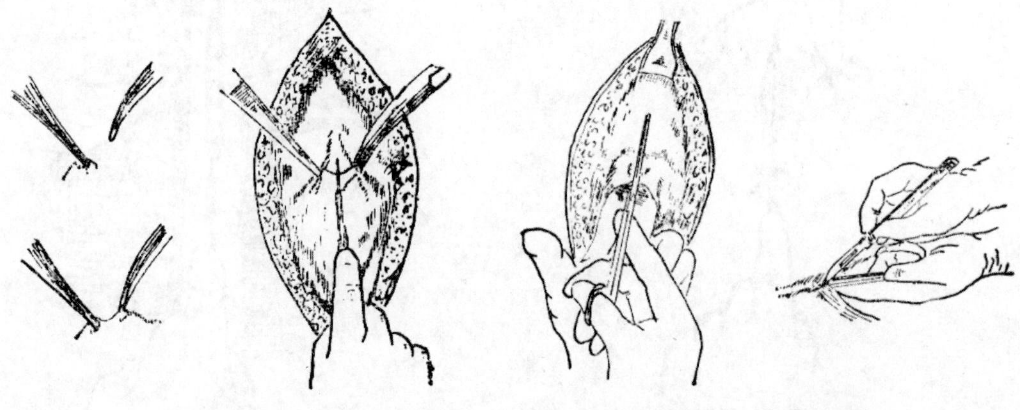
图 3.25　皱襞切开法　　图 3.26　腹膜切开法

三、组织分离法

（一）软组织分离法

1. 裂断法：即用手指、镊子、止血钳等将组织撕断的方法。主要用于疏松结缔组织、肌肉组织等的分离。

2. 捻断法：即用手指或器械固定索状组织或有蒂的赘生物、肿瘤等组织基部，再用力捻转游离部，使其离断的方法。公畜去势时常用此法捻断精索。

3. 结扎法：即用细而结实的线绳或尼龙丝结扎于基部较细或有蒂的组织基部，使其下部组织的血液循环停止并呈干性坏死而自行脱落的方法。常用于肿瘤及睾丸的摘除。操作时须用外科结，并要保持结的紧张度。

4. 烙断法：即用各种烧烙器断离组织的方法。用于除去病变组织、有蒂的肿瘤、睾丸及绵羊的断尾。

5. 绞断法：即用绞断器将某部位的所有组织同时绞断的方法，常用于难产时的截胎手术。

（二）硬组织分离法

骨组织的分离，应根据疾病种类和治疗方法的不同，分别使用圆锯、线锯、板锯、骨钻、骨凿、骨剪、骨锤、骨匙等骨科器械。

蹄壁角质可用蹄刀削除或浸软后切除。牛、羊等的断角，可用骨锯或断角器锯断。

四、组织分离时的注意事项

（一）组织分离时，尤其是软组织的锐性切开，必须熟悉局部解剖并在直视下进行，动作要准备、精细、熟练，避免过多损伤组织。

（二）分离骨组织时，应先分离骨膜并尽可能完善地保存其健康部分，以利骨组织的愈合。因为骨膜内层的成纤维细胞在病理情况下，可变为成骨细胞参与骨的修复。骨组织分离时，应防止引起骨裂或骨片、骨屑遗留创内，但健康大骨片不宜除去，以参与骨组织的修复愈合。骨断端应修整、磨光，以免损伤周围组织。

第五节　止血

止血是手术和急救、治疗损伤过程中采取的防止血液丧失的基本操作技术。妥善的止血，能保证术部的清晰度有利于手术和治疗的顺利进行，可以避免误伤重要器官，并能促进创伤愈合。迅速可靠的止血，能防止因失血过多导致机体抵抗力降低乃至危及生命的不良后果。所以，手术时要采取积极有效的止血措施，减少出血。

一、出血的种类

（一）动脉出血

出血呈喷射状，色鲜红，一般不能自行停止，必须采取有效的止血措施，方能达到止血目的。

（二）静脉出血

出血呈缓慢均匀泉状涌状，色暗红。小静脉出血可自然或经压迫而止血，较大静脉出血不能自然停止，须采取止血措施。

（三）毛细血管出血

多呈点滴状渗出，出血的血管不易看清。一般可自然停止或经压迫而止血。

（四）实质性出血

见于实质器官的手术或损伤时，为混合性出血。不能自然停止，易产生大失血而危及生命，应采取必要的止血措施。

二、出血的预防

施行手术时，为避免术中出血过多，宜采取有效的预防措施。

（一）输血

手术前输入同种相合血液，马、牛可输入500~1 000ml，猪、羊可输入50~100ml。输血有增加血液凝固性、反射的引起血管痉挛性收缩、增加抗体和血量等作用。

（二）注射止血药物

手术前可注射止血药物，如：肌肉注射0.3%凝血质注射液，马、牛10~20ml；肌肉注射止血敏注射液，马、牛1.25~2.5g，猪、羊0.25~0.5g；肌肉注射安络血注射液，马、牛30~60mg，猪、羊5~10mg；肌肉注射维生素K3注射液，马、牛100~400mg，猪、羊2~10mg。

（三）绞压法

用止血带、绞压气、绷带、胶皮管等，紧紧缠于术部的近心端，暂时阻止血液循环，达到止血目的。此种止血方法常用于四肢下部、尾及阴茎的手术。

三、止血的方法

手术过程中的止血方法很多，常用的有：

（一）压迫止血法

用止血纱布或纱布棉球压迫出血部位片刻，可使毛细血管出血和小静脉出血停止，大血管出血经压迫可暂时止血，有利于采取其它止血措施；深在部位出血，可用钳夹纱布压迫止血。操作时，只能按压出血部位，不能擦拭，以防损伤组织或擦掉血管断端的凝血块，发生再次出血。

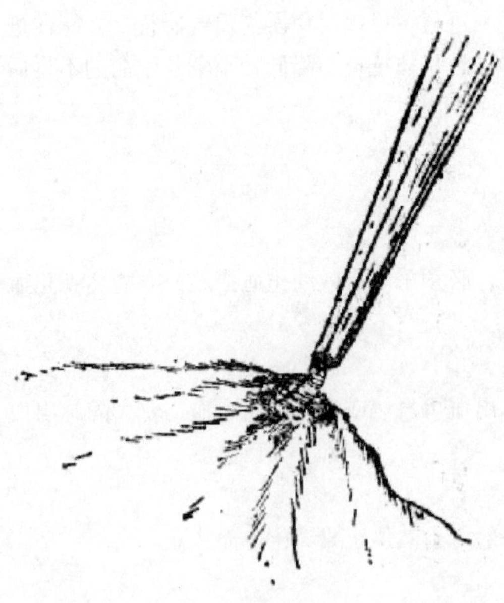

图3.27　钳夹止血法

（二）止血钳止血法

较大血管出血，在辨清血管断端后，可用无钩止血钳前端夹住断端并扣紧止血钳压迫或捻转，即能使血管断端闭合。小静脉钳夹数分钟后取下止血钳；较大血管断端钳夹时间应稍长或予以结扎；急救性的钳夹止血，止血钳可留存数小时或1~2d。钳夹方向应与血管纵轴垂直（图3.27），钳夹组织勿过多。

（三）结扎止血法

结扎血效果确实、可靠，是手术中重要的止血方法。适用于明显可见的血管断端止血，操作方法（图3.28），先用止血钳夹住血管断端，用适当粗细的缝线结扎打好第一道结后，取下止血钳，将线稍拉紧，无出血时再打第二道结并剪去多余的缝线。

血管缝合结扎可按（图 3.29）所示进行。对于横过切口的完整大血管，可先于切口两侧 1cm 处分别结扎，再从中间切断。若遇较大神经，切勿结扎、切断，可将其剥离至切口一侧即可。

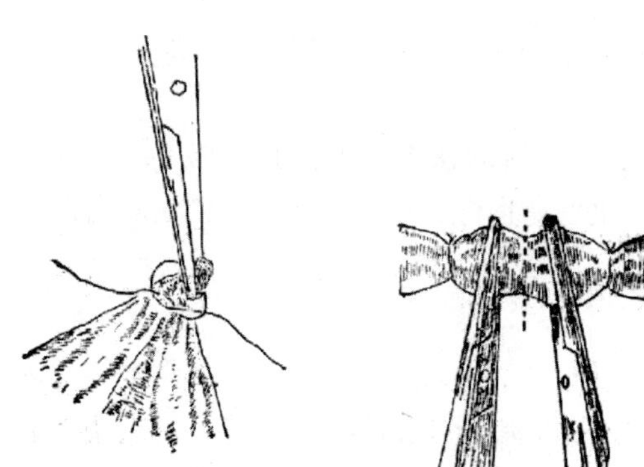

图 3.28　血管断端结扎法

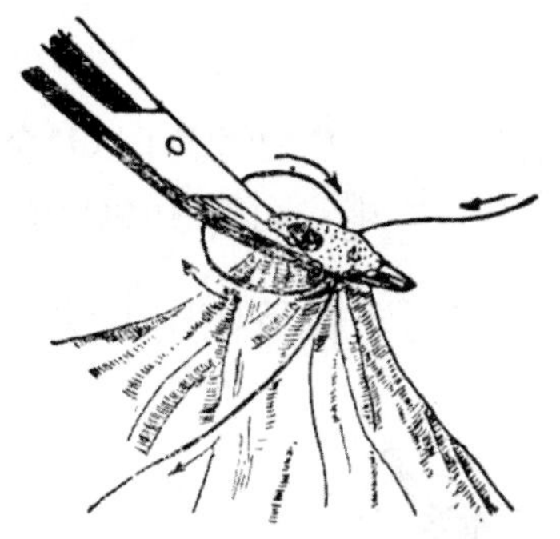

图 3.29　血管缝合结扎法

（四）填塞止血法

用灭菌纱布块填塞于出血的腔洞内，以达到压迫止血的目的。对较深的部位出血，如摘除某组织后形成的空腔出血，鼻腔、阴道手术后及拔牙后的出血等，常用此法止血。为保证效果，应填足纱布以产生足够的压力，必要时作暂时性缝合固定或压迫包扎，所用纱布可浸止药物。填塞纱布可保留数小时或 1~3d。

（五）缝合止血法

即利用缝合使创缘、创壁紧密接触产生压力而止血的方法。常用于弥漫性出血和实质器官出血的止血。

（六）烧烙止血法

即用烧热的烙铁或电烧烙器直接烫烙手术创面，使血管断端收缩封闭而止血，多用于大面积的毛细血管出血。

四、急性失血的急救

对于损伤或手术中引起的急性失血，应及时采取止血措施，以防危及家畜生命。

（一）输血

即按输血操作规程输入适量的同种相合血液，这是大失血时效果最好的措施。

（二）失血量较少时

可静脉注射 5% 葡萄糖与 2% 氯化钠等量混合液，马、牛 1 000~2 000ml；亦可用 10% 血液生理盐水溶液，马、牛 2 000~2 500ml；应用 6% 右旋糖酐（中分子）生理盐水溶液 1 000~2 000ml 静脉滴注亦可。

（三）应用止血药物

局部止血药，如3%三氯化铁、3%明矾、0.1%肾上腺素、3%醋酸铅等溶液，有促进血液凝固和使局部血管收缩的作用，将纱布浸透上述某一药液后填塞创腔即可。

全身止血药，常用10%枸橼酸钠100ml、10%氯化钙100~200ml静脉注射；也可用凝血质、维生素K3等肌肉注射，均能增强血液的凝固性，促进血管收缩而止血。

第六节　缝合

缝合是将被分离的组织予以对合和固定的方法，其目的在于促进止血、减少组织紧张度、防止创口哆开，保护创伤免受感染，为组织再生创造良好条件，以期加速创伤的愈合。

一、缝合器材及使用方法

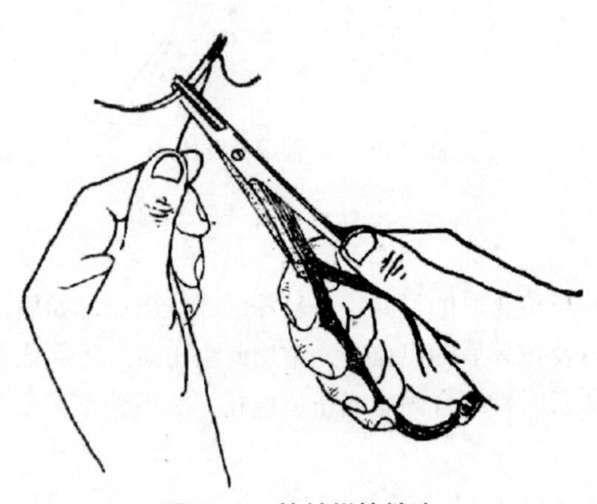

图3.30　持针钳持针法

（一）持针钳

用以夹持缝合针缝合致密组织或深部组织，用其持针稳妥有利，便于缝合，持针钳持针法见图3.30。常用的持针钳有三种。

使用持针钳时，要夹住缝合针的后1/3处，缝合皮肤、深层肌肉多用拳握式持钳。

缝合软组织和表层创口时多用徒手持针法。

（二）缝合针

缝针的式样和型号有多种。其针尖部有圆形和三棱形两种。圆形针穿透组织时的阻力大，但穿过后的针孔能自行封闭，多用于胃肠及其它软组织的缝合。三棱针锐利，易于穿透组织，但针孔呈三角形裂痕，损伤组织较重，仅用于缝合皮肤等致密组织。

针孔有普通针孔和弹簧针孔。弹簧针孔多为两个连续针孔，将缝线压入针孔即可。普通针孔同于一般缝衣针，须将缝线穿入针孔方可。

（三）缝线

用于缝合组织和结扎血管。分为可吸收缝线和不吸收缝线两类。前者以羊肠线使用最广，后者以丝线应用最多。

1. 羊肠线：由羊肠衣制成。其优点是可被吸收、不留异物。缺点是经组织液浸湿后易松弛，线结易滑脱；由于是异体蛋白，有时能引起较重的组织反应；价格也较高。主要用于皮肤以外的各种组织的埋没缝合。

2. 丝线：是由蚕丝制成的最常用的一种缝线。其表面光滑、加工致密、粗细均匀、强度一致，灭菌后张力不减，组织反应小，愈合后瘢痕小；但不被吸收，成为组织内的异物，若灭菌不彻底易感染化脓，个别缝线附近产生强烈的组织反应，造成创伤久不愈合。丝线有黑、白两种，最细的丝线标记是 7 个 “0” 号（0/7），兽用最粗的丝线是 18 号。丝线主要用于缝合皮肤，创伤愈合后即拆除；也常用于结扎血管及有蒂组织，以进行止血或组织分离。

此外，生物组织粘合剂（即异种动物纤维蛋白原复合物）已经研制成功，在人医和兽医临床上，已用于粘合游离皮片、皮肤切口、肝脾切口、小肠断端的端端吻合以及神经断端、膀胱切口等试验中，均获得满意的效果。其较缝线缝合具有操作简单、创缘对合整齐、炎症反应轻、愈合快、瘢痕少、平整美观、价格低廉等优点。用生物组织粘合剂代替缝线粘合各种组织切口时，只需滴入少量粘合剂迅速对合创缘、创壁，一般情况下轻压创缘 10~20~30s 即可，较缝线缝合可节省 4/5 的时间。此种粘合剂，术后 3d 即被吸收。

二、打结

打结即利用打结技术作成结扣（线结），以固定缝线，防止松脱。是缝合中最重要的操作之一，是占用全部手术时间中最长的操作环节。正确、稳妥、熟练地打结，可防止结扎线松脱造成创口哆开和继发性出血，并能缩短手术时间，提高手术的成功率。

（一）结的种类　线结有六种（图 3.31）。

1. 单结　即结扎线仅交叉一次。此结易于滑脱，用于欲切除组织的结扎和临时结扎小血管。

2. 平结（方结）：由两个单结构成（图 3.31，1）。是手术中最常应用的一种结，其结扣平坦，压迫局部轻，拉力愈大，结扣愈禁，不易滑脱。操作时两端用力须均匀，以免形成滑结。平结多用于结扎较小的血管和各种缝合的打结。

3. 外科结：即打第一道结时多绕一次，增大摩擦面，第二道结如同平结只交叉一次（图 3.31，2）。此结不易滑脱，多用于结扎大血管和张力较大的组织，如疝孔闭锁、皮肤缝合的打结等。

4. 三重结（三叠结）：又称加强结，是在平结基础上加一个单结，共三道结（图 3.31，3）。比平结更牢固，用于结扎大血管、张力大的组织的缝合打结和肠线缝合时的打结等。

5. 十字结（假结、妇女结、死结）：此结形如平结，唯第二道结的交叉形式与平结相反（图 3.31，4）。此结在组织张力大时易滑脱，手术时勿用此结。

6. 滑结：打平结时两端用力不均，两线一直一屈，固定不牢，只拉紧一条线时则成滑结（图 3.31，5）。此结极易滑脱，危险甚大，应予避免。

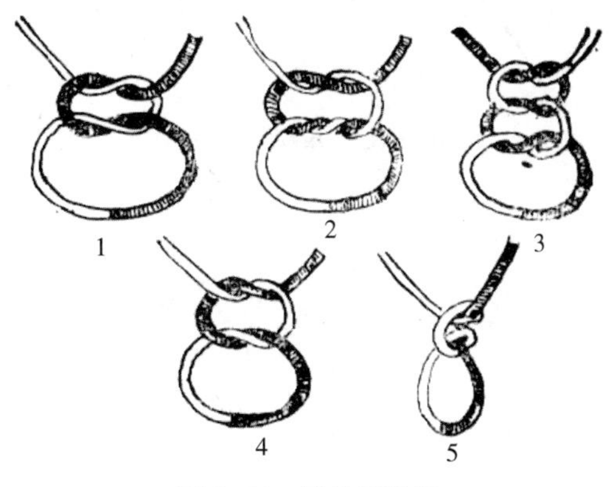

图 3.31　线结的种类

1. 平结　2. 外科结　3. 三重结　4. 十字结　5. 滑结

（二）打结方法

有徒手打结和持钳式打结两类。无论用哪种方法打结，平时应多作练习，以求熟练和正

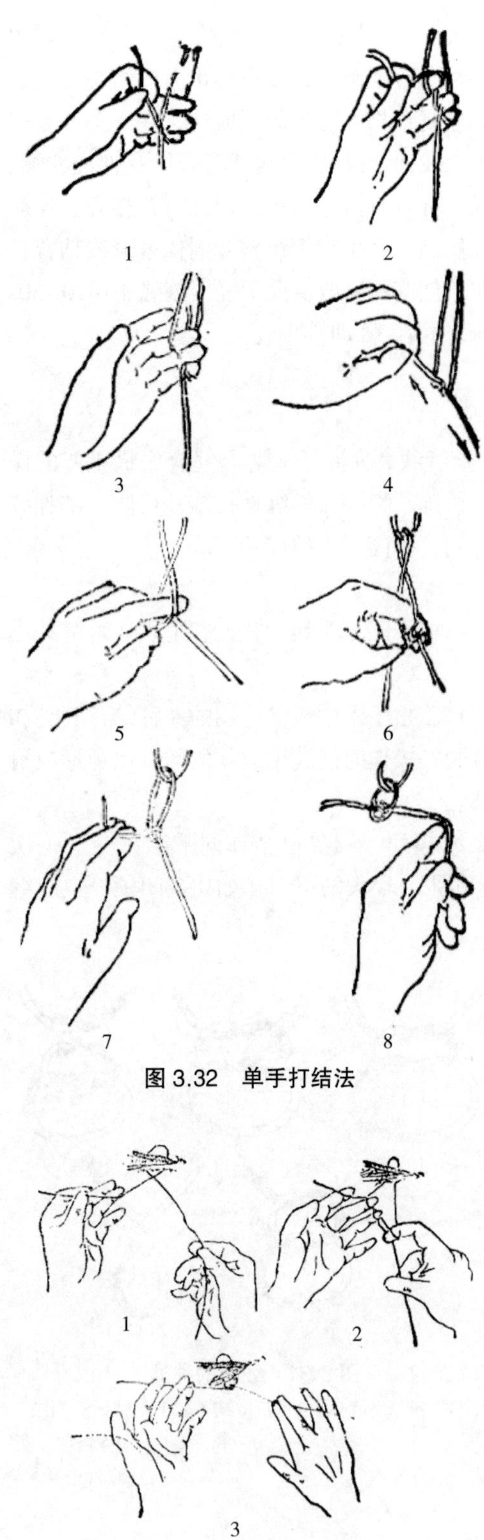

图 3.32　单手打结法

图 3.33　外科结打结法

确。一定要在第一道结打稳后再打第二道结。并且用力要均匀。

1. 徒手打结

单手打结法：通常用左手操作，即线结在右手配合下由左手单独完成打结操作的全过程。用右手操作亦可。此法操作简便、迅速、灵活，应用最多，尤其适用于缝针所带缝线较长，只能用短线端打结之时，操作方法如图 3.32。

双手打结法：此种打结法由双手操作完成，结扣较稳固，多用于间断缝合的打结。

外科结打结法：用打平结的方法绕好第一道结，随即右手食指由结圈内挑过右手拇指于中指所持缝线并拉紧，则成为绕两圈的结扣，再打好第二道平结并且拉紧即可（图 3.33）。

2. 器械打结：当线头短徒手打结不便或深部组织缝合结扎时，可用止血钳或外科镊子操作结系。此法简单灵活，易于掌握。

三、缝合的原则

（一）缝合用的持针钳、缝针、缝线要准备充分并应与被缝合组织的特点相适应。

（二）无菌手术创和非感染的新鲜创，经无菌处理后，均可作密闭缝合。而化脓、坏死和渗出液较多的创伤，不能缝合或仅能部分缝合。

（三）缝合前应彻底止血并用灭菌生理盐水冲洗，以清除创内的尘埃、凝血块、组织碎块等，再撒入磺胺粉或防腐剂。对创缘不整齐、干燥等，必须修整成新鲜创面再行缝合。

（四）缝合时，缝针尽可能刺得深些，每针的刺入与穿出点同创缘的距离应相等并在同一水平线上，针距亦应相等，以使创缘、创壁均匀接触，防止产生皱襞和裂隙。

（五）打结时不得过度牵拉组织，结扎要

松紧适度，过紧会使创缘内翻或外翻；过松不利两侧创缘密切接触，均将影响愈合。所有线结必须置于创缘的一侧。

（六）缝合时必须严格遵守无菌操作规则。

四、缝合的种类及缝合技术

缝合方法可分为间断缝合和连续缝合两大类。缝合操作一般是由右向左或由上向下进行。

（一）间断缝合法

即每缝一针打一次结。多用于张力大组织的缝合。优点是个别缝线断裂，不会影响全部缝合效果。

1. 结节缝合法：是手术中最常用、最基本的缝合形式。缝合时，可每缝一针即打结，亦可将所需缝合的针数都穿过创部留足缝线，最后依次打结。用于皮肤、肌肉、腱膜和筋膜等组织的缝合（图 3.34）。

2. 减张缝合法：适用于张力大的组织缝合，可减少组织张力，以免缝线勒断针孔之间的组织或将缝线拉断。减张缝合常与结节缝合一起应用。操作时，先在距创缘较远处（2~4cm）作几针等距离的结节缝合（减张），缝线两端可系缚纱布卷或橡胶管等，借以支持其张力（此即为圆枕缝合），其间再作几针结节缝合即可。

3. 8 字形缝合：此种缝合法多用于腱或由数层组织构成的深创的缝合（图 3.35）。

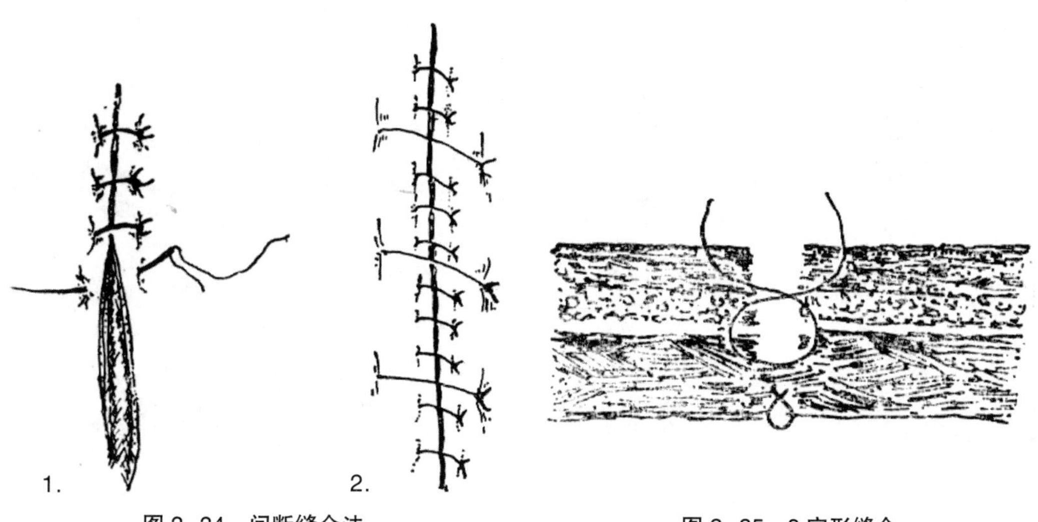

图 3-34　间断缝合法

1. 结节缝合　2. 减张缝合

图 3-35　8 字形缝合

4. 钮孔状缝合：其作用与减张缝合相同。本法既可用于外部组织的缝合，也可用于内部组织的缝合。缝合外部组织时，为了减少缝线对创缘的压迫，可将钮扣、橡胶管或纱布卷缝上，以免因张力过大而勒伤组织（图 3.36）。

图 3.36　钮孔状缝合

（二）连续缝合法

即缝合中不剪断缝线结扎、仅在缝合开始和结束时打结的方法。其操作方便，节省时间和缝线；但切口对合不易准确，一处缝线断裂可使全部缝线松脱。常用于肌肉、黏膜、腹膜等张力小的组织的缝合。

1. 螺旋形缝合：即由创口一端开始缝合，第一针打结后以螺旋状继续缝合至创口另一端，最后一针将缝线折转，线头留在带缝针的缝线的对侧创缘，打结并剪断线头（图 3.37）。此法常用于肌肉、胃肠、子宫黏膜、腹膜等的缝合。

2. 锁扣缝合：如锁衣服扣眼式的缝合，缝线均压在创缘一侧（图 3.38）。多用于缝合张力小的皮肤直线形切口。

3. 袋口缝：用于暂时缝合肛门或阴门，以防脱出。缝合时，距缝合孔 3~4cm，沿其周围依次进针，最后适当拉紧缝线打结（图 3.39）。肛门、阴门假缝合时，应留空隙，以利排便。

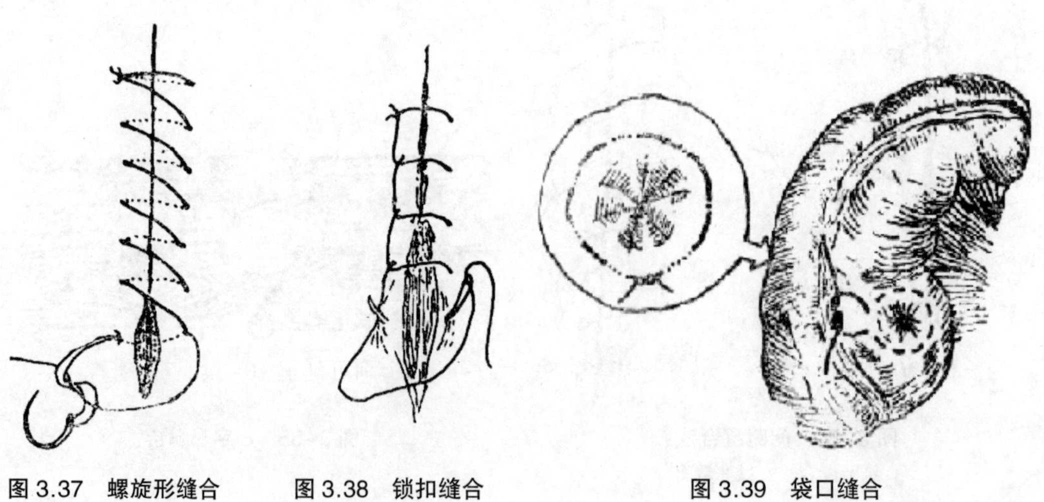

图 3.37　螺旋形缝合　　图 3.38　锁扣缝合　　图 3.39　袋口缝合

4. 褥缝合：即连续水平钮孔状缝合。用于肌肉、腱膜、筋膜及阴门的缝合（图 3.40）。但创缘不易密闭，易哆开。

（三）特殊缝合

1. 定位缝合：较长的直线切口或形状复杂的创口，为避免创缘闭合不良或发生皱褶，可用此法。实质是结节缝合的特殊应用。缝合时按进针顺序将缝线穿好正确对合创缘，再分别打结。

2. 水平褥状内翻缝合（胃肠缝合）：用于胃肠及子宫缝合。缝合进针是沿创缘两侧水平方向进行，只刺穿浆膜肌层，距创缘 0.2~0.5cm，针穿出后越过创口至对侧以同样方法操作（图 3.41）。常用 1~2 号缝线和细直针或半弯圆针。每缝一线应拉紧缝线，保证创缘密闭，达到不漏粪、不漏液、不漏气的要求。

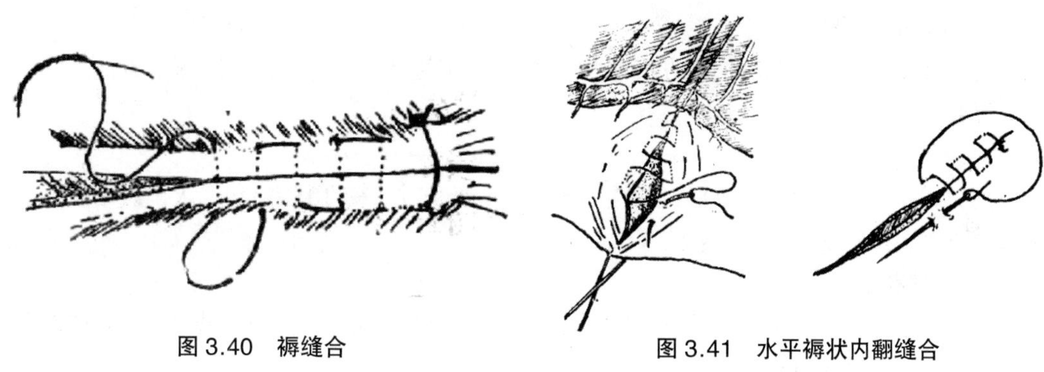

图 3.40　褥缝合　　　　图 3.41　水平褥状内翻缝合

五、缝合的注意事项

（一）单层缝合时，缝针应穿过创底，以免留有空腔，影响愈合。

（二）针的刺入孔、穿出孔与创缘距离应相等对称。缝合皮肤、肌肉、浆膜肌层时针孔距创缘分别为 1~2cm、1.5~2cm、0.2~0.5cm。针距以确保创缘紧密接触为准，针数越少越好。

（三）缝合时两侧创缘应平整接合，每针缝线松紧要一致，防止内翻、外翻或产生皱褶。

（四）皮肤缝合后，应矫正创缘，防止内翻或外翻，使其均匀紧密接触，以利愈合。

（五）化脓或创液过多的创口，一般不作密闭缝合，以保证创液顺利排出。

六、拆线

拆线是指拆除皮肤缝线。拆线时间多在术后 7~8d，个别可延至 10~14d。拆线过早或过迟，均会影响愈合过程。

拆线时先除去绷带，用生理盐水洗净创围，尤其是针孔附近；再以 5% 碘酊消毒创口和缝线，75% 酒精脱碘后，用镊子提起线结紧贴针眼将线剪断并随即抽出缝线。创口大或张力大的部位，可隔一针拆除一针，愈合良好后再将缝线全部拆除。拆线后要更换敷料，保护创口。

第七节　绷带

绷带是用于动物体表的包扎材料，是辅助治疗或主要治疗的一种措施。其作用是固定敷料、患部保温、吸收创液、保护创口、防止感染、压迫患部、使创缘接近，以促进创伤愈合。

一、绷带材料及其应用

绷带材料应具有吸收、保护和固定等功能，其种类较多，常用者有：

（一）卷轴绷带

是用脱脂纱布制成，布售的长度均为 6cm，宽度有 3cm、4cm、4.8cm、6cm、7cm、8cm 等数种。

（二）纱布

用脱脂纱布剪成适当的方形，折叠成 5~10cm^2 的方块，每 10 块一包，灭菌后用于覆盖创口、止血、填塞创腔及吸收创液等。

（三）棉花

多用脱脂棉，常作绷带的衬垫材料。若直接接触创面，须包以纱布。若衬垫凹处或以保温为目的时，可用普通棉花。

（四）其他材料

如白布、油布、塑料布、橡胶布、麻绳、铁丝、夹板、石膏等，主要是用于保护绷带、防水或加强固定作用等。

二、绷带的种类与操作技术

（一）卷轴绷带

1. 环形带：用卷轴绷带在患部重叠缠绕 4~6 圈后，将绷带末端剪开打结（图 3.42，1）。主要用于包扎粗细一致和较小的患部，如系部、掌（跖）部等。卷轴绷带的所有包扎法，均以环行带为起始和结束。

2. 螺旋带：先从环形带开始，再由下向上螺旋形缠绕，每圈均压住前一圈的 1/3 或 1/2，最后以环形带结束（图 3.42，2）。螺旋带多用于掌部、跖部及尾部等。

3. 折转带：类似螺旋带，但每圈缠至肢体外侧时均向下回折，再向上缠绕，最后以环形带结束。常用于臂、胫等粗细不一的部位（图 3.42，3）。

4. 交叉带：又称 8 字形带。用于关节部位的包扎。先在关节下方作一环形带，再斜向关节上部作一环形带后斜向返回关节下方，如此反复缠绕，至患部被斜向交叉的绷带包扎好为止，最后以环形带结束（图 3.42，4）。

5. 蹄及蹄冠绷带：用于蹄部及蹄冠的包扎。先将卷轴带的开端留出 20cm 交左手，右手持绷带卷并用绷带覆盖创部，缠绕一周与左手所持短端相遇后交扭，再反方向继续包扎，每次与短端相遇时，均扭缠一次，直至包扎结束，最后长端与短端打结固定。

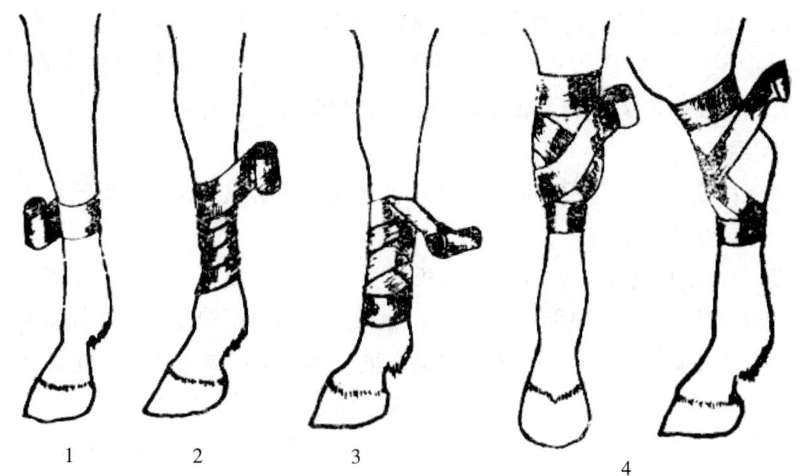

图 3.42　卷轴带包扎法

1. 环形带　2. 螺旋带　3. 折转带　4. 交叉带

6. 角绷带：用于牛羊角壳脱落、角折、断角及角损伤等。先在健康角根作环行带，再缠至病角根，并以螺旋带或折转带由角根缠至角尖后，折返缠至角根，最后将绷带引向健康角根作环形带结束。

使用卷轴带的注意事项：

（1）病畜须妥善保定，包扎要迅速、牢靠，松紧要适度，压迫要均匀，包扎后要平整美观。

（2）四肢的绷带须按静脉血液方向由下向上缠绕。

（3）绷带打结应在肢体外侧，要避开创口。

（4）包扎好的绷带一般不要随意更换，化脓创必须 2~3d 更换一次绷带。

（5）当包扎绷带过紧导致患部肿胀、疼痛甚至血液循环障碍，或包扎后创伤继续出血以及体温高、创伤发生感染等，应及时解除绷带。

（二）复绷带

即根据患部形状，用棉布或纱布缝制的绷带，其四周缝有若干布带，以便结系固定。复绷带应装着方便、固定结实。其常用的有眼绷带、顶头绷带、胸前绷带、鬐甲绷带、背腰绷带、腹绷带等（图 3.43）。

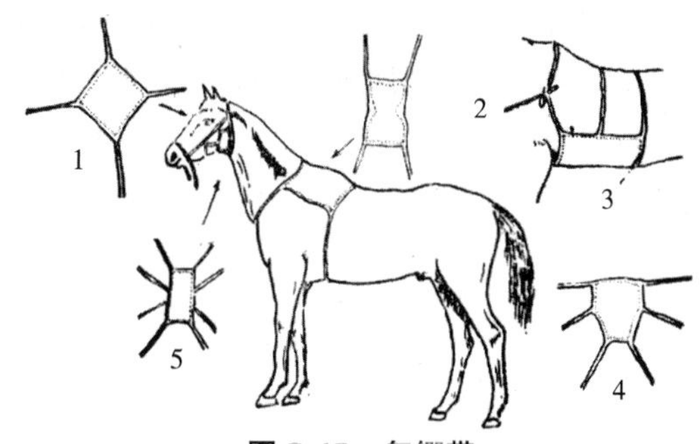

图 3.43　复绷带

1. 眼绷带　2. 顶头绷带　3. 胸前绷带　4. 背腰绷带　5. 鬐甲绷带

（三）结系绷带

用于身体任何部位，以保护创口和减少张力。即在圆枕缝合基础上，用数根 20cm 长 10~14 号缝线分别固定在两侧圆枕基部下面，敷料盖于创口上，再把两侧固定线的游离端成对打成活结，固定好缚料。亦可在缝合后，将创口分为3~5等份，于每等份的一侧，用带30cm长（10~14号）缝线的缝针，距创缘3~4cm刺入皮下，距刺入点0.5cm处穿出，越过创口至对侧作对称性的刺入、穿出，如此一一穿好后，将敷料置缝线下盖于创口上，再拉紧缝线，打活结固定。

（四）固定绷带

是使患部保持安静、固定不动而装置的一种绷带。主要用于骨折、脱臼、关节疾病及肌腱断裂等的治疗。最常用的有：

1. 夹板绷带：常用竹板、木板、胶合板、金属丝或金属板等材料，制成与患部大小、形状适宜的夹板。使用时，先擦净患部被毛，涂以滑石粉；用棉花垫平（骨骼突出部要垫厚些，应超过夹板上下两端），再用蛇形带固定；最后将选用的夹板放于棉花外围（夹板应长于两个关节，间距以0.5~2cm为宜），用绷带缠紧固定。

2. 石膏绷带：先将病畜横卧保定并使之镇静或浅麻，以利整复和包扎；刷拭干净患部及其周围皮肤，涂碘酊或酒精，有创伤时应先行外科处理，备足棉花、卷轴带、夹板、石膏绷带、石膏粉及40℃的温水。

装置方法：患部先用棉花包好（方法同夹板绷带），再以螺旋带固定；再将一石膏绷带卷浸于40℃水中，至不冒气泡取出，用两手握住绷带卷两端挤出多余水分，同时浸入第二卷备用。最后用已浸后的石膏绷带螺旋式缠绕患部，边缠边均匀涂抹石膏泥，缠至骨折上方关节后，再折向下缠，如此缠绕7~8层，最后一层要将两端超出的棉花折向绷带压住，并涂石膏泥抹光。待石膏硬固后使患畜起立，保定于六柱栏内。开放性骨折时，创伤处理并覆盖纱布后，以大于创口的杯子放于纱布上，再用石膏绷带在杯子周围缠好后，取下杯子修整边缘即成窗形石膏绷带。

装置石膏绷带的注意事项：

（1）操作要迅速，以防石膏硬固。浸泡时间勿过长，随用随浸，保持水温，确保硬化效果。

（2）装着完毕后，应随时检查，若病畜不安、体温升高或肢体末端浮肿严重有坏死可能或装着松弛固定不佳时，应及时拆除，重新装置。

（3）长骨骨折石膏绷带应固定上下两个关节，以达制动目的。后期应适当运动、促进康复。

（4）病畜如五异常，石膏绷带可于骨折愈合后拆除，一般约需6~10周。

（5）拆除石膏绷带使用石膏锯、石膏剪、石膏刀及板锯等时，应注意防止伤及皮肤。

第十七章　常见外科手术

第一节　阉割术

摘除或破坏公畜的睾丸、附睾或母畜的卵巢，使其失去性机能和生殖能力的一种外科手术，称为阉割术。

阉割术的目的是：使性情恶劣的家畜变得温驯，便于饲养管理和使役，选育优良品种，淘汰不良种畜，提高动物的利用价值。如牛、猪、羊、鸡和鸭等畜禽阉割后生长迅速，育肥加快，肉质细嫩，节约饲料，提高其皮毛质量和数量。此外也用于治疗某些生殖器官疾病，如严重的睾丸炎、睾丸肿瘤、睾丸创伤、卵巢囊肿及卵巢肿瘤等。

阉割术在我国已有两千多年的历史，早在公元前 770~222 年间就有关于马驹阉割术的记载。由于长期的实践，不断的积累了丰富的经验，因此我国阉割术方面确有很多独特之处。其中有些手术方法简便易行，科学适用，迅速安全、效果良好，深受广大群众的欢迎。我们应当学习我们的历史遗产，很好的继承并加以发展，使之更好地为社会主义建设服务。

一、公猪去势术

小公猪的去势以 1~2 个月龄，体重 5~10kg 的最为适宜。大公猪则不受年龄和体重的限制。在传染病的流行期和阴囊肿胀时可暂缓手术。对阴囊病可结合去势进行治疗。

（一）局部解剖

公猪的阴囊位于肛门下方，距肛门很近。睾丸提肌很发达。沿总鞘膜表面扩张到阴囊中隔。

睾丸大呈椭圆形，实质呈浅灰色，间质组织发达。小叶明显。附睾与睾丸密接有 7~8 条输出管。附睾尾发达，位于睾丸的后上端。

输精管弯曲于精索中。腹股沟管和鞘膜管短而宽，这是公猪易发腹股沟阴囊疝及去势时小肠容易脱出的原因。

1. 小公猪去势术

（1）保定：将猪左侧横卧，背向术者。术者以左脚踩住颈部，右脚踩住尾部（见图 3.44）。

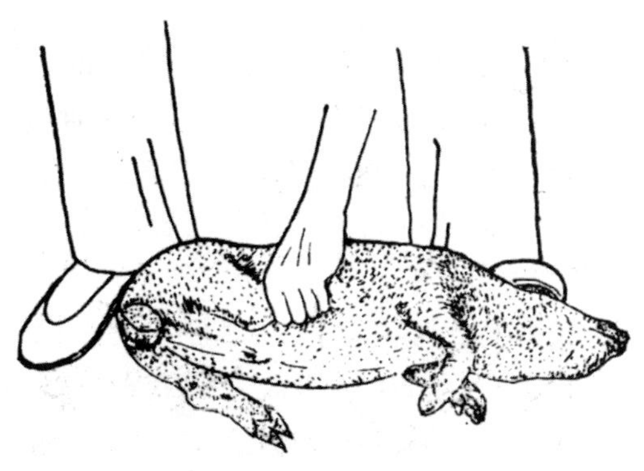

图 3.44　小公猪去势保定法

（2）术式：手、器械及术部按常规消毒。术者用左手腕部按压猪右侧大腿的后部使该肢向上紧靠腹壁，将术部充分显露。再

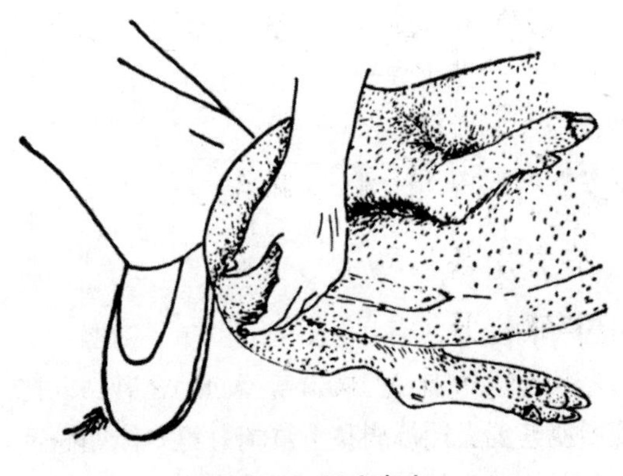

图 3.45　固定睾丸

用微曲的中指、食指和拇指捏住阴囊颈部，把睾丸推回阴囊底部，使阴囊皮肤紧张，将睾丸固定（见 3.45）。术者右手持刀，沿阴囊缝际的外侧 1~2cm（亦可沿缝际）切开皮肤和总鞘膜 2~3cm，挤出睾丸。左手握住睾丸，食指和拇指捏住鞘膜韧带和总鞘膜推向腹壁，用拇指和食指固定精索，右手放开睾丸，再在睾丸上方 1~2cm 处的精索上来回刮挫。亦可捻转后刮挫一直到离断为止。然后再在阴囊缝际的另一侧 1~2cm 处重新切口（亦可在原切口内用刀尖切开阴囊中隔暴露对侧睾）。同法除去睾丸，将青霉素原粉少许倒进切口内，切口及术部周围涂碘酊。切口一般不用缝合。

2. 大公猪去势术　左侧横卧保定，沿阴囊缝际两侧约 1~2cm 处从阴囊底部做平行缝际的切开。然后用手将睾丸挤出，露出精索，分离鞘膜韧带，结扎精索，切除睾丸。将青霉素原粉少许倒入切口内，切口及术部周围涂碘酊。切口开放不用缝合。

二、母猪卵巢摘除术

我国地域宽广，幅员辽阔，各地区阉割母猪的方法和经验亦有所不同。兹介绍几种常用的方法如下。

（一）局部解剖

1. 卵巢：卵巢的位置一般在骨盆入口的侧缘，肾脏后方 3~5cm 处。但是由平均年龄的不同，其位置稍有差异。卵巢位于卵巢囊内，卵巢囊是由输卵管系膜延长部分所构成。囊上有很多皱褶，并呈红色。性成熟前的幼龄仔猪，卵巢只有黄豆大，表面平滑，淡红色。性成熟以后大如核桃，表面凹凸不平，呈葡萄状，其突出部即为滤泡或黄体。

2. 输卵管：输卵管是弯曲，呈乳白色的细管。长约 15~30cm，朝向卵巢端呈伞状膨大，并有一大的腹腔口。朝向子宫端逐渐变细与子宫角相连。

3. 子宫：子宫包括子宫颈、子宫体及两个子宫角。由子宫阔韧带把它悬挂在骨盆腔与腹腔之间。猪的子宫角很发达。呈连续的半环状弯曲，由于子宫阔韧带比较长，所以活动性很大。未怀孕母猪子宫角呈屈曲状，表面浆膜稍粗糙，并有许多纵向条纹，可与小肠区别。子宫角长度可达 1.2~1.5m。子宫角尖端变细，与输卵管相连。猪的子宫体很短，仅有 5cm 长。子宫颈长约 10cm，直接延续到阴道。

（二）小挑法

适合 15kg 以内的小猪，术前应禁食半天。

1. 保定：术者以左手提起右后肢，右手握住左侧膝皱褶，使猪右侧卧地，立即用右脚踩住左侧颈部，将左后肢向后拉直，使猪后躯转为半仰卧位，左脚踩住左后肢跖部。

2. 手术部位：在左侧下腹部，左侧乳头外侧 2~3cm，与右侧髋结节的相对处。即左手中指抵在右侧髋结节上，大拇指于左列乳头外侧向下按压，使拇指和中指的连线与地面垂直，即为施术部位。

3. 手术方法：局部常规消毒后，术者右手将术部皮肤向腹侧牵拉，以便术后皮肤切口与肌肉切口错位。左手拇指用力按压在术部稍外侧，压得越紧离卵巢越近，手术也容易成功。右手持刀，用拇指、中指和食指控制刀刃深度，用刀尖垂直切开皮肤，切口长0.5~1cm，然后用刀柄以45° 角斜向前方伸入切口，借猪嚎叫时，随腹压升高而适当有力点破腹壁肌肉和腹膜，此时，有少量腹水流出，有时子宫角也随着涌出。如子宫角不出来，左手拇指继续紧压，右手将刀柄在腹腔内作弧形滑动，并稍扩大切口，在猪嚎叫时腹压加大，子宫角和卵巢便从腹腔涌出切口之外，或以刀柄轻轻引出。然后右手捏住脱出的子宫角及卵巢，轻轻向外拉，然后用左右手的拇、食指轻轻地轮换往外导，两手其他三指交换压迫腹壁切口，将两侧卵巢和子宫角拉出后，用手指捻挫断子宫体，将两侧卵巢和子宫角一同摘除。收回左手，切口涂碘酊，提起后肢稍稍摆动一下，即可放开。

4. 注意事项

（1）保定要确实、可靠，手脚配合好。

（2）切口部位要准确。

（3）手术要空腹进行，以便卵巢、子宫角能顺利及时涌出。

（4）若上述操作不能完成目的时，应及时将猪倒立保定，扩大切口，找到卵巢及子宫角并摘除。最后缝合腹膜及皮肤和肌肉创口。

（三）白线切开法

1. 保定：倒挂或倒立保定法，使腹下部面向术者。

2. 术部：小母猪腹白线上倒数第一对与第二对乳头之间。

3. 手术方法：锐性切开腹壁各层组织，切口长度约为2~3cm，直至腹膜。在切开腹膜时要防止损伤肠管。

术者将食指及中指伸入腹腔。2~3月龄的母猪一般可于骨盆入口处膀胱的侧方找到子宫角，将其拉出后即可看清卵巢（有时不用拉出子宫角即能直接看到卵巢）。然后将卵巢拉出切口外（见图3.46），并将卵巢和子宫角一并摘除。腹膜连续缝合，腹壁各层结节缝合，皮肤切口涂碘酊。术后7~9d拆除缝线。

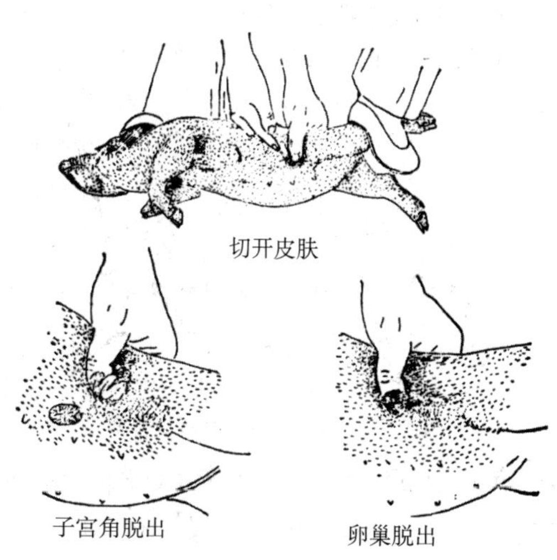

图3.46　小母猪去势法

（四）大挑法

1. 保定：左侧横卧保定，背部朝向术者，术者右脚踩住颈侧环椎翼，助手将两后肢向后牵引拉直并固定。对45kg以上的大猪，应由助手用木杠压住颈部保定。

2. 手术部位：在髋结节下方6~9cm处，

指压抵抗小的部位为好。

3. 手术方法：术部常规消毒。术者屈膝位于猪的背侧，左手捏起膝前皱褶，使术部皮肤紧张，右手持刀将皮肤切开 4~6cm 的弧形切口（呈半圆形），用右手食指垂直戳破腹肌及腹膜，并伸入腹腔，沿脊柱侧腹壁，由前向后探摸左侧卵巢，摸到卵巢后，用指尖压住并沿腹壁向外钩出，当用食指向外钩出卵巢时，需用中指、无名指及小指用力按压腹壁，使卵巢不致滑脱。当卵巢到达切口时，用刀柄协助钩出。手指再伸入腹腔，通过直肠下方到右侧，探摸右侧卵巢，用同法钩出后，分别结扎并除去卵巢。

若猪体过于肥大，因手指短触摸不到卵巢时，可先将左侧卵巢结扎后摘除，然后一边向外拉出子宫角，一边还纳摘除卵巢的子宫角，沿子宫角找到右侧卵巢，以同样方法摘除。

闭合腹壁创口，采用结节缝合法，将皮肤、肌肉、腹膜全层一次缝合。个体大的母猪可先缝合腹膜后，再将肌肉用结节缝合，撒上青霉素原粉，最后用双线结节缝合皮肤。涂擦碘酊。结系绷带。

三、公马去势术

公马去势年龄为 2~3 岁，公骡 1~2 岁为宜。年龄过小去势会影响发育，过迟去势因精索粗大，术后易发生出血和慢性精索炎。去势时间一般在春秋季节为好，此时气候凉爽又无蚊蝇，水草丰盛，有利于术后创愈合和机体的恢复。

（一）局部解剖

1. 阴囊：公马阴囊其内部由阴囊中隔将阴囊分为左右两半，从外部可以看到阴囊总缝。马的阴囊显著偏向前方，位于两后肢之间，呈纺锤形。阴囊上部缩小称为颈部，下部下垂称为阴囊体。阴囊壁由皮肤、肉膜、总鞘膜、固有鞘膜四层组织构成。肉膜在阴囊的中央形成阴囊纵隔，将阴囊分为左右不相通的两个腔，两个睾丸存在于其中。而总鞘膜与固有鞘膜之间形成鞘膜腔，并且两者借鞘膜韧带相连于总鞘膜与副睾之间。总鞘膜在阴囊基部和腹股沟管内形成鞘膜管，鞘膜管分为腹股沟内部和腹股沟外部两部分。腹股沟外部位于阴囊颈部内。腹股沟内部位于腹股沟中，起于内环止于外环，呈斜行的圆锥状。中年马腹股沟内环鞘膜孔的直径为 2.5~4mm，老马较宽。

2. 睾丸和附睾：睾丸和附睾位于阴囊内，左右各一个，呈椭圆形。马的睾丸其长轴呈水平，上外方连着附睾，附睾前端钝圆叫附睾头，与睾丸相连，后端尖细叫附睾尾，连接输精管。

3. 精索：它是由输精管与通入睾丸的神经、血管、淋巴管及睾内提肌等共同由固有鞘膜包裹所构成，经腹股沟管进入腹腔。

（二）公马去势方法

1. 术前准备：手术前一日应进行健康检查。注意生殖器官及腹股沟管的变化，如腹股沟管内环过大（可容三指）时不宜施术。术前应休息，刷拭体表停饲 12h。手术前 2 周注射破伤风类毒素。准备好足够的器械药品及人员等。

2. 保定：可采用侧卧保定和站立保定。在我国广大农村常用的是单绳倒马法和双环倒马法。

常用的是左侧横卧保定。后肢转位，充分暴露术部。用卷轴绷带包扎马尾以防止术部感染。

3. 消毒及麻醉：保定后腹股沟区及阴囊用0.1%新洁而灭溶液消毒。术部可进行常规消毒。去势时由于要切断精索，疼痛比较剧烈。为防止马匹去势时由于严重搔扰而造成医疗事故（如骨折、肌肉和韧带的剧伸和断裂以及内腔脱出等。）去势时要进行必要的麻醉还是应该的。除对性情凶猛的马匹可作全身麻醉外，一般可进行局部麻醉。常用的是盐酸普鲁卡因，精索内麻醉和皮肤切口作直线浸润麻醉。

4. 术式：固定睾丸：横卧保定时术者位于马的腰臀部。左手握住阴囊颈部，使阴囊皮肤紧张，充分显暴睾丸的轮廓。此时尽量使睾丸呈自然下垂的位置，把它挤向阴囊底。如果用一只手不能确实固定时，可用无菌绷带扎阴囊颈部，以固定睾丸。

切开阴囊及总鞘膜露出睾丸：在阴囊缝际两侧1.5~2cm处平行缝际切开阴囊及总鞘膜。切开长度以睾丸能自由露出为度。如有粘连可仔细剥离，先切上方睾丸后切下方睾丸。切开过小，切口内外不一致。不正或过高均可影响分泌物的排出，这对术后并发病的预防和手术创的愈合都是不利的。

剪断鞘膜韧带：睾丸脱出后术者一手固定睾丸，另一只手将阴囊及总鞘膜向上推，在副睾尾上方找出阴囊韧带，由助手用剪刀剪断（见图3.47）。然后术者沿剪断的切口向上扯开一定程度，睾丸即可下垂不能缩回。

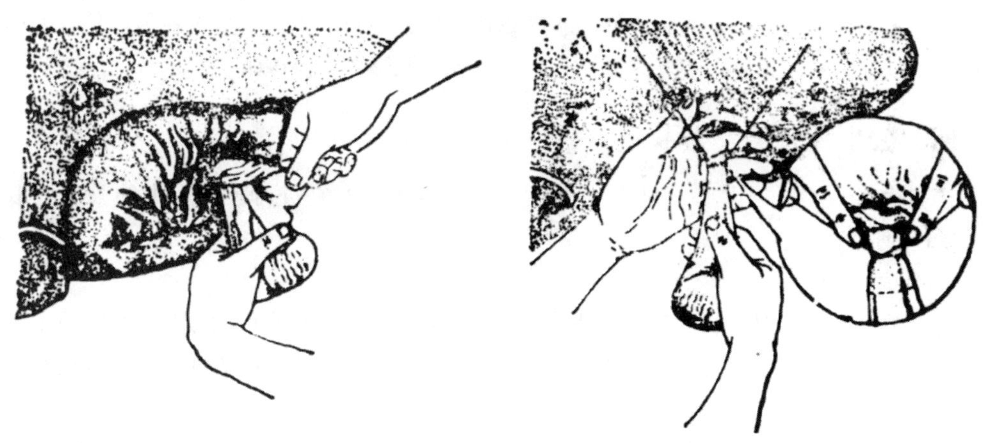

图3.47　分离，睾丸韧带结扎精索

除去睾丸通常采用下述儿种方法：

挫切法：充分暴露精索，助手在睾丸上方4~5cm处将精索结扎，然后将挫切钳距结扎线1cm处夹住精索，慢慢紧闭挫断精索，而后停留片刻。取掉挫切钳，精索断端涂碘酊，再以同法取掉另侧睾丸。

捻转法：充分暴露睾丸后，用固定钳夹住精索固定之，然后由助手用捻转钳在固定钳下方2cm处夹住精索，按顺时针方向捻转，先慢后快，将精索捻断，除去睾丸。精索断端涂碘酊。再用同样方法去掉另侧睾丸。

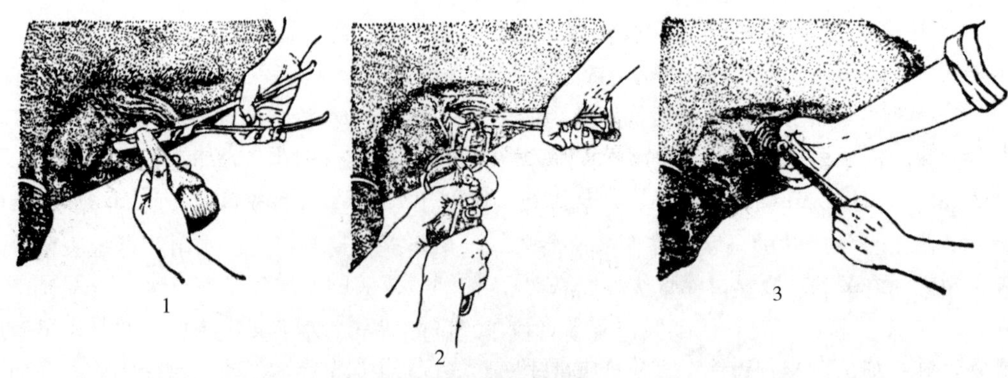

图 3.48 摘除睾丸

1. 挫切钳切断精索 2. 捻转钳拧断精索 3. 用手指挫断精索

刮捋法：右手抓住睾丸并向外拉紧精索。左手在距睾丸 6~8cm 处用拇指的指甲和食指的尖端或二指节反复刮捋，以推进时重，退回时轻，先慢后快的手法，直到精索挫断为止，再用同样方法挫断另侧精索（见图 3.48）。

结扎法：充分显露精索后，用止血钳夹住精索，在其下方 1~1.5cm 处作分割结扎，在结扎线下方 1~1.5cm 处剪断精索，除去睾丸，断端涂碘酊。若无出血，去掉止血钳剪断结扎线。

无论用哪种方法去掉睾丸后，将阴囊内积血挤出，检查切口位置是否在最低位，大小是否适当，以利排液，然后向阴囊内部撒青霉素原粉，阴囊创口涂碘酊。

四、公牛、公羊去势术

在养牛过程中进行去势，肥育牛则在生后 3~6 个月左右进行，役用牛的去势一般以 1~2 岁较为适宜。

（一）局部解剖

牛、羊的阴囊和马一样位于两后腿之间，比马靠前，显著下沉。阴囊的上部缩小为颈部。牛、羊的阴囊颈部细而较长。睾外提肌发达，完全包盖总鞘膜的表面，至睾丸尾端逐渐消失。

睾丸呈长椭圆形，纵轴垂直位于阴囊内。附睾位于睾丸的后面。睾丸纵隔明显呈带状。精索比马的长，睾内提肌不发达。

（二）公牛去势术

术前准备基本与马的去势相同。

手术方法：公牛去势时，多采用有血阴囊的方法（纵切法、横切法）和公牛无血去势法。

1. 纵切法：适用于成年公牛。其方法是术者左手紧握阴囊颈部，将睾丸挤向阴囊底，右手持手术刀在阴囊后面或前面中缝两侧，距中缝 2cm 由上而下与中缝平行切开两侧阴囊皮肤及总鞘膜，切口的下端应切至阴囊最底部。

2. 横切法：适用于幼年公牛。术者握紧阴囊颈部，将睾丸挤向阴囊底部，在阴囊底部由左侧作与中缝垂直相交的切口，一次切开阴囊的左右二室，切口即在阴囊最底部部分（见图 3.49）。

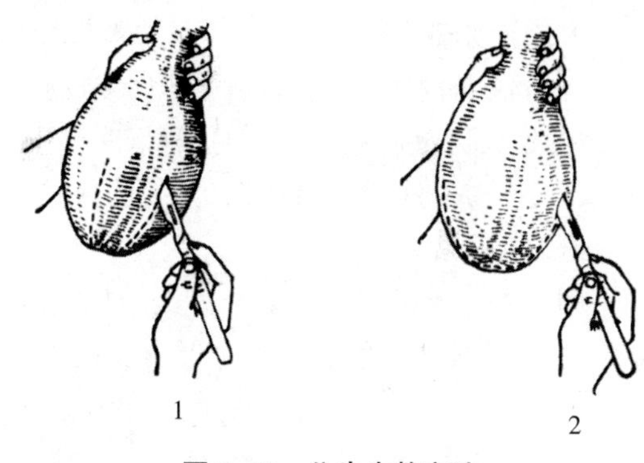

图 3.49　公牛去势方法

1. 纵切法　2. 横切法

用上述两种不同方法切开阴囊壁后，挤出睾丸，分别剪开鞘膜韧带并分离之，结扎精索，在结扎线下方 1.5~2cm 处切断精索，断端涂碘酊。幼小的公牛精索较细，也可不结扎，用刮捋法将精索捻断即可。睾丸摘除后，阴囊处理同马。

公牛无血去势法　由助手于阴囊颈部将精索挤到阴囊的一侧，术者用无血去势钳，在阴囊颈部夹住精索并迅速将钳柄收紧，稍停片刻，松开去势钳，然后按同样方法处理另一侧精索。

（三）公羊去势术

公羊去势一般在 3~4 月龄进行。由助手将羊两后肢倒提起，用两腿夹住胸部，腹部朝向术者。

手术方法：基本同牛。多采用纵切法，分别切开两侧阴囊壁，挤出睾丸，用结扎法或刮捋法挫断精索，摘除睾丸，然后处理阴囊切口即可。

五、公狗、公猫去势术

对于公狗、公猫的去势，通常采用左侧横卧保定，要确实固定头部和四肢以防伤人。首先将阴囊部长毛剪去，再小心剃毛，清洗干净，用 0.1% 新洁而灭术部消毒，1% 盐酸普鲁卡因局部浸润麻醉，10min 后术者左手固定睾丸使阴囊皮肤紧张，右手持刀沿阴囊缝际切开皮肤和总鞘膜，挤出一侧睾丸。用手分离阴囊韧带后，用较细缝合线结扎精索，剪去睾丸。另一侧睾丸采用经原阴囊皮肤切口，用手术刀切开阴囊中隔，挤出睾丸，结扎精索，剪去睾丸。在阴囊内撒入青霉素原粉，结节缝合阴囊皮肤切口，涂擦碘酊。

六、去势后并发症的处理

（一）术后出血

家畜去势以后，往往由于对精索断端阴囊壁的血管止血不当，结扎线一经脱落，结扎过紧将血管勒断，精索断端坏死等而引起出血。

针对出血的原因，采取相应的措施。若阴囊壁血管出血，一般不需处理，不久即可自行止血。若阴囊内肉膜及总鞘膜出血，可将大块灭菌纱布填塞压迫止血。当精索动脉出血时，应立即将家畜倒卧保定，寻找精索断端，进行重新结扎。若出血过多时，除及时采取止血措施外，必须进行全身性止血及补液。

（二）创液滞留

由于去势时阴囊切口位置不当，或皮肤切口与总鞘膜切口不一致，阻碍创液排出，随着时间的延长阴囊而肿大。针对这种情况，应在无菌操作下，重新扩大创口，使阴囊切口处于最低位置，并将坏死及无生命力的组织一并切除。

（三）精索炎

由于手术消毒不彻底，特别是结扎线污染，而引起精索炎，精索断端肿胀，局部发热、疼痛。应针对原因进行处理。如结扎线感染，应扩大切口将其拆除。精索瘘时应手术切除硬结的精索及感染源。

（四）阴囊炎

多在术后一周发生，阴囊逐渐肿胀，有时波及阴筒及下腹部。肿胀部疼痛、发热，随着病势的进一步发展，肿胀部开始变软而化脓，继则由创口排出脓汁及小块坏死组织，病畜步态强拘并出现全身症状。

对本病的治疗，应及时扩大创口进行排液，用防腐消毒药冲洗创腔，外敷鱼石脂软膏或樟脑软膏，并采用青毒素及磺胺疗法。若出现化脓时，则按化脓创口进行处理，并配合全身治疗。

第二节　头、颈、腹部手术

一、羊多头蚴孢囊摘除术

适应症　当多头蚴侵入羊脑内或颅腔内时，以诊断或治疗为目的施行本手术。

（一）局部解剖

羊的脑腔略呈一长方形，前部较窄，前界为两眶上孔间所作的连线，侧界为由每侧的眶上孔向后与头正中线所作的平行线，后界则为枕骨的枕嵴。在有角的羊，角根位于此长方形的中 1/3 部，或中 1/3 与前 1/3 的交界处，因此手术区域大为缩小。

颅腔上的软组织主要为骨膜、皮下组织、耳肌及皮肤，此处血管较细小。

硬脑膜紧贴头盖骨内面，它与头盖骨的骨内膜粘连在一起，因此，在头盖内壁与硬膜之间没有硬膜外腔。

在脑腔内，大脑与小脑之间的小脑幕，处在枕嵴前 1.5cm 处，内含有静脉窦，大脑两半球之间的大脑端位于中线上，内含背纵静脉窦。施术时不可损伤这些静脉窦。这也是保证手术成功的必要条件。

（二）诊断

羊多头蚴孢囊在大脑半球内常常伴有家畜精神低沉，开始嗜睡、昏睡，最后完全失去知觉。病羊总是向着患侧的大脑半球方向作圆周运动，位置浅的孢囊，时间较长的，该部的骨质变为松软、变形、增温、压痛和叩诊时有如敲橡皮之感。

（三）手术部位

由于多头蚴孢囊所在的位置不同，手术部位也有所不同。

1. 额叶：于外科界线之后，离中线 3~5mm 处作圆锯。

2. 顶叶：在离中线 2~3mm 的顶骨做圆锯。

3. 枕叶：圆锯在横静脉窦之后，距枕嵴 1.8cm，中线 3mm。

4. 小脑：项韧带附着之直前，要注意静脉窦。

（四）术前准备

为了预防脑血管出血，手术前应注射止血剂。手术部位按常规处理。

（五）保定

站立或侧卧保定。若侧卧保定，尽量使羊的头盖部朝上，并对头部作可靠的固定。

（六）麻醉

局部菱形浸润麻醉，性情不好的可肌肉注射速眠新作浅麻。

（七）手术方法

于圆锯孔部位或骨质疏松变软的地方，作一 U 字形切口，切开皮肤，剥离皮下组织，使皮瓣与骨膜分离，彻底止血。骨膜十字切开，用骨膜剥离器将切开的骨膜推向四周，圆锯锯开颅腔，再用镊子将脑硬膜轻轻夹起，然后以尖头外科刀十字形切开脑硬膜。如果包囊位于硬脑膜下时，挑破脑膜后即可发现，它是一个白色透明的囊，用注射器吸出部分液体，再用无齿止血钳或镊子将囊夹住作捻转而拉出。

若多头蚴孢囊位置较深，将带有 10cm 长硬胶管的针头，避开脑膜血管推向孢囊所在预计方向，并用注射器抽吸，当有液体流出时，说明有孢囊存在，继续吸取囊液，一边吸一边拉，看见囊壁用镊子夹住拉出即可（见图 3.50）。

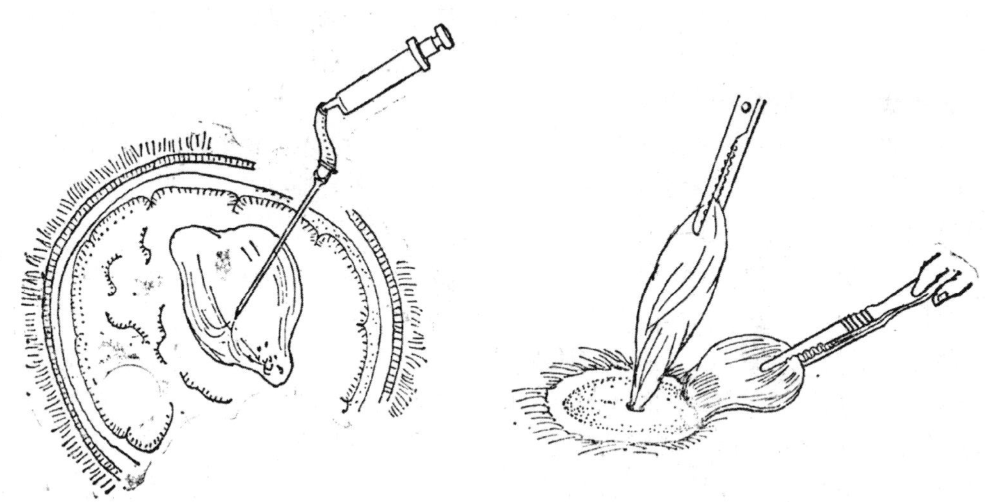

图 3.50　多头蚴孢囊的取出方法

孢囊除去之后，用灭菌纱布将脑部创伤擦干，用骨膜瓣遮盖圆锯孔，皮肤结节缝合，撒布青霉素粉，装上结系绷带。

（八）术后护理

术后约 30min，病羊可能出现兴奋现象，应予以注意，以防发生意外。临床经验证明，在大脑部位的孢囊，只要脑组织损伤不严重，一般均能康复。为了防止并发症，如脑炎、脑膜炎等，除在手术过程中注意灭菌操作之外，还要应用抗生素。

二、食道切开术

适应症　当家畜食管发生梗塞，用一般保守治疗方法难以除去时采用食管切开术，另外食管切开也应用于食管憩室的治疗。

（一）局部解剖

根据食道通过的部位，可分为颈部食道和胸部食道两部分。

颈部食道全长约 65~75cm，在皮下可摸到。它从咽部开始，位于气管的上后方，由第三颈椎以下，即偏至气管左侧的上缘；由第六颈椎至胸腔入口，位于气管左侧。由于食道在颈部各段的位置不同，所以颈部各段食道和它周围组织的关系也就不一样。

1. 颈部的前 1/3 部：食道的背侧有喉囊、头下大直肌及颈长肌。腹侧为喉软骨及气管软骨环。两侧的神经、血管为迷走交感神经干、颈总动脉及反神经，位于气管左侧的上缘。两侧的肌肉则以颈静脉为界，上为臂头肌，下为胸头肌。在颈静脉分支处有腮腺，此外皮肤很薄。

2. 颈部中 1/3 部：食道上面为左侧颈长肌，右下侧为气管，左上侧为迷走交感神经干及颈总动脉。左侧的肌肉也是以颈静脉为界，上面为臂头肌，下面为胸头肌。颈静脉及胸头肌的内侧为肩胛舌骨肌，外侧为薄的皮肤。

3. 颈部下 1/3 部：上面为左侧颈长肌，右侧为气管，左侧及左下侧为迷走交感神经干及颈总动脉。左侧的肌肉组织同于中 1/3 处。但肩胛舌骨肌很薄，仅为一层腱膜，此处皮肤则较厚。

4. 食道的组织结构分为四层：

（1）黏膜层：黏膜呈白色，有很多纵的皱襞，在正常情况下，食道腔狭小而细。

（2）黏膜下层：食道的黏膜下层很疏松。由于黏膜层上皱壁很大，黏膜下层很疏松，所以食道能够扩张。

（3）肌肉层：食道的肌肉层为横纹肌，所以食道的颜色与颈部肌肉相似，但略深些。肌肉组织共分为二层，均为螺旋状或椭圆状。颈部食道肌肉层较薄，胸部食道肌肉层较厚，因此胸部食道的管腔也较小。于贲门部，肌肉的内层增厚形成贲门括约肌，平时关闭很紧。

（4）食道外膜：为白色的结缔组织。食道、气管、血管及神经均包在颈深筋膜的气管前筋膜与气管后筋膜内。因此处结缔组织很疏松，所以此处的蜂窝织炎易于蔓延。食道外面没有浆膜，故食道切口愈合较慢。分布到食道上的动脉为颈总动脉的小支及甲状前动脉。神经为迷走神经的返神经、舌咽神经及交感神经的分支。

牛的食道较马的食道粗，壁较薄，而且越靠近胃处越薄。在颈部食道的前 1/3 与中 1/3 交界处，因肌肉较厚而食道较狭窄，故牛的食道阻塞多发生于此。

（二）手术方法

1. 保定：应采用右侧横卧保定。

2. 麻醉：用速眠新作浅麻。局部施行菱形浸润麻醉。用 2% 盐酸普鲁卡因 30~40ml，除注入皮下组织外，还注射于肌肉下的深肌膜内。

3. 手术部位：通常分为上方切口与下方切口。上方切口是沿颈静脉沟的上缘。颈静脉与臂头肌之间，臂头肌下缘 0.5~1cm 处切口，是距离主手术食管的最近经路。若食管有严重损伤，术后不便于缝合，则应采用颈静脉下方切口，在颈静脉下方沿着胸头肌上缘做切口，术后能确保创液顺利排出。

4. 手术方法：术部常规处理后，先用手指压迫切口下面的颈静脉，使其暴露，然后与颈静脉平行作一长 12~15cm 的切口。切开皮肤、皮下筋膜及皮肌，显露术野并彻底止血。再继续切开颈静脉之上的臂头肌（上切口时）或之下的胸头肌（下切口）的腱膜。操作时严加注意不要伤及颈静脉。切口在颈部的上 1/3 与中 1/3 交界处时，需要切开肩胛舌骨肌，再用钝性分离法分离深肌膜。切口若在颈的下 1/3 处，则需用钝性分离法分离肩胛舌骨肌的腱膜及深层筋膜。寻找食管，有梗塞的食管呈淡红色易辨认，当缺少异物的食管用手检查有柔软、空虚、扁平、表面不滑，而管的中央有索状（黏膜形成）的感觉。

食管暴露后，小心将食管拉出，注意不得破坏周围结缔组织，并用灭菌纱布使食管与其他部分隔离，切开食道管的全层，擦去唾液，谨慎地取出异物。

取出阻塞物后，用灭菌生理盐水冲洗创口，用铬制肠线连续缝合黏膜，再用内翻缝合法缝合食道肌肉层及其外膜。缝完后用生理盐水洗净创口，涂油剂青霉素或其他消炎软膏，将食道送回原位。结节缝合肌肉及筋膜。闭合皮肤切口。

（三）术后护理

术后第一、第二天不给饮水和食物，以减少对食管创的刺激，以后给柔软饲料和流体食物。可静注葡萄糖和生理盐水，也可实行营养灌肠，术后十几天内不得使用食管探子，食管创口一般 10~12d 愈合，皮肤创于 10~14d 拆线。

（四）注意事项

食管手术时，尽量避免和周围组织脱离，撕断的组织在筋膜间可形成渗出物蓄积的小囊，使创伤愈合会变的复杂化。

当牛食管切开时，要注意瘤胃发生臌气，术中或术后可进行瘤胃穿刺，以排除气体。

三、开腹术

开腹术是各种腹腔手术的通路。常用于瘤胃切开术、肠切开术、肠吻合术、肠套叠、肠扭转整复术及剖腹产术等。

（一）局部解剖

腹壁的结构构成由外向内的层次分为：

1. 皮肤及皮肌：皮肤由背腰向下逐渐变薄，具有活动性。皮肌纤维纵行，覆盖于大部分的腹侧壁上。

2. 腹黄筋膜：黄色，含有大量弹力纤维，在腹下部与腹外斜肌的腱膜紧密粘连。

3. 腹外斜肌：覆盖于全部腹壁，起于第五肋骨至最后肋骨的外面及肋间的筋膜。肌纤维由前上方斜向后下方，逐渐变薄，到腹底壁变为腱膜，止于白线及髂骨。

4. 腹内斜肌：位于腹外斜肌内侧，起自髋结节，肌纤维走向前下方，止于最后肋骨下

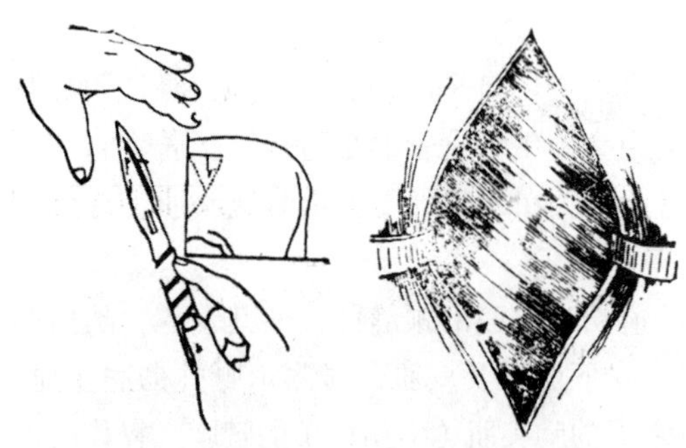

图 3.51　分离皮下组织显露腹外斜肌

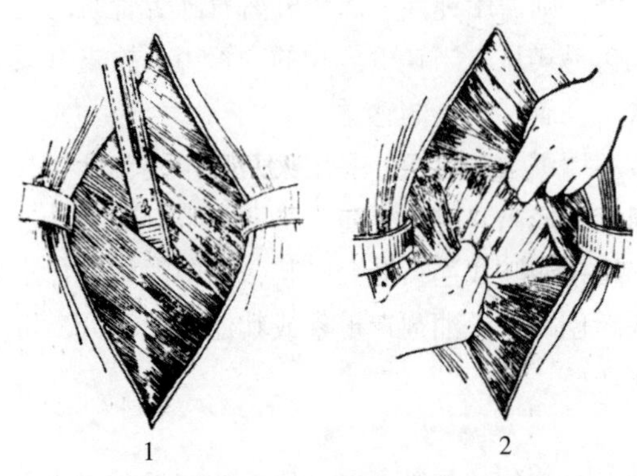

图 3.52　分离腹外斜肌

1. 作一小切口　2. 腹外斜肌一次分离

端及后 4~5 个肋软骨及腹白线。

5. 腹直肌：是腹底壁的肌质基础，肌纤维前后纵走，外面包有筋膜鞘，前端起于第四肋软骨，后端止于耻骨前缘。

6. 腹横肌：它是腹壁最内层的肌肉，起于腰椎横突顶端及肋弓下端的内侧面，肌纤维垂直向下到膝褶平位处变为腱膜，止于白线。该肌到腹后部逐渐变薄，于腹股沟管前部则完全消失。

7. 腹膜：它是一层浆膜，是由弹力纤维和少量细胞成分构成的结缔组织薄膜。

8. 血管：腹壁的血管，为腰动脉、旋髂深动脉、肋间动脉、腹壁前动脉和腹壁后动脉。其中以旋髂深动脉较粗，其前支在腹内斜肌与腹横肌之间，由髋关节处向前到最后肋骨的下端；肋间动脉分布于剑状软骨处；腰动脉的腹支分布于髂区，其主干分布于腹内斜肌与腹横肌之间。腹壁静脉在牛称乳静脉，相当粗大，沿腹下壁蜿蜒前行，可明显看到。

9. 神经：腹壁的神经为肋间神经（马为 9~18 肋间神经，牛为 9~13 肋间神经）和腰神经，它们出椎间孔后由上向下行，分布到腹壁的肌肉内。肋间神经的主干分布在腹直肌内。最后一条肋间神经分布于髂区，其走向是经髋肋脚上缘，由腹横肌的外面至腹内斜肌的外面，穿过腹外斜肌，以其终支分布于髂区皮肤；腰神经的腹支向下形成髂腹下神经和髂腹股沟神经，分布于腹壁中部和后部。其浅支位于腹横肌外面，分布于皮肤及浅层肌肉。深支位于腹横肌内并进入腹直肌。

（二）手术方法

1. 保定：根据手术目的不同，可采取柱栏内站立、侧卧或仰卧保定。

2. 麻醉：站立保定手术时，一般采用腰旁神经传导麻醉和局部浸润麻醉。手术台侧卧保定时用速眠新全身麻醉。

3. 手术部位：进行腹腔手术时，侧腹壁切开法，常用于肠切开、肠扭转、肠变位、肠套叠及牛、羊的瘤胃切开术等。下腹壁切开法，多用于剖腹产及小家畜的腹腔手术。

（1）侧腹壁切开部位：对小肠、小结肠及骨盆腔的手术时，切口的部位是在左髂部，髋结节至最后肋骨水平线的中央，向下 3~5cm 处开始向作 20~25cm 长切口。对胃状膨大部、盲肠体及盲肠尖手术时，术部在右侧肋弓下方 4~5cm 处，第 9~13 肋骨下端之间，与肋弓平行切开，切口长 20~30cm。对左侧大结肠手术时，术部在左侧腹壁，具体位置与右侧大结肠部位相对应。

（2）下腹壁切开的部位：下腹壁切开法，根据手术目的不同，有正中线切开法，即切口部位是在腹下正中白线上，脐的前部或后部。公畜应在脐前部，切口长度视需要而定。另有中线旁切开法，即切口部位不受性别限制。在白线一侧 2~4cm 处，作一与正中线平行的切口，切口长度视需要而定。

4. 术式：因为手术部位不同，根据软腹壁各部组织结构的不同点，切开软腹壁的具体操作方法有区别，但基本的切开原则及程序基本相同，现将侧腹壁切开举例说明。先对术部进行剃毛。0.1% 新洁而灭溶液消毒，手术巾隔离，用外科刀一次直线切开皮肤，切口长度为 16~19cm，锐性分离皮肌、疏松结缔组织、腹黄筋膜及腹外斜肌（见图 3.51）（见图 3.52）。钝性分离腹内斜肌、腹横肌（见图 3.53）及腹黄筋膜，若有腹膜外脂肪锐性分离，显露腹膜，用两止血钳夹住，切一小口，再用有沟探针配合手术刀或直接用敷料剪，剪开所需的切口长度（见图 3.54）。腹膜切开后，需用灭菌大纱布保护好切口，以防止腹腔内容物从腹腔内而涌出。腹腔打开后，可按剖腹目的进行操作。

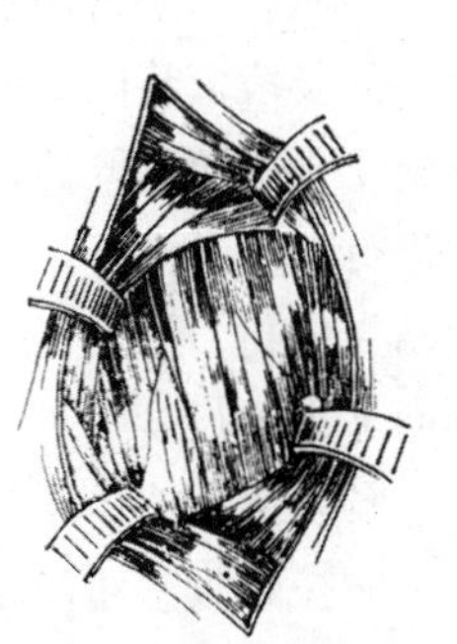
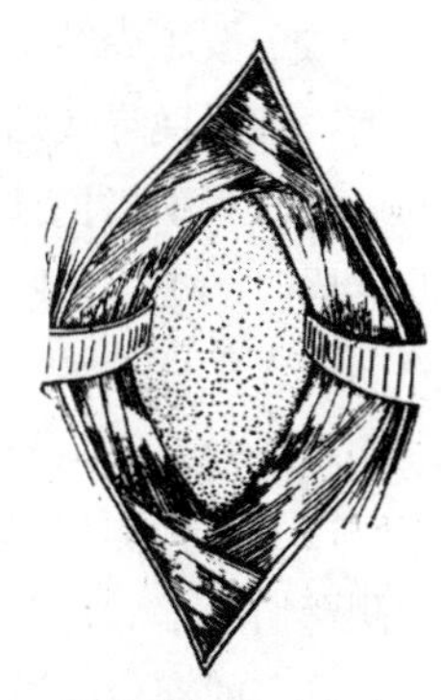

图 3.53　扩开腹内斜肌，显露腹横肌（左）钝性分离腹横肌，显示腹膜（右）

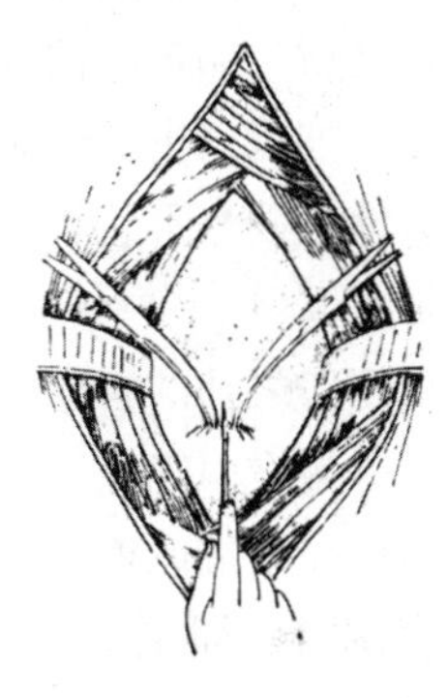
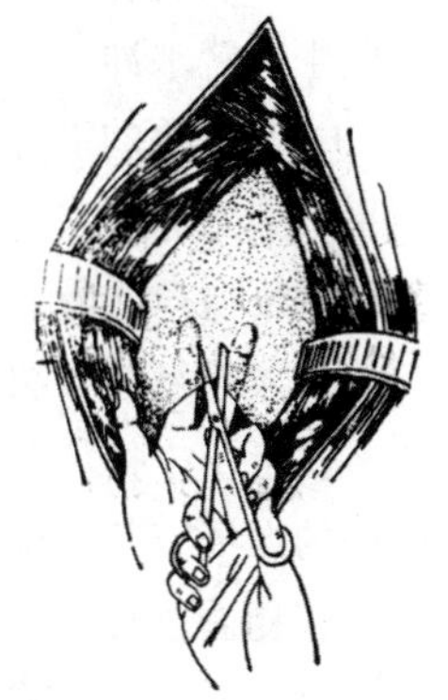

图 3.54　腹膜切开方法

完成主手术后，开始闭合腹腔，首先用肠线或 7 号尼龙线缝合腹膜，但在缝合过程中一定用压肠板或手指压迫肠管及胃体器官，防止与腹膜缝合在一起。再用结节或连续缝合法分别缝合腹横肌，腹内斜肌，腹外斜肌及腹黄筋膜。用 10 号以上较粗的缝合线缝合皮肤之前，切口局部撒上青霉素、链霉素原粉，闭合皮肤，涂擦碘酊，最后装结系绷带。

四、肠管手术

适应症　患畜肠阻塞的疏导术，肠管侧壁的切开术，小肠套叠的复位术，肠管切除吻合术等。

（一）手术方法

1. 保定：麻醉和手术部位，可采取柱栏内站立、侧卧或仰卧保定。

2. 麻醉：站立保定手术时，一般采用腰旁神经传导麻醉和局部浸润麻醉。手术台侧卧保定时用速眠新全身麻醉。

3. 手术部位：开腹术部分已表述不再赘述。

4. 术式：打开腹腔之后，根据肠管病情的不同采用以下几种方法。

（1）按压粪结术：这是兽医临床上常用手术之一。术者将右手通过切口伸入腹腔。由后向前仔细触摸寻找结粪阻塞的肠段。将阻塞的肠段尽量拿出于切口之外，下面衬上浸有盐水的纱布，用手指把结粪捏扁。再由两头开始，逐渐将结粪捏成若干小粪团。若不能取出结粪的肠段时，也可在腹腔内进行按压及捏碎。经过一番努力，结粪坚硬如石而捏不碎，可向结粪内注入生理盐水，促使结粪软化，然后再行按压捏碎。在结粪压开之后，于结粪内注入生理盐水适量，使结粪顺利向下方运行。

（2）肠管侧壁切开术：肠阻塞经按压无效时，或肠结石及大量异物存在时，必须进行肠管侧壁切开术。切开的部位应拉到腹壁切口之外，肠管下面垫浸有消毒液的白布或纱布。避开血管多的部位，沿肠管纵轴一次切开肠壁，切口的大小以利于取出阻塞物或异物为准。当阻塞物或异物的上方肠管内有稀薄的液体时，用粗针头穿刺或切一小口，使液体流入而至污物盘内，然后在此作一切口，取出结粪或异物，严防掉入腹腔或污染创口。肠管切口用温的灭菌生理盐水冲洗，缝合好之后，切口涂油剂青霉素后送入腹腔原位。

（3）套叠的复位术：在剧烈运动中的幼驹和小动物易发生。根据临床症状及腹腔探查的结果，当术者的右手触到质地较硬，形状较粗的肿块或索状物时，可确定为套叠的小肠，即可拉出于切口之外。

具体的复位方法　拉出切口之外的套叠肠管，尽量在术者操作的位置上，术者用双手拇指、食指及中指从套叠的远端慢慢而轻轻地向下方推挤，使套叠的肠借助肠段重力的力量和推挤的力量使其复位。切不可在远端或近端用力而拉，因易发肠破裂。

在复位过程中，若确有困难，即用小手指伸入套叠鞘内进行扩张紧缩环，拉环的同时，注入一些灭菌石蜡油，利于继续推挤方可使其复位。但在临床上，也有多次多法整复无效之时，即可用手术敷料剪剪开外层肠管，使得复位。剪开的肠管壁侧切口用胃肠缝合法闭合。

不论采用哪种方法整复的肠管，必须确定肠管和系膜确无变形、扭转和坏死等情况方可送回腹腔。若确实不能复位并伴发有变性、坏死和水肿时，应切除失去正常生理功能的肠管段，施行肠吻合术。

（4）肠管切除吻合术：在肠阻塞及小肠套叠发生时间较久失去其生理功能时，该段肠管被切除之后，均要进行肠管吻合术。

具体操作方法　首先用肠钳在预定切除的肠段两端距切口断部 1.6~2cm 处夹住，确保固定。然后将要切除肠段肠系膜上的血管均作双重结扎。肠段切除的部分，再用两把肠钳在距切断部 1.6~2cm 处分别用钳夹住，防止切断的肠内容物外流污染整个术区。紧接着用手术剪将切除坏死肠段剪断，肠系膜的剪除应沿结扎血管所形成的三角形而剪除，即可将坏死肠段去掉。然后用青、链霉素生理盐水冲洗正常的肠管断端。由助手持断端两把肠钳将断端并拢固定，术者用细肠线螺旋缝合黏膜层，一侧缝完后，助手翻转肠钳，再缝合另侧，黏膜层缝完后，再用胃肠缝合法缝合浆膜和肌肉层，缝合时距创缘应稍近些，避免埋没过多组织，防止肠管狭窄。最后将肠系膜作结节缝合。肠管缝合结束后，即用加温后的生理盐水冲洗干净，断端处涂油剂青霉素。之后，将肠管送回腹腔并复位。在临床上为了避免端端吻合后引起肠狭窄，也可以采取肠管侧侧吻合术或端侧吻合术。

（5）闭合腹腔：按开腹术进行。

（二）术后护理

1. 应立即给患畜披盖毛巾被或麻袋保温，以防感冒。

2. 腹壁创口用复绷带紧紧包扎，并装系较宽的腹带，压定创口，减少张力。

3. 防止患畜摩擦或咬啃伤口而采取相应措施，以免影响伤口愈合。

4. 术后患畜大多有口渴的表现，可给适量温热盐水。

5. 术后 1~2d 开始进行适当的牵遛运动，促进肠管蠕动和正常复位。

6. 注意检查全身生理指标和术部有无变化，及时观察排粪排尿情况及其他。

7. 按常规使用抗生素、输液等全身疗法。并根据患畜机体状况施以对症治疗。

五、瘤胃切开术

适应症　严重的瘤胃积食，经保守疗法无效。误食有毒草料，治疗创伤性网胃炎或创伤性心包炎，瓣胃梗塞、皱胃积食，可做瘤胃切开及胃冲洗术进行治疗。

（一）局部解剖

瘤胃的容积很大，位于腹腔的左半部和腹腔右侧的一部分。瘤胃的左侧直接与腹壁接触，右侧与肠管接触。瘤胃左右两侧各有一条纵沟，分别称左纵沟和右纵沟，前后两端各有一横沟。它们分别向瘤胃的两侧延伸与左右纵沟连接，将瘤胃分成两个囊。

瘤胃内的黏膜呈褐色，在与外面各条沟相对处形成粗大的皱壁。瘤胃黏膜内无腺体，表面覆盖一层鳞状上皮，并形成许多大小不等的乳头。

网胃呈梨形，位于瘤胃前上囊的前下方，以瘤网沟与瘤胃为界，网胃的上方有瘤网孔和瘤胃相通，右上方有网瓣孔与瓣胃相通。食道沟自瘤胃上囊的前部，沿网胃的右侧壁向下至网瓣孔，食道沟两侧的肉柱叫唇，网胃的黏膜皱襞呈网状。

（二）手术方法

1. 保定：一般采用站立保定，也可行侧卧保定。

2. 麻醉：局部浸润麻醉，也常用椎旁或腰旁神经阻滞传导麻醉，近年常采用电针麻醉。

3. 手术部位：皮肤切口的部位，在左侧最后肋骨与髋结节中间，自腰突向下 3~4cm 处，作 16~18cm 长的切口。体型较大的牛，而手术目的又要检查网胃，其切口部位应稍向前下方，距最后肋骨后缘 3~4cm，腰椎横突向下 8~10cm。否则术者手臂不能触及网胃底部及其周围。因此切口的部位应根据手术目的、体型大小而确定。

4. 术式：腹壁切开的方法前面已详述，不再赘述。

腹腔打开之后，术者右手首先沿腹膜与瘤胃之间，向前探查瘤胃及网胃壁，检查胃壁有无异物刺出及粘连，膈肌有无损伤。若瘤胃膨胀，必须穿刺排气。

探查完之后，若没有什么异物，就将瘤胃的一部分拉出于腹壁切口之外，首先选择胃壁血管较少的地方作瘤胃切口，即瘤胃的上囊。先于胃壁切口的四角用 10 号尼龙线穿上四条牵引线，目的是固定胃壁切口，缝针与缝线只穿过浆膜和肌肉层，两针孔间的距离为 1.5~2cm，即略长于切口长度为宜，上角和下角两牵引线之间的距离各为 5cm。四条牵引线穿好后，交由助手牵引（见图 3.55）。然后在牵引线中央作 13~15cm 长切口，一次性切开胃壁，胃壁切开之后术者左手随即将切口左侧创缘提起，右侧由助手提起，同时将胃壁切口提

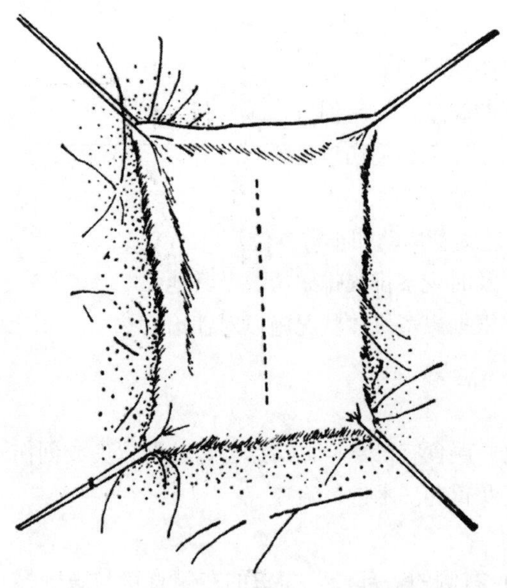

图 3.55　用牵引线固定胃壁切口

到腹壁切口之外交助手用翻转固定。其方法是采用缝合的方法固定胃壁切口，即用螺旋缝合法将切口两侧的胃壁分别缝合于左右皮肤切口上，使胃壁和皮肤紧紧固定在一起，切口周围垫上大块浸有生理盐水的纱布，然后切开胃壁。

胃壁切口出血多采用结扎止血法，不能用止血钳钳夹胃壁。将有洞橡皮布专用创巾置入胃壁切口之内，在放入专用创巾时，将弹性环提成椭圆形放入胃壁切口之内，进入瘤胃内弹性环会自动展开成圆形或椭圆形，比较牢靠的固定于胃壁切口之内边缘上，处在切口外的创巾展平之后，固定于创布上。这时术者可通过橡皮洞中的洞孔伸手入瘤胃内，取出异物，瘤胃内容物或进行瘤胃网胃内的探查。瘤胃内容物先取出一部分就行，若发现毛球之类及其他异物等应全部取出。然后将手向前下方伸入，穿过瘤网孔，进入网胃腔内仔细触摸网胃的各个部分，将网胃内的金属物及其他异物等一起取出。若有尖锐物体刺入胃壁，应小心将其取出，以免损伤胃壁。最后可继续探查网瓣孔，网瓣孔位于网胃右侧，口径约 3~4 手指粗。当发现瓣胃有阻塞时，可用胃管经网瓣孔插入瓣胃，并注入温水，量的多少试以牛的大小及阻塞程度而定。目的是将瓣胃粪便泡软并冲开。

整个手术过程操作结束后，随即取下橡皮洞巾。用温生理盐水冲净附着在胃壁上的胃内容物和凝血块。拆除缝合线，在胃壁创口进行自下而上的连续全层缝合，缝合要求平整、严密、并防止黏膜外翻。

用温生理盐水再次冲净胃壁浆膜上凝血块，并用浸有青霉素、盐酸普鲁卡因溶液的纱布覆盖缝合创缘上，拆除瘤胃皮肤缝合线，清理局部。

这时将由污染手术进入无菌手术。手术人员重新洗手消毒，污染器械不许再用，清理纱布后，对瘤胃采用胃肠缝合法进行缝合，局部涂以抗生素软膏，腹腔内注入青霉素盐酸普鲁卡因液 100ml，进行腹壁缝合。

六、瓣胃按摩与冲洗术

适应症　用于瓣胃阻塞的治疗。

（一）局部解剖

瓣胃呈椭圆形，位于体正中面的右侧，在肩端水平线与第 8~11 肋间隙相对；前由网瓣胃孔与网胃式相连，后由瓣皱胃孔与皱胃相接。壁面斜向右前方与膈、肝相接。脏面与瘤胃、网胃和皱胃相接。

瓣胃沟向腹侧稍偏内后方，此部无叶，仅有小乳头附着。叶之间嵌入较干固而粗糙的食物，经叶面角质乳头摩擦变为细碎。液状细软的食物，可直接自沟中通入皱胃。瓣皱胃孔处有横褶称瓣胃帆，可以防止皱胃内容物返流。

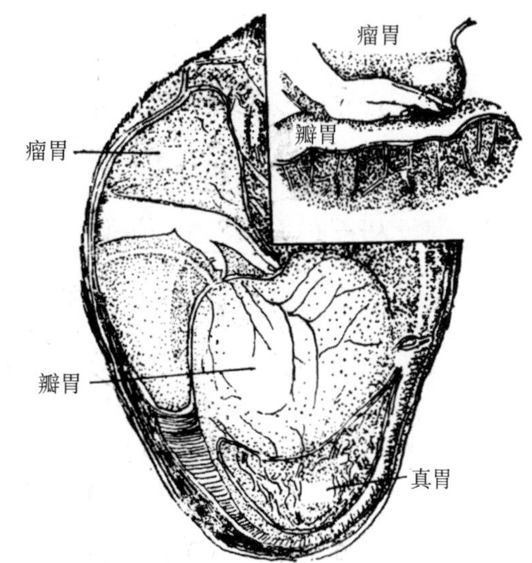

图 3.56　通过瘤胃按摩瓣胃

（二）手术方法

1. 保定：采取站立或左侧卧保定。

2. 麻醉：同瘤胃切开术。

3. 术式：按瘤胃切开术的方法切开腹壁及瘤胃。取出 1/3 瘤胃内容物，然后隔着瘤胃按压瓣胃。继则将胃管一端通过瘤网沟送入瓣胃，胃管另端接上漏斗，由助手向瓣胃内注入温水（见图 3.56）。术者将手退回瘤胃按压瓣胃，接着继续注水，随注随按反复进行，使瓣胃内容物进入真胃，直至瓣胃内容物软化（见图 3.57）。

体型较大的牛，作瘤胃切开实施瓣胃按摩与冲洗术确有困难时，则通过皱胃切开术进行冲洗。即将胃管通过皱胃送入瓣胃，并间断注入温水，术者另手由腹壁切口伸入腹腔，直接按摩瓣胃，如此反复进行，直至瓣胃变小、内容物变软。

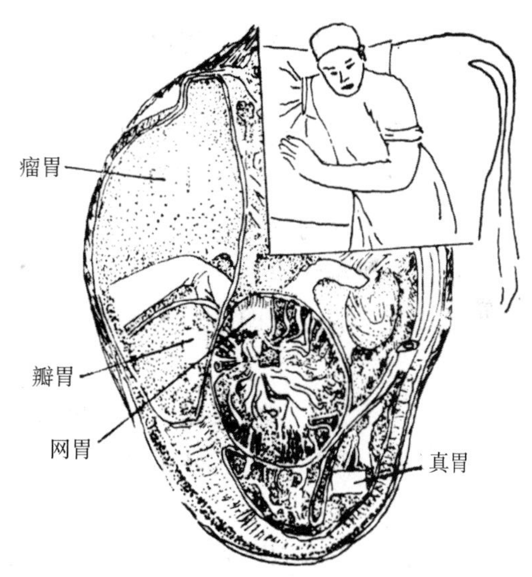

图 3.57　通过瘤胃向瓣胃注水

（三）注意事项

1. 通过瘤胃冲洗瓣胃时，因水不能排出，故注水总量不宜过多。通过皱胃冲洗瓣胃时，因水能随时排出，故水量不限。

2. 冲洗时胃管头不可反复冲撞瓣胃，以免损伤黏膜及叶瓣。

3. 术后护理同瘤胃切开术。

七、皱胃变位复位术

适应症　用于皱胃变胃的复位。

（一）局部解剖

皱胃为一梨状囊，位于腹腔底壁及网胃与瘤胃腹囊的右方。皱胃起始部宽大称底，与瓣胃相连。后端变窄，称幽门端，与十二指肠相接，中部称体。皱胃背侧缘，凹陷称小弯，与瓣胃相邻，腹侧缘凸出称大弯。皱胃大弯部位在腹腔底部，自剑状软骨部沿肋弓伸向最后肋骨的下部。皱胃黏膜平滑而柔软，形成 12~14 个螺旋褶。幽门部环行肌层组成发达的括约肌。正常情况下，该胃内仅有适量的粥状内容物。

大网膜分为深浅两层。浅部由瘤胃左纵沟起向下走，绕过瘤胃腹囊，向上走转到右侧，覆盖于网膜深部的外面，再向前走，终于十二指肠的第二部（髂弯曲）和皱胃的大弯。深部起于瘤胃右纵沟向下方，绕过肠袢到它的右侧面，被大网膜浅部所覆盖，末端进入十二指肠系膜的内层。

网膜深浅两层自瘤胃左、右侧纵沟向下走，被包总肠系膜上的结肠袢、空肠、回肠和盲肠，此间隙为网膜上隐窝。瘤胃网膜间腔的后口，是网膜深浅互相连接吻合处，此口名为网膜上隐窝间口。

（二）手术方法

皱胃变位复位术通常采用手术方法将变位的皱胃推移还纳到正常位置；由于复位后常有复发的可能，因而必须做皱胃固定术。

1. 瘤胃减压复位法：站立保定，常规处理，局部腰旁神经干传导麻醉和浸润麻醉。左肷部切口显露瘤胃后，进行瘤胃切开术。及时取出瘤胃内容物而减压，皱胃即自然复位。若为继发性皱胃积食或皱胃扩张时，同时用胃冲洗法进行排除。

2. 仰卧自然复位皱胃固定法：首先将病牛右侧横卧保定，用保定绳分别将两前肢与两后肢固定，再使病牛滚转呈仰姿势，以牛背为轴心向左向右呈 60° 反复摇晃 3min，突然骤停，使病牛仍呈仰卧姿势。躯干两侧填充好装有软草的包装袋，仍保持其仰卧姿势。

具体手术方法：是在剑状软骨至脐部，距腹白线右侧 4cm 处，切一长为 18~23cm 切口。将乳静脉血管的分支进行结扎止血，分离腹直肌及其内、外鞘膜，并切开腹膜。术者右手进入腹腔内，沿左侧腹壁探查皱胃位置，用手臂借摆动和移动的动作，把皱胃恢复到正常位置后。为防止复发，对皱胃壁固定缝合，先将皱胃幽门部确定后，在其附近向胃底部作 4~5 个间断皱胃浆膜肌层与腹膜、腹直肌缝合。胃壁是固定缝合在白线旁切口的右侧方。为了加强固定效果，在间断缝合的平行处再作一次皱胃浆膜肌层与腹膜，腹直肌的连续缝合。

3. 大网膜固定法：站立保定，常规处理，局部麻醉。在右肷部正中距 3~4 腰椎横突 24cm 处，作约 18cm 的切口。暴露腹腔后，手经网膜上隐窝间口后方，直肠下方，向瘤胃左侧纵沟附近，探查变位的皱胃体。对臌气的胃腔，用粗针头放气，然后用手耐心地牵引皱胃体至右侧正常位置，有是需多次的进行才行。以幽门部的位置为鉴别皱胃是否在正常位置。在幽门部上方 9~10cm 处，将大网膜深浅两层作一皱褶，并牢固地缝合固定在左肷部切口处的腹膜及其肌层，使大网膜非常牢固粘连在腹壁上，防止复发。

4. 闭合腹腔：按开腹术进行。

八、胆囊手术

适应症　适应于胆结石的治疗、胆汁引流及人工培植牛黄等。

（一）局部解剖

牛的肝脏扁而厚，略呈长方形，位于右季肋部，其左叶在腹腔前方达第 6~7 肋骨，右叶在背后方达第 1~2 腰椎。前面凸，与膈接触；后面凹，与网胃、瓣胃、真胃、十二指肠及胰脏接触。牛的胆囊长约 10~15cm，分为胆囊底、体和颈三部分，颈部细小，颈部以下呈梨状膨大，一部分附着于肝的脏面，大部分位于第 10~11 肋间隙下部。肝管和胆囊管汇合成胆管，开口于十二指肠“乙”状弯曲的第二曲，距幽门约 50~70cm。胆囊壁是由浆膜、肌肉层和黏膜所构成。

（二）手术方法

1. 保定：采取左侧卧保定，两前肢及两后肢分别用双套结于系部捆缚，然后将前后肢系在一起向腹下拉紧捆缚。或四肢交叉捆缚于腹下。

2. 麻醉：速眠新全身麻醉，局部 2% 盐酸普鲁卡因浸润麻醉。

3. 手术部位：自右侧髋结节向前引一与脊柱平行线。另一条线是自右肩关节向后引一与脊柱平行线。自倒数第二或第三肋间隙作垂线（两平行线之连线）。此连线中点即为切口的中心，切口约 6~8cm。黄牛、奶牛切口应在倒数第二肋间隙，牦牛应在倒数第三肋间隙。

4. 术式：术部常规处理后，沿肋间隙切开皮肤及皮下肌肉（后上锯肌），继则切开肋间外肌与肋间内肌，及时止血，清洁创面。然后切开膈肌筋膜，并钝性分离膈肌。按腹膜切开的方法切开腹膜。在切口上角即可见到肝脏的边缘。

术者以左手食、中二指经切口伸入腹腔，先摸到肝脏下缘，然后在倒数第三肋骨内侧找到呈梨形的胆囊，用食、中二指夹住胆囊底部轻轻拉出于切口之外。如胆囊内胆汁过多难以拉出时，可先用注射器抽出部分胆汁，或轻轻按摩胆囊使部分胆汁经胆管流入十二指肠，再将胆囊拉出切口之外。用浸有生理盐水的纱布将胆囊与创口隔离。继则按施术目的、手术种类切开胆囊，即用手术剪在胆囊体剪一小孔，随后再扩大至所需长度。根据施术目的，取出结石，置入塑料支架，放置引流管等。

缝合胆囊切口，0/2~0 号缝线，缝针用小圆针，用胃肠缝合法缝合。缝合一定要严密，勿使胆汁漏出。用生理盐水冲洗胆囊，除去隔离纱布，胆囊还纳于腹腔。

闭合腹壁创口：螺旋缝合法缝合腹膜，用结节缝合法分层缝合膈肌、肋间内肌、肋间外肌、皮下肌肉及皮肤。装置结系绷带。

（三）注意事项

1. 手术中当切开肋间肌时，随着呼吸，空气可进入胸腔。应及时用灭菌纱布暂时堵塞，并尽快分离膈肌，以免过多的空气进入胸腔。

2. 手术后按一般常规护理。

九、直肠脱整复固定术

适应症　直肠和肛门的脱垂。

直肠和肛门脱垂是指直肠末端的黏膜层脱出肛门（脱肛）或直肠一部分（见图 3.58）、甚至大部分向外翻转脱出肛门（直肠脱）。严重的病例在发生直肠脱的同时并发肠套叠或直肠疝。本病多见于猪和犬，马、牛和其他动物也可发生，均以幼龄动物易发。

（一）保定

采取站立或横卧保定均可。

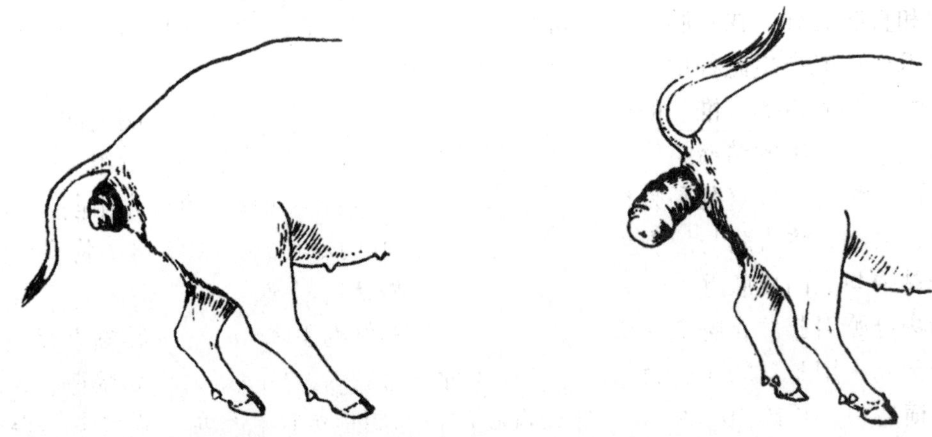

图 3.58　直肠黏膜脱出（左）、直肠壁全层脱出（右）

（二）整复固定术

采取相应措施。

1. 整复：是治疗直肠脱的首要任务，其目的是使脱出的肠管恢复到原位，适用于发病初期或黏膜脱垂的病例。整复应尽可能在直肠壁及肠周围蜂窝组织未发生水肿以前施行。方法是先用 0.1% 温热的高锰酸钾溶液或 1% 明矾溶液清洗患部，除去污物或坏死黏膜，然后用手指谨慎地将脱出的肠管还纳原位。为了保证顺利地整复，在猪和犬等可将两后肢提起，马、牛可使躯体后部稍高。为了减轻疼痛和挣扎，最好给病畜施行荐尾硬膜外腔麻醉或直肠后神经传导麻醉。在肠管还纳复原后，可在肛门处给予温敷以防再脱。

2. 剪黏膜法：是我国民间传统治疗家畜直肠脱的方法，适用于脱出时间较长，水肿严重，黏膜干裂或坏死病例。其操作方法是按“洗、剪、擦、送、温敷”五个步骤进行。先用温水洗净患部，继以温防风汤（防风、荆芥、薄荷、苦参、黄柏各 12g，花椒 3g，加水适量煎沸两次，去渣，候温待用）冲洗患部。之后用剪刀剪除或用手指剥除干裂坏死的黏膜，再用消毒纱布兜住肠管，撒上适量明矾粉末揉擦，挤出水肿液，用温生理盐水冲洗后，涂 1%~2% 的碘石蜡油润滑，然后从肠腔口开始，谨慎地将脱出的肠管向内翻入肛门内。在送入肠管时，术者应将手臂（猪、犬用手指）随之伸入肛门内，使直肠完全复位。最后在肛门外进行温敷。

3. 固定法：在整复后仍继续脱出的病例，则需考虑将肛门周围予以缝合，缩小肛门孔，防止再脱出。方法是距肛门孔 1~3cm 处，做一肛门周围的荷包缝合，收紧缝线，保留 1~2 指大小的排粪口（牛 2~3 指），打成活结，以便根据具体情况调整肛门的松紧度，经 7~10d 左右病畜不再努责时，则将缝线拆除。

4. 直肠周围注射酒精或明矾液：本法是在整复的基础上进行的，其目的是利用药物使直肠周围结缔组织增生，借以固定直肠。临床上常用 70% 酒精溶液或 10% 明矾液注入直肠周围结缔组织中。方法是在距肛门孔 2~3cm 处，肛门上方和左、右两侧直肠旁组织内分点注射 70% 酒精 3~5ml（猪和犬）或 10% 明矾溶液 5~10ml，另加 2% 盐酸普鲁卡因溶液

3~5ml。注射的针头沿直肠侧直前方刺入 3~10cm。为了使进针方向与直肠平行，避免针头远离直肠或刺破直肠，在进针时应将食指插入直肠内引导进针方向，操作时应边进针边用食指触知针尖位置并随时纠正方向。

十、直肠截除术

适应症　手术切除用于脱出过多、整复有困难、脱出的直肠发生坏死、穿孔或有套叠而不能复位的病例。

（一）保定

采取站立或横卧保定均可。

（二）麻醉

行荐尾间隙硬膜外麻醉或局部浸润麻醉。

（三）手术方法

常用的有以下两种方法：

1. 直肠部分切除术：在充分清洗消毒脱出肠管的基础上，取两根灭菌的兽用麻醉针头或细编织针，紧贴肛门外交叉刺穿脱出的肠管将其固定。若是马、牛等大动物，直肠管腔较粗大，最好先插入直肠一根像胶管或塑料管，然后用针交叉固定，进行手术（见图 3.59）。对于仔猪和幼犬，可用带胶套的肠钳夹住脱出的肠管进行固定，且兼有止血作用。在固定针后方约 2cm 处，将直肠环形横切，充分止血后（应特别注意位于肠管背侧痔动脉的止血），用细丝线和圆针，把肠管两层断端的浆膜和肌层分别做结节缝合（见图 3.60），然后用单纯连续缝合法缝合内外两层黏膜层。缝合结束后用 0.25% 高锰酸钾溶液充分冲洗、蘸干，涂

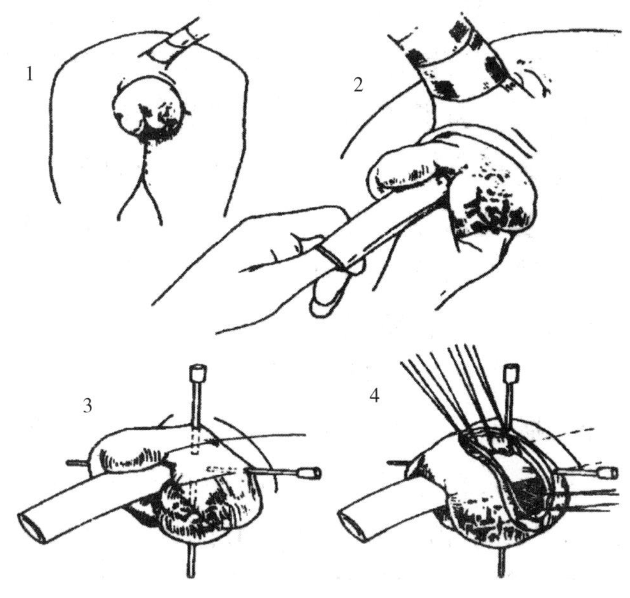

图 3.59　直肠部分切除术

1. 直肠脱出　2. 插入橡胶管　3. 穿刺针十字固定　4. 切除并缝合

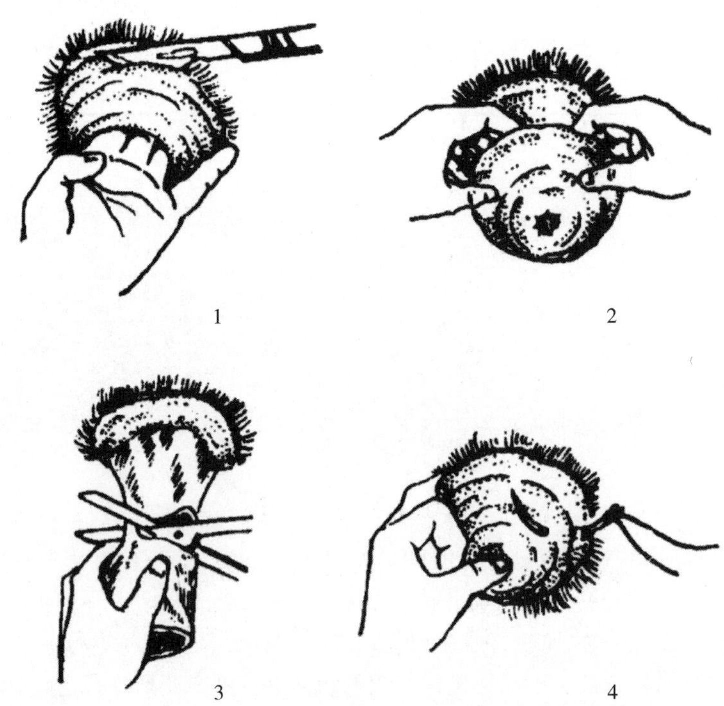

图 3.60　直肠脱出部的黏膜下层切除术

1. 环形切开脱出的基部黏膜　2. 剥离黏膜层　3. 切除翻转的黏膜层　4. 缝合

以碘甘油或抗生素药物。

2. 黏膜下层切除术：适用于单纯性直肠脱。在距肛门周缘约 1cm 处，环形切开达黏膜下层，向下剥离，并翻转黏膜层，将其剪除，最后顶端黏膜边缘与肛门周缘黏膜边缘用肠线作结节缝合。整复脱出部，肛门口作荷包缝合。

当并发套叠性直肠脱时，采用温水灌肠，力求以手将套叠肠管挤回盆腔，若不成功，则切开脱出直肠外壁，用手指将套叠的肠管推回肛门内，或开腹进行手术整复。为防止复发，应将肛门固定

十一、断尾术

（一）小绵羊断尾术

细毛羊、杂交羊（脂尾羊除外）的羔羊尾相当长，超过 20cm，这样，不但不美观，且成长后的母羊，若无人扶助，交配有困难。在一群细毛羊的基础母羊中，空怀的长尾母羊颇多。此外，为了保持会阴部的清洁，有必要给长尾的小绵羊断尾。

绵羊断尾的年龄通常是在生后 2~3 周龄时，结合标号和去势（小公羔）同时进行。断尾应选无蝇季节，以免创口生蛆。

常用的方法有两种：

1. 烙断法：利用烧红的刀状烙铁或剪形的烧烙断尾器将尾烙断。一般都是将羔羊仰卧保定在板凳上，将尾巴在凳端拉紧固定，选定两尾椎间的交界处，用烧红的刀状烙铁将尾烙断。

2. 锉切法：利用小动物去势锉切钳将尾切断，对尾较长的羔羊很适用。应当将挫切钳的锉部靠尾根，刃部放在两尾椎之间。先剪毛消毒再行挫断。尾被挫断后仍应保持钳1~2min以利于止血。断端涂布2%碘酊。此外，还可用橡皮圈缠在尾上，让其自行脱落。不管采用哪种方法，留下的断端以能盖住阴门为原则。在破伤风流行地区，应注射破伤风抗毒素。

（二）马断尾术

马的断尾术应用较少。有时为了治疗的目的而行断尾（尾端有肿瘤，严寒地区尾部外伤后的继发性冻伤，或者尾部受伤后发生久不愈合的坏死）。在重輓马有时为了美观而断尾。

站立保定。将术部前面的尾毛转向前，用卷轴带扎起。行荐尾硬膜外麻醉，或在术部行菱形麻醉，将注射针头刺入并直抵于骨后，一边退针一边注射2%盐酸普鲁卡因液。在尾根上装橡皮止血带，用针刺来觉察术部前方的尾椎关节，该关节即为切断处。于切断处的后侧左和右面各作一半圆形切口，切口的两端在要切断的尾椎关节的背面和腹面相遇。分离皮肤至欲切断的关节处，用外科刀将该处的软组织与关节软骨切断 。用止血钳夹住尾巴中血管（在尾椎腹侧中线上）及尾侧血管（在尾椎侧面的上部和下部），用扭转法或结扎法进行止血。间断缝合左右两个皮瓣的边缘。取下尾根上的橡皮止血带而扎于断端的稍前方，帮助止血，2h后取掉。术后应注射破伤风抗毒素。7~10d后拆线，通常取第一期愈合。

（三）小猪断尾术

小猪断尾术是在小猪出生后的1~2d内操作，这时进行此手术痛苦小、出血少、愈合快。断尾后可以达到杜绝仔猪互相咬尾事情的发生，减少了运动，利于生长发育，具体操作方法是，术者用左手固定小猪后躯向前，头部向后。右手持消毒的手术剪靠近尾根剪断小尾，用2%碘酊涂擦即可，一般很少出血和感染。

第四篇

动物外科疾病

第十八章 损伤

由外界各种因素作用于机体所引起的组织或器官形态及机能的破坏，伴有局部及全身反应，称为损伤。皮肤或粒膜完整性受到破坏的损伤，称为开放性损伤。反之，称为非开放性损伤。

引起损伤的原因有：机械性、物理性、化学性及生物性等因素。锐性的外力及强大的钝性外力作用于机体，常常引起开放性损伤；一般的钝性外力作用于机体多引起非开放性损伤。非开放性损伤又分为挫伤、血肿、淋巴外渗。在外科疾病中损伤的发病率比较高，所以应掌握损伤的发生和发展规律，做好损伤的防治工作。

第一节 创伤

一、创伤的概念

锐性外力或强大的钝性外力作用于机体所引起的开放性损伤称为创伤。

创伤的组成。创伤的各个部位分别称为创围、创缘、创口、创壁、创底、创腔。创伤周围的皮肤或黏膜叫创围；被损伤的皮肤、黏膜及结缔组织叫创缘；创缘之间空隙叫创口；受损伤的肌肉筋膜及结缔组织叫创壁；创壁之间的空间叫创腔，管状创腔又叫创道；创伤的最深部叫创底，是由受损伤的组织构成的。

二、创伤的临床症状

（一）新鲜创的临床症状

新鲜创包括手术创和8~24h以内的污染创都属于新鲜创，其主要症状有：出血、创缘哆开、疼痛及机能障碍。

1. 出血：出血是新鲜创的主要特征，在创伤急救时要特别注意止血。由于受伤部位、受伤程度、损伤血管种类及大小的不同，创伤出血量也不相同。牛比马的血液更易凝结，其出血量在同等条件下比马的少。毛细血管及小血管的出血能较快的自行停止；动脉，较大的静脉及内脏血管受损伤时，多呈持续性出血，应及时采取止血措施。少量出血对畜体机能影响不大，但血凝块往往却成了微生物繁殖的良好环境，不利于创伤的愈合，必须及时清除。急性大出血往往导致急性贫血，严重者还会继发休克或死亡。

2. 疼痛：由于受伤的同时也损伤了感觉神经纤维，因此引起疼痛反应。疼痛的程度与致伤的程度、神经纤维的分布以及个体的敏感反应性有关。蹄冠、外生殖器、肛门、腹膜、骨膜及角膜等处的神经末梢分布较丰富，因此，这些部位创伤的疼痛反应比较剧烈。牛、猪比马的疼痛反应较弱。由于创伤的疼痛刺激及创伤部位的解剖结构发生变化或受到破坏，导致该器官的机能发生障碍。如四肢创伤可引起跛行。

3. 创缘哆开：因受伤组织的断离和收缩，使伤缘哆开。活动性大的部位，深而长的创伤哆开显著。如关节部，鬐甲部，肌腱部及肌肉横断的创伤，伤口显著哆开。

4. 各种新鲜创的特点：致伤物体的性质不同所引起的新鲜创的种类及临床症状也有差异。

（1）擦伤：是由于机体皮肤与致伤物体或地面之间强力过度摩擦所形成的皮肤损伤叫擦伤。其特征为患部皮肤被擦破，被毛及表皮脱落，创面渗出淡黄色的液体及少量血液。创面呈鲜红色，有明显的疼痛反应。多以痂皮下愈合而告终。

（2）刺创：是由尖锐的物体刺入动物体内引起的创伤。常见的致伤物体有：钉子、铁丝、耙齿、叉子、尖树枝或竹签等。其特点是刺伤的伤口较小，但是创道较深，呈直形，出血较少。常因创口被血污封闭，创道内留有血凝块及异物，使创伤易被感染。并且容易感染破伤风。因此，应及时彻底处理创伤，并注射破伤风类毒素或破伤风抗毒素。

（3）切割创：是由各种锐利物体所造成的创伤。常见的致伤物体有：各种刀具、铁片、玻璃片等。其特征是伤口可浅可深，创缘、创壁都较平整，组织损伤较轻，但出血较多，常造成神经、肌肉、血管及腱的断裂。若无感染，经缝合后愈合较快。

（4）砍创：由斧、铁锹等砍劈性物体砍击畜体所引起的创伤。其特征是组织挫伤较重，伤口较大，疼痛剧烈，常伴有骨膜组织的损伤，愈合较慢。

（5）挫伤：由钝性外力（打击、冲撞、压挤、踢蹴、跌倒）作用于畜体所引起的创伤称为挫伤。其特征是受伤面积较大，并伤及大量深部组织。创缘不平整，肿胀并外翻。创伤内存留有较多挫灭组织及血凝块。出血虽少，但污染严重，极容易感染化脓。疼痛反应剧烈。

（6）撕裂创：是由铁丝、钉子、铁钩及树枝等尖锐物体将皮肤、组织撕裂而形成的。其特征是创缘不规则的锯齿状，创壁、创底呈凹凸不平，伤口裂开明显，出血多，疼痛反应剧烈，持续时间较长。

（7）压创：是由车轮碾压或重物压挤所引起的创伤。其特征是创缘不整齐，创伤内挫灭组织较多，往往伴发粉碎性骨折，出血较少，疼痛不剧烈，污染严重，容易化脓。

（8）咬伤：是由动物撕咬造成的创伤。咬伤近似于刺伤、裂创或缺损创。创伤内挫灭组织较多，出血较少。很容易感染，并继发蜂窝织炎。

（9）复合创：是由几种创伤同时并发的创伤。临床上多见的是拖创。其特征是马倒地以后被拖走一段距离便形成拖创，这是一种复合创。复合创具有挫创、裂创及擦伤的特征，创形不整，创缘不齐，创面污染大量泥沙，挫灭组织较多，创缘裂开程度不一，组织被撕裂，剥离比较严重。常发生于腕关节、膝关节、球关节、肩端部、前臂部。

（二）感染创的特征

感染创是指创内有大量微生物侵入，呈现化脓性炎症的创伤。其特点是创内大量组织细胞坏死分解，形成脓汁。继之新生肉芽组织逐渐增生并填充创腔。最后，新生组织瘢痕化或创伤表面覆盖上皮，使创伤最终愈合。根据感染创的临床特征，将其分为两个不同阶段。

1. 化脓期（炎性净化期）：由于创伤损伤了组织及血管，造成局部血液循环障碍。在供血供氧不足的情况下，组织分解的酸性产物增加，使内在环境酸化；酸性环境使毛细血管的通透性及组织的渗透压增高，组织膨胀；这些因素又加剧了血液循环及代谢障碍。因此导致创伤组织的充血、渗出、肿胀、剧烈疼痛和局部温度增高等急性炎症症状。随之，受损伤的组织细胞及渗出的组织细胞，在上述温度及微生物的作用下发生坏死、分解液化，形成脓汁。在创腔内，创缘及创围堆积大量脓汁，这是化脓创的重要临床特征。引起化脓感染的细菌主要有葡萄球菌、链球菌、化脓棒状杆菌、绿脓杆菌、大肠杆菌。细菌侵入创伤以后，能否引起感染化脓，除了细菌的毒力和数量等因素以外，更重要的是取决于机体抗感染的能力及受伤的局部组织状态。不同种类细菌感染所形成的脓汁的性状、气味、颜色也不相同。根据脓汁的特征，可以判断感染细菌的种类，以便选择对该细菌敏感的药物进行治疗。

葡萄球菌感染，脓汁呈浓稠的凝乳状，淡黄色或黄白色，无臭味；链球菌感染，脓汁稀薄呈微黄绿色或淡红色，脓汁向周围扩散；化脓棒状杆菌感染，脓汁粘厚，灰白色；绿脓杆菌感染，脓汁浓稠，黄绿色或灰绿色，带生姜气味；大肠杆菌感染，脓汁粘稠，淡褐色，散发出粪臭味。在临床上见到的多是混合感染，以葡萄球菌混合感染较多见。

在化脓期由于畜体从化脓病灶吸收了有害的分解产物及毒素，致使体温升高，呼吸，脉搏增数，白细胞数增加，全身症状明显。严重的病例可继发败血症。

2. 肉芽期（脱水作用期）：随着化脓后期急性炎症的消退，化脓症状减轻，毛细血管内皮细胞及成纤维细胞逐渐增殖，形成了肉芽组织。肉芽组织填充了创腔，最终导致创伤愈合。健康的肉芽组织质地坚实，粉红色或红色，呈粟粒大的颗粒状，表面有少量粘稠灰白色脓性物。肉芽组织内含有大量有吞噬能力的细胞，成为创伤的坚强防卫面，其作用是防止感染扩散，阻止微生物侵入。因此，应当保护健康肉芽。病理性肉芽的质地脆弱，颜色苍白或暗红色，颗粒不均，表面有大量脓汁，易出血，局部组织浮肿。

在肉芽生长的同时，创缘上皮由周围向中央生长。当肉芽组织长满创腔时，上皮就能覆盖创面而愈合。但是，当肉芽长满了较大的创腔，上皮生长缓慢时，上皮不能完全覆盖创面，而是依靠结缔组织形成瘢痕而愈合。

三、创伤的愈合过程

不论时无菌手术创还是化脓创，生物愈合过程的本质是相同的，两种创伤都有组织损伤、出血及坏死。在创伤愈合过程中，畜体动员自身的防卫机能，清除坏死组织；同时创伤内的组织再生，形成肉芽及上皮而愈合；或者肉芽组织转为结缔组织，最后以瘢痕愈合。两者唯一的区别，只是化脓创的坏死与增生的病理变化更为显著。

创伤愈合过程分为第一期愈合，第二期愈合及痂皮下愈合。

（一）第一期愈合

这是一种理想的愈合形式，是在没有感染以及炎症反应轻微的条件下呈现的愈合形式。愈合以后不留瘢痕，没有器官的功能障碍。这种愈合只有在受伤组织能联接紧密，组织再生力较强，创腔内无异物，无坏死组织，没有微生物感染时能实现。

创伤出血停止以后，就开始了第一期愈合。首先，创腔内充满了淋巴液、血凝块及少量挫灭组织，共同形成纤维蛋白网，实现了创壁之间的初次粘合。牛、猪及羊的创伤纤维性渗出物较多，其创伤的初次粘合比马的牢固。随后，创伤部位出现轻度炎症，病灶内出现巨噬细胞及白细胞浸润。创伤内的死灭细胞、纤维素、血凝块及微生物均可被白细胞吞噬，而后又被细胞溶解组织酶溶解并被 吸收，这样便净化了创伤，给组织再生创造了良好的环境。

创伤发生 48h 后，创壁的毛细血管内皮细胞及结缔组织细胞增殖，形成肉芽组织，使创壁之间形成牢固的结合。这时创缘的上皮由病灶的四周向中央生长，覆盖创面而告愈合。这种愈合呈线状，淡红色，较脆弱。再经 3~4d，由成纤维细胞合成的胶原纤维逐渐增多，肉芽组织日渐减少。经过 6~7d 以后，创伤便形成了一条平滑、暗红色、线状疤痕，完成了第一期愈合的生物过程。

（二）第二期愈合

感染化脓创取第二期愈合。其愈合过程是创腔内的组织坏死、分解、形成大量脓汁；随后，创伤组织增生肉芽，并逐渐长满创腔；最后，创伤以上皮覆盖肉芽愈合或以瘢痕愈合。根据本期愈合过程中生物形态、物理学及胶体化学变化的特点，把本期愈合分为两个时期，即化脓期及肉芽生长期。

1. 化脓期：该期创伤组织坏死、分解，形成脓汁，使创伤自家净化。其生物学及物理化学的变化如下：

发生创伤后机体内血浆磷、血浆锌、血浆镁的浓度均下降，血钙变化不甚规则，由于出血，血液凝固，消耗了大量钙离子，血钙下降。创伤使促肾上腺皮质激素增多，使血液中皮质类固醇的含量增加，导致潴钠、排钾、氧消耗及二氧化碳增加。创伤内红细胞及组织细胞的破坏，释放出大量钾离子，钾离子除了引起畜体的剧疼反应以外，又能刺激小血管，使其渗透性增强。

创伤内在环境酸化：创伤局部血液循环障碍，血液停滞、缺血、缺氧、二氧化碳聚集；又因坏死组织中的蛋白、脂肪分解产物的氧化不全，形成大量的有机酸（乳酸、脂肪酸、核酸、氨基酸、碳酸），使创伤内在环境酸化。酸性的内在环境不仅抑制了白细胞的吞噬作用，而且促使大批细胞死灭，成了微生物发育的良好环境。当 pH 值为 5.5 时，细胞全部死亡。细胞坏死特别是嗜中性白细胞的变性、死灭及崩解，成为脓汁的主要来源。感染化脓越剧烈，创伤环境的 pH 值越小，细胞死灭及形成的脓汁越多。

毛细血管通透性增强：由于创伤环境的氢离子、钾离子、毒素及蛋白分解产物增多，刺激血管，致使毛细血管扩张，通透性增强。因此血管内的水、电解质、球蛋白、纤维蛋白原便渗透到组织间隙，同时白细胞游出，红细胞渗出。

组织膨胀：受伤以后抗利尿激素分泌量增加，作用是稀释，保存体液，维持有效的循环血量。由于创伤的酸性环境、渗透压增高、组织代谢紊乱等因素的作用，渗透到组织间隙内的液体被组织胶体吸收，导致胶体膨胀。在组织胶体膨胀及坏死组织肿胀的共同作用下，使创伤局部水肿。组织膨胀加剧了血液循环障碍、组织细胞坏死。

表面张力下降：由于组织细胞变性、分解及蛋白质分解产物的作用，使表面张力下降，有利于白细胞的游出及炎性浸润的增强，也提高了机体抵抗力。

组织代谢的变化：受伤后组织的基础代谢增高，组织代谢过程中氧消耗及产生的二氧化碳增加，代谢增强使体温上升。组织蛋白分解出大量氨基酸，又被氧化成氮，尿的排氮量增多。同时糖代谢增强，血糖含量增加，为大脑提供了更多的能量，也加快了液体渗透性转移，增加了血容量。脂肪分解加快，使血液中游离脂肪酸增加，也供应了能量。受伤后肾排水减少，蛋白质及脂肪氧化生成的内源水又增加，因此，细胞外液的容量扩张，细胞内液的水量减少，血液稀释。补液时要注意到这一特点。

由于创伤局部的血液循环障碍，供血供氧不足，使组织的代谢产物氧化不全，便蓄积了大量有机酸中间产物。在这种条件下，氧不能通过组织间液扩散到组织细胞内，导致细胞缺氧，因此，细胞的新陈代谢难以进行。当组织间液与毛细血管内蛋白质含量相等时，新陈代谢便停止了，这时组织细胞就会死亡。

受伤之后还要特别注意维生素 A、维生素 B、维生素 C 的变化。我们知道维生素 C 对胶原合成起重要作用。维生素 C 缺乏时，使创伤愈合迟缓。补充维生素 C 以后，机体内核蛋白体，多核蛋白体的排列整齐，胶原合成就明显了。维生素 A 对视觉、生殖、上皮生长、粘多糖合成、溶酶体的稳定、细胞免疫、促进创伤愈合等作用都极为重要。受伤以后机体需要维生素，特别时维生素 A、维生素 B、维生素 C。因此，受伤后机体内维生素 A、维生素 B、维生素 C 的含量下降，不利于创伤愈合。

酶的作用：在炎性净化期酶对坏死组织的分解液化有着重要的作用。首先，白细胞崩解释放出白细胞酶，能分解、液化坏死组织及细菌蛋白。嗜中性白细胞放出白细胞蛋白酶，促使坏死的组织细胞分解，在中性及弱碱性环境中活力最强；嗜酸性白细胞放出氧化酶，能使蛋白分解的有毒产物变为无毒害的类毒素；淋巴细胞释放脂酶，破坏细菌的类脂质保护膜，使白细胞蛋白酶能作用于细菌；组织细胞放出蛋白分解酶，促使细胞的胞浆分解及坏死组织的自家净化；巨噬细胞放出蛋白分解酶，使巨噬细胞所吞噬的细胞溶解、还溶解坏死组织及纤维素。另外，创伤内的细菌还释放出有害的酶类，如杀白细胞素、溶血素、溶纤维素酶、组织酶、蛋白酶、透明质酸酶、胶原酶等，能分解白细胞、纤维素、胶原及组织，保护了细菌。

酶类必须在一定的 pH 值环境中才有作用，上述酶在碱性环境中几乎完全失去作用，在 pH 值 5.2~6.3 时某些蛋白分解酶活性增强，pH 值为 4 时蛋白酶的活力最强。酶的作用是增强了机体抵抗力、消灭了细菌，促进了坏死组织的分解液化，起到净化的作用。给组织的修复创造了有利条件。

马及犬的创伤化脓、组织破坏比较明显，牛、羊及猪的虽不明显，但有纤维蛋白大量渗出，覆盖着创面，容易感染厌气性、腐败性细菌。

2. 肉芽生长期：随着创伤内环境酸碱平衡的恢复，毛细血管渗透性降低，渗出减少、组织脱水、血液循环的恢复、组织坏死停止、急性炎症消散以及机体抵抗力增强，创伤逐渐增生肉芽组织，这时创伤愈合便转变为肉芽生长期。肉芽是由大量毛细血管、网状内皮细胞、成纤维细胞、淋巴细胞、嗜中性白细胞及胶原纤维构成的。肉芽组织内含有大量吞噬细胞，使肉芽成了创伤的坚强防御面，所以在处理创伤时，应当保护肉芽组织。随着肉芽增生并充满创腔，肉芽组织的细胞逐渐减少，纤维逐渐增多并形成结缔组织。这时假若上皮完全覆盖肉芽，不留瘢痕而愈合；上皮若不能全部覆盖肉芽，便以瘢痕形式愈合。肉芽生长期可持续 10~14d 或更长的时间。假如肉芽生长过快，其纤维化速度缓慢以及上皮生长趋缓，这时肉芽可能高出创面，叫做肉芽生长过剩或“肉芽肿”。

（三）痂皮下愈合

发生在皮肤表面的损伤，如擦伤，轻度的烧伤等，由于损伤仅伤及表皮，在没有发生感染的情况下，受伤后局部表面渗出血液及淋巴液，在渗出物凝固干燥后，形成暗褐色的痂皮。烧伤时的痂皮，则由组织蛋白所形成。在痂皮脱落后，露出被覆的新生上皮，即称为痂皮下愈合。如果在痂皮下发生感染而化脓时，则痂皮分离而脱落，创伤则取二期愈合。

四、创伤检查

创伤检查是合理治疗及检验治疗效果的基础。包括临床检查及实验室检查等。

（一）创伤临床检查

1. 问诊：向畜主了解创伤发生的时间、何种物体致伤，受伤后动物的反应，创伤救护的时间及方法等。

2. 全身检查：检测患畜的体温，呼吸及脉搏，观察患畜的精神状态、可视黏膜颜色、被毛状况及创伤的变化。详细检查消化、呼吸、循环等系统。假若腰荐、骨盆部受伤时，最好做粪、尿检验及直肠检查。

3. 局部检查：检查创伤的形状，大小，创缘哆开的程度，组织挫灭及污染程度与创伤出血量；创围被毛有无脱落，创围炎症程度；创缘是否平整、创伤分泌物的性质、数量、pH 值、排液是否通畅；创壁是否肿胀、创腔内是否有挫灭组织，有无异物，有无创囊、脓汁或肉芽组织的性状及数量；创腔大小及深度，创底的状态。

（二）实验室检查

1. 脓汁象检查：用玻璃吸管吸取创伤深部的脓汁一滴，如果脓汁较稠时，稍加生理盐水稀释，然后做脓汁抹片 4 张，待干后，分别用革兰氏及姬萨氏染色，镜检。

在创伤发生剧烈炎症时，对脓汁抹片进行镜检，可看到大量的处在崩解状态的嗜中性白细胞及其他细胞，个别嗜中性白细胞内含有未溶解的微生物。嗜酸性白细胞及淋巴细胞较少。

肉芽创生长良好时，观察脓汁抹片，见到大量形态完整的嗜中性白细胞，细胞内含有较多已被溶解的微生物。还有较多的大淋巴细胞、单核细胞及巨噬细胞。

脓汁抹片用革兰氏染色，便于区分脓汁中的细菌是革兰氏阳性或是阴性细菌。根据脓汁抹片的脓汁象，可以判断炎症反应的程度，机体抵抗力的大小，为治疗提供可靠依据。

2. 创面按压标本检查：镜检创面按压标本，观察创面表层细胞形态学的变化，判断畜体免疫机能、对炎症的反应能力，创面再生状态，以便判断创伤治疗措施的合理程度。

按压标本的制作方法　用生理盐水棉球清除创面上的脓汁，取 4~5 张已脱脂、灭菌的载玻片，将玻片的平面依次直接触压创面的同一个部位，待按压自然干燥后，将其放入甲醇中固定 15min。分别用革兰氏及姬姆萨氏染色。

镜检：创伤处在急性炎症时，看到大量处于分解阶段的嗜中性白细胞。很少见到嗜酸性白细胞及淋巴细胞。当创伤愈合良好时，看到细菌全部被嗜中性白细胞吞噬并溶解。当创伤内的肉芽生长良好时，看到吞噬的巨噬细胞数减少，纺锤形细胞增多，还看到上皮细胞。当畜体处在高度衰竭状态时，可看到大量的细菌，看不到嗜中性白细胞的吞噬及溶菌现象，嗜中性细胞完全崩解，看不到大吞噬细胞。

五、创伤治疗

根据创伤的部位、受伤的程度、创伤愈合过程、创伤的症状，确定创伤的治疗方案。

（一）治疗原则

创伤治疗要处理好局部与整体的关系，做到局部治疗与全身治疗相结合；预防和制止新鲜创的感染；削除化脓创的感染；制止感染创的中毒；消除影响创伤愈合的因素。因此要彻底处理创伤，加强患畜的饲养管理，提高畜体抵抗力，促进创伤愈合。

（二）治疗方法

1. 新鲜创的急救：新鲜创需要急救，首先止血，可根据出血情况采用适当的止血方法，如应用止血剂、手术止血等。然后对创围剪毛、消毒，清洁及消毒创面，撒布磺胺粉，绷带包扎创伤。当四肢骨折或腱断裂时，患部包扎制动绷带。对于重剧创伤或严重污染的创伤，为防止感染破伤风，给患畜注射破伤风类毒素或破伤风抗毒素。另外，可根据病情，注射强心剂、止痛剂或输液。

2. 创伤治疗的程序

（1）清洁创围：用灭菌纱布覆盖创面，由外围向创缘方向剪除除毛。若被毛粘上血污时，可用3%过氧化氢溶液浸湿、洗净后再剪毛，然后用3%煤酚皂溶液洗净创围，但要防止药液流入创腔。用5%碘酊消毒创围，用75%酒精脱碘。

（2）清洁创腔：用器械处理和药液冲洗创腔，消除创腔的感染，为创伤愈合创造良好条件。

新鲜创：对于组织缺损小、污染轻微、没有感染的创伤，只需对创伤消毒冲洗和包扎。先除去覆盖创口的纱布，无菌操作除去创伤内的被毛、异物。然后选用生理盐水、0.1%~0.2%高锰酸钾溶液、0.5%~0.01%新洁尔灭溶液、0.1%~0.2%杜米芬溶液、0.5%洗必泰溶液、3%过氧化氢溶液、0.01%呋喃西林溶液或0.1%利凡诺溶液彻底冲洗创腔。用灭菌纱布吸净创腔内残留药液。向创面撒布氨苯磺胺粉或碘仿磺胺粉（1∶9）。包扎绷带。创口较大时，对创伤冲洗消毒及缝合后在包扎。

对于损伤较大，污染严重的新鲜创，应先用消毒溶液冲洗，再根据创伤性质及组织损伤程度，施行扩创或切除术。即用无菌操作的方法，修正创缘，扩大创口、切除创伤内的挫灭组织（暗红色，缺乏收缩力、切割时不出血）直至从组织内流出鲜血、消除创囊、除去异物，血凝块，充分暴露创底。再用消毒溶液冲洗创腔，灭菌纱布吸净创腔内残留药液。撒布抗菌药物，再行缝合及包扎创伤。

化脓创（炎性净化期）：化脓初期创面呈高度酸性反应，会影响细胞吞噬和肉芽生长，应选用碱性药溶液冲洗创腔，常选用生理盐水，食盐水、2%碳酸氢钠溶液、0.01%~0.5%新洁尔灭溶液及0.01%~0.02%呋喃西林溶液等。

若创伤被严重污染、有厌气菌、绿脓杆菌、大肠杆菌感染的可能时，用酸性药物冲洗创腔。常选用0.1%~0.2%高锰酸钾溶液、2%~4%硼酸溶液或2%乳酸溶液等。

肉芽创：清洁肉创时，不能用刺激性强的药液冲洗。分泌物较多时可选用无刺激性药液或弱防腐液轻轻清洗，常选用生理盐水，0.1%~0.2% 高锰酸钾溶液、0.01%~0.02% 呋喃西林溶液洗去或拭去脓汁。

（3）清创手术：对新鲜创、严重污染创、化脓创可做清创术、用器械除去创伤内的异物、血凝块，切除挫灭组织，消除创囊及凹壁，适当扩创以利排液。化脓创的创囊过深时，可在低位作反对孔，便于排脓。

（4）创伤用药及理疗

促进创伤净化的药物：为了促进化脓创的自家净化才常选用高渗溶液冲洗创腔。这类药物，能改善局部血液循环、加速淋巴净化，清除细菌及毒素。常用的药物有：8%~10% 氯化钠溶液、10%~20% 硫酸镁或硫酸钠溶液、奥立夫柯夫氏溶液或 50% 葡萄糖溶液。

创伤发生厌气性、腐败性感染时，在扩大创口、彻底外科处理的基础上，选用酸性防腐剂或氧化剂冲洗创腔。常选用的药物有：3% 过氧化氢溶液、碘酊、松节油、奥立夫柯夫氏酸性溶液或撒布宾宦氏粉剂（含 25% 有效氯的漂白粉 7.0g、硼酸 5.0~9.0g）、碘仿。在组织损伤或严重污染、剧烈肿胀又不能作彻底外科处理时，用硫呋溶液（硫酸镁 20.0g、0.01% 呋喃西林溶液加至 100.0ml）湿敷创伤或引流。

当急性化脓现象减轻、脓汁减少，由化脓期向肉芽期过渡时，常选用的药物有魏斯聂夫斯基流膏（松节油 5.0ml、碘仿 3.0g、蓖麻油 100.0ml）、碘仿蓖麻油（碘仿 1.0g、蓖麻油 100.0ml 加入碘酊，使药液成浓茶色）、磺胺乳剂（氨苯磺胺 5.0g、鱼肝油 30.0ml、蒸馏水 65.0ml）等药物，作灌注或引流。

促进肉芽生长的药物：常选用刺激性小、促进肉芽和上皮生长、保护肉芽组织、防止继发感染和肉芽赘生的药物治疗肉芽创。常把这类药制成流膏、乳剂或软膏使用，多作引流、外敷或灌注。治疗肉芽创常用的药物有：10% 磺胺鱼肝油、青霉素鱼肝油、2%~3% 红汞鱼肝油、红汞甘油、樟脑石炭酸液体石蜡油剂（1∶1∶2）、1% 碘仿蓖麻油、松碘油膏（松馏油 5.0ml、碘仿 3.0g、蓖麻油 100.0ml）；磺胺软膏、青霉素软膏、金霉素软膏；磺胺乳剂及魏氏流膏等。

促进上皮生长的药物：当肉芽组织充满创腔并接近创缘时，为了促进上皮生长，用收敛性、无刺激性药物。常用的药物有：氧化锌水杨酸软膏（水杨酸 4.0g、15% 氧化锌软膏 96.0g、凡士林 200.0g）、水杨酸磺胺软膏等，涂在创缘及创围。也可涂抹龙胆紫溶液或撒布磺胺粉。

处理肉芽过渡生长（赘生）的药物：用硝酸银、硫酸铜腐蚀小的赘生肉芽。赘生肉芽较大时，创面撒布高锰酸钾粉，再用厚棉纱、研磨，使成痂皮，直到愈合。还可选用高渗盐水或 10% 福尔马林溶液敷于肉芽组织。较大的肉芽赘生时也可施行手术切除、刮除或烙除。

创伤的理疗：应用红外线，紫外线照射及蒸汽疗法治疗化脓创。青霉素、磺胺的离子透入疗法治疗深部创囊。用微热量超短波、将直流电阴极置于创面以及碘离子透入疗法促进肉芽生长。断续的直流电，超短波、锌离子透入及紫外线照射促进上皮生长。

缝合与包扎：为了预防感染，使两侧创壁紧密接触，促进愈合，对创伤进行缝合。分为初期缝合、延期缝合及肉芽创缝合。

初期缝合：对受伤后数小时的清洁创或经过彻底外科处理的新鲜污染创缝合较初期缝

合。作这种缝合的条件是：创缘及创壁完整、创伤内无挫灭组织、无异物及血凝块、预计缝合以后局部血液循环良好。在上述条件下可做初期密闭缝合或部分缝合。

延期缝合：对用药物治疗后消除了感染的创伤的缝合称延期缝合。

肉芽创缝合：对生长良好的肉芽创进行缝合，能加快愈合、减少或避免瘢痕。肉芽创缝合必须具备的条件是创内无坏死组织、健康肉芽生长良好、脓汁较少。经彻底的外科处理以后，可做肉芽的接近缝合或密闭缝合。

创伤的包扎：创伤包扎应根据创伤的性质、部位，地区和季节的不同而定。经过外科处理的四肢下部创伤、新鲜创、冬季为了保暖、夏季为了防蝇，都要包扎创伤。包扎的作用是保持创伤安静、保湿、保护创伤及促进创伤愈合。包扎绷带的种类可根据具体部位而定，但包扎绷带应有三层组成，自内层起分别是：吸收层（灭菌纱布）、接受层（灭菌脱脂棉）、最外层的固定层（绷带）。

当绷带被创伤分泌物浸湿，脓汁排出不畅及家畜体温有升高趋势时，都要及时更换绷带。

（5）引流疗法：对于创道长又有弯曲、创腔内有坏死组织及潴留脓汁较多的化脓创，采用引流疗法。其作用是借助于引流物（纱布条、胶管、塑料管等）将药物导入创腔内，使药物与创面均匀接触，较长时间发挥作用。同时，使创腔内炎性产物及脓汁沿着引流物排到体外。初期，每日更换引流物。当创伤肿、渗出物增加、患畜体温升高、脉搏增数时，可能是引流物阻塞了创道，要及时处理创伤，更换引流物。创伤脓汁减少、肉芽生长良好时，停止引流疗法。

全身疗法：小的创伤，局部症状较轻，全身症状较轻，全身症状不明显，不必进行全身治疗。有的病畜全身症状虽不明显，但局部化脓症状剧烈，为减少炎性渗出及防止酸中毒，可静注 10% 氯化钙注射液 100~150ml，5% 碳酸氢钠注射液 300~500ml。对于局部化脓性炎症剧烈，伴有全身症状的患畜，除静注 5% 碳酸氢钠溶液外，还要连续应用抗生素及磺胺疗法。根据病情变化，采取强心、利尿、补液等措施。为了纠正体液损失，应给患畜补充血容量，可以静注 6% 中分子右旋糖酐或 10% 低分子右旋糖酐，或 6% 羟乙基淀粉代血浆。为纠正畜体内电解质的紊乱，常静注 10% 氯化钾注射液、5%~10% 氯化钠注射液、10% 氯化钙注射液、10% 碱性磷酸钠注射液。

合理饲养有利于创伤愈合，应给患畜喂营养丰富的苜蓿、豆类、马铃薯等碱性饲料。对患腐败菌感染的病畜，应喂给大麦、燕麦、甜菜等酸性饲料。

六、创伤愈合迟缓的原因及处理

临床上处理创伤时，应明确认识影响创伤愈合的各种因素，尽力排除这些因素，促进创伤愈合。影响创伤愈合的因素有以下方面。

1. 创伤感染：创伤内有异物、坏死组织、创囊，粗暴处理创伤，选用了刺激性过强的消毒液等，都会使创伤发生感染或使创伤复杂化，使创伤愈合迟缓。

2. 局部血液循环障碍：局部若有较强的炎性反应，就会造成局部血液循环不良，创伤组织得不到充足的血液供应和营养物质。同时，局部代谢产物及创伤分泌物不能及时排出。

影响创伤净化和肉芽，上皮生长，使愈合迟缓。为促进血液循环，可让患畜尽早运动，对不能起立的患畜，要加厚垫草，经常翻身，或者用器具吊起患畜。同时作全面治疗，加强饲养，促进创伤愈合。

3. 创伤不安静：最初几天，伤口肉芽组织幼嫩，创面结合不牢固。如果创伤部位活动过强，不但引起出血及疼痛，而且损伤了幼嫩肉芽，使细菌侵入创腔，造成感染。另外，创伤止血不充分、清创不彻底，频繁的作外科处理、处理创伤时违反无菌操作原则、错误用药，都破坏了创伤安静，影响其愈合。

4. 机体缺乏维生素：畜体内缺乏维生素 A 时，皮肤干燥、粗糙，上皮生长迟缓。缺乏维生素 B 时，影响神经组织的再生，食欲不振，消化不良，导致代谢障碍。缺乏维生素 C 时，细胞间粘合质合成受阻，毛细血管皮间减少，使其渗透及脆性增加。因此，肉芽容易水肿、出血，生长缓慢。维生素 D 缺乏时，骨愈合缓慢。维生素 K 缺乏时，血液凝固缓慢。应用激素治疗创伤时影响组织的再生。

5. 蛋白质缺乏：蛋白质是创伤修复和机体产生抗体所必需的物质。由于严重的创伤、严重感染、大出血、烧伤、高热等因素的作用，使患畜丢失大量蛋白质，特别是血浆蛋白大量减少，使血液渗透压下降，水分渗入组织间隙，使创伤组织循环不良及水肿，致使创伤愈合迟缓。为改善营养应给患畜补充易消化的糖类及蛋白质饲料。

6. 其他因素：患畜年老、体弱、贫血、水及电解质代谢异常、患有其他疾病等因素，都使创伤愈合缓慢。

在治疗创伤时，要排除影响创伤愈合的各种因素，提高创伤的治愈率。

第二节　非开放性损伤

非开放性损伤，临床上常见者为挫伤、血肿及淋巴外渗。

一、挫伤

挫伤是较强的钝性外力作用于机体的表面，所引起的软组织非开放性损伤。

病因　家畜被棍棒打击、家畜踢蹴、车辆冲撞、牛角抵伤、鞍挽具过度摩擦或压挤、滑倒或跌倒在硬地上，都可能引起挫伤。机体组织对外界作用的抵抗力不同，皮肚的韧性大，抵抗力最强；神经、腱、肌膜、肌肉次之；皮下结缔组织、小血管及淋巴管抵抗力最弱。因此，在外力作用下，皮肤可保持其完整性，但皮下组织多发生损伤。特别在骨骼浅在部位（颜面、掌、跖、胫、髂骨外角等处），由于外力与骨骼的压挤，即使外力不大，该处也比较容易发生挫伤。

症状　挫伤部位的被毛逆乱、脱落、皮肤擦伤。局部出血溢血、肿胀、疼痛和器官的机能障碍。

1. 溢血：受伤部位的皮下血管破裂、出血集聚在组织间隙称为溢血。溢血的程度与受损伤血管的数量、大小及周围组织的性状有关。致密组织内溢血较少，疏松组织内溢血较多。少数毛细血管损伤时，溢血呈斑点状；较多的毛细血管出血时，在组织间隙内呈弥漫性溢血；疏松组织内溢血时，由于溢血较多，局部呈扁平样肿胀。较大血管破裂时形成血肿。在皮肤色素少的部位溢血斑较明显，指压不褪色，其颜色随红细胞崩解及血红蛋白的变化，由紫红色变为绿色、淡黄色。

2. 肿胀：组织受伤后，由于炎性渗出物的积聚，血液及淋巴渗出、肌肉及组织纤维发生断裂，都能引起局部肿胀。轻微挫伤时肿胀轻微，呈红色或紫色，质地坚实，局部温度稍高，四肢挫伤的下方出现捏粉样水肿。重度挫伤时，局部迅速肿胀、质地坚实，有的重剧挫伤会继发血肿。

3. 疼痛：由于受伤时神经末梢损伤，炎性渗出物的压迫及刺激神经末梢，引起疼痛反应。疼痛的程度和受伤部位及损伤程度有关。若受伤部位的神经分歧较粗、神经末梢分布密集，疼痛反应剧烈。轻度挫伤引起一时性疼痛，重剧挫伤可能会出现暂时的知觉障碍。

4. 机能障碍：挫伤是否引起功能障碍，可因部位而异。四肢挫伤多引起跛行，胸部挫伤可能引起呼吸困难。

挫伤被感染时，局部症状加重，疼痛与肿胀更严重，有的病例会继发蜂窝织炎，全身症状恶化。

治疗　家畜受伤后应当保持安静，防止感染、休克及酸中毒。治疗挫伤应注意镇痛、消炎，制止溢血，促进吸收和机能的恢复。

1. 轻度的挫伤：局部剪毛，用消毒药液洗净患部。出血及渗出较少时，涂擦 2% 碘酊或龙胆紫溶液。创面渗物较多时，可撒布消炎粉剂，保持干燥，加速痂皮形皮，保护创面，促进痂皮下愈合过程。

2. 重剧的挫伤：可根据病情决定治疗措施，在局部治疗的同时，注意全身治疗，必要时作输血、输液治疗。静注 5% 碳酸氢钠 300~500.0ml、5% 葡萄糖氯化钠注射液 500~1500.0ml。肌注 30% 安乃近 10~30.0ml，或复方氨基比林注射液 20~50.0ml。

3. 预防感染：挫伤后视病情需要，应及时应用抗生素、磺胺类药物治疗，以防感染。若继发脓肿或蜂窝织炎时，应及早切开患部，清除坏死组织，按化脓创治疗，作好局部及全身治疗。

二、血肿

血肿是畜体受伤后，血管破裂、流出的血液分离周围组织并聚积在所形成的腔洞内的一种非开放性损伤。血肿多发生在胸部、鬐甲部、腹部、臀部及腕部。

病因　血肿主要发生在挫伤、刺伤、骨折及火器创的病程中。

症状　畜体致伤以后迅速形成肿胀并很快增大。最初局部温度不高，肿胀有波动性、弹性，皮肤较紧张。数天以后，在肿胀的中央部出血波动，肿胀的周围是血凝块，较坚实，触压有捻发音。在中央穿刺能流出血液。肿胀的大小与受伤血管种类、大小及周围组织性状有关，一般肿胀呈局限性，可自然止血。但较大动脉的出血时，迅速肿大，呈弥散性，不会自行止血。

筋膜下血肿发展不快，肿胀不明显，患部有热痛反应，质地坚实有弹性，边缘不清除，穿刺时能流出血液。小血肿内的血块能逐渐淅出血清并被吸收，残留血块被蛋白酶分解、液化、吸收。后期，较大血肿形成厚的结缔组织囊壁，积血逐渐被吸收或机化。血肿继发炎症时，炎症反应显著，继则继发脓肿。

治疗　治疗原则时制止出血、排出积血及防止感染。

1. 对患部剪毛及消毒。病初 24h 内患部冷疗并装压迫绷带。发病三天以后改为温热疗法、局部涂刺激剂、按摩，以促进血肿内分解产物的吸收。同时应尽早的给予止血剂，如静注 10% 氯化钙注射液 50~150.0ml，肌注维生素 K3 注射液 0.1~0.3g、0.5% 止血敏注射液 5~10.0ml 等。

2. 无菌穿刺放出小血肿的积血，再装压迫绷带，能较快治愈。对较大的血肿，于发病 4~5d 后，无菌切开血肿，清除积血，取出血凝块及挫灭组织，清创术之后缝合创口或实行开放疗法。创腔较大时，可用纱布浸魏氏流膏或油剂青霉素，填入创腔，做假缝合。定期换药。动脉破裂引起的血肿不会自然止血，可危及生命安全，必须立即无菌切开血肿，结扎动脉断端，在彻底止血后再按上述方法处理。

三、淋巴外渗

淋巴外渗是钝性外力作用于畜体表面，引起皮下及肌肉组织淋巴管破裂，淋巴液滞留于组织间隙的一种非开放性损伤。

病因　钝性物体在畜体上摩擦，使皮肤、筋膜和其下部的组织断离，淋巴管破裂，形成本病。常见于畜体滑倒或跌落在硬地上、畜体通过狭窄的厩门、挽鞍具结构不良、被踢蹴、车辕或牛角冲撞，这时钝性物体擦挤畜体，使皮下、筋膜下结缔组织中的淋巴管破裂，导致本病。多发生在劲基部、胸部、鬐甲部、肩胛部及复侧部。少量血管破裂的淋巴外渗，渗出物中含有少量血液，称作血液淋巴外渗。

症状　在致伤 3~4d 以后，局部逐渐形成明显的肿胀，质地松软，有波动感，有时能听到拍水声。浅在的淋巴外渗呈囊状隆起，深在的淋巴外渗呈均匀一致肿胀，界限不清。患部温热、疼痛轻微。时间较长，从淋巴液中淅出纤维素块，质地变硬。穿刺物为淋巴液，稀薄、透明、橙黄色或微红黄色，不易凝结。

治疗　首停止使役，保持安静，以减少淋巴液渗出。治疗时禁止应用按摩疗法、温热疗法及冷却疗法。家畜活动及上述疗法都使淋巴循环加强、渗出增多，不利于愈合。

1. 穿刺疗法：小的淋巴外渗，作无菌穿刺并抽出淋巴液，再注入适量的 1%~2% 碘酊、酒精、鲁格氏液、甲醛酒精溶液（精致酒精 100.0ml、甲醛溶液 1.0ml、碘酊 gutt、Ⅷ），半小时后抽出创内药液，装压迫绷带。

2. 切开法：较大的淋巴外渗，应早期无菌切开，取出纤维素及淋巴液。再用纱布甲醛酒精溶液，填入创腔，皮肤创口作假缝合或包扎绷带。两天更换一次。淋巴渗出明显减少时，改用一般创伤疗法。

第三节 烧伤

烧伤是高温（固体、液体、蒸汽、火焰）、化学物质（强酸、强碱），电流及放射能作用于畜体所引起的损伤。干热引起的损伤为烧伤，湿热引起的损伤称为烫伤。多由火灾、燃烧或火器引起的。

症状 烧伤的症状与烧伤的深度、广度、部位、年龄、机体状况和急救措施有密切关系。烧伤越深，面积越大，病情越重。烧伤分为三度。

1. 一度烧伤：烧伤仅损害皮肚的表层，主要损害角质层。烧伤后皮肤充血、肿胀及疼痛。局部温度增高，皮肤因肿胀变得紧张发亮，呈浆液渗出性炎症。约经 7d 自愈，不留疤痕。

2. 二度烧伤：是皮肤表层及真皮层的一部分受到损害。患部毛细血管通透性增强，血浆大量渗出，导致水肿、水泡及剧痛。小水泡内的渗出液可被机体吸收，大的水泡常被擦破，露出创面的真皮，易被感染。烧伤面上残留有散在的毛囊及汗腺周围的皮岛，有利于上皮的愈合。轻者 1~2 周自愈，不留疤痕，重者 3~5 周自愈，留下轻度疤痕。

3. 三度烧伤：这是皮肤全层及皮下组织、肌肉、骨骼的烧伤。烧伤后皮肤坏死、组织蛋白凝固、血管栓塞。皮肤被烧成焦痂，没有疼痛，呈深褐色，深部水肿，焦痂下有渗出液。8~10d 后焦痂呈棕色皮革样，质地变硬失去弹性。2~3 周后焦痂下坏死组织分解、液化，焦痂脱落，露出肉芽，这时易受感染。愈合缓慢，留下瘢痕。

4. 酸性烧伤 酸性物质使蛋白质凝固成干性坏死，使酸穿透组织的力量减弱，酸性烧伤不易向深层发展。硝酸烧伤呈黄色，硫酸烧伤呈棕褐色或黑色，盐酸烧伤呈白色或灰黄色。

5. 碱性烧伤 碱性物质作用于机体组织，脱去机体组织中的水分并同蛋白结合，碱又使脂肪皂化，不凝固蛋白，所以碱性物质可以渗到深层组织中。碱性烧伤多呈液化性坏死。碱性烧伤比酸性烧伤对机体的损害更重。化学性烧伤与热烧伤的病理学相似。

6. 烧伤面积：常用烧伤面积占体表面积的百分比来表示。以马属动物为例，头部占 10%、颈部 8%、前肢 16%、背腰 10%、胸腹 23%、臀股 17%、后肢 14%、尾及外生殖器 2%。烧伤面积占 10% 以下为小面积烧伤；10%~30% 为中等面积烧伤；30% 以上为大面积烧伤。

7. 烧伤程度：根据机体组织被烧伤的面积和深度，判定烧伤的程度。分为轻度、中度、重度和特重度烧伤等四个程度。

8. 烧伤患畜反应：由于疼痛剧烈，在烧伤后 1~2h 内，二度、三度烧伤，有明显全身症状。烧伤部位的血管扩张，血浆大量渗出，蛋白和体液丢失，血量减少，血压下降，脉搏快而弱，供血供氧不足，容易发生休克。当坏死组织分解产物及毒素被吸收，引起神经系统、肝、肾、胃、肠的功能变化，出现少尿、无尿及血红蛋白尿，往往引起中毒性休克。烧伤后 4~5d，由于创面的细菌感染，很容易继发败血症。

表 4-1　烧伤的分级

深度分类	损伤深度	临床特征	创伤愈合过程
一度（红斑性）	表皮层损伤，生发层未损伤	被毛烧焦，留短的绒毛，轻度红肿，热、痛，感觉稍过敏，无水泡，无感染	七 d 可自行愈合，不留疤痕
浅二度	表皮层及真皮一部分损伤，部分生发层未损伤	被毛烧光，剧痛，感觉过敏，增温，水泡大，创面潮湿，水肿明显	1~2 周痊愈。如无感染，不留疤痕
深二度	损伤达真皮层	被毛烧光，剧痛，感觉过敏，增温，水泡少，创面稍干硬，水肿明显	3~5 周痊愈，有轻度疤痕
三度（焦痂性）	损伤达皮肤全层，甚至包括皮下各层，直到肌肉、骨骼	皮肤呈皮革样，褐色干性坏死，有皱褶，感觉消失，无水泡、干燥、深部水肿	1~2 周焦痂脱落，常有感染，需植皮后痊愈，若不植皮，则留疤痕或畸形

表 4-2　烧伤程度判定表

烧伤程度	Ⅰ Ⅱ 面积	Ⅲ 面积	总面积
轻度烧伤	10% 以内	3% 以内	10% 以内 Ⅲ 不超过 2%
中度烧伤	11%~30%	4%~5%	11%~12% Ⅲ 不超过 4%
重度烧伤	31%~50%	6%~10%	21%~50% Ⅲ 不超过 6%
特重烧伤	—	10% 以下	50% 以上

治疗

1. 现场救护：应当立即消除火源，将家畜牵离火场，扑灭火焰。用清洁冷水浸泡烧伤部位 0.5h 以上，可以减轻中、小面积烧伤的疼痛。烧伤面积较大时，需用镇静剂，肌注 5% 盐酸哌替啶（杜冷丁）注射液 5~10.0ml；或硫酸延胡索乙素注射液 10.0ml，也可选用芬太尼、二甲苯胺噻嗪、乙酰丙嗪、氯胺酮等。

2. 烧伤的全身处理：大面积烧伤必需作全身治疗，按其病理变化，分为三个阶段。

第一阶段：受伤后 2~3d 内，因组织中大量渗出血浆，造成水肿，血液量减少，血液浓缩，心搏动减少，剧烈疼痛，易发生休克。这时治疗重点是防止休克，纠正水及电解质紊乱。

（1）镇痛镇静：注射上述镇疼镇静剂。

（2）补液：小面积烧伤用生理盐水，复方氯化钠注射液及等掺糖盐水等。大面积烧伤常用乳酸钠、碳酸氢钠纠正酸中毒，同时输血、输液补充血容量，是最基本的疗法。如静注右旋糖酐注射液、复方氯化钠注射液、血浆或全血等。

（3）呼吸道烧伤处理：有窒息危险时，立即作气管切开术，清洁上呼吸道，保持其畅通。呼吸困难时，给予氨茶碱、毒毛旋花子苷或洋地黄，以改善血液循环和呼吸。严重呼吸困难者应输氧。

第二阶段：烧伤后2~3d至5~8d，由于皮下水肿，渗出物及坏死组织溶解为被吸收，容易中毒。由于感染，又易发生败血症。这时应注意创面处理，控制感染、注意补液。联合应用青霉素、链霉素或应用广谱抗生素，都能较好的预防与控制感染。

第三阶段：发病7d后，必须积极处理创面，加强全身治疗，防止各种并发症。除上述治疗方法外，为提高机体抵抗力，还可注射维生素B1、维生素B2及维生素C，以及5%氯化钙注射液、强尔心注射液，利尿药物。

3. 烧伤面的处理：常规外科处理创围及创面。眼烧伤用2%~3%硼酸溶液冲洗患眼，用5%碳酸氢钠溶液冲洗酸性化学物质烧伤，用食醋或1%枸橼酸溶液冲洗碱性化学物质烧伤。然后创面敷药，在一度烧伤的创面上涂地塞米松软膏，开放治疗；在二度烧伤的创面涂5%~10%高锰酸钾液、3%龙胆紫液或5%鞣酸酒精液，使药液在创面上结成药膜。定期换药。

三度烧伤尚有治疗价值的患畜，应早期切除焦痂。清洁创面，用经过特殊处理的小猪皮、胎膜、合成聚合物或泡沫喷雾剂覆盖创面，再包扎。

创面感染后，先做清创手术，再用甲磺灭脓或1%磺胺嘧啶银霜（烧伤宁）涂于创面，每天两次。也可涂抗生素软膏。另外，给以0.5% kg/cm^2 的压力、5~10L/min速度向创面喷送氧气10min，再涂上述药物于创面，每天一次，共3~4次，疗效较好。

4. 植皮术　若遇到肉芽创面过大，为加速愈合，防止瘢痕的形成，实行早期植皮术。珍贵动物的二三度烧伤，可用植皮术。常在自体的颈侧、臂外侧、后躯跖侧及股外侧部取皮。取皮部位剪毛，剃毛、消毒、局部麻醉，然后用取皮刀或外科刀切取皮肤，若隔皮能看到刀刃部，可切取中厚皮片（创面呈稀疏点状出血）。有三种植皮法。

（1）栽植法：把皮片剪成底长0.4cm、高0.7cm的三角形，用刀尖在创面上斜刺，深0.5~1cm，将三角形皮片的尖端向下插入创面刺入孔内，深为三角形的2/3。

（2）粘贴法：用无菌操作法，刀片轻刮创面，刮至创面渗出浆液。皮片剪成 $2cm^2$ 大，相间0.5~1cm，平贴在肉芽创面上。开放疗法。创面涂灭菌石蜡油青霉素或其他抗生素油剂，每日一次。

（3）微粒植皮法：取 $0.5cm^2 \times 1\ cm^2$ 皮片，除去皮下脂肪，再将皮片剪成 $1mm^3$ 微粒，并均匀撒在肉芽创面上，再盖上冷冻的异体皮，并将异体皮缝在创缘的皮肤上。自内起逐层盖上生理盐水纱布、塑料薄膜、大块纱布，并缝在皮肤上。外加棉花团，并包扎。约经4周可愈合。

第四节　损伤并发症

一、休克

休克是剧烈的刺激因素引起的机体微循环灌注量急剧减少，导致全身性细胞缺氧、代谢和功能紊乱。主要是维持生命的重要器官的血液量急剧锐减所形成的严重损害的病理过程。休克可发生于各种家畜，多见于马。

病因　多发生严重的创伤，大面积的烧伤、大神经干损伤就、多发性火器创、骨折、大出血、手术过程中过度地刺激内脏、创伤分解产物及毒素的吸收，都可能引起休克。

症状　依据休克发病过程，将休克的症状分为三个时期。

1. 初期（微循环缺血期）：患畜兴奋，马嘶鸣，牛哞叫。可视黏膜变淡，皮温较低，四肢及末梢发凉。脉搏快而充实，呼吸加快。多汗，患畜作无意识地排尿，但无尿或少尿。该期很短，常被忽视。

2. 中期（微循环瘀血期）：是患畜的抑制期。患畜精神沉郁、视觉、听觉及痛觉反应微弱或消失。肌肉颤抖，步态不稳。可视黏膜发绀，血压显著下降，脉搏细微，心音低沉。体温下降，四肢发凉，无尿，呼吸浅表不规则。

3. 晚期（弥漫性血管凝血期）：休克进入了麻痹期，患畜昏迷，体温继续下降，四肢厥冷。可视黏膜暗紫色。血压急剧下降，脉搏快而微弱。红细胞压积容量（PCV）增高。呼吸快而浅表，呈陈—施氏呼吸，无尿。

治疗　治疗原则是：除去病因、改善血液循环，提高血压，消除毒血症、缺氧症，恢复新陈代谢。

1. 除去病因：及时给患畜以止血及止痛剂。可应用封闭疗法或注射溴化钠、吗啡及鲁米那等药物止痛。败血症继发休克时，应用对病原微生物敏感的抗生素治疗。过敏性休克时应注射肾上腺或去甲肾上腺素。急腹症引起的休克，应在症状缓解后立即施行手术治疗。

2. 补充血容量：补充血容量时治疗休克的最基本方法。首先，静注乳酸钠林格氏液，大动物用 20~40ml/kg，犬用 90ml/kg。猫用 50ml/kg。休克伴有高血糖症时，禁止输入葡萄糖。然后，静注 6% 右旋糖酐注射液。当红细胞压积在 25% 以下时，应给动物输血，同时输入平衡盐液（1∶3）。

3. 纠正酸中毒：代谢性酸中毒是各种休克的特点。血液 pH 值在 7.28 以下时，应静注 5% 碳酸氢钠注射液。如果配合给氧与换气，会提高疗效，可静脉注射过氧化氢，马用 0.3%、5mg/kg；牛用 0.24%，2mg/kg。

4. 肾上腺皮质激素中只有糖皮质激素能治疗休克。早期大剂量应用：氢化考的松，50mg/kg，强的松龙 40mg/kg，甲泼尼松龙 30mg/kg 或地塞米松 15mg/kg。其作用时稳定容酶体膜，减少酶的释放，以保护组织细胞免遭酶的破坏与分解。促进肝糖异生，防止乳酸蓄积过多，降低血管通透性、减少组织胺和缓激肽的释放。常用作治疗出血、败血性及过敏性休克。糖皮质激素与抗生素联合应用，可治疗内毒素性休克。

非类固醇的保泰松和氟胺烟酸葡胺也能对抗内毒素的有害作用。

5. 抗生素及磺胺疗法：为防止或控制感染应早期应用抗生素或磺胺药物，常用青霉素、链霉素、庆大霉素、卡那霉素、新霉素、托伯拉霉素、丁胺卡霉素以及磺胺类药物。

6. 血管活性药物的应用：心源性休克时给患畜静注洋地黄毒苷，大家畜 0.006~0.012mg/kg，或静注毒毛旋花子苷 K，大家畜 1.5~3.75mg/kg。扩容治疗以后，静注异丙肾上腺素，大家畜用 2~4mg。为扩张外周血管，降低外周阻力，静注氯丙嗪，

0.1~0.2mg/kg。在休克初期可应用缩血管药，静注或肌注肾上腺素，大动物 1~3mg 及 2~5mg。为治疗过敏性休克，大动物静注去甲肾上腺素 8~20mg 或静注 0.2% 多巴胺注射液 2ml。

二、溃疡

皮肤或黏膜上的长期不愈合的病理性肉芽创称为溃疡。溃疡表面是细胞分解产物、微生物及脓性分泌物或腐败分解产物。溃疡的深部是生长缓慢的肉芽，表层肉芽较嫩，深层肉芽致密。溃疡病灶周围有炎症。

病因　主要由于局部血液、淋巴循环障碍，机体缺乏维生素，代谢紊乱，神经营养障碍，畜体衰弱，分泌物和排泄物长期刺激等因素的作用而引起溃疡。也可见于某些传染病的过程中，如鼻疽，淋巴管炎等。

症状

1. 单纯性溃疡：多见于外伤性脓肿及蜂窝织炎继发溃疡。临床症状主要是：有少量浓稠、灰白色脓性分泌物覆盖在表面上，可干涸成痂皮，容易脱落，露出蔷薇红色肉芽，肉芽表面平整，呈细颗粒状。上皮生长缓慢，淡红色，有时呈紫色。溃疡灶周围肿胀。

治疗　原则是保护和促进上皮、肉芽生长。应用油剂、流膏类药物外敷。禁止应用破坏细胞的防腐剂。如用含 2%~4% 水杨酸的锌软膏、鱼肝油膏、魏氏流膏。或用紫外线照射，20~30min/ 次，每日一次。

2. 炎症性溃疡：多由于机械性、理化性、分泌物或排泄物的长期刺激的结果。溃疡病灶表面有较多的脓汁，肉芽呈鲜红色或微黄色。周围肿胀，局部温度增高，有痛感。

治疗　禁用刺激性药物。普鲁卡因青霉素溶液施行病灶周围封闭，清除创面上的脓汁，用磺胺乳剂或魏氏流膏涂于创面，或用 20% 硫酸钠或硫酸镁浸纱布敷在创面上。若有脓汁潴留，应及时扩创引流。

3. 蕈状溃疡：多见于四肢部，尤其是肌腱通过部位的损伤，肉芽反复受损，高渗盐溶液、异物、骨片的长期刺激，导致本病。

肉芽往往高出体表，呈不平的蕈状。其表面有少量脓性分泌物。肉芽颜色发绀，易出血。上皮生长缓慢，病灶周围肿胀。

治疗　切除赘生的肉芽，或因腐蚀药物腐蚀赘生肉芽。清创以后，创面撒布高锰酸钾粉，或涂布氧化锌软膏。病灶周围作普鲁卡因封闭，装压迫绷带，也可用紫外线照射患部。

4. 褥疮性溃疡：患部长时间受压迫，该部血液循环障碍，导致皮肤坏疽，形成褥疮。多发生在机体突出部位。坏死的皮肤被毛脱落、质地较硬、干燥，呈灰褐色或黑色。坏死皮肤的周围及皮下组织坏死分解，使整个坏死的皮肤剥离、脱落、露出不易愈合的肉芽创，肉芽表面有少量脓汁，形成褥疮性溃疡。若粪尿浸渍溃疡面，感染化脓，转为湿性坏疽。

治疗　给长期卧地的家畜应加厚垫草，经常定期让患畜翻身。选用 3~5% 龙胆紫酒精溶液或 3% 煌绿酒精溶液涂在患部，每日 2~3 次。剪去干性坏死的皮肤，创面涂鱼肝油软膏、水杨酸氧化锌软膏或碘仿鞣酸软膏等。促进肉芽和上皮生长。也可用紫外线照射患部。

三、瘘管

瘘管是使深部组织、器官或解剖腔与体表相通的不易愈合的病理性管道。由管口、管壁、管道及管底所组成。另外，使深部组织与体表不相通的盲管叫窦道。确切地说，使解剖腔与体表相通的不易愈合的管道才叫瘘管。但二者的病理性质是相同的，故统一在瘘管中叙述。

病因

1. 创内存留由弹片、砂石、被毛、木屑、谷芒、金属丝、被污染的缝合线及纱布棉球等异物，长期刺激并化脓形成瘘管。

2. 由于对脓肿、蜂窝织炎、开放性化脓性骨折、腱及韧带坏死等疾病处理不及时、不合理，也可以形成瘘管。

症状　从瘘管口不断排出脓汁，初期化脓严重，排出大量稀的脓汁，瘘管潴留较多稀脓汁。这时，可能有全身症状。病久，瘘管内聚留少量浓稠脓汁，有恶臭味。瘘管口位置较高时，瘘管内潴留脓汁较多，只在患畜活动时，才挤出少量脓汁。若瘘管与腺体相通时，随着腺体的分泌物排出，如唾液、乳汁。若瘘管与消化道相通，瘘管排出物中含有食糜、肠胃内容物。最初，瘘管口处为肉芽组织。陈旧瘘管口处是瘢痕组织。管口向内凹陷呈漏斗状。管口下方的皮肤被脓性分泌物浸渍，形成皮炎，该处被毛脱落。陈旧性瘘管方向多变，管道细，被覆瘢痕组织。管腔内可能有异物或坏死组织。

治疗　原则是：彻底清除瘘管内异物、坏死组织及病理性管壁，畅通引流。

1. 简单的瘘管：清洁创围，选用 0.2% 呋喃西林液冲洗管腔。锐匙彻底刮除管壁，取出异物。用消毒药液再次冲洗管腔，然后向管腔内灌注 10% 碘仿醚或填塞铋泥膏（次硝酸铋：碘仿：液体石蜡 =1：2：2）。或者采用腐蚀疗法，选用硝酸银、硫酸铜、膏锰酸钾，碘粉剂制成药捻、导入管腔，约经 1~2 日，可将病理性管壁腐蚀掉，然后按化脓创处理。

2. 手术疗法：术前一日向管腔内注入适量 5% 美蓝液或 2%~5% 龙胆紫液，使管壁组织着色，便于手术时辨认。在探针指引下，切开管壁，切除或刮除瘘管壁。用消毒溶液冲洗管腔，然后向创腔内注碘仿醚、或填充铋泥膏、或注入魏氏流膏，定期换药。假如瘘管道较长，管底靠近体表，可在管底处做以反对孔，便于排液。

瘘管通向体腔时，先用纱布填塞管口，然后用梭形切口切开瘘管周围组织，分离瘘管，找到瘘管内口并在该处切断管壁，取出切除的瘘管壁。缝合器官切口。用消毒溶液彻底冲洗创腔，再用纱布拭净创腔内药液。创腔内撒碘胺粉或青梅素粉。缝合肌肉及其他组织，皮肤行结节缝合。

第十九章 外科感染

第一节 外科感染的概念

外科感染是指在一定条件下病原微生物侵入机体后，在其生长、繁殖、分泌霉素过程中所造成损害的一种病理反应过程。也就是由病原微生物引起的一种炎症。除了引起局部炎症以外，严重感染还能引起全身反应。

一、外科感染途径

外源性感染是病原微生物通过皮肤、黏膜的伤口侵入机体内部，随血液循环到其他组织器官内的感染过程；隐性感染是病原菌侵入机体并存留在机体内，只是在机体抵抗力降低时呈现感染的过程；一种微生物引起感染叫单一感染；几种微生物引起的感染叫混合感染；原发性病原微生物病原感染之后，又有其他病原微生物感染，叫继发感染。外科感染主要指手术及损伤的感染。被感染的组织器官常常发生局限性或广泛性化脓及坏死，有的在被治愈后留下瘢痕。

二、外科感染的病原微生物

常见外科感染的病原微生物主要有：葡萄球菌、链球菌、大肠杆菌、肺炎球菌、化脓性棒状杆菌等，引起非特异性感染、是疖、肿脓和蜂窝织炎的主要病原菌。厌气性感染的病菌有：魏氏梭菌（产气荚膜杆菌），腐败梭菌（恶性水肿杆菌、腐败弧菌）及诺维氏梭菌（水肿杆菌）。腐败感染的病原菌有：变形杆菌、腐败似杆菌（腐败杆菌，腐败伪杆菌、腐败列司太尔菌）、产芽胞杆菌及大肠杆菌等。厌气感染又称异性感染，比较少见，但危害大，严重的引起动物死亡。

三、外科感染的病理反应

外科感染时机体与病原微生物之间相互作用的病理过程，是动物有机体对病原微生物作用所发生的局部防御性反应和全身反应。局部反应表现为组织变质、巨噬细胞和淋巴球进入感染区域、杀伤、吞噬病原微生物。这种炎性反应对控制外科感的发生和发展起重要作用。

促使外科感染发生、发展的因素：进入机体内的病原微生物在适宜条件下，经过一定时间即大量生长、繁殖，并产生毒素破坏了机体的防御机能，即表现出感染病状。外科感染的发展与下述条件有关：外伤的位置、外伤组织与器官特性，创伤是否安静、内芽组织是否良好、病原菌的种类及数量、机体营养状态以及神经内分泌的机能状态。这些因素在外科感染的发生发展中起重要作用。病原微生物侵入机体后，机体的防御机能下降，可能造成全身感染，如败血症；若机体局部防御机能下降，可引起局部感染，如脓肿、蜂窝织炎。在动物抵御力增强时，经合理治疗可将其治愈．

四、外科感染分为急性感染和慢性感染

化脓性感染、厌气性感染与腐败性感染。

症状　局部症状，化脓感染在初期，局部增温、充血、肿胀、疼痛和机能障碍。随后，局部化脓，周围淋巴结、淋巴管阻滞病原微生物扩散，在化脓灶周围形成肉芽或脓肿壁，形成了阻止感染扩散的防卫面，使局部感染化，最终治疗。

全身反应，全身反应，局部感染时也会引起患畜体温升高，心跳和呼吸加快，精神沉郁，食欲减退等症状。若动物从病灶吸收了大量病原菌、毒素及组织分解产物时，症状加重。这时，循环系统、网状内皮系统、神经系统、肝、肾、脾、肺及毛细血管都有严重机能紊乱。血液粘稠，球蛋白增加，氧化作用降低。如果感染继续发展，则抑制了骨髓的造血机能，机体出现贫血及幼稚红细胞。白细胞增多，核左移（杆状核白细胞增多，多形核白细胞减少），表示机体加强造血和防御机能。若白细胞减少，核右移（多形核白细胞占多数），表示骨髓造血机能减退。白细胞减少，症状又重，多预后不良。

治疗　需要作局部及全身治疗。局部感染能使感染局限化，减少毒素的吸收，排液畅通促进再生及愈合。全身治疗是提高防御能力的重要措施。常用抗菌药物消除病原微生物，给机体输液及强心剂，纠正水和电解质紊乱。给机体葡萄糖、钙制剂及维生素，恢复神经系统的机能，同时搞好护理，促进愈合。

第二节　脓肿

组织器官内有化脓病灶并有脓汁潴留，外有脓肿包围的局限性脓腔称为脓肿。如果解剖腔（鼻窦、喉囊，胸膜腔及关节腔）内有脓汁时称为蓄脓。

病因　脓肿的主要病原荫是葡萄球菌、链球菌，绿脓杆菌，大肠杆菌及腐败性菌，经过损伤的皮肤或黏膜进入机体在其局部生长，繁殖过程中形成脓肿。也可能因给动物注射刺激性强的药物如氯化钙、高渗盐水、水合氯醛、新胂凡纳明及松节油等误注或漏入组织而引起无菌性脓肿。

病理发生在病原微生物及致病因素作用下局部出现急性进行性炎症，最初，患部小血管短时间痉挛，随后，小动脉、毛细血管扩张，局部血流加速，使患部充血、潮红、温度升高，代谢增强。此后，血流减慢、静脉淤血，局部呈暗红色。这时组织供血不足，发生营养障碍、有毒的分解产物增多，即发炎组织释放出组织胺，5~羟色氨、缓激肽、胰激肽、白细胞诱导素，激肽释放酶及病原微生物毒素。这些有毒物质作用于毛细血管，使其通透性增强，渗出现象显著。在组织病理代谢产物及白细胞诱导素作用下，最先是嗜中性白细胞游出，随后是单核细胞、巨噬细胞（晚期转化为成纤维细胞）游出，这时嗜中性白细胞逐渐消失。这些细胞具有强大的吞噬能力，有力的控制着感染。由于血管渗透性增强，组织内压增高，酸性产物增加，局部pH值下降以及在病原微生物毒素的共同作用下，使组织细胞。嗜

中性白细胞坏死。坏死细胞释放出蛋白分解酶，微生物释放出杀白细胞素、溶纤维酶、组织分解酶等共同作用下，溶解坏死的细胞、细菌而形成脓汁。坏死的嗜中性白细胞，组织细胞成为脓球。在病灶中央因坏死组织溶解形成了脓腔，充满了脓汁。在化脓灶周围形成制脓膜，内层是坏死细胞及组织，外层是肉芽组织，构成脓肿壁使化浓病灶与健康组织分开，此时，在临床上脓肿即告成熟。

转归小的脓肿，脓汁能被吸收或钙化而自愈。多数因脓汁的积聚，使脓腔继续扩大，不断侵蚀表层组织而自行破溃，流出脓汁，有的则向深部组织扩散，引起新的脓肿或蜂窝织炎；有的则经血液和淋巴转移到其它组织形成转移性脓肿。

症状　浅在的脓肿常发生在皮下，筋膜下及肌肉问的组织内。最初出现急性炎症，患部肿胀，界限不明，质地坚实，局部温度增高，皮肤潮红，剧痛，尤其神经末梢事富的组织器官疼痛更为严重。继则局部化脓，病灶中央软化有波动感，皮肤变薄，被毛脱落以致化脓病灶皮肤破溃，排出脓汁。这时脓肿症状缓和。牛皮较厚，脓肿不易破溃，最好做切开排脓。

马的葡萄霉菌病、牛放线菌病及结核性脓肿，均形成冷性脓肿。发展缓慢，肿胀明显，脓汁增多时病灶中央有波动感，但局部温度不高，无痛或仅轻微疼痛。

深层脓肿多发生在深层肌肉、肌间、骨膜下，腹膜下及内脏器官。局部症状不太明显。患部皮下组织有轻微的炎性水肿，触诊留下压痕，疼痛，病灶中央无波动感。但全身症状明显。皮下炎性水肿有时与脓汁量不一致。由于脓肿表面组织较厚，脓汁沿着解剖间隙下沉，形成流注性脓肿。也有深在的脓肿受脓汁挤压腐败，制脓膜变性，坏死，最后使皮肤破溃，排出脓汁。常继发蜂窝织炎，败血症而病情恶化。

治疗　治疗原则是消除病因，消炎，增强机体的抵抗力。

促进脓肿成熟：在脓肿形成过程中，患部涂鱼石脂软膏，鱼石脂樟脑软膏，或用温热疗法，超短波疗法，促进脓肿成熟。

手术疗法：脓肿成熟以后及时施行手术切开或穿刺抽出脓汁。然后用防腐消毒溶液冲洗脓肿腔，用纱布吸净脓肿腔内残留药液，向脓肿腔内注入抗生素溶液。切开脓肿时，应在波动最明显处切开。如果脓肿腔内压力较高时，应先穿刺，抽出脓汁，减压后再切开脓肿。施行分层切开，切口有一定长度，以利于排脓。不要损伤大的血管、神经，要彻底止血，排净脓汁，防止脓肿转移。切开时不要损伤制脓膜，为了彻底排脓，可另作辅助切口。也可作无菌摘除小的脓肿，要彻底地剥离脓肿周围组织，不要切破制脓膜，取出完整的脓肿。创腔内撒布消炎粉，缝合刨伤。争取第一期愈台。

第三节　蜂窝织炎

疏松结缔组织的急性弥漫性化脓性炎症称为蜂窝织炎。多发生于皮下、筋膜下及肌肉间的疏松结缔组织内。特征是局部呈现浆液性，化浓性甚至腐败性渗出，全身症状严重。

病因　蜂窝织炎的病原菌主要是溶血性链球菌等化脓性细菌。此外，腐败性感染或混合感染比较少见。

刺激性强的药物如松节油、水合氯醛溶液、高渗氯化钠溶液，漏入皮下或注入深部组织内，也能引起急性化脓性蜂窝织炎。

还能继发于疖、痈、脓肿、骨髓炎、关节炎及深部感染病灶。

症状　病势发展较快，迅速呈现局部和全身的明显症状。

1. 局部症状：由于患部急性浆液性渗出、化脓性浸润，短时间内局部呈现大面积肿胀。浅在的病灶呈弥漫性肿胀，初起按压时有压痕。在组织坏死、溶解、化脓以后，肿胀部位有波动感；深在的病灶呈　实的肿胀，界线不清，局部增温，剧痛。最终，由于大量的筋膜下组织及肌肉坏死溶解，形成大量的脓汁，然后脓汁沿着肌间、大动脉、神经干及筋膜间隙扩散，因此就会呈现严重的机能障碍。浅在的病灶发生多处的组织坏死、溶解、皮肤破溃，排出脓汁，这时症状减轻。筋膜下及肌肉间的蜂窝织炎，深部组织和肌肉坏死、溶解、形成脓汁，导致患部内压增高，使患部皮肤、筋膜及肌肉高度紧张。由于病灶深，皮肤不易破溃。切开排脓，脓汁呈灰红色。

若局部被腐败性，厌气性细菌感染，引起腐败性坏疽性蜂窝纵炎。初期局部组织呈浸润性肿胀，局部发热、剧痛。忠部很快出现组织的坏死、溶解、腐败产气，这时局部变凉、触诊时局部不敏感，有捻发音。破溃或切开患部，脓液呈红褐色、恶臭、稀的液体。病灶的坏死组织呈灰绿色或黑褐色。有的病灶是腐败菌，厌气菌与化脓菌的混合感染。

2. 全身症状：患畜精神沉郁，食欲下降或废绝、体温升高到40℃以上，呼吸，脉搏增数。循环、呼吸及消化系统都有明显的症状。深部的蜂窝织炎病情严重，可以继发败血症。腐败及厌气感染时间，患畜从病灶吸收了大量有毒物质，体温显著升高，全身症状恶化。

3. 局限性蜂窝织炎：当动物抵抗力增强硬经过合理的治疗后，使蜂窝织炎局限化，形成脓肿。

4. 弥漫性蜂窝织：当患畜抵抗力降低或治疗不合理时，化脓灶会迅速扩散，使整个肢体或躯体呈现弥漫性肿胀，患部显著增温、剧痛、高度跛行。多处有破口并流出脓液。

治疗　治疗时的原则是局部与全身治疗相结合。

局部治疗　目的在于减少渗出、降低组织内压、减轻组织的坏死、分解，防止感染扩散。发病二日内给予治疗，如用10%鱼石脂酒精、90%酒精、复方醋酸铅冷敷，病灶周围进行封闭。发病3~4d以后改用温热疗法，将上述药液改为温敷。

手术治疗　经局部治疗，症状仍不减轻时，为了排出渗出物，减轻组织内压，应尽早地切开患部。为了彻底排出炎性渗出物，切口要有足够的长度及深度，可作几个平行切口或反对口。对切口要充分止血，再用防腐消毒液冲洗创腔，用纱布吸净创腔药液。最后选用中性盐高渗溶液、或奥立夫柯夫氏酸性液（3%过氧化氢、20%氯化钠溶液各100.0ml、松节油10.0ml），纱布条引流。按时更换。

全身疗法尽早应用大剂量抗生素或磺胺类药物治疗。为了提高机体抵抗力，预防败血症，静注5%碳酸氨钠注射液，或40%乌洛托品注射液、葡萄糖注射液或樟酒糖注射液（精制樟脑4.0g、精制酒精200.0ral、葡萄糖60.0g、0.8%氯化钠液700.0ml，混合灭菌）马、牛一次用250~300.0ml。

若转为慢性炎症，患肢呈象皮病时，可应用石蜡疗法、超短波疗法、红外线疗法或碘离子透入疗法，促进炎性产物的消散或吸收。同时加强饲养管理，给予富含维生素的饲料。

第四节　败血症

败血症是机体从感染病灶吸收了病原微生物及其产生的毒素和组织分解产物，使病原菌及毒素进入机体。引起机体全身紊乱的病理过程。主要表现为神经系统、实质器官和组织发生机能性、退行性变化。它是损伤感染的一种严重并发症。

病因　该症的病原微生物主要有金黄色葡萄球菌、溶血性链球菌、大肠杆菌、绿脓杆菌及坏疽杆菌。可能是单一或混合感染。

创伤处理延迟、操作粗暴、对创伤用药不当，创腔内潴留较多的脓汁及坏死组织等因素，都容易损害刨伤肉芽的防御能力，继发败血症。家畜营养较差，过劳使其抵抗力降低，也是发生败血症的因素。

败血症也常继发于某些传染病的过程中，如马传染性贫血、鼻疽、牛结核病、布氏杆菌病等病的急性发作时，都表现为败血症。

分类：根据症状和病理学的变化，将败血症分为三类。脓毒血病、败血病、脓毒败血症。脓毒血病是由于败血性病原菌从病灶侵入血液循环系统，随血流进入其他器官组织，在那里形成转移性脓肿。败血病是畜体从败血病灶吸收了大量的毒素，导致许多器官、系统中毒，使这些器官、系统发生退行性病变。脓毒败血证是机体从败血病灶吸收了病原微生物和毒素后，所引起畜体机能紊乱的病理过程，是上述两种败血症的混合型。

症状

1. 脓毒血病多见于牛、犬、家禽。猪及绵羊、马较少见。病原微生物由败血性病灶侵入机体，在各器官内形成转移性脓肿，故又称为转移性全身性化脓性感染。转移性脓肿的大小不一，从粟粒大到拳头大。

病灶周围严重水肿、剧痛。病理性肉芽，发绀、肉芽水肿、坏死、分解，肉芽表面脓汁较多，稀而恶臭。

患畜精神沉郁，食欲废绝，饮欲增强。体温升到40℃以上，这时患畜恶寒战栗。体温下降时出汗。呈稽留热、间歇热或弛张热型，这是由于病原侵入畜体的时间决定的。体温变化明显，同时廓压又下降，是本病的特征。长期高烧不退，全身症状恶化，往往造成患畜的死亡。

肝脓肿时眼结膜高度黄染，肠脓肿时患畜剧烈的腹泻；肺脓肿时有脓性鼻液，呼出腐臭味气体；脑脓肿时患畜痉挛；肾脓肿时尿比重下降，尿内有病理性产物。血沉加快，白细胞增数，2.2万~3.5万/mm^3，核左移。若淋巴球、单核球增多，是病愈的标志。刨面按压标本检查如脓汁相内有静止游走细胞及巨噬细胞，说明机体防御能力较强，如脓汁相内没有巨噬细胞及溶菌现象，细菌又多，说明病情加剧。

2. 败血病患畜吸收毒素，引起中枢神经系统、网状内皮系统、机体氧化过程的抑制及新陈代谢的紊乱。该病又称为非转移性全身性化脓性感染，多见于马及山羊。

局部病灶内潴留大量脓汁及坏死组织。有些病例化脓不显著，但缺乏再生现象。

患畜沉郁或意识消失，卧地不起。食欲废绝。结膜黄染，有小出血点。很快消瘦，肌肉剧烈的颤抖。体温 40℃以上，多为稽留热。脉搏快而弱，重症者血压下降。呼吸困难。马呈中毒性腹泻，尿少并有蛋白尿。

治疗　治疗原则是彻底处理局部败血病灶，控制全身感染，提高机体抵抗力，恢复机体的功能。

局部治疗对败血病灶作物底的外科处理，消除感染源。病灶周围封闭，扩大创口，消除创囊，消除创内的坏死组织，异物及脓汁。用防腐消毒液彻底冲洗创腔。然后按化脓创处理。

全身治疗　为了控制感染，尽早给予磺胺类药物、抗生素及抗菌增效剂（如三甲氧苄氨嘧啶—TMD、二甲氧苄氨嘧啶—DVD）。病重者，上述药物联合应用。为防止病原微生物产生耐药性．应适时更换抗生素药物。一些危重例，最好配合肾上腺皮质激素疗法。及时的给患畜输血、输液、补充血溶量，纠正机体电解质紊乱、中和毒素，提高机体抵抗能力。静注 25%葡萄糖注射液 1 000.0ml，40%乌洛托品 40.0ml，生理盐水 1 000.0ml，或樟酒糖注射液 300.0ml。为了减少渗出，提高交感神经及内分泌系统的机能，静注 5%氯化钙注射液 100~200.0ml，肌注维生素 B 和维生素 C。

对症疗法：为改善和恢复受损伤器官的功能，及时作对症治疗。如心脏衰弱时应用苯甲酸钠咖啡因、强尔心等。肾脏机能紊乱叫，静注乌洛托品或给利尿剂。继发腹泻时静注氯化钙注射液。为防止转移性脓肿可静注樟酒糖注射液。

第二十章　风湿病

风湿病是一种容易反复发作的急性或慢性非化脓性炎症。其特点是机体的结缔组织的胶原纤维蛋白变性，呈现非化脓性炎症。风湿病常侵害对称性的骨骼肌、关节、蹄及心脏。本病在各地均有发生，但以寒冷地区发病率高。多见于马、牛、猪、羊、家兔及鸡。

病因　其病因目前虽未完全确定，一般认为本病是家畜对溶血性链球菌感染的一种变态反应性疾病。溶血性链球菌是上呼吸道、扁桃体内的常在菌，当机体抵抗力下降日时侵入畜体组织内，呈局部隐性感染。这时链球菌在畜体内产生毒素和酶类，如溶血素、灭白细胞素、透明质酸酶及链激酶。链球菌及其代谢产物有很高的抗原性，作为抗原便刺激机体产生抗体。当抗体量达到一定程度时畜体便处于致敏状态，这是畜体变态反应的准备阶段。当畜体抵抗力再次下降，链球菌再次侵入机体时，链球菌及其产物作为抗原性物质，便与畜体内已经产生的相应的特异性抗体相互作用，就发生了抗原与相应抗体相互作用的变态反应。由于链球菌抗原与相应抗体从血液渗入到结缔组织及网状内皮细胞的胞浆及颗粒中，因此两者便在这些组织细胞内发生变态反应，使这些组织细胞变性溶解，导致风湿病的发作。这是畜体过敏的激发阶段。从致敏到激发阶段的叫间是风湿病的潜伏期。因此，家畜患扁桃体炎及上呼吸道感染时，用大剂量抗菌药物治疗，可降低风湿病的发病率。还有人认为风湿病是病毒引起的，当链球菌与病毒合并感染时，链球菌及其产物能提高畜体对病毒的感受性。

畜舍阴冷潮湿，家畜夜宿湿地、雪地，出汗后遭风雨侵袭。家畜过劳、营养缺乏，体弱等因素，容易诱发风湿病。北方一些马属动物的风湿病常与骨代谢障碍合并发生。

症状　患风湿病的肌肉，关节及蹄的局部温度增高、局部疼痛及机能障碍，这是风湿病的主要症状。

一、急性与慢性风湿病

急性风湿病的特点是突然发病，有明显的全身症状和严重的局部症状。患畜精神沉郁，食欲减退或消失，体温升高 1~1.5℃，呼吸及脉搏增数。可视黏膜潮红。重症有可能有心内膜炎，能听到心内杂音。乳牛泌乳量下降。

局部有固定的或游走性疼痛病灶，并有对称性和转移性，疼痛病灶常是此消彼长，时而邀一肢时又另一肢发病。患部温度升高，患病器官有显著的机能障碍。背腰风湿时，腰硬、拱腰，后肢不灵活。四肢风湿时，跛行明显，跛行症状随着运动时间延长逐渐减轻。颈风湿时，颈部活动受影响。

风湿病症状受天气影响，天气突变，风雪严寒，阴雨潮湿时，其症状加重。风湿病患畜对水杨酸制剂敏感，给患畜水杨酸制剂一小时后症状就会减轻。

急性风湿病的病程比较短，数日 –14d 可好转或痊愈，但容易复发。

慢性风湿病　全身症状不明显，缺乏急性风湿病的局部症状。患部僵硬，患肢或全身有姿势的改变。肢体动作强拘，容易疲劳，病程较长。

二、不同器官风湿病的症状

1. 肌肉风湿病：肌肉风湿病多发生于较大的肌群，如肩部肌群、背腰肌群、臀肌、股后肌群及颈部肌肉。

急性肌肉风湿病：患病肌肉内出现浆液性纤维素性渗出，炎性渗出物积聚于肌肉间的结缔组织内，使局部肿胀、增温及疼痛。病灶组织僵硬，肌肉呈痉挛性收缩，抗拒触诊。病灶游走不定，一个肌群痊愈，另一肌群又罹病。患部肌肉疼痛，四肢肌肉疼痛导致跛行，步态强拘，步幅短缩，卧下与起立都较困难。可能出现肢跛，悬跛或混合跛行，这是由于患病肌肉生理机能障碍面决定的。跛行的程废随着运动而减轻。急性肌肉风湿还有显著的全身变化。

慢性肌肉风湿病：全身症状不明显，但患部肌肉，腱的弹性下降，肌肉僵硬，其内有硬结节样肿胀，肌肉萎缩。步态强拘。踱行症状随运动而减轻，容易疲劳。天气突变，恶劣天气时症状加重，病程较跃。

2. 关节风湿病：多发生于较大的关节，如肩关节，肘关节、髋关节、膝关节、颈椎关节及腰椎关节。病灶呈对称性分布，疼痛游走不定，多是一至数个关节或肢蹄发病。

急性关节风湿病：本病是风湿性关节滑膜炎，滑膜渗渗出增强，有的渗出液中含有纤维蛋白及白细胞。关节囊及周围组织肿胀，关节粗大。局部增温，疼痛。跛行症状明显，随运动减轻。患病关节呈对称性分布，病症在恶劣天气时加重。全身症状明显。

慢性关节风湿病：本病多表现为关节滑膜及周围结缔组织增生、肥厚，使关节粗大，轮廓不清。关节活动范围变小，关节强拘。跛行症状随运动而减轻，在恶劣天气时症状增重。无明显全身症状。

三、常发部位的风湿病

1. 颈部风湿病呈急性或慢性颈部肌肉风湿性肌炎，患部肌肉僵硬，疼痛。两侧颈部肌肉风湿时，患畜低头难。一侧颈部肌肉风湿时，患畜斜颈。

2. 肩臂部风湿病　呈急性或慢性肩臂部风湿病，常波及该部肌肉及肩关节和肘关节。患肢减负体重，悬跛。两前肢同时发病时，患畜头颈高举站立，两前肢前踏，以蹄踵着地。运步时步幅短缩，关节伸展不充分。

3. 背腰风湿　呈现背最长肌、骼肋肌及腰肌的急性或慢性风湿病，常波及腰关节。腰背部肌肉僵硬。站立时腰背部拱起，凹腰反射减弱或消失。行走时该部不灵活，后躯强拘。步幅较短，起立与卧下都比较困难。

4. 臀股风湿病　这是臀肌，股后肌群及髋关节的急性、慢性风湿病。该部肌肉僵硬、疼痛。后肢行走缓慢，跛行症状明显。

5. 全身风湿病　全身的肌肉及关节都发生急性或慢性风湿病。全身肌肉硬不灵活，站立如木马状。

诊断　除了根据症状诊断以外，还可作水杨酸钠皮内试验。即先检查白细胞总数，然后将 0.1%水杨酸钠注射液 10.0ml，分数点注射到颈部皮内。此后 30min 及 60min 后检查白细胞总数一次，假如其中一次白细胞总数比注射药物前减少 1/5 时，可判为风湿病阳性。该法对马的检出率是 65%。

鉴别诊断

1. 肌红蛋白尿病：该病多发生于长期休闲的马，往往在初次重役或剧烈运动之后突然发病。表现为运动障碍，股部肌肉麻痹，肌肉僵硬、变性。排出肌红蛋白尿为特征。其病变部位固定。没有风湿病史及症状。

2. 骨软病：这是成年家畜的一种骨营养不良疾病。由于饲料中钙、磷缺乏或二者比例不当引起的。特征是骨质进行性脱钙，骨质疏松、跛行。额骨穿刺针较容易刺入额骨内，但用该穿刺针不能刺入患风湿病动物的额骨内。风湿病的疼痛显著，运动可使症状减轻。

治疗　原则是消除病因，解热镇痛，同时要加强饲养管理。

1. 水杨酸钠疗法：对病畜应及早连续使用水杨酸钠治疗，疗效较好。常用者有：静注撒乌安注射液（1%水杨酸钠注射液 150.0ml、40%乌洛托平注射液 30.0ml、10%安钠咖注射液 20.0ml）。若合并骨软病时，静注 10%水杨酸钠注射液 100~300.0ml、5%葡萄糖酸钙注射液 200~300.0ml，每日一次，连用 5~7d。小家畜可肌注 30%安乃近或复力氨基比林注射液 10~30.0ml，每日一次。另外，还可用消炎痛，有解热镇痛与消炎的作用，与肾上腺皮质激素合用，能增强疗效。马、牛用量是 1mg/kg，猪、羊的用量是 2mg/kg，内服。

水杨酸钠、碳酸氢钠和自家血疗法取 10%水杨酸钠注射液 200.0ml、5%碳酸氢钠注射液 200.0ml 每日一次静注。自家血注射量是：第一天 80.0ml、第三天 100.0ml、第五天 120.0ml、第七天 140.0ml，七天为一疗程，间隔七日再作第二疗程。对急性风湿的疗效显著，使慢性风湿病例好转。

2. 肾上腺皮质激素疗法：该药能抑制许多细胞基质反应和血管扩张，因此能减少渗出，能抗炎。还能抑制过敏反应产生的病程变化，呈抗过敏作用。2.5%醋酸可的松注射液（混悬液），马、牛 200~750.0mg、猪 50~100.0mg，每日一次肌注。0.5%氢化可的松注射液，马、牛用 200~750.0mg，静注或肌注。2.5%醋酸氢化考的松注射液（混悬液），马、牛 2~10.0ml，关节腔内注射，治风湿性关节炎效果较好。0.5%地塞米松磷酸钠注射液，马 2.6~5.0mg，牛 5~20.0mg，猪、羊 4~12.0mg，静注或肌注。0.5%氢化泼尼松注射液（强的松龙）马、牛 10~30.0ml，猪、羊 2~4.0ml，静注或肌注。

3. 物理疗法：风湿病可选用石蜡疗法、红外线疗法、中波透热疗法、水杨酸离子透入疗法，超短波电场疗法、热敷疗法如炒热的酒糟或醋麸皮，一次热敷 20~30min，1~2 次 / 日，连用 7d。上述疗法对慢性风湿病疗效较好。冷脚浴治疗急性蹄风湿、温脚浴治疗慢性蹄风湿的效果较佳。

4. 内服中药

防风散：防风 30g，独活 25g，羌活 25g ，连翘 15g，升麻 25g ，柴胡 20g，制附子 15g，乌药 20g，当归 25g，葛根 20g，山药 25g，甘草 15g 共为末，开水冲调，待温灌服。

治痛无定处型风湿。前肢痛加桂枝，后肢痛加牛膝，腰痛加杜仲、川断。

独活寄生汤：独活 50g，桑寄生 50g，秦艽 40g 防风 25g，细辛 15g，当归 25g，白芍 25g，川芎 20g，干地黄 30g 杜仲 30g，牛膝 35g，党参 40g，茯苓 35g，肉桂 25g，甘草 20g 共为细末，开水冲调，待温灌服。

第二十一章　头颈部疾病

第一节　眼病

一、眼的局部解剖

眼是由眼球、护眼器和眼部肌肉所构成。

(一)眼球眼球由眼球壁和眼内容物组成

1.眼球壁：包括纤维膜、血管膜和视网膜。

纤维膜：由角膜和巩膜构成。

(1)角膜：角膜在眼的最前部，呈透明，具有折光作用。角膜内无血管，亦无淋巴管，而富有神经，角膜的营养是通过扩散的方法进行。

(2)巩膜：巩膜在角膜之后，几乎包围整个眼球的4/5，是由白色不透明、坚韧的结缔组织构成，前面与角膜相连，后面有一筛状孔，是视神经的通路。

(3)血管膜：是由虹膜、睫状体、脉络膜所构成，是眼球壁的中层。

① 虹膜：位于晶状体前部，是褐色的环状色素膜，中央形成瞳孔。虹膜上有瞳孔收缩肌和开张肌，在植物神经支配下，调节瞳孔的扩大与缩小。虹膜上分布有三叉神经纤维，发炎时常引起剧痛。虹膜与角膜之间的空隙称为眼前房，虹膜与晶状体之间的空隙称为眼后房，房内储有液体，能通过光。

② 睫状体；为脉络膜前部的环状带，位于虹膜后方，外有睫状肌，内有睫状突，产生眼房液及调节晶状体的厚度。

③ 脉络膜：位于眼球最后部，外接巩膜，内接视网膜。脉络膜内有照膜层(猪无照膜)，具有金属光，因而各种家畜具有各自的眼底特征。眼底这一部分叫绿毡，不具备此层的眼底其他部分叫黑毡。照膜能将进入眼中并已透过视网膜的光线反射回来，以加强视网膜的作用。脉络膜含有丰富的血管，主要供给视网膜营养，排泄代谢产物。

(4)视网膜：是眼球壁的最内层。含有感光细胞(圆柱细胞和圆锥细胞))光照亮度极弱时，只有圆柱细胞有感光作用。而光照亮度很强时，则圆锥细胞主要起感光作用。因此，圆柱细胞是晚上的感光装置，而圆锥细胞是白昼的感光装置。这种感光细胞能感受光波，并把它变成神经刺激，通过视神经，而达中枢神经的视觉中枢，在这里发生视觉感觉。在眼底视神经通入的地方呈横卵圆形，称为视神经乳头。

2.眼内容物：包括品状体，玻璃状体和眼房液。

(1)晶状体：位于虹膜与玻璃状体之间，形似圆形的双凸透镜，周缘借悬韧带连于睫状突。悬韧带弛张时，可以改变晶状体的凸度，来调节视力。

(2)玻璃状体：位于视网膜与品状体之间，是无色透明的半流动状液体，外面包着一层很薄的透明膜，叫玻璃状体膜。

（3）眼房液：眼房内有透明的眼房液，眼房位于角膜与品状津之间，由虹膜把眼房分为眼前房和眼后房，以瞳孔相通。眼房液不断流动，有运送营养及代谢产物的作用。此外，尚有曲折光线和维持眼内压的作用。

角膜、眼房液、晶状体和玻璃状体构成眼的屈光系统。

3. 眼球的血管与神经：眼球的血管来自眼内动脉和眼外动脉，眼内动脉的分支随视神经进入视网膜，叫中央动脉，呈放射状分布于视网膜。眼外动脉分布于巩膜、角膜缘、睫状突、虹膜、脉络膜和结膜等。

眼球哮的感觉，由三叉神经的眼所支配，血管膜还有植物神经纤维支配。

（二）护眼器

1. 眼睑：分为上、下眼睑及瞬膜（第三眼睑），眼睑外被覆皮肤，内而为粉红色黏膜，称为眼睑结膜，眼睑结膜和眼球结膜的折转处构成结膜囊。在结膜靠近眼缘处，分布订眼睑腺，开口于眼内面，分泌有滑润角膜及眼缘的脂肪质分泌物。

牛的眼睑比马厚，隆起面而柔软，第三眼睑的侧部呈叶形或勺形，比马的厚，边缘有窄的隆起。

2. 泪器：包括泪腺，泪管、泪囊和鼻泪管。泪腺位于眼球上外侧而，分泌泪液。泪液能润湿眼球表面，以保护角膜的透明。泪液还有冲去细微异物的作用。过剩的泪液，经下眼睑内边缘上的泪管口，流入泪囊进入鼻泪管，从鼻腔排出。牛的泪腺很深，不明显。鼻泪管比马的短，近于直臂，开口靠近鼻孔的鼻腔前庭外侧鼻上。

（三）眼肌

眼睛的肌肉共有七个，能使眼向各个方向转动。四个直肌能使眼球上、下、内、外转动，上斜肌能将眼球由上牵引向内，下斜肌能将眼球由下牵引向内，眼球掣肌能使眼球向后方移动。

二、眼的检查方法

（一）一般检查法

在检查之前，先进行问诊，从而了解发病经过和治疗等情况。在了解既往症之后，进行视觉能力的检查，全盲的家畜在活动中，变得胆怯和比较谨慎，经常以耳的运动保持警觉状态。在运动期间，高抬前肢。单侧眼盲者，经常将头歪向侧方。如果家畜安静站立，检查者站在家畜旁侧，用手或木棒呈欲击姿势，则患眼无反应。

对患眼进行检查时，需在自然光线或人工光线下进行。使家畜站在光线能进入被检眼内的位置，而检查者背着光线站立检查。

检查时要注意检查眼及眼的辅助器官的临床症状，有无羞明、流泪、眼睑肿胀及创伤，结膜囊内有无异物、寄生虫以及分泌物的性状，结膜及角膜周围有无充血，角膜及晶状体混浊程度，虹膜光泽与线纹，瞳孔散大与缩小等，必要时进行触诊，检查温度，肿胀及疼痛等情况。

图 4.1　角膜镜

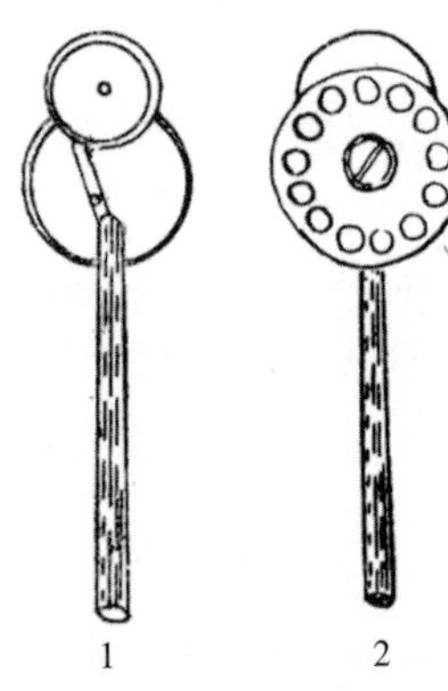

图 4.2　检眼镜
1. 前面　2. 背面

（二）器械检查法

1. 角膜镜检查：此法主要用来检查角膜表面是否平坦。检查者而向光源，以角膜镜接近被检眼，通过中央小孔，检查角膜。如角膜正常，则映到角膜上的圆圈轮廓规整，如患角膜炎、瘢痕、创伤、溃疡等，则角膜呈现不平，映象也不规则（角膜镜自轮不正，呈波浪状、变细或中断）。

2. 焦点光照检查。在检查角膜、眼前房及晶状体透明部分时应用本法。检查时应在暗室进行，用手电筒的光束通过 10~15 个屈光度的双凸透镜，照射到眼球上，从侧面检查角膜、眼前房、虹膜及晶状体的光照部分。（4.1，4.2）

此外也可用浦尔金沙圣氏映像法，即在暗室内将蜡烛点燃置于距跟 10cm 处，从侧面检查，可以看到烛光的映像，第一个为清晰明亮的直像，是由角膜反射出来的。第二个映像是不甚清晰的直像，是由晶状体前反射出来的。第三个映像是不甚明亮的倒像，是由晶状体后面反射出来的。如烛光沿水平线转移时，则前两个映象也随烛光向同一方向转移，而第三个映像则与此相反。当房液或晶状体混浊时，则第二、第三映像不出现。

3. 检眼镜检查：用眼镜检查眼底，借以判定晶状体、玻璃状体及眼底的变化。其方法是先用 1% 硫酸阿托品溶液 3~5 滴点眼，经 15~30min 后使瞳孔散大，此时将灯光（电灯或手电筒）放在被检眼的侧方 30cm 处。检查者左手握持笼头，右手持检跟镜，使光束通过瞳孔，进入被检眼内。检眼镜要靠近睫毛处，检查者可经检眼镜的小孔，观察晶状体、玻璃状体及眼底的状态。

一般正常眼底视毡呈绿色，其周围呈浅蓝色，中央呈黄色。在绿毡内有多数黑点，绿毡下部有玫瑰黄色的横椭圆形，即视神经乳头。绿毡下方有淡红色树枝状血管，呈放射状分布。

牛的视毡与马稍有不同，绿毡的颜色比马的浅，并带有浅黄绿色，没有明显的深暗部分，在其边缘有斑点，绿毡面可见眼底的大部分。其视经乳头为不正形或髓圆形，在中心部能见到不大的凹陷，乳头为灰白色或淡黄色。有三对动脉及静脉由乳头中心分出，可达锯齿缘，上枝较其他两枝大，呈纵形方向走出，最初分出几乎成直角的细枝，进而再分出成锐角的较细的分枝。

三、结膜炎

结膜炎是眼睑结膜和眼球结膜的表层或深层炎症。常发生干各种家畜，临床上呈急性或慢性经过。根据其分泌物的性质，可分为浆液性、黏液性和化脓性结膜炎。

病因　主要是由于异物刺激，如风沙、灰尘、芒刺、谷壳、草棒、花粉以及刺激性化学品等，进入结膜鞋内而引起发病。其次是机械的损伤，如鞭打、笼头压迫和摩擦等也常致发本病。此外，还可继发于腺疫、流感、鼻炎、胸疫以及寄生虫病的经过。

结膜炎发生以后，如不及时治疗，则炎症波及角膜、巩膜等处，使病情恶化，影响视力。

症状　根据病程经过，临床上分为急性结膜炎和慢性结膜炎。

1. 急性结膜炎　初期羞明流泪，结膜潮红，随着病情的发展，眼睑肿胀，重者眼睑闭会，结膜表面有出血斑，有多量粘黴性或脓性分泌物。继发性角膜炎时，角膜表面往往呈莳蓝色或灰白色混浊。

2. 慢性结膜炎　一般症状较轻，不呈现羞明，分泌物脓稠，结膜暗红、肥厚呈丝绒状，由于分泌物的经常刺激、眼内角下方皮肤常发生湿疹、脱毛并发痒。

治疗　消除病因，消炎镇痛，防止光线刺激。

（1）使用无刺激性的药液清洗患眼。如2%~3%硼酸溶液、0. 01%新沽尔灭溶液等冲洗，消除异物及分泌物。

（2）消炎镇痛，用纱布浸上上述药液敷在患眼上，装着眼绷带，每日更换药敷3次。也可用青霉素、四环索或可的松点眼。疼痛较重者可用1%~2%盐酸普鲁卡因溶液点眼。

（3）分泌物过多可用0. 3%硫酸锌溶液或1%~2%叫矾溶液、1%硫酸铜溶液冲洗患眼。

（4）慢性结膜炎可用0. 5%~1%硝酸银溶液点眼或用硫酸铜棒涂擦眼结膜表面，然后立即用生理盐水冲洗，再行温敷。对慢性顽固性的病例，可用组织疗法或自家血液疗法。

四、角膜炎

角膜炎是角膜上皮的炎症。临床上分为表在性角膜炎和化脓性角膜炎。当转为慢性经过时，则形成角膜翳。

病因　角膜炎常由于外伤，如鞭打、笼头压迫、摩擦、倒睫及异物进入等所引起。化学药品的刺激也可致病。在某些疾病的过程中，如流感、牛恶性卡他热、传染性角膜结膜炎，混睛虫、结膜炎、周期性眼炎及维生素A缺乏症等，常继发或并发角膜炎。

症状角膜炎在急性期往往呈现流泪、疼痛，眼睑闭合、结膜潮红、肿胀等一般眼病的症状。由于损伤部位，程度和感染的有无，临床症状也有差异。

1. 浅在性角膜炎　角膜表层损伤，侧面观察可见角膜表聪上皮脱落及伤痕。当炎症侵害角膜表层时，则角膜表面粗糙，侧面观之无镜状光泽，变为灰白色混浊，有时在眼角膜周围增生很多血管，呈树枝状侵入角膜表面，形成所谓血管性角膜炎。

2. 深在性角膜炎一般症状与表在性角膜炎基本相同，其主要区别是角膜表面不粗糙，仍有镜状光泽，其混浊的部位在角膜深部，呈点状、棒状及云雾状，其色彩有灰白色，乳白色、黄红色和绿色等。角膜周围及边缘血管充血，出现明显的血管增生，有时与虹膜发生粘连。

3. 化脓性角膜炎初期角膜周围充血、畏光流泪、疼痛剧烈，继而侵润形成脓肿，角膜上出现数目不定的、粟粒大至豌豆大的黄色局限性混浊，在混浊的周围生出灰白色的晕圈，轻者向外方破溃，流出脓液形成溃疡。重者向内方穿孔，形成眼前房蓄脓，此时往往继发化脓性全眼球炎。

当炎症消失而转为慢性时，在角膜面上仅留有白斑及色素斑，其形状呈点状或线状，也有呈云雾状者，混浊程度不等，称此种为角膜翳，根据其大小和部位的不同，呈现不同程度的视力障碍。

治疗　本病的治疗原则是消除炎症，促进混浊的吸收和消散。

（1）消炎首先用消毒药液冲洗（同结膜炎）然后用醋酸可的松或抗生素眼膏治疗，每天2~3次。

（2）促进混浊消散可施行温敷，用甘汞与蔗糖等量混合粉吹入眼内。或用2%黄降汞软膏点眼，每日2次。也可用10%敌百虫眼膏。

为加速吸收可于眼睑皮下注射自家血液每次2~3ml，隔1~2日注射1次。或于球结膜下注射氧化可的松与1%盐酸普鲁卡因等量混合液0.1~0. 3ml。此外，还可静脉注射5%碘化钾溶液，每日一次，每次20~40ml，4次为一疗程（马、牛）。口服碘化钾每日1次，每次8g，连用3次，也有一定疗效。

（3）继发虹膜炎时，可用0.5%~l%硫酸阿托品点眼。当感染化脓时，用生理盐水冲洗后、涂抗生素眼膏，同时配合抗牛素或磺胺类药物治疗。

急性角膜炎用球后封闭疗法，有较好的消炎镇痛作用。方法是应用0.5%~1%盐酸普鲁卡因l0~15ml加入青霉素20万~40万IU，在眼窝后缘向面嵴延长线作垂直线，其交点即注射部位。注射时，局部消毒后，用长10cm左右的针头，避开皮下的面横动脉，垂直刺入皮肤，直达眼窝底部，深约7~8cm（马、牛）缓慢注入药液，每周2次或者将眼球下压，将针头刺入眼眶骨膜与眼球纤维膜之间，直达球后，药品剂量同前。

第二节　面神经麻痹

面神经麻痹是指面神经所支配的耳、眼睑、鼻及唇部的肌肉发生机能障碍的一种疾病。本病主要多发生于马属动物。根据其性质可分为中枢性麻痹和末梢性麻痹两种。

病因　中枢性神经麻痹，起因于脑部疾病，如脑炎、脑包虫或并发于马腺疫、感冒、腮腺炎，咽侧淋巴结炎、耳病及中毒等。

末梢性神经麻痹：常由于面神经及其分支受到创伤、挫伤、笼头的过度压迫和摩擦，此外潮湿、寒冷的刺激也可促使本病的发生。

症状　末梢性麻痹多为一侧性麻痹，中枢性麻痹多为双侧性麻痹。末梢性麻痹，患病侧的耳及眼睑下垂，鼻翼塌陷，下唇下垂，上唇则歪向健侧，一侧鼻孔狭窄而发生轻度的呼吸、采食、饮水困难，咀嚼不充分，患侧颊部与臼齿间常积滞草料，口角流涎。牛的面神经麻痹时，上唇歪斜不明显，反刍时表现单侧咀嚼。猪的面神经麻痹时，鼻面倾斜，两侧鼻孔大小不均等，耳壳活动不灵活等。

中枢性麻痹：其主要症状是两耳呈现一侧性或两侧性下垂。当眼轮匝肌麻痹时，不能闭眼。眼睑举肌麻痹时眼睑下垂。提鼻唇肌麻痹时，唇部下垂，不能采食，鼻翼下垂，鼻孔开张不全，而发生吸气性呼吸困难。

治疗　首先除去致病因素，恢复神经机能，预防肌肉萎缩。

1. 应用神经兴奋药，于耳下四横指处的面神经径路上，皮下注射硝酸士的宁溶液 0。0.1~0.03g 和 20%的樟脑油 10~20ml，交替进行，3~5 次为一疗程。

局部治疗，可沿面神经径路涂擦 10%樟脑酒精或四三一合剂。用药前后还可进行局部按摩，每日 1~2 次，每次 15min。对于由潮湿、寒冷刺激而致病者，可配合静脉注射水杨酸钠制剂。

2. 电针治疗第一针于太阳穴下方 3~4cm 处，与地面垂直将电针刺入皮下 10~15cm；第二针于面嵴末端下方 2cm 处，与地面垂直刺入皮下 5~10cm，然后接上电针机，通电电流由弱到强，频率由慢到快，以家畜最大耐受量为度，每次 20~30min，每日或隔日一次，连续 15~20d。

3. 针灸治疗针灸开关、锁口、上关或下关等穴位。

4. 双侧性麻痹而致呼吸困难时，可将鼻翼背部的皮肤作成若干个纵褶横穿粗缝线，打结，造成鼻孔被动扩张。因其他疾病引起的而神经麻痹，需对原发病进行有效的治疗。

护理：在治疗本病的同时，加强护理是十分重要的。患畜采食困难，可进行人工饲喂，给予柔软的青干草或青草，经常用清水冲洗口腔，必要时可输液。

第三节　鼻镜断裂（豁鼻）

鼻镜断裂是发生于牛的鼻唇断裂成上下两个游离端，使牛不能带鼻环，而造成控制不便。

病因　丰要是由于鼻圈的材料质地不良，如用铁丝或竹片等。鼻镜穿孔位置不当，如穿孔位置靠近鼻唇镜，当使役粗暴、过度牵拉、牛受惊恐而强力挣脱等，造成鼻镜断裂。

症状　鼻镜断裂后即可见到鼻唇分成上下两个游离端，断裂而为撕裂创。伤口不规则或星线状伤口，创口不完全哆开，局部敏感、疼痛、出血。如损伤部位感染，会引起局部化脓，一般无全身症状。时而久之，局部炎症反应减退或消失，创面组织增生而肥厚，形成经久不愈之症。

治疗　主要实施鼻镜断裂修补术。

手术方法：按一般手术常规准备，采取横卧或站立保定。

麻醉：两侧眶下神经传导麻醉。用 2%盐酸普鲁卡因溶液，每侧注射 10ml。局部配合浸润麻醉。

手术方法：首先在上方游离端的正中部，用手术刀削成一个榫状凸出端。再在下方游离端的正中部切削成凹榫。使二者恰好相对，互相嵌合，图 4.3 然后用两针头褥缝

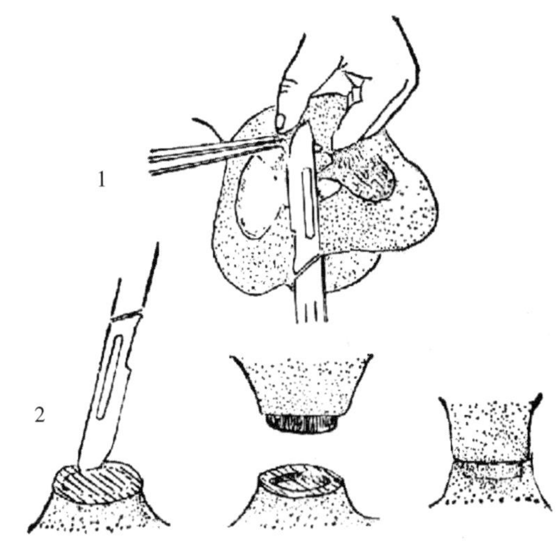

图 4.3　断端削成凸凹榫

1. 制作凸榫　2. 制作凹榫

合使其嵌合紧密，再于接触面作 3 针结节缝合，使其吻合更加紧密。术后一周内带上笼嘴。保护术部，一般 5d 拆除结节缝合线。8~10d 拆除缝合线（图 4.4）。另一种方法是采用扑鼻锥在距切口 1. 5~2cm 处锥孔穿线，上下锥孔要对称，按照创面大小，一般穿线 4~6 对。然后用尖嘴长钳或要用两块小竹片把两断端夹紧，固定断端基部，切除陈旧创面及其增生的瘢痕组织，创面要整齐，上下要对称，切面要大，使上下创面完全能吻合。造成的新鲜创面进行止血后用生理盐水冲洗，创面撒胺苯磺胺粉或青霉素溶液。然后先结扎两侧，检查对合程度，再全部逐一打结，最后清洁术部，创口涂碘酊（图 4.5）。

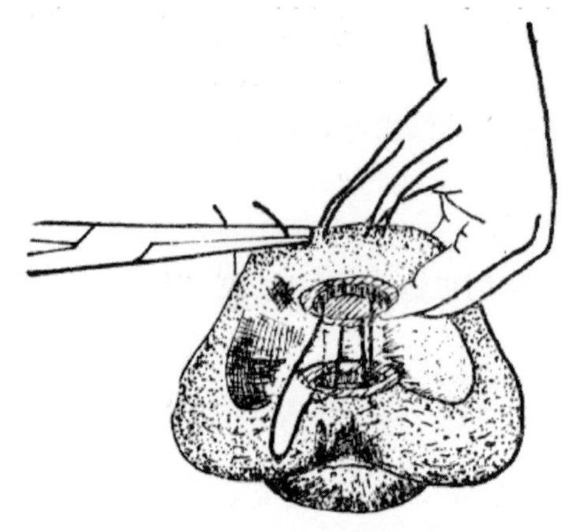

图 4.4　割鼻凹凸榫缝合

图 4.5　割鼻缝皮肤

术后护理术后 7d 内不要放牧，饲喂青软牧草，防止污水、污物等污染伤口。饲喂后带上笼嘴加以保护。如果创口感染化脓，可用 3% 过氧化氢溶液或 0.5% 高锰酸钾溶液冲洗，再涂消炎软膏。

注意事项：鼻镜断裂后缺损过多，经修补后可能造成鼻孔狭窄者，不宜修补。断裂后在炎症发展期中不宜施术。

第四节　口腔疾病

一、舌损伤

舌损伤是发生于舌的创伤或断裂，多发生马、骡。

病因　当家畜不听使唤、骚动不安时，畜主猛力牵拉口衔而造成勒伤。牙齿磨灭不整，锐齿等，使舌常受到损伤。检查口腔时粗暴的牵拉舌或开口器装着失误等，都容易引起舌损伤。

症状初期口腔中流出含有血液的唾液，有食欲，但采食咀嚼冈难，口腔内疼痛。口衔勒伤多发生于舌上方，深浅不等，有的可使舌的一部或大部断裂，初期出血程度依伤势不同而异。陈旧得多形成凹的炎症病灶。由牙齿引起的损伤多发生在舌的侧面，并且常常形成糜烂创面或发生坏疽。

治疗首先清除致病原因，如损伤较轻，创面用0.05%高锰酸钾溶液冲洗口腔及清洗创面，然后于创面涂碘甘油（5%碘酊1份，甘油9份）。如果舌的创面口较大，需进行缝合处理。如果舌损严重或形成缺损，需进行修补及缝合术。

舌缝合术麻醉在舌突起前2~3cm处，用5~10cm长的针头垂直向口腔底部刺入，边进针边注射2%盐酸普鲁卡因15~20ml。然后抽回针头以46°~60°角，刺向一侧的下颌内侧，直到针头刺至骨骼后稍微抽回针头注射2%盐酸普鲁卡因15~20ml。以同样方法再向另一侧注射，经5~10min后，即发生麻醉作用。

手术方法：装上开口器。术部常规处理后，将舌拉出口外并适当固定。将缺损部分的表面用手术刀或手术剪加以修整，使创面整齐而新鲜。如发生坏死，可将坏死部分切除，充分止血。然后用水平扭孔状缝合法进行缝合，缝线需穿过舌厚度的1/2以上。当舌成形后造成舌面过短时，可将舌腹面的系带剪开，以增加舌的活动范围。若断端缺损超过10cm时就会影响舌的机能（图4.6）。

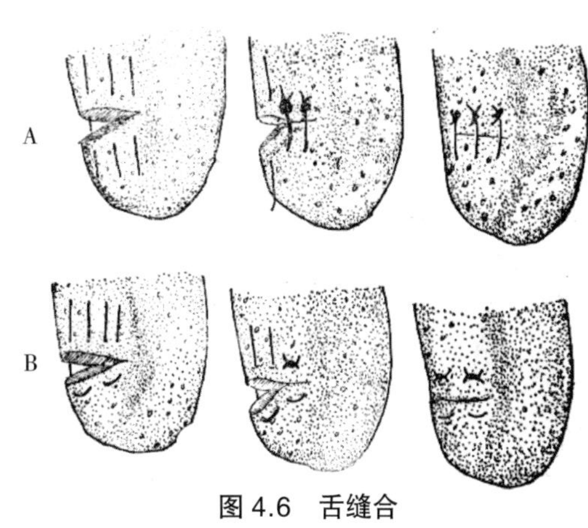

图4.6　舌缝合

A. 结节缝合　B. 水平钮孔状缝合

护理术后24h内不要饲喂。以后给予柔软饲料，每日用消毒药液冲洗口腔1~2次。8~10d后拆线。必要时用胃管投流质食物。

二、牙齿疾病

（一）牙齿发生异常

1. 赘生齿或多生齿是指在正常臼齿列前方的齿槽间隙，异常生长1~2个牙齿，从而妨碍咀嚼，致使患畜消化不良。对该齿可行拔除或截断处理。

2. 换牙异常幼畜生长发育至一定时期，乳齿脱落，水久齿长出而取代之。由于乳齿到期不脱，永久齿不得取代，而从乳齿下方生长出永久齿，引起咀嚼障碍。故可将乳齿拔除。

3. 牙齿失位；由于齿槽骨膜炎致使牙根松弛或因换牙异常，受乳齿的压迫，牙齿未能在固有部位生长而失位。因而导致咀嚼障碍。对此种情况应实施拔牙术或截断术处理。

（二）牙齿磨灭不整

马的臼齿咀嚼面并不是上下相对吻合的，上颌左右两列臼齿距离比较宽，下颌两列臼齿间的距离比较窄，因此，上臼齿的外缘偏出于下臼齿的外缘，下臼齿的内缘偏出于上臼齿的内缘。这样的构造在正常的咀嚼活动中，上下臼齿的磨灭是均等整齐的，但由于各种因素的影响而不能正常磨损时，则发生磨损异常，这种异常就称为牙齿磨灭不整。可分为下列几种。

1. 锐齿：当上臼齿外缘及下臼齿的内缘经磨灭而显著尖锐，斜面异常增大时，称为锐齿。此种情况多发生于老龄及患顶疾病的家畜．

马骡下颌齿列先天性过度狭窄或下颌肌肉发育不全及衰老、口腔患有疼痛性疾病等，常为本病发生的原因。当这种变化异常显著时，由于上下臼齿的重叠，则更限制其向侧方的运动，进而加重其异常的形成，如果锐齿程度严重时，则变为剪状齿。

临床症状　上臼齿的锐缘易损伤颊部黏膜，下臼齿的锐缘易损伤舌的侧而。患畜采食及咀嚼缓慢，咀嚼时头歪向一侧，用一侧咀嚼并呈间隙性，口角流涎，不时吐出草团，或在颊部与臼齿间夹有食团。因咀嚼不全，粪便内混有未消化的饲料，久之则导致患畜营养不良。

治疗　对于过长的锐齿可实施截断术。患畜柱栏站立保定，头部三角保定，装上开口器将舌拉于健侧，用齿刨的刃部对正牙齿的尖锐部分，将手柄用力冲击，即可将锐齿切除。切除后用齿锉子予以修整挫光。最后用0.5%高锰酸钾溶液冲洗口腔。损伤的创面涂碘甘油，除去开口器，解除保定。

2. 剪状齿本病系由锐齿继续发展而来。此时患畜咀嚼障碍更加严重，引起口腔软组织更为严重的损伤，甚至引起颌骨挫伤。其治疗方法同锐齿。但是严重者只能除去锐缘而不能根治。

3. 阶状齿：由于臼齿的齿质不良、牙齿发生异常或因龋齿、裂齿的缺损而发生。牙齿咀嚼而高低不平，相对齿列面形成阶梯状。咀嚼前后、左右受阻，发生咀嚼受阻，严重时过长齿嵌入对应的缺损齿位，压迫对应龈而引起疼痛。对过长齿应实施截断术或拔牙术。以缓解阻嚼困难。

4. 波状齿主要发生于3~4臼齿处。主要由于齿质硬度不一致，使咀嚼面磨损不均衡，造成齿列咀嚼面形成波状，严重时则形成过短齿与过长齿。前者与齿龈成水平，后者伸入对侧，压迫齿龈而引起疼痛，患畜咀嚼困难。治疗法同阶状齿。

5. 滑齿主要因齿质不良，珐琅质与象牙质的硬度相似，形成同等程度的磨损，使牙齿的咀嚼面失去皱壁面变成平滑，从而造成患畜咀嚼不全。本病无较好的治疗，只能加强饲养，给予容易消化的饲料。

（三）拔牙术

保定：采取横卧保定。

麻醉：镇静加局部麻醉，或全身麻醉。

施术方法：将舌牵拉于健侧口角之外，然后装上开口器。川拔牙钳夹住齿冠，将钳上下活动，待牙齿齿根活动并发出吱喳音时，在牙钳与正常齿之间放入垫木做为支点，将患齿拔出。然后用0. 5%高锰酸钾液冲洗口腔，向齿槽内填塞碘甘油纱布块。术后每日冲洗口腔，隔日更换创腔纱布。遗留的空洞，一般需20d才能长平。

（四）齿槽骨膜炎

本病是齿根与齿槽壁之间的骨膜组织的炎症。根据其性质可分为非化脓性与化脓性炎症。临床上常取急性或慢性经过。各种家畜均可发生。

病因饲料中的芒刺，异物刺入齿根与齿槽壁之间的软组织或剪齿、创齿、锉齿时使其松动或破折。拔除病齿后，使邻齿松动等。此外电常继发于齿髓炎、颌骨骨折、上颌窦蓄脓症口腔炎症等。

症状　患畜咀嚼缓慢、流涎、常用健侧咀嚼饲料。口腔检查时，口腔内积留食团，有腐败溴味，可见发炎部位的牙齿变位。齿龈肿胀。触诊变位齿松动，叩击病齿疼痛，特别是化脓性齿槽骨膜时，疼痛更为明显。

患下颌齿槽骨膜炎时，有时外部出现热痛性肿胀。患上颁齿槽骨膜炎时，有时出现一侧性鼻漏（上颌窦蓄脓）。取慢性经过的往往破溃，形成久不愈合的瘘管。从管口不断流出恶臭的脓液，有时混有饲料碎渣。从外口灌入药液时，则从口腔内流出。

1. 非化脓性齿槽骨膜炎用0.5%的高锰酸钾溶液冲洗口腔后，于患部涂碘甘油或樟脑酚合剂（酚30g、樟脑60g、75%酒精10ml）。口腔外患部涂鱼石脂软膏。必要时配合磺胺或抗牛素治疗。

2. 化脓性齿槽骨膜炎：如果牙齿在齿中很牢固，病变局限于齿根或炎症扩展到上下颌骨部发生蜂窝织炎时，可按非化脓性齿槽骨膜炎治疗，同时配合全身疗法。如咀嚼困难，牙齿松功，病情顽固者，须将病齿拔除再配合治疗。当继发齿槽瘘管时，应扩大创口，彻底刮除坏死组织，按一般瘘管及化脓创治疗。

预防　饲喂芒刺多的饲料时，要进行适当加工，以免刺伤发病。实施创齿、剪齿、锉齿、拔齿时严格按操作规程进行。对口腔炎、齿髓炎、龋齿等病，应早期发现，及时治疗，以防继发本病。

第五节　颌窦及上颌窦蓄脓

本病主要指额窦和上颌窦内黏膜的卡他性或化脓性炎症。有时炎症波及副鼻窦的骨组织。多呈慢性经过，由于炎性产物排除困难，而蓄积于窦腔内，故形成额窦或上颌窦蓄脓症。本病多见于马属动物，有时也发生于牛，其他家畜则少见，一般多为一侧性的。

病因　主要原因为额骨及上颌骨骨折，角骨骨折、牙齿疾病、鼻蝇幼虫或异物经鼻腔侵入窦内所引起。此外，常继发于腺疫、咽炎、鼻炎等病的过程中。

症状　多数病例不呈现全身症状．仅在病初患畜精神不振，食欲减退。通常由一侧鼻孔流出鼻液，初期为浆波性或浓淡不等的脓性鼻液，以后逐渐变为带恶臭的脓液。当患畜低头，咳嗽或打喷嚏时，鼻液流出量显著增加。由于排出的脓汁粘稠，黏膜肿胀或新生组织阻塞窦孔L时，则不见排出脓性鼻液，而发生蓄脓，时而久之，骨质变薄、变形。触诊患部皮肤增温并有痛感，叩诊呈浊音，病畜并有不适之感。如骨质软化，则指压感有颤动，并发软，骨针能够刺入，因脓汁长时间刺激鼻黏膜，使其增厚，严重者则患侧鼻孔狭窄或被堵塞，此时患畜呼吸困难，并发出鼻狭窄音。

治疗　病的初期可用抗生素及磺胺类药物治，消除炎症、促进渗出物吸收。但在渗出物增多、呼吸困难、局部症状明显时，立即实施圆锯术，用防腐消毒药冲洗窦腔（如3%过氧化氢、0.1%雷夫奴尔、0.1%呋喃西林等），冲洗时尽量将头部低下，冲洗结束后积留在腔内的液体用细胶皮管吸净，再用脱脂纱布吸干，窦腔内喷洒青霉素或土霉素溶液。术后每日处理一次，随着病情的好转可隔日或2~3天处理一次，直至痊愈。早期服用辛夷散，对于木病也有一定疗效。辛夷75g，酒知母60g，酒黄柏50g，沙参35g，木香15g，郁金15g共为末，开水冲调，候灌服。一般服用3~7剂。另外可根据病情加减，病初加荆芥、防风、薄荷等，脓多、腥臭加桂枝，贝母，体温升高加双花、连翘；局部肿胀加乳香、没药，重症者辛夷加倍，其他药可酌情加减。护理加强饲养管理，多喂富含维生素和蛋白质饲料，以利患畜康复。术后对术部按外科常规进行术后护理。

第六节　鞍挽具伤

鞍挽具伤是指由于鞍挽具对畜体的鬐甲、肩前、胸前、背、腰、臀部组织过度压迫、摩擦所引起的各种损伤，役畜发病较多。

病因

1. 鞍挽具构造不良主要是鞍挽具质量不好，大、小不合畜体，套绳长短不等，鞍褥硬固无弹性或厚薄不匀，以及鞍褥不洁等，致使鞍挽具不能很好地均匀接触相应的畜体部位，在压迫摩擦之下引起损伤。

2. 畜体结构不良主要是畜体结构特殊（如高鬐甲、低譬甲、凸背、凹背、长肋、圆肋，平肋等），致使鞍挽具不能适合畜体结构，都可诱发本病。

3. 鞍挽具安装，使用不当，负重不均等。

4. 使役人员生疏，对家畜性情不熟，使役粗暴、负重过大，急行猛驰也可引起损伤。

5. 其他：由于过度疲劳、跛行以及道路不平、出汗、阴雨、夜间作业等也可导致本病的发生。

症状　鞍挽具伤发病初期，局部脱毛增温并有剧痛、肿胀，初期柔软呈捏粉样或有波动，最后变为硬固，如局部发生坏死或化脓时，疼痛逐渐消失，根据组织受伤程度、作用时间长短及受害组织的不同，其临床表现也不一样。

1. 擦伤这是临床上最多见的一种。轻度的擦伤，患部被毛脱落，表皮磨损，伤面有浅黄色渗出液，干燥后形成薄痂皮覆盖刨面。严重的擦伤则露出鲜红色的刨面，且非常敏感，由于创面已暴露的淋巴管适于微生物侵入，往往逐渐造成深部组织发生化脓性或腐败性感染，使病变趋于恶化。

2. 鞍肿是由鞍挽具对畜体相应部位的挫压、摩擦等而引起的不同性质的局部肿胀。由于被损伤组织的性质不同，所引起的局部肿胀的情况也不一样，临床上一般分为皮肤及皮下组织的炎性水肿、血肿及淋巴外渗，黏液囊炎等。

3. 皮肤及皮下组织的炎性肿胀。由于局部受鞍挽具的压迫与摩擦，使受伤部的组织、血管失去紧张力，而血管的通透性增强，同时引起代谢产物聚积于组织中。临床上多于揭鞍后 2~3h 形成，患部皮肤及皮下结缔组织逐渐发生水肿样炎性侵润，形成一个或数个局限性肿胀，大小不一。患部增温，知觉敏感，呈捏粉样硬圆与周围组织界线不明显。

4. 血肿或淋巴外渗。由于受鞍挽具压迫的重力分布不均，使局部遭受过度压迫，血管和淋巴管发生断裂而引起。血肿在揭鞍后即可发现，当血肿内形成纤维素块时，触诊有捻发音。淋巴外渗形成比较缓慢，呈明显的波动性肿胀，疼痛较轻，穿刺物为淋巴液。

5. 黏液囊肿；在鬐甲部顶点皮下出现局限性肿胀。触诊热痛并呈现波动，穿刺时流出黏液性渗出物。

6. 皮肤坏死由于鞍挽具的压迫，使局部皮肤血液供给断绝，使局部皮肤发生坏死。临床上多见为干性坏死，患部皮肤失去弹性，温度降低，感觉迟钝或消失，坏死的皮肤变为黑褐色或黑色，呈干涸皮革样。沿皮肤坏死部的外围出现局限性肿胀，经 1 周左右坏死的皮肤与周围健康皮肤界限明显，并出现裂隙。坏死皮肤脱落时伤而边缘干燥，呈灰白色，中央部位呈湿润鲜红的肉芽组织。如出现湿性坏死时，坏死组织软化，混在渗出液中。

7. 脓肿多由于组织损伤或血肿经过复杂的演变及受伤后继发感染所敏。由于发生的部位不同，临床症状各异，臀甲部脓肿由于脓液波及邻近的滑液囊或侵入肌膜与肌间结缔组织内，往往形成蜂窝织炎，使深部组织渐次坏死，而易继发鬐甲瘘。

治疗 根据局部损伤的程度及病理变化的不同，应采取不同的治疗方法。

1. 皮肤擦伤清洁创面后，患部涂擦 5%~10% 龙胆紫或碘酊，如有淋巴渗出可撒布（1∶9）碘彷磺胺粉，促进其收敛结痂。

2. 炎性肿胀可用硫酸钠或硫酸镁的饱和溶液湿敷，安得列斯粉加醋调和外敷，严重者可配合普鲁卡因加青霉素局部封闭。

3. 黏液囊炎可按炎性肿胀治疗，若效果不佳则尽早穿刺或切开排脓，注入复方碘溶液，必要时可施行手术摘除黏液囊。如感染化脓时尽早切开，并按脓肿治疗方法处理。

4. 皮肤坏死初期可用热水袋热敷或红外线照射，促进坏死皮肤干燥。当分界线形成时可用（1∶9）碘彷硼酸撒粉，水杨酸撒粉等撒布于坏死组织与健康组织之间。当坏死皮肤干涸时，应及时切除坏死皮肤，创面涂布氧化锌软膏或鱼肝油软膏等，以促进上皮新生并防止继发感染。

5. 脓肿按脓肿治疗原则和方法处理。

6. 血肿与淋巴外渗分别按血肿与淋巴外渗的治疗原则

方法处理：护理鞍挽具伤发生以后，及时消除致病因素，停止使他，保持患部安静，防止感染。预防加强饲养管理，经常训练以加强恢挽部的锻炼与适应性，改进鞍具，合理使役两侧负重要均匀。早期出现，及时治疗等。

第二十二章　疝

腹腔脏器连同腹膜从解剖孔 L 或病理性破裂孔脱出于皮下或邻近的解剖腔内称为疝。又称赫尔尼亚。各种家畜及犬猫均可发生。疝是由疝轮、疝囊，疝内容物构成。疝轮是指腹壁病理性破裂孔或天然孔，腹腔脏器经此孔脱出于皮下或解剖腔内。疝内容物是通过疝轮脱到疝囊的脏器如小肠，网膜、结肠、盲肠、瘤胃、真胃、子宫、膀胱及疝液．疝囊是包围疝内容物的外囊。主要由腹膜、肌肉、筋膜及皮肤等构成。

分类按疝向体表突出与否，分为外疝（如脐疝）和内疝（如膈疝）。按解剖部位可分为腹股沟疝，腹股沟阴囊疝、脐疝、腹壁疝等。按疝发生原因可分为先天性疝和后天性疝。

第一节　外伤性腹壁疝

因钝性的暴力作用于腹壁使其肌肉或腹膜发生破裂，腹腔脏器经此破裂孔脱出于皮下。本病多发于马、牛、羊。

病因　一般因强大钝性暴力作用于腹部。如牛角顶撞，马踢和木车辕杆冲撞等机械性损伤引起。但皮肤未破裂，皮下肌肉、肌膜却断裂，有时伴发腹膜破裂，形成裂孔，脏器经此孔脱出于皮下。马多发生在膝前部与腹侧壁，牛羊多发生在下腹部。母猪因去势缝合不当而发生。

症状　腹壁受伤部位出现局限性、柔软、富有弹性及热痛的肿胀。发病初期患部出现炎性肿胀。因局部浮肿、溢血、淋巴外渗等致使疝轮、疝内容物的特征不明显。当炎症消退后，可见股壁有半球形或卵圆形肿胀与周围 j 组织有明显界限，肿胀大小不定。触渗柔软，有压缩性，触压时肿胀缩小，或能压入腹腔。能触到疝轮，听诊时可闻肠蠕动音。患畜横卧时挤压疝囊肿胀可消失。经久的病例，疝轮增厚较坚实，疝囊壁变厚。有时疝内容物与疝囊发生粘连形成钳闭性疝时，患畜腹痛，卧地滚转，局部肿胀变硬，压有剧痛，脱出物不能还纳。时间久之病情恶化，疝囊穿刺抽出血样，混浊的恶臭液。

诊断　根据病因和临床特征可确诊。局部触诊可摸到疝轮。有的在按压疝囊时内容物能复位。听诊有胃肠蠕动音。视诊有随肠蠕动的起伏运动，还纳肠管时，有咕噜音等。病初因局部炎性肿胀，疝轮不明显时应注意与水肿、淋巴外渗、血肿、脓肿及肿瘤等加以区别。

治疗　原则是还纳内容物，密闭疝轮，消炎镇痛，严防腹膜炎和再次裂开。

1. 绷带压迫法适于刚发生的，较小的上腹壁可复性疝。可使疝轮闭锁修复。根据疝囊大小用竹片编一个竹帘，用绷带卷连结，长度 15cm 左右，两端磨成钝圆，竹帘竹片的间隔距离是 0.5~1cm。另外准备一个厚棉垫。装着压迫绷带时，先在患部涂消炎剂，待将疝内容物送回腹腔后，把棉垫覆盖在患部。将竹帘压在棉垫上。再用绷带将腹部缠绕固定。也可先在患部涂消炎剂，疝内容物送回腹腔后，覆盖棉垫、用适宜的皮革（如轮胎胶皮经适当的裁削加工处理）压在棉垫上，并用皮带或布带前后左右绷紧，使棉垫紧紧压在疝孔上。随着炎性肿胀的消退，疝轮即可自行修复愈合。缺点是压迫部位有时不很确实，绷带移动时影响效果。要随时检查压迫绷带使其保持在正确位置上，经固定 15d 后，如已愈合即可解除除迫绷带。

2. 手术疗法为本病的根治疗法。

（1）术前准备及麻醉同开腹术。

（2）切开疝囊还纳内容物：局部拔常规处理，在疝囊纵轴上将皮肤捏起形成皱襞切开疝囊，手指探查疝内容物有无粘连坏死。将正常的疝内容物还纳腹腔。如脱出物与疝囊发生粘连时要细心剥离，用温生理盐水冲洗，撒上青霉素粉或涂上油剂青霉素，再将脱出物送回腹腔，对钳闭性疝，切开疝囊后，如肠管变为暗紫色，疝轮紧紧钳住脱出的肠管。这时，可用术剪扩大疝轮，用温生理盐水清洗温敷肠管。如肠管颜色很快恢复正常，出现蠕动，可将肠管还纳腹腔。如已坏死，可在健康部位将坏死肠段切除，行肠管吻合术，再将其还纳腹腔。

（3）闭锁疝轮。依据具体病例而异，先缝合腹膜，然后缝合腹肌。如缝腹膜较困难时，可将腹膜和腹横肌一起做螺旋缝合。对较小腹壁破裂孔，可采取腹壁各展一起缝合，对大的疝轮则常用钮孔状缝合法，对陈旧性腹壁疝闭合，如果疝轮瘢痕化，肥厚而硬固，或新发生的疝轮比较大，缝合后仍有撕裂的危险时，可将疝囊的皮下组织或将切口两侧的皮肌剥开，以修补疝轮 . 其方法是将一侧的结缔组织瓣或皮肌缝合在对侧疝轮的边缘上（必须是健康组织），然后再将对侧另一瓣覆盖在此瓣上面加以缝合。近年来，有人选用不锈钢丝或聚丙烯网等材料，修补大疝轮取得成功。方法是将略大于疝轮的两块不锈钢丝网或聚丙烯网，一片放在腹膜外，一片放在腹黄筋膜外作结节缝合。闭锁疝轮前向腹腔内注入适量抗生素。疝轮闭锁后，依次缝合腹壁各层组织，对皮肤行圆枕减张缝合及结节缝合。在创口周围用普鲁卡因青霉素封闭，装无菌绷带和眶迫绷带。

护理术后防止患畜卧地，注意观察局部及全身状态。每日检查体温、脉搏、喂给青饲料及富含蛋白质饲料。对钳闭性疝，尤其注意肠管是否畅通，适当控制饲喂量。根据病情，术后每日适当补液或对症治疗。预防创伤感染可肌肉注射抗生素等。

第二节　脐疝

腹腔脏器经扩大的脐孔悦至皮下叫脐疝。多发生于幼畜，仔猪多见。分先天性和后天性两种。

病因　先天性脐疝多因脐孔发育闭锁不全或没有闭锁，脐孔异常扩大，同时因腹压增加，以及内脏本身的重力等因素致病。后天性脐疝多因出生后脐孔闭锁不全，断脐时过度牵引，脐部化脓，以及因腹内压增大，如便秘时的努责，肠臌气或用力过猛的跳跃等。

症状脐孔部出现局限性、半圆形柔软的肿胀。大小不等。一般由核桃大至拳头大或更大。有的可随饲喂情况及体位的改变而增大或缩小。触诊无热无痛。若为可复性疝易摸到脐孔，能听到肠音。若为钳闭性疝有明显全身症状。病畜疼痛不安，食欲废绝，猪有呕吐现象。猪脐疝皮肤易磨破并伤及肠管造成粪瘘，有时继发腹膜炎。

诊断　易确诊。但应与脐部脓肿、感染、肿瘤等鉴别，必要时作诊断性穿刺。

治疗

1. 保守疗法较小的脐疝可用绷带压迫患部。使疝轮缩小，组织增生而治愈。也可用95%酒精，碘溶液或10%~15%氯化钠溶液在疝轮四周分点注射，每点3~5ml促进疝轮愈合有一定效果。

2. 手术疗法：

（1）可复性脐疝：行仰卧保定，局部常规处理。局麻后，在疝囊基部靠近脐孔处纵向切，皮肤（最好不切开腹膜），稍加分离，还纳内容物，在靠近脐孔处结扎腹膜，将多余部分剪除。对疝轮做钮孔状或袋口缝合，切除多余皮肤并结节缝合。涂碘酊，装保护绷带。哺乳仔猪可行皮外疝轮缝合法。即将疝内容物还纳腹腔，皱襞提起疝轮两侧肌肉及皮肤，用钮孔状缝合法闭锁脐孔。对病程较长，疝轮肥厚、光滑而大的脐疝，在闭锁疝轮时，应先用手术刀轻轻划破脐轮边缘肌膜，造成新创面再缝合。

（2）钳闭性脐：先在患部皮肤上切一小口（勿伤内容物），手指探查内容物种类及粘连、坏死等病变。用手术剪按所需长度剪开疝轮，暴露疝内容物，剥离粘连物。如肠管坏死做坏死肠段切除及吻合术，再将肠管送回腹腔并注入适量抗生素，用袋口或钮孔状缝合法缝合疝轮，结节缝合皮肤，装压迫绷带。

术后护理：同外伤性腹壁疝。

第三节　腹股沟阴囊疝

此病较常见。根据解剖部位常分为以下几种。当脏器通过腹股沟管口脱入鞘膜管内，称为腹股沟疝。当脏器脱入鞘膜腔内，称为阴囊疝（鞘膜内疝）。

当脏器经腹股沟稍前方腹壁破裂孔脱入阴囊肉膜与总鞘膜之间，称为鞘膜外疝（真性阴囊疝）。临床上以鞘膜内疝为多见，常发生于猪及幼驹。

病因　分先天性和后天性两种，多为一侧性。先天性是腹股沟管内环过火所致。公猪有遗传性。后天性疝主要因腹压增高，使腹股沟管扩大所致。如爬跨、跳跃、后肢滑走或过度开张及努责等都可引起。腹股沟部的机械性损伤也可致此病。

症状　分可复性疝与钳闭性疝。

1. 可复性疝；仔猪幼驹多发。多为一侧性。患侧阴囊皮肤紧张增大、下垂，无热痛，柔软有弹性，压迫时肿胀缩小，内容物能还纳于腹腔，可摸到腹股沟外环，腹压增大时阴囊部膨大，如肠管进入阴囊部。此处可听见肠蠕动音。

2. 钳闭性阴囊疝：患畜突然腹痛、患侧阴囊增大，阴囊皮肽紧张、水肿、发凉，摸不到睾丸。运步时患侧后肢向外伸展，步样强拘，随着炎症的发展，局部血液（循环障碍，钳闭部肿大，组织坏死，全身出汗，呼吸困难，体温升高，预后不良。

当发生鞘膜内阴囊疝时，外表一般不易看出。仅在脱出的肠道发生钳闭时出现腹痛，所以要结合临床经验或直肠检查方能确诊。

诊断 直肠检查大家畜的腹股沟内环在三指以上，并摸到进入腹股沟管内的脏器即可确诊。其次，应与阴囊积水，阴囊肿瘤，睾丸炎与副睾炎鉴别。

治疗 手术疗法是本病的根治方法。根据病畜年龄、畜别、疾病性质不同可取以下方法：

1. 腹股沟管外环切开法 局部剪毛消毒及麻醉。先在患部表面将疝内容物送回腹腔，然后在患侧外环处与体轴平行切开皮肤，露出总鞘膜，将其剥离至阴囊底提起睾丸及总鞘膜，将睾丸向同一方向捻转数圈，在靠近外环处贯穿结扎总鞘膜及精索，在结扎线下方1~2cm处的段总鞘膜，除去睾丸及总鞘膜，将断端塞入腹股沟管内。然后用结扎剩余的两个线头缝合外环，使其密闭。清理创部，撒消炎粉，缝合皮肤涂碘酊。为防止创液潴留，可在阴囊底部切一小口。

大动物实行此手术时，切口长约10~14cm，在外环3~4cm处，贯穿结扎总鞘膜及精索，最好作双重结扎，以免滑脱。如是鞘膜外疝时，切开阴囊皮肤可见在总鞘膜外有一疝囊，其中只有肠管或网膜，没有睾丸和精索，同时在腹股沟管外环附近可发现疝轮。如要保留睾丸时，将疝内容物还纳回腹腔后，捻转疝囊至疝轮处，然后用同样方法结扎疝囊基部，在结扎下1~2cm处剪断，将游离断端送入腹腔，填塞破裂孔，而后闭锁疝轮。但要注意不要伤害精索或闭锁外环。如摘除睾丸时用前述方法即可。

2. 阴囊底部切开法先还纳疝内容物，纵行切开阴囊底部皮肤，剥离总鞘膜至外环处，提起睾丸，送回内容物，捻转睾丸数圈，闭锁外环，用上述方法摘除睾丸和闭锁腹股沟外环。疝内容物发生钳闭时，可切开疝囊或总鞘膜，按外伤性腹壁疝的钳闭或粘连的治疗方法进行处理，然后再用上述方法闭锁腹股沟外环。

术后护理：同外伤性腹壁疝。

第二十三章　直肠及泌尿生殖器官疾病

第一节　直肠脱出

直肠脱是直肠末端一部分黏膜或直肠后部全层肠壁脱出肛门之外而不能自行缩回的一种疾病，多发生于仔猪或幼驹。

病因　病畜长期努责是引起直肠脱的主要原因，如长期下痢、便秘、肠炎等。促使发病的原因多为病畜瘦弱、维生素缺乏、使役过重等。

症状　病初直肠末端黏膜脱出时，可在肛门外形成一个鲜红色至暗红色的半球形突出物，表面形成许多横纹皱折，中央有一小孔，在排粪后或卧地时，突出明显。轻者能自行缩回，重者常不能缩回。经 1~2d 后，脱出部分黏膜瘀血、水肿、体积增大。继之沾有泥土、粪便，污秽不洁，黏膜干裂，以致发生坏死。

严重的病例，脱出部分较多，呈圆筒状，由肛门垂下，向下方弯曲，此时，常并发黏膜损伤，坏死或破裂。

治疗　原则是将脱出部分整复固定，防止破裂感染。

1. 整复用温热 0.01%~0.25% 高锰酸钾溶液、1% 明矾溶液或高渗盐水清洗脱出部。除去患部泥土、草屑、粪渣、坏死黏膜等污物。涂上液体石蜡植物油整复。马、牛等大动物可取前低后高姿势。小动物可倒提起后肢，术者用手指谨慎地进行整复。如，因水肿、淤血，整复困难时，可用消毒针头在水肿瘀血部刺扎，边刺边用温热 0.1% 高锰酸钾溶液冲洗，并轻轻挤压，挤出水肿液和瘀血。剪去坏死组织，修整缝合破裂组织。涂上润滑剂或抗生素，送回肛门内。也可用 2% 明矾液冲洗患部 . 手指捏破肿胀坏死的黏膜整复。术后 1~2d 可有少量凝血块随粪便排出。

2. 固定

（1）为防止再脱，可在肛门周围行袋口缝合。马、牛等大动物要留出二指宽的排粪口，猪留一小指排粪口。7~10d 拆线。

（2）在距肛门边缘约 1~2cm 处，分上下左右四点，每点皮下注射 10% 氯化钠溶液 15~30ml 或 1% 普鲁卡因酒精液 10~30ml，使局部发生无菌性炎症，可起固定作用。

3. 手术切除：当脱出部分发生坏死和深部组织发生感染时，可施行切除术。

先用 2% 普鲁卡因溶液 30~50ml（大家畜）行腰荐部或尾荐部硬膜外腔麻醉。患部清洗、消毒后进行切除。手术方法是，在靠近肛门处，用消毒过的两根针灸针交叉穿过脱出的肠管将其固定，在固定针的外侧约 2cm 处，切除坏死直肠。止血后，肠管断端的两层浆膜层和肌层分别作结节缝合。再用螺旋形缝合法缝合内外两层黏膜层。用 0.1% 新洁尔灭或 0.1% 高锰酸钾溶液冲洗，取下固定针涂上碘甘油或抗生素还纳于肛门内。

4. 术后治疗

（1）抗感染：适当应用抗生素。根据病情实施对症治疗。

（2）中药治疗：可用补中益气汤：黄芪 30g，白术 30g，升麻 30g，柴胡 21g，党参 30g，当归 18g，甘草 15g 共为细末，开水冲，候温灌服，每日 1 剂，连服 3d。

5. 护理术后禁食 2~3d，以饲喂柔软饲料或麦麸粥，充分饮水，防止病畜卧地，术部保持清洁。

第二节　直肠破裂

直肠破裂是直肠壁全层或仅黏膜，肌肉层的破裂。可分为全破裂和不全破裂。常发生在直肠狭窄部。

病因　主要是损伤所致，多因直肠检查或通过直肠治疗某些疾病时病畜骚动不安，强烈努责，粗暴插入灌肠器，插入直肠的体温表折断、骨盆骨折、病理性分娩、直肠检查不熟练而使肠壁被手指戳破而造成。

症状

1. 不全破裂仅是直肠黏膜或黏膜肌层的破裂。出血较少，多能自愈。如果黏膜和肌肉层同时破裂，尤其是撕裂较大出血较多时，病畜不安、努责、排粪疼痛并带有鲜血、直肠检查时手臂往往带血，可摸到黏膜和肌肉层破裂而较粗糙的创口，有时形成创囊，蓄积血囊，蓄积血凝块和粪便，要特别注意防止穿透浆膜造成全破裂。

2. 全破裂多于受伤当时发生，呆立不动，有的排出血便。直肠检查可摸到破裂口，经此口可触到腹腔内脏器。粪便进入腹腔可引起弥漫性腹膜炎和败血症。全身症状迅速恶化。精神沉郁，肌肉震颤，耳及四肢末端厥冷，全身出冷汗，呼吸迫促，脉搏细弱、快而无节律，结膜发绀，腹壁紧张敏感，体温升高，一般病程短的体温急剧下降，少数病例常于 1~2d 内死亡。

诊断　主要根据直肠检查结合临床症状即可确诊。

治疗　及时保护破裂口，使病畜安静，减缓肠蠕动，严防肠内容物落入腹腔，制止腹膜炎的发展和败血症的发生。

一般治疗。出血较多者及时使用止血药物，如静脉注射 10% 氯化钙溶液，肌肉注射止血敏、安络血或维生素 K1 等。为使病畜安静可静脉注射 5% 水合氯醛溶液或肌肉注射氯丙臻、安乃近。为减缓肠管运动，可用阿托品注射液。为防止感染可用抗生素等。止血后用 0.1% 高锰酸钾溶液清洗破裂部，除去伤口部粪便，涂抹白芨糊剂。白芨粉适量，用 80℃热水冲成糊状，冷至 40℃时，用纱布蘸取白芨糊剂，涂敷 1 直肠损伤部，每日 1~2 次，也可用磺胺乳剂涂敷。当有粪便蓄积时，应及时掏出，以减少对损伤部的刺激和压迫。除局部处理外，配合抗生素或磺胺类药物的全身疗法并补液。给予少量柔软饲料和适量盐类泻剂。

1. 全破裂的治疗及早手术，提高疗效。因破裂部不同，可选用下列方法，

（1）直肠内缝合：适用于直肠狭窄部后方的破口。站立保定，用 2% 普鲁卡因溶液进行腰荐硬膜外腔麻醉。破口后方用消毒纱布轻微反复擦拭。再将消毒纱布紧塞于破口前方。即

防止向外排粪，又可用其撑开直肠。用开腔器撑开肛门后，用手电筒光或反光灯照明，便于缝合操作。缝合时，一手持置有长缝线的全弯针，慢慢带入直肠，线的另一端留在体外另一手固定。直肠内的手以拇指和食指持针尖部，针身藏于手心，用中指和无名指触摸创缘，并挟住破口一侧创缘的全层，拇指食指将针尖在距创缘 1~1.5cm 处，从黏膜进针，用无名指或掌心顶住针尾部，使针从浆膜层穿出，此时再用拇指和食指夹针拔出。用同样方法于相对应的另一侧创缘从浆膜进针，从黏膜穿出。然后将针线轻轻地拉出体外打结。先结一扣，用拇指或食指将结送入直肠内直至入针处，再结一个扣送至直肠内入针处，再以同样手法对创口进行全层螺旋形缝合，每缝一针后把缝线拉紧，最后一针打结固定。用指甲剪或隐刃刀将直肠内的缝线余端剪断取出。检查缝合效果，如有缺陷，再补缝。而后用白芨糊剂涂布于缝合的创口。

（2）腹腔内直肠缝合：适用于直肠狭窄部破裂和狭窄部前方破裂的创口。站立或仰卧保定。术前准备及麻醉同开腹术。切口应尽量靠近破裂口，切口部位在腹股沟口外环前方或耻骨前缘中线一侧，术式同开腹术，开腹后找到破裂口行全层一次性螺旋形缝合。对较小的马牛可一人缝合，右手伸入直肠内，左手伸入腹腔双手配合缝合。

（3）人工直肠脱出体外缝合：是将支配直肠部的神经麻醉，把破裂的直肠拉出体外缝合。然后又按直肠脱整复。此法适用直肠壶腹前段狭窄部损伤。操作方法：侧卧或柱栏站立保定。全身麻醉，局部用普鲁卡因溶液作阴部神经与直肠后神经传导麻醉，也可行荐尾硬膜外腔麻醉。术者手指夹持消毒小块纱布进入直肠，拇指与巾指夹住破裂口创缘两侧，谨慎徐缓地向外牵引破裂口的黏膜，使其翻至肛门外，脱出后，助手手指隔着纱布央持破裂口固定，用生理盐水 0.1% 高锰酸钾液或 0.1% 利凡若冲洗破裂口之后，用上述方法缝合破裂口并整复。

护理

1. 使病畜安静，禁食 2~3d，充分饮水，静脉注射 25%~30% 的葡萄糖注射液 500~1 000ml，每日 2~3 次。

2. 喂易消化，营养丰富的流汁饲料如豆浆、米粥等。当创口愈合后，可喂柔软青饲料。

3. 为防止粪球停留于直肠破裂口处，每天掏除直肠内宿粪 5~6 次，酌情内服缓泻剂。

4. 每日清理直肠口，损伤部涂白芨糊或磺胺乳剂 2~3 次。

5. 为防止术后感染，用抗生素行全身治疗，每 8h 一次，连用 6d。必要时向腹腔注入适量青霉素、链霉素。

第三节　睾丸炎

睾丸实质性的炎症，因睾丸与附睾紧密相连，则睾丸常与附睾同时发病。各种家畜均可发生。

由外伤引起：多为一侧性非化脓性睾丸炎。继发于其他疾病引起的，常为两侧性。并多为化脓坏死性睾丸炎。根据病程，临床上分为急性与慢性。

病因　由损失引起的睾丸炎较为多见。如外伤、挤压、蹴踢、动物咬伤、尖锐硬物引起的刺创或撕裂伤等。由附近组织的化脓性炎症引起的如泌尿生殖器官化脓性炎症，可蔓延到睾丸和附睾丸而发生炎症。某些传染病的过程中，如鼻疽、马腺疫、布氏杆菌病，结核、马媾疫等所继发。

症状　急性睾丸炎的初期，触诊睾丸及副睾肿胀、增温、疼痛、运动时患肢外展，当两侧同时患病时，两后肢叉开，运步不灵活，腰部僵硬，出现明显的机能障碍。随着病情的发展，鞘膜腔内蓄积浆液性纤维素性渗出物，阴囊皮肤紧张发亮。化脓时则局部和全身症状加剧，体温升高，精神沉郁，食欲减退，睾丸、附睾肿胀明显，触诊睾丸体积增大变硬，热痛反应剧烈，而后逐渐呈现化脓，有的向外破溃，甚至形成瘘管。

转为慢性时，热痛不明显，睾丸坚实，硬固。常引起总鞘膜与睾丸粘连，运步时，后肢有时呈现不同程度的机能障碍。由传染病继发的睾丸炎，多为化脓坏死性睾丸炎，其局部与全身症状更为明显，脓汁蓄积总鞘膜腔内，向外破溃，久则形成瘘管。

治疗

1. 急性睾丸炎，可用醋酸铅、明矾溶液冷敷，或将栀子粉用蛋清调糊涂布。待炎症稍有缓和之后，可用湿敷。亦可局部涂布鱼石脂或樟脑软膏等。同时配合普鲁卡因青霉素（青霉素 40 万 ~80 万 IU，0.25%~0.3%盐酸普鲁卡因 20~40ml）精索根部封闭，或 0.25%盐酸普鲁卡因 100ml 静脉封闭，疗效更显著。

2. 全身应用抗生素疗法或磺胺疗法有助于控制感染，消除睾丸的炎症。

3. 慢性睾丸炎可涂樟脑软膏或鱼石脂软膏。

4. 化脓性睾丸炎，手术切开排脓，并按创伤常规处理，或行睾丸摘除。

第二十四章　四肢疾病

第一节　跛行的检查方法

一、跛行概述

（一）跛行的概念

跛行是家畜肢蹄或其邻近部位因病态而表现于四肢的运动机能障碍。跛行不是独立疾病，主要是四肢疾病或某些疾病的一种症状。为了有效地防治四肢病，减少经济损失，必须了解有关跛行的基本知识，掌握跛行的检查方法，以便建立正确的诊断并采取相应的合理的防治措施。

（二）跛行的原因

跛行的原因很繁杂，主要可归纳如下：

1. 四肢的运动及支柱器官的疼痛性疾患，如关节、肌腱、腱鞘、骨等急性炎症，均可引起跛行。

2. 由于慢性炎症过程，形成关节粘连、骨瘤、腱及韧带挛缩等，可引起四肢机械性障碍。

3. 神经麻痹和肌肉萎缩，则四肢肌肉功能受障碍，而影响四肢的运动，出现跛行。

4. 某些疾病过程，常可引起四肢机能障碍，如骨软症、风湿病、布氏杆菌病、睾丸炎等，均可引起跛行。

（三）跛行种类

主要根据患肢机能障碍的状态及步幅变化来确定。步幅是家畜运动中，同一肢两蹄迹间的距离，这一距离又被对侧肢的蹄迹分为两个半步，蹄迹前方的半步叫前半步，后方的叫后半步。健康家畜运动时，前后两个半步基本相等；当肢蹄患病时，则两个半步发生明显变化，据此将跛行分为，

1. 支跛（踏跛）：患肢因疼痛而缩短负重时间，使对侧健肢提前落地。侧方望诊呈后方短步。患部多在腕、跗关节以下。

2. 悬跛（运跛、扬跛）：忠肢提举困难，伸扬不充分，抬不高迈不远，重者患肢脱拉前进。侧望呈前方短步。患部多在腕、跗关节以上。

3. 混合跛（混跛）：患肢举扬、负重机能均障碍，支跛与悬跛的特征同时存在。

4. 特殊跛行。

（1）紧张步样：表现急促短步，如蹄叶炎。

（2）粘着步样：表现缓慢短步，步态强拘，如风湿病等。

（3）鸡步：患肢举扬不自然，后蹄突然高举，强力屈曲跗关节，如鸡的走路姿势。

（四）跛行程度

1. 轻度跛行：全蹄面落地，但负重时间短或肢体举扬稍困难。

2. 中度跛行：仅以蹄尖负重，负重时间也短或患肢有明显的举扬障碍。

3. 重度跛行：患肢几乎或完全不能负重与举扬，运步时呈三肢跳跃或拖拉步样，但牛很少呈三肢跳跃前进。

二、跛行的检查方法

（一）确定患肢

参考问诊获得的资料，以视诊为主观察病畜站立和运动中所表现的异常状态，进而确定患肢。

1. 站立检查：使病畜在平地上安静自然站立，从前、后，左、右对四肢的局部、负重状态、站立姿势，作全面的有比较的观察。着眼点是肢蹄各部有无创伤、肿胀、变形和肌肉萎缩等；四肢负重是否均匀，有无频繁交换负重的现象（牛是呈健肢内收支持体重、患肢呈外展姿势）；注意肢势变化及负重状态，一般疼痛性患肢经常伸向前方、后方、内侧或外侧，多以蹄尖、蹄侧或蹄踵部负重，表现系部位、系关节不敢下沉．严重者患肢多呈提举状态而不愿负重。

牛患四肢病时，多不站立而卧下。若卧姿改变或卧而不愿起立，说明运动器官有疾患，有时从卧转站起时的异常状态可发现患肢。

2. 运动检查：轻度跛行必须通过运动检查才能发现异常，确定患肢，并有助于判定患部。

运动检查应在广场上，利用不同地而和各种措施，先慢步后快步作直线运动，牵引缰绳以 1m 左右为宜。检查者从患畜的侧、前、后方有步骤地进行比较观察，主要观察内容是：

（1）举扬和负重状态：各关节屈曲、伸展是否充分，同名腋提举高度是否相等，系部倾斜是否一致，系关节下沉是否充分，蹄负面是否完全着地等，从中判定是前方短步，还是后方短步，以确定跛行种类，找出患肢。

（2）点头运动：一前肢患病，则对侧健肢着地负重的瞬间，头颈稍倾向健侧并将头低下，患病前肢着地负重时，则头向患侧高举。此种随运步而上下摆动头部的现象，称点头运动。即头低下时负重的是健肢，头高举时是患肢，概括为“点头行，前肢痛”，“低在健，抬在患”。

（3）臀部升降运动；一后肢患病，为使后躯重心移向对侧健肢，在健肢负重时，臀部显著下降，而患肢负重时臀部显著高举，称此为臀部升降运动，即臀部下降时负蓐的是健肢，臀部高举时负重的是患肢。概括为“臀升降、后肢痛”，“降在健、升在患”。

（4）运动最对跛行程度的影响：当关节扭伤、蹄叶炎等带疼痛性疾患时，跛行程度随运动量的增加而加剧，患风湿病等疾病时，跛行程度随运动量的增加而逐渐减轻乃至消失。

当跛行较轻，用上述方法不能确定患肢时，可采取下列措施，加重负荷促使跛行明显化。

上下坡运动：前肢支跛下坡时明显，后肢支跛上坡时明显，前、后肢悬跛上坡时均明显。

圆圈运动：支跛患肢在内圈时跛行明显，悬跛病肢在外圈时跛行明显。

急速回转运动：快速直线运动中，使病畜突然向内急转，则支跛病肢在回转内侧时跛行明显，而悬跛病肢在外侧时，跛行也加重。

软硬地运动：支跛患肢在硬地运动时跛行明显，而悬跛患肢在软地运动时跛行加重。

（二）寻找患部确定

患肢后，还必须根据运动检查时所确定的跛行种类及程度，有步骤、有重点地进行肢蹄检查，以找出患病部位。

1. 蹄部检查

外部检查：主要注意蹄形有无变化，蹄铁形状、磨灭情况及钉节位置，蹄壁有无裂隙、缺损与赘生，蹄底各部有无刺伤物及刺伤孔等。检查牛蹄时，应特别注意趾间韧带有无异常。

蹄温检查：以手掌触摸蹄壁，以感知蹄温，并应作对比检查。若蹄内有急性炎症，则蹄温显著升高。

痛觉检查：先用检蹄钳敲打蹄壁、钉节和钉头，再钳压蹄匣各部。如家畜拒绝敲打和钳压或肢体上部肌肉呈现收缩反应或抽动患肢，则说明蹄内有带痛性炎症存在。

2. 肢体各部的检查使患畜自然站立，由冠关节开始逐渐向上触摸压迫各关节、关节侧韧带、黏液囊、屈腱、腱鞘、骨骼及肢体上部肌肉等部位，注意有无肿胀、增温、疼痛、变形、波动、肥厚、萎缩及骨赘等变化。

3. 被动运动检查：即人为地使动物的关节、腱及肌肉等作屈曲、伸展、内收、外转及旋转运动，观察其活动范围及疼痛情况、有无异常音响，进而发现患病部位。

4. 传导麻醉检查：用上述方法不能确定患部时，可用2%~4%盐酸普鲁卡因溶液5~20ml注射于神经干周围，进行传导麻醉检查。若注射后10~15min发生麻醉作用而跛行消失，说明病变部位在注射点的下方，反之病变是在其上方，须行第二次麻醉检查。麻醉的顺序和神经是：系关节下部指（趾）神经支；系关节上部掌（跖）神经；正中神经与尺神经；胫神经与腓神经。向可疑部位进行浸润麻醉检查亦可。施行传导麻醉检查时，勿使病畜快步运动或急速转弯，以免发生意外；两次麻醉注射的间隔时间不应少于1h，凡可疑骨折、韧带及腱的不全断裂，禁用此法检查。传导麻醉检查对肢体下部单纯带痛性疾患引起的跛行，有确诊价值。

5. X射线检查：四肢疾病用X射线进行透视或照像检查，可获正确诊断。兽医临床广泛用于诊断关节反常、骨折、骨化性骨膜炎、蹄部骨病及蹄内异物等。

由于肢蹄病的种类很多，病因不同，病变亦有大小、轻重和新旧之分，所以应将上述各种检查所得的丰富材料，进行认真的分析、对比，反复研究和归纳总结，作出初步诊断，再经治疗验证，得出最后诊断。

第二节　关节疾病

一、关节扭伤

在间接的机械外力作用下，关节发生瞬间的过度伸展、屈曲或扭转，引起韧带和关节囊的损伤，称关节扭伤。本病是家畜四肢关节的多发病，以系、冠、肩和髋关节扭伤最常见。

病因　在使役或运动中，由于失步蹬空、滑走、急转、急跑骤停、跳跃、跌倒，一肢陷入洞穴而急速拔出等，使关节的伸、屈或扭转超越了生理活动范围，引起关节周围韧带和关节囊的纤维剧伸，发生部分断裂或全断裂所致。

症状　扭伤后立即出现踱行 t 站立时患肢屈曲，减负体重以蹄尖着地或免负体重而提举悬垂，运动时呈不同程度的跛行。患部肿胀，但四肢上部关节扭伤时，因肌肉丰满而肿胀不显著。触诊患部热痛，被损伤的关节侧韧带有明显压痛点，被动运动使受伤韧带紧张时，疼痛剧烈。若关节韧带断裂，则关节活动范围增大，重者尚可听到骨端撞击声音。当转为慢性经过时，可继发骨化性骨膜炎，常在韧带、关节囊与骨的结合部受损伤时形成骨赘。

1. 系关节扭伤：马、骡多发，牛亦有发生。多损伤关节内、外侧韧带，有时波及关节囊。轻者稍显机能障碍，局部肿胀，有热痛反应，重者站立时以蹄尖着地 . 系关节屈曲，系部直立，运动时系关节屈曲不充分、不敢下沉，常以蹄尖着地前进，呈中等程度支跛，触诊患部有明显热、痛、肿，被动运动患病关节疼痛剧烈。

2. 冠关节扭伤：多损伤关节内、外侧韧带和关节囊。马多发生。临床特点基本同系关节扭伤。

3. 肩关节扭伤：牛较多发生。站立时，患肢肩部弛缓无力，弯曲，以蹄尖着地。运动时，举扬困难，步幅缩小，作弧形外划前进，呈混破。触诊肩部有热痛。被动运动则剧痛不安。

4. 髋关节扭伤：马、骡和耕牛常见。站立时屈曲膝、跗关节，以蹄尖着地，患肢外展。运动时基本为混跛，患肢呈外展姿势，后退运动疼痛明显。触诊局部无明显变化。被动运动有疼痛反应，尤以作内收姿势时更为明显。

治疗　原则是制止溢血和渗出，促进吸收，镇痛消炎，防止结缔组织增生，避免遗留关节机能障碍。

制止溢血和渗出：急性炎症初期 1~2d 内，用压迫绷带配合冷敷疗法，如用布老氏液、饱和硫酸镁盐水或 10%~20% 硫酸镁溶液以及 2% 醋酸铅溶液等。亦可用冷醋泥贴敷（黄土用醋调成泥，加 20% 食盐）或以等量栀子与大黄粉，用蛋清加白酒调成糊状外敷。必要时可静脉注射 10% 氯化钙溶液或肌肉注射维生素 K3 等。

促进吸收：当急性炎症缓和、渗出减轻后，及时改用温热疗法，如温敷、温脚浴等，每日 2~3 次，每次 1~2h。可用布老氏液、鱼石脂酒精溶液、10%~20% 硫酸镁溶液、热酒精绷带等。亦可涂抹中药四三一合剂（大黄 4 份、雄黄 3 份、冰片 1 份，研成细末蛋清调和）、扭伤散（膏）、鱼石脂软膏或用热醋泥疗法等。

如关节腔内积血过多不能吸收时，在严密消毒无菌条件下，可行关节腔穿刺排出，同时向腔内注入 0.5%氢化可的淞溶液或 1%~2%盐酸普鲁卡因溶液 2~4ml 加入青霉素 40 万 IU，而后进行温敷配合压迫绷带；不穿刺排液。直接向关节腔内注入上述药液亦可。

镇痛消炎：局部疗法同时配合封闭疗法，用 0.25%~0. 5%盐酸普鲁卡因溶液 30~40ml 加入青霉素 40~80 万 IU，在患肢上方穴位（前肢抢风、后肢巴山和汗沟等）注射；也可肌肉或穴位注射安痛定或安乃近 20~30ml。可内服跛行镇痛散（当归、土虫、乳香、没药、地龙、川军、血竭、天南星、自然铜各 25g，红花、骨碎补各 20g，甘草 40g。前肢痛加桂枝、川断各 25g，后肢痛加杜仲、牛膝各 25g，共研细末，黄酒 250ml 为引，开水冲调、候温，马、牛一次灌服）或舒筋活血散。必要时，可用抗生素与磺胺疗法。

局部炎症转为慢性时：除继续使用上述疗法外，亦可涂擦刺激剂，如碘樟脑醚合剂（碘片 20g、95%酒精 100ml、乙醚 60ml、精制樟脑 20g、薄薄荷脑 3ml、蓖麻油 25ml）、松节油、四三一合剂等，用毛刷在患部涂擦 5~10min，若能配合温敷，则效果更好。韧带断裂时可装着固定绷带。

此外，应用红外线或氦 ~ 氖激光照射、碘离子透入及特定电磁波谱疗法等均有电好效果。

二、关节滑膜炎

关节滑膜炎是关节囊滑膜层的渗出性炎症。其病理特征为滑膜充血、肿胀及渗出增多，使关节腔内蓄积多量的浆液性、浆液纤维素性及纤维索性渗出物。

临床上以马、牛、骡的跗、腕、系及膝关节的急性和慢性滑膜炎为多见，猪、羊、禽类均有发生。

病因　本病主要由机械性损伤引起，如常在不平道路上负重役、长途奔走，幼龄家畜使役过早和肢势不正及关节软弱等，均可致瘸。亦常继发于关节扭伤与挫伤、脱臼等。此外，副伤寒、腺疫、布氏杆菌病及骨软症等疾病过程中，也易继发本病。

症状　急性关节滑膜炎。站立时，患病关节屈曲，减负体重，若为两肢同时发病则不断交替负重。运动时，关节屈、伸不全，呈支跛或混跛。患病关节肿大，热痛、压之有波动，被动运动有剧烈疼痛。关节肿胀的位置依患病关节的不同而异：腕关节时在前方、系关节时是侧方、膝关节时是上方、跗关节时是前方及内、外侧的肿胀明显。

慢性关节滑膜炎：关节腔蓄积大量渗出物，关节囊高度膨大，触诊有波动而无热痛。跛行不明显，但关节屈伸缓慢、不灵活，易疲劳。

跗关节滑膜炎又称飞节软肿，多为慢性经过。关节的内、外侧及前面常呈现三个椭圆形凸出的柔软肿胀，以手交互压迫三个肿胀点，可感知其中液体的串流，肿胀波动明显，但无热痛。若秘液过多，则可导致运动障碍，站立时，患病关节不断屈曲和提举。

治疗　原则是制止渗出、促进吸收、消除积液，恢复机能。

急性炎症初期，为制止渗出，可参照关节扭伤所采用的冷却疗法，并装着压迫绷带或石膏绷带，同时配合封闭疗法。

可的松对急、慢性浆液性滑膜炎有良好效果。先无菌抽出渗出液，再用 0. 5%氢化可的松 2.5~5ml 内加青霉素 20 万 IU，注射前以 0.5%盐酸普鲁卡因溶液作 1∶1 稀释，再行关节腔内或关节周围分点皮下注射，隔日一次，连注 3~4 次。注射后装着压迫绷带，可提高疗效。

此外，用微温的 2%盐酸普鲁卡因溶液 10~20ml 内加青霉素 20 万 IU，进行关节腔内注射，也有良好效果。

急性炎症缓和后，为促进吸收，可用温热疗法或装置热湿性压迫绷带，如饱和硫酸镁、饱和盐水溶液湿绷带或鱼石脂酒精绷带以及石蜡疗法和热醋泥疗法等。

慢性炎症，可参照关节扭伤时涂擦刺激剂或进行温敷，装着压迫绷带，并配合理疗，可提高疗效。当关节内积液过多不易吸收时，可行穿刺抽出，并注入氢化可的松或盐酸普鲁卡因青霉素，再包扎压迫绷带。静脉注射水杨酸制剂或 10%氯化钙注射液 100ml，连用数日，也有良好的辅助治疗作用。

三、脱臼

由于外力作用，使关节头脱离开关节窝，失去正常接触而出现移位，称脱臼。本病常发生于牛、马的髋关节和膝关节，肩、肘、指等关节也有发生。

病因　主要是由于突然强烈的外力直接或间接作用于关节，使关节韧带和关节囊被破坏所致。此外，关节发育不良或患有结核、腺疫、维生素缺乏等疾病时，稍加外力也可引起脱臼。

症状　关节脱臼的共同症状是：

关节异常固定。由于关节头离开关节窝而卡住，有关韧带和肌肉高度紧张，使其在异常位置而失去正常活动性。被动运动时受限制，并出现抵抗。

关节变形。脱臼关节骨端向外突出，局部呈异常隆起或凹陷。患肢可呈延长或缩短，全脱臼时患肢短缩，不全脱臼患肢延长。

肢势改变。脱臼关节的下方发生肢势改变，可出现内收、外展、屈曲或伸展等姿势。脱臼关节常有肿胀、疼痛及增温表现。

机能障：伤后立即出现重度跛行。

临床上较常见的马膝盖骨上方脱臼的特征是，膝盖骨转位于股骨内侧滑车嵴的顶端，被膝内直韧带的张力固定，不能自行复位。因此患肢强直，站立时膝关节及跗关节高度伸直向后方挺出，完全不能屈曲，运步时患肢不能提举，僵硬、伸长，蹄尖拖地或三肢跳跃前进，局部触诊可发现膝盖骨向上转位和膝内直韧带过度紧张。

诊断　关节脱臼时可根据上述症状进行诊断，但须注意与关节骨端骨折鉴别。

被动运动检查，关节脱臼时呈基本不动或活动不灵，并在被动运动后仍恢复异常固定状态，带有弹拨性。而骨折脱位时无此特征。

治疗　原则是整复、固定和恢复机能。

整复前肌肉注射二甲苯胺噻唑或作传导麻醉，以减少肌肉和韧带紧张、疼痛引起的抵抗，再灵活运用按、揣、揉、拉和抬等整复方法，使脱出的骨端复原，恢复关节的正常活动。整复后应安静 1~2 周，限制活动。为防止复发，下肢关节用固定绷带包扎 3~4 周，上肢关节可涂擦强刺激剂或在关节周围分点注射 5%盐水 5~10ml 或酒精 5ml 或自家血液

20ml，引起关节周围急性炎症肿胀，达到固定目的。

马的膝盖骨上方脱臼时，可使患畜骤然急剧后退，趁关节伸展之际使其自然复位，或于臀部猛击一鞭，使之突然前进，有时可复位；亦可用圆绳之一端在颈基部绕圈打结，另一端绳套存患肢系部，在用力向前方牵引的同时，术者以手掌用力向下推压移位的膝盖骨，并使患畜急剧后退（或后坐），使膝关节伸展向前挺出，在牵、压、退三者配合下使其复位；也可使患肢在上作侧卧保定，全身麻醉后，采取后啵前方转位法，用力向前牵引患肢，助手配合推压膝盖骨使其复位。然后再进行固定。若整复困难，可切断膝内直韧带，方法是：使患肢在下作横卧保定；将健肢前方转位，患肢固定于木桩上；在胫骨嵴内上方约2cm膝中直韧带与膝内直韧带之间皮肤剪毛消毒，在间隙的最低位置，用宽针呈纵向垂直刺入1cm左右，然后转向膝内直韧带放平，使刃向外与膝内直韧带呈垂直相交，并向胫骨内髁方向轻轻运动小宽针，此时可听到“沙沙”的切割声，割断即可复位。若切割困难，可切开皮肤将膝内直韧带分离暴露后再行切割。术后皮肤缝一针，并涂碘酊消毒。

四、关节周围炎

关节周围炎是关节囊纤维层、韧带、骨膜及周围结缔组织的慢性纤维索性炎症及慢性骨化性炎症。其病理特征是关节外生成骨赘粘连，关节侧韧带增厚无弹性或骨化。本病多发生于马的腕、跗，系及冠关节，牛也有发生。

病因　关节扭伤，关节周围组织、骨膜的损伤，骨折，韧带剧伸，关节脱臼，腱及腱鞘的炎症等，均可诱发关节周围炎。由于关节组织受到长期刺激，起初主要是大量结缔组织增生和骨膜纤维性增殖（纤维性关节周围炎），以后出现骨膜、关节囊纤维层、韧带及周围结缔组织骨化，形成明显的骨赘（骨化性关节周围炎）。有时骨化组织范围很广，包围关节以致形成关节外骨性粘连（假性关节粘连），但关节内无变化。

症状　初期关节周围呈弥漫性坚实的硬肿，有热痛。站立时，患病关节屈曲，以蹄尖着地；运步时，呈混跛或支跛。后期关节粗大变形，肿胀坚硬如骨，无痛，皮肤可动性小。关节活动范围变小或完全不能活动，被动运动有痛感。运步时，关节伸展不充分，尤以运动开始时明显，经一段时间运动后，关节强拘现象逐渐减轻至消失。患畜易疲劳。病期长者，可因增生的结缔组织收缩而发生关节挛缩。

治疗　本病病期长，治愈缓慢，坚持治疗可收到一定效果。

初期可用温热疗法，如石蜡疗法、热酒精绷带疗法等，防止纤维性炎症转为骨化性炎症。后期主要是消除跛行，可刷强刺激疗法，如用1∶12升汞酒精溶液局部涂擦，每日一次，至皮肤结痂止，间隔5~10d再用药，可连用三个疗程。亦可在骨赘明显处作常规消毒和局部麻醉后，进行1~2个穿刺和数个点状烧烙，以制止骨质增生，促进关节粘连，消除跛行。操作完毕，要注意消毒并包扎绷带。也可以用高功率的CO_2激光聚焦照射。进行强刺激疗法时，可配合盐酸普鲁卡因封闭疗法，数日后牵遛患畜，能提高疗效。

第三节　腱、腱鞘、黏液囊疾病

一、屈腱炎

屈腱炎即指（趾）深屈肌腱、指（趾）浅屈肌腱和系韧带的炎症。马、骡前肢和牛后肢发病率高，其中深屈肌腱炎尤以其副腱头的炎症较多见，浅屈肌腱炎次之，系韧带炎较少。

病因　肢势不正（卧系、系关节细弱）、蹄形异常（蹄壁过长、蹄踵过低）、四肢负蘑不均衡及腱质发育或营养不良等，可导致使役中肢体负重时屈腱过度伸展而发病。急剧运动、奔跑，在不平道路上过度使役，跳跃，使屈腱过度牵引，均易发生本病。

屈腱直接受到挫伤、打击、踢伤等，以及附近炎症的蔓延，亦可发生本病。有时蟠尾丝虫的侵袭，可诱发本病。在上述病因作用下，运动中屈腱受到过度的紧张和牵引，超过了其弹性和韧性的生理范围，造成腱纤维发生部分断裂或牵张，局部呈现炎症变化。当转为慢性经过时，局部结缔组织增殖使腱肥厚、失去弹性，严重者屈腱骨化。

症状　急性屈腱炎：病畜站立时，蹄尖着地，系部直立，系关节不敢下沉。指（趾）深屈肌腱炎时，患肢稍前踏或呈垂直状态，指（趾）浅屈肌腱炎时，患肢多伸向前方，系韧带炎时，患肢伸向远前方。运动时，屈腱不敢伸张，系关节不敢下沉，呈重度或中等度支跛，但指深屈肌腱的腕腱头炎时为支混跛，快步运动时，患肢支撑不稳，易跌倒、跛行加重。患部呈热痛性肿胀，尤以背屈系关节使届腱紧张时疼痛明显。指深屈肌腱炎的肿胀多在掌后内、外侧，腕腱头炎时肿胀是在掌后上半部靠内侧；指浅屈肌腱炎的肿胀多在掌后下 l/3 处呈鱼腹状；系韧带炎时的肿胀多在掌后最下部靠近系关节处。

慢性屈腱炎：跛行轻微，慢步行走多不明显，但系关节不灵活，下沉不充分，向前突出；快步时跛行明显，易蹉跌。病程久者可呈腱性突球（滚蹄）。患部硬固肥厚不平坦，无痛，腱失去弹性，常与周围组织粘连，皮肤失去移动性。

治疗　可参照关节扭伤的疗法。对慢性初期病例，可试用醋酸可的松 3~5ml 加等量的 O. 5%盐酸普鲁卡因溶液分点注于患腱局部皮下，4~6d 一次，3~4 次为一疗程；对慢性较久的病例，可用强刺激疗法（愤烙，涂布强刺激剂等）。治疗的同时，须注意矫正肢势与蹄形，进行适当的削蹄、装蹄、防止滚蹄，装厚尾蹄铁；对已发生屈腱短缩而导致腱性突球者，可施行深屈肌腱部分切断术：系部腹侧作常规消毒处理，在系部沿指深屈肌腱前内缘，将皮肤切开 3~4cml 再用刀或剪切断部分腱质，一般可切断腱的 1/3~1/2，即约切断 0.7~1.2cm，通常 0.7cm 即可；彻底清创，撒布磺胺粉，皮肤结节缝合，可包扎绷带；术后第四天开始运动，促进腱断端瘢痕形成，预防再发生短缩。

预防　合理使役，注意保护屈腱免受外力的过度刺激，防止腱部损伤。对肢势不正、蹄形异常者，应及时矫正，进行合理削蹄与装蹄。

二、腱断裂

腱的连续性被破坏而发牛分离或部分分离称腱断裂。牛、马均有发生，常见于指（趾）屈肌腱、跟腱、指总伸肌腱和跗前屈肌腱等部位。腱断裂可分为开放性腱断裂、非开放性腱断裂和全断裂及部分断裂等。

病因　开放性腱断裂多由锐利的刃性物体（镰刀、铁铣、锄头、犁铧）损伤而引起。非开放性腱断裂是由于急跑、急停、滑走、跳越障碍或具有引起屈腱炎的因素等，使腱的牵张超越了弹性限度和韧性的生理范围，钝性物体的打击、冲捕、蹴踢等，附近化脓性炎症、腱抵抗性减退、骨软症及缺乏锻炼等，均可引起腱断裂。

症状　屈腱全断裂：指（趾）深屈肌腱全断裂，突然呈重度支跛，站立时以蹄踵着地，严重者蹄球着地，蹄底向前，蹄尖翘起，系关节明显下沉，系部呈水平状态。指（趾）浅屈肌腱全断裂，多发生在冠骨上端两侧或系关节后上方。系韧带断裂多在分支部。局部可见明显增温、肿胀和疼痛，有时触诊可感知腱的缺损（凹）。开放性者，伤部出血并可摸到腱的断端。

跟腱断裂：患肢前踏，不能负重，关节过度屈曲下沉，跖骨极度倾斜，跟腱弛缓有凹陷。

指总伸肌腱全断裂：突发悬跛，指关节伸张不全，提举困难，易蹉跌．站立无异常。多发生于蹄骨伸腱突附着部，触诊蹄冠前中央部可发现疼痛性肿胀。

诊断　屈腱全断裂可根据症状作出诊断。屈腱的不全断裂与屈腱炎的区别有一定难度，但比屈腱炎的跛行表现为重，几乎不能负重。

治疗　原则上是防止感染，缝合断端，合理固定，促进再生。治疗腱断裂的关键是合理固定，方法可用石膏绷带、夹板绷带等。

腱的全断裂（包括开放性腱断裂经一般外科处理后）可施行缝合术，使断端密接，促进修复。现时多采用皮外腱缝合法：局部常规消毒，用粗丝线距腱断端 5~8cm 处的肢体一侧，刺入皮肤达腱下，针再转向肢体后方刺透腱的全层并穿出皮肤，然后距此穿出点适当距离处，将针返回穿透皮肤及腱的全层后，再转向肢体另一侧，使针通过腱下穿出皮肤；距前一针缝合的 3~4cm 处，以同样方法再缝一针。将上述两针的线端分别在肢体两侧打结。断腱的另端亦按上法处理。最后将腱断端两侧的上、下线头分别拉紧打结即可（图 11 一 1）。最后装固定绷带，3~4 周愈合后，拆除绷带和缝线。

开放性腱断裂，除局部消毒处理外，可用抗生素控制感染并进行对症治疗。腱断裂还可用碳纤维缝合，碳纤维可诱发腱的再生。用碳纤维素缝合断腱，再包扎石膏绷带，腱的愈合很快，是近代腱断裂缝合的最佳方法。病畜要加强护理，注意防止患部活动。可配合矫形蹄铁，如装长连尾蹄铁等，减少患腱紧张。经 2~3 周后，可适当进行牵遛运动，以防肌肉萎缩和腱挛缩。

三、腱鞘炎

腱鞘部的浆液性、浆液纤维索性及纤维素性炎症称腱鞘炎，多发于指（趾）部和跗部腱鞘，以慢性者最多见。

病因　基本同于屈腱炎的病因。

症状　指（趾）部腱鞘炎：即系关节部指（趾）屈肌腱鞘的炎症。以慢性浆液性炎较多见。炎性肿胀位于系关节两侧直上方和下方的系凹部，或后上方与系韧带、指（趾）浅屈肌腱之间。

急性时，局部热痛，柔软有波动，提举患肢压诊可感知鞘内渗出液的流动。站立时，患肢系关节掌屈，蹄尖着地；运动时，呈支跛，系关节强拘，活动性小。

慢性经过，无热痛，有明显的腱鞘软肿和波动。或腱鞘与腱粘连，触诊腱鞘壁显著肥厚而坚实，使系关节的运动发生障碍，易疲劳。

化脓性腱鞘炎跛行显著，局部变化明显 . 有时排出脓性液体，病畜体温升高。

跗部腱鞘炎：以趾长伸肌腱鞘炎多见，于跗关节前有长椭圆形肿胀，跃达 18cm，并被三条横韧带压隔成节段，肿胀波动，有热痛。站立时屈曲跗关节，运步时呈混合跛行。慢性炎症，肿胀无热痛，无跛行。趾浅屈肌腱和跟腱的腱鞘炎时，呈两个肿胀：其一在跟节上，另一个在其下方。

腕部腱鞘炎：常为慢性浆液性炎，跛行较轻或无，可在腕部不同位置上出现肿胀。

治疗　可参照关节扭伤的疗法。当腱鞘内渗出液过多不易被吸收时，可无菌穿刺抽出后，注入 2%~3% 盐酸普鲁卡因溶液 10~20ml，内加青霉素 40 万 IU，再配合温敷。如未痊愈，可间隔 3~4d 再抽注一次。也可应用 0.5% 氢化可的松溶液 2.5~5ml 内加青霉素 20 万 IU 注入腱鞘内，3~5d 一次，连用 2~4 次，并装着压迫绷带。

可用低功率的氦氖激光照射患部，效果良好。化脓性腱鞘炎应彻底排脓，并用抗菌药物。

四、黏液囊炎

黏液囊炎即黏液囊由于机械作用引起的浆液性、浆液纤维素性及化脓性炎症。临床上家畜四肢的皮下黏液囊炎较多见，其中以马、骡的肘结节皮下黏液囊炎、牛的腕前皮下黏液囊炎最多发，并常取慢性经过：肉用型鸡常见有龙骨黏液囊炎（胸囊肿）。

病因　主要是黏液囊长期受机械刺激所致，如与地面的压迫、摩擦、蹴踢、跌打、冲撞，以及挽具、铁尾、饲槽、墙壁等的压迫与摩擦，尤以牛厩床不平、牛栏狭小更易发生。此外，周围组织炎症的蔓延以及腺疫、副伤寒、布氏杆菌病等疾病经过中，也可发生。

症状　黏液囊炎的共同症状是。

急性经过时：黏液囊紧张膨胀，容积增大，热痛，波动，有机能障碍。皮下黏液囊炎的肿胀轻微，界限不清，常无波动，机能障碍显著。

慢性炎症时：患部呈无热无痛的局限性肿胀，机能障碍不明显。若为浆液性炎症时，黏液囊显著增大，波动明显，皮肤可移动，若为浆液纤维素性炎时，肿胀大小不等，在肿胀突出处有波动，有的部位坚实微有弹性，若纤维组织增多时，则囊腔变小，囊壁明显肥厚，触诊硬固坚实，皮肤肥厚，甚至形成胼胝或骨化。

化脓性炎时：多为弥漫性，波及周围组织发生蜂窝织炎，有时体温升高，机能障碍显著。

肘结节皮下黏液囊炎：亦称肘肿或肘头瘤，马及大型犬多发，主要是慢性经过，肿胀大小不等，无痛，无跛行。但急性或化脓性炎症时，肘头部热痛，呈弥漫性肿胀。运步时避免屈曲肘关节，悬跛明显。化脓性炎症继续发展可形成脓疡，不断向外排脓，易形成瘘管。马肘结节皮下黏液囊炎的外观。

腕前皮下黏液囊炎：亦称膝瘤或冠膝，牛多发。患部呈渐进性无痛性肿胀，肿胀可达排球大，有的极坚硬，有的柔软有波动，一般无跛行，但肿胀过大或成胼胝时出现跛行。

治疗　治疗原则是除去病因、抑制渗出、促进吸收、消除积液。

急性或慢性病例，可采取滑膜炎的疗法。若肿胀过大渗出物不易消除时，可穿刺抽出后，注入10%碘酊或5%硫酸铜溶液或鲁格氏液或5%硝酸银溶液等进行腐蚀。

若囊壁肥厚硬结时，可行手术摘除。

化脓性黏液囊炎时，应早期切开，彻底排脓后，再按化脓创处理。

预防　加强饲养管理，防止局部压迫和摩擦。地面与厩床要平整，多铺褥草。畜舍、畜栏要宽广。

第四节　骨折

在暴力的作用下，骨的完整性被破坏，出现断、裂、碎现象，称为骨折。临床上以马、牛的四肢骨骨折较为多见。

病因　主要是暴力作用，如打击、跌倒，冲撞、挤压、蹴踢、牵引及火器伤等。有刚肌肉强烈地收缩以及骨质疾病时亦可发生骨折。

根据骨折部是否与外界相通，分为开放性骨折和非开放性骨折，根据骨折的程度，分为完全骨折和不全骨折；根据骨折线的位置，分骨干骨折、骨骺骨折和关节内骨折。

症状　骨折时常伴有周围软组织的损伤。

疼痛：骨折发生后，疼痛剧烈，肌肉颤抖，出汗，自动或被动运动时表现更加不安和躲闪。触诊有明显疼痛部位，骨裂时，指压患部呈线状疼痛区，称骨折压痛线，依此可判定骨折部位。

肿胀因出血及渗出，骨折部呈明显肿胀。

异常变形完全骨折时，因骨折断端移位，使骨折部位外形或解剖位置发生改变，患肢呈弯曲、缩短、延长等异常姿势。异常活动和骨摩擦音　肢体全骨折时，活动远心端，可呈屈曲、旋转等异常活动，并可听到或感知骨断端的摩擦音或撞击声。

机能障碍肢体全骨折时，患肢突然发生重度跛行，表现为不能屈伸或负重，呈三肢跳跃前进（不全骨折跛行较轻）；肋骨骨折时呼吸困难，脊椎骨折时可发生神经麻痹及肢体瘫痪。开放性骨折时，创口哆开，骨折断端外露，常并发感染。严重骨折病例，常有体温升高或发生休克。

诊断肢体全骨折，可依异常变形、异常活动和骨摩擦音，开放性骨折可依创口外露的骨断端而确诊。不全骨折可查找骨折压痛线。此外，可进行X射线透视或照相检查。

直肠检查有助于髋骨、腰椎部骨折的诊断。

治疗　原则是正确整复、合理固定、促进愈合、恢复机能。

急救措施；骨折发生后，首先使患畜安静，防止断端活动和严重并发症。为此，可用镇静和镇痛剂；再用简易夹板临时固定包扎骨折部；注意止血，预防休克，开放性骨折，创伤内消毒止血，撒布抗菌药物后，固定包扎，以防感染。

治疗方法：先正确整复。患畜侧卧保定，全身浅麻醉或局部浸润麻醉后，采取牵引、旋转或屈伸以及提按、捏压断端的方法，使两断端正确对接，恢复正常的解剖学位置。

合理固定：骨折断端复位后，为防止发生再移位和促进愈合，可装置石膏绷带或夹板绷带固定，马可吊在柱栏内（牛不能长期吊起，犬、羊可自由活动）。开放性骨折，应先清除创内坏死组织、骨碎片等，创伤处理后，撒布抗菌药物，再装着固定绷带或有窗固定绷带。

整复固定后，要加强护理。可注射抗菌、镇痛、消炎药物，补充钙制剂，配合内服中药接骨散（血竭、土虫各100g，没药、川断、牛膝、乳香各50g，自然铜、当归、南星、红花各25g，研为细末，分两次服，白酒250~500ml为引），每日一剂。后期要注意机能锻炼，3~4周后可慢步牵行运动，每日1~2次，每次10~20min。应用氦氖激光进行患部照射，可促进骨痂形成，对骨折愈合有良好作用。

第五节　蹄部疾病

一、蹄叶炎

蹄壁真皮的局限性或弥漫性的无菌性炎症称蹄叶炎。马、骡两前蹄多发，有时四蹄同时发病，牛则多见于两后蹄。

病因　尚不十分清楚，目前一般认为其发生与机体过敏反应和神经反射有关。临床上蹄叶炎常见的发病因素有，

1. 饲养失：当长期饲喂过多的精饲料或饲料骤变而缺乏运动时，可引起消化障碍，产生的有毒物质吸收后造成血液循环紊乱，蹄真皮淤血发炎。

2. 使役不当：如在硬地或不平道路上重度使役或持续使役久不休息、长期休闲突然服重役，均可使组织中产生大量乳酸与二氧化碳，吸收后导致末梢血管瘀血，引起蹄真皮的炎症。

3. 蹄形不正：如高蹄或低蹄，狭窄蹄或过长蹄等，使蹄机严重障碍，影响蹄部血液循环而发病。

4. 继发于其他疾病：如胃肠炎或便秘后、中毒、感冒及难产、胎衣不下等，可引起本病。

在上述因素作用下，蹄真皮毛细血管扩张、充血，血液停滞，血管壁通透性增强，炎性渗出物积于真皮小叶与角小叶之间，压迫真皮而引起剧痛。炎症继续发展，渗出液大量积聚压迫蹄骨，破坏真皮小叶与角小叶的结合，造成蹄骨变位下沉乃至蹄底穿孔，蹄前壁凹陷致蹄轮密集，蹄尖翘起，蹄匣变形而呈芜蹄。

症状　急性蹄叶炎：突然发病。站立时，若两前蹄患病，则两前肢前伸，蹄踵负重，蹄尖翘起，头高抬，两后肢伸入腹下，呈蹲坐姿势，站立过久时，常想卧地，若两后蹄患病，则头颈低下，两前肢后踏，两后肢诸关节屈曲稍前伸，以蹄踵负重，腹部卷缩，若四蹄同时患病，初期四肢前伸，而后四肢频频交换负重，肢势常不一定，终因站立困难而卧倒。强迫运动时，均呈急速短促的紧张步样。

局部检：可见病蹄指（趾）动脉搏功增强，蹄温增高，敲打或钳压蹄壁，有明显疼痛反虚，尤以蹄尖壁的疼痛更为显著。

由于剧烈疼痛，常引起肌肉颤抖、出汗、体温升高、脉搏增数、呼吸迫促、食欲减退、反刍停止等全身症状。继发者尚有原发病症状。

慢性蹄叶炎：病蹄热痛症状减轻，呈轻度跛行。病久呈芜蹄，患畜消瘦，生产性能下降。

治疗　原则是除去病因、消炎镇痛、促进吸收，防止蹄骨变位。

放血疗法：为改善血液循环，在病后36~48h内，可颈静脉放血1000~2000ml（体弱者禁用），然后静脉注入等量糖盐水，内加0.1%盐酸肾上腺素溶液1~2ml或10%氯化钙注射液100~150mI。放胸腔血、蹄头血亦可。

制止渗出和促进吸收；病初2~3d内，可行冷敷、冷脚浴或浇注冷水，每日2~3次，每次30~60min。以后改为温敷或温脚浴。

封闭疗法：用0. 5%盐酸普鲁卡因溶液30~60ml分别注射于系部皮下指（趾）深屈肌腱内外侧，隔日一次，连用3~4次。静脉或患肢上方穴位封闭亦可。

脱敏疗法：病初可试用抗组织胺药物，如内服盐酸苯海拉明0.5~lg，每日1~2次或用10%氯化钙溶液100~150ml、10%维生素C注射液10~20m1分别静脉注射或皮下注射0.1%盐酸肾上腺素溶液3~5ml，每日一次。

静脉注射高渗氯化钠、高渗葡萄糖溶液300~500ml或皮下注射盐酸毛果芸香碱等均有良好作用。为清理肠道和排出毒物，可应用绥下剂。用地塞米松能减轻血小板的凝集，维持红细胞的弹性，强化毛细血管循环，保护毛细血管的完整性。乙酰丙嗪有降压解痛作用，马、牛、猪可用盐酸埃托啡、乙酰丙嗪注射液0.01mg/kg。静脉注射乳酸钠、碳酸氢钠，亦可获得满意效果。为改善蹄的代谢，增加角质生成所需要的营养物质，可用蛋氨酸40g、500kg（马）分4日服后，再用30g分6日服。体温过高或为防感染，可用抗生素疗法。慢性蹄叶炎，可注意修整蹄形，防止芜蹄。已成芜蹄者，配合矫形蹄铁。

预防　合理喂饲和使役，长期休闲者应减料；长途运输使役时，途中要适当休息，并进行脚浴，日常要注意护蹄。

二、蹄底创伤

蹄底刨伤即尖锐物体造成的蹄真皮的损伤，包括蹄钉伤及蹄底刺刨。本病多发生于大家畜。

病因　钉伤是装蹄时下钉不当引起，如蹄钉直接刺入蹄真皮（直接钉伤）或钉身靠近、弯曲压迫蹄真皮（间接钉伤）等。

蹄底刺刨是铁钉、铁丝、碎铁片、茬子等尖锐物体刺入蹄底或蹄叉，损伤深部组织所致。

症状　直接钉伤在装蹄后，病畜即虽疼痛不安，患肢挛缩，拔出蹄钉后，可从钉孔流出血液，有时钉尖带血。

间接钉伤常在装蹄后2~3d（个别可长达月余）患肢站立时呈蹄尖着地，系部直立，有时表现挛缩；运动时呈中等度支跛，用检蹄钳敲打或钳压患蹄的钉头、钉节时，患肢疼痛挛缩，有时可压出污秽黑色液体，蹄温升高。

蹄底刺创常在运动中突然发生支跛，检查蹄底及蹄叉可发现刺入的异物或刺入孔（有时经削蹄后方能发现）。钳压患部剧痛并可流出污黑液体。

若蹄底创伤发生化脓感染，则呈重度支跛，站立时表现为患肢挛缩，蹄温增高。钳压、敲打患部疼痛剧烈，肌肉颤抖或挛缩。若脓汁蓄积而排出困难，常延至蹄冠缘或蹄踵部破溃排脓，可继发蹄冠蜂窝织炎。有时从钉孔，刺，孔流出灰黑色腐臭的稀薄脓汁。重者可有体温升高、食欲减退、精神不振等表现。

诊断　通过问诊获得线索，根据症状，并除去蹄铁，仔细检查患蹄，即可确诊。

治疗　原则是除去蹄铁及刺伤物，防止感染，彻底排脓，加强护理。

先清洗蹄部，除去蹄铁及刺伤物体，再用1%~2%煤酚皂或0.1%福尔马林溶液彻底洗刷蹄底。直接钉伤，拔出蹄钉后，向钉孔内浇注碘酊即可。再次装蹄时，应避开该钉孔。

间接钉伤及蹄底刺刨，经上述处理后，用蹄刀稍加扩大创口，并灌入3%过氧化氢溶液冲洗后，再注入碘酊，拭干，最后以蜂蜡或石蜡密封创口，用帆布片包扎，防止感染，保持干燥，每隔2~3日，换药一次。若化脓，可用2%~3%煤酚皂或0.1%高锰酸钾、新洁尔灭溶液进行温脚浴，每日2~3次。亦可扩大创口呈漏斗状，

直达蹄真皮，彻底排脓；用3%过氧化氢或0.1%高锰酸钾溶液彻底冲洗后；再以浸0.1%雷夫奴尔溶液或磺胺乳剂的纱布块充填，亦可撒布碘仿、碘仿磺胺粉（1∶9）最后按前述方法密封包扎，每经3~5d换药一次，至化脓停止。可配合应用安痛定或封闭疗法。若体温升高、全身症状明显，应对症治疗并给予抗生素。

三、蹄叉腐烂

蹄叉角质腐烂分解引起蹄真皮的炎症，称蹄叉腐烂。一般以马的后蹄多发。

病因　主要是畜舍泥泞不洁，粪尿长期浸蚀，使蹄角质脆弱腐败分解所致。此外蹄叉过削、蹄踵过高、运动不足等，使蹄叉角质抵抗力减弱而诱发本病。

症状　病初从蹄叉中沟或侧沟开始，角质出现裂隙，形成分叶状或溃烂成大小不等的空洞，排出污黑色腐臭液体。病变侵害真皮，则出现跛行，在软地或沙地上运动时，跛行更明显。病情继续发展，角质发生块状脱落而使蹄真皮裸露，常出现颗粒状肉芽，易出血，并附有灰黑色恶臭分泌物，可继发蹄叉癌，影响患肢负重。

治疗　原则是除去病因，改善蹄部卫生，彻底消除腐烂角质，防腐消炎。

首先除去腐烂角质，以2%煤酚皂溶液彻底清洗患部，擦干后涂布碘酊。再撒布高锰酸钾粉、碘仿磺胺粉（1∶9）或水杨酸磺胺粉（1∶5）等，并填入浸有松馏油的麻丝或纱布或碘酊棉球，亦可用沸腾的动、植物油灌注患部。最后装蹄绷带或铁板蹄铁。注意护蹄，防止粪尿、污水浸泡。若出现蹄叉癌时，可用高锰酸钾粉研磨或用5%硝酸银液腐蚀，亦可进行烧烙或用CO：激光气化患部，除去赘生组织，再按上述方法治疗。必要时应用抗生素。

预防　保持畜舍清洁干燥，按期修蹄和改装蹄铁，注意护蹄。

四、指（趾）间皮肤增殖

指（趾）间皮肤增殖即指（趾）间皮肤及皮下组织的增殖性反应。通常是在指（趾）间隙背侧部位发生。本病又称指（趾）间瘤、指（趾）间赘生物、指（趾）间增殖性皮炎等，各种品利的牛均可发生，荷兰牛和海福特牛发病率较高，以后肢，尤其是一后肢的发病率最高。据报道，北京市的黑白花奶牛发生本病也较普遍，并且以4~6岁龄、1~3胎次的母牛发病率高，有蹄变形与无蹄变形牛的发病率差异极显著。

病因　引起本病的确切原因尚不清楚。此病为非特异性感染，并未检出特异性病原菌。一般认为与遗传有关。潮湿、粪尿、泥浆污染常是引起本病的重要条件。蹄向外过度扩张致指（趾）间皮肤紧张和剧伸，某些变形蹄等均易引起本病。多给肉用牛浓厚饲料，使蹄间脂肪蓄积过多，皮肤角化，均是发生本病的诱因。有人观察指（趾）骨外生骨瘤与本病发生有关；另有人观察缺锌可引起本病。

症状　本病多见于后肢，可单侧发生，亦可见于两后蹄。增殖物多在外侧趾轴侧。

病初，从指（趾）间隙一侧开始增殖的小病变仅致皮肤红肿、脱毛，有时破溃，但不引起跛行，不仔细观察常被忽略。

指（趾）间穹窿部皮肤进一步增殖时，形成“舌状”突起，此突起随病程发展，不断增大增厚，其表面由于压迫坏死或受伤破溃引起感染时，可有渗出物，气味恶臭。根据病变大小、位置和感染程度等对指（趾）的压力，牛呈不同程度的跛行。若增殖组织相当大，压迫蹄部使两指（趾）撑开，则呈持久性的严重跛行。在指（趾）间隙前端皮肤，有时增殖成“草莓”样突起，由于破溃感染致使受触、压时疼痛剧烈，患畜伫立小心。增殖的突起，以后可角化。增殖物可致指（趾）间隙扩大或出现变形蹄。

有跛行时，泌乳量可明显降低，严重病例每天降低产量更多。

治疗　局部用药；可用福尔马林、硫酸铜等各种防腐药液清洗、消毒后包扎，48h换药一次，必须保证牛栏、蹄部干燥，经数周可恢复，较小的增殖物除腐蚀外，亦可用烧烙法，但均不易根治。

手术切除：这是最好的根治方法，不复发。

病畜先行肌肉注射2%二甲苯胺噻唑注射液2~4ml，趾间穹窿部两侧皮下注射0.5%盐酸普鲁卡因溶液10~20ml；横卧保定，患肢在上用绳缚于柱上，其余三肢绑缚一起，注意保定好头部。

局部清洗干净，常规消毒，局部麻醉后，用绳或徒手将两趾分开，充分暴露趾问和增殖物。术者左手持组织钳将增殖物央住，右手持刀，在靠近增殖物基部的健康皮肤上做梭形切口，勿过浅（摘除不彻底易复发）或过深（易伤及趾间背侧大血管和趾间韧带），以暴露趾间脂肪为宜，两侧切口于增殖物后缘相交，彻底切除增殖物，突出于刨口的脂肪可适当切除一部分，以利创口整齐对合I手术中如不碰到大血管，则出血不多，撒布抗生素粉，皮肤作2~3针结节缝合闭合刨口，助手将两趾靠拢，用呋喃西林纱布敷于其上，最后在两趾尖部用电钻打孔，穿入铁丝，使两趾靠拢、固定，外打蹄绷带，并用塑料布或油布作防水包扎即可。一般 2~3 周可愈合，拆除绷带。

预防　注意日常管理工作，保持牛床、蹄部干燥清洁，尤应注意水槽与饲喂地的清洁；每日可用硫酸铜脚浴或出潮解石灰池经过，经常注意护蹄、削蹄，防止蹄变形。

第五篇

动物产科疾病

第二十五章　产科生理

第一节　妊娠

妊娠是指从受精开始到分娩为止，这一正常生理过程。精子进入卵子，其细胞核相互融合，形成一个新的细胞（合子），称为受精。这是新生命的开始，也是整个繁殖过程的一个重要环节。

各种家畜受精的部位都是在输卵管壶腹部的后段。精子进入卵子内部，是依次穿过卵丘细胞、透明带和卵黄膜。精子头部含有透明质酸酶，可以溶解、穿入卵丘细胞，使之崩解并裸露卵子。精于穿过透明带后，精子头部即附着在卵黄膜上，此时对卵子产生了“激活”作用，卵子又开始进行发育，然后，精子头部进入卵黄内，在卵黄表面形成一个突起。然后精子细胞核内逐渐形成雄原核，卵子在精子进入后逐渐形成雌原核。当雌雄二原核达到充分发育的某一阶段时，都收缩并融合在一起，核仁、核膜消失，形成合子。

一、怀孕期

怀孕期是指从受精开始至分娩为止。一般是由最后一次配种日期开始计算。怀孕期的长短可以受遗传、品种、年龄、环境因素以及胎儿的影响。一般而言，早熟品种、年轻母畜、营养良好或怀孕的后 1/3 期营养不良（牛、羊）、单胎动物怀双胎、怀雌性胎儿、胎儿发育较大时，怀孕期都较短。否则都稍长。马属家畜冬季配种者，可因光照短而附植延迟，营养条件差，或卵巢激素分泌减少，而怀孕期都较长。马属家畜胎儿的遗传类，对怀孕期的长短也有影响。如马怀骡子比怀马约长 10d，驴怀骡子比怀驴的大约短 6d 左右。

二、受精卵的发育及胚泡的附植

（一）受精卵的发育受精卵形成以后继续发育

经过一系列细胞有丝分裂，由单细胞变为多细胞，这分裂过程称为卵裂，经形成桑胚、囊胚及胚泡，然后附植于子宫内。

受精卵以后即开始进行第一次分裂，称为卵裂，卵裂是在输卵管内开始并进行的，当合予逐渐向子宫移动时，逐步分裂为越来越小的分裂球。细胞达到 16~32h。在透明带形成实体细胞群，称为桑椹胚。这一阶段的特点是在卵裂过程中合成大量的去氧核糖核酸（DNA）。以后在细胞间隙内开始聚积液体，并且出现内腔，称为胚囊腔，这时称为胚囊期。在此期间，中空的球状体的一侧聚积了一个细胞堆，称为细胞群。这是以后发育成胚胎的部分。胚囊的周围包着一层很薄的细胞，称为滋养层，是初期供给胎儿营养物质的部分，随着内细胞堆的不断发育，以后逐渐形成三个胚层，这是进一步发育成身体各部分和胎膜的基础。当三个胚层形成时，胚囊也开始改变形状。由于充满液体而使囊腔变大，通常在 1~2d 之内胚囊便形成充满液体的薄壁囊。在此期间，大约是受精后 7~9d，透明带消失，胚囊也就逐渐由球状变为管状囊，并迅速延伸。此后，胚囊就变成透明的泡状，即称为胚泡。

（二）胚泡的发育及附植

胚泡的发育主要是三个胚层的形成。猪的在 7~8d、牛第 1d、绵羊第 10~14d 开始胚层的形成。在胚囊周嗣的透明带消失后，露出里面的滋养层细胞，直接与子宫上皮层接触。此时滋养层开始迅速增殖，内部液体不断增加，使滋养层的壁发生折叠。在几天之内，胚囊就由原来的球形变成伸长的线管状。这时原来的内细胞群只占据管状胚囊中的一小部分。此时子宫内膜也发生高度折叠，而胚囊的外层（绒毛）即附植于子宫内膜上，这就是附植的开始，这时胚胎完全依靠吸收子宫乳作为营养。

各种家畜早期胚胎的卵裂速度和进入子宫的时间各不相同，一般来说，怀孕期短的家畜较快，怀孕期长的家畜略慢。胚囊形成以后，内细胞群开始有新的细胞发育，并逐渐向下发展，在原来的滋养层内形成新的层为内胚层，由内胚层形成的腔称为原肠，以后随着胚胎的发育，又由内胚层分化产生尿囊和膀胱。在形成内胚层的同时，沿胚囊一侧的细胞变厚形成胚盘。从胚盘又发育产生另一细胞层称为中胚层。中胚层以后发育成多层，是以后分化产生心脏、肌肉、骨骼及其他器官。在内脏层和中胚层分化产生之前，整个胚囊的外层属于滋养层，而滋养层下面的内胚层和中胚层已分化出来时，胚盘的最外层即形成外胚层。外胚层以后分化发育为神经系统、感觉器官以及皮肤的表皮、皮肤腺和被毛等。

胚泡通过滋养层的外层从子宫中吸收营养，生长很快，迅速伸长为一管状，并伸入子宫角。由于胚囊长度的增加，可使其面积增大，有利于由子宫乳中吸收营养，供给胚胎发育的需要。由内细胞团构成的胚盘，位于囊胚中部的管壁上，同时位于子宫系膜的对侧（子宫角大弯）。胚泡初形成时，在子宫内呈游离状态。以后，由于胚泡腔内液体增多，胚泡变大，在子宫内的活动受到限制，与子宫上皮的接触即变得密切而附着下来，即称为附植。附植发生的过程乃是子宫内膜与胚泡相互作用的过程，也是一个渐进的过程。初期母体胎盘和胎儿胎盘的联系比较疏松，以后逐渐变得紧密。这段时间在牛为 20~40d，绵羊为 11~22d，猪为 14~24d，马为 7~13 周，附植的成败，与早期胚胎的存活或死亡具有密切关系。

各种家畜的附植有所不同，猪的胚泡在迅速生长变长时，滋养层形成皱壁，同时子宫粘膜的皱壁也加深，胚泡皱壁逐渐附着在子宫黏膜上。牛、羊的滋养层则仅在于叶处与子宫黏膜接触，以后滋养层细胞破坏子宫黏膜上皮，而逐渐发生紧密的联系。胚泡开始附着之处，也是子宫中最有利于其发育的地方。例如，牛的胚泡多附植在子宫角基部或中部，马的则附植在子宫角和子宫体交界处，这些部位也是血管网最丰富的地方。

第二节　胎膜

胎膜也叫胚胎外膜（胎儿附属膜），对胚胎及胎儿的发育非常重要，在胎儿出生以后，便失去其作用，所以胎膜是一个暂时性的器官。胎膜包括卵黄囊、羊膜、绒毛膜和尿膜，另外还包括胎儿胎盘和脐带。

胚囊期开始后，随荷胚胎胚层的扩展，内细胞团的胚盘外生出外胚层，位于滋养层和内胚层之间，并逐渐分裂成为无血管的体中胚层和有血管的脏中胚层。然后胚盘稍微下陷，滋养层和体中胚层沿胚盘周围向胚胎上方形成羊膜皱壁，并逐渐合拢而融合，把胚胎包围起来。此后，皱壁的两层分成内外两层，内层为羊膜。外层的外面逐渐生出大量绒毛，称为绒毛膜。在胚体壁向上形成皱壁的同时，内胚层和脏中层也向胚盘下形成皱壁，将原肠分为胚胎体内的原肠和体外部分一卵黄囊。在牛、羊和猪的卵黄囊和原肠之间仅借一条细管相通。尿囊是从原肠后端生出的一个蓄囊，突出于胚胎之外。随着胚胎的逐渐发育．尿囊迅速增大，充满尿水。尿囊的外壁与绒毛膜融合。形成尿膜绒毛膜；尿囊的内壁与羊膜融合，形成尿膜羊膜。尿膜绒毛膜即发生胎盘的作用，卵黄囊借滋养层与子宫内液体发生的交换作用即被替代，卵黄囊逐渐萎缩而消失。

一、卵黄囊

家畜在胚胎发育初期，都有一个较大的卵黄囊。而且卵黄囊上有完整的血液循环系统，起着原始胎盘的作用，胚胎即借卵黄囊和滋养层从子宫乳中吸收营养。在形成尿膜绒毛膜以后，卵黄囊的作用逐渐为其取代，卵黄囊也就开始萎缩，到脐带形成时，卵黄囊的遗迹便包在脐带内而最后消失。

二、羊膜

是由胚胎的滋养层和体壁中胚层从胚胎的头尾和两侧向上包围形成的一个腔体（羊膜囊），是最靠近胎儿的一层膜，呈透明的囊状，上面无血管分布。所有家畜的羊膜都是包围在绒毛膜腔内的。羊膜脐轮处的卵黄囊柄部与胚胎相连，并在此处形成脐孔。

羊膜囊内充满羊水，羊水是由羊膜上皮细胞分泌而来。怀孕初期为清亮而透明的黏液状，以后逐渐变成淡黄色、黄色或黄褐色，量多时则胎儿在羊膜囊内能转动。在怀孕末期羊水又比较清亮而有粘性，其量相对地减少。

各利，动物羊膜的结构并不相同，马及肉食动物的羊膜紧贴尿膜内层，形成尿膜羊膜，使整个羊膜囊浸在尿水中I反刍动物及猪的羊膜在胎儿的背部和两侧紧贴绒毛膜，形成羊膜绒毛膜，其余部分形成尿膜羊膜而浸在尿水中。

羊水的作用：羊水作为一种缓冲物质，胎儿游离于羊水之中，可以防止胎儿发育受到影响，可以缓冲从子宫外面来的压迫和撞击，也可以防止胎盘、子宫壁及脐带受到胎儿压迫而使血液供给发生障碍，羊水也可以防止胎儿和周围组织发生粘连；在分娩时羊膜囊在子宫收缩的压迫下突入子宫颈，有助于子宫颈的扩张，羊水具自滑润产道，有利于胎儿排出。

三、尿膜

尿膜是由胚胎后肠从胚胎腹侧后端突出来而形成的，尿膜囊与胚胎腹腔内将来形成膀胱的部分相连接，因此可以看作是胚胎的体外膀胱。在胚胎的脐带和脐孔逐渐形成时，尿膜借脐尿管与胎儿的膀胱相通。当尿囊完全形成后，脓膜就分为内外两层，外层与绒毛膜粘连在一起称为尿膜绒毛膜，内层与羊膜相粘连称为羊膜尿膜。

尿膜囊内有尿水，其来源一方面是通过脐尿管由胎儿膀胱而来的尿液，另一方面是尿囊上皮的分泌物，初期尿水透明、量少，随着怀孕期的增长而量多。如马在怀孕3个月时为400~800ml。怀孕至中期为淡黄色，其量也随之增多，牛2000~4000ml、马3000~6000ml。怀孕末期为棕黄色。其量达到牛8~15L、马4~10L、羊0.5~1.5L、猪的量少，仅有10~24ml。尿中的作用和羊水相同，分娩时子宫收缩压迫尿膜囊使其进入子宫颈，有助于子宫颈扩张。根据屎膜的位置，可将尿膜囊分为内外两层，这两层分别和羊膜、绒毛膜的关系在牛、羊、猪和马是各不相同的，因而分娩时的情况和助产的关系也不一样。

牛、羊的尿膜内层只覆盖在羊膜的一侧和两端上，构成尿膜羊膜。羊膜的另一部分和大弯处与绒毛膜粘连在一起，叫羊膜绒毛膜。尿膜外层是在羊膜绒毛膜之外的部分，和绒毛膜粘连在一起形成尿膜绒毛膜。猪的情况和牛、羊的基本相同。所以在分娩时，尿膜绒毛膜先突出至阴门外破裂，然后胎儿带着尿膜、羊膜向外排出，这时由于受到尿膜绒毛膜和羊膜绒毛膜的牵制，尿膜羊膜就破裂，羊膜不会包着胎儿，因而胎儿产出时，不会因为胎膜不破而使胎儿发生窒息。

马的情况则完全不同，尿膜内层覆盖在整个羊膜上，尿膜的外层则与整个绒毛膜粘连融合，因此马的胎儿是位于羊膜、尿膜两个同心囊中。羊膜囊游离于尿膜绒毛膜囊中，二者仅借脐带的尿膜部分发生联系。所以在分娩时，尿膜绒毛膜囊先破裂，然后尿膜羊膜囊包着胎儿向外排，在排出过程中，尿膜羊膜囊被扯破，偶而尿膜羊膜囊不发生破裂，胎儿即会发生窒息。故在分娩时，应予以注意。

四、绒毛膜

绒毛膜是胎膜最外面的一层膜，所有家畜的绒毛膜都整个地包围着胚胎和其它胎膜。绒毛膜靠胎盘和子宫黏液膜相接触，胎儿和母体的联系是通过胎盘来实现的。绒毛膜表有绒毛，绒毛是在尿囊增大时，其外层和绒毛膜融合，并使之血管化时生出的。各种家畜绒毛的分布及其与子宫黏膜的联系各具特点，因而胎盘也有种问的差异。

马的绒毛膜内面和尿膜的外膜结合在一起，绒毛膜外面均匀地覆盖有小绒毛。反刍动物的绒毛膜内面松软，和羊膜尿膜粘连着，绒毛膜上的绒毛呈簇丛状分布。猪的绒毛膜内面和羊膜及尿膜接触，整个绒毛膜表面都分布有绒毛。狗的绒毛膜是呈椭圆形的囊，中部绕以带状物，上有绒毛。

五、胎盘

胎盘是指尿膜绒毛膜和子宫黏膜发生的关系所形成的一种构造，尿膜绒毛膜形成胎儿胎盘，子宫黏膜部分形成母体胎盘。胎儿的血管和子宫的血管分别分布到自己的胎盘部分上去，而并不直接相通，仅在此发生物质交换，以保证胎儿发育的需要。

不同种类的动物具有不同类型的胎盘，马和猪是上皮绒毛膜型胎盘，牛、羊是结缔组织绒毛膜型胎盘。

上皮绒毛膜胎盘是在子宫黏膜表面上皮向黏膜深部凹陷，形成许多细管（腺窝）。胎儿的尿膜绒毛膜上面的绒毛表面有一层上皮细胞，其下面有许多血管，绒毛直接插入子宫黏膜上皮的腺窝内。由于绒毛均匀的分布在绒毛膜上，所以称为弥散型胎盘。绒毛与子宫黏膜上皮之间的关系并不很紧晰，彼此之川容易脱离。因此，马和猪在分娩后胎衣很容易脱落。

结缔组织绒毛膜胎盘的特点是在子宫内膜上有许多子宫阜逐渐发育成蘑菇状的母体胎盘—母体子叶（牛约有 70~120 个，羊约有 90~100 个）。牛的子宫阜呈圆凸形，羊的则呈中间凹陷形。在胎儿的尿膜绒毛膜上的绒毛形成簇丛状，即称为子叶，是胎儿胎盘部分，也叫子叶型胎盘。胎儿子叶包着母体子叶，绒毛插入母体子叶的腺窝中。羊的胎盘基和牛的相同，但子叶的形状正好相反。绵羊的母体子叶呈盂状，将胎儿子叶包在里面，山羊的母体子叶呈圆盘状，胎儿子叶呈丘状附着于其凹面上。

狗的绒毛膜带状部分构成胎儿胎盘，上面的绒毛深深的插入子宫黏膜，紧贴子宫血管的内皮。在绒毛插入处的黏膜剧烈增生，使绒毛和子宫黏膜紧紧相连。因而在分娩刚胎儿胎盘从子宫黏膜上脱落时引起血管破裂，而有较多的出血。

胎盘是维持胎儿生长发育的器官，主要功用是：气体交换，供给胎儿营养和排泄废物，内分泌作用。除此以外胎盘还能防止母体内抗体、微生物及寄生虫卵进入胎儿体内，对胎儿起着防御保护作用。胎儿和母体之间的血液并不发生直接的流通，胎儿胎盘和母体胎盘之间的物质交换是通过渗透作用，弥散作用以及复杂的生物化学变化过程。

六、脐带

脐带是胎儿与胎膜之间连系的索状物，其外膜是由羊膜形成的羊膜鞘，其内由脐血管、脐尿管及卵黄囊的遗迹所构成。在脐带的根部，牛、羊的脐动脉和脐静脉各有两条，入脐孔之后脐静脉合为一条，脐血管与脐孔组织的联系较松，断脐后血管断端缩至腹腔内。马和猪脐带内有两条动脉和一条静脉彼此缠绕在一起。

马的脐带较长，所以马卧下分娩时脐带不断，站起来时才断裂。其他动物的脐带都比较短，当胎儿生下时，脐带即被拉断。

第三节　怀孕时母体的变化

一、生殖器官的变化

怀孕以后，随着胚胎的发育及内分泌的作用下，整个有机体逐渐发生改变，生殖器官的变化最为明显。

（一）卵巢

在排卵后即逐渐生成黄体，怀孕以后黄体即持续存在下来。黄体分泌黄体酮，是维持怀孕过程的重要物质。卵巢中不再发育形成卵泡，所以，怀孕后摘除黄体，都会在几天内发生流产。

怀孕以后，卵巢的位置随着子宫的重量及体积的增大而向前向下移位。

（二）子宫

怀孕以后，子宫的形状、体积、黏膜、血管均发生显著的变化。

怀孕后，子宫体积逐渐增大，单胎怀孕时，首先从孕角和子宫体开始增大。马怀孕时胚胎位于一侧子宫角和子宫体交界处，所以这里首先扩大。牛、羊、马孕角的增大主要是子宫大弯向前扩张，小弯则伸张不大。孕角比空角大的多 a 怀孕末期，牛、羊子宫占据腹腔的右半，并超过中线达到左侧，瘤胃被挤向前移。马的子宫位置于腹腔中部，有时偏左或偏右侧。猪的子宫角最长（可达 1.5~3m）曲曲折折地位于腹腔底部，向前可达横隔膜。狗和猫的子宫内有许多胎儿，形似管状。妊娠初期子宫角中有呈壶腹状的膨大部分，妊娠末期则消失。两侧子官角形成攀曲，向前达到横隔膜和肝脏。

怀孕后期，子宫肌纤维逐渐增长，由于胎儿及胎水使子宫发生扩张，因此子宫壁变薄。子宫扩韧带由于肌纤维肥大和结缔组织增殖而变厚。

子宫黏膜于受精后，在雌激素和黄体酮的作用下，血液供给增多，上皮增生，黏膜增厚，并形成大量皱壁，使面积增大，予宵腺扩张、伸长，细胞中糖原增加，而且分泌增多，以利于囊胚的植入和供应胚胎发育所需要的营养物质。以后子宫黏膜形成母体胎盘。

（三）子宫动脉

随着胎儿发育所需要的营养物质增多，血液供给也必须增加，分布到子宫上的血管分支增多，而且变粗。子宫中动脉和子宫后动脉的变化尤为明显，至怀孕来期，马、牛的子宫中动脉可达手指粗，同时出现怀孕脉搏。

（四）子宫颈

怀孕后子宫颈收缩很紧，而且变粗。黏膜增厚，黏膜上皮的单细胞腺分泌粘稠的黏液，填充于子宫预内，称为子宫颈塞，将子宫颈完全封闭起来。起着保护胎儿的作用。子宫颈的位置，随着怀孕期的增加而由前向后推移。至怀孕后期，由于子宫扩张很大，又回到骨盆腔内。

二、全身变化

怀孕以后，在黄体和胎盘的激素影响下，其它内分泌腺的机能也发生变化。怀孕以后，母体新陈代谢旺盛，食欲增加，消化能力提高，所以孕畜的营养状况转好。但是到了怀孕末期，孕畜则变为清瘦。

在怀孕后半期，如果孕畜矿物质及维生素饲料供应不足，母体骨组织钙盐就减少，故后肢易发生跛行，牙齿也可受到缺钙的影响。

心、血管系统在怀孕的影响下，也发生变化，左心室肥大，时常出现较轻度腹水和腹下水肿（妊娠浮肿）。

随着胎儿的逐渐增大，腹内压力增高，因而内脏器官的容积减小。孕畜排尿、排粪次数增多，而每次量减少。由于横隔膜受到压迫，氧分压低，而且胎儿需氧量增加，所以呼吸次数增加，呼吸形式由胸腹式变为胸式呼吸。随着胎儿的发育，腹围增大，腹部轮廓发生改变。至怀孕后半期，孕畜行动变得稳重，谨慎，容易疲乏和出汗。

第四节　怀孕诊断

为了判断家畜在配种之后是否怀孕，必须进行怀孕检查。如果已怀孕，则应改善饲养管理，注意使役情况，保证胎儿发育和母体健康。如果没有怀孕，则应密切注意再次发情并适时配种。如果是即未怀孕，同时又不发情，则应作进一步检查，并加以合理治疗。

怀孕诊断不但要求准确，而且要求作出早期诊断，这在生产上具有重要意义。怀孕诊断的方法很多，基本分为三类，即临床诊断法、实验室诊断法和特殊诊断法。但是这些方法各有其特点。

一、问诊

必须认真、态度亲切和蔼，要求畜主实事求是回答。问诊时需注意询问以下有关内容。

1. 过去配种及受胎情况，已往分娩及产后的情况。如果上述已往情况都良好，又没有生殖器官疾病，那么怀孕的可能性较大。

2. 最后一次配种的确实日期，由配种日期才能知道是否到了检查的时间。如果是怀孕，由于怀孕日期的长短不同，母畜的变化及胎儿的发育也就不同，检查的方法、对象也就不完全一样。

3. 最后一次配种之后，曾否再发过情？如果再未发情，可能已怀孕。反则可能未怀孕。但是猪怀孕后出现发情的也有，往往拒配。

4. 食欲、精神和营养状况是否较前有所变化？一般怀孕后，食欲增加，营养状况改善，精神良好。怀孕后期变得清瘦。

5. 乳房、腹部是否逐渐增大？怀孕以后，乳房和腹部开始逐渐增大。

二、视诊

注意营养状况及被毛状况有无改善。乳房是否胀大？

1. 腹部外形变化：马、牛至怀孕后半期，腹部显得不对称，怀孕则下垂突出，腹肋部凹陷。下垂突出部分：马为左侧，牛、羊为右侧，猪是下腹部。

2. 胎动：胎动是指胎儿活动所造成的孕畜腹壁的颤动。怀孕 7~8 个月，观察乳房前的下腹壁或侧腹壁的最突出部分。

3. 妊娠浮肿：马比牛发生腹下水肿者较多。一般开始发生于产前一个月。分娩后 10d 自行消失。

三、触诊

系从腹壁触摸胎儿及胎动的方法。各种家畜触诊，只有在怀孕后期方能有效。

马、驴是在左侧进行。检查者立于左侧，面向臀部略为弯腰，左手搭于马背部，右手掌托于左下腹壁（膝关节前与脐孔的联线下），手掌始终不离开腹壁，一推一松，反复推动几次，可触得有硬固物顶撞手掌，即是胎儿。为了准确起见，须将手掌移动位置，反复操作。在 7~8 月以上的，都可以触到胎儿。

牛的触诊是在右侧进行，方法基本同马。

羊的触诊是检查者面向后，两腿夹住羊的颈部，然后用两手从左右两侧伸入下腹壁兜住羊的腹部，两手交替向上触压，即可触到胎儿，有时还可以摸到子叶。

猪的腹壁厚，胎儿较小，触诊较困难。通常用搔痒使猪卧下，然后左手放入相当于倒数第二对乳头处的贴地面一侧腹壁，另一手掌由上向下触压，并交替进行，可感到有无胎儿。

四、阴道检查

阴道检查主要是观察阴道黏膜、黏液及子宫颈的变化。由于这种检查方法存在某些缺点，如早期诊断困难；卵巢上有持久黄体时，阴道内出现与怀孕相似的变化，当子宫颈和阴道有病理变化时，往往不表现怀孕症状。所以只能作为其他检查方法的辅助方法之一，实际临床上很少应用。

五、直肠检查

直肠检查是隔着直肠壁来触摸卵巢、子宫（角、体、颈）、子宫阔韧带、子宫动脉及胎儿。这是大家畜怀孕诊断中最基本、最可靠的方法，而且能够大致确定怀孕的时间。

直肠检查前的准备工作和操作方法见“《临床诊断》直肠检查部分”。

直肠检查时应注意下列几点：

1. 怀孕早期，胚囊很小，子宫变化不大，触摸子宫要轻，以免伤害胚囊，引起流产。

2. 检查过程中，肠管往往紧缩，或形成空洞，这时需耐心等待到肠蠕动弛缓时，再继续检查。否则会造成肠管损伤，或招致流产。

3. 最好在早晨饲喂前，或绝食半日后进行检查。此时，便于触诊和判断。

直肠检查的顺序和方法：马的检查是由卵巢开始，再摸子宫角、子宫体、子宫颈，最后触摸子宫动脉。一侧检查完毕后，再检查另一侧，在怀孕中、后期，因子宫前移，可以直接触摸子宫。

牛是先从子宫颈开始，子宫颈长 6~10cm 呈硬的圆筒状。再将中指向前滑动，寻找角间沟，然后将手向前向下再向后，试图把两个子宫角全部掌握在手内，而后分别触摸两个子宫角。在经产的大母牛，了宫角不呈绵羊角状，而且垂入腹腔，不易全部摸到。这时可先握住子宫颈将子宫向后轻拉，然后向前即可摸到子宫角。

摸过子宫角以后，在子宫角尖端外侧或下侧触摸到卵巢。可用一只手去触摸两侧的子宫角及卵巢。

在怀孕两个月以上的牛，由于子宫角已变形，卵巢位置下降，这时靠触诊子宫、子宫中动脉及胎儿来作出判断。

六、实验室诊断

（一）子宫颈黏液苛性钠煮沸试验

原理：怀孕时子宫颈黏液蛋白含量增多，存碱性溶液作用下黏液蛋白分解成糖，糖遇碱则呈淡褐色或褐色。

方法：用子宫颈钳或长镊子从子宫颈采取黄豆大小的黏液一块置试管内，加入 10% 的苛性钠溶液 2~4ml，煮沸 1min，观察反应。

结果阳性——液体呈褐色至暗褐色。

阴性——液体为透明黄色。

子宫颈黏液比重测定：原理怀孕1~9个月的母牛子宫颈阴道黏液的比重为1.013~1.016。未怀孕者比重不到1.008，因此，可利用比最为1.008的硫酸铜溶液来测定子宫颈阴道黏液的比重来判定怀孕与否。

方法：用子宫颈钳或敷料钳采取子宫颈黏液黄豆大小一块，放入比重为1.008的硫酸铜溶液内，浸入表层下1~2cm，观察结果。

结果阳性——黏液块迅速沉入管底。

阴性——黏液块浮在表面5~6s不向下沉。

第五节　正常分娩与接产

母体怀孕以后，经过一定时期，胎儿发育成熟，在各种因素的共同作用下，母体将胎儿及其附属膜从子宫内排出体外，这一生理过程称为分娩。

一、分娩发生的原因

目前一般认为，分娩的发生并不是由某一特殊因素所致，而是许多因素综合发生作用的结果。

（一）机械的刺激到妊娠末期

胎儿迅速生长，由于胎儿增大，胎水增多，致使子宫过度膨胀，子宫内压不断增高，一方面直接刺激子宫肌的收缩反应；另一方面使子宫肌对雌激素和催产素的敏感性增强，因此产生分娩现象。双胎比怀单胎的怀孕期短，有助于证实这一点。也可认为是因为子宫张力增强后，胎盘血液循环量减少，引起缺血，刺激胎儿活动，引起子宫收缩，而发生分娩。

（二）激素的作用

1. 催产素催产素是垂体后叶分泌的激素，能使子宫发生强烈收缩，对分娩起着重要作用。

在分娩开始阶段，血中催产素的含量变化不犬，但在胎儿排出时则达到高峰，随后又降低。在怀孕末期，黄体酮分泌量减少，雌激素分泌量升高，可以激发垂体后叶释放催产素，启动分娩。也可能是子宫颈发生了扩张，胎儿对子宫颈和阴道的刺激，反射性地使垂体后叶释放出大量催产素，导致胎儿产出。

2. 黄体酮胎盘及黄体产生的黄体酮，对维持怀孕起着非常重要的作用，黄体酮能够抑制子宫收缩。这种抑制作用一旦被消除，既成为引起分娩的诱因。在家畜，血液中黄体酮浓度的下降正是发生在分娩之前，这可能是胎儿糖皮质类同醇刺激子宫合成前列腺素，抑制孕酮的产生所致。

3. 雌激素雌激素为胎盘所产生，至怀孕末期逐渐增加，主要作用是使子宫颈、阴道、外阴及骨盆韧带变为松弛。至分娩开始时达到高峰，从而增强子宫肌的自发性收缩。

此外，尚有前列腺素、肾上腺类皮质激素、松弛素类，都对分娩起着一定的作用。

（三）中枢神经系的协调作用

胎儿的前置部分刺激予官颈及阴道之后，通过神经传导使垂体后叶释放出催产素，从而增强子宫收缩。外界环境因素的干扰也是通过中枢神经系统对分娩发生作用。

（四）胎儿因素

牛、羊对于启动分娩起着非常重要的作用。

综上所述，各种家畜分娩的机理可能各有所不同，有的因索可能比其他因素起着更重要的作用。但是，分娩的启动因素可能是各种因素共同作用的结果。

二、决定分娩的因素

分娩是胎儿从子宫中通过产道排出来。分娩过程如何，主要取决于产力、产道及胎儿，也就是母体和胎儿两个方面。一般情况下，这三种因素是互想适应、相互协调的，分娩就能顺利进行，否则就可能发生难产。

（一）产力

产力是指胎儿从予宫推出的力景，主要是子宫肌收缩力，其次是腹肌收缩的力量。这两者共同构成产力。子宫肌的收缩称为阵缩，腹肌和膈肌的收缩称为努责。

阵缩是有节律的收缩，起初，子宫的收缩短暂、不规律、力量也不强，以后则逐渐变为持久、规律、有力。每次都是由弱到强，持续一定时期又减弱消失。两次阵缩之间有一间歇。

阵缩对胎儿是非常重要的。子宫壁收缩时血管受到压迫，胎盘上血液循环及氧的供给发生障碍；间歇时，子宫松弛，血管所受压迫消失，胎盘上的血液循环及氧的供给恢复。否则，胎儿在排出过程中会因缺氧而死亡。

（二）产道

产道是指胎儿产出时的必经之路，其大小、形状、松弛度等，直接影响分娩过程。产道包括软产道和硬产道两部分。

1. 软产道：包括子宫颈、阴道、前庭及阴门，这些都是由软组织所构成的。

子宫颈在怀孕时紧闭；分娩前变得松弛、柔软，分娩时扩张并能适应胎儿顺利通过。阴道、前庭及阴门在分娩前和分娩时也变得松弛、柔软并富有弹性，并能扩张使胎儿通过。所以，在分娩时，软产道的松软程度和扩张力和胎儿产出是否顺利有直接关系。

2. 硬产道：是指骨盆，是由荐骨、前三个尾椎、髋骨（耻骨、荐骨、髂骨）及荐坐韧带所构成。

骨盆入口：是腹腔通往骨盆的孔道，是由荐骨基部（顶部）、髂骨干（两侧）、耻骨前缘（底部）所组成。骨盆入口的大小，是由有关的荐耻径、横径及倾斜度所决定。

荐耻径（上、下径）：是岬部到骨盆联合前端连线的长度。岬部是第一荐椎体前端向下突出的地方。

横径：有上、中、下三条。上横径是荐骨基部两端之间的距离，中横径是指骨盆入口最宽的地方，即两髂骨干上的腰肌结节之间连线的长度，下横径是耻骨梳两端之间连线的长度。

倾斜度：是指髂骨干与骨盆底所形成的夹角。

荐耻径：中横径的长度决定骨盆入口的大小}两者长度的差距决定入口的形状，差距越小，越接近呈圆形。骨盆入门越大越圆，胎儿头越容易进入骨盆腔。倾斜度越大，髂骨干越向前方倾斜，骨盆顶后端活动部分就越向前移，当胎儿通过骨盆狭窄部即两侧坐骨上棘之间时，骨盆顶部就容易向上扩大，胎儿也就容易通过。

骨盆出口：是由第三尾椎，两侧由荐坐韧带及半膜肌的起点，下由坐骨弓等所形成的。出口的上、下径是第三尾椎体和坐骨联合后端连线的长度。由于尾椎活动性大，上下径在分娩时容易扩大。

出口的横径：是两侧坐骨结节之间的连线，坐骨结节构成出口侧壁的一部分，因为坐骨结节越高，出口的骨质部分也就越多，就越会妨碍胎儿的通过。

骨盆腔：是骨盆入口与出口之间的腔体。骨盆腔的大小决定于骨盆腔的垂直径及横径。

垂直径：是由骨盆联合前端向骨盆顶所作的垂线。

横径是两侧坐骨上棘之间的距离。坐骨上棘越低，则荐坐韧带越宽，胎儿通过时骨盆腔就越能扩大。

骨盆轴：实际上是一条假想线，是通过骨盆入口荐耻径、骨盆垂直径及出口上下三条线的中点，线上的任何一点距骨盆壁内面各对称点的距离都是相等的。表示出胎儿通过骨盆时所走的路线。骨盆轴越短、越直，胎儿通过就越容易。

各种家畜骨盆的特点：

马：骨盆入口近似圆形，倾斜度大。骨盆侧壁的坐骨上棘较小，荐坐韧带宽，骨盆横径较大。出口的坐骨结节较低，因而参与构成出口的骨质部分较少，出口容易扩大。骨盆底宽而平。骨盆轴为一向上稍凸的弧形，短而直。所以胎儿排出比较容易。

牛：骨盆入口的中横径比荐耻径小，呈竖的长圆形，倾斜度较马的小。骨盆壁的坐骨上棘很高，向内倾斜，所以骨盆腔横径小，荐坐韧带也因而较窄。骨盆底凹陷大而且后部向上倾斜，致使骨盆轴呈曲折形，即先向上向后，再水平向后、再向上向后，胎儿在排出过程中必须按照这一曲线改变方向。出口的坐骨结节高，也影响着胎儿的排出。

羊：入口呈椭圆形，入口倾斜度大，骨盆顶的最后两荐椎及尾椎的活动性犬。坐骨上棘低，并向外翻。骨盆底比牛阔而浅，所以骨盆轴与马的大致相同，为一弧形。所以有利于胎儿排出。

猪：骨盆入口为椭圆形，入口倾斜度很大。坐骨上棘及坐骨结节较发达，但骨盆底宽而平，坐骨后部宽大。骨盆轴向后向下倾斜近乎直线，故胎儿通过比较容易。

三、分娩时胎儿与母体产道的关系

分娩过程的正常与否，取决于胎儿体积与骨盆容积之间的相互关系以及胎儿各部分与母体产道之间的相互关系。

1.胎向：是指胎儿的方向，也就是胎儿身体的纵轴与母体身体纵轴的关系。

纵向：是胎儿身体纵轴与母体纵轴互相平行。在正生时，胎儿的方向与母体方向相反，即头和前肢先进入骨盆腔。倒生时是胎儿的方向和母体方向一致，即后肢和臀部先进入骨盆腔。

横向：是胎儿横卧于子宫内，胎儿身体的纵轴于母体纵轴呈水平垂直。有背部朝向产道或腹部（四肢）朝向产道两侧。前者称为背部前置的横向，后者称为腹部前置的横向。

竖向：是胎儿身体纵轴向上与母体纵轴上下垂直。有的背部向着产道，称为背竖向，有的腹部向着产道，称为腹竖向。

纵向：是正常的胎向，横向和竖向是反常的胎向。

2. 胎位即胎儿在子宫内的位置，是指胎儿的背部与母体背部或腹部的关系。

上位：是胎儿伏卧于子宫内，背部在上靠近母体的背部及荐部。

下位：是胎儿仰卧于子宫内，背部朝下靠近母体腹部及耻骨。

侧位：是胎儿侧卧于子宫内，背部朝向母体腹侧壁（右侧或左侧）。

其中上位是正常的。侧位如果倾斜度不大，仍可视为正常胎位。

3. 胎势：是指胎儿在子宫内姿势。也就是胎儿各部分是伸直状态或是屈曲的。

4. 前置：是指胎儿的某部分和产道的关系，哪一部分向着产道，就叫哪一部分前置。

在正常分娩时（正生）是两前肢前置，头颈置于两前肢之间之上。倒生时，则后两肢前置并伸直。这样胎儿以楔状进入产道，就容易通过骨盆腔。在猪，正生时胎儿的姿势是头颈伸直，两前肢向前伸直或肘关节屈曲，或者向后伸于胸下两旁；倒生时，两后肢伸直，或屈曲于腹下，呈坐骨前置。因为，小猪的四肢较短而且柔软，不容易因姿势的关系而造成难产，所以这些姿势一般情况下都认为是正常的。当胎儿发育过大时，如同时姿势又反常，往往可造成难产。

四、分娩的预兆

随着胎儿的发育逐渐成熟和分娩期的临近，母畜的生殖器官及骨盆部发生一系列变化，以适应排出胎儿及哺育仔畜的需要。因此，母畜的精神状态和全身状况也随着发生一系列改变。通常把这些变化称为分娩的预兆。根据这些变化，可以预测分娩的时间，以便做好按产的各项准备工作。

（一）乳房的变化分娩前乳房膨胀增大

奶牛一般在产前 10d 开始，马约在产前 2 个月，驴约 1.5 个月，猪在产前半个月左右，乳房基部与腹壁之间出现明显的界线。

对于判断分娩时间比较可靠的是乳头及乳汁的变化。经产牛在分娩前 10d，可从乳头中挤出少量初乳及胶样液体，到产前两天乳头巾充满初乳，有时出现漏乳现象，漏乳开始后数小时至 1d 即分娩。猪在产前 3d，乳头向外胀，中部两对乳头可以挤出少量清亮液体，产前 1d 左右，可以挤出 1~2 滴初乳，产前半天，前部乳头能挤出 1~2 滴初乳，产前 6h 左右后部乳头也能挤出初乳，中部乳头可成股挤出。羊在产前 2~3d，乳房膨火胀满，乳房基部有红晕带，可以挤出粘稠的乳汁。马在分娩前数天，乳房膨大，而且变硬，乳头内充满乳汁，产前当日或次日出现漏乳现象。驴在产前 3~5d，乳头基部开始膨大，产前 2d，整个乳头均变粗大，星圆锥状，乳头中可挤出初乳。

乳房的变化和母畜的营养状态有直接的关系，经产畜与初产畜也不一样，因此，不能单独从乳房的变化来判断分娩的具体时间。

（二）软产道的变化

子宫颈在分娩前 1~2d 开始肿大、松软。子宫颈塞溶解，流入阴道，有时流出于阴门之外，呈透明、拉长的线状。这在牛和山羊比较明显。猪有时见于产前数小时，马常无此现象。

阴道壁松软，并且变短，这在马、驴较明显。阴道黏膜潮红。黏液由原来的浓稠变为稀薄、滑润。

阴唇在分娩 6~7d，连渐柔软、肿胀，增大 2~3 倍，皮肤上的皱襞展平。马和乳山羊表现不太明显。

（三）骨盆韧带

骨盆韧带在临近分娩时开始变为松软，至产前 12~36h 荐坐韧带后缘变得非常松软，外形消失，尾根两旁只能摸到一堆松软组织，而且荐骨两旁软组织塌陷。荐骨可以左右活动的范围大，有利于胎儿排出。

（四）精神状态

产畜在临产前有精神抑郁及徘徊不安等现象，产畜都有离群寻找安静地方进行分娩的准备。猪在产前 6~12h 有衔草做窝现象。此外，还有食欲不振，排泄量少而次数增多。乳牛产前 7~8d，体温升高到 39~39.5℃，产前 12h 左右体温则下降 0.4~1.2℃；分娩过程中或产后又恢复到分娩前的体温。其它家畜也有类似的变化。

综上所述，都是分娩即将来临的预兆，但在预测分娩时间时，应该全面观察、分析，才能作出综合正确的判断。

五、分娩过程

整个分娩期是从子宫开始出现阵缩起，至胎衣完全排出为止。分娩过程是一个有机联系的完整过程。通常人为地分成三个时期。

（一）开口期

是从子宫开始阵缩起，至子宫颈充分开大为止。这一时期一般只有阵缩，没有努责。这一时期，产畜都是找一个安静的地方等待分娩。表现食欲减退，轻微不安，时起时卧，尾根抬起，常作排尿姿势，并不时排出少量粪尿。脉搏呼吸加快，开口期中母畜的表现有种间差异、个体差异，经产畜和初产畜也有较大差异。开口期持续的时间，牛为 0.5~24h，绵羊 3~7h，山羊 4~8h，猪 2~12h。

（二）产出期

是从子宫颈充分开大，胎囊及胎儿的前置部分进入产道，母畜开始努责，至胎儿排出或完全排出（双胎及多胎）为止。在此期间，阵缩和努责共同发生作用。

在产出期产畜表现极度不安，不时起卧，前蹄刨地，后肢踢腹，回头顾腹，唉气、拱背努责，随后在胎头通过骨盆腔及其出口时，产畜一般均侧卧，四肢伸直，强烈努责。努责数次后，休息片刻。然后继续努责，脉搏呼吸加快。脉搏马为每分钟 80 次，牛 80~130 次，猪 100~160 次。

由于强烈阵缩与努责，胎膜带着胎水被压迫向产道内移动，然后胎膜破裂，流出胎水（破水），胎儿也随着努责向产道推进。当努责间隙时，胎儿又退回子宫；但在胎儿头部进入骨盆腔之后，间隙时不再退回。在产出期中，胎儿最宽部分的排出需要时间较长，特别是胎头。当胎头通过骨盆腔及其出口时，产畜努责强烈，牛、羊常有叫声。在胎头露出阴门以后，产畜稍微休息。如为正生，在产畜努责配合下胎儿胸部排出。然后努责缓和，胎儿其余部分也随之排出，脐带也自行被扯断（牛、羊），仅胎衣滞留子宫内。此时，产畜不再努责，休息片刻后起来照顾新生子畜。

牛、羊和猪的脐带一般都是在胎儿排出时就从皮肤脐环之下被扯断。马卧下分娩时则脐带不断，等母马站起来或幼驹挣扎时，才被扯断。

各种家畜在产出期的特点：

牛、羊：努责开始后，产畜即卧下，有时也时起时卧，至胎头通过骨盆的坐骨上棘之间的狭窄部时才卧下，有的牛在胎头通过阴门时才卧下。牛、羊的努责一般较马缓和，但每次努责的时间较马长。胎儿头部通过骨盆时也较马慢得多。

牛、羊的胎膜多数是羊膜绒毛膜先形成一个囊，突出于阴门外，当阵缩和努责加强时，随着胎儿向产道的推力加大，羊膜绒毛膜受尿膜绒毛膜的牵制，使突出的水囊破裂（破水），流出淡白色或微黄色的粘稠羊水。尿膜绒毛膜至胎衣排出时才破裂。所以牛、羊胎儿排出来时，身体都不会被完整的羊膜包着，故不会发生胎儿窒息的危险。

牛产出期的时间为 0.5~6h，双胎时两胎儿相隔 20~120min；水牛产出期平均 19min，绵羊为 15 分钟至 2.5h，双胎儿间隔 5~60min；山羊为 0.5~4h，两个胎儿相隔时间多为 5~15min。

猪：其子宫收缩除了纵的收缩以外，还有分节收缩。收缩是由距子宫颈最近的胎儿前方开始，子宫的其余部分则不收缩，然后两子宫角轮流收缩，逐渐达到子宫角尖端，依次将胎儿完全排出来。由于各个胎儿的胎膜囊端都是彼此相连的，形成一条有许多间隔的胎膜囊管道，所以胎儿是顶破与前一胎儿之问的间隔，穿过这一管道而被排出。

猪在这一时期多为侧卧。胎膜不露出在阴门之外，胎水也很少，每生一个胎儿之前有少量胎水外流。母猪努责时后腿伸直，翘起尾巴每次生出一个胎儿，依次全部排完胎儿。

猪的产出时间是根据胎儿数目及其间隔的时间而定。第一个胎儿排出较慢，一般为 10~60min，胎儿排出的间隔时间平均 2~3min，引进品种较慢，多为 10~30min。

马、驴：在产出期开始之前，阴道已大为缩短，子宫颈位于阴门之内不远的地方，质地柔软，但并不开张，开始努责时即卧下。经过数次努责，子宫颈内口附近的尿膜绒毛膜脱离子宫黏膜，带着尿水，呈一囊状，进入子宫颈，并将子宫颈撑开，当子宫断续收缩时，更多的尿水进入此囊，然后在阴门口破裂，而流出尿水，呈黄褐色稀薄液体，称为第一胎水。第一胎囊破裂后，尿膜羊膜囊即露出于阴门口或阴门之外，并能看到胎儿蹄及羊水。羊水亦称为第二胎水，产畜休息片刻后，努责更加强烈，随即胎儿排出，胎囊往往在胎儿头、颈、前肢排出过程中被撕裂，母马分娩唇常不愿立即站起来，胎儿排出后胎囊有时不破裂，助产人员应立即撕破，以免发生窒息。马产出期持续时间为 10~30min。

（三）胎衣排出期

胎衣排出的时间，是从胎儿排出后算起，到胎衣完全排出来为止。胎衣是胎膜的总称。

胎儿排出之后，产畜即安静下来，几分钟后，子宫再次出现微弱的阵缩。此时努责停止或轻微。胎儿排出后，胎儿胎盘血液循环停止，绒毛体积缩小，同时母体胎盘已不需要原来那么多血量，血液循环减弱，子宫黏膜腺窝的紧张性降低。因此，二者之间的间隙扩大，借助露在外面胎膜重力的牵引，绒毛膜便从腺窝中脱落下来。

因为，母体胎盘血管不受破坏，所以，各种家畜胎衣脱落时都不出血。胎衣排出的快慢，因各种家畜的胎盘构造不同而异。马和猪的胎盘属于上皮绒毛膜型，母子的胎盘结合比较疏松，胎衣容易脱落。马的胎衣排出期为5~90min。猪的胎衣分两堆排出，排出的时间为10~60min。牛的胎盘属于上皮绒毛膜与结缔组织绒毛膜混合型，母子的胎盘组织结合比较紧密，同时由于子叶呈辫菇状结构，子宫收缩不易影响到腺窝。所以，只有当母体胎盘组织张力减轻时．胎儿胎盘的绒毛才能脱落下来，牛的胎衣排出时间一般为2~8h，最长达12h。羊的胎盘由于子叶的构造与牛不同，故排出历时较短。绵羊为0.5~4h，山羊为0.5~2h。

在胎衣排出过程中，单胎家畜的子宫收缩是由子宫角尖端开始的，所以胎衣也是先从子宫角尖端开始脱离子宫黏膜，形成套叠，然后逐渐翻着排出来，因而尿膜绒毛膜的内层翻在外面。在难产或胎衣排出延迟时，偶尔也有不是翻着出来的。

六、接产分娩

母畜繁殖的一个生理过程。在正常情况下，母畜有本能去完成，而不要过早的过多干预。但是动物在家养以后，失去了自由，运动量大大减少，食物改变了，生产性能增强了，环境的干扰增多，这些因素都可能影响母畜的分娩过程。所以接生的目的是观察分娩过程是否正常，或者稍加帮助，以减少母畜的体力消耗。异常时，须及时助产，以免母子受害。

（一）助产的准备工作

为了使接产工作能够顺利进行，必须做好仔细的准备工作，尤其是在一些较大型的企业。

1. 产房在国有农牧场和养殖企业，应根据自己的条件准备好专用的产房。产房应宽敞、清洁、干燥、阳光充足、通风良好。墙壁、饲槽、地面要便于消毒，褥草要经常更换。猪的垫草不可过长和铺得过厚，以免影响小猪活动。猪的产房内要设护子栅。冬天应设置取暖设施，产房温度一般不应低于15~18℃。

根据预产期，应在产前7~15d将马、牛移入产房，以便熟悉环境，并每天检查产畜健康状况，注意分娩预兆。

2. 药械及用品在产房里药械用品应放置于适当的位置。常用的药品有：70%酒精、2%~5%碘酊、新洁尔灭、催产素、强心药等，器械有：注射器、脱脂棉、脱脂纱布，常规外、产科器械、临床检查器械等；物品有：细绳、毛巾、肥皂、大块塑料布、照明设备、足够的热水等。

3. 接产人员、生产企业、大型农牧场，应配备训练有素的接产人员，严格遵守接产的操作规程，严格值班制度，尤其是夜间值班，因为家畜分娩多在夜间。

（二）正常分娩的接产

1. 临产前清洗母畜的外阴部，并用消毒药水擦洗。用尾绷带缠好尾根，并拉向一侧固定于颈部。接生人员穿好工作服、围裙、胶靴，消毒手臂，并作必要的产前检查。

2. 在大家畜，当胎儿进入产道时，可将手臂伸入产道检查，以确定胎向、胎位、胎势是否正常，以便确定分娩情况。如果是正常，应任其自然产出。否则，应及早采取救治措施.

3. 当胎儿唇部或头部露出阴门时，如果上面盖有羊膜，可将其撕破，将胎儿鼻孔内的黏液擦净，以利呼吸。

4. 注意观察产畜努责及产出过程是否正常。如果产畜努责、阵缩微弱，无力排出胎儿，产道狭窄，胎儿过大，产出滞缓，正生时胎头通过阴门困难，迟迟没有进展，倒生时产出困难等，均应迅速强行拉出胎儿，以免因缺氧而窒息。如果纯属阵缩微弱，可及时注射催产素及其他药物。

5. 对新生仔畜的处理

（1）擦干口鼻内的羊水及黏液，观察呼吸是否正常，如无呼吸应立即抢救（参见新生仔畜窒息）。

（2）处理脐带，牛、羊产出后，脐带一般均被扯断，因脐血管回缩，脐带仅为一羊膜鞘。马的脐带则不断，可在距肚脐 3~5cm 处涂碘酊消毒，将胎盘上的血液挤入胎儿体内，将脐带双重结扎后剪断，涂碘酊，加以包扎。

（3）擦干身体，将仔畜身上的羊水擦干，尽可能让母畜舐干，以使产畜舔食羊水，有利于促进子宫的收缩，促使胎衣排出。

（4）扶助仔畜站立，帮助找到乳头，协助仔畜吃奶。

6. 胎衣排出后，应检查是否完整及有无病理变化，排出的胎衣检查后，应及时埋掉，切勿让产畜吞食掉，以免引起不良恶果。

七、产后期

从胎衣排出到生殖器官复原，这段时间称为产后期。产后期生殖器官的主要变化如下：

（一）子宫怀孕

子宫怀孕后子宫发生一系列变化，产后都要恢复原来的状态，称为复旧。

当胎儿排出以后，子宫迅速缩小。产后头一天大约每分钟收缩一次，产后 3~4d 逐渐少到每 10~12min 收缩一次。这种收缩使怀孕期间伸长的子宫肌细胞缩短，子宫壁变厚，以后子宫壁中增生的血管变性，部分被吸收，部分肌纤维和结缔组织也变性被吸收，剩下的肌纤维变细，于官壁又变薄。子宫并不能恢复到原来的大小形状。

分娩以后，子宫黏膜上发生再生现象，一部分黏膜实质变性、萎缩并被吸收。怀孕期中作为母体胎盘的黏膜表层发生变性脱落，并由子宫腺的上皮增生而重新生长出新的上皮。再生过程中变性脱落的母体胎盘，残留在子宫内的血液、胎水以及子宫腺的分泌物被排出来，这种混合液体称为恶露。产后头几天恶露量多，因其内含有血液而呈红色，并含有母体白色的胎盘碎片。以后颜色逐渐变淡，血量减少，大部为子宫颈及阴道分泌物。最后变为无色透明，停止排出。正常的恶露有血腥味。如果有腐臭味，便是有胎盘滞留或产后感染。恶露排出期长，且色泽、气味反常或呈脓样，则表示子宫内有病理变化，应及早采取治疗措施。

在子宫肌纤维及黏膜发生变化的同时，子宫颈也逐渐复旧。

马的子宫复旧较快，产后 8~12d 完成。恶露量不多，产后 3d 停止排出。产后 13~25d 子宫内膜已完全更新。

牛产后恶露很多，产后 3~4d 开始大量排出，持续时间也较长。头两天暗红，以后呈黏液状，逐渐变为透明，10~12d 停止排出。

牛在产后 12~14d，子宫基本上就恢复了原来的形状及大小。子宫颈的收缩是从内口开始。产后 1~2d，子宫颈一般收绵到人的手勉强通过，3~4d 仅能伸入二指，5~7d 后一个手指也不易插入。至产后 45d，子宫就能恢复原状。

水牛产后期恶露较多，但持续时间较短。完全复旧平均需 49d。产后的前 2 周复旧速度快，以后逐渐减慢。

羊恶露不多，绵羊在产后 4~6d 停止，山羊一般约两周。子宫复旧至少需 24 天才能完成。

猪恶露很少，初期为污红色，以后变为淡白色，继则变为透明，一般在产后 2~3d 停止排出。子宫上皮在产后 3 周即已更新。子宫复旧在产后 28d 以内完成。

（二）卵巢

分娩以后卵巢内即有卵泡发育，但是产后出现第一次发情的时间各不相同。马产后发情来得早。牛产后发情来得晚。

（三）阴道、前庭及阴门

在分娩后 4~5d 即复原。

（四）骨盆及其韧带

在分娩后 4~5d 恢复原状。

（五）妊娠浮肿

马、牛腹下妊娠浮肿，产后即逐渐缩小，一般在产后 10d 左右消散。乳房浮肿在产后数天即消失。

八、产后母畜的护理

在分娩过程中，母畜丧失水分较多，所以产后及时供给足够的温水或麸皮汤、稀粥等。

分娩时母畜整个机体，特别是生殖器官，发生剧烈变化，机体抵抗力降低，胎儿通过产道时可能造成许多表层的损伤，子宫颈张开，子宫内积存大量恶露，这些都为微生物的侵入和繁殖创造了条件。因此，产后要注意外阴部的清洁，用消毒药液清洗外阴部、尾根及后躯。常更换清洁的垫革。

产后应给予品质良好、易于消化的谷类饲料，以后逐渐恢复日粮。马 3~6d，牛 10d，绵羊 3d，山羊 4~5d，猪 8d。

产后要注意观察母畜有无努责，如果出现频频努责，应及时检查子宫是否还有胎儿或有子宫内翻等，应及时处理。

对产后母畜要定期检查，注意恶露的质和量，排出的时间长短。每日测量体温，检查外阴部，乳房及其他有无炎症及损伤，若及早发现应及时处理。

第二十六章　怀孕期疾病

第一节　流产

流产是指胚胎或胎儿与母体的正常生理关系被破坏，而使妊娠中断，胚胎在子宫内被吸收，或排出体外死亡的胎儿，称为流产。它可以发生在妊娠的各个阶段，但是妊娠早期多见。各种家畜均可发生。

病因　引起流产的原因很多，可以分为传染性流产和非传染性流产。

传染性流产：主要是由于病原微生物侵入而引起，常发生于某些传染病过程中，如牛、羊的布氏杆菌病、沙门氏杆菌病以及马的传染性流产等。

非传染性流产：主要是由于饲养管理不当而引起的。主要包括下列几种：

营养性流产：由于饲料品质不良，缺乏某些营养物质，以及饲养管理失误，贪食过多，消化机能紊乱等而引起。

损伤性流产：外界机械性损伤，引起子宫收缩。如冲撞、蹴踢、剧烈的运动，蹬空闪伤、使疫不当、过劳以及粗暴的直肠检查、阴道检查等。

习惯性流产怀孕时虽然饲养管理条件正常，但由于连续的几次流产而引起习惯性流产，这种流产主要是由于内分泌异常或形成条件反射所致。

药物性流产母畜在怀孕时大量服用泻剂、利尿剂、驱虫剂和误服子宫收缩药物，催情药和妊娠禁忌的其他药物。此外，也常继发于子宫阴道疾病、胃肠炎、疝痛病、热性病及胎儿发育异常等。

症状　在流产发生之前，表现拱腰、屡作排尿姿势，自阴门流出红色污秽不洁的分泌物或血液，病畜有腹痛现象。进而根据胎儿的情况出现下列现象：

1. 隐性流产：即胚胎在子宫内被吸收称为隐性流产。主要发生在妊娠初期，胚胎尚未形成胎儿。胚胎死亡后组织液化，被母体吸收，或者在下次发情过程中随尿排出。未表现任何临床症状。另一种是配种后再未发情，经检查已怀孕，但过一段时间后又再次发情，从阴门中流出较多的分泌物。而发生了隐性流产。

2. 早产有和正常分娩类似的前征和过程：排出不足月的胎儿，称为早产。一般在流产发生前 2~3d，乳房肿胀，阴唇肿胀，乳房可挤出清亮的液体。早产的胎儿如有吸吮反射时，可加以挽救，精心管理，人工喂养以使其存活 .

3. 小产排出死亡未发生变化的胎儿：是最常见的一种流产。胎儿死亡后，可引起子宫收缩反应，于数天之内将死胎及胎水排出。

4. 延期流产也称死胎停滞：胎儿死亡后，囊巢中黄体的机能仍然正常，因而子宫反应微弱，子宫颈封闭较紧，外界的病原微生物不易侵入，胎儿不发生腐败分解，但又不排出，久之胎水及胎儿组织水分被吸收后，胎儿体积缩小而逐渐变成干尸化（木乃伊）。另一种，情况是胎儿软组织被溶解，形成暗褐色黏稠液体，经发酵分解为带有恶臭的液体，而骨骼仍遗留在子宫内，这种现象称谓胎儿浸渍。此时如果微生物侵入，则胎儿发生腐败分解，可并发子宫内膜炎及败血症。患畜全身症状恶化，体温升高，精神萎糜，食欲废绝，久之消瘦乃至死亡。

治疗　当发现母畜出现有流产预兆时，及时进行检查，如子宫颈口紧闭，胎儿仍活着时，应及时采取保胎措施。使母畜安静，减少不良刺激。为制止阵缩和努责，马可静脉注射5%水合氯醛溶液200ml或安溴注射液，肌肉注射盐酸氯丙嗪注射液，马、牛1~2mg/kg，羊1~3mg/kg。马、牛皮下注射1%硫酸阿托品3~5ml。

为了安胎可肌肉注射黄体酮马，牛50~l00mg猪、羊10~30mg，每日或隔日一次。为防止习惯性流产，在怀孕的一定时期可注射黄体酮。

当胎膜已破，胎水流出，流产已不可避免时，应积极采取措施，促使胎儿及早排出，以免在子宫内腐败，引起并发症。当子宫颈口尚未完全张开，可肌肉或皮下注射乙烯雌酚注射液，大家畜20~30mg，猪5~l0mg，羊1~3mg。若子宫颈口已完全张开，可肌肉注射垂体后叶素，大家畜50~80IU，猪、羊5~10IU。否则应按助产原则强行拉出胎儿。

对延期流产的处理，应视不同情况，分别处理，当胎儿发生干尸化或浸渍时，首先促使子宫颈扩张，并向子宫及产道内注入滑润剂，为了缩小胎儿体积，可在胎儿皮肤上做几个长而深的切口，必要时摘除内脏，然后将胎儿拉出。否则应实施截胎术，分段取出胎儿。

取出胎儿后，用0.05%高锰酸钾溶液或0.2%雷夫奴尔溶液冲洗子宫，并使用子宫收缩药物促进子宫收缩并排出积液，向子宫注入青霉素80万~120万IU。必要时进行全身及对壮治疗。

预防　主要在于加强饲养管理，防止意外伤害及合理使役。怀孕后饲喂品质良好及富含维生素的饲料。发现有流产预兆时，应及时采取保胎措施。

如已发生流产，应及时进行详细检查并配合实验室诊断，查明原因，采取相应措施。如果是某些传染引起的流产，则按该传染的防制措施加以实施。

第二节　妊娠浮肿

妊娠浮肿是怀孕末期母畜腹下、四肢和会阴等处发生的非炎性水肿。如果浮肿面积小、症状轻，一般可视为正常现象；如果浮肿面积大，症状明显则可视为病理现象。本病多发生于分娩的前一月内，分娩10d最为明显，分娩后两周左右自行消散，多发生于马，牛有时也有发生，尤其是奶牛。

病因　怀孕末期，胎儿生长迅速，子宫体积也迅速增大，使腹内压增高，乳房胀大，孕畜运动量减少，因而使腹下、乳房、后肢的静脉血流滞缓，引起淤血及毛细血管壁的渗透压增高，使血液中水分渗出增多，同时组织液回流减少，因此，组织间隙水分滞留而引起水肿。至怀孕后期新陈代谢也旺盛，胎儿需要大量的蛋白质等营养物质，同时，孕畜的血流总量增加，使血浆蛋白浓度降低，如果孕畜的饲料中蛋白质供应不足，则血浆蛋白进一步减少，使血浆蛋白胶体渗透压降低，阻止了组织中水分进入血液，这样就破坏了血液与组织液中水分的生理动态平衡。因此，导致组织问隙水分滞留。

一般情况下，心脏和肾脏有一定的代偿能力，在正常情况下不会出现病理现象，如果再加上运动不足，机体瘦弱，心脏、肾脏有病时，则容易发生妊娠浮肿。

症状　浮肿常从腹下及乳房开始，柏时可蔓延到前 胸，甚至阴门，有时也常波及后肢的跗关节及系关节等处。肿胀呈扁平，左右对称，皮温低，触之如面团，有指压痕，被毛稀少的部位皮肤紧张而有光泽。一般不出现全身症状，严重者可表现食欲减退，步态强拘等。

治疗　以改善饲养管理为主，给予蛋白质丰富的饲料，限制饮水，减少多汁饲料及食盐，轻者不必治疗。严重者可应用强心、利尿剂，如皮下注射20%苯甲酸钠咖啡因20ml，或内服5~l0g连续应用3~4d。

中药治疗：以补肾、理气、养血，安胎为原则。可参考使用下列药物：

方一：当归50g，熟地50g，白芍30g，川芎25g，积实15g，青皮15g，红花30g共为末，开水冲服（马、牛）。

方二：白术30g，砂仁20g，当归30g，川芎20g，白芍20g，熟地20g，党参20g，陈皮25g，苏叶25g，黄芩25g，阿胶25g，甘草15g，生姜15g共为末，开水冲服（马、牛）。

预防　怀孕期要有适当运动，注意饲养管理，合理使役，怀孕后期除给予自由活动外，还要进行牵遛运动。

第三节　产前截瘫

产前截瘫是指怀孕末期发生运动器官机能障碍的疾病。患此病的家畜即无引起瘫痪的局部疾患，又无明显的全身变化。本病主要发生于牛和猪，马有时也发生，多发生在产前一个月左右。

病因　本病的原因目前尚不十分清楚，多数学者认为饲养不当是本病的主要原因，例如饥饿、饲料单一、矿物质及维生素缺乏，钙、磷比例失调等。

此外，孕畜缺少运动，多胎、胎水过多，后躯负重过度，母畜过度瘦弱，年老等也是引起本病的诱因。

症状　瘫痪主要发生在后肢，站立时后肢无力，时常交替负重，行走时谨慎，而且后躯摇摆，步态不稳，因而长期卧地，病的后期则不能站立。

临床检查：局部不表现任何病理变化，痛觉检查反射正常，病程较久者，患肢肌肉有萎缩现象，并且可发生褥疮。

治疗　加强病畜的饲养管理是治疗本病的重要环节。为此，应饲喂易消化而富含蛋白质、矿物质及维生素的饲料，以增强患畜的抗病能力。对于不能起立的病畜，应多铺垫草，经常翻身，以防发生褥疮。

对于由钙质缺乏而引起的截瘫，可静脉注射10%葡萄糖酸钙注射液，牛250~500ml，猪 60~100ml，或静脉注射 10%氯化钙，牛 100~200ml，猪 20~30ml。病的最初几天，两侧臀部肌肉注射 5%绿藜芦素酒精溶液。每侧分 2~3 点，每点注射 0.5~1ml，隔 1~2d 注射 1 次，连用 2~3 次，同时配合局部按摩可获较好效果。为了兴奋肌肉增强功能，还可配合针灸、电针、激光等现代理疗方法。

第二十七章　分娩期疾病

家畜分娩过程是否正常，取决于产力、产道和胎儿三个因素。这三个因素是相互适应、相互影响的。如果其中任何一个因责发生异常，不能适应胎儿排出，分娩过程发生障碍，就形成了难产。同时也可能使子宫及产道受到损伤，这都是属于分娩期疾病。难产是分娩期疾病的主要疾病之一。如果处理不当或不及时，将引起母子死亡，即或母畜存活，也常继发生殖器官疾病，往往导致不孕，给生产带来不应有的损失。因此，积极防止及正确处理难产，保护母子生命安全是非常重要的。

第一节　难产的检查

难产发生后手术助产的效果如何：与临床诊断是否正确有密切关系。经过仔细的检查，才能确定母畜及胎儿的异常情况，通过全面的分析和判断，才能正确决定采用什么助产方法以及预后如何。

一、病史调查

通过询问畜主，了解产畜的情况，以便做好必要的准备工作。

（一）了解母畜

是初产还是经产，怀孕是否足月或超过预产期。一般初产畜，可考虑到产道是否狭窄，胎儿是否过大，是经产畜，可考虑是否胎位、胎势不正、胎儿畸形或单胎动物怀双胎等。如果预产期未到，可能是早产或流产，这样因胎儿较小，一般容易产出。若产期已经超过，胎儿可能较大。

（二）了解分娩

开始的时间，努责的强度及频率，胎水是否排出？胎儿及胎膜是否露出？综合分析判断是否难产。

（三）分娩前

是否患过阴道脓肿、阴门裂伤以及骨盆骨折及其他产科疾病，患过上述疾病可引起产道或骨盆狭窄。影响胎儿产出。

（四）分娩开始后

是否经过治疗，如何治疗？治疗前胎儿的方向、位置及胎势如何？胎儿是否死亡，经过何种处理，以便在此基础上确定下一步救治措施。

（五）多胎动物

尚须了解两个胎儿之间娩出相隔的时间，努责的强度，产出胎儿的数量与胎衣排出的情况。如果分娩过程中突然停止产出，很可能是发生难产。

二、全身检查

详细检查体温、脉搏，呼吸、精神状态、黏膜色泽及营养状况等。通过全面检查，掌握病情及机体状态，考虑施术过程中母畜及胎儿的安全性。

三、产道检查

注意分娩的预兆是否具备，然后术者消毒手臂后，伸入产道进行检查，主要检查阴道及子宫颈扩张的程度及大小，有无扭转现象，骨盆腔大小，产道是否干燥、水肿及有无损伤等。

四、检查胎儿

注意胎位、胎向、胎势是否正常，胎儿死亡还是活着必须予以确诊。以便确定救治对象和方法。正生时，可将手指伸入胎儿口腔内，感觉有吸吮动作，牵拉舌头有无反应，触压眼球有无反应，触摸颈部颈动脉有无波动。倒生时可将手指伸入肛门，感觉肛门括约肌有无收缩反应，也可触摸脐动脉是否波动。濒死或已死亡的胎儿触诊无反应。此外，胎毛大量脱落，皮下发生气肿，触诊皮肤有捻发音，胎膜、胎水的颜色污秽并有腐败臭味等，都说明胎儿已经死亡。

通过全面而仔细的检查，确定母畜及胎儿的异常现象，综合分析作出正确的诊断，并推断预后，提出正确而合理的手术助产方法及综合医疗措施。

第二节　手术助产前的准备

根据对产畜及胎儿检查的结果，及时作出助产计划及实施方案，并做好以下准备工作，以确保助产工作的顺利进行。

保定　难产时对母畜保定的好坏，是手术助产能否顺利进行的关键。以站立保定为宜，取前低后高姿势，以便于使胎儿能够向前推入子宫，不致楔入于骨盆腔内，妨碍操作。如果母畜不能站立，则可使其删卧，至于侧卧于哪一侧，主要根据是便于操作为原则。如胎儿头颈弯于左侧者，母畜须右侧卧，反之则取左侧卧姿势，侧卧保定时，也应将后躯垫高。

麻醉　为了抑制产畜努责，便于操作，可给予镇静剂或硬膜外腔麻醉。

消毒　为了预防感染，助产前必须对产房、场地，产畜外阴部、胎儿外露部分，助产所用器械和术者手臂进行严密消毒，其消毒方法，按外科手术常规消毒方法进行。

第三节　产科常用器械及其使用方法

难产而必须施行手术助产时，仅靠徒手操作，有时达不到目的，因此，必须借助产科器械，拉出胎儿，整复胎儿姿势或进行截胎术。

一、拉出胎儿的器械

（一）产科绳

是难产救助时，用以拉出胎儿不可缺少的。一般是由棉线或合成纤维加工制成，质地要求柔软结实，不宜用麻绳或棕绳，以防损伤产道。产科绳的粗细以直径 0. 5~0. 8cm 为宜，长约 2. 5~3. om，绳的两端有耳扣，借助耳扣作成绳圈，以便捆缚胎儿，也可以用活结代替。使用时术者将绳扣套在中指与无名指间，慢慢带入产道，然后用拇、中、食指握住欲捆缚部位，将绳套移至被套部位拉紧，切勿将胎膜套上，以免拉出胎儿时损伤子宫或子叶。

（二）绳导（导绳器）

在使用产科绳套住胎儿有困难时，可用金属制的绳导，将产科绳或线锯条带入产道，套住胎儿的某一部分。常用的有长柄绳导及环状绳导两种。

（三）产科钩

在用手或产科绳拉出胎儿有困难时，可配合使用产科钩。产科钩有单钩与复钩两种，而单钩又分为锐钩与钝钩。单钩常用于钩住眼眶、下颌、耳及皮肤、腱等。复钩常用于钩住眼眶、颈部，脊柱等部位。使用时术者应用手保护好，切勿损伤子宫及产道。产科钩多用于死胎，钝钩一般不致于损伤子宫及胎儿，所以钝钩必要时也可用活胎儿，但锐钩严禁用于活胎儿。

（四）产科钳分为有齿钳和无齿钳两种

有齿产科钳多用大家畜，钳住皮肤或其他部位，以便拉出胎儿。无齿产科钳常用于固定仔猪、羔羊头部，以拉出胎儿。

二、推胎儿的器械

常用的是产科挺，产科挺是直径 1~1.5cm，长 1m 的圆形铁杆，其前端分叉，呈半圆形的两叉，另端为一环形把柄。用于推胎儿 . 将胎儿推入子宫便于整复，或矫正胎儿姿势时，边推边拉。

推拉挺可将产科绳带子入宫，捆缚胎儿的头颈或四肢，进行推拉等矫正胎儿姿势（图 13~5）。

三、截胎器械

当胎儿死亡而又无法完整拉出时，可施行截胎术，然后再将截断的部分分别拉出。

（一）隐刃刀

是刀刃能够出入子刀鞘的小刀，使用时将刀刃推出，不用时又可将刀刃退回刀鞘内，此种刀使用方便，不易损伤产道及术者，刀形各异，有直形、弯形或弓形等形状，刀柄后端有一小孔，用穿入绳子系在术者手腕上，或由助手牵拉住，以免滑脱而掉入产道或子宫内。隐刃刀多用于切割胎儿皮肤、关节及摘除胎儿内脏。

（二）指刀

是一种小的短弯刀，分为有柄和无柄两种，刀背上有 1~2 个金属环，可以套在食指或中指上操作，当带入产道或拿出时，可用食指、中指和无名指保护刀刃，其用途和用法同隐刃刀。由于指刀小而且刀刃呈不同程度的弯形或钩形，使用起来比较安全可靠。

（三）产科刀

是一种短刀，有直形的，也有钩状的。因刀身小，用食指紧贴，容易保护，可自由带入拿出，刀柄也有小孔，可以系绳固定，用途同隐刃刀和指刀。

（四）产科凿（铲）

是一种长柄凿（铲），凿刃形状有直形的、弧形的和 V 字形的，主要用于铲断或凿断骨骼或关节及其韧带。使用时术者用手保护送入预截断的位置上，指示助手敲击或推动凿柄，术者随时控制凿刃部分，有时也经皮肤切口伸入皮下，用于分离皮下组织。

（五）产科线锯

一般使用的产科线锯，是由两个固定在一起的金属管和一根线锯条构成，还有一条前端带一小孔的通条。使用时事先将锯条穿入管内，然后带入子宫，将锯条套在要截断的部位，拉紧锯条使金属管固定于该部，也可以将锯条一端带入子宫，绕过预备截断的部位后，再穿入金属管拉紧固定，再由助手牵拉锯条，锯断欲切除部分。在锯断皮肤及活动性大的部位时，必须用产科钩将局部拉紧，然后锯断。此外，也可借助导绳器将锯条带入产道，绕在预定截断的部位上，再慢慢拉出产道外，将锯条借助于通条穿入线锯管内，然后将锯管前端伸至欲切除部位固定，由助手锯割切断。

（六）胎儿绞断器

出于型号不一而结构各异，可以绞断胎儿的任何部分，但骨质断端不整齐，取出时易损伤产道。其使用方法与线锯同，由于结构复杂而且笨重，故在兽医临床上极少应用。

第四节　手术助产的原则

为达到取出胎儿，挽救母畜，争取母仔平安，以保证母畜生育能力。在进行手术助产叫必须遵守下列原则。

一、难产助产

应及早进行，否则胎儿楔入产道，子宫壁紧裹胎儿，胎水流失以及产道水肿，将妨碍矫正胎儿姿势及强行拉出胎儿。

二、手术助产时

将母畜置于前低后高姿势，整复时尽量将胎儿推回子宫内，以便有较大的活动空间。只有在努责间隙期方能进行推进或接复，努责时拉出。

三、如果产道干燥

应预先向产道内注入液体石蜡等滑润剂，便于操作及拉出胎儿。

四、使用尖锐器械

使用尖锐器械时，必须将尖锐部分用手保护好，以防在操作过程中损伤产道。

五、为了预防手术后感染

术后应用0.05%高锰酸钾溶液或0.1%雷夫奴尔溶液冲洗产道及子宫，排出冲洗液后放入抗生素或磺胺类药物。如子宫胶囊或80万~120万IU青霉素。

第五节　难产助产的基本方法

一、胎儿牵引术

适应症　胎儿牵引术是手术助产中强行拉出胎儿的最基本的操作技术。适用于胎儿过大，母畜努责阵缩微弱，产道扩张不全等。

方法先用产科绳将胎儿前置部分捆缚住拉紧。正生时捆缚住胎儿头或两前肢，倒生时捆缚住两后肢。拉出时要配合母畜障缩和努贵，用力要缓，并上下左右反复活动胎儿，术者保护胎儿及产道，令助手按照骨盆轴的方向，强行拉出胎儿，当胎儿胸部通过子宫颈、阴门时，要稍微停留，以利这些部分扩张，并用手保护阴门，以防造成阴门裂伤。

二、胎儿矫正术

适应症　主要用于胎势、胎位、胎向异常造成的难产。适应于活胎儿或胎儿死亡不久，腑水流失少，产道完全扩张，可以用手术矫正并能拉出胎儿的病例。

方法徒手配合器械矫正胎儿的异常部分。除使用产科绳外，配合使用绳导、双孔挺、产科挺、产科钩等。

保定　以站立保定为宜，这样子宫向前垂入腹腔，腹压小，胎儿活动范围大，容易矫正，拉出胎儿时，侧卧保定为好，侧卧时腹壁托起子官，增大腹压，有利于拉出胎儿。不能站立的产畜，要根据胎儿异常部位的位置，确定侧卧的方向。如胎儿右侧肩关节屈曲，母畜宜左侧卧保定，胎头腑伏（下弯）母畜宜仰卧保定。这样胎儿异常部位不被母体压迫，易于进行矫正。

矫正时：首先应将胎儿用产科挺或手推回子宫内，产科挺一定要顶牢，术者用手固定，指令助手慢慢向前推，严防滑脱而穿破子宫，推四肢时，先要用产科绳拴住，绳的另端留在阴门之外，以便牵引胎儿。推回子宫后，用手将胎儿姿势扭正，在扭的过程中配合乖拉，把屈曲的部位拉直。然后按强行拉出胎儿的方法，配合母畜努责拉出胎儿。

三、截胎术

适应症　无法进行矫正或矫正无望时，胎儿已经死亡，产道尚可通过的情况下，胎儿畸形，以保证母畜的安全及健康而实施截胎手术，多用于大家畜。

（一）截头术

适用于胎头侧转，胎儿发育过大，产道狭窄及胎儿前肢姿势不正等所造成的难产。

先用产科钩钩住眼眶，将胎头拉至产道，然后经耳前、眼眶后至下颌作一切口，在寰枕关节处切断项韧带，用产科钩钩住扰骨火孔，挣离颈部，同时把连按头颈的皮肤、肌肉用刀切断。切掉头部之后，留三个皮瓣（两耳及下颌）结扎在一起，形成一个坚固的结，以便推进或拉出胎儿时用。此法无效时，可用线锯绕过颈部将其锯断，或用产利铲将颈部铲断.

（二）前肢截断术

适用于前肢各关节屈曲无法矫正或肩围过大难于产出的难产。

其方法是用指刀或隐刃刀沿肩胛骨的后角，切开皮肤和肌肉，借指刀或隐刃刀反复切割，即可将肩胛骨与胸廓的联系切断。然后用产科钩或产科绳将前肢扯断拉出。在肘关节或腕关节屈曲时，可用指刀或隐刃刀切断关节处的周围皮肤、肌肉及韧带的联系，然后用铲或凿铲断或用线锯锯断。

（三）后肢截断术

适用于倒生时，胎儿过大及后肢姿势不正等。

施术时首先用产科绳把后肢拴住并拉紧，然后用钩状指刀或隐刃刀沿荐骨平行的方向，切开荐部与股骨间的皮肤和肌肉，一直切到髋关节。然后经坐骨结节外侧向后与会阴平行深深的切割，如此反复切割，即将骨盆与大腿之间的软组织完全切断。最后切断髋关节及其周围的韧带，再把后肢扯下。如果扯下有困难时可将股骨用产科凿凿断，或用线锯将其锯断，然后拉出后肢。

（四）骨盆围缩小术

适用于正生分娩时胎儿骨盆发育过大或畸形而造成的难产。

施术时，首先胎儿的头、前肢及内脏截除并取出，再将胸廓截除。借绳导把线锯从两后肢间、尾椎之前伸入，由胎儿腹下往外拉，沿脊柱及骨盆联合锯开始胎儿后躯，最后将锯开的两半分别拉出。

（五）胎儿内脏摘除术

适用于水肿或气肿胎而造成的难产。

在正生时，可先将一前肢连同肩胛骨一起切除，再切掉若干根肋骨，将手伸入胸腔、腹腔把内脏掏出来。倒生时，必须先截除一后肢，然后将手伸入胸、腹腔掏出全部内脏。

（六）胎儿半截术

适用背部前置的横胎向及竖胎向不能整复时。

施术时可用线锯或链锯绕过胎儿躯干，然后锯断并分别拉出。若无线锯、链锯时可用指刀或隐刃切开腹壁，摘除内脏，然后用产科凿或铲将脊柱铲断，再分别取出来。

（七）剖腹产术

剖腹产术，就是采用手术的方法切开腹壁及子宫取出胎儿，以救治难产的一种方法。当母畜骨盆发育不全、骨盆畸形、子宫颈狭窄、子宫捻转、胎儿过大、胎位、胎向、胎势严重异常，胎儿畸形等，所造成的难产，又无法经产道取出胎儿时，均须实行剖腹产术取出胎儿，以确保产畜及胎儿的安全。

术前准备保定、麻醉、消毒等与开腹术相同。

手术部位侧腹壁切开的部位是在右侧髋结节到脐孔之间的连线上，一般在髋结节下方10~15cm处，沿最后肋骨的方向切开。

牛、羊下腹壁切开的部位是在乳房基部前缘，乳静脉上方10~12cm处与腹中线平行切开。

马和猪的手术部位是在左侧，髋结节下方，沿腹内斜肌的方向，由后上方向前下方切开。

手术方法：在预定切口部位上作长30~35cm切口（马、牛）；猪羊为15~20 cm。按腹壁切开术的程序和方法切开腹壁。

腹壁切开后，双手从腹壁切口伸入腹腔，拨开肠管与网膜，找到子宫孕角，将手伸入子宫下面，隔着子宫壁握住胎儿弯曲的两前肢腕部或两后肢跗部，慢慢地将子宫角大弯的一部分拉至腹壁切口之外，然后在子宫和腹壁切口之间垫上大块生理盐水纱布。沿子宫角大弯切开子宫，牛、羊切开子宫时，要避开母体子叶。猪子宫切口的位置宜靠近子宫体附近，或在两子宫角中部大弯上分别切开子宫，以便能分别取出两子宫角中的胎儿。如果子宫内液体较多时，先用套管针或采血针将液体放出，然后再作子宫切开。如果子宫内液体量正常，先在子宫作一小切口排出液体后，再将切口延长至所需长度。

取出胎儿，正生时通过切口先握住胎儿两后肢，倒生时握住胎儿两前肢及头部，慢慢地将其拉出于切口之外，撕破胎膜，排出胎水，严防胎水流入腹腔。将胎儿全部取出后，结扎脐带并剪断。将胎儿口、鼻中的黏液擦净。当胎儿过大时，取出胎儿过快，腹压骤然下降，常导致腹腔与骨盆腔血管扩张，引起虚脱现象。此时可给母畜静脉注射等渗葡萄糖溶液，以改善血液循环。

胎儿取出后，应及时将胎膜剥离并取出。剥离牛的胎膜很费时间，而且胎儿胎盘和母体胎盘粘连紧密，故可在拉出胎儿的同时，肌肉注射脑垂体后叶素，有助于胎膜剥离。

胎膜剥离并取出后，清理子宫内残留的胎水、血凝块等，向子宫内放入金霉素胶囊3~4个。或青霉素80万IU、链霉素100万IU。最后用青霉素生理盐水洗净刨口，用肠线以螺旋形缝合法缝合子宫切口全层，再用水平内翻缝合法缝合子宫浆膜和肌肉层。冲洗子宫壁，切口涂油剂青霉素或其他软膏。将子宫送回腹腔。

闭合腹壁创口，同于腹壁切开术。

术后护理术后将病畜置于清洁、温暖的厩舍（病房）内。随时观察病畜的变化，及时给予必要的处理，尤其是要注意子宫及产道的变化，按照术后常规护理及饲养管理实施。

第二十八章　常见难产及救助方法

由于发生的原因不同，临床上将常见的难产分为产力性难产，产道性难产和胎儿性难产三种。前两种是由于母体异常引起的，后一种是由胎儿异常所造成的。

第一节　产畜异常引起的难产

一、阵缩及努责微弱

于分娩时子宫及腹肌收缩无力、时间短、次数少，间隔时间长，以致不能将胎儿排出，称为阵缩及努责微弱。各种家畜均可发生。

病因　原发性阵缩微弱，是由于长期舍饲、缺乏运动，饲料质量差，缺乏青绿饲料及矿物质，老龄、体弱或过于肥胖的家畜。母畜患有全身性疾病，胎儿过大，胎水过多。其他如腹壁下垂，腹壁疝，子宫机能失调等，均可引起子宫收缩无力。

继发性阵缩微弱，在分娩开始时阵缩努责正常。进入产出期后，由于胎儿过大，胎儿异常等原因长时间不能将胎儿产出，腹肌及子宫由于长时间的持续收缩，过度疲乏，最后导致阵缩努责微弱或完全停止。

症状　母畜怀孕期已满，分娩条件具备，分娩预兆已出现，但阵缩力量微弱，努责次数减少力量不足，长久不能将胎儿排出。

产道检查：子宫颈已松软开大，但还开张不全，胎儿及胎囊进入子宫颈及骨盆腔。在此种情况下，常因胎盘血液循环减弱或停止，引起胎儿死亡。

治疗　大家畜原发性阵缩和努责微弱，早期可使用催产药物，如脑垂体后叶素、麦角等。在产道完全松软，子宫颈已张开的情况下，则实施强行拉出胎儿即可。胎位、胎向、胎势异常者经整复后强行拉出，否则实行剖腹产手术。

中、小动物可应用脑垂体后叶素 10 万 ~80 万单位或乙烯雌酚 1~2mg 皮下或肌肉注射。否则可借助产科器械拉出胎儿或实施剖腹手术取出胎儿。强行拉出胎儿后，注射子宫收缩药，并向子宫内注入抗生素药物。

二、产道狭窄

产道狭窄包括硬产道和软产道狭窄。多发生于牛和猪，其他家畜少见。

病因　硬产道狭窄多发生于猪，常用于骨质疏松等原因造成的骨盆骨折及骨质异常增生而形成。驴产骡于和肉牛与黄牛杂交，胎儿相对过大时，产道相对狭窄，造成分娩困难。

软产道狭窄主要是子宫颈、阴道前庭和阴门狭窄。多见于牛，尤其是头胎分娩时，往往产道开张不全，或由于早产，也可能由于雌激素和松弛素分泌不足，致使软产道松弛不够。

此外，牛子宫颈的肌肉较发达，分娩时需要较长时间才能充分松弛开张。这些都属于开张不全，临床上比较多见。而由于以往分娩时或手术助产及其他原因，造成子宫颈和阴道的损伤，使子宫颈形成疤痕、阴道发生粘连、愈替，以致分娩时产道不能充分刀开张。

症状　硬产道狭窄一般开口期正常，产力也正常，但产出期延长，不见产出胎儿。此时，只有通过产道和直肠检查方能确诊。软产道狱窄的病例中，子宫颈狭窄者母畜产力正常，进入产出期后久不破水，或破水后不见胎儿前置部分露出。产道检查发现子宫开张不全，肌肉层较厚，但厚薄均匀，胎儿前置部分被子宫颈紧紧裹住。在前庭和阴门狭窄的母畜，一般阴门松弛不够，产出期胎儿前置部分（蹄尖或两肢和鼻端）露于阴门之外，被前庭和阴门紧紧包住，母畜虽强烈努责也不能将胎儿产出。子宫颈自疤痕时，分娩时不能扩张，产道检查子宫颈肌肉层厚薄不一，软硬不均匀。阴道粘连，大多在配种时即可发现。

治疗　硬产道狭窄及子宫颈有疤痕时，一般不能从产道分娩，只能及早实行剖腹产术取出胎儿。轻度的子宫开张不全，可通过慢慢的牵拉胎儿机械的扩张子宫颈，然后拉出胎儿。前庭和阴门狭窄时，可向产道灌注滑润剂后缓慢的强行拉出胎儿。拉出胎儿时注意保护会阴防止撕裂。

第二节　胎儿异常引起的难产

一、胎儿过大

胎儿过大是指母畜的骨盆及软产道正常，胎位、胎向及胎势也正常，由于胎儿发育相对过大，不能顺利通过产道而言。各种家畜均可发生，尤其是杂交改良过程中．颇为多见。

病因　可能是由于母畜或胎儿的内分泌机能紊乱所致，母畜的怀孕期过长，使胎儿发育过大，多胎动物在怀胎数目过少时，有时也有胎儿发育过大而造成难产的。

驴怀骡子一般胸部比较宽大，两髋骨外角宽，头大肢体管围粗，头颈、躯干和四肢均较怀驴胎长而粗大，因而也形成产出困难。

助产方法：胎儿过大的助产方法，就是人工强行拉出胎儿，其方法同胎儿牵引术。强行拉出时必须注意，尽可能等到子宫颈完全开张时进行；胎位、胎向及胎势异常的，待矫正后再拉出，强行拉出时，必须配合母畜努责，用力要缓和，通过边拉边扩张产道，边拉边上下左右摆动或略为旋转胎儿。在助于配合下交替牵拉前肢，使胎儿肩围、骨盆围，呈斜向通过骨盆腔狭窄部，勿过快过猛，骡胎胸部深大，可向胸侧折叠肋软骨以缩小胸深，胎儿产出后可自然恢复。拉出胎儿前向产道内灌注大量滑润剂，对保护产道，促使胎儿拉出极为重要。

强行拉出确有困难的，而且胎儿还活着，应及时实施剖腹产术，如果胎儿已死亡，则可施行截胎术。

二、双胎难产

双胎难产是指在分娩时两个胎儿同时进入产道，或者同时楔入骨盆腔入口处，都不能产出。虽然楔入深度不同，但是因为是同时挤入骨盆入口或进入产道，所以都不能通过，而造成难产。

症状　可能发生在一个正生另一个倒生，两个胎儿肢体各一部分同时进入产道。仔细检查，可以发现正生胎儿的头和两前肢及另一个胎儿的两后肢，或一个胎头及一前肢和另一胎儿的两后肢等多种情况，但在检查时，必须排除双胎畸形和竖向腹部前置胎儿。

助产方法双胎难产助产时要将后面一个推回子宫，牵拉外面的一个，即可拉出。胎位异常的，手伸入产道将胎儿推入子宫角，将另一个再导入子宫颈即可拉出。但是，在操作过程中要分清胎儿肢体的所属关系，用附有不同标记的产科绳各搁住两个胎儿的适当部位，以免推拉时发生混乱。在拉出胎儿时，应先拉进入产道较深的或在上面的胎儿，然后再拉出另一个胎儿。

三、胎儿姿势不正

（一）胎头姿势不正

分娩时两前肢虽已进入产道，但是胎儿头发生了异常。如胎头侧转、后仰、下弯及头颈扭转等，其中以胎头侧转，胎头下弯较为常见。

诊断胎头侧转时，可见由阴门伸出一长一短的两前肢，在骨盆前缘可摸到转向一侧的胎头或颈部，通常头是转向伸出较短前肢的一侧。胎头下弯时，在阴门处可见到两蹄尖，在骨盆前缘胎儿头向下弯于两前肢之间，可摸到胎头下弯的颈部。

助产方法：徒手矫正法，适用于病程短，侧转程度不大的病例。矫正前先用产科绳拴住两前肢，然后术者手伸入产道，用拇指和中指握住两眼眶或用手握住鼻端，也可用绳套住下颌将胎儿头拉成鼻端朝向产道，如果是头顶向下或偏向一侧，则把胎头矫正拉入产道即可。

器械矫正法：徒手矫正有困难者，可借助器械来矫正。用绳导把产科绳双股引过胎儿颈部拉出与绳的另端穿成单滑结，将其中一绳环绕过头顶推向鼻梁，另一绳环推到耳后。由助手将绳拉紧，术者用手护住胎儿鼻端，助手按术者指意向外拉，术者将胎头拉向产道。

马、牛等大家畜胎头高度侧转时，往往用手摸不到胎头，须用双孔挺协助，先把产科绳的一端固定在双孔挺的一个孔上，另一端用绳导带入产道，绕过头颈屈曲部带出产道，取下绳导，把绳穿过产科挺的另一孔。术者用手将产科挺带入产道，沿胎儿颈椎推至耳后，助手在外把绳拉紧并固定在挺柄上，术者手握住胎儿鼻端，然后在助手配合下把胎头矫正后并强行拉出。

无法矫正时，则实施截头术，然后分别取出胎儿头及躯体。

胎头下弯时，先捆住两前肢，然后用手握住胎儿下颌向上提并向后拉。也可用拇指向前顶压胎头，并用其他四指向后拉下颌，最后将胎头拉正。

（二）胎儿前肢姿势不正

胎儿前肢姿势不正，右腕关节屈曲、肩关节屈曲和肘关节屈曲，或两前肢压在胎头之上等。临床上常见者为一前肢或两前肢腕关节屈曲，其他异常姿势较少见。

诊断一侧腕关节屈曲时，从产道伸出一前肢，两侧腕关节屈曲时，则两前肢均不见伸出产道。产道检查，可摸到正常的胎头和弯曲的腕关节。肩关节屈曲时，前肢伸入胎儿腹侧或腹下，检查时，可摸到胎头和屈曲的肩关节。有时胎头进入产道或露出于阴门，而不见前肢或蹄部。

助产方法腕关节屈曲时，先将胎儿推回子宫，在推的同时术者用手握住屈曲的肢体的掌部，一面尽力往里推一面往上抬，再趁势下滑握住蹄部，在趁势上抬的同时，将蹄部拉入产道。另外，也可用产科绳捆住屈曲前肢的系部，再用手握住掌部，在向内推的同时，由助手牵拉产科绳，拉至一定程度时，术者转手拉蹄子，协助矫正拉出。如果胎儿已死亡：，可实施腕关节截断术。

肩关节屈曲，有时不进行矫正也可以拉出，如果拉出有困难，可先拉前臂下端，尽力上抬，使其变成腕关节屈曲，然后再按腕关节屈曲的方法进行矫正。如仍无法拉出，且胎儿已死亡，可实施一前肢截除术，再拉出胎儿。

（三）胎儿后肢姿势不正

在倒生时，有跗关节屈曲和髋关节屈曲两种，临床上以一后肢或两后肢的跗关节屈曲较为多见。

诊断两侧跗关节屈曲时，在阴门处什么也看不到，产道检查，可摸到屈曲的两个跗关节、尾巴及肛门，其位置可能在耻骨前缘，或与臀部一齐挤入产道内。一侧跗关节屈曲时，常由产道伸出一蹄底向上的后肢。产道检查，可摸到另一后肢的跗关节屈曲，并可摸到尾巴及肛门。

助产方法先用产科绳捆住后肢跗部，然后术者用手压住臀部，同时用产科挺顶在胎儿尾根与坐骨弓之间的凹陷内，往里推，同时助手用力将绳子向上向后拉，术者顺次握住系部乃至蹄部，尽力向上举，使其伸入产道，最后用力将胎儿后肢拉出。

如跗关节挤入骨盆腔较深。无法矫正且胎儿过大时，可以把跗关节推回子宫内，使变为髋关节屈曲（坐骨前置），此时可以用产科绳分别系于两大腿基部，并将绳子扭在一起，并向产道注入大量滑润剂，强行拉出胎儿。如果前法无效或胎儿已死亡时，则实行截胎术，再拉出胎儿。

（四）胎位不正

分娩时无论是正生或倒生，胎儿均可能因为胎儿死亡或活力不强，对产出没有反应或反应微弱；或阵缩微弱及阵缩过早，来不及反应而形成胎位不正，呈下位或侧位，造成难产。

1. 下胎位有正生下位和倒生下位两种。

诊断正生下位时，阴门露出两个蹄底向上的蹄子，产道检查可摸到腕关节、口、唇及颈部等。倒生下位时，阴门露出两个蹄底向下的蹄子。产道检查可摸到跗关节、尾巴，甚至脐带，即可确诊。

助产方法：上述两种下位，均需将胎儿的纵轴作 180° 的回转，使其变为上位，或轻度侧位，再实行强行拉出。或者由术者先固定住胎儿，然后翻转产畜，以期达到使下位变为上位的目的，不过这样矫正难度较大。如矫正无效，应及时施行剖腹产术。

2. 侧胎位有正生和倒生两种侧胎位。

诊断正生侧胎位时，两前肢以上下的位置伸出于阴门外，产道检查，可摸到侧胎位的头和颈；倒生时，则两后肢以上下的位置伸出于阴门外，产道检查，可摸到胎儿的臀部、肛门及尾部。

助产方法：倒生时的侧位，胎儿两髋结节之间的距离较母畜骨盆入口的垂直径短，所以胎儿的骨盐进入母畜骨盆腔并无困难，或稍加辅助，即可将侧位胎儿变为上位而拉出。但正生侧位时，常由于胎头的妨碍，而难以通过骨盆腔，所以需要矫正胎头，通常是推回胎儿，握住眼眶，将头扭正拉入骨盆入口，然后再拉出胎儿。

（五）胎向不正

胎向不正是指胎儿身体的纵轴与产畜的纵轴不成平行状态。

1. 腹部前置的横向和腹部前置的竖向：即胎儿腹部朝向产道，呈横卧或犬坐姿势。分娩时，两前肢或两后肢伸入产道，或四肢同时进入产道。

助产方法先用产科绳拴住两前肢往外拉，同时将后肢及后躯扣 . 回子宫，使其变为正常胎位，而后强行拉出。

2. 背部前置横向和背部前置竖向：即胎儿的背部朝向产道，胎儿呈横卧或犬坐姿势，分娩时无任何肢体露出，产道检查，在骨盆入口处可摸到胎儿背部或项颈部。

助产方法：将产科绳拴住胎儿头部往外拉，同时将后躯向里推，或将后躯往外拉，将前躯向里推，使其变为正生下位或倒生下位，再行矫正拉出。

胎向不正一般较少发生，一旦发生矫正和助产也很困难，应及早实施剖腹产手术。第四节产后期疾病。

第二十九章 产后期疾病

第一节 阴道及阴门损伤

母畜临产之前，软产道组织发生一系列变化，使它在分娩时能够适应胎儿的通过。但因所受扩张、压迫及摩擦的程度很大，很多母畜，尤其是头胎，分娩时软产道或多或少会受到一些损伤。

一、发病原因

阴道及阴门损伤，多在难产过程中发生。如胎儿过大，胎位、胎势不正且产道干燥时，未经很好整复及灌入润滑剂，即强行拉出胎儿；使用产科器械助产时，不慎滑脱；截胎术后，未将胎儿尖锐的骨断端保护好即行拉出；胎儿蹄及鼻端姿势异常，抵于阴道上壁，当强烈怒责时，可能穿破阴道，甚至使直肠、肛门及会阴亦发生破裂。此外，难产助产时手臂对阴门阴道的反复刺激，很快即引起水肿，并在黏膜上造成很多小的伤口，细菌侵入后，就引起发炎。

初产母畜分娩时，由于阴门不够大，容易发生裂伤。在胎衣不下时为促使胎衣排出而拴以重物，胎衣上的血管能够勒伤阴道底部。检查阴道时，使用开膣器操作不当，可能夹破阴道黏膜。

二、临床症状

阴道及阴门受到损伤的病畜，常尾根举起、摇尾、弓背及怒责。

阴门损伤，主要为撕裂创，可见到撕裂创口及出血。若在夏季、创口内容易生蛆。手术助产所造成的刺激严重时，阴门及阴道发生剧烈肿胀，阴门黏膜外翻，阴道腔狭小，有时阴门黏膜下发生血肿。

阴道创伤，有时可见血水或血凝块从阴道内流出。阴道检查，黏膜充血、肿胀、可发现创伤部位黏膜上有新鲜创口，或者溃疡，溃疡面上常附着污黄色坏死组织及浓汁分泌物。如阴道壁发生穿透伤，根据破口位置不同，症状也不一样。后部阴道壁被穿破时，阴道壁周围脂肪组织或膀胱等可能经破口突入阴道腔内，时间久了也可能发生阴道周围蜂窝织炎或脓肿。如阴道壁与肛门或直肠末端同时破裂，则粪便从阴道内排出。阴道前端被穿破时，病畜很快就出现腹膜炎症状，如不及时治疗，马常迅速死亡，牛也预后可疑；如破口发生在阴道前端下壁上，肠道及网膜还可能突入阴道腔内，甚至脱出阴门之外。

三、治疗措施

应早期发现，及时治疗。如胎儿及胎衣未下，先将胎儿及胎衣取出。

阴门损伤，按一般外科方法处理；新鲜撕裂伤口，应行缝合。阴道黏膜肿胀及有伤口时，可在阴道内注入乳剂消炎药；在阴门两旁注射抗菌素，也常有良效。阴门生蛆，可滴入2% 敌百虫杀死后取出，再按外伤处理。蜂窝织炎待脓肿形成后切开排脓。

阴道壁穿透创，应迅速将突入阴道内的肠管、网膜或脂肪组织等推回，立即将破口缝合。缝合方法是，左手在阴道内固定创口，并尽可能向外拉；右手拿长柄持针器将穿有长线的缝针带入阴道内，小心将缝针穿过创口两侧。抽出缝针后，在阴门外打结，同时左手再伸入阴道内，将缝线抽紧，使创口边缘贴紧。创口大时，需做几个结节缝合。缝合前不要冲洗阴道，以防药液流入腹腔。缝合后，按上述方法处理阴道；如为阴道前端穿透伤，还须连续数天腹腔注射抗菌素，防止发生腹膜炎。

第二节　子宫颈损伤

母畜分娩时，子宫强烈压迫胎儿的突出部分，使子宫颈可能发生血肿及损失。轻微损伤一般不至造成严重后果，产后常能自愈；严重损伤则可能引起母畜死亡或发生并发病，导致母畜不孕。因此须注意防治，避免母畜死亡，并保证以后能正常繁殖。

母畜子宫颈损伤，主要是撕裂。牛、羊（有时包括马、驴）初次分娩时，子宫颈轻度黏膜损伤是常见的，但均能自然愈合。如裂口较深，才称为子宫颈撕裂。

一、发病原因

在子宫颈开张不全时强行拉出胎儿；或者在胎儿过大，胎势、胎位不正等引起难产时，未经充分矫正即拉出胎儿，或努责剧烈而将胎儿排出，均能使子宫颈发生裂伤。此外，输精时操作粗暴，也能使子宫颈发生损伤。

二、临床症状

产后可能见到少量鲜血从阴道内流出；如撕裂不深，可能不见血液流出，仅在阴道检查时才发现。如子宫颈肌层发生严重撕裂，能引起大出血，甚至危及生命；有时一部分血液流入骨盆腔中腹膜外的疏松组织内或子宫内。

阴道检查，可发现子宫颈裂伤的部位、大小及出血情况。以后因创伤周围组织发炎肿胀，创口有黏液脓性分泌物。子宫颈环状肌发生严重撕裂时，子宫颈管口封闭不全。

三、治疗措施

如伤口出血不止，可将浸有防腐消毒液或涂有乳剂消炎药的大块消毒纱布塞在子宫颈管内，压迫止血。纱布块须用细绳拴好，绳的一端拴在尾根上，以便止血后将纱布取出，同时在自行排出来时也不至丢失。肌肉注射止血剂（如 20% 止血敏 10~25ml，1% 仙鹤草素

10~20ml 或垂体后叶素 50~100IU，均为牛、马一次剂量）。止血后，创面涂 2% 龙胆紫、碘甘油或抗菌素油膏。

胎衣未下，应促进它排出，以免腐败后使创口感染。

第三节　子宫破裂

母畜子宫破裂分不完全破裂与完全破裂（穿透伤）两种。不完全破裂是子宫壁黏膜层或黏膜层和肌层发生破裂，浆膜层未破；完全破裂是子宫壁三层都发生破裂，子宫腔与腹腔相通，甚至胎儿也坠入腹腔。子宫壁穿透伤如破口很小，叫子宫穿孔。

一、发病原因

难产助产时，粗鲁蛮干、操作不慎、技术错误、与助手配合不协调，例如推拉产科器械时滑脱、截胎器械触及子宫、截胎后骨胳断端未保护好，使子宫受到损伤。难产为时已久，子宫壁变脆时，操作不当，更易引起破裂，破裂常发生在耻骨前缘处。子宫瘢痕组织（如以前剖腹产的切口），也是容易发生破裂的部位。

母畜分娩过程中，子宫捻转、子宫颈未开张及胎儿的异常未解除，即使用催产素，可导致子宫破裂。在子宫捻转严重时，捻转处有时发生破裂。在冲洗子宫时，导管使用不当可造成子宫穿孔；剥离胎衣时的技术错误，也能导致子宫破裂。

二、临床症状

根据破口深浅、大小、部位以及家畜种类不同，症状亦不一样。

子宫不全破裂，产后可能见有血水流出阴门外，并继发子宫炎症，其他症状不明显。仔细进行子宫内触诊，有时可能摸到破口。

子宫完全破裂，若发生在胎儿排出前，努责即突然停止，母畜变为安静，有时阴道内流出血液；若破口很大，胎儿可以坠入腹腔。破裂引起大出血，迅速出现急性贫血及休克症状。全身情况恶化：患畜精神极度沉郁，全身震颤出汗，可视黏膜苍白，心音快弱，呼吸浅而快。因受子宫内容物污染，很快继发弥散性脓性腹膜炎，患畜常于短时间（马）或 2~3d 内（牛）死亡。破口通常是在靠近骨盆入口的子宫体上，方向常为纵行的。若上部子宫壁发生完全破裂，肠管及网膜可能进入子宫腔内，肠管甚至可以脱出阴门之外。如子宫破口很小（子宫穿孔），位于上部，胎儿已排出，感染不严重，牛的症状就不明显。因产后子宫体会迅速缩小，使裂口边缘吻合，有时可能自行愈合。马则有腹膜炎的严重症状。

牛因产后插入子宫导管而引起的子宫穿孔，注入子宫内的冲洗液不回流，全身症状迅速恶化，出现腹痛及腹膜炎症状，呼吸促迫，呼气时发出吭声，这些可以作为怀疑穿孔的根据。

三、治疗措施

若子宫破裂发生在分娩期中，要先取出胎儿及胎衣。子宫不完全破裂，不要冲洗子宫，仅将抗菌素或其他消炎药送入子宫内，每日或隔日一次，连治几次，同时注射子宫收缩剂（如垂体后叶素或麦角制剂等），能很快痊愈。

子宫完全破裂，如裂口不大，可将穿长线的缝针由阴道带入子宫，进行缝合（参看阴道壁穿透创的缝合法）。缝合十分吃力，必须要有耐心。如裂口很大，要迅速施行剖腹术（根据裂口位置，选择手术通路）。取出子宫内残留的胎衣，再将抗菌素放入子宫内，然后进行子宫缝合。因腹腔有严重污染，缝合后要用灭菌生理盐水冲洗腹腔；用消毒纱布吸干冲洗液，腹腔内注入 200 万 ~300 万 IU 青霉素，最后缝合腹壁。子宫不全破裂或完全破裂，除局部治疗外，要肌肉注射或腹腔注射抗菌素，连用 3~4d，以防腹膜炎及全身感染。如失血过多，应立即输液或输血，并注射止血剂。

第四节　胎衣不下

母畜分娩后，胎衣在正常时间内不排出，就叫胎衣不下或胎衣滞留。胎衣即胎膜的俗称。各种家畜产后胎衣排出的正常时间一般不超过：马 1~1.5h，猪 1h，羊 4h（山羊较快，绵羊较慢），牛 12h。各种家畜均有胎衣不下发生，而以饲养管理不当，有生殖道疾病的舍饲奶牛多见。有的地区奶牛的胎衣不下约占健康分娩牛的 8.5%，有些奶牛场甚至高达 25%~40%，在个别奶牛场，每头牛平均 4.5 胎即被迫淘汰，其主要原因就是胎衣不下引起子宫内膜炎而导致不孕。因此，本病给牛的繁殖，尤其是奶牛业，带来极大的经济损失。猪的胎衣不下也可达 6%~8%。

一、发病原因

引起产后胎衣不下的原因很多，主要和产后子宫收缩无力、怀孕期间胎盘发生的炎症及胎盘构造有关。

（一）产后子宫收缩无力

饲料单纯、缺乏钙盐及其他矿物质和维生素，消瘦，过肥，运动不足等都可致子宫弛缓。据调查，某乳牛声有三个厩舍，饲养条件相同，两个厩舍有运动场，一个厩舍无运动场。无运动场的牛群不仅胎衣不下普遍发生（25.9%），而且难产等病的发病率也较高。

胎儿过多，单胎家畜怀双胎、胎水过多及胎儿过大，因而子宫过度扩张，继发产后阵缩微弱，容易发生胎衣不下。

流产、早产、难产、子宫捻转都能产出或取出胎儿以后由于子宫收缩力不够，而引起胎衣不下。流产及早产后容易发生胎衣不下，这与胎盘上皮未及时发生变性及雌激素不足、孕酮含量高有关；难产后则子宫肌疲劳，收缩无力。

在水牛，给小牛哺乳者，胎衣不下的发生率为 4.5%，不哺乳者为 21.8%，幼畜吮乳，能够刺激催产素释出，加强子宫收缩，促进胎衣排出。

（二）胎盘炎症

怀孕期间子宫受到感染（如李氏杆菌、沙门氏杆菌、胎儿弧菌、生殖道支原体、霉菌、毛滴虫、弓形体或病毒等造成的感染），发生子宫内膜炎及胎盘炎，导致结蹄组织增生，使胎儿胎盘和母体胎盘发和粘连，产后或流产后容易发生胎衣不下。维生素 A 缺乏，也可使胎盘上皮的抵抗力降低，容易受到感染。

（三）胎盘组织构造

牛、羊胎盘属于上皮绒毛膜与结蹄组织绒毛膜混合型，胎儿胎盘与母体胎盘联系比较紧密，这是胎衣不下多见于牛、羊的主要原因。胎盘少而大时，尤其如此。马、猪为上皮绒毛膜胎盘，故发生较少。马发生此病时，主要也是在子宫体内绒毛较为发达的地方发生粘连。

二、临床症状

母畜胎衣不下可分为全部不下和部分不下两种。

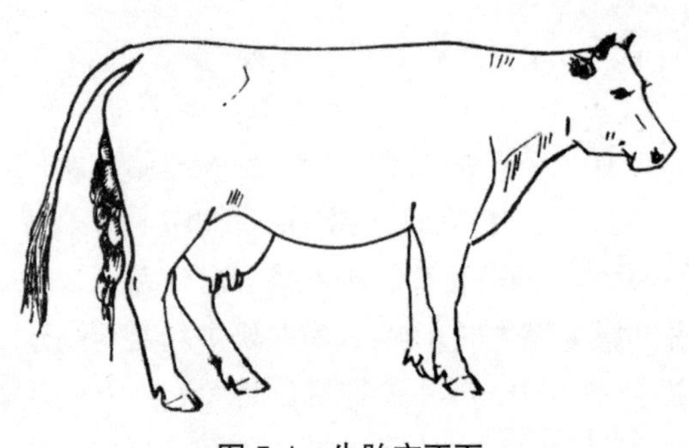

图 5.1　牛胎衣不下

胎衣全部不下，即整个胎衣未排出来，胎儿胎盘的大部分仍与子宫黏膜连接，仅见一部分胎膜吊于阴门之外。牛、羊脱出的部分常包括有尿膜绒毛膜，呈土红色，表面上有许多大小不等的子叶（见图 5.1）。马脱出的部分主要是尿膜羊膜，呈灰白色，表面光滑。高度子宫弛缓时，全部胎膜可能滞留在子宫内；悬吊于阴门外的胎衣也可能断离。这些情况都需要进行阴道检查，才能发现子宫内还有胎衣。

在牛，经过 1~2d，胎衣腐败分解，夏天腐败较快。从阴道内排出污红色恶臭液体，内含腐败的胎衣碎块；患畜卧下时，排出量较多。由于感染及腐败胎衣的刺激，发生急性子宫内膜炎。腐败分解产物被吸收后，出现全身症状：病畜精神不振，背拱起、常常努责，体温稍高，食欲及反刍稍减、胃肠机能扰乱、有时发生腹泻，瘤胃弛缓、积食及臌气。但牛及绵羊的症状均较轻。

马在产后超过半天，常有全身症状：腹痛不安，精神沉郁，食欲降低，体温升高，脉搏呼吸加快。如努责剧烈，可能发生子宫脱出。山羊的全身症状也较明显。

胎衣部分不下，即胎衣的大部分已经排出，只有一部分或个别胎儿胎盘（牛、羊）残留在子宫内，从外部不易发现。在牛，诊断的主要根据是恶露排出的时间延长，有臭味，其中并含有腐败胎衣碎片。在马，则须检查排出的胎膜是否完整，方法是：尿膜绒毛膜上除胎儿排出的破口以外，如还有破裂，可将其边缘对在一起，如能吻合，血管断端亦接近，即说明这只是一个裂口；否则表示有一部分绒毛膜或尿膜绒毛膜未排出。这一部分常在空角的尖端上。部分胎衣不下常使恶露排出的时间延长。

猪的胎衣不下，多为部分不下。病猪表现不安，体温升高，食欲降低，泌乳减少，喜喝水；阴门内流出红褐色液体，内含胎衣碎片。哺乳时常突然起立跑开，这可能乳汁少，仔猪吮乳引起疼痛有关。为了诊断胎衣是否完全排出，产后须检查排出的胎衣上脐断端的数目是否与胎儿数目相符。

三、治疗措施

为了促使胎衣脱落，一般常在胎衣上拴上一个重东西。但这样做，胎衣上的血管常将阴道底上的黏膜勒伤，也可能引起子宫内翻及脱出，所以不宜采用。

马及山羊对胎衣不下敏感，必须使胎衣及早排出，并重视其全身症状及治疗。对于牛、猪，也要促使胎衣排出；但是对牛也可采取防止胎衣在子宫内腐败的方法，这样即使排出迟一些，母牛的健康以及以后的受胎力也不至受到影响。

胎衣不下的治疗方法很多，概括起来可以分为药物治疗和手术治疗两大类。遇到牛胎衣不下病例时，首先试行手术剥离，如有困难，则采用药物治疗，马则须尽早剥离。

（一）药物疗法

牛产后 12h 胎衣仍不排出，即可选用下法进行治疗。药物疗法也用于猪、羊及马。

1. 促进子宫收缩：垂体后叶素，牛 40~80IU，羊、猪 5~10IU，肌肉或皮下注射，2h 后再重复一次。使用尽快早些，最好在产后 8~12h 注射；分娩后超过 24~48h，效果不佳。麦角新碱，猪 0.2~0.4mg，皮下注射。10% 盐水，牛静注 200~300ml。

灌服羊水 300ml，也可促进子宫收缩，2~6h 后可排出胎衣，否则 6h 后可重复应用。羊水是分娩时收集的，放在凉处，以免腐败。如需用于别的母牛，供羊水的牛必须是健康的，没有流产病及结核病等传染病。用羊水治疗胎衣不下，其作用是否与前列腺素有关，尚待进一步验证。

2. 促进胎儿胎盘与母体胎盘分离：在子宫内注入 5%~10% 盐水 3 000ml，可以促使胎儿胎盘缩小，从母体胎盘下脱落；高渗盐水并有刺激子宫收缩的作用。注入后须注意使盐水再排出来。

3. 预防胎衣腐败及子宫感染：等待胎衣自行排出　可在子宫黏膜与胎衣之间放入金霉素（土霉素或四环素也可）0.5~1.0g，用胶囊装上放入或用塑料纸包上撒入二角内，隔日一次，共 1~3 次，效果良好，以后的受胎力也保持正常。也可以应用其他抗菌素或磺胺药。

子宫口如已缩小，可先肌注雌激素，例如已烯雌粉，牛 10~30mg，使子宫口开放，排出腐败物，然后再放入防止感染的药物。雌激素不但能使子宫口开放，而且能增加子宫的收缩，促进子宫的血液循环，提高子宫的抵抗力。可每日或隔日注射一次，共 2~3 次。此药也可用于猪，每次 5~10mg。

4. 中兽医辩证施治：胎衣不下为里虚证，其发病机制是由于气虚血亏，气血运行不畅，因而胞宫活动力减弱，不能排出胎衣。治疗原则应以补气养血为主，佐以温经行滞祛瘀药物。牛、马可选用下列处方。

加味生化汤：党参 60g，黄芪 45g，当归 90g，川芎 24g，桃仁 30g，红花 24g，炮姜 18g，甘草 18g，煎汁加，黄酒 150ml，为引，候温灌服。

体温高者：加黄岑，连翘，二花；腹胀者：加莱菔子。

参灵汤：黄芪 30g，党参 30g，生蒲黄 30g，五灵脂 30g，当归 60g，川芎 30g，益母草 30g 共为末，开水冲，灌服。

加减：瘀血而有腹痛者，加醋香附 25g　泽兰叶 15g　生牛夕 30g。

活血祛瘀汤：当归60g，川芎25g，五灵脂10g，桃仁20g，红花20g，积壳30g，乳香15g，没药15g，共为末开水冲，黄酒200~400ml为引，用于体温升高、努责疼痛不安者。

（二）手术疗法即剥离胎衣

牛如果用药无效，母牛可在产后两天，子宫口尚未缩小到手不能通过以前试行剥离。子宫口收缩的速度，犏牛比乳牛快；子宫颈内无胎衣（胎衣完全在子宫内）比有胎衣快，产后两天即能缩小到手伸不进去。

是否采用手术剥离，应注意的原则是：容易剥离坚持剥，否则不可强剥，以免损伤母体子叶，引起感染；而且剥不尽时，其后果也不好。体温升高者，说明已有子宫炎，不可再剥，以免炎症扩散加重。这时可继续采用药物疗法。

1. 术前准备：母畜外阴部按常规消毒。术者手臂皮肤除按常规消毒外，先擦0.1%碘化酒精加以鞣化，使保护层不易脱落，然后涂油。手上如有伤口，须注意防止受到感染。术者需穿长靴及围裙。

为了避免胎衣粘在手上，妨碍操作，可在子宫内灌入10%盐水500~1 000ml。如母牛努责剧烈，可以后海穴注射普鲁卡因。

2. 手术方法：左手扯住胎衣，右手顺着它伸入子宫，找到胎盘。剥离要有顺序，由近及远，螺旋前进，逐个逐圈进行，并且先剥一个子宫角，再剥另一个子宫角，不可剥混了。辨别一个胎盘是否剥过的依据是：剥过的，表面粗糙，不和胎膜相连；未剥过的，和胎膜相连，表面光滑。剥离每个胎盘的方法是：在母体胎盘与其蒂交界处，用拇指及食指捏住胎儿胎盘的边缘，轻轻将它自母体胎盘之间，逐步把它们分开（见图5.2）。剥的越完整，效果越好。剥的过程中，左手要把胎衣扯紧，以便顺着它去找尚未剥的胎盘，达到子宫角尖端时特别要这样做。为防剥出的部分很重，把胎衣拽断，可将一部分剪掉。子宫尖端中的胎盘难剥离，一方面是尖端的空间小了，胎盘彼此靠的紧，妨碍操作，另一方面是手触不到。这时可轻拉胎衣，使子宫尖端内翻，即便于剥离。

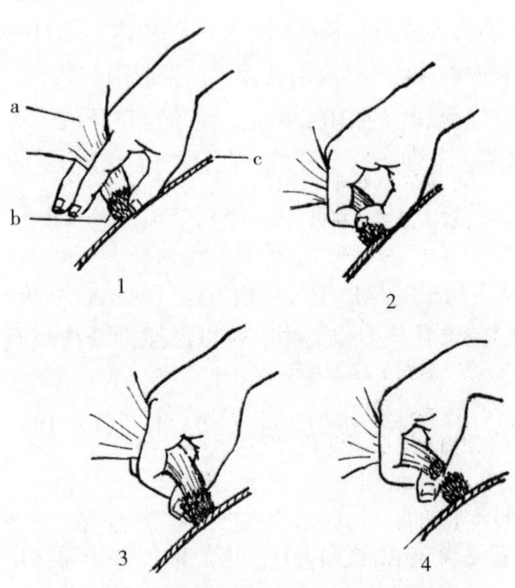

图5.2 牛胎衣不下手术剥离顺序示意图

a. 子体胎盘 b. 母体胎盘 c. 子宫壁

母马胎盘构造和母牛不同，手术疗法也和牛不一样。剥离的方法是将手伸至子宫颈内口，找到尿膜绒毛膜裂口的边缘，把手伸入子宫黏膜与绒毛膜之间，小心地将绒毛膜从子宫黏膜上分离下来。破口边缘很软，须仔细触诊才能摸清楚。当子宫体内的尿膜绒毛膜剥离下时，其他部分便随之而出，粘连往往仅限于这一部分。此外，也可以拧紧露在外面的胎衣，然后把手沿着它伸入子宫，找到脐带根部，握住这里轻轻扭转拉动，绒毛即逐渐脱离腺窝，使胎衣完全脱落下来。有的马在阴门外扭拉胎衣，即可把它拉出来，偶尔有时可使子宫体黏膜露于阴门口上，用眼看着剥离，这样就比较方便。

马的部分胎衣不下，应在检查胎衣时确定未下的是哪一部分，并在子宫的相应部位上找到剥下来。

3. 胎衣剥离完毕后，因子宫内尚存在有胎盘碎片及腐败液体，可用 0.1% 高锰酸钾、0.1% 新洁尔灭或 0.05% 呋喃西林等冲洗，以清除子宫感染源。冲洗方法是将粗橡胶管（或马胃管、子宫洗涤管）的一端插至子宫内液体充分排出。这样反复冲洗 2~3 次，至流出的液体与注入的液体颜色基本一致为止。有人则认为，牛剥离完毕后不宜用消毒药液冲洗，因为子宫角很大，而且下垂，冲洗液不易排出，可导致子宫弛缓，复旧过程延长；特别在子宫发炎时，冲洗能使炎症扩散，引起不良后果。无论冲洗与否，子宫内要放入抗菌素等药物，在马尤应注意。术后数天内须检查有无子宫炎，并注意治疗。在乳牛，最好持续投入抗菌素数次，以消除发现不了的炎症，防止不孕症。配种可推迟 1~2 个发情周期，因为早配可能也配不上。

四、预防感染

怀孕母畜要饲喂含钙及维生素丰富的饲料。舍饲奶牛要适当增加运动时间，产前一周减少精料，分娩后让母畜自己舔干仔畜身上的液体，尽可能灌服羊水，并尽早让仔畜吮乳或挤奶。分娩后即注射葡萄糖氯化钙溶液（也可在产前一个月内注射钙剂三次），或饮益母草及当归水，亦有防止胎衣不下的作用。

第五节　子宫内翻及脱出

子宫角前端翻入子宫腔或阴道内，称为子宫内翻；子宫全部翻出于阴门外，称为子宫脱出。二者为同一个病理过程，但程度不同。牛（尤为奶牛）多发生，羊、猪也常发生，马很少见。脱出多见于分娩之后，有时则在产后数小时内发生。

一、发病原因

由于怀孕母畜衰老经产，营养不良（单纯喂以麸皮，钙盐缺乏等）及运动不足，分娩时如阴道受到强烈刺激，产后发生强力努责，腹压增高，便容易发生子宫脱出。猪胎儿过大，过多，单胎家畜怀双胎，因而子宫过度扩张，产后阵缩微弱，这时如努责力强，也可导致子宫脱出。难产时，产道干燥，子宫紧裹住胎儿，若未经很好处理（如加入润滑剂），即强力拉出胎儿，使子宫内压突然降低，而腹压相对增高，子宫常随即翻出于阴门之外。但有时在顺产后，也能发生，这在奶牛可能和生产瘫痪有关。

二、临床症状

子宫内翻，牛多发生在孕角，马多为空角。若程度较轻，因为在子宫复旧过程中能自行复原，常无外部症状。但如子宫角尖端通过子宫颈进入阴道内，则患畜轻度不安，经常努责，尾根举起，食欲及反刍减少。凡是母畜产后仍有明显努责的，应进行检查，手伸入产

图 5.3　牛的子宫脱出

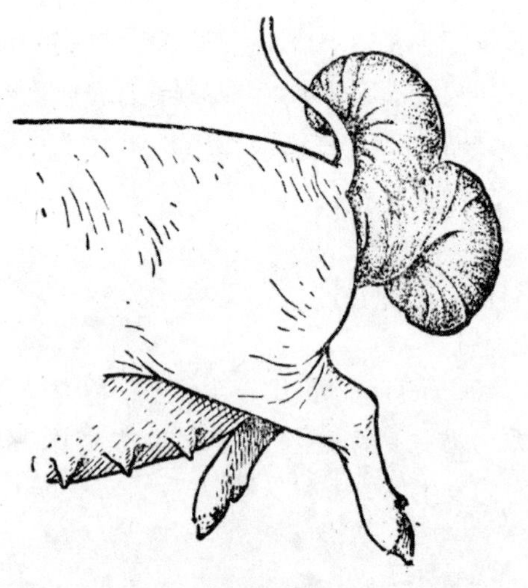

图 5.4　猪的子宫脱出

道，可发现柔软圆形瘤样物。直肠检查，肿大的子宫角似肠套叠，子宫阔韧带紧张。患畜卧下后，可以看到突入阴道内的内翻子宫角。子宫内翻如不能自行恢复，可能发生坏死及败血性子宫炎，有污红色臭液从阴道排出，全身症状明显。有时因持续努责，继发子宫脱出。

子宫脱出，通常仅孕角（牛、羊）脱出，空角同时脱出的较少。子宫脱出的症状明显，可见很大的囊状物从阴门内突出来，其形态则依家畜不同而异：

牛、羊脱出的子宫上，有时还附有尚未脱出的胎衣。如果胎衣已经脱落，则可看到脱出物上有许多暗红色的母体胎盘（见图 5.3），并极易出血。牛的母体胎盘为圆形或长圆形，状如海绵；绵羊的为浅杯状，山羊的为圆盘状。仔细观察可以发现脱出的孕角上部一侧有空角的开口岔处。每一角的末端都向内凹陷。脱出很长的时候，子宫颈（肥厚的横皱襞）也暴露在阴门之外（见图 5.4）。脱出的子宫腔内可能有肠管，外部触诊及直肠检查可以摸到。脱出时间久了，子宫黏膜充血、水肿，呈黑红色肉冻状，并干裂，有血水渗出。寒冷季节常因冻伤而发生坏死。

猪脱出的子宫角很像两条肠道，但较粗，且黏膜呈绒状，出血很多，颜色紫红，上有横皱襞，容易和肠道的浆膜区别开来。

马脱出的主要为子宫体。子宫角也分为大小两部分，大者为孕角，小者为空角，但都脱出很短；每一部分的末端上也有一凹陷。子宫黏膜和猪的相像。

牛、羊在子宫脱出后不久，除拱腰、不安等现象，并因尿道受到压迫而排尿困难以外，有时不表现全身症状。但如拖延不治，由黏膜发生坏死，并因继发腹膜炎、败血病等，可以出现全身症状。如肠道进入脱出的子宫腔内，出现疝痛症状。子宫脱出时如卵巢系膜及子宫阔韧带被扯破，其血管被扯断，则表现贫血、结膜苍白、战栗、脉搏快弱等急性贫血症状。穿刺子宫末端有血液流出。猪在子宫脱出后，常有虚脱症状，卧地不起，反应极为迟钝。马发生子宫脱出后不久，除不安、拱腰外，出现全身症状，如体温升高、脉搏增数、食欲不振等；如肠道进入脱出的子宫腔内，即有疝痛症状。

三、治疗方法

子宫脱出，必须及早施行手术整复。因为脱出时间愈长，整复愈困难，所受外界刺激愈严重，整复后的不孕率亦愈高。如无法送回时，须进行子宫切除术。

（一）整复法

在将脱出的部分向回送时，脱出的子宫角尖端往往不易送回阴门内，有时肠道也进入子宫腔内，堵住阴门，阻碍整复，因而必须先把它们送入腹腔。由于脱出的子宫又大（在大家畜及猪）、又软、又滑、不易掌握，并且在整复过程中会引起母畜努责，甚至在送回去以后，如母畜强烈努责，仍可能再脱出，所以必须采取一定措施。现以牛的子宫脱出为例，阐述治疗方法，并对猪的手术特点也加以介绍。

1. 保定：使母畜后躯尽可能抬高，是迅速整复的必要条件。因后躯愈高，腹腔内器官愈向前移，骨盆腔内的压力就愈小，整复时的阻力亦愈小，整复的速度也就愈快。为此，在母牛卧地的情况下，可用粗绳将臀部捆紧，并穿上一条杠子；待将脱出的子宫洗净后，由二人把臀部抬高，使阴门朝着上方（前躯仍卧地），这时因母牛无力努责，不用麻醉，即能顺利整复，效果很好。此外，病牛一般都是用架子车、板车或马车拉来的，这时可将头端放低，臀部即较高。如牛站立不卧，也应前低后高。羊可由一、二人将后肢倒提起来。猪可侧卧保定在梯子上或木板上，将后躯抬高即可；也可用绳将后躯吊高。

2. 清洗：用温消毒液将脱出子宫及外阴尾根充分洗净，除去杂物、坏死组织及附着的胎膜。黏膜上的创伤，涂消炎药，大的创口还要缝合。如为侧卧，洗净后先在地上铺一用消毒液泡过的塑料布，再在其上铺一同样处理过的大块布。将子宫放在布上，检查子宫腔内有无肠道，并涂乳剂消炎药。

3. 麻醉：如后躯不抬高，为了抑制努责，必须施行硬膜外麻醉。

4. 整复：由两助手用布将子宫兜起提高，如已用绳将母牛臀部捆好，这时即用杠子迅速将臀部抬高，很快就能把子宫整复回去。如母牛站立，需助手二人各站一旁，用布将子宫兜起和阴门同等高，将子宫摆正，然后整复。在子宫腔内无肠道时，为了掌握子宫，并避免手损伤子宫黏膜，也可用长条布把子宫从后向前缠起来，由一人托起。整复时一面松布，一面将子宫压回。

整复时可先从靠阴门的部分开始。肠道常进入脱出的子宫腔内。堵住阴门，如从这里开始，先将肠道压回腹腔，即不致阻碍整复。操作方法是把手指并拢，或用拳头向阴门内压迫子宫壁。整复也可以从下部开始，就是将拳头伸入子宫角的凹陷中，顶住子宫角尖端，推出阴门；先推进去一部分，然后助手压住子宫，术者抽出手来，再向阴门压迫其余部分。只要尖端深入了阴门，其余部分即容易压回。上述两种方法，都必须是趁不努责时进行，在努责时把送回的部分压住，以免退回来。操作时助手须及时协助，四面向一起压迫，才能取得应有的效果。脱出时间久的，子宫壁变硬，子宫颈也已缩小，整复困难很大，必须耐心挤压，逐步送回。

将脱出的部分完全推入阴门后，术者还必须将手伸入阴道，继续将子宫角深深推入腹腔，恢复正常位置，以免发生套叠。然后放入抗菌素或其他药物，并注射子宫收缩剂，促进子宫收缩，以免再脱出。

在猪，脱出的子宫角很长，整复的困难很大，其原因主要是子宫角尖端不易回入阴门内。如果子宫脱出的时间很短，或者猪体型大，可在脱出的一个子宫角凹陷内灌入淡消毒液，将手伸入其中，把此角尖端塞回阴门内，然后很快就能全部送回。另一角也用同法处理。此法常很顺利。如果脱出时间已久，子宫壁变硬，或者猪体型小，手无法伸入子宫角中，整复时可无将脱出较短的一个角翻回，这往往并无困难；然后为使此角尖端通过阴门，可在近阴门处隔着子宫壁把它压回至阴门内。处理脱出较长的一个角时，因为前一个角堵在阴门上，这一个角的尖端就更不容易进去，但必须耐心隔着子宫壁把它压进去。只要尖端通过了，其余部分即容易送回。有时整复十分困难，在不得已情况下，可在靠近阴门处将黏膜消毒后，横切一个 3cm 长的小口，伸入二指，逐步将二子宫角塞入阴门内。最后严密缝合浆膜肌肉层及黏膜层，并将剩余部分压回阴门内。

子宫角内翻：在大家畜产后仍有努责，进行检查确定确为内翻时，用手抓住摇晃推回原位即可。但是在马，有时子宫收缩很紧。这时可行硬膜外腔麻醉，使子宫弛缓，即能推回。

（二）护理及预防复发

术后护理按一般常规进行，但如有内出血，须给以止血药并补液。

中兽医认为，子宫脱出多发生于体衰气亏的家畜；产前既已虚弱，产期中又中气耗伤，以致血虚气衰，中气下陷，冲任不固，而子宫不能收缩。治法以补气升陷为主，可用阴道脱出中所列方药灌服。

此外，脱出子宫整复后，必须有专人注意观察。母畜如仍有努责，须检查是否有内翻，有则加以整复。为预防复发，可按阴道脱出的方法缝合阴门。三天后，母畜完全不努责了，而且子宫颈已经缩小，子宫角不能再脱出时，将线抽掉。但是在牛，缝合后如有强烈努责，须直肠检查子宫，发生内翻者须及时整复，并灌入大量刺激性小的消毒液，利用液体的重力，使子宫复位。

（三）脱出子宫切除术

如子宫脱出时间已久，无法送回，或损伤及坏死严重，整复后有引起全身感染、导致死亡的危险，可以将它切除，以挽救母畜的生命。这一手术的预后，在牛一般是好的，猪则死亡率较高。现以牛为例简述如下。

患牛站立保定，局部浸润麻醉，或后海穴麻醉。消毒按常规进行，术部以后部分可用手术巾缠起，避免手及器械和它接触。

手术可采用以下方法：

1. 子宫角基部作一纵向切口，检查其中有无肠道及膀胱，有则先将它们推回。仔细触诊找到两侧子宫阔韧带上的动脉，向前加以结扎，粗大的动脉须结扎两道。注意把动脉和输卵管区别开来。

2. 在结扎之下横断子宫及阔韧带，断端有出血应结扎止血。断端先做全层连续缝合，再做内翻缝合。最后将缝合的断端送回阴道内。另一法是在子宫颈之后，用直径约 2mm 的绳子，外套以细橡胶管，用双套结结扎子宫体。为了扎紧，绳的两端可缠上木棒拉。但因有水肿，不可能充分勒紧，因此在第一道绳子之后，再将缝线穿过子宫壁，作一道贯穿结扎

（分割结扎）。最后在第二道结扎后 2~3cm 处，把子宫切除。检查如无出血，将断端送回阴道内。

术后护理须注射强心剂及补液，并密切注意有无内出血现象。努责剧烈者，可行硬膜外腔麻醉，或后海穴注射 2% 普鲁卡因，防止将断端努出。有时术后出现神经症状，兴奋不安、忽起忽卧、瞪目回顾，可注射少量速眠新而镇静。术后阴门内常流血，但出血不多，可用收敛消毒药液（明矾）等冲洗。断端及结扎线在 8~14d 后可以脱落。

在猪，术前注射子宫收缩剂，可避免失血过多。将子宫结扎后，截掉以前，皮下注射 0.1% 肾上腺素 0.5~1.0ml，可以防止休克。

四、预防措施

怀孕母畜要合理使役，加强饲养管理，产前 1~2 个月停止使役，合理运动。助产时要操作规范化，牵拉胎儿不要过猛过快。胎衣不要系过重物体。分娩后要注意观察母畜，若有不安、努责等现象，应详细检查并及时处理。

第六节　子宫复旧不全

母畜分娩后，子宫恢复至未孕时的状态的时间延长，称为子宫复旧不全或子宫弛缓。本病多发生于老龄经产家畜，特别常见于乳牛。

一、发病原因

凡能引起阵缩微弱的各种原因，均能导致子宫复旧迟缓，例如老龄、瘦弱、肥胖、运动不足、胎儿过大、胎水过多、多胎怀孕、难产时间过长等。胎衣不下及产后子宫内膜炎常继发本病。

二、临床症状

产后恶露排出时间大为延长。因产后子宫收缩力弱，恶露常积留在子宫内，母畜卧下时排出较多。由于腐败分解产物的刺激，常继发慢性子宫内膜炎。因此，产后第一次发情的时间亦延迟；开始发情时，配种不易受孕。

病畜全身情况无甚异常，有时仅体温略升高，精神不振，食欲及奶量稍减。阴道检查，可见子宫颈口弛缓开张，有的在产后 7d 仍能将手伸入，产后 14d 还能通过 1~2 指。直肠检查，子宫体积较产后同期的子宫大，下垂，子宫壁厚而软，收缩反应微弱；若子宫腔内积留液体多时，触诊有波动感；有时还可摸到母牛未完全萎缩的母体子叶。

三、治疗措施

应增强子宫收缩，促使恶露排出，并防止慢性子宫内膜炎的发生。为此，可注射垂体后叶素、麦角制剂、雌激素等。用 40~42℃的食盐水（或其他温防腐消毒液）冲洗子宫，可以增强子宫的收缩。冲洗液量可根据子宫大小来确定，不可过多。反复二三次后，在子宫内放入抗菌素。中药可灌服加味生化汤。也可电针百会、肾俞及后海等穴位。

第七节　产后阴门炎及阴道炎

母畜分娩时或产后，其生殖器官发生剧烈变化，排出或手术取出胎儿可能在子宫及软产道上造成许多浅表（有时较深重）的损伤，产后子宫颈开张，子宫内滞留恶露以及胎衣不下等，这些变化都给微生物的侵入和繁殖创造了条件。引起产后阴门炎及阴道炎的微生物很多，主要有链球菌、葡萄球菌、化脓棒状杆菌及大肠杆菌。

母畜在正常情况下，其阴门及阴道黏膜将阴道腔封闭，可阻止外界微生物的侵入；在雌激素发生作用时，阴道黏膜上皮细胞内贮存大量糖原，在阴道杆菌作用及酵解下，糖原分解为乳酸，使阴道保持弱酸性，能抑制阴道内细菌的繁殖，因此阴道有一定的防卫机能。当这种防卫机能受到破坏时，如发生损伤及机体抵抗力降低，则细菌侵入阴道组织，引起发炎。

本病多发生于反刍家畜，也见于马，猪则少见。

一、发病原因

微生物通过上述各种途径侵入阴门及阴道组织，是发生本病的常见原因。特别是在复杂的难产，受到手术助产的刺激之后（见阴道及阴门损伤），阴门炎及阴道炎更为多见。应当根据这些原因，注意预防。

二、临床症状及诊断

由于损伤和发炎程度不同，表现的症状也不完全相同。

黏膜表层受到损伤而引起的发炎，无全身症状，仅见阴门内流出黏液性或粘脓性分泌物，尾根及外阴周围常附有这种分泌物的干痂。阴道检查可见黏膜微肿、充血或出血，黏膜上常有分泌物粘附。

黏膜深层受到损伤时，病畜常拱背、尾根上翘、努责、作排尿动作，但每次排出的尿量不多。有时在努责之后从阴门中流出污红、腥臭的稀薄液体。阴道检查送入开膣器时，病畜疼痛不安，甚至引起出血；阴道黏膜，特别是阴道瓣前后的黏膜充血、肿胀、上皮缺损，有时可见到创伤、糜烂和溃疡。阴道前庭发炎时，往往在黏膜上可以见到结节、疱疹及溃疡。在全身症状方面，有时体温稍升高，食欲及乳量稍降低。

三、治疗措施

对轻症可用温防腐消毒溶液冲洗阴道，如0.1%高锰酸钾、0.05%呋喃西林、0.1%新洁尔灭等。阴道黏膜剧烈水肿及渗出液多时，可用1~2%明矾或鞣酸溶液冲洗。阴道深层组织损伤，冲洗时须防止感染扩散。冲洗后，可注入防腐抑菌的乳剂或糊剂，连续数天，直至症状消失为止。因为，药液难以在创伤表面存留，必要时可放置浸有防腐消毒药物或抗菌素的纱布塞。与局部治疗的同时，在阴门两旁注射抗菌素，效果良好。

第八节　产后子宫内膜炎

母畜产后子宫内膜炎是子宫黏膜的浆液性、黏脓性或脓性炎症，呈现急性炎症的病理过程。有时炎症往往扩散，引起子宫肌炎和子宫浆膜炎，是母畜不孕的主要原因之一。

本病常发生于各种家畜。

一、发病原因

分娩时或产后期中，微生物可以通过上面所提到的途径侵入，尤其是在发生难产、胎衣不下、子宫脱出、子宫复旧不全、流产或猪的死胎遗留在子宫内，均能引起子宫发炎。患有布氏杆菌病、沙门氏杆菌病、媾疫以及其他很多侵害生殖道的传染病或寄生虫病的母畜，子宫内膜原来就有慢性炎症，分娩之后由于抵抗力降低及子宫损伤，病程加剧而转为急性炎症。

二、临床症状

病畜有时拱背、努责，从阴门中排出黏性或黏脓性分泌物，病重者分泌物呈污红色或棕色，且具有臭味。卧下时排出量较多。体温稍升高，精神沉郁，食欲及奶量明显降低，牛、羊反刍减弱或停止，并有轻度臌气。猪常不愿给小猪哺乳。

三、临床诊断

对母畜阴道检查，变化不明显，仅子宫颈略微张开，有时可见从中有分泌物排出。直肠检查感到子宫角比正常产后期的大、壁厚、子宫收缩反应减弱。

产后子宫内膜炎与正常产后期情况的区别是，排出的分泌物为脓性，有时带有臭味，而且超过正常的产后期仍有分泌物排出。在牛和羊，根据分娩史、阴道排出分泌物以及直肠和阴道检查结果，容易与消化扰乱，胃、肠炎及损伤性胃炎区别开来。

四、治疗措施

主要是应用抗菌消炎药物，防止感染扩散，设法清除子宫腔内的渗出物和促进子宫收缩。

对于母马，为了清除子宫腔内的渗出物，可以每日应用消毒液冲洗子宫（见“阴道炎”及“子宫复旧不全”）。冲洗之后放入抗菌素或其他抗菌消炎药物。对伴有严重全身症状的急性子宫内膜炎病例，因为容易引起感染扩散，加重病情，应禁止冲洗子宫。对于母牛，冲洗子宫之后食欲往往降低，因此也不宜进行冲洗，只将抗菌素放入子宫即可。

为了促进子宫收缩和增强子宫的防御机能，可以应用垂体后叶素、麦角新碱及雌激素。此外可采用适当的全身或辅助疗法。

第九节　生产瘫痪

生产瘫痪也叫做乳热症，是发生产后 1~3d 而以昏迷和瘫痪为特征的急性低血钙症。多发生于 5~9 岁的高产乳牛，偶尔见于母猪及母羊。

生产瘫痪主要发生于饲养良好的奶牛，而且出现于产奶量最高之时；因此大多数见于第 3~6 胎，但第 2~11 胎均可发生；初产母牛则几乎不发生此病。此病大多发生在顺产后的头 3d 之内（多发生在产后 12~48h，平均 20h），少数在分娩过程中或分娩前数小时发病。分娩后数天或数周以及在怀孕末期发生的，极为少见。此病多为散发，但在个别的牧场，其发病率可高达 28%~40%。治愈的母牛在下次分娩时可以再度发病；某些品种的母牛或者是某些牧场，此病的复发率特别高，个别的牛每次分娩都可能发生此病。奶山羊的生产瘫痪也多见于第 2~5 胎奶产量最高时期。

一、发病原因

目前，虽然该病发生的机理尚不十分清楚。但是现在对引起生产瘫痪的直接原因是分娩前后血钙浓度剧烈降低，已无异议。多数学者认为促成血钙降低的因素有下列几种，生产瘫痪的发病可能是其中一种（单独）或几种共同发生作用的结果。

大量的钙质进入初乳，是血钙浓度下降的主要原因。病牛丧失的钙量更多，超过了它能从肠道吸收和从骨胳动用的数量总和，就会发病。根据测定，产后健康牛血钙浓度为 8.8%/mg~11.2%/mg，平均为 10mg 左右；病牛则下降到 3.0%/mg~7.5%/mg。与此同时，血液中含磷量也减少；血磷减少除了同样是由于大量进入初乳以外，也可能是由于血钙降低所致。

动用骨胳中钙储备的能力降低和骨胳中贮存的钙量减少，是血钙降低的重要原因。实验证明，干奶期中母牛甲状腺的机能减退，分泌的甲状旁腺激素数量减少，因此动用骨钙的能力降低；在怀孕末期不变更饲料配合，特别是摄入高钙和高蛋白的母牛，这种现象尤其显著。在分娩的过程中，大脑皮质过度兴奋，其后即转为抑制状态。分娩后腹内压突然下降，腹腔内的器官被动性充血，以及血液大量进入乳房引起脑部贫血，可使大脑皮质抑制程度加深，从而影响甲状旁腺，使其分泌激素的机能减退，以致不能保持体内钙的平衡。另外，处于抑制状态的大脑皮质也影响甲状腺的调节机能，使降钙素的分泌数量增多。至怀孕后半期，由于胎儿发育的消耗和骨胳吸收能力减弱，骨胳中贮存的钙量已大为减少，因此即使甲状旁腺的机能受到的影响不大，而从骨胳中能动用的钙量也已不多，不能补偿产后的大量丧失。

最后，分娩前后从肠道吸收的钙量减少，也是引起血钙降低的原因之一。怀孕末期胎儿增大，胎水增多，占据腹腔大部分空间，挤压胃肠器官，影响其正常活动，降低消化机能，致使从肠道吸收的钙量显著减少。分娩时雌激素水平增高，也对食欲和消化发生影响，而使从消化道吸收的钙量减少。

二、临床症状

母牛发生生产瘫痪时，表现的症状不尽相同，有典型的与轻型（非典型）的两种。

表现典型症状的病畜，症状发展很快，从开始发病到典型症状表现出来，整个过程不超过 12h。病初通常是食欲减退或废绝，反刍、瘤胃蠕动及排粪排尿停止。奶量降低。精神沉郁，表现轻度不安。不愿走动，后肢交替踏脚，后躯摇摆，好似站立不稳；四肢（有时是身体其他部分）肌肉出现震颤。有些病例，与以上的抑制症状相反，开始时表现短暂的不安，出现惊慌、哞叫、凶暴、目光凝视等兴奋和过敏症状；头部及四肢痉挛，不能保持平衡。所有的病例开始时鼻镜即变干燥；四肢及身体未端变冷，皮温降低，但有时出汗。呼吸变慢，体温正常或稍低，脉搏则无明显变化。这些初期症状持续时间不长，特别是表现抑制状态的母牛，不容易受到注意。

初期症状发生之后数小时（多为 1~2h），病畜即表现出本病的瘫痪症状。后肢开始瘫痪，不能站立，虽然一再挣扎，但仍然不能站立起来。由于挣扎用力，病畜遍体出汗，颈部尤多，肌肉战抖。

不久，出现意识抑制和知觉丧失的特征症状。病牛昏睡；眼睑反射微弱或消失，眼球干燥，瞳孔散大，对光线照射无反应；皮肤对疼痛刺激亦无反应。肛门松弛，肛门反射消失。心音减弱，速率增快，每分钟可达 80~120 次；脉搏微弱，勉强可以摸到。呼吸深慢，有时因为喉头和舌头麻痹，出现唾液积聚，呼吸略带啰音和舌头外垂。

病畜卧下时呈现一种特征姿势，就是伏卧，四肢屈于躯干之下，头向后弯至胸部一侧。可以用手将头拉直，但一松开，头又重新变向胸部；也可用手将头弯至另一侧胸部。因此可以证明，头颈弯曲并非一侧颈肌痉挛所引起。个别的母牛卧地之后出现癫痫症状，四肢伸直并且抽搐。卧地时间稍长，加之胃肠活动停止，就会出现臌气。

体温降低也是生产瘫痪的特征症状之一。病初体温可能仍在正常范围之内，但随着病程进展逐渐下降，最低可降至 35~36℃。

病畜死亡前处于昏迷状态，死亡时毫无动静，因此有时注意不到死亡的时刻。少数病例死前有痉挛性挣扎。

如果此病发生于分娩过程中，则努责和阵缩停止，胎儿即无法排出。

轻型（非典型）病例所占的数目较多，产前及分娩很久才发生的生产瘫痪多为非典型的。其症状除瘫痪以外，特征是头颈姿势不自然，由头部至鬐甲呈一轻度的 S 状弯曲（见图 5.5）。病牛精神极度沉郁。但不昏睡。食欲废绝。各种反射减弱，但不完全消失。病牛有时能勉强起立，但站立不住，且行动困难，步态摇摆。体温一般正常或不低于 37℃。

图 5.5　牛生产瘫痪的头颈扭曲——“S”状弯曲

羊的生产瘫痪多发生在产羔后1~3d，但也有发生在产后两个月左右的病例，但一般说来在早期泌乳期间对此病最为易感。其症状基本上和牛的一样，但大多数为非典型的，心跳减慢，有的昏睡不起，心跳快弱，呼吸增快，鼻孔中有黏性分泌物积聚，而且往往便秘。

猪多在产后数小时发病，但产后2~5d都是此病的多发期。最初也可能出现轻微不安；不久精神即变为极度沉郁，食欲废绝，躺卧昏睡，一切反射减弱，便秘，体温正常或略微升高。轻型者站立困难，行走时后躯摇摆。奶量减少甚至完全无奶，有时病猪伏卧不让仔猪吃奶。

三、临床诊断

生产瘫痪诊断的主要依据是病牛为3~6胎的高产母牛，刚刚分娩不久（绝大多数是在3d以内），并出现特征的瘫痪症状。如果对乳房送风疗法有良好的反应，则可确诊。除了某些特殊情况（如曾经应用钙剂治疗过的病例）以外，患牛的血钙浓度都降至8mg%以下，而且多半降到2%/mg~5%/mg。

轻型的生产瘫痪须与酮血病作出鉴别诊断。酮血病虽然有半数左右发生在产后数天，但是在这一期间以后或者在分泌乳期间的任何时间都可发生。奶、尿及血液中的丙酮数量增多，呼出的气体有丙酮的气味，是酮血病的一种特征。另外酮血病对钙疗法尤其是对乳房送风没有反应。

产后败血病和由于分娩而恶化的创伤性网胃炎后期所出现的有些症状，也和生产瘫痪相似，如病畜精神极度抑郁、躺卧不起，而且有时头也向后置于一侧胸部之旁。但是这些病例除非临近死亡，一般体温都升高，眼睑、肛门，尤其是疼痛反射不完全消失；对钙疗法的反应是注射后立即出现心脏节律紊乱，心音增强，次数增快，而且有的在注射期间死亡。

产后截瘫与生产瘫痪的区别是除后肢麻痹不能站立以外，病牛的其他情况，如精神、食欲、体温、各种反射、大小便全都正常。

牛发病初期在出现兴奋敏感现象的阶段，须与脑膜炎与子宫捻转的腹痛进行鉴别诊断，但是随着病程的进展，并不难将它们区别开来。

羊患生产瘫痪时易于与妊娠毒血症混淆，其区别在于妊娠毒血症发生于产前，病程较长，尿及血液中的酮体数量增多，对钙疗法也没有反应。

四、治疗措施

采用静脉注射钙剂，是治疗母牛生产瘫痪的标准疗法，最常用的是硼葡萄糖酸钙溶液（制备葡萄糖酸钙溶液时，按溶液数量的4%加入硼酸，这样可以增高葡萄糖酸钙的溶解度和溶液的稳定性）。因为葡萄糖酸钙的副作用和对组织的刺激性较其他钙剂（氯化钙、乳酸钙）都小，所以也可作皮下注射。常用的剂量是静脉注射20%~25%硼葡萄糖酸钙溶液500ml；也有人建议按每50kg体重1g纯钙计算注射钙剂。

注射硼葡萄糖酸钙的疗效一般在80%左右。注射后6~12h病牛如无反应，可重复注射，但最多不超过三次，因为注射已达三次，即可证明钙疗法对此病例无效，而且继续应用可能发生不良甚至致死的副作用。对钙疗法无反应或反应不完全（包括复发），除了可能是由于诊断错误和有其他并发病以外，另一主要原因就是使用的钙量不足。使用的钙量过大或者静脉注射的速度太快，可以使心率增快和节律不齐，进一步还可能引起心传导阻滞而发生死亡。因此注射时应密切注意心脏情况，注射 500ml 溶液所费的时间至少应在 10min 以上。对反应不佳的病例，第二次治疗时可同时注入等量的 40% 葡萄糖溶液，15% 磷酸钠溶液 200ml 及 15% 硫酸镁溶液 200ml。

向乳房内打入空气的乳房送风疗法（见图 5.6），至今仍然是治疗牛生产瘫痪最有效和最简便的方法。其缺点就是在技术不熟练、缺乏经验和消毒不严密时，可以引起乳腺损伤和感染。但是疗效比钙疗法好，在对钙疗法反应不佳或复发的病例特别是这样。治愈后复发的病例也少。

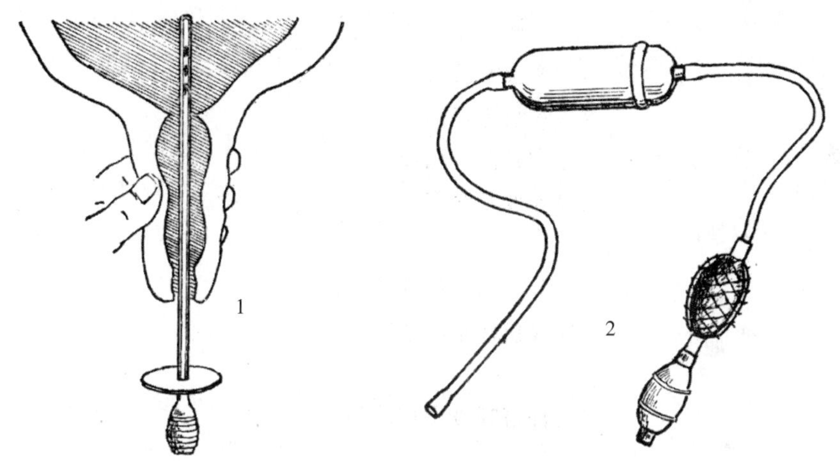

图 5.6　乳房通风器及其装置

1. 乳导管插入乳房　2. 乳房送风器

向乳房内打入空气之后，乳房内的压力随即升高，乳房的血管受到压迫，流向乳房的血液减少，停止泌乳，因此全身的血压升高，血钙的含量（血磷也同时）增高。另外，向乳房内打入空气可以刺激乳腺的神经末梢，刺激传至大脑可提高其兴奋性，消除抑制状态。

在使用乳房送风器时，应先将送风器消毒，并在送风器的金属筒内放置干燥的消毒棉花，以便过滤空气，防止感染。没有乳房送风器时，也可利用大号连续注射器或打气筒，但过滤空气和防止感染比较困难。

打入空气之前，使牛侧卧，擦净并消毒乳头，然后将消毒过而且在尖端涂抹有少许润滑剂的乳导管小心插入乳头管，并注入 80 万 IU 青霉素及 0.5g 链霉素。

四个乳区内均应打满空气。打入空气的数量以乳房的皮肤紧张，乳腺基部的边缘清楚并且变厚，同时轻敲乳房呈现鼓音作为标准。应当注意，如果打入的空气不够，不会发生疗效；打入的空气过量，则可使腺泡破裂，发生皮下气肿。但是打气稍加注意，一般不会将乳腺胀破；即使腺泡破裂，对以后的产奶量也无大的影响，空气逸出以后，逐渐移向尾根一带，二周左右可以消失。

打气之后，用宽纱布条将乳头轻轻扎住，防止空气逸出。待病畜起立之后，经过 1h，将纱布条解除。扎勒乳头不可过紧及过久，也不可用细线结扎。

在绝大多数病例，打入空气之后约 30min，病畜都能痊愈；治疗越早，打入的空气量足，效果越好。一般打入空气 10min，病牛鼻镜开始湿润；15~30min 眼睁开，开始清醒，头颈部的姿势恢复自然状态，反射及感觉逐渐恢复，体表温度升高。驱之起立后，立刻进食，除全身肌肉战抖及精神稍差外，其他均似如常。肌肉颤抖可持续数小时之久，但最后终于消失。

应用上述疗法的同时，也可采用适当的对症疗法，特别是在严重臌气的病例，须穿刺瘤胃进行放气；但在多数病例没有必要采用辅助疗法。患此病时禁止经口投服药物，因为稍有不慎即可引起异物性肺炎。

羊患生产瘫痪的治疗方法和牛的一样，不过钙溶液可采用较低的（10%）浓度。

猪可应用 10% 的钙溶液静脉或腹腔注射，另外可使用轻泻促进积粪排出和改善消化机能。

对患生产瘫痪的病畜要有专人护理，多加垫草，天冷时要注意保湿。在开始 48h 内只挤出够喂犊牛的奶，以后再逐渐将奶挤净。母牛侧卧的时间过长，要设法使其伏卧或每天将牛翻转 3~4 次，以便防止反胃而引起异物性肺炎和发生褥疮。病畜初次起立时，仍有困难，或者站立不稳，必须注意加以扶持，避免跌倒引起损伤，或将乳腺腺泡摔破。

五、预防措施

母畜分娩前限制日粮中钙的含量和分娩后增加钙的含量是预防本病的有效措施。许多试验研究证明，在母牛干奶期中，最迟从产前两周开始，饲喂含低钙高磷的饲料，减少从日粮摄入的钙量，是预防生产瘫痪的一种有效方法，这样可以激活甲状旁腺的机能，促进甲状旁腺激素的分泌，从而提高吸收钙和动用钙的能力。为此可以增加谷物精料的数量，减少饲喂豆科植物干草；使奶牛每头摄入的钙量最多不超过 100g（最低摄入量为每 450kg 体重每天给予 8g）。按每 100kg 体重每天不超过 6~8g 的数量饲喂，在多数情况下可以发生预防作用。摄入钙磷的比例保持在 1.8∶1~2∶1 之间，在分娩之前或分娩之后，立即将摄入的钙量增加到每天每头 125g 以上。

在利用维生素 D 制剂预防生产瘫痪方面，曾经作了一些尝试，比较有效的是分娩之后立即一次肌肉注射 10mg 双氢速变固醇，产前 5d 每天肌注维生素 D2（骨化醇）1 000 万 IU 及产前 3~7d 每天肌注 1 000 万 ~2 000 万 IU 维生素 D3（胆骨化醇）。这些方法的缺点是离分娩时间太早就应用，反而会增高发病率；而且使用的时间过长及剂量过大，可引起血管壁及内脏器官钙化，因此使用时应谨慎。

干奶期中最迟从产前两周开始，减少富于蛋白质的饲料；促进母牛的消化机能，避免发生便秘、腹泻等扰乱消化的疾病以及产后不立即挤奶和产后 3 日之内不将初乳挤净，对防止发生生产瘫痪都有一定的作用。由产前 4 周到产后 1 周，每天增喂 30g 氯化镁，可以防止血钙降低时出现抽搦症状，对预防本病具有一定的作用。

第三十章　卵巢疾病

第一节　卵巢机能减退及萎缩

卵巢机能减退是指卵巢机能暂时性紊乱，机能减退，性欲缺乏，久不发情，卵泡发育中途停滞等；或其机能长期衰退而引起卵巢组织萎缩。各种家畜均可发生。

病因　主要由于饲养管理不良，使役过重，利用过度，子宫卵巢疾病及全身性严重疾病等，引起家畜机体衰弱。其最明显的表现就是卵巢机能不全或发生萎缩。因此，卵巢机能不全或萎缩是各种因素综合作用的结果。近亲繁殖也常引起卵巢机能不全。

症状　主要表现为性周期紊乱，发情不定期，发情时的外表征候不明显，或出现发情而无排卵。直肠检查，卵巢上摸不到卵泡或黄体，有时一侧卵巢上有黄体残迹。

卵巢萎缩时，母畜长期不发情，卵巢往往变硬，体积显著缩小，牛的仅有黄豆大小，马的如鸽蛋大。卵巢中既无黄体又无卵泡，如果每隔一周左右检查，卵巢仍无变化，即可作出确诊。

治疗　根据机体状况及生活环境条件，全面分析，找出主要原因，果取综合措施。

1. 改善饲养管理：以营养性为原因的则应给予全价饲料。畜舍要清洁、温暖、通风良好，增加放牧和日照时间，加强运动等。

2. 积极治疗原发疾病：由于生殖器官疾病或其他方面的疾病所致者，必须按原发病有关治疗方法和措施进行积极治疗。

3. 刺激家畜的性机能：这类方法很多，效果不一。常用者有下列几种。

（1）应用卵泡刺激素（FSH），或卵泡刺激素和黄体生成素（LH）综合应用。在牛可用卵泡刺激素 100~200IU，溶于 5~10ml 生理盐水内，1 次肌肉注射。根据病情，可注射 1~3 次。采用卵泡刺激素和黄体生成素综合应用时，必须于母畜发情前几天，连续注射卵泡刺激素 3 次，出现发情后，再肌肉注射黄体生成素一次。

（2）注射孕马血液或血清（PMS），一般用怀孕 40~90d 的孕马血液，可用于各种家畜，颈部皮下注射，每日一次，共注射两次。马、牛第一次为 20~30ml，第二次 30~40ml，羊每次 5~10ml，猪每次 10~15ml。采血后立即注射，否则须经处理后保存备用。

（3）采用小剂量促性腺激素或孕马血清和亲神经制剂配合应用。先注射 0.1%氨甲酰胆碱 2~3ml，隔 24h 一次，共两次。经 4~5d 后注射促性腺激素或孕马血清，可完全恢复性周期，提高受精率。

（4）对于无排卵性周期，经多次输精而未受孕者，可应用黄体酮。在发情期或黄体形成期，皮下注射 0. 5%黄体酮 2ml，间隔 24h，共注射 2 次。其目的是促使黄体生成素的分泌，加速排卵和黄体形成。既无排卵又无性欲的牛，可注射黄体酮 3 次，两天注射一次，每次

100mg，第八天注射孕马血清或促性腺激素和氨甲酰胆碱。卵巢机能减退同时又有子宫弛缓时，须应用脑垂体后叶素，牛一次皮下注射 5~6 单位 /100 kg 体重。每日一次，连续 3~5d。

（5）为刺激母畜性机能，可肌肉注射牛胎盘组织液 30~50ml，隔开一次，共 3 次。

除上述治疗方法外，还可选用冲洗子宫，按摩子官颈和卵巢，按压卵巢血管，注射人工动情素等方法。

预防　应从饲养管理方面着手，改善饲料成分，增加矿物质和维生素的含量，合理使役，注意运动等。

第二节　持久黄体

持久黄体在性周期或分娩后的卵巢中黄体超过 25~30d 不消退者，称为持久黄体。持久黄体分泌助孕素，抑制卵泡发育，使发情周期停止，本病多见于乳牛。

病因　主要原因是由于不平衡的饲养，过肥或过瘦，维生素缺乏或矿物质不足，造成新陈代谢障碍，内分泌机能紊乱。由此而引起的脑下垂体前叶分泌卵泡刺激素不足，黄体生成素过多，招致卵巢上的黄体持续时间超过正常时间，发生滞留。此外，在子宫内膜炎、子宫积脓、子官内有死胎、产后子宫复旧不会、子宫肿瘤等疾病的过程中，都会使黄体不能及时吸收，而成为持久黄体。

症状　主要特征是性周期停止，不发情。直肠检查，可发现一侧或两侧卵巢增大，黄体突出于卵巢表面，呈绿豆大刊黄豆大，比卵巢实质稍硬。间隔一段时间反复检查，该黄体的位置，大小及形状不变。

治疗　消除病因，改善饲养管理，增加运动，增加维生素及矿物质饲料，减少挤乳量。促使黄体退化或机械地挤掉黄体。

为了活化黄体的退化过程，可以肌肉注射卵泡刺激素 100~200 单位（相当于 10~20mg）溶于 5~10ml 生理盐水中，每隔 3 日 1 次，三次为一疗程；胎盘组织液每次皮下注射 20ral，每隔 5d1 次连续 4 次为一疗程；前列腺素肌肉注射 5~10mg（牛），马 2.5~5mg。此外，还可应用孕马血清、乙烯雌酚、苯甲酸求偶二醇等。

通过直肠挤压黄体，用拇指、食指和中指握住卵巢，把卵巢放在食指和中指间，而卵巢系膜即通过二指间，用拇指在卵巢实质和黄体交界处挤压，当感到发生特征性的咯吱声，即将黄体挤掉。

第三节　卵巢囊肿

卵巢囊肿在卵巢组织内未破裂的卵泡或黄体，因其本身成分发生变性和萎缩，形成一球形空腔即囊肿，前者为卵泡囊肿，后者为黄体囊肿。主要发生于马、牛，特别是奶牛。

病因　本病发生的原因目前尚未完全清楚。但是下列情况是本病发生的主要因素。

1. 舍饲期间运动不足，非全价饲养，特别是以精料为主的日粮中缺乏维生素 A，或有较多的糟粕、饼渣，其中酸度较高，容易发生。产后 1.5 个月发生者居多。

2. 注射大剂量的孕马血清、人造雌酚或其他雌激素引起卵泡滞留，而发生囊肿。

3. 母畜科疾病的继发症，如卵巢、子宫或其他部分的炎症、变性、胎衣不下等，使机体长期中毒，甲状腺机能下降，某些内分泌机能紊乱，发生囊肿。

4. 配种季节中使役过重，长期发情不予以配种，或在卵泡发育过程中外界温度突然改变等，均可引起卵巢囊肿。

症状卵巢发生囊肿时，因分泌过多的卵泡素（动情素），性的表现反常，长时期的有时呈不间断地发生性欲，慕男狂现象。这种情况多见于牛，表现高度性兴奋，经常发出如公牛的吼叫声，并经常的爬跨其他母牛，性欲特别旺盛，久之食欲减退，逐渐消瘦。病畜的荐坐韧带松弛，在尾根与坐骨结节之间出现一个凹陷。母马的慕男狂，表现为频频的而持久发情。发生黄体囊肿时，骨盆及外阴部无变化，母畜不发情。

直肠检查，可发现卵巢增大，变为球形，有一个或数个大而有波动的卵囊，其火小在牛直径为 3~7cm，在马可达 6~l00m。

治疗　消除致病因素，改善饲养管理和使役条件，针对发病原因，增喂所需饲料，特别是维生素类饲料。

药物治疗，黄体生成素和绒毛膜促性腺激素的单独或联合应用。黄体生成素 100~200IU 溶于 30ml 生理盐水巾，肌肉注射，连续 1~3 次，发情后再注射绒毛膜促性腺激素 5 000IU，肌肉注射黄体酮 50~100mg，每日或隔日一次，连用 2~7 次。在治疗期间最好每日补喂碘化钾 150mg，待发情后再注射垂体前叶促性腺激素（GTH）100~200IU；或静脉注射肾上腺皮质激素地塞米松 10mg，隔日一次，连用 3 次。

手术疗法：挤破或刺破囊肿，将手伸入直肠，用中指和食指挟住卵巢系膜，固定住卵巢后，再用拇指压迫囊肿，将其挤破并按压 5~10min，待囊肿，局部形成深的凹陷，即达止血目的。穿刺囊肿，操作较麻烦，钳：往由于消毒不严而招致感染，故目前不多采用。

此外，也有采用人造假妊娠的办法，即将特制的橡皮球或子宫环，从阴道直接送入子宫内，造成人为的假妊娠，促使卵巢变化产生黄体，经 10d 后检查效果，如有效则继续再放 10d，以巩固疗效。

第三十一章 乳腺疾病

第一节 乳房炎

乳房炎是乳房受到机械的、物理的、化学的和生物学的因素作用而引起的炎症。按其症状和乳汁的变化，可分为临床型与非临床型两种，临床型占产乳牛中50%左右，非临床型约占乳房炎的1%~25%。

本病是奶牛、羊的多发病，对养牛业危害极大，而且还危害人民的健康，特别是非临床型危害更大。

病因 主要是由病原微生物的感染和理化因素的刺激所引起。如链球菌、葡萄球菌，化脓棒状杆菌、大肠杆菌、结核杆菌等，其中以链球菌最为常见。病原微生物通过乳头管或创伤侵入乳房，有时也可经过血管或淋巴管而发生感染。其次是饲养管理不当，如挤奶技术不够熟练，造成乳头管黏膜损伤，垫草不及时更换，挤奶前未清洗乳房或挤奶员手不干净以及其他污物污染乳头等。此外，乳房遭受打击、冲撞、挤压、蹴踢等机械的作用，或幼畜咬伤乳头等，也是引起本病的诱因。子宫内膜炎及生殖器官的炎症亦可继发本病。

症状

1. 临床型乳房炎：有明显的临床症状，乳房患病区域红肿、热痛，泌乳减少或停止，乳汁变性，体温升高，食欲不振，反刍减少或停止。根据炎症性质的不同，乳汁的变化亦有所差异。

（1）浆液性乳房炎：常呈急性经过，由于大量浆液性渗出物及白细胞游出进入乳小叶间结缔组织内，所以乳汁稀薄并含有絮片。

（2）卡他性乳房炎：乳腺腺泡上皮及其他上皮细胞变性脱落。其乳汁呈水样，并含有絮状物和乳凝块。

（3）纤维素性乳房炎：由于乳房内发生纤维索性渗出，挤不出乳汁或只能挤出少量乳清或挤出带有纤维素的脓性渗出物。如为重剧炎症时，有明显的全身症状。

（4）化脓性乳房炎：乳房中有脓性渗出物流入乳池和输乳管腔中，乳汁呈黏脓样，混有脓液和絮状物。

（5）出血性乳房炎：输乳管或腺泡组织发生出血，乳汁呈水样淡红或红色，并混有絮状物及凝血块，全身症状明显。

（6）症候性乳房炎：常见于乳房结核、口蹄疫及乳房放线菌病等。

2. 非临床型（隐性型）乳房炎此种乳房炎无临床症状，乳汁中亦无肉眼可见异常。但是可以通过实验室检验乳汁中的病原菌及白细胞时可被发现。患乳房炎后乳汁中的白细胞和病原菌数增加，乳汁化验呈阳性反应。

防治对乳房炎的治疗，应根据炎症类型、性质及病情等，分别采取相应的治疗措施。

1. 改善饲养管理：为了减少对发病乳房的刺激，提高机体的抵抗力，厩舍要保持清洁、干燥，注意乳房卫生。为了减轻乳房的内压，限制泌乳过程，应增加挤奶次数，及时排出乳房内容物。减少多汁饲料及精料的饲喂量，限制饮水量。每次挤乳时按摩乳房 15~20min，根据炎症的不同，分别采用不同的按摩手法，浆液性乳房炎，自下而上按摩；卡他性与化脓性与化脓性乳房炎则采取自上而下按摩。纤维素性乳房炎、乳房脓肿、乳房蜂窝织炎以及出血性乳房炎等，应禁用按摩方法。

2. 局部治疗常采用向乳房内注入抗生素溶液。其方法是：先挤净患病乳房内的乳汁及分泌物，用消毒药液洗净乳头，将乳头导管插入乳房，然后慢慢将药液注入。注射完毕用双手从乳头基部向上顺次按摩，使药液扩散于整个乳腺内，每日 1~3 次。常用青霉素 40~80 万 IU，稀释于 100ml 蒸馏水中作乳房注射。

3. 乳房封闭疗法部位是在阴唇下联合，即坐骨弓上方正中的凹陷处。局部消毒后，左手拇指按压在凹陷处，右手持封闭针头向患侧坐骨小切迹方向刺入约 10~13cm，注入 0.25%盐酸普鲁卡因溶液 10~20ml（内含青霉素 80 万 IU）。如两侧乳房患病，应依法向两侧注射。本法不但对临床型乳房炎有效，对隐性乳房炎也有良好效果，此为会阴神经封闭。

此外，也常采用乳房基部封闭，即在乳房前叶或后叶基部之上，紧贴腹壁刺入 8~10cm，每个乳叶注入 0.25%~0.5%盐酸普鲁卡因溶液 100~200ml，加入 40 万 ~80 万 IU 青霉素则可提高疗效。

4. 温热疗法　适用于非化脓性乳房炎的急性炎症的消退期，改善血液循环，促进吸收。常采用热敷法，每次 30min，每日 2~3 次。

5. 全身治疗　根据病情在局部治疗的同时，积极配合全身治疗。如青霉素、链霉素混合肌肉注射，磺胺类药物及其他抗生素类药物静脉注射等。待查明致病菌之后，则改用特效抗生素类药物。

第二节　乳头管狭窄及闭锁

由于乳头管黏膜的慢性炎症，致使乳头管黏膜下结缔组织增生形成瘢痕而收缩，导致乳头管腔狭窄，发生挤乳圜难称为乳头管狭窄。乳头管括约肌或黏膜损伤后发生粘连，致使乳头管不通，挤不出乳汁，称为乳头管闭锁。本病主要发生于奶牛。

症状　乳头管狭窄时，挤乳困难，乳汁呈线状射出，仅乳头管口狭窄，挤出的乳汁偏向一侧或向周围喷射。捏住乳头末端捻动时，可感到乳头管粗硬，末端硬结，括约肌变得粗硬。乳头管闭锁时，乳池内充满乳汁，但挤不出乳汁。

治疗　治疗原则是在于扩张乳头管，剥开粘连部分，扩大乳头管腔。

1. 乳头管括约肌肥厚或收缩过紧。可用圆锥形的乳头管扩张器进行扩张，其方法是于挤乳前将灭菌的乳头管扩张器，涂上滑润剂，插入乳头管中停留 30min 左右，先小后大逐渐扩张。然后再行挤奶。

2. 当乳头管内有严重的瘢痕收缩时，则实施乳头管切开术。先于乳头管基部作皮下浸润麻醉，局部消毒后，根据乳头的大小及乳头管狭窄的程度，插入适宜宽度的双刃乳头管刀或用能调节切口深度的乳头管刀切开瘢痕组织，扩大管腔，但切口不宜过大。切开时必须注意乳头管的方向及瘢痕组织的位置，不能切偏或伤害健康组织。切开后挤乳，以验证切的效果，否则应重新切开。然后在管腔内插入蘸有蛋白溶解酶的棉棒。

3. 为了限制肉芽组织过度生长并保证手术效果，手术后必须插入带有螺丝帽的乳头导管或乳头扩张器。于挤奶时只将螺丝帽取下即可，不必抽出乳头导管，直至完全愈合为止。

预防：挤奶人员要遵守操作规程，技术要熟练。牛舍内不要过于拥挤，防止踏伤乳头，牛舍及运动场围栏高低、质量均应符合标准，以防发生乳房及乳头损伤。

第三节　漏乳

漏乳是指在泌乳期中，因为乳头管关闭不全，而乳汁经常自行流出的一种现象，称为漏乳，多发生于奶牛。

病因　由于乳头管括约肌发育不全，或者由于乳房和乳头管上的炎症引起乳头括约肌萎缩、松弛或麻痹，而造成漏乳。

症状　当乳房中充满乳汁时，乳汁呈点滴状流出，尤其是当牛卧地时，由于乳房受到压迫乳汁可大量流出。

治疗

1. 可于每次挤奶后，用拇指和食指捻转按摩乳头尖端 10~15min，亦可涂擦酒精、樟脑酊等轻刺激剂，以刺激括约肌的收缩。

2. 在乳头管括约肌旁插入细针头注射少量青霉素或高渗氯化钠溶液，以刺激局部组织增生，使乳头括约肌增厚，乳头管缩小。

3. 当乳头管括约肌异常松弛时，可在每次挤奶后于乳头 I：套上橡皮圈，但勿过紧，时间勿过长，以免引起坏死。

4. 当乳头肌肉麻痹时，可将较粗的乳头导管插入乳头管中，然后用浸有 5%碘酊的缝线，在乳头管周围皮下作袋口缝合，经 9~10 日拆线。

预防　要定时挤奶，防止乳房内乳汁过度充盈而导致乳头管括约肌松弛。采取措施防止乳房及乳头发生损伤 .

第四节　无乳及泌乳不足

母畜分娩后以及存泌乳期中，由于乳腺机能紊乱，产乳量显著减少，甚至完全无乳。本病常见于初产及老龄母畜。

病因　主要由于营养不良，体质虚弱、劳役过度等。乳腺发育不全，激素分泌机能紊乱以及全身性疾患也能引起。

症状　主要表现产乳量减少或无乳，乳房及乳头缩小，乳房皮肤松弛，乳腺组织松软，而乳汁无异常变化。幼畜吃奶次数增多，用力抵撞乳房。幼畜逐渐消瘦，机体发育不全。

治疗　母畜在怀孕期中加强饲养管理，采取合理的停乳方法，使乳腺机能得到合理的恢复。增加蛋白质、维生素及优质饲料。

治疗方面可采用催乳素、促肾上腺素、乙烯雌酚等药物，可以改善泌乳机能。

此外可采用催乳中药。

处方：川芎 100g，当归 100g，通草 25g，白术 100g，续断 50g，故纸 50g，黄芪 50g，杜仲 50g，阿胶 50g，王不留行 50g，甘草 25g，煎汁去渣加黄酒 250ml 灌服（马、牛）。

第三十二章　新生仔畜疾病

第一节　新生仔畜窒息

新生仔畜窒息指仔畜出生后即表现呼吸微弱或停止呼吸，但仍保持有微弱的心跳，称为新生仔畜窒息。各种家畜均可发生。

病因　本病常发生于下列几种情况：

1. 分娩时胎儿胎盘脱离母体胎盘后，由于阵缩及努责微弱或因其他原因造成难产，使分娩过程延长，胎儿得不到充足的氧气而发生窒息。

2. 怀孕期间营养不良，劳役过度，贫血以及患心脏疾病，子宫痉挛及某些热性病的经过。致使血液内氧的供给不足，二氧化碳含量增加到一定程度后，兴奋延脑呼吸中枢，使胎儿过早的发生呼吸作用。胎儿将羊水吸入呼吸道而引起窒息。猪在产出期拖长时，最后产出的 1~2 个胎儿常有窒息现象。

3. 在倒生时脐带常被挤压在胎儿与骨盆之间。有时因脐带缠绕于胎儿肢体上，导致脐带血液循环受阻，而造成胎儿窒息。

4. 胎儿产出后，胎膜未破而又未及时人工撕破，使胎儿即停止了胎盘循环，又不能发生呼吸作用而窒息。

症状　根据发生窒息的程度不同，分为绀色窒息和苍白窒息。

绀色窒息：是一种轻度的窒息，即仔畜缺氧程度较轻，但血液中 = 氧化碳浓度较高，可见黏膜发绀，口和鼻腔内充满黏液及羊水，舌垂于口外。呼吸微弱而急促，有时张口吸气，喉及气管有明显的湿椤音，四肢活动能力微弱，角膜反射尚有，心跳快而弱。

苍白窒息：又称重度窒息，仔畜呈现假死状态，缺氧程度严重，可见黏膜苍白，出现休克现象。全身松软，反射消失，呼吸停止，心脏跳动微弱，脉搏不易触及，仔畜生命力非常弱。

治疗　清除胎儿口、鼻中的黏液，将仔畜倒提起抖动，并用手掌拍击胸背部，促进黏液及羊水排出。也可将胶皮管插入鼻孔及气管中用吸引器或橡皮球，吸出黏液及羊水。然后进行人工呼吸。此外，可以采用诱发呼吸反射。用浸有氨水的棉花或纱相，放在鼻孔上让其吸入。也可将仔畜头部以下浸入 40~45℃的温水中以刺激呼吸反射。在采取上述急救措施的同时，可肌肉注射强心剂，如苯甲酸钠咖啡因，樟脑磺酸钠，尼可刹米等。待窒息缓和后，可静脉注射 10%葡萄糖溶液和 5%碳酸氧钠溶液，以纠正酸中毒。

预防　加强怀孕后期的饲养管理。发生难产时，要及时进行合理的助产，严防窒息的发生，注意保护新生仔畜。

第二节　胎便滞留

新生仔畜出生后在数小时内即排出胎粪，如果生后一天以上仍不排粪，则称为胎便滞留（便秘）。各种家畜均可发生。

病因　仔畜胎便滞留的主要原因是由于初乳品质不良，初乳中缺乏微量元素（如镁、钠，钾等）。而引起肠蠕动缓慢致使胎粪排不出来。此外，怀孕后期母畜饲养管理不当，造成仔畜先天性发育不良，出生后体质虚弱等，也可引起胎便滞留。

症状　出生 1d 后仍不见排出胎便。仔畜表现精神不振，吃奶次数减少，肠音微弱，拱背，努责，常作排粪姿势。严重者出现腹痛，经常回头顾腹，后肢踢腹，频频起卧。后期精神萎靡，全身无力，卧地不起。

用手指伸入直肠检查，可掏出黑色黏稠的粪便，有时为黑色的干硬粪球。

治疗　应用手指涂上滑润油，伸入直肠慢慢地取出硬结的干粪。然后用肥皂水作深部灌肠，必要时经 2~3h 后重复灌肠。也可向直肠内灌注液体石蜡 200~300ml。

内服缓泻剂，如液体石蜡 100~200ml（大家畜），或硫酸钠（镁）50~100g。服药后可配合按摩腹部，促进肠蠕动的恢复。

根据仔畜身体状况，及时采取对症治疗。如输液、解毒、强心、止痛等，以提高机体的抵抗力。

预防　对怀孕母畜要供给充分的营养物质。仔畜出生后，要保证足量的初乳。随时观察仔畜的情况，以便早期发现及时治疗。

第三节　脐炎

在正常情况下，仔畜出生后脐带断端逐渐发生干性坏死后脱落。牛 3~6d，猪、羊 2~4d 脐孔变成瘢痕而收缩。出生后若脐带断端发生感染而引起脐血管及其周围组织的炎症，称为脐炎。

病因　断脐时没有消毒或消毒不严，产房卫生不良，使脐带受到污染。断脐后对仔畜护理不当，亦可使脐带遭受微生物的感染而发病 . 有时仔畜互相吸允、咬伤致使脐带发炎。

症状　仔畜表现精神沉郁，食欲减少，不愿行走，有时体温升高。按照感染的性质，程度可分为脐带坏疽、脐带溃疡及脐血管炎。

脐带坏疽：脐带断端湿润、肿胀，发生坏疽，渗出物恶臭。或千固呈黑褐色并有恶臭。易侵害脐孔周围组织，引起脐周围蜂窝织炎或形成化脓。

脐带溃疡：脐带断端发生坏疽脱落后，脐孔部形成溃疡面，流出恶臭脓汁。往往并发脐周围肿胀。

脐血管炎：是脐动脉、脐静脉的炎症。体温升高，精神沉郁，食欲减退，拱背，步态强拘，经常卧地不起，脐孔湿润。触诊脐孔中央有粗硬的索状物，有痛感，分泌少量黏稠恶臭的脓汁。

治疗　首先应除去病因，清除坏死组织。根据脐炎的性质及程度，分别采取适宜的治疗措施和方法。

脐部肿胀：局部可注射盐酸普鲁卡因加入青霉素作局部封闭。于肿胀部涂松馏油与5%碘酊等量混合液。

脐孔瘘管：可用3%过氧化氢或0.1%高锰酸钾溶液洗涤后，涂碘仿醚合剂或5%碘酊。

脐脓肿，应及时切开排脓，并按化脓创处理。脐带发生坏疽时，则应切除残段，除去坏死组织。冲洗后撒布碘仿呋喃西林撒粉或碘仿磺胺撒粉，保持局部干燥。

脐血管炎：早期可用消毒药液湿敷，每日2~3次，或局部涂擦2%碘酊。如已化脓，则按化脓创处理。

此外，根据病畜状况及时采取对症治疗，应用抗生素及磺胺类药物。

预防　搞好产房消毒及清洁卫生工作。接产人员进行严密消毒，断脐所用器械，物品应该灭菌，加强产后仔畜的护理。

第四节　直肠及肛门闭锁

新生仔畜的直肠及肛门闭锁是一种具有遗传性的先天性畸形。直肠闭锁是指除无肛门外，直肠末端形成盲囊而闭锁，肛门闭锁是指肛门外被皮肤覆盖，没有肛门孔。本病多见于仔猪。其他动物较少发生。

病因　一般认为是由隐性遗传引起的。当近亲繁殖时，隐性基因出现频率较大而易发生。此外，怀孕期维生素缺乏特别是维生素A缺乏，胎儿发育不全或机体所必须的物质得不到供给，也有造成本病的可能。

症状　生后数小时，不见胎便排出，病畜表现不安，频频努责，经常作排粪姿势。随即食欲减退，精神萎靡，腹围增大，鸣叫不安。经检查即可发现。如果直肠末端开口于阴道前庭或阴道上壁，可见粪便从阴门中流出。

肛门闭锁时，通常不但无肛门孔，也没有肛门括约肌。在肛门处覆盖着皮肤，皮下即为直肠的末端。当努责时，皮肤向外突出，隔着皮肤可摸到胎粪。

直肠闭锁时，除无肛门孔外，直肠末端距肛门尚有一段距离，闭锁的直肠被一层较厚的皮下结缔组织的封闭，当努责时，整个会阴向外突出。皮肤感觉较厚，不能摸到胎粪。

治疗　施行人造肛门手术。

保定　侧卧保定，取前低后高姿势。

麻醉　局部浸润麻醉。

手术方法：局部常规处理后。在正常肛门孔的位置，按肛门孔的大小切开，并剥离皮瓣作成圆形肛门孔。然后切开直肠盲端，将直肠黏膜缝合在皮肤创口的边缘上。然后涂磺胺软膏或油剂青霉素。如患直肠闭锁，直肠盲端存有较厚的结缔组织，可在切开皮肤后，钝性分离结缔组织，找到直肠自端，用止血钳央住，将其与周围组织分开，然后向外拉出，在盲端剪一小口，将其缝合于皮肤创口的边缘上。局部涂消炎药膏。如果直肠末端开口于阴道上壁时，可待仔畜生长至一定程度后再实施手术。术后护理术后3d内常规注射青、链霉素，每日用消毒药液冲洗伤口，保持术部清洁，防止继发感染。

第六篇
动物传染病

第三十三章　动物共患传染病

第一节　破伤风

破伤风是由破伤风梭菌经伤口感染引起的人畜共患的、急性、中毒性传染病。临床特征为全身肌肉或某些肌群呈持续性痉挛和对外界刺激反应兴奋性提高。本病又称为强直症，呈散发。

病原　破伤风梭菌为两端钝圆的细长杆菌。长 4~8μm，宽 0.3~0.5μm，无荚膜，周身鞭毛，芽胞圆形或卵圆形，位于菌体的一端，使菌形呈鼓槌状。多散在排列，间见有短链。幼龄培养物革兰氏染色阳性，48h 后的培养物本菌则为革兰氏阴性。

本菌为严格厌氧菌。在厌氧条件下生长，并产生外毒素痉挛素、溶血毒素和一种非痉挛毒素。痉挛毒素为神经毒素，是致命的主要毒素，它是一种蛋白质，有极强的毒力，对小鼠的最小致死量为 10^{-7}mg，性不稳定，易在高温、直射日光和酸碱作用下破坏。1.3% 甲醛溶液可使之脱毒而成为类毒素。类毒素注射动物体内，可产生抗毒素。溶血毒素能使红细胞溶解，并引起局部组织坏死，为本菌的生长繁殖创造条件。如静脉注射实验动物体内可致死。非痉挛性毒素，对神经末梢有麻痹作用。

本菌芽胞抵抗力很强，在土壤中能存活数十年，煮沸 1h 方能杀死芽胞。5% 石炭酸 10~12h，10% 碘酊、10% 漂白粉及 30% 过氧化氢 10min 可杀灭芽胞。对青霉素敏感，磺胺药有抑菌作用。

流行病学: 各种家畜和人均有易感性。马属动物最敏感，猪、样、牛次之，犬、猫少有发生，家畜有抵抗力。人对本病易感性也很高。实验动物豚鼠最敏感，小鼠次之，家兔有抵抗力。

破伤风梭菌广泛存在于土壤，特别是施肥土壤和腐败的淤泥中，也存在于人、畜的粪便中。主要经各种皮肤和黏膜创伤感染，如阉割、断脐、剪毛、断尾、断角、马的鞍伤和蹄铁伤，牛的穿鼻以及各种自然损伤和手术创，都可感染发病，甚至呈伙发。但还取决于细菌感染的条件和生长繁殖、产生毒素的能力，缺氧的环境对本菌的生长繁殖是必要的。深狭创、污染创对本菌感染有利。不少病例查不到创伤，可能为创伤愈合或经子宫黏膜损伤感染。本病一般为散发，无明显季节性。

症状　潜伏期的长短，与感染创伤的部位、性质、病原体的数量和生长繁殖的条件，以及机体的状态等有关。时间短的一天，长的数月，大多为 1~2 周。

破伤风痉挛素对脊髓抑制性突触起封闭作用，阻止正常抑制性冲动的传递，而导致反射兴奋性增高和肌肉持续性痉挛。毒素经淋巴、血液途径到达中枢神经时，引起下行性痉挛。即痉挛从头颈部开始，一次向前肢、躯干和后肢扩展，马和人多见。毒素也可以通过外周运动神经和感觉神经纤维间隙传递，到脊椎前角神经细胞，而表现该肢体肌肉发生痉挛，然后向上和对侧肢体传递，并向躯干扩展。

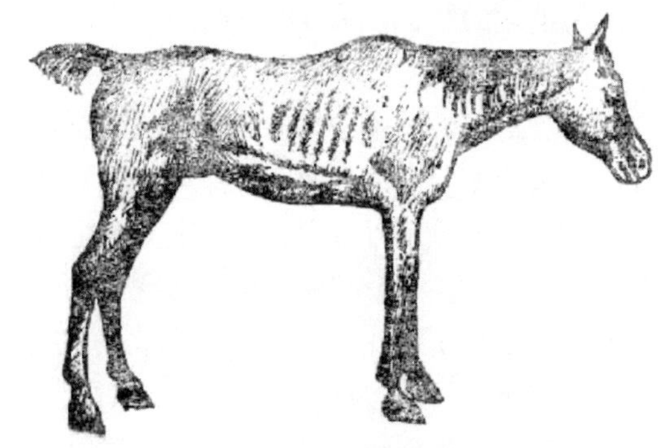
图 6.1　破伤风病马

马（驴骡）主要表现为骨骼肌强直，一般为下行性。马病初咀嚼吞咽缓慢，步样拘谨。随病程进展，因咬肌痉挛则咀嚼开口困难，到牙关紧闭。咽肌痉挛，导致吞咽困难、流涎。耳、眼、鼻部肌肉痉挛，表现两耳耸立，瞬膜外露，瞳孔散大，鼻孔开张。头颈部肌肉强直，颈直伸，头偏向一侧或向后上方仰曲。躯干部肌肉强直，侧有凹背或弓腰，腹部紧缩、尾高举。四肢肌肉强直，四肢开张如木马，转弯倒退易摔倒，跌倒时不能起立。病畜神志清楚，稍有刺激，表现惊恐不安、痉挛和大汗。体温正常，多在濒死期上升达 42℃以上。多因窒息死亡（图 6.1）。

牛：多发于分娩、断角、去势和穿鼻环之后。症状似马，较缓和。常因反刍嗳气停止、腹部紧缩，使瘤胃蠕动受阻，而发生膨胀。反应性增高不明显，致死率低。

羊：多由于断脐带、断尾、剪毛和去势等外伤感染。常有明显角弓反张和轻度膨胀。因四肢肌肉强直，而表现高跷样步样。后期因急性胃肠炎而有剧烈腹泻。羔羊死亡率高。

猪：大多因阉割感染。有牙关紧闭、角弓反张或弓背、瞬膜外露、流涎，对外界刺激反应性增高，尖叫等。

狗：发生破伤风时，多为局部性，仅限于头部肌肉或受感染局部肌肉强直，或只表现一时的牙关紧闭。见于幼犬。

本病病程不一。最急性的 1~2d，一般 1~2 周，长的可维持 4~6 周。及时处理，多可痊愈。但完全恢复需要两周左右。

诊断　根据本病临床特征症状，结合创伤史，多可作出正确诊断。

临床症状不足时可进行细菌学检查，即采取创伤分泌物或坏死组织涂片染色镜检。也可分离培养后，取培养物滤液接种于小鼠皮下，1~2d 出现强直症状，3~5d 死亡。

对慢性较轻的病例或病初症状不明显时，应注意和以下疾病鉴别。

马急性风湿症：本病体温常升高 1℃以上，仅局部肌群发生僵硬，并有疼痛和关节肿胀，无刺激兴奋性增高、牙关紧闭、瞬膜外露等一系列症状。用水杨酸制剂有疗效。

其他神经性疾病如脑炎、狂犬病等，有时也有牙关紧闭、角弓反张、肌肉痉挛等症状，但瞬膜不外露，有意识扰乱和昏迷、麻痹等。有时也有刺激反应增高，但肌肉强直不明显。

预防　防制损伤，发生外伤及时按外科处理。手术、注射、接产等严格消毒，损伤和手术后，必要时可注射破伤风抗毒素，羔羊 5 000IU，幼驹 1 万 ~2 万 IU，成年家畜 2 万 ~4 万 IU，可维持免疫两周。

多发地区，对易感家畜定期用破伤风类毒素接种，成年家畜皮下 1ml，幼畜 0.5ml，注射后三周产生免疫力，免疫期一年。第二年再注射一次，免疫可达 4 年。

治疗　应及早进行。一般在加强护理的前提下，进行综合治疗。

护理：将病畜置于清洁干燥光线较暗的室内，避免刺激。冬季注意保暖，给以充足饮水和易消化的饲料。采食、吞咽困难时，用胃管投以流汁饲料。防止便秘和臌气，保证大小便、呼吸通畅；防止摔倒和引起损伤及褥疮，马驴骡可用吊带吊起。

创伤处理：感染创要彻底清除脓液、异物、坏死组织和痂皮；用3%过氧化氢或1%~2%高锰酸钾液充分洗涤创面，并涂以5%~10%碘酊或撒布碘仿磺胺粉（1∶9）。如深窄创要进行扩创。局部可用青霉素、链霉素周围分点注射，消除感染。

特异疗法：早期使用破伤风抗毒素，以中和毒素，大家畜第一次30万IU，以后每3~5d，5万~10万IU；猪、羊和幼畜可酌减，皮下、肌肉注射均可（有人认为一次大剂量注射较好），与乌洛托品合用时，可静脉注射。乌洛托品大家畜50ml，羊、猪和幼畜减半。有人曾用精制破伤风类毒素2ml皮下注射，据说可提高机体主动免疫力。

对症疗法　病畜兴奋不安时，用氯丙嗪肌肉注射，牛马300~500mg，每日1~2d；或用水化氯醛25~50g混淀粉浆500~1 000ml灌肠，每日1~2次，以上二药可交替使用。解痉常用25%硫酸镁，大家畜100ml静脉注射，注射时要缓慢，防止呼吸中枢痉挛。咬肌痉挛时，可用1%普鲁卡因封闭开关和锁口穴，每穴10ml，每天一次，直到开口。背腰僵直时，用25%硫酸镁或1%普鲁卡因，脊柱两侧肌肉分点注射，每侧5点，每点5ml，知道好转。为预防和治疗酸中毒，可静脉注射5%碳酸氢钠500~1000ml，并结合补糖、补盐和维生素。此外，还应注意强心、利尿和改善胃肠机能等。

中药用千金散或防风散加减。中西医结合治疗，常有较好效果。

第二节　大肠杆菌病

大肠杆菌病是致病性大肠杆菌引起的多种幼龄畜禽和婴儿共患的传染病。通常以腹泻、败血症或毒血症为主要特征。本病引起幼畜死亡和严重影响幼畜生长发育，给畜牧业发展造成重大损失。

病原　大肠杆菌或埃希氏大肠杆菌，是两极钝圆的革兰氏阴性杆菌，长约1~3μm，宽0.4~0.7μm。大多有周身鞭毛，能运动，无芽胞，少数有荚膜。

本菌为需氧或兼性厌氧菌。在普通培养基上均能生长良好，在普通琼脂平板上形成圆形、隆起、光滑、湿润、边缘整齐的乳白色菌落。在血液琼脂平板上，少数菌株呈B溶血。在伊红美蓝琼脂上呈金属光泽的紫黑色菌落，在麦康盖琼脂上形成红色菌落。这是由于大肠杆菌发酵乳糖，使指示剂变色的结果。在伊红美蓝和麦康盖培养基上的生长特征，是与其他不发酵乳糖的肠道杆菌（如沙门氏杆菌）的重要鉴别之一。

本菌在土壤、水中可存活数月，60℃ 30min杀死，常用消毒剂均能短时间将其杀死。本菌对某些化学药品如胆盐、煌绿、亚硒酸钠等有选择性的抑制作用，故常用这些化学药品制备分离其他肠道病菌的选择培养基，如S.S.琼脂培养基。

大肠杆菌有菌体（O）抗原、表面（K）抗原和鞭毛（H）抗原。目前已发现O抗原有170个（O_1–170）；K抗原103个（K_1–103）；H抗原56个（H_1–56）。K抗原又分为耐热的A抗原，不耐热的L抗原和介于二者之间的B抗原。不同抗原结构的菌株，用不同的抗原式来表示，如O_{111}：K58（B）：H_{12}，表示该菌株菌体抗原为O_{111}，表面抗原为58属B类，

鞭毛抗原是 H_{12}。

不同血清型的大肠杆菌，能使不同的动物致病，并常常与一般的 O 抗原密切联系。如引起仔猪大肠杆菌病的主要有 O_8、O_{138}、O_{141} 和 O_{45}，此外还有 O_2、O_9、O_{20}、O_{60}、O_{64}、O_{101}、O_{115}、O_{147}、O_{149}、O_{157} 等；引起犊牛腹泻的，常见有 O_8、O_9、O_{20}、O_{101}，此外还有 O_{15}、O_{26}、O_{35}、O_{86}、O_{115}、O_{117}、和 O_{137}；对羔羊致病的有 O_2、O_8、O_9、O_{24}、O_{26}、O_{41}、O_{78}、O_{101}、O_{119}、O_{125}、O_{157} 和 O_{145}；幼驹常见的有 O_8、O_9、O_{78}、O_{101} 等。

肠致病性大肠杆菌，菌毛上的 K 抗原，能粘附在小肠绒毛的上皮细胞上（如 K_{88}、K_{99} 和 987 P 等），增强其致病作用；并产生耐热（ST）和不耐热（LT）的肠毒素，引起病畜腹泻和脱水。

某些致病性溶血大肠杆菌的内毒素及其产生的水肿素，可致内毒素血症，能引起血压急性下降、呕吐、体温升高、里急后重、血管内凝血和白细胞先较少后增多等。

流行病学：各种幼龄畜、禽和婴儿均可感染。以仔猪、羔羊为最严重，犊牛、幼驹、幼兔、仔貂、雏鸡、雏鹅均发病。有时可致成年畜、禽发病，如营养不良的母羊、产卵的家禽的“蛋子瘟”（大肠杆菌生殖器官感染）等。

病畜禽和带菌母畜为传染源。主要由传染源排出的粪便，污染母畜的乳房、体表或饲料、饮水、用具和环境，母畜营养地下，环境卫生差、潮湿，气候骤变，乳奶和饲养条件的改变等，均可为本病发生的诱因。

一、仔猪大肠杆菌病

仔猪大肠杆菌病，由于仔猪生长期和感染病原性大肠杆菌血清型的不同，临床上可表现三种类型，即仔猪黄痢、仔猪白痢和猪水肿病。

（一）仔猪黄痢

是一周龄以内的新生仔猪的急性、败血性传染病。1~3 日龄仔猪发病和病死率最高，7 日龄以上则很少发病。以剧烈黄色水痢和迅速脱水死亡为特征。主要病变为急性肠炎和败血症。

本病主要流行在各集中饲养猪场，个体饲养的仔猪很少发生。在封闭式集中饲养场中，引起本病的病原菌，常为一二个固定的血清型，在引入猪种时，也可引入新的菌型而引起传播。

症状　潜伏期最短在出生后 12h，多数 3d，7d 以上者少见。在一窝仔猪中 1~2 头突然发病，并迅速蔓延全窝。主要为剧烈的黄色或灰黄色稀痢，内含有气泡或凝乳片，腥臭。最后由于肛门松弛而失禁，病猪迅速衰弱、脱水、昏迷而死亡。有的不显下痢，呈急性败血症死亡。

病理变化：尸体严重脱水、干瘦。口黏膜苍白、干燥。肛门哆开和肿胀，周围有黄白色稀粪污染，黏膜充血水肿。肠道膨满，有多量黄白色内容物和气体，肠壁菲薄。肠黏膜急性卡他性炎症，呈红色或暗红色，以十二指肠最为严重。大肠病变较小肠轻。肠系膜淋管扩张，肠系膜淋巴结轻度肿胀，呈淡黄红色或红色，切面多汁。肝郁血呈紫红色或红黄相间的嵌纹样色调，稍肿。肾色淡，皮质表面有数量不等的针尖打出血点。心脏扩张、松弛，心房和心室充满凝血块，少数心冠部有小点出血。肺明显水肿。

诊断　根据初生仔猪在一周龄发生剧烈黄色腹泻和急性，病死率高等特征，可初步诊断为本病。临床上与仔猪红痢（魏氏梭菌性下痢）的主要鉴别是：仔猪红痢为红色黏液性血痢，小肠尤为空肠有特征性、界限分明的出血性坏死性肠炎病变。与猪传染性胃肠炎的鉴别是该病可发生于各种年龄的猪，传播迅速，多可康复。必要时作病原分离、鉴定。

（二）仔猪白痢

仔猪白痢是10~30日龄以内的哺乳仔猪的肠道传染病。以乳白或灰白色下痢为特征。本病的发生除与大肠杆菌的菌型有关外，还密切受内外环境因素的影响，如没有及时吃到初乳，母乳过浓或不足，母猪饲料品质不良或调和不当，或突然改变；气候骤变，阴雨潮湿，场圈卫生不良等，都可称为发病诱因。个窝仔猪发病的头数和先后有所不同，有的仅有少数发病，有的发病率达80%以上。一般病死率不高。

症状　病初病猪精神、食欲和体温多无明显变换，主要为排乳白色或灰白色糊状痢，痢中含有气泡和黏液，腥臭。有时有呕吐。随病情加剧下痢次数增加。病猪精神委顿，吃奶减少，口渴，背拱，寒战，消瘦，行动缓慢。病程短的2~3d，长的一周以上。大多能康复，但严重影响仔猪生长发育。

病理变化：尸体消瘦，黏膜苍白，肛门和尾部稀便污染。结肠有乳白或灰白色糊状内容物，部分粘附在黏膜上，腥臭。肠黏膜呈卡他性炎症，肠壁变薄。肠系膜淋巴结轻度肿胀。病程长的，见有并发肺炎病变。

诊断　根据流行病学和症状，可作出诊断。

（三）猪水肿病

为某些溶血性大肠杆菌引起的断奶仔猪的肠毒血症。特征为胃壁、肠系膜、头部和其他部位水肿，共济失调和麻痹。

本病的发生常有一定的地区性，不广泛传播。主要为断乳仔猪发病，有时见于4~5月龄的架子猪。尤其是生长速度块的健壮仔猪多发。另外，还与饲料调制和饲养方法、气候骤变、卫生条件等有关。特别是突然更换饲料、吃了过多的青绿饲料和蛋白质、谷物饲料等。一般无明显的季节性，但春秋季较多见。

症状　常在断奶后突然发病，急性则突然死亡，无明显症状。一般病初精神不振，少食或不食，步样不稳。有短时间的兴奋，肌肉震颤，过敏，触及叫声嘶哑。随病情发展则出现共济失调，盲目冲撞和圆圈运动，或有四肢划动。病猪呼吸、心跳加快，并于眼睑、面部、结膜和齿龈等处发生水肿，有的蔓延到耳部和颈部皮下。有些病猪为1~2d，短的数小时，少数可达一周以上。发病率平均为10%，但病死率达90%。

一般发生过仔猪黄痢的仔猪，多不再发生猪水肿病。

病理变化：水肿为本病的特征病变。以胃壁和肠系膜水肿最为常见。胃以胃大弯和贲门部最为严重，可波及胃底和食道部。胃黏膜下呈胶样水肿，使黏膜与肌层间显著增宽，重的厚度达2~3cm，切开时有黄色液体渗出。肠系膜有不同程度的炎症和出血。全身淋巴结水肿和不同程度的充血和出血，以下颌淋巴结最为明显。胸、腹腔和心包有较多淡黄色积液，暴露于空气中不久呈胶冻状。此外，肺、脑、肾包膜也有水肿现象。肝被膜下常有灰白色的斑纹。有的胆囊也有水肿。有的病例以出血性肠炎为主，水肿则不明显。

诊断　根据流行病学、特征临床症状和病理变化，一般不难作出诊断，必要时从小肠内容物分离大肠杆菌，鉴定其血清型。在缺硒地区和饲料中缺硒，也可引起小猪水肿病，经加喂硒后，有防治效果。

防治　集中饲养场提倡自繁自养，不从有本病猪场引入种猪。临近地区有本病时，作好防疫工作，防止本病传入。经常保持圈舍清洁，定期消毒。注意接产卫生，初生仔猪早喂初乳，哺乳前用0.1%高锰酸钾擦拭乳房和乳头。发生过本病的猪场，于仔猪初生12h内，给全窝仔猪服用抗菌药物，如土霉素、链霉素、新霉素等，连用3d，可防止发病。

加强母猪和仔猪的饲养管理，合理调配饲料。仔猪断奶前逐步补料，使之适应。加喂必需的微量元素添加剂，给以补血剂，防止贫血。有的地方在运动场内放些黄土，让仔猪啃拱，据说可减少发病。另外注意防寒防暑，适当运动。有条件时，用特异致病菌株死菌苗或活菌苗，对临产母猪预防接种或接种K_{88}菌毛抗原苗。发生本病时，病猪及时隔离治疗，并严密消毒，全窝仔猪进行预防性药物治疗。

治疗常用链霉素、土霉素、金霉素和磺胺类药物，都有抑菌作用。应配合收敛止泻、助消化药物的应用。如矽炭银、活性炭、鞣酸蛋白、稀盐酸、醋、龙胆等。

对水肿病病猪还应用盐类泻剂，以排除肠道细菌及其产物。有人用葡萄糖、氯化钙、甘露醇静脉注射，同时皮下注射安钠咖，口服利尿素，对慢性病例有一定疗效。另外用硒制剂可提高疗效。据江苏水肿病协作组治疗364头病猪认为，用以下二处方，对早期病猪疗效较好。

处方1　用每毫升含25万IU的卡那霉素2ml、5%碳酸氢钠30ml、25%葡萄糖40ml、混合一次静脉注射；同时并肌肉注射维生素C（0.1g）2ml，每日二次。

处方2　磺胺甲基异恶唑0.1~1.0g、链霉素0.5~1.0g、食母生2g、小苏打1g，混合一次口服；同时静脉注射25%葡萄糖40ml、5%碳酸氢钠40~60ml。

此外，改善饲养管理，消除发病诱因，在治疗本病过程中不可忽视。

二、羔羊大肠杆菌病

羔羊大肠杆菌病是多种血清型的致病性大肠杆菌引起的传染病。常以败血型和下痢形式出现。呈地方流行性或散发。在气候寒冷多变，营养不良，圈舍潮湿污秽的冬季舍饲季节多见。

病因　本病主要发生于羔羊，7日龄以内的羔羊以下痢为主。2~6周龄的羔羊则为败血型。又据我国青海地区报道，从当地病羊中分离的乳酸大肠杆菌，能使各种年龄、性别的绵羊致病，而且多呈急性死亡。有的地区，引起3~8月龄羔羊发生败血型大肠杆菌的，是那波里大肠杆菌。

症状　临床表现有肠型和败血型。

肠型：见于一周龄以内的初生羔羊，以拉痢为主。病初体温升高至40~41℃，不久下黄色或灰色稀便，液状或半液状，混有气泡或黏液，有时带血。病羊腹痛、背拱、虚弱，卧地不能起立，常在24~36h死亡。有的有化脓性——纤维素性关节炎。

败血型：多见于2~6周龄的羔羊或更大的羊只。病初体温升高至41~42℃，病羊精神萎靡，呼吸、心跳加快，结膜潮红，鼻有黏液性分泌物，运动失调，常卧地不起，头弯向一侧或后仰，一肢或数肢作划水状。口吐白沫，磨牙，最后昏迷，多于4~12min死亡。有的有关节炎，很少有腹泻，有的在濒死期从肛门流出稀粪。

病理变化：肠型尸体严重脱水，肛门附近有稀便污染。消化道病变显著，第1、第2胃黏膜易脱落，第3胃干硬，真胃和小肠前段尤为十二指肠充血和出血明显，黏膜呈红色。真胃和肠内容物呈灰黄色半液状。肠系膜淋巴结肿胀、充血，呈红色，切面多汁或见有出血点。

败血型呈急性败血症病变。皮下有时在肌膜上有出血斑点，全身淋巴结肿大充血，呈红色。心内外膜有出血点，心肌呈熟肉状。血液呈黑红色。肝充血肿胀，质脆，呈紫色。胆囊充盈，呈紫红色。肺充血出血和水肿。肾浑浊肿胀，呈紫红色。脑膜充血或有小出血点。有的有化脓性纤维素性关节炎。关节肿大，关节液浑浊，内有纤维素性脓性絮片。

诊断　根据流行病、症状、病变和细菌学检查综合作出诊断。应注意与羊链球菌病和魏氏梭菌引起的羔羊痢疾区别。

防治　加强孕羊饲养管理，给以足够的蛋白质、维生素饲料。圈舍清洁干燥。加强运动。分娩时做好产房和接产卫生。羔羊及时哺喂初乳，经常注意母畜乳房卫生，哺乳前用0.1%高锰酸钾水擦拭乳房、乳头和腹下。特异性预防用同型大肠杆菌菌苗或多价菌苗给孕羊预防接种。治疗可参照猪大肠杆菌病。因本病经过急速，多来不及救治。

三、犊牛大肠杆菌病

犊牛大肠杆菌病，多见于10日龄以内的犊牛，冬季舍饲的群养犊多见。主要经消化道感染，也可经子宫内和脐带感染。孕牛营养不良，环境卫生条件差，潮湿，气候骤变，犊牛未吃初乳或哺乳不足、过量等，均称为发病诱因。临床上表现为下痢和败血症。

症状　一般以下痢为主。病初体温升高，喜卧，少食或不食。数小时后排黄色或灰白色糊状痢，含有气泡和凝乳片，有时带血，酸臭。病犊常有腹痛，病的后期大便失禁，因脱水、衰弱和酸中毒死亡。病初长的有肺炎和关节炎。刚上下不久的犊牛常呈急性败血型或肠毒血症很快死亡，多无下痢或濒死期出现腹泻。病程长的，有兴奋不安而后昏睡的中毒症状。

病理变化：急性败血型和肠毒血症死亡的，多无特异病变。腹泻病例的病犊则表现急性肠炎病变。

诊断　根据流行病学、临床症状、病理变化和细菌学检查综合诊断。细菌学检查，败血型采取血液或内脏组织分离病原进行鉴定。临诊上本病应注意与犊牛副伤寒鉴别。

防治　参照仔猪大肠杆菌病。

幼驹大肠杆菌病，大致似犊牛，多发生于生后2~3d，以下白痢为主，带黏液和血液，常因高度衰弱和脱水死亡。病程长的有关节炎。

四、家禽大肠杆菌病

家禽大肠杆菌病可发生于鸡、鸭和鹅，目前以鸡危害最严重，尤其是雏鸡。其发病率在11%~69%。死亡率为3.8%~90%以上。随着我国集约化养鸡业的发展，大肠杆菌病常造成重大经济损失。

鸡大肠杆菌病　多见于5—9周龄的雏鸡，2周龄以内的幼雏也可发病。引起本病的大肠杆菌最常见的血清型有O_1、O_2和O_{78}。本病一年四季均可发生，但以冬末春初较为常见。气候阴冷潮湿、饲养密度大拥挤，卫生条件差，通风不良，环境特别是饮水、饲料污染等是促进本病发生和流行的重要诱因。

症状　本病临床表现多样，如大肠杆菌败血症、卵黄性腹膜炎、输卵管炎、关节炎、脐带炎、肉芽肿、全眼炎以及大脑病等。其中最常见的为急性败血型，危害也最大。

急性败血型　最急性无明显症状，突然死亡。一般表现精神委顿，羽毛蓬乱，减食或不食，离群呆立或相互挤在一堆；行走摇摆，翅下垂；体温升高到43℃以上。有黄绿色或灰白色腹泻。多在1~3d死亡。

病理变化：主要病理变化为纤维性心包炎和腹膜炎，肝周炎和气囊炎。表现心包积液，心包浑浊、增厚，有纤维素渗出物与心肌粘连；腹水增多（多的达120ml）淡黄色，有纤维素性渗出物；肝不同程度的肿大，质脆，肝被膜呈白色浑浊并增厚；经呼吸道感染常有纤维素性气囊炎。其他见有实质器官充血、淤血，实质变性。肠尤其十二指肠水肿、黏膜充血或有出血。

卵黄性腹膜炎又称“蛋子瘟”见于产卵母鸡。因大肠杆菌感染引起输卵管发炎，使输卵管粘连阻塞，卵泡不能进入输卵管而坠入腹腔，引起广泛性腹膜炎而死亡。病鸡表现腹部膨胀、重垂。剖检见腹腔积有大量卵黄，呈泛发性腹膜炎。腹腔脏器相互粘连。症状轻者只引起单纯性输卵管炎，输卵管充血和出血或分泌物增多，产卵减少或停止，有的产畸形蛋。

关节炎：多见于幼、中雏鸡，一般呈慢性进过。见有一侧或两侧跗关节肿大、跛行，也可发生于其他关节。剖检关节腔积液或有干酪样物，关节面粗糙。

卵黄囊炎和脐炎　是雏鸡卵黄囊、脐部及其周围组织的炎症。主要发生卵化后期的胚胎及1~2周龄的雏鸡。表现卵黄吸收不良，脐部闭合不全，腹部胀大下垂等，死亡率3%~10%，甚至达40%。

肉芽肿：见于成年鸡十二指肠和盲肠，偶尔在肝、脾产生的大肠杆菌性肉芽肿。病变从小的结节到大块的组织坏死。

全眼炎　真个眼球发炎，角膜浑浊，眼前房积脓，眼睛灰白色，常引起失明。

大肠杆菌性脑病　由大肠杆菌突破血脑屏障进入脑部，引起病鸡闭眼垂头或头置于笼架上呈昏睡状。并有体温升高和腹泻症状。后期出现共济失调，头向后仰等神经症状。大多死亡，病程约5d。

本菌还常与滑膜霉形体、败血霉形体、传染性鼻气管炎、传染性喉气管炎等混合感染或继发感染而使病情复杂化。

诊断　根据流行病学资料、病史、临床症状、尤其剖检变化可作出初步诊断。确诊有赖于细菌学诊断。

预防　搞好鸡舍和环境卫生，注意育雏期温度和换气，控制饲养密度，鸡舍和舍内用具经常清洗消毒，注意饲料饮水卫生，选择对本菌敏感药物混入饲料和饮水进行药物预防，或使用自家灭活菌苗进行预防。

治疗　本菌对多种抗生素和磺胺类药均敏感。但也常易产生抗药性，因此，最好对分离出的大肠杆菌作药敏试验，选择高敏药物用以治疗。一般用四环素族的药物 0.02~0.06% 混入饲料喂 3~4d；敌菌净按 0.02% 比例作饮水；用呋喃唑酮按 0.02%~0.04% 混入饲料喂 7~10d。

个别病鸡可用庆大霉素（5000~10000IU/kg 体重）、卡那霉素（30~40mg/kg 体重）或链霉素（100~200mg/kg 体重）肌肉注射，每日一次，连续 3 日。

第三节　沙门氏杆菌病

沙门氏杆菌病，是沙门氏杆菌属细菌引起的畜禽和野生动物疾病的总称，又称副伤寒。临床主要特征为败血症和肠炎，慢性关节炎，也可使孕畜发生流产。本病对幼畜和幼禽危害性大，如仔猪副伤寒、牧牛副伤寒、雏鸡白痢、马副伤寒流产等。同时并通过动物使人感染和发生食物中毒。随着人们对肉类、蛋类和乳类需求的逐渐增加，通过肉、蛋、乳传播的沙门氏菌食物中毒病，已成为重要的食物中毒之一。

病原　沙门氏杆菌是一群抗原结构和生化性状相似的革兰氏阴性短杆菌。长 1~3μm，宽 0.4~0.6μm，无芽胞，多无荚膜，除鸡白痢和鸡伤寒沙门氏杆菌外，都具有周身鞭毛，能运动。

本菌为需氧菌或兼性厌氧菌，在普通培养基上均能生长。37℃经 24h 后，在琼脂平板上，形成 1~3mm、圆形或卵圆形、边缘整齐的无色半透明的光滑菌落。羊流产、猪伤寒、鸡白痢和甲型副伤寒等沙门氏杆菌，常生长较缓慢、贫瘠。本菌能在含有乳糖、胆盐和中性红指示剂的麦康盖或 SS 琼脂培养基上生长，由于不分解乳糖，产生与培养基颜色一致的菌落，是与大肠杆菌等发酵乳糖的肠道杆菌鉴别点之一。本菌对干燥、腐败和日光具有一定抵抗力，在外界环境中能生存数周到数月。熏腌处理肉品对本菌作用微弱，腌肉中能生存 75d，但煮沸和常用消毒剂均能很快致死。

沙门氏菌的抗原结构分为菌体（O）抗原、鞭毛（H）抗原和表面（Vi）抗原。O 抗原用阿拉伯数字 1、2、3……表示；H 抗原又分为第一相和第二相，前者特异性较高，用小写英文字母 a、b、c……表示，后者特异性低，用阿拉伯数字 1、2、3…… 表示。用特异血清测定沙门氏菌属，已发现有 50 多个血清群（组），（分别用大写英文字母 A、B、C……Z 和 51~67 表示），2 000 多个血清型。引起人畜致病的 98% 为 A~F 群。

本属细菌的命名有三种形式，即以所致病症命名，如鸡伤寒沙门氏杆菌、都伯林沙门氏杆菌；以人名命名，如汤卜逊沙门氏杆菌等。本属细菌不产生外毒素，但具有毒力极强的内毒素（特别是猪霍乱沙门氏杆菌、鼠伤寒沙门氏杆菌和肠炎沙门氏杆菌），75℃ 1h 仍有毒力，能使人发生食物中毒。

一、猪沙门氏杆菌病

猪沙门氏杆菌病，多称猪副伤寒。主要由猪霍乱沙门氏杆菌和猪伤寒沙门氏杆菌引起的，6个月以内仔猪多发的传染病。急性呈败血症；慢性以下坏死性肠炎为特征，常伴有卡他型或干酪性肺炎。

流行病学：本病主要发生于6个月以内的猪，以1~4月龄的猪最多，病猪和带菌猪为传染源。病菌通过粪尿等排泄物和分泌物排出，污染饲料、饮水经消化道传染。本菌可存在于健猪消化道、淋巴结和胆囊中，当外界不良因素使机体抵抗力下降时，可因内源性感染发病，病菌经反复通过易感动物，增强毒力，而扩大传染。

本病无明显季节性，仔猪断奶过早，饲料和饲养方式突然改变，阴雨潮湿，气候骤变，饲养管理和卫生条件不良等，致动物抵抗力下降，能增进本病的发生和流行。并常继发于猪瘟和其他猪病。

症状　潜伏期2d至数周不等。临床上可分急性、亚急性和慢性型。

急性型：呈急性败血症经过，见于断乳前后不久体弱的仔猪。变现体温突然升高至41~42℃，精神沉郁，不食。有淡黄色下痢，呼吸困难。濒死期耳根、胸腹部皮肤呈蓝紫色或有紫红色斑点。病程2~4d。快的1d死亡。

亚急性和慢性型：为最多见。病初精神和食欲不振，畏寒。体温40.5~41.5℃。结膜炎，眼有脓性分泌物。个别的波及角膜，角膜浑浊，甚至发展为角膜溃疡。初便秘而后有淡黄或黄褐色下痢，有的粪内混有假膜或血液，恶臭。病猪显著脱水，消瘦。部分病猪中后期腹部皮肤有弥漫性湿疹。有的发生慢性肺炎，而又咳嗽。病程2~3周或更长，多由于极度消瘦、衰弱而死亡。耐过猪多生长发育不良。

病理变化：急性呈败血症病理变化。脾脏肿大，呈暗蓝紫色，触及似橡皮，脾髓不软化。淋巴结肿大（尤为肠系膜淋巴结明显），发红。肝、肾也有不同程度的肿大、充血和出血。全身黏膜、浆膜均有程度不同的出血斑点。胃肠黏膜呈急性卡他性炎症。

亚急性和慢性病变，以坏死性肠炎为主。盲肠、结肠有时在回肠后段黏膜坏死，黏膜上覆盖一层弥漫性坏死物，似糠麸样或腐乳样，剥落后留有边缘不整的红色溃疡面，溃疡周围呈堤状。坏死黏膜下结缔组织增生，使肠壁变厚、变硬，致整个肠管厚薄不均。有的肠淋巴滤泡周围黏膜坏死，稍突出于黏膜表面，由于纤维蛋白渗出和沉积，形成隐约可见的轮环状（见图6.2）。肠系膜淋巴结肿胀，间质增生，切面有坏死灶。肝有黄白色或灰白色的小坏死灶。肺常有慢性卡他性炎症。切面有灰黄色干酪样病灶。

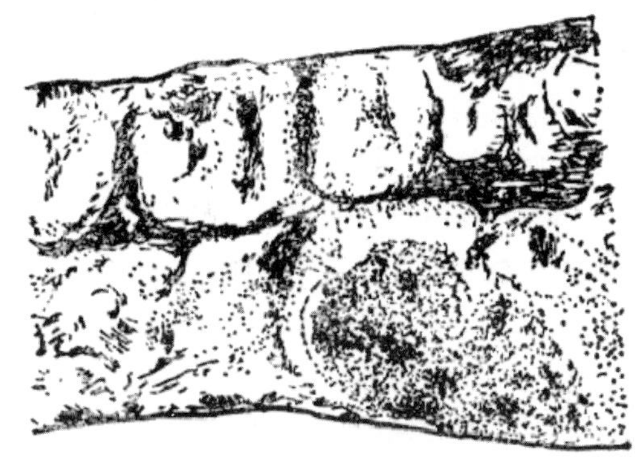

图6.2　猪副伤寒

肠溃疡边缘光滑增高盖有糠麸样坏死物

诊断　本病多发生于2—6月内的仔猪，一般为散发。在饲养管理不良，猪只抵抗力下降时呈地方流行性。亚急性和慢性型多见，以坏死性肠炎为特征，临床上表现消瘦、持续性或周期性下痢。剖检病变主要为大肠纤维素性坏死性炎症，肠道上形成底面凹陷、周围呈堤状的溃疡。肝、淋巴结和肺常有坏死病灶，脾增生性肿大等特定作为临诊依据。急性型不易与猪瘟鉴别，应作细菌学或血清学诊断。

预防　加强饲养管理和卫生防疫制度，对本病预防具有特殊意义。特别是仔猪断奶前后更应注意饲养管理。常发地区每年定期用仔猪副伤寒弱毒疫苗预防接种。有的地区饲喂抗生素（如土霉素）等饲料添加剂，对促进猪的生长发育和预防猪副伤寒等肠道传染都有明显效果。

发生本病时，病猪立即隔离观察和治疗，对污染的圈舍、场地和用具严密消毒。尸体无害处理，防止扩大传染和人食物中毒。

治疗　土霉素和磺胺类药物，都有一定疗效。土霉素 30~50mg/kg 体重，肌肉注射，每日 1 次，口服每日 2 次。磺胺甲基异恶唑（SMZ）或磺胺嘧啶（SD）0.2g/kg 体重，每日 2 次分服，连用 3~5d，如与甲氧苄氨嘧啶（TMP）4~8mg/kg 体重（分 2 次服），同时应用，效果更好。

二、禽沙门氏杆菌病

禽沙门氏杆菌病包括由鸡白痢沙门氏杆菌引起的鸡白痢，由鸡伤寒沙门氏杆菌引起的禽伤寒和以鼠伤寒沙门氏杆菌为主的多种沙门氏杆菌引起的禽副伤寒。其中鸡白痢为最常见，危害也最大。

（一）鸡白痢

鸡白痢是鸡白痢沙门氏杆菌引起的雏鸡的急性败血性传染病。以排白色糊状痢为特征。有的有关节炎及其附近滑膜鞘炎。成年鸡呈慢性或隐性经过，是带菌者和病原传播者。

流行病学：各种品种的鸡都易感，初生雏鸡最易感，于孵出一二周内发病、死亡率最高，以后随日龄增长而逐渐减少。

雏鸡和带菌鸡是本病的主要传染源。通常是带菌母鸡生带菌蛋而传播（带菌鸡产蛋带菌率约为 30%）。有的健康鸡产的健康蛋，也会通过卵壳污染而感染。感染蛋在孵化时称为死胚、病雏或弱雏或在出壳后死去。病雏又可通过分泌物、排泄物或死亡的尸体污染饲料、饮水和孵化、育雏设施、场地，和在互相接触中，经消化道、呼吸道或眼结膜感染。病雏多数死亡，耐过鸡可成为长期带菌鸡，成年后又可再生带菌蛋，以其作种蛋孵化时，又发生白痢病，如此循环不已，代代相传（见图 6.3（1））。

营养不良、育雏拥护，温度过低过高，环境污秽潮湿，通风不良或并发其他疾病等，均可提高发病和死亡率。

症状　潜伏期 4~5d。雏鸡多在出壳后 4~5d 陆续发病，逐日增多，一周左右发病和死亡达到高峰。最急性呈败血症死亡，无明显症状，有时见有呼吸困难和气喘。大多数病雏则表现精神萎靡，闭眼、缩颈、翅尾下垂、缩成一团，挤在一起，不食。排白色糊状稀便或混有气泡，而发出“叽！叽！”尖叫声。终因呼吸极度困难和衰弱死亡（见图 6.3（2））。病程一般 4~5d，短的一天。20 日龄以上的雏鸡病程较长，很少死亡。有的病雏则有关节炎及

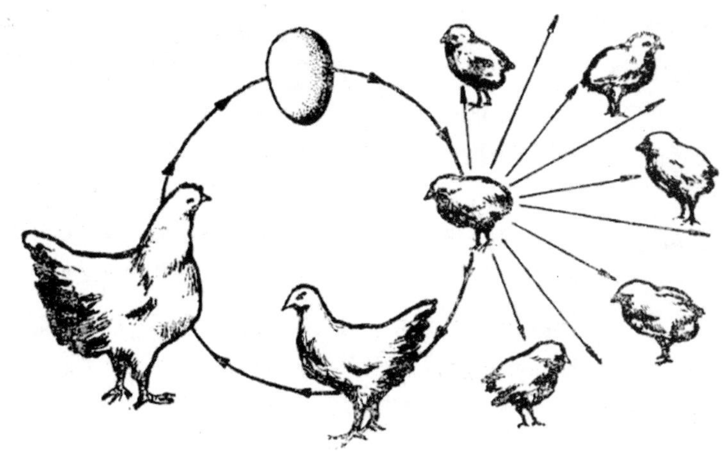

图 6.3（1） 鸡白痢传染发展图解

图 6.3（2） 鸡白痢病雏

临近滑膜鞘炎，关节肿大、跛行或蹲伏地上。有的病雏出现眼盲。

成年鸡感染常无明显症状，血清学试验才能检出。母鸡产卵量减少或停止。极少数有精神不好，头、翅下垂，食欲减少，鸡冠萎缩，贫血。有的反应下痢和腹下垂，因卵黄囊炎引起腹膜炎而死亡。

病理变化：死雏消瘦、贫血、有条纹状出血和黄白色坏死小结节，胆囊肿大。肺充血和出血，常有灰黄色坏死小结节。心肌、盲肠和肌胃也有类似病变。脾肿大。肾充血或贫血，输尿管充满白色尿酸盐而扩张。盲肠有干酪样物堵塞肠腔，有时混有血液，肠壁增厚。有时有腹膜炎。因卵黄吸收不良，卵黄囊内容物如油滴状或干酪样。

成年母鸡主要为卵巢病变。常见卵泡变形和变质，呈淡青或黑绿色，卵泡膜增厚，呈囊状，内含油脂或豆渣样物质。变性的卵泡常以长短粗细不一的系带和卵巢连接，有的则落入腹腔或阻塞输卵管，引起广泛的卵黄性腹膜炎和腹腔脏器粘连（见图 6.3（3））。公鸡病变限于睾丸和输精管，常见睾丸肿大或萎缩，有坏死灶。输精管管腔扩张，充满黏稠的渗出物。

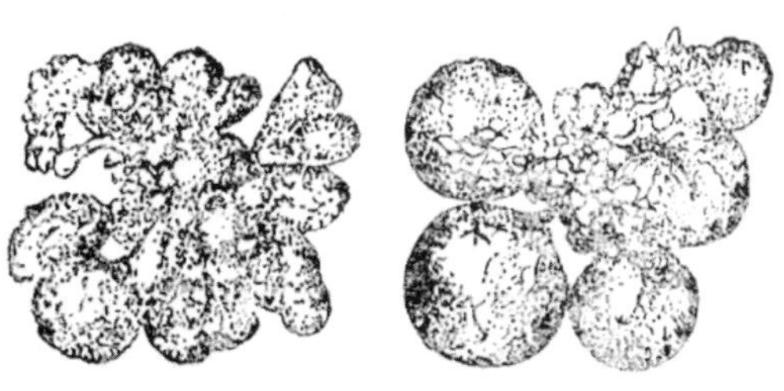

图 6.3（3） 患鸡卵巢与健鸡卵巢对照

诊断　根据流行病学、临床症状和病理

变化即可作出初步诊断。对成年隐性带菌鸡可作凝集反应试验。最常用的方法为全血平板凝集反应。操作简便，反应迅速，适于大群检疫。本菌与禽伤寒和禽副伤寒病原有交叉反应，确诊必须作细菌学鉴定。

本病与鸡球虫病的区别是：球虫病主要侵害 20~90 日龄的小鸡，呈血性下痢，小肠或盲肠损害部黏膜刮取物涂片镜检，可检出来球虫的卵囊。

（二）禽伤寒

本病在成年鸡中零散发生。火鸡、鸭、珠鸡、孔雀和鹌鹑也可感染。雏鸡和雏鸭感染本病时症状似鸡白痢。

成年鸡和较大的鸡呈急性经过的突然停食，委顿、虚弱、昏睡、羽毛松乱，排黄绿色稀便，体温上升 1~3℃，迅速死亡，或 4d 以内死亡。病程长的日渐消瘦贫血，鸡冠和肉髯苍白而皱纹，红细胞逐日减少而白细胞增加。病程多 5~10d。病死率 10%~50%。

最急性病理变化不明显。一般常见血液稀而色淡。肝、脾和肾充血肿大。亚急性和慢性特征病变是肝呈绿褐色或青铜色，肿大、质脆，并有灰白色的小的坏死灶。心肌、肺和公鸡的睾丸也有同样坏死灶。能分离出鸡伤寒沙门氏杆菌。

（三）禽副伤寒

家禽中的鸡和火鸡最常见，野禽也可感染。以孵出后两周内的幼禽发病死亡最多，特别是 6~10 日龄幼雏。一月以上的家禽很少有死亡的，成年禽呈慢性感染。各种幼禽的症状大致相似。主要表现嗜眠、呆立，头翅下垂，羽毛松乱，厌食而渴欲增加，畏寒常相互挤在一堆。呈水样下痢，呼吸症状不明显，病程 1~4d。病死率 10%~20%。

雏鸭常有颤抖、喘息和眼睑浮肿，猝然倒地死亡，故有“猝倒病”的称呼。

剖检呈出血性肠炎病变。心肺多见有鸡白痢那样的结节。肺、肾出血，心包炎及心包粘连，肝、脾变化如鸡白痢。

预防　鸡沙门氏杆菌病的防制，根本在于清除慢性和隐性带菌鸡，建立和保持无白痢种鸡群。具体措施如下：

1. 定期检疫，淘汰带菌鸡，实现鸡群净化。健康鸡群，每年春秋两次对种鸡进行血清或全血凝集试验和不定期抽查检疫；对病鸡群每 2~4 周检疫一次，经 3~4 次检不出阳性鸡，方可为健康群。

2. 种蛋卫生和消毒。注意产蛋箱卫生消毒，勤捡蛋，不要地面蛋。种蛋应选用于健康种鸡群，入孵前用 2% 来苏尔消毒蛋壳，拭干后再入孵。

3. 孵化室、孵化器及孵化用具，应用甲醛熏蒸消毒。

4. 加强育雏期饲养管理和卫生。育雏室和室内一切用具经常消毒，育雏室保持清洁干燥，温度恒定，注意通风换气，避免拥挤。饲料配合适当，保证应用全面，有足够维生素 A 供应。防止其他动物进入传播病原。饲槽、水槽防止粪便污染。发现病雏，及时隔离、消毒。

5. 药物预防。出壳雏鸡用 0.1% 呋喃唑酮喷雾，并用紫外线照射育雏室，用 0.01% 高锰酸钾作饮水，或在饲料内按 0.5% 的比例加入磺胺类药物，连喂一周，以控制本病发生。

治疗　磺胺类药物、呋喃类药物和土霉素均有疗效。一般混入饲料或饮水中给予。磺胺类药物按 0.5% 比例混入饲料，连喂 2~3d 停一天后，再喂 2~3d ；或土霉素按 500mg/kg 饲料混合饲喂，连用一周。

三、马沙门氏杆菌病

马沙门氏杆菌病是由马流产沙门氏杆菌引起的马属动物的传染源。临床特征为孕马流产，幼驹下痢、关节炎及支气管肺炎等，公畜睾丸炎和鬐甲肿。本病多见于马集中饲养场。

症状　潜伏期 10~15d，长的 4~8 周。

初生驹发病后，体温升高到 40℃以上，有支气管肺炎和腹泻，死亡率高。较大的幼驹则发生多发性关节炎及腱鞘炎，有热痛、跛行；有的发生鬐甲脓肿或其它部脓肿，大多可以好转。孕马发生流产，流产前多无明显症状，有的短暂体温升高或分娩表现；有的流产后有短暂体温升高，精神食欲较差；少数流产后引起子宫炎，如经久不愈，可成为长期不孕。公马主要引起睾丸炎和附睾炎，关节炎和鬐甲脓肿，有的体温升高。重者可致鬐甲瘘（图 6.4）。

诊断　根据流行病学，特别是病史，结合马群中常发生流产，以及幼驹发生关节炎等，可初步诊断为本病。确诊可取流产胎儿胃内容物、实质器官、羊水或胎衣作病原分离培养、鉴定。

血清学诊断：于孕马流产后 8~10d，采血分离血清，作试管凝集试验，凝集价在 1:1600“++”以上的为阳性反应。

预防　无本病的地区和马群，严防引入病马，并禁止用患过本病的公马配种和输精，不和有本病地区的马匹接触，一旦传入难以清除。

已有本病的地区和马群，应加强综合防制措施，作好病马隔离治疗，定期检疫、消毒，严格处理流产胎儿、胎衣。定期用马副伤寒弱毒菌苗预防接种。及早淘汰病马。

治疗　可用链霉素、土霉素或磺胺类药物。母马有子宫炎，按子宫炎处理，每日用 0.5% 高锰酸钾水冲洗，直到痊愈。

图 6.4　马副伤寒

腕关节和跗关节肿大

四、牛沙门氏杆菌病

牛沙门氏杆菌病以犊牛副伤寒为最常见。病原主要为肠炎沙门氏杆菌、鼠沙门氏杆菌和都伯林沙门氏杆菌。急性以败血症和肠炎为特征；慢性则伴以关节炎和肺炎。

本病多见于一月以内的犊牛，与牛群中成年牛带菌有关。主要经消化道感染。

症状　急性发病后病牛体温升高到 40~41℃，呼吸、脉搏频数，精神沉郁，食欲废绝。不久，排出淡黄色或灰黄色稀痢，内混有血液、黏液或黏膜碎片，恶臭。病程多在 4~8d。

慢性多由急性转来，呈周期性腹泻或下痢减轻和停止，而以肺炎和关节炎为主。病犊表现咳嗽，有黏液—脓性鼻漏；并常见腕、跗关节肿大，跛行或卧地不起，病程可达一月以上。成年牛多为慢性，较轻。急性见于弱牛，症状与犊牛形似。孕牛流产，多发生于孕后 200d 左右。

病理变化：急性呈急性出血性胃肠炎病变，皱胃黏膜出血水肿，肠黏膜特别是小肠黏膜，有出血斑点，脾充血肿大，肝色淡有灰黄色小坏死灶。

慢性：肺尖叶、心叶和膈叶下缘有紫红色硬变区，表面附有纤维素，并有灰黄色小坏死灶。肝、脾、肾有时也有坏死灶。关节损害时，关节囊和腱鞘有较多浆液纤维素性渗出物。

诊断　根据流行病学、临诊症状和病变，一般可作出初步诊断。进一步确诊可作病原分离鉴定。并注意与大肠杆菌病鉴别。

防治　擦找其他家畜本病。

五、羊沙门氏杆菌病

羊沙门氏杆菌病主要由鼠沙门氏杆菌、羊流产沙门氏杆菌和都柏林沙门氏杆菌引起。临诊表现下痢和孕羊流产。

本病发生于各种品种、性别和年龄的羊。以断奶羔羊最易感染发病，孕后期的母羊也易感染。主要经消化道感染，也可经交配感染。

症状　下痢型或副伤寒与牛相似。羔羊多呈急性败血症经过，病羊体温升高到 40~41℃，食欲减退，下粘性血痢，恶臭。病羊极度衰弱，低头弓背，最后卧地不起，经 1~5d 死亡，有的经两周后康复。成年羊常为下痢，可转为急性败血型。

怀孕母羊在孕后期发生流产和死胎，流产前羊常有体温升高、沉郁、厌食，从阴道流出分泌物。有时出现腹泻。有的产后有子宫炎或发生胎衣滞留。有的母羊在流产后或未流产死去。产下的弱羔羊大多在一周内死去。

病理变化：下痢羊尸体后躯被毛被稀便污染，脱水。真胃和肠道空虚，或有少量半液状内容物。黏膜充血、水肿。肠黏膜附有黏液或内有小的血块。肠系膜淋巴结充血、肿大。心内外膜有小点出血。流产胎儿组织充血水肿，肝、脾肿大，有灰色坏死病灶。胎盘水肿，出血。死亡母羊有急性子宫炎。

诊断　根据流行病学特点、临床症状和病变，可初诊为本病。确诊有赖于细菌学诊断。

公共卫生：沙门氏杆菌病可通过动物传染给人，常由于吃了病畜或带菌动物未经充分消毒的乳、肉、蛋及其制品，发生食物中毒。常突然发病，体温升高，有头痛、寒战、恶心、呕吐、腹痛和严重腹泻等症状。为防止食物中毒，病死尸体要严格无害处理。加强屠宰前后的检查，肉要充分煮熟后再吃。平时注意食物的收藏、保存。防止鼠类排泄物污染。发生中毒病人，及时住院治疗。

第四节　巴氏杆菌病

巴氏杆菌病是多杀性巴氏杆菌引起的多种禽畜和野生动物的急性、热性传染病。急性病例以败血症和出血性炎症为特征，故常称出血性败血症，简称“出败”。

病原　多杀性巴氏杆菌为革兰氏阴性细小球杆菌，长 1~1.5μm，宽 0.3~0.6μm，不形成芽胞，无鞭毛，无运动性，新分离的细菌有荚膜，经人工培养后荚膜消失或不完全。病料涂片经瑞氏、姬姆萨氏或美蓝染色，两端着色深，似双球菌状，故称“两极杆菌”（见图 6.5）。培养物涂片染色，两极着色不明显。

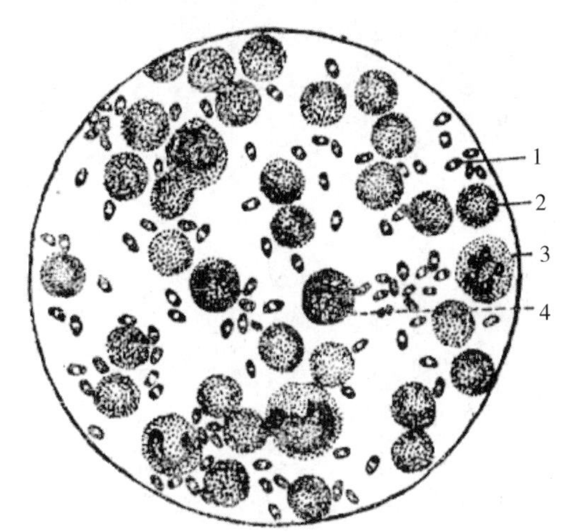

图 6.5　病料中的巴氏杆菌

1. 巴氏杆菌　2. 红细胞　3. 嗜中　性细胞　4. 淋巴细胞

本菌为需氧或兼性厌氧菌。普通培养基上生长不旺盛，如加少量血液或血清，则生长良好。在血液琼脂上呈灰白、湿润的粘稠菌落，不溶血；在普通琼脂上则呈细小的露珠状菌落；肉汤中生长初均匀浑浊，以后有粘稠沉淀，表面形成菌环。

多杀性巴氏杆菌的分型，多采用菌落荧光分型和血清分型。菌落分型是将本菌 18~24h 血清琼脂平板生成的菌落，45°折光检查。菌落荧光呈蓝绿色带金光，边缘有红黄色光带者称 Fg 型菌株，本型对猪、牛等家畜为强毒，对家畜毒力弱；荧光呈橘红色带金光，边缘有乳白色光带称 Fo 型菌株，对家禽为强毒，而对猪、牛、羊毒力微弱；无荧光者也无毒力称 Nf 型。

血清型分型是将荚膜（K）抗原分别为 A、B、C、D、E 五个血清型；菌体（O）抗原分 1~12 个血清型。O 抗原可 K 抗原组合成 16 个血清型。已知不同动物感染的血清型也不同。如牛常见的为 6:B、6:E；猪以 5:A、6:B 为主，其次为 8:A 和 2:D；牛和羊 6:B 最多见；家兔以 7:A 为主，其次为 5:A；家禽 5:A 最多见，8:A、6:B 等少见。

本菌对环境理化学因素抵抗力较弱，在干燥和直射阳光下，很快死亡。60℃ 10min 杀死。常用消毒剂都有很好的消毒作用。

流行病学：各种畜、禽和野生动物都可感染，家畜以猪、牛和兔最常见，绵羊次之，山羊、马属动物、鹿和骆驼少见；家禽中鸡、鸭最常见，鹅、鸽少有发生。各种品种、年龄的动物都可感染发病，幼龄动物较严重。

病畜禽和带菌者为传染源。病原体存在于病畜各组织器官和体液中，并通过分泌物和排泄物散播，主要经消化道感染，也可经皮肤、黏膜创伤和昆虫叮咬传染。

本菌在各种健康家畜的上呼吸道和扁桃体内都有存在，且带菌率很高（牛扁桃体带菌达

45%、绵羊 52%、猪达 63%）。当各种不良环境因素，使动物机体抵抗力下降时，而引起内源性感染发病。在通常情况下，不同畜种间，不易相互传播（尤为畜和禽之间），但在个别情况下，也可发生。

本病无明显季节性，但在气候多变、阴雨连绵、潮湿、饲养管理条件差、长途运输等不良诱因作用下多发。一般为散发或地方流行性。鸭群中常呈流行性。

一、猪巴氏杆菌病

猪巴氏杆菌病又叫猪肺疫，是猪的急性、热性传染病。急性呈败血症，呈地方流行性，由 Fg 型菌引起；慢性多以肺炎为主，由 Fo 型菌引起，多散发或与其他猪病（如猪瘟、猪气喘病等）混合或继发感染。

症状　潜伏期 1~5d，临床可分为最急性、急性和慢性三型。

最急性型：突然发病，有的未显症状突然死亡。病程稍长的，见有体温升高到 41~42℃，食欲废绝，衰弱，卧地不起。颈下喉头部温度增高、红肿、坚硬，可波及耳根及前胸。病猪呼吸困难，犬坐喘鸣，黏膜发绀，口鼻流泡沫液。腹侧、耳根和四肢内侧皮肤常有红斑。最后多窒息死亡。病程 1~2d，故俗称“锁喉风”。

急性型：最为多见。除一般症状外，主要为急性胸膜肺炎。体温多在 40~41℃左右，初为痉挛性干咳，后为带痛的湿咳。鼻有黏液一脓性分泌物或带血丝。呼吸困难，呈犬坐式或伸颈呼吸，黏膜发绀。触诊胸部疼痛，胸部听诊有啰音或有胸膜摩擦音。常有脓性结膜炎，初便秘而后下痢，皮肤有淤斑。后期极度衰弱，卧地不起。病程多为 5~8d，不死则转为慢性。

慢性型：主要为慢性肺炎和慢性胃肠炎。表现持续性咳嗽和呼吸困难，鼻常有黏脓性分泌物。食欲、精神不振，下痢，消瘦，衰弱。有的有关节炎和皮肤痂样湿疹。病程 2~4 周，死亡或逐渐痊愈。

病理变化：最急性和急性型全身黏膜、浆膜和皮下广泛出血，全身淋巴结出血，切面红色。心包、心内外膜、脾脏、胃肠都有出血。最急性咽喉及其周围组织出血性胶样浸润最为特征。切开颈部皮肤，可见大量胶冻样淡黄或灰青色纤维素性浆液。急性型病变则为纤维素性肺炎。肺有不同程度的肝变区，周围水肿和气肿，肺小叶间浆液浸润，切面呈大理石样花纹。胸膜有纤维素性附着物，胸腔和心包积液。气管和支气管黏膜发炎，有多量泡沫液。

慢性除消瘦贫血外，肺肝变区扩大，内有黄色或灰色坏死区，有的形成包囊，内含干酪样物，或形成空洞与支气管相通。胸膜粗糙、肥厚与肺粘连，心包和胸腔积液。胃肠卡他性炎症。

诊断　最急性颈下咽喉部红肿、口流泡沫液和呼吸困难，死亡快。急性则以急性纤维素性肺炎为特征，有明显的呼吸困难、咳嗽等，结合咽喉、肺部主要病变和流行病学特点，可作初步诊断。病理材料涂片镜检，如发现两极杆菌，可以确诊。必要时作细菌分离鉴定。

本病与猪瘟、猪丹毒临床上不易区别，鉴别诊断见猪的传染病有关部分。

预防　认真搞好饲养管理，增强机体抵抗力，消除和避免各种使机体降低的因素。圈舍、用具经常保持清洁干燥，定期消毒。

定期预防接种，常用猪肺疫氢氧化铝甲醛菌苗，皮下接种5ml，14d产生免疫力，免疫6~9个月；也可用猪肺疫口服弱毒菌苗，每猪口服5亿活菌，混入饲料给予，7d产生免疫力，免疫期半年以上。发生本病时，及时对病猪隔离治疗，严密消毒病猪污染的圈舍、环境和用具；对与病猪接触的猪进行预防性治疗或注射免疫血清，并加强饲养管理，消除发病诱因，防止扩大传染。

治疗　青霉素、链霉素和四环素族的抗生素及磺胺类药物都有一定疗效。如抗生素和猪肺疫免疫血清或磺胺类药同时应用，效果更好。

二、牛巴氏杆菌病

牛巴氏杆菌病又称牛出血性败血病，简称牛出败。是牛的急性、热性传染病。以高热、肺炎、急性胃肠炎和内脏器官广泛出血为特征。

症状　潜伏期2~5d。临床表现有败血型、水肿型和肺炎型。

败血型：突然发病，体温迅速升高至41~42℃，精神沉郁、衰弱，食欲反刍停止，结膜潮红，皮温不均，呼吸、脉搏加快。继而出现腹痛、腹泻，粪中有黏液或血液，有时鼻液和尿中带血。濒死期体温下降，一天内死亡。

水肿型：为最多见。除全身症状外，主要见于颈下喉头部皮下组织发生炎性水肿，甚至扩展到肉垂和前胸。肿胀部初有热痛、硬固，后逐渐变冷，疼痛减轻。有的波及舌及其周围组织而发生肿胀，致呼吸、吞咽困难，有大量流涎，故俗称“清水症”。有的舌拖出口外发出喘鸣、呻吟、不安。口舌黏膜发绀，常因窒息而死，病程多1~3d，有的后期有下痢或其他部位出现水肿。

肺炎型：主要呈纤维素性胸膜肺炎症状。初期有短而痛苦的干咳，呼吸困难，鼻分泌物初期为浆液后转为脓性。胸部叩诊有浊音区。听诊有啰音或胸膜摩擦音，后期呼吸极度困难，并伴有血性下痢。病程3d至一周以上。

病理变化：死于败血型的病牛，内脏器官充血，黏膜、浆膜、舌、皮下组织和肌肉均有出血点。肝、肾实质变性，淋巴结显著水肿、有出血。心、肺和胃肠出血。

水肿型除有败血型病变外，颈及咽喉显著水肿。局部皮下和肌肉组织，呈胶样浸润或有出血，切开时有黄色透明液体流出。局部淋巴结水肿或有出血。

肺炎型主要为纤维素性胸膜肺炎病变。胸腔有大量浆液纤维素性渗出物。肺有各个不同时期的肝变。叶间淋巴管扩张，切面呈大理石样（见图6.6）。有的病变区，有弥漫出血和坏死灶。胸膜和肺表面有小点出血或覆有纤维素膜，呈纤维素性胸膜炎和纤维素性心包炎，使心包与胸膜粘连，内含有干酪样物。胃肠卡他性或出血性炎症。支气管淋巴结和纵隔淋巴结明显肿大，切面有出血点。

诊断　根据流行病学特点、临床症状和病理变化，并在病料涂片镜检时有两极浓染的本菌，可诊断为本病。必要时作细菌分离鉴定。

病因　本病临床上应注意与炭疽、气肿疽鉴别。炭疽肿胀不限于颈部，且死前有天然孔出血，血凝不良，尸僵不全，脾脏急性肿大，病料涂片镜检见有荚膜的炭疽杆菌等可以鉴别。气肿疽的肿胀发生于肌肉肥厚处，且为炎性气性肿胀，指压有捻发音，多发生于4岁以

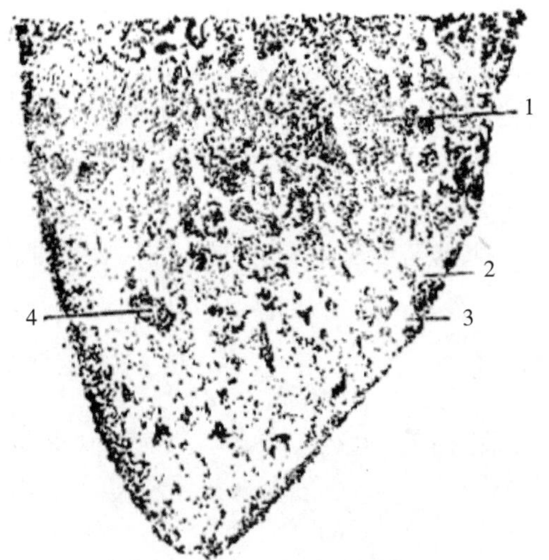

图 6.6　牛巴氏杆菌病肺脏病变
1. 红色肝变与出血　2. 灰色肝变
3. 淋巴间隙增宽　4. 坏死

下的牛。

预防　平时注意饲养管理，冬季防止受寒；加强卫生措施。合理使役，避免劳役过度。长途运输细心管理，防止疲劳。

每年春秋二季定期用牛出败氢氧化铝甲醛灭活菌苗皮下接种。牛体重 100kg 以下的 4ml，100kg 以上的 6ml，注射后 21d 产生免疫力，免疫期 9 个月。

发生本病时，病牛立即隔离治疗。和病畜接触过的牛只注意观察，可进行药物预防性治疗或注射高免血清。病畜污染的畜舍、场地、用具等要严格消毒。粪便发酵处理。

治疗　早期用免疫血清或磺胺类药物，效果较好，二者同时应用更好。青霉素、链霉素和四环素族的抗生素也有疗效。必要时结合对症治疗，并应加强护理。

三、绵羊巴氏杆菌病

绵羊巴氏杆菌病多发生于幼年绵羊和羔羊。山羊不易感染发病。

症状　临床上分最急性、急性和慢性型。

最急性型：突然发病，表现虚弱，寒战、呼吸极度困难，数分钟至数小时死亡。

急性型：表现精神沉郁、不食，体温升高至 41℃以上。鼻黏膜和眼结膜发炎，有黏液性或脓性分泌物。咳嗽，呼吸迫促，先便秘而后下痢，粪便有黏液或带血。颈下或胸下常发生水肿，于 2~5d 死亡。有的有胸膜肺炎症状，病程较长，成年羊多可痊愈或转为慢性。

慢性型：常为急性转来，主要呈慢性胸膜肺炎和慢性胃肠炎。常有黏液脓性鼻涕、咳嗽、呼吸困难、腹泻、消瘦、衰弱等。有的颈部和胸下水肿，病程一月以上，给以合理治疗和护理多可康复，但多生长发育不良。

病理变化：最急性病变主要为内脏器官黏膜和浆膜的急性出血，淋巴结肿胀。急性以急性肺炎为主，见有肺淤血，有小点出血和不同程度的肝变，胸腔有黄色渗出物蓄积，真胃和肠有炎症、出血。其他脏器水肿和淤血或有小出血点。慢性除消瘦贫血外，常见纤维素性胸膜肺炎和心包炎、慢性胃肠炎。肝有坏死灶。

诊断　初步诊断根据本病流行病学和主要症状和病变。确诊依赖细菌学检查。

预防　参照牛巴氏杆菌病。

四、兔巴氏杆菌病

兔巴氏杆菌病是家兔的常见传染病，多为 Fo 型多杀性巴氏杆菌引起。临诊表现有鼻炎、地方性肺炎、败血症、中耳炎以及结膜炎、睾丸和附睾炎、子宫炎和内脏器官脓性等类型，对 2~6 月龄仔兔危害最大。

症状　潜伏期数小时至 5d 或更长。根据病型，其症状也不同。

鼻炎型：为最常见。发病后萎缩、拒食，流浆液性鼻涕，后呈黏液脓性，并有脓性结膜炎。有鼻阻、喷嚏、咳嗽、呼吸困难。病兔不安，抓搔鼻部。体温在 41℃以上。有的有下痢、寒战和痉挛。最急性呈败血症死亡，一般经过 1~3d 死亡。

肺炎型：自然病例除有食欲不振，精神沉郁等症状外，多无明显症状。病程稍长的有咳嗽，一般不表现出呼吸困难，胸部听诊可听到湿啰音，压迫胸部敏感。有的呈急性败血症突然死亡。

败血型：可发生于鼻炎型或肺炎型。无明显症状或与鼻炎型、肺炎型混合发生。

中耳炎：单纯的中耳炎多无明显症状，如由中耳波及内耳及脑部，则有斜颈症状，故又称“斜颈症“，病兔头颈常向一侧倾斜或扭转。如炎症扩散到脑膜和脑，则出现运动失调和其他神经症状。病兔采食困难。

除上述类型外，本病还见有结膜炎、子宫炎、睾丸及附睾炎和全身皮下及内脏器官的脓肿。

病理变化：因病型而有差异。最急型多无明显病变，或有内脏黏膜、浆膜和皮下组织出现、充血等。有时有其他型的病变。

鼻炎型　常见鼻孔周围皮肤发炎、红肿，鼻腔及其临近窦腔内有黏液脓性分泌物，黏膜红肿，重则波及喉头、气管，见有喉头出血，气管有红色泡沫液。慢性鼻黏膜增厚。

肺炎型：肺尤为肺的前下区见有大小不一的出血性纤维素性病变区。局部发生实变、膨胀不全，有时有脓肿和小的灰色结节性病灶。肺实质出血，胸膜附近有纤维素。脓肿和肺叶形成空洞是慢性病后期病变。

中耳炎型：在一侧或两侧鼓室内有白色奶油状渗出物，初期鼓膜和鼓室内膜呈红色，以后为炎性细胞浸润。有时鼓膜破裂，渗出物流向外耳道。如波及到脑，则有化脓性脑和脑膜炎病变。其他局部感染，见有局部化脓、脓肿和内脏器官蓄脓。

诊断　急性病例以鼻炎为主要特征。表现浆液性至黏液脓性鼻涕，呼吸困难有结膜炎。剖检主要为呼吸道和肺的炎症，有纤维素性胸膜炎和肺的出血、实变或脓肿。慢性为局部组织器官的化脓性炎症。病料涂片镜检，可检出两极浓染的巴氏杆菌。

防治　预防本病重要的是平时注意饲养管理和卫生措施，兔舍、用具定期消毒，保持清洁干燥，并经常观察兔的食欲、健康状况，发现病兔即时隔离观察和治疗，防止传染。定期用氢氧化铝甲醛菌苗或弱毒菌苗预防接种。据原中国农科院江苏分院证实，用鸡霍乱免疫血清（Fo 型菌免疫制造）作紧急预防接种，能及时控制 Fo 型菌所致的兔巴氏杆菌病。用量为小兔 5ml，大兔 15ml。种兔于 7~15d 内再注射一次效果更好。

治疗　可用青霉素、链霉素。青霉素 5 000~10 000IU/kg 体重，每日一次，连续 5 日，与链霉素同时应用也很好。有鼻炎时还可用青霉素溶液（15 000~20 000IU/ml）注入鼻孔。

磺胺类药物（SM_1、SM_2）内服首次量 0.2g/kg 体重，以后维持 0.1g/kg 体重，每 12h 一次；静脉或肌肉注射 0.07g/kg 体重，每 12h 一次。长效磺胺（SMP）内服首次量 0.1g/kg 体重，维持量 0.07g/kg 体重。此外还应注意护理和对症治疗。

五、禽巴氏杆菌病

禽巴氏杆菌病是多种禽类的急性、热性传染病。家禽中鸡鸭最易感，鹅易感性较差。鸡多散发，也有群发，鸭群中常呈流行性。急性以败血症和剧烈下痢为特征，故又称禽霍乱或鸡、鸭出血性败血病；慢性则表现为关节炎、鼻窦炎和肉髯肿。

症状　潜伏期 2~9d，最短的 48h 内发病。临床见有最急性、急性和慢性型。

最急性型：突然发病死亡，无明显症状。有的晚上喂饲时还正常，次日晨死在圈内。有的见有精神萎靡或不安，突然倒地，拍翅挣扎死亡，见在本病初传入时的易感鸡（鸭）群的少数鸡或鸭。

急性型：为最常见。病鸡精神委顿，羽毛松乱，缩颈闭眼，离群于一隅。体温 42.5~44℃，拉黄白或灰白带绿色的稀粪，有时粪便带血。口鼻分泌物增加，呼吸困难，有呼噜声。鸡冠呈紫红色。最后昏迷衰竭死亡，病程半天至 3d，不死则转为慢性。

慢性型：见于本病流行后期。多由急性转来。以慢性呼吸器官炎症和慢性胃肠炎为主。鼻常流黏液，鼻窦肿胀，流出恶臭渗出物。肉髯肿胀，鸡冠苍白。有持续性下痢。病禽消瘦、贫血。有的有关节炎，关节肿胀、跛行。病程可达一月以上。

鸭与鸡的症状基本相似。发病后不愿下水，常独蹲岸边，闭目昏睡，缩头曲颈，羽毛蓬松，双翅下垂。口鼻和喉部分泌物增多，不断从口鼻流出黏液，呼吸困难，如排出黏液，病鸭带有摇头症状，俗称“摇头瘟”。有黄白或铜绿色下痢，有时带血。有的病鸭双脚或双翅瘫痪，不能行走或翅下垂，多于 1~3d 死亡，病程长的发生关节炎，以腕、跗关节多见，关节显著肿大，跛行或不能行走。

病理变化　最急性死亡的鸡冠和肉髯蓝紫色。心外膜有小点出血。肝肿大，色暗红色，有针头大黄白色坏死点。

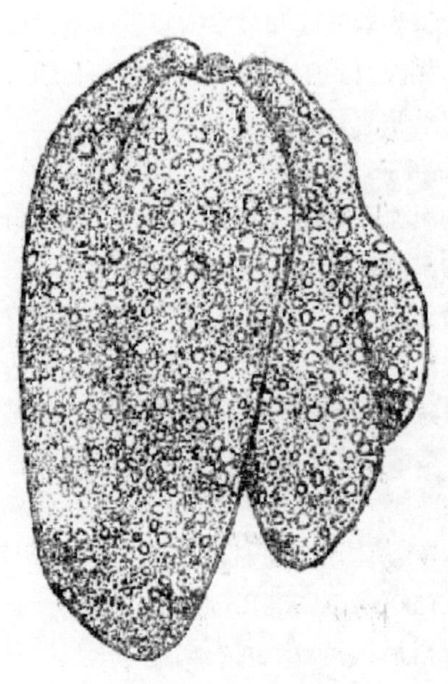

图 6.7　禽巴氏杆菌病

鸡肝的坏死小病灶

急性病例肛门附有稀便，鼻有黏液，皮下、腹膜、肠系膜脂肪和肠浆膜有小点出血。心包增厚，呈浆液纤维素性炎症，心包液增多。心冠脂肪出血。肺充血出血，肝稍肿、质脆、棕色或黄棕色，表面有灰黄或灰白色针头大坏死点，具有特征性（图 6.7）。肌胃、肠尤为十二指肠卡他性或出血性炎症。

慢性病例常见有慢性呼吸道炎症，有鼻腔和鼻窦炎。关节和腱鞘炎，关节肿胀内含炎性渗出物或干酪样物。内髯肿胀。卵巢出血或卵黄破裂而呈急性卵黄性腹膜炎。

鸭的病变与鸡相似。雏鸡常见多发性关节炎，关节囊增厚，内含红色浆液或灰黄色浑浊粘稠液。关节面粗糙，附有黄色干酪样物或红色内芽组织。肝脂肪变性和局部坏死。心肌也有坏死灶。

诊断　根据本病流行病学特点、临床症状和特征病变，多可作出诊断。在临床上应注意与鸡新城疫和鸭瘟鉴别（见家禽传染病有关部分），必要时进行细菌学诊断。

防治　加强平时防疫措施，搞好饲养管理和卫生消毒措施。饲喂抗生素饲料，定期预防接种。鸭子不到疫区放牧，防止混入病鸭。

发生本病时，对病鸡（鸭）群实行封锁，隔离检疫和消毒措施，用禽霍乱免疫血清作紧急免疫接种，并可试用本场禽霍乱自制灭能脏器苗（急性病例鸡肝研细、稀释，甲醛灭能制成）紧急预防注射，据报道，注射两周后，可控制本病发生。

青霉素、链霉素、土霉素和磺胺类药物均有一定疗效。青霉素 2 万 ~5 万 IU/ 只鸡（鸭），每日 2~3 次肌肉注射；链霉素 10 万 IU/ 只（体重 2~3kg）；土霉素按 0.05%、磺胺类药按 0.5% 比例混入饲料或饮水喂服或饮水喂服，连用 3~4d。

第五节　布氏杆菌病

本病是布氏杆菌引起的人畜共患的慢性传染病。病的特征是生殖器官和胎膜发炎，致孕畜流产、公畜睾丸、附睾炎和关节、滑液囊炎等。多呈地方流行性。

病原　布氏杆菌（布鲁氏杆菌）属分为 6 个种 20 个生物型，即羊布氏杆菌（马尔他布鲁氏菌）3 个生物型；牛布氏杆菌（流产布鲁氏菌）9 个生物型；猪布氏杆菌 5 个生物型；绵羊布氏杆菌、林鼠布氏杆菌和犬布氏杆菌各 1 个生物型。生物型的鉴别是根据其血清学特性、生长特性、对某些燃料的压抑作用和 Tb 噬菌体裂解作用的感受性来确定的。

本属细菌的形态和染色特性无明显区别，初次分离时呈小球杆状，经传代培养后，牛、猪布氏杆菌逐渐呈杆状。本菌无鞭毛，无运动性，不形成芽胞，多无荚膜。革兰氏染色阴性，用柯氏染色去法染色，本菌为红色，其他细菌和背影为蓝色或绿色。

本菌为需氧或兼性厌氧菌，人工培养基上生长缓慢，尤其是初次分离通常要 5~7d，有时要 20~30d 才能长出旺盛菌落。牛种布氏杆菌的某些生物型，初次分离需要在含有 5%~10% CO_2 的条件下才能生长。

本菌抵抗力不强，巴氏灭菌法能杀灭本菌，直射日光 0.5~4h 杀灭；0.1% 汞、1% 来苏儿、2% 福尔马林和 5% 生石灰乳，均可在 15min 杀死。但在干燥的土壤内存活 37d，在粪水中、在冷暗处、在胎衣和胎儿体内存活 4~6 个月。

流行病学：各种动物和人对布氏杆菌都有感觉性，但对各种布氏杆菌的感受性有所不同。在家畜中羊、牛和猪最易感。在自然条件下，羊、牛和猪的布氏杆菌病，大多是各种布氏杆菌引起的，而其他家畜的布氏杆菌病分别是由羊、牛或猪传染而来的。人对羊、牛、猪和犬种布氏杆菌都有感受性，尤为羊种致病力最强。

各种患病和带菌动物是本病的传染源，特别是牛、羊和猪。病畜能通过胎儿、胎衣、阴道分泌物、乳汁、精液以及粪尿等散播病菌，污染饮料、饮水、畜舍和牧地主要经消化道感染，也可经皮肤、黏膜、交配和吸血昆虫传染。

各种家畜对本病的易感性，一般认为随家属的性成熟而敏感性增高。通常成年家畜较幼龄家畜易感，母畜比公畜易感，尤其是怀孕母畜最易感染。

本病无明显的季节性，在产羔、产犊季节多发。在新疫区，初传入时流产率高，以后则逐渐减少；在疫区内，大多第一胎处女牛发生流产后多不再发生流产。但局限性感染（如关节炎、子宫炎、睾丸炎等）和隐性感染者增多，且不易清除。

发病机理：病菌侵入动物机体后，在局部存活一定时期，进入局部淋巴结增殖，并侵入血液而引起菌血病，这时出现体温升高。侵入血流的细菌被带到全身各器官，尤其是妊娠子宫、胎盘、胎儿和睾丸附睾组织最适于其生长繁殖。其次是乳腺、淋巴结、骨骼、关节、剑鞘和滑液囊等，而引起局部炎症。这些器官的细菌，经过一定时间后，可再次侵入血流，发生菌血症。

浸入妊娠子宫的细菌，进入绒毛膜上皮细胞，并在绒毛膜和子宫黏膜间扩散，引起胎盘和子宫内膜炎，进而化脓和坏死。破坏了母体胎盘和胎儿胎盘之间的联系，使胎儿营养供应受阻；细菌并可通过胎盘进入胎儿，导致胎儿患病和死亡，而发生流产。病程缓慢的母牛，由于胎盘结缔组织增生，使胎儿胎盘和母体胎盘发生粘连，引起胎衣滞留和子宫内膜炎，甚至导致败血性全身感染。

布氏杆菌对生殖器官（尤其是对孕畜子宫、胎盘和睾丸组织）具有特殊的亲和性，是由于这些器官有一种能够刺激本菌生长的物质—赤藓醇，特别是牛、羊和猪的怀孕子宫和胎盘内含量最高，而使细菌得以大量繁殖。流产后本菌很快子宫消失，也与该物质的消失有关。

动物感染布氏杆菌后，机体可产生两种反应，即免疫生物学反应（或特异血清学反应）和变态反应，前者出现较早，后者出现较晚，且保持时间也久。在本症诊断书上，都具有实际意义。

症状　本病的潜伏期因病原菌的毒力、感染量和感染时家畜妊娠期的长短而异，短的两周，长的可达半年。牛、羊和猪的症状大致相似。本病常为隐性经过，主要症状为孕畜流产。流产可发生于怀孕的任何时期，但通常以前怀孕后期多见。牛常发生在妊娠后 6~8 个月；羊常发生在妊娠后 3~4 个月；猪则常发生于妊娠后 4~12 周。流产前除有阴唇、乳房肿胀，阴道黏膜潮红、水肿，从阴道流出灰白或灰色分泌物，以及食欲减退、起卧不安等分娩预兆外，多无特异症状。流产时羊水多清亮，有时混浊混有脓样絮片。流产胎儿多为死胎、弱胎不久死亡。牛常有胎衣滞留（特别怀孕晚期流产的）；羊和猪则少发生。胎衣滞留的母畜，常有子宫炎，经常从阴道流出污灰色或棕红色的恶臭液体。有的经久不育。此外还可发生乳房炎、关节炎和滑液囊炎。

公畜主要引起睾丸炎和附睾炎，睾丸和附睾肿胀、疼痛、硬固，并伴有中等度发热。也可发生关节炎和滑液囊炎。在羊还可以发生慢性支气管炎和角膜结膜炎。猪见有淋巴结脓肿等。

马的布氏杆菌病多无明显病状，一般也不发生流产，常在头颈和鬐甲部发生脓肿，破溃后形成瘘管，长期不愈。有的也可以发生关节炎和剑鞘滑膜囊炎。

由狗氏布杆菌引起的狗氏杆菌病，才能发生流产，流产多发生在怀孕后 40~50d。流产后阴道长期排除分泌物，并有淋巴结肿大，脾炎和长期菌血症。公狗也可以发生睾丸炎、附睾炎、前列腺炎或睾丸萎缩，以及淋巴腺肿大和菌血症，以致长期不育。其他生物型感染狗，多呈隐性。

病理变化：布氏杆菌病的病例变化主要在子宫、胎儿和胎衣，牛羊病变基本相似。在子宫绒毛膜间隙有污灰色或黄色的胶样渗出物，绒毛膜上有坏死灶，并附有黄色坏死物。胎膜水肿而肥厚，呈黄色胶样浸润，表面附有纤维素和脓或有出血。胎儿皮下及肌肉间结缔组织出血性浆液性浸润。黏膜和浆膜有出血斑点，胸腔和腹腔有微红色液体。肝、脾和淋巴结不同程度的肿大，有时有坏死灶。肺有肺炎病灶。公畜的睾丸和附睾，有时在精囊有炎症和坏死灶或化脓早。

猪流产胎儿常被母猪吃掉或呈死胎或木乃伊化。在母猪子宫黏膜上有许多针头大至高粱大米的结节，内含脓样或干酪样物。胎膜充血、水肿或有出血点，表面覆有淡黄色渗出物。睾丸和附睾实质有豌豆大的坏死灶，其中有钙盐沉积。也有关节炎、化脓性剑鞘炎和滑液囊炎。

诊断　如畜群中第一次妊娠母畜大批流产，牛流产后多出现胎衣滞留；畜群中并有关节炎、睾丸炎病例；流产胎儿和胎衣，又有本病特征病变，可疑为本病。但临床注意与其他有流产症状的疾病如钩体病、乙型脑炎、弓形体病等相区别，这些疾病除各有其特有临床症状和病变外，关键还在于病原学和血清学的诊断。

本病大多为隐性感染，故确诊本病必须进行实验室诊断。实验室诊断，除采取流产材料作细菌学检查外，常用血清学诊断和变态反应诊断。尤其是大群检疫是经常采用的方法。牛多采用凝集反应；补体结合反应和乳汁环状反应作辅助试验。羊、猪可用凝集反应和变态反应诊断。必要时也可进行补体结合试验。

凝集反应：是畜群检疫和诊断病畜常用的方法。当家畜感染布氏杆菌后，一周左右在血液内即出现凝集素，以后凝集滴度逐渐增高，可持续1~2年或更久。怀疑病畜或畜群中有本病时，分别采取血液，分离血清，用布氏杆菌凝集抗原作凝集试验。大家畜如凝集价在1:100（++）以上，猪、羊在1:50（++）以上者为阳性反应。操作方法分为试验凝集和平板凝集（详见实习指导）。

变态反应：动物感染本病后，变态反应出现时间较晚（羊、猪在感染后2~3周出现；牛需要1个月才能出现），但维持时间久。牛在痊愈几年后，仍有变态反应；羊和猪与牛相比之下消失较早。故变态反应多用于羊和猪，且在感染后2~3周进行为宜。

防治

预防　未有本病的地区和群畜，坚持自繁自养，防止本病传入，必须引入种畜时，应在无本病的地区和群畜引入；并施行严格检疫，隔离饲养两个月，经两次免疫生物学检查均为阴性者，方可与原有牲畜混养。健康畜群每年至少一次检疫，发现病畜即时淘汰。

扑灭措施：已发生本病的地区和畜群，应采取有效措施，及早扑灭。一般是采取检疫、隔离、控制传染源、切断传播途径、培养健康畜群和主动免疫接种。

检疫：本病常在地区和畜场，每2~3个月检疫一次，发现阳性家畜及时隔离或淘汰，如此反复进行，直到全群经两次连续检查均为阴性，一年以上未发现阳性者，而且畜群中又没有发生流产，可认为是健康畜群。

如果畜群经多次检疫和清除病畜后，仍不断有阳性家畜出现时，可对全群家畜用羊种布氏杆菌5号弱毒菌苗（M_5菌苗）或猪种布氏杆菌2号弱毒菌苗（S_2菌苗），每年免疫一次，连续3~4年后，未发现流产，再对全群家畜检疫一次，清除和淘汰少数阳性家畜后，3~6个月再进行两次检疫均为阴性，可认为本病已经被控制。

19号菌苗对牛两次注射（5~8月龄注射一次，18~20月龄再注射一次），免疫期7年无显著变化（孕牛和猪、山羊不用）。对控制牛布氏杆菌病免疫性较高。

隔离：有条件的奶牛场，如阳性牛数量较多，可将阳性牛单独编群，隔离饲养，限制活动，合理治疗。母牛发情用健康公牛精液人工授精，犊牛出生后，喂3~5d初乳后，隔离喂消毒牛奶，6个月后进行两次检疫（间隔5~6周）均为阴性，可视为健康牛。利用这种方法，可以达到逐步更新牛群的目的。

如果阳性牛数量不多，又无隔离条件，以及早淘汰为宜。

消毒和严格处理胎儿和胎衣：畜群每次检出阳性家畜并隔离后，要对污染的畜舍、产房、牧地、用具等进行彻底消毒。病畜流产的胎儿、胎衣、粪便和污物要深埋、发酵等无害处理。防止病原传播。

治疗　对病畜数量较多或有特殊价值的病畜，可在严密隔离的条件下进行治疗。可用金霉素、链霉素或磺胺类药物和中药益母散。但需要长期坚持用药。有子宫炎时用0.1%高锰酸钾或0.02%呋喃西林溶液冲洗子宫阴道，每日1~2次，2~3d后，隔日一次，直到痊愈。

公共卫生：人的布氏杆菌病主要由接触病畜、食用未经消毒的病肉和病乳传染。人感染本病症状多样，主要表现发热呈波状热型，有寒战、盗汗，肌肉关节酸痛炎，全身衰弱无力，白细胞减少，脾肿大等。男的发生睾丸炎、附睾炎，女的可发生子宫炎和妊娠流产。有的急性发作后即康复，有的复原后又反复发作，持续许多年。

为防止本病传染给人，尤其是职业人员感染，凡牧场、屠场和畜产品加工人员，以及兽医和实验人员，要加强自我防护制度；病畜乳肉食品必须消毒后食用。必要时可划痕接种19-BA活菌苗（接种前作变态反应试验，阴性反应者才能使用）。病人应坚持治疗。

第六节　结核病

结核病是由结核分枝杆菌引起的人、畜、家禽和野生动物共患的慢性传染病。其特征为渐进性消瘦和在患病组织器官形成结核结节、干酪样病灶和钙化病变。

本病为古老的传染病，世界各地都有存在。

病原　结核分枝杆菌主要有牛型、人型、和禽型。其形态略有差异，人型为平直或稍弯的细长杆菌，间有分枝；牛型则较粗短；禽型短小、多型。均不产生荚膜和芽胞，无运动性。革兰氏染色阳性。

本菌属抗酸分枝杆菌。胞壁含分枝杆菌酸，故一般染色法不易着色，常用齐一尼（Ziehl-Nee-Isen）氏抗酸染色法染色。染色后本菌为红色，背景和其他细菌均为蓝色。

本菌为转性需氧菌。在含有血清、蛋黄或甘油的培养基上方能生长，且生长缓慢。在甘油琼脂上8~10d长出干燥菌落。

本菌细胞壁较厚，富有类脂肪质，因此，对外界环境有很强的抵抗力。在干燥的痰中存活 6~8 个月，水中 5 个月，土壤 7 个月，气溶胶中保持传染性 8~10d。但 60℃ 30min 杀死。常用 10% 漂白粉、5% 福尔马林或 5% 来苏儿、70% 酒精作杀毒剂，作用时间应适当延长。

本菌对磺胺类药物、青霉素和其他广谱抗生素不敏感。对链霉素、异烟肼、对氨基水杨酸和环丝氨酸等敏感。

流行病学：多种动物和人均可感染结核。家畜中牛尤其奶牛最易感，其次是猪和家禽。其他家畜少见。

牛型结核杆菌是牛结核病的主要致病菌，也可感染其他家畜和人；人型结核杆菌除主要致人结核病外，也感染牛和其他家畜。禽型结核杆菌主要引起家禽结核病，较少感染家畜和人。

各型结核病畜，尤其是开放性结核病畜是本病的传染源。病畜可通过咳嗽、飞沫、呼吸道分泌物、粪、尿生殖分泌物和乳汁排除病原体，污染空气、环境、饲料、饮水，主要经呼吸道和消化道感染，也可经生殖道感染。

饲养管理不良，畜舍潮湿、拥挤，光线不足，通风不良等，是促进本病发生和加剧的重要诱因。

发病机理：结核杆菌为细胞内寄生菌，结核病的免疫，是以细胞免疫为主的传染性免疫和传染性变态反应并存的类型。当结核杆菌侵入机体后，被吞噬细胞吞噬，由于机体尚未产生特异免疫力，被吞噬的结核杆菌可在细胞内生长繁殖，并被携带到肺、淋巴结等靶器官，形成原发病灶。如果机体抵抗力强（包括特异免疫的产生），细菌扩散受到阻抑，使原病灶据鲜花而呈为隐性感染（可长期不扩散）或逐渐痊愈。如机体抵抗弱，细菌可沿淋巴管扩散，形成继发性病灶，并可经血液扩散全身，在其他组织器官形成结核病灶或使结核全身化。

症状　潜伏期长短不一，一般半月至一个半月，长的数月到数年。大多取慢性经过，初期症状不明显，出现日渐消瘦，倦怠无力，随病程进展而症状逐渐明显。

牛：以肺结核和淋巴结结核为最多见，其次为乳房和胸腹膜结核，也可发生在肝、脾、肾、肠、生殖器官、脑以及骨和关节等。

肺结核：一般表现渐进性消瘦，倦怠无力，易疲劳。初见短的干咳，随病进展而咳嗽加剧、频繁而痛苦。这时病牛呼吸困难，鼻有黏液一脓性分泌物。触诊胸疼痛。肺部听诊有干啰音或湿性啰音，严重时有胸膜摩擦音，叩诊有浊音区。常见肩前、股前、腹股沟、颌下、咽和颈部等体表淋巴结肿大，有硬结而无热痛。后期因极度衰竭或窒息而死亡。

乳房结核：奶牛多见。常发生在一个乳腺区，以后乳腺区多见。主要表现乳房上淋巴结肿大，乳腺上有大小不等的、凹凸不平的无热痛的硬结，致乳腺萎缩，两侧乳腺不对称，乳头变形，甚至破溃流脓长期不愈。泌乳减少或停止（见图 6.8）。

肠结核：多见于犊牛。表现消化不良，食欲不振，顽固性下痢和迅速消瘦。如纵膈淋巴结肿大，压迫食道，可引起慢性臌气。弱波及肠系膜淋巴结、腹膜和其他腹腔器官，直肠检查时，可摸到结核病变。

生殖器官结核：母畜可发于子宫、卵巢和输卵管。表现性机能扰乱，发情频繁、爬跨其他牛，授精不孕或孕牛流产。公牛发生于睾丸和附睾，表现一侧或两侧附睾丸肿大，有硬

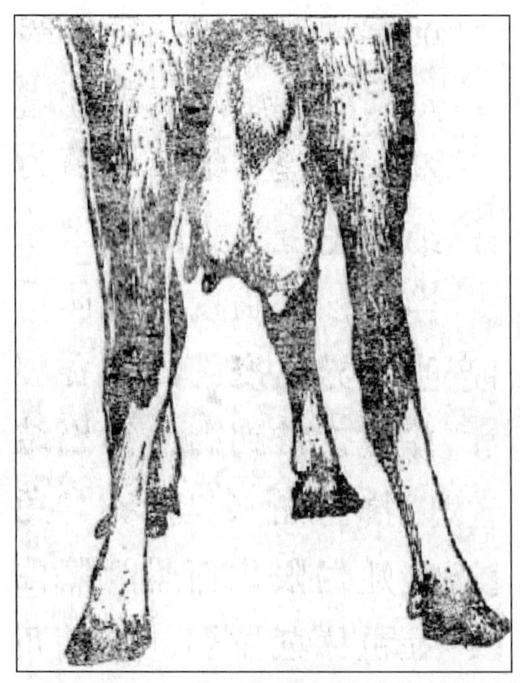

图 6.8 牛乳房结构

乳房肿大变形

结，以至睾丸萎缩。有的阴茎前部也有结节或有糜烂。

骨和关节等发生结核时，局部硬肿、变形，有时可形成溃疡，不易愈合；脑和脑膜发生结核时，常有神经症状，表现运动障碍，癫痫等。

鹿的结核也较常见。多为牛型结核菌所致。症状和牛结核相似。

猪：猪结核主要经消化道感染，常见扁桃体和颌下淋巴结有结核病灶。表现淋巴结肿大、硬固，表面凹凸不平，以后化脓或干酪样变，破溃后不易愈合。发生肠结核时常有腹泻。有时也可发生在肝、脾和肺。

鸡：鸡结核主要由禽型结核菌引起，常发生在肠道、肝和脾，也可发生肠结核。病鸡食欲减退，日渐减退，贫血。肠结核表现腹泻。发生关节或长骨时，关节和骨肿大、变形，内含干酪样物。病鸡跛行。

马、绵羊、山羊、犬和猫结核病，均不多见。马常发生在咽及肠系膜淋巴结，也可发生在肺、肝和脾。多由牛型结核感染，禽型菌罕见。绵羊结核多见于肺和胸淋巴结结核病变，也可发生在肝和脾，可由牛型和禽型结核菌引起。山羊结核罕见，个别病例多无明显症状。犬和猫结核可由人型和牛型结核菌引起，犬主要侵害胸膜器官。猫的原发病变通常发生在腹腔器官，也继发与肺。鸭和鹅对结核病不如鸡易感，症状似鸡。

病理变化：主要病变是在患病组织器官上发生增生性结核结节和渗出性干酪样坏死或形成钙化灶。以肺和淋巴结核为最常见，也见于其他最值器官。

在肺脏见有针头或鸡蛋大的黄白色圆形或卵圆形结节，切开时有干酪样坏死或钙化灶。有的坏死组织溶解被排出，形成空洞。肺部呈局部性或弥漫性结核性肺炎。淋巴结明显增大，也有结节和干酪样坏死。胸、腹膜浆膜面上形成密集的粟粒至豌豆大的、半透明或透明的、质地实硬的黄白色结核结节，似有珍珠状或葡萄状，故称“珍珠病”和“珍珠样”结节（图 6.9）。肠结核见于小肠和盲肠，在肠黏膜上形成大小不等的结核结节和溃疡。溃疡周围呈堤状，底面坚硬，覆盖有干酪样物，肝、脾和肾的结核似肺，肝、脾等肿大，见有大小不一的结核结节和干酪样病灶。乳房结核，切开乳房有大小不等的病灶，内含干酪样物质。

猪的结核病变主要在头颈部和肠系膜淋巴结。病变和牛相似。

鸡结核病变多见于肠、肝、脾以及骨和关节。在肠的各段黏膜上，均可找到大小不等的结核结节和溃疡。肝明显肿大，棕红或黄灰色，有大小不等的坚硬的灰白色结节。脾肿大，病变与肝相似。患病的关节和长骨肿大、变形，骨质疏松，有的内含干酪样物。

诊断　畜群中有原因不明的渐进性消瘦、咳嗽、肺部异常、体表淋巴结慢性肿胀，以及慢性乳腺炎等，可怀疑为本病。应进一步检查。死后剖检有明显的特征结核病变，不难确诊。必要时可采取病料涂片，用抗酸染色法染色镜检。或分离培养和动物接种，以查明病原。

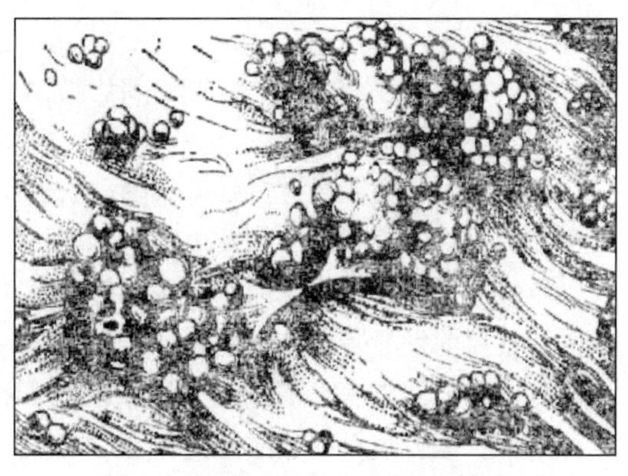

图 6.9　胸膜上的“珍珠样”结构结节

变态反应是畜群检疫诊断的主要方法。即用结核菌素作皮内注射和点眼。我国奶牛采用两种方法同时进行，每次分别进行两回，两种方法任何一种方法呈阳性反应者，均可判定为阳性反应牛。

马、绵羊、山羊和猪用牛型和禽型结核菌素同时分别作皮内注射，如注射后 48~72h 注射部位有红肿者为阳性反应。

鸡则用禽型结核菌素 0.1ml，肉垂内注射，48h 后局部出现红肿者为阳性反应。

防治

预防　对无本病的畜场和畜群（以奶牛为例），加强平时防疫、检疫和消毒措施，防止本病传入。引入畜种时，必须就地检疫，并隔离观察 1~2 个月，同时用结核菌素进行检疫，确认无病者，方可混群饲养。健康畜群每年定期两次检疫，发现阳性反应者及时处理。该畜群应按污染群对待。

对污染畜场和畜群，要经反复多次检疫，不断剔出阳性病畜和淘汰开放病畜，逐步达到净化。

对结核菌素反应阳性畜群，经常进行临床或细菌学检查，及时淘汰开放性病畜，阳性畜产犊后，喂 3d 初乳后，隔离喂健康牛牛乳或消毒牛乳。一个月、六个月和七个半月个检疫一次，如三次检疫均为阴性者，可入假定健康牛群。

假定健康畜群为向健康畜群过渡的畜群。第一年每三个月检疫一次，直到无阳性反应牲畜为止。以后再经过 1~1.5 年连续三次检疫，均为阳性，可为健康畜群。

畜群除每年 2~4 次定期消毒外，每次检出阳性牲畜清除后，都要进行一次大消毒。同时注意粪便和尸体的无害处理。

治疗　对结核病畜一般不进行治疗，应采取及早淘汰，以达到净化畜群的目的。必须治疗时，应在严密隔离情况下，对轻病和结核阳性反应病畜用异烟肼和链霉素联合治疗。每天口服异烟肼 1~2g，肌肉注射链霉素 3~5g 或对氨基水杨酸 4~6g，间隔 1~2d 一次；同时给以营养高价饲料，增加青料，补充矿物质和维生素 A、维生素 D，以提高治疗效果。

公共卫生：人除了感染人型结核菌外，还可感染牛型和禽型结核菌，主要为牛结核菌。常通过饮用带菌牛乳和其他禽产品，以及接触结核病畜感染。因此，为了杜绝人类感染畜源结核病，应严格执行畜产品检验规程。所有畜牧、兽医和畜产品加工人员，要严格遵循防疫制度，加强防护。

第七节　口蹄疫

口蹄疫是口蹄疫病毒引起的偶蹄动物的急性、热性、高度接触性传染病。病的特征是在口黏膜、蹄部和乳房部皮肤发生水泡和溃烂。

本病传播迅速、感染和发病率高，虽病死率不高，但常引起大规模流行，造成经济损失很大，是目前世界各地广泛重视的传染病之一。

病原　口蹄疫病毒属于微核糖核酸病毒科，口蹄疫病毒属，核酸为单股 RNA，20 面体立体对称，无囊膜，近球形，直径 20~24nm。

病毒具有多形性和易变异性，目前已知世界有 7 个主型和 65 个亚型，即 A_{1-32}、O_{1-11}、C_{1-5}、南非Ⅰ$_{1-7}$、南非Ⅱ$_{1-3}$、南非Ⅲ$_{1-3}$、亚洲$_{1-3}$。各主型间不能交叉免疫，同一主型的亚型间有部分交叉免疫性。由于各主型间无交叉免疫性，因此，当动物耐过某一型病毒所致口蹄疫后，对其他型的病毒仍有感受性。同样道理，当预防接种时，使用的疫苗，必须与当地流行的病毒型一致，才能达到预防的目的。病毒的易变异性，表现在常有新的亚型出现，这种变异可发生在实验和本病流行的过程中。有时在本病流行的初期和末期的毒型有所不同。

各型口蹄疫病毒均易在 4~10 日龄乳鼠或青年豚鼠体内生长繁殖，使之发病和死亡；在犊牛、仔猪或仓鼠的肾细胞、舌以及胚胎皮肤、心、肺等十多种细胞上生长良好，并产生细胞病变。也可人工适应鸡胚和雏鸡。病毒反复通过动物继代，能逐渐增强对实验动物的毒力，而降低对原易感动物的致病力，培养除弱毒株，用以制造疫苗。

口蹄疫病毒在病畜水泡皮、水泡液和发热期血液中含量最高。在内脏、骨髓、淋巴结、肌肉以及奶、粪、尿、唾液、眼泪等都有病毒存在，并随之散布。病毒的致病力很强，每克新鲜病牛蛇皮的 10^{-7}~10^{-8} 稀释乳剂 1ml 舌面接种仍能使牛致病。

病毒对外界环境的抵抗力较强，低温能较长时期保存病毒。在冬季冰冻条件下，含毒组织和污染的饲料、饲草、皮毛及土壤，可保持传染性数周至数月。秋、冬气温下，病毒在稀牛粪中可生存 103d，痂皮内 67d，水泡液 28d 以上，皮毛上 24d。夏季牧场保持 14d。病毒对食盐有抵抗力，在腌肉中能存活 1~3 个月，在骨髓中半年以上。病毒对酸碱、日光、高热均敏感，在 pH 值以下和 pH 值 11 以上迅速破坏，病牛肉在 10~12℃存活 24h 或 8~10℃ 24~48h，由于病畜死后尸体产酸，pH 值降至 5.3~5.7，病毒在酸性环境中自然灭活。但骨髓和淋巴结内的病毒不能杀灭。2% 氢氧化钠、30% 热草木灰水和 1%~2% 甲醛溶液等，都是本病的良好消毒剂。

流行病学：本病主要侵害偶蹄动物，以牛为最易感（奶牛、黄牛、牦牛、犏牛均极易感，水牛次之），猪次之，再次为绵羊、山羊和骆驼。幼畜较老龄畜易感野生黄羊、鹿、麝、野猪、野牛、象、长颈鹿等野生动物也可感染发病。单蹄动物有抵抗力。人也可感染发病。本病较易从一种动物传染给另一种动物，但也常见在牛羊中严重流行很少感染猪；或在猪中严重流行而牛羊很少发病的。

病畜是本病的主要传染源，在症状出现前，就开始从病畜体内排出病毒，症状出现后，排毒量最多。牛舌面皮含毒量最高，感染力最强，其次为奶、尿、唾液、粪便、呼出气和精液。主要通过病畜与健畜的直接或间接接触经消化道、损伤的皮肤和黏膜、呼吸道感染。近年来证明经呼吸道更易感染。也可经交配感染。病愈家畜带毒一般长达 4 个月，甚至一年以上。

本病传播迅速，流行性强，特别是大群放牧、牲畜流动及畜产品运输，病畜及其产品污染牧地、饲料、水源、车船和用具能促进本病的传播。人和活体传播者都可成为传播媒介。有人认为气源性传播，在口蹄疫的流行上起着决定性的作用。

本病可发生于任何季节，但由于高气温和日光直接影响病毒的存活，因此，低温寒冷的冬春季节更为多见。这还与冬春季节畜体瘦弱、抵抗力下降有关。在牧区本病的流行表现出秋末开始，冬季加剧，春季减轻，夏季平息的特点，在农业区这种表现不很明显。

根据历史资料统计表明，口蹄疫的暴发，具有周期性的特点，每隔一二年或三五年流行一次，这与原来患病获得免疫的畜群，被新的易感畜群替代有关。

发病机理病毒侵入机体后，在侵入局部上皮细胞内生长增值，引起浆液渗出形成原发性水泡或第一期水疱。1~3d 后病毒进入血液，引起病毒血症，病畜体温升高和出现全省症状。不久病毒随血液到达其亲和组织——口黏膜和蹄部、乳房部皮肤表层上皮组织，急促增值，形成继发性水泡或第二期水泡。当第二期水泡破溃时，病畜体温下降，病毒从血液逐渐消失，随着特异抗体的不读昂产生和机体防御作用的增强，病畜逐渐恢复。但在发生恶性口蹄疫时，病毒及其毒素损害心肌，致心肌变性和坏死，心肌上出现灰白色和淡黄色的斑点或条纹，多呈急性心肌炎而死亡。

症状

牛：潜伏期一般为 2~4d，长的一周左右。病牛体温升高到 40~41℃，精神沉郁，食欲减退，反刍停止，流涎和咂嘴，开口时有吸吮声。1~2d 后，在唇内、舌面、齿龈和颊部黏膜以及蹄部柔软部皮肤上，发生大小不一的水泡，小如绿豆，大如拇指，有的相互融合形成更大的水泡（图 6.10、图 6.11、图 6.12）。这时病牛流涎增多，流出大量带泡沫的线状口涎，挂满口角鸡唇边（图 6.13）。水泡多于一昼夜破溃，形成边缘整齐、底面浅平的红色烂斑。病牛体温下降，如无继发感染，从溃疡边缘生出新的组织，逐渐愈合。如合理不当，细菌继发感染，可引起深部组织糜烂、化脓和坏死，甚至蹄匣脱落，病牛站立不稳或卧地不起（图 6.14）。

水疱有时也可发生在乳头和乳房部皮肤、鼻孔及眼睛周围，并形成溃疡，引起局部炎症，乳牛泌乳减少或停止。

本病一般为良性经过，仅口腔发病，一周左右即可治愈。如果蹄部发生病变时，则病程需要 2~3 周或更长。病死率在 1%~3%。

图 6.10　牛口蹄疫
舌面上的水泡

恶性口蹄疫见于犊牛和机体抵抗力低的病牛在感染强毒时。病毒主要侵害心肌，呈急性心脏麻痹死亡。发病后高度沉郁、虚弱，肌肉颤抖。心跳加快，节律不齐。食欲反刍停止，行走不稳或卧地不起，很快死亡。吃奶牛犊多无特征性水泡和溃烂，有时有出血性胃肠炎症状。恶性口蹄疫有时发生典型口蹄疫恢复过程中，突然恶化而呈恶性经过。本型病死率可达 25%~50%。

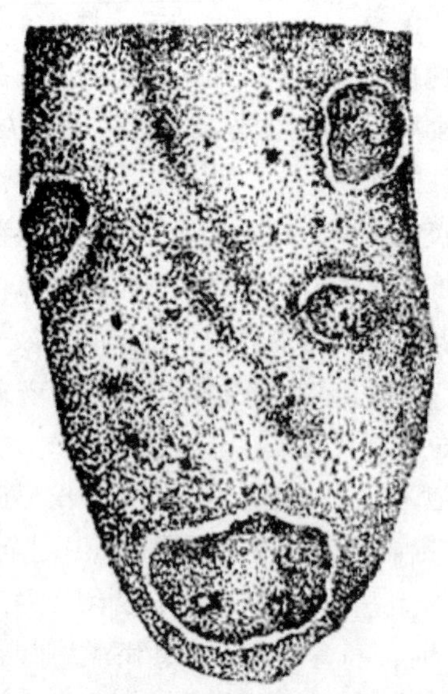

图 6.11　牛口蹄疫

舌部的糜烂

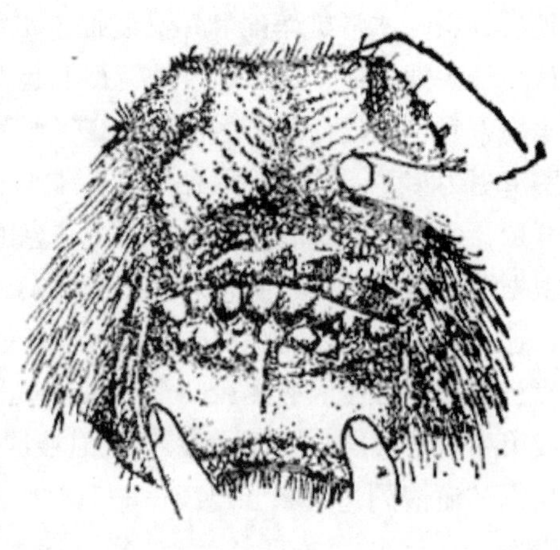

图 6.12　牛口蹄疫

齿龈上的水泡和烂斑

图 6.13　牛口蹄疫

口角流涎

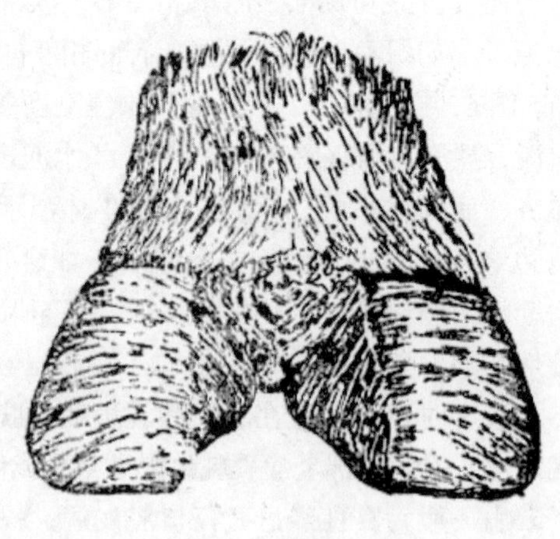

图 6.14　牛口蹄疫

蹄叉水泡和烂玉环

羊：发病率低且症状较轻，尤其绵羊。水泡以蹄部为主。在蹄冠、蹄踵和蹄叉软组织处形成豌豆至蚕豆大的水泡，破溃后而成溃疡。症状与牛大致相同。山羊较绵羊多发生于口腔，呈弥漫性口膜炎。水泡易破溃而成浅的烂斑，很快修复，不常流涎。羔羊也可发生出血性胃肠炎和心肌麻痹死亡。

猪：潜伏期 1~2d，长的 3~5d。水泡主要发生于蹄部。在蹄冠、蹄踵和蹄叉等处皮肤发生米粒至蚕豆大的水泡，破溃后出血而形成溃疡和烂斑，如无继发感染，一周左右可以痊愈。有继发感染严重时，波及深部组织，可致蹄匣脱落，患肢疼痛，卧地不起或爬行（图 6.15）。除蹄部病变外，水疱也可发生于鼻镜和唇部皮肤（图 6.16），以及母猪乳头，口黏膜病变较少。乳猪常呈急性胃肠炎和心肌炎而死亡。病死率达 60%~80%。

图 6.15　猪口蹄疫

猪蹄壳脱落

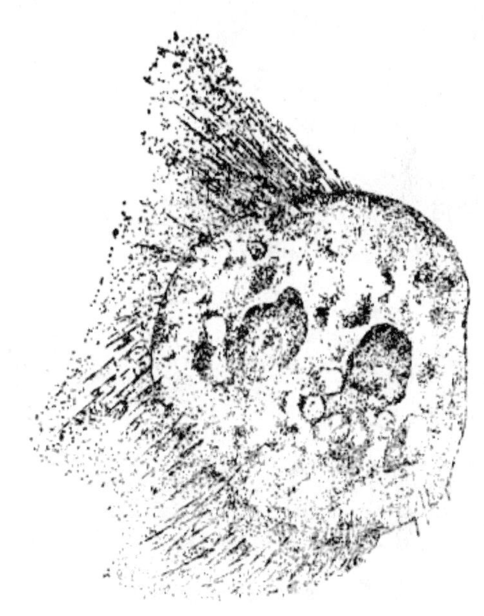

图 6.16　猪口蹄疫

猪鼻镜上的水疱

骆驼和鹿的症状与牛大致相同。老弱和年幼骆驼发病较多，壮年发病少。可发生在口腔和蹄部。鹿以蹄部病变为主，舌面和口黏膜发生水泡和烂斑小而少，7~10d 可痊愈。

病理变化：本病多取良性经过，且症状较典型，一般多不进行病理解剖。除口腔和蹄部病变外，剖检见于咽喉、食道、气管以及瘤胃尤其瘤胃肉柱上也有水疱和烂斑，有的被黄色黏液或棕黑色痂块覆盖。真胃和大、小肠黏膜有出血性炎症。心肌病变具有特征性，心内外膜和心肌切面有不规则的灰白色或淡黄色条纹与斑点，称“虎斑心”。心肌松软，似煮过一样。左心充满凝血块，心外膜有弥漫性或点状出血，主要见于犊牛。

诊断　根据本病流行病学特点和临床及病理变化特征，多可作诊断。要了解所流行口蹄疫病毒的类型，可采取病畜舌面或蹄部水泡皮或水泡液，置 50% 甘油生理盐水中，送有关单位作毒型鉴定。也可送康复病畜血清，作中和试验和其他血清学反应。

在临床上本病应注意与以下类症鉴别。

牛瘟：牛瘟的口黏膜呈坏死病变，边缘不整呈锯齿状，无水泡病变，多发生于舌下、颊和齿龈等处。除口腔黏膜坏死外，整个消化道黏膜尤其是第四胃，均有溃疡和坏死病变。有剧烈的血性下痢，高热稽留，引起大批死亡。蹄部、乳房无病变。羊和猪均不感染本病等可作鉴别。

传染性水泡性口炎：本病发病率低，流行范围小，很少有死亡。不仅感染牛、羊和猪，马驴等多种动物发生本病。如用水泡皮或水泡液、舌黏膜等接种马驴，发生水泡为本病，不发病为口蹄疫。也可将以上病料接种牛两头，一头作舌面黏膜接种，另一头作肌肉或静脉接种，如仅舌黏膜接种牛发病为本菌；两头牛均发病为口蹄疫。

牛恶性卡他热：本病与口蹄疫的相同点是黏膜上均有烂斑，但本病口腔和蹄部不形成水疱，以口、鼻和眼黏膜发炎，神经症状和死亡率高为特征。在口、鼻黏膜和眼结膜发生溃烂前不形成水泡。有特征性角膜浑浊。多散发。

此外，口蹄疫还与牛传染性腹泻 / 黏膜病、猪的传染性水泡病等有相同之处，请见有关章节。

防治　有疑似口蹄疫发生时，应本着“早、快、严、小”的原则及时报告疫情，迅速采取封锁、隔离、消毒和病畜治疗的综合措施；并做好威胁区的联防，严防扩大蔓延。及时采取病料送检确诊、定型。用同型病毒所制的疫苗，对疫区和受威胁区健康易感动物进行紧急预防接种，建立坚强的防疫带。严格处理好尸体和污染物，直到最后一头病畜痊愈、死亡或急宰后 14d 无新病例发生，经过全面大消毒后，方能接触封锁。

平时要加强检疫和严格卫生防疫措施。常发地区，定期用相应型口蹄疫弱毒疫苗进行预防接种。

公共卫生：人发生本病主要因饮用病畜的奶和接触病畜等感染。表现体温升高，口干，在口腔、舌、唇和齿龈等处发生水疱，破溃后形成薄痂。有时也发生于手指基部。小儿可发生胃肠卡他，严重时可发生心脏麻痹死亡。故本病流行时加强防护。

第八节　狂犬病

狂犬病俗称疯狗病，是狂犬病病毒引起的人畜共患的急性、接触性传染病。临床特征是中枢神经高度兴奋和意识紊乱，最后全身麻痹死亡。

本病是一种古老的传染病，存在于世界各地。

病原　狂犬病病毒为弹状病毒科，狂犬病病毒属 RNA 型病毒，呈弹头状，有囊膜，大小为（140~180）nm ×（75~80）nm。

病毒主要存在于患病动物的中枢神经组织、唾液腺和唾液内，并在唾液腺和中枢神经（尤其在大脑海马角、皮层和小脑）细胞浆内形成圆形或卵圆形包涵体，称内基氏小体。该小体染色呈酸性反应，内有嗜碱性颗粒，在脑组织病理切片中能够找到。

自然流行的狂犬病病毒株毒力强称街毒，经连续通过实验动物固定下来，而具有固定特性的病毒株叫固定毒。固定毒对人和犬的毒力已完全丧失，而保持免疫性，可用以制造疫苗。

本病毒对环境因素抵抗力很弱，易被日光、紫外线和超声波破坏，50℃ 15min、100℃ 2min 杀灭。对酸碱和常用消毒剂均敏感。脑组织内的病毒于 50% 甘油缓冲液中 4℃ 保毒数月至 1 年。

流行病学：各种禽畜和人对本病均易感，犬最易感，其次是猫；人和其他家畜多为狂犬病病犬咬伤感染发病。犬科动物（狐、犬、狼等）为本病的重要传染源和贮存宿主；蝙蝠和某些啮齿类动物，具有易感性，也可成为保毒素质。有的地方有蝙蝠传染狂犬病致死的报道。

狂犬病通常是经患病动物咬伤或皮肤、黏膜损伤接触病毒感染。近年来证实也可经呼吸道和消化道感染。

本病无明显的季节性，四季均可发生，但一般以温暖季节发病较多，这主要与人畜获得频繁和与患病动物接触密切有关。特别是在狗发情季节争斗有关。

发病机理：当人和动物被咬伤后，病毒随唾液进入创伤组织，然后沿感觉神经纤维上行进入中枢神经，并在中枢神经细胞内增殖；又循离心方向由中枢沿神经内增殖，损害神经细胞和血管壁，引起血管周围组织浸润和神经反射性幸福增高，意识紊乱，后期神经细胞变性，出现麻痹，终因呼吸中枢麻痹和衰竭而死亡。

病毒经血液传播尚未进一步证实。

症状　潜伏期因感染病毒的毒力、数量、感染的部位和动物的易感性而波动范围很大。一般为 2~8 周，最短的 8d，最长的数月至一年以上，犬、猫、狼、羊和猪平均为 20~60d，牛和马 30~90d，人 30~60d。

犬：临床上见有狂暴型和沉郁型（麻痹型）

狂暴型可分为前驱期、兴奋期和麻痹期。开始病犬神态反常，常躲暗处，不听主人召唤，主人驱赶或牵动时，会咬主人。食欲反常、异食，吃木片、碎布等异物。刺激感应性增高，惊恐不安，性欲增强，瞳孔放大。半天至两天转为兴奋期。这时病犬狂暴，共济人畜，常出走无目的地游荡。狂吠，叫声嘶哑、咽麻痹、舌拖出，流涎增加，并有夹尾、斜视和下颌下垂等症状。约 2~4d 转入麻痹期。麻痹期病犬消瘦、高度衰弱、疲惫、异食模糊、垂头拖尾、行动摇摆，最后卧地不起。由于咽喉进一步麻痹，呼吸、吞咽极度困难，终因呼吸机能麻痹和衰竭死亡。整个病程 6~8d（图 6.17）。

沉郁型：兴奋期较短或不明显，主要表现麻痹症状。病程短，经过 2~4d。

牛：病初病牛沉郁，不久表现兴奋不安，吼叫，凝视，冲抵墙壁、饲槽；不同的肌群发生震颤，性欲亢进，攻击人畜等，反复发作。以后出现麻痹，有吞咽困难，流涎。消化机能紊乱，而有前胃弛缓、臌气、便秘和腹泻等。最后后肢麻痹，摔倒或卧地不起，衰竭而死。

羊：症状似牛。但兴奋期较短或不明显，有不安、嘶叫、性欲增高等，常突然倒地而呈麻痹症状死亡。

马：病初表现咬伤部位奇痒，有啃咬和摩擦伤口表现。狂暴时冲击墙壁和饲槽，前肢扒地、蹴踢。性欲增高。最后发生麻痹，吞咽困难、流涎、衰弱而死，病程 4~6d。

猪：兴奋不安，惊恐，闻声冲撞，攻击人畜，叫声嘶哑，流涎。安静时钻入草中，听到

图 6.17　狂犬病病犬

声响，突然冲出，无目的地乱跑。后期呈麻痹症状死亡。病程 2~4d。

猫：多为狂暴型。症状似犬，但病程短。有兴奋不安，不断咪叫。刺激有攻击行为。因猫常与人接近，易传染给人，应特别注意。

诊断　根据典型狂暴、攻击人畜、意识紊乱、流涎和后期麻痹等特殊症状、结合咬伤史和传播过程中明显的传染锁链，多可作出诊断。进一步确诊可采取大脑海马角或小脑触片或作病理切片染色镜检，如检出内基氏体可确诊。有条件的还可作荧光抗体检查和动物接种试验。

防治　加强对狗和猫的管理，家犬登记，扑杀野犬，所有犬、猫等定期预防接种。

发现狂犬病病犬立即扑杀，尸体焚化或深埋。被狂犬咬伤的家畜，伤口立即用大量肥皂水冲洗，再用 40%~70% 酒精或 3% 石炭酸彻底消毒。同时注射狂犬病免疫血清或狂犬病疫苗。目前使用的有弱毒疫苗和灭能苗。各地根据情况选用。

公共卫生：人狂犬病大多是狂犬病病犬或病猫咬伤所致。病人病初头痛、乏力、食欲不振，恶心呕吐等；被咬伤口有发热、发痒、如蚁走感觉。继而多泪、流涎、瞳孔散大、脉搏增数。以后发生咽肌痉挛，呼吸吞咽困难，恐水症状。有惊恐不安，失去自制，狂暴。多在 3~d 天发生麻痹死亡。

预防本病发生，主要是消灭病犬。被咬伤时用 20% 软皂水彻底冲洗伤口，涂以 3% 碘酊，并及早接种狂犬病疫苗，最好同时结合注射狂犬病免疫血清。

第九节　流行性乙型脑炎

流行性乙型脑炎又称日本乙型脑炎，简称乙脑，是流行性乙型脑炎病毒引起的人畜共患的急性传染病。特征为中枢神经机能紊乱，孕猪流产、死胎，公猪发生睾丸炎。其他家畜（禽）大多呈隐性感染。本病流行于夏秋季，通过蚊子传播。因本病首先发生于日本，为了与当地冬季流行的嗜眠性脑炎相区别，称本病为乙型脑炎，而将冬季流行的嗜眠性脑炎称甲型脑炎。

病原　流行性乙型脑炎病毒属于披膜病毒科，黄病毒属，为 RNA 型病毒。呈球形，有囊膜，直径约 35~40nm。病毒主要存在于发热期血液、中枢神经组织和病猪睾丸及胎膜中。可从感染蚊体内分离出病毒。

本病毒能在鸡胚和鸡胚成纤维细胞、仓鼠肾细胞、猪肾细胞上增殖，并产生细胞病变和蚀斑。小鼠尤其是 1~2 日龄乳鼠脑内接种 2~4d 发病，1~2d 后死亡。

自然分离的病毒株，能凝集鸡、鸽、鸭和绵羊等的红细胞，并可被特异免疫血清抑制。病毒对外界环境抵抗力弱，56℃ 30min 灭活，1%~3% 来苏尔、3% 石炭酸数分钟杀灭。对乙醚、酒精、氯仿、胰酶菌敏感。

流行病学：本病为自然疫源性疾病，在人、畜和野生动物中自然传播。马属动物、猪、牛、羊和家畜均可感染。马传病率最高，猪和人次之，大多数家畜呈隐性经过。幼年家畜较成年家畜发病率高。

患病动物和带毒者是本病的传染来源。病畜毒血症阶段，血液中含有大量病毒，通过蚊虫吸血传播。患病家畜特别是猪、人本病的主要传染源，据调查表明本病在猪的感染高峰期，比人的流行高峰期要早3~4周。蚊尤其是三带喙库蚊在传播本病中具有重要作用。病毒能在蚊体中增殖和越冬，并能经卵传代，于次年感染人和动物。因此，蚊虫不仅是本病的传播者，也是病毒的贮存宿主。野生动物如野鸟、蝙蝠等的传播也不能忽视。

本病有明显的季节性，主要发生在蚊虫孳生的夏秋季节，7—9月是本病流行的高峰期。

症状　本病在老疫区或成年畜群中大多为隐性感染；在新疫区或幼龄动物（特别是马和猪）和儿童中呈流行性。症状也因动物种类不同而异。

马：潜伏期4~15d。以3岁以下幼驹尤其是当年驹多见。病程体温升高到39.5~41℃，精神不振，食欲减退，结膜潮红轻度黄染，头颈下垂，呆立不动。部分病马1~2d体温恢复正常，逐渐康复。有的病马因病毒侵害脑脊髓表现高度沉郁，全身反射迟钝或消失，病畜低头耷耳，眼半闭，呆立或将头、唇倚在槽上，或衔草不咀嚼，或出现异常姿势，运动失调或步调歪斜，或作圆圈运动。最后后躯麻痹卧地不起而死亡。少数病马表现兴奋狂暴不安，乱冲乱撞，肌肉震颤，对外界刺激表现更为强烈。有的兴奋和抑郁交替发生。后期发生麻痹和极度衰竭而死亡。病程快的2~3d，长的7~20d死亡或恢复。病死率20%~50%。耐过病马部分有腰萎。口唇麻痹、弱视和反应迟钝等后遗症。

猪：多无明显神经症状。常突然发病，体温升高至40~41℃；稽留数日至十余日（猪比其他动物的病毒血症较长），病猪沉郁、嗜睡，减食或不食；粪干硬如球，表面附有黏液；尿深黄色；个别猪后肢轻度麻痹或后肢关节肿胀、跛行。

妊娠母猪发生流产、死胎或木乃伊胎或产下弱胎不久死去。母猪流产后大多体温、食欲逐渐恢复正常。少数猪有胎衣滞留，从阴道流出红褐色液体。公猪除有全身症状外，于发热后出现睾丸肿胀，多为一侧性肿胀，触之有热痛，一般2~3d后逐渐恢复正常。有的则萎缩变硬。

牛：发病较少。有体温升高，食欲反刍停止，磨牙、呻吟和痉挛等特征。有的表现圆圈运动或四肢强直，最后呈昏迷状态，病严重的1~2d死去，有的延至十多天后死亡或恢复。

山羊：除体温升高外，表现从头部开始逐渐向后躯行进的麻痹症状。口唇发生麻痹，流涎，咀嚼和采食困难；视力和听力减弱或消失；凹背、四肢关节屈曲困难，步调僵硬或后肢麻痹卧地不起。最后衰竭死亡。

病理变化　肉眼变化多不明显。马主要是脑脊髓液增加，脑膜或脑实质轻度充血、出血和水肿。有的见有肺水肿，肝、肾混肿和心内外膜出血等。脑组织学检查，呈非化脓脑炎病变。

猪：脑脊髓病变大致同马。流产母猪子宫内膜充血、水肿，黏膜上附有黏稠分泌物，或有少量出血点。有的黏膜下水肿。胎盘炎性浸润，胎儿因月龄大小不同，有的死胎腐败分解或木乃伊化。公猪睾丸肿大，实质有不同程度的充血、出血或小的坏死灶。有的睾丸萎缩硬化，阴囊和睾丸粘连。

诊断　根据流行病学特点和典型症状，可作初步诊断。确诊本病需要作病毒分离和血清学诊断。

血清学诊断：家畜发生本病后，血清中产生补体结合抗体、中和抗体和红细胞凝集抑制抗体。病初滴度很低，后随病程逐渐升高，3~5 周达到高峰。因此，常采取双份血清检查，即病初和发病 3~5 周各采取一份血清，进行检查，如恢复期补反滴度比发病初期高 4 倍以上，或中和指数≥ 50 者为阳性。如采一份血清，需在发病后两周左右进行，补反滴度在 16 倍以上，方判为阳性。

病毒分离是无菌采取病畜血液、脑脊髓液或脑组织，接种于 2~4 日龄乳鼠脑内或猪肾、仓鼠肾细胞上增殖，分离病毒。

鉴别诊断：本病与传染性脑脊髓炎的鉴别是马传染性脑脊髓炎多发生于 6—10 岁的壮年马，除 7—9 月份多发外，在冬季也可散发。有明显的黄疸，胃肠弛缓和便秘症状以及中毒性肝营养不良病变。

猪应注意与布氏杆菌病鉴别。猪布氏杆菌病无明显的季节性，流产常发生于怀孕后 3 个月，多为死胎，很少有木乃伊胎。胎盘出血明显。睾丸炎常为两侧性，附睾也发生肿胀。另外还有淋巴结和关节炎症。并可依据血清学和变态反应作出判定。

防治

预防　加强饲养管理，搞好环境卫生，消灭本病的传播者蚊子。常发地区，应在蚊虫活动前 1~2 月，对 4 月龄至 1 岁的幼驹和 4 月龄至 2 岁的公母猪，用乙型脑炎弱毒疫苗接种。

发生本病时，应及时隔离治疗。

治疗　以降低颅内压，调整大脑机能和解毒为主的综合治疗措施，并加强护理。

1. 护理：专人看护，防止外伤和褥疮，减少外界刺激，多给以青绿饲料和饮水，并可投以流汁和补液。

2. 降低脑内压：对重症和狂暴病马，可静脉放血 1 000~2 000ml，同时静脉注射 25% 山梨醇或 20% 甘露醇，每次 1~2g/kg 体重，8~12h 一次，无上述药品时可注射 10%~20% 葡萄糖液 500~1 000ml。病后期血液黏稠时，可静脉注射 10% 浓盐水 100~300ml。

3. 调节大脑机能：兴奋时用氯丙嗪或异丙嗪，病马每次 200~500mg 肌肉注射，或用 20~50g 水合氯醛灌肠。

4. 强心解毒：用樟脑水或安钠咖注射，同时应用 40% 乌洛托品 50ml 静脉注射，每天一次。

为防止并发症可用青、链霉素和磺胺类药物。中草药治疗以清热解毒为主。可用石膏汤或双花汤加减。人感染本病，是蚊子吸患病动物的血后再叮咬人时传染。大多为隐性。发病后有发热、头痛、意识障碍、嗜睡、昏迷、谵语、呕吐和惊厥等症状。防止本病在于小妹动物传染源和传播者蚊子，常发地区，尤其是小孩子应进行乙脑疫苗预防接种。发现病人及时隔离治疗。

第三十四章　猪的传染病

第一节　猪丹毒

猪丹毒俗称“打火印”，是由猪丹毒杆菌引起的一种急性、热性传染病。病的特征急性型为急性败血症，亚急性型的呈疹块型。转为慢性型的多发生关节炎，有的有心内膜炎和皮肤坏死等。本病广泛存在于世界各地，对养猪业危害很大。

病原　猪丹毒杆菌是一种纤细的小杆菌，菌体平直或稍弯，大小约（0.8~2.0）μm×（0.2~0.4）μm。无运动性、不产生芽胞，无荚膜，革兰氏染色阳性。在感染动物的组织触片和血片中，呈单在、成对后小丛状（图 6.18）。从慢性病灶如心脏瓣膜疣状物中分离的常呈不分枝的长丝（图 6.19）。

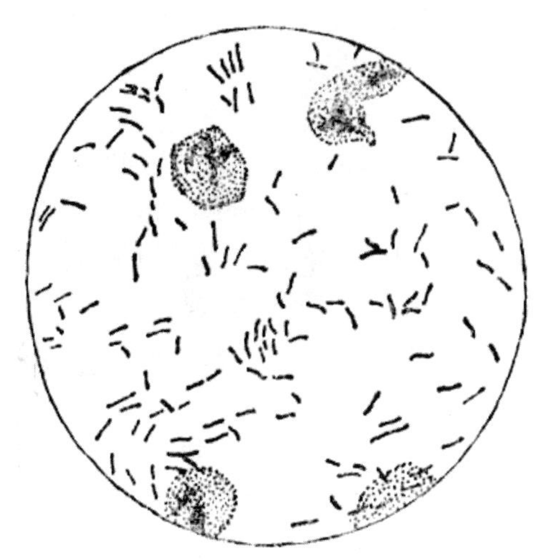

图 6.18　猪丹毒杆菌

丹毒死猪脾脏涂片

图 6.19　猪丹毒杆菌

慢性丹毒猪心内膜附着物涂片

本菌为微嗜氧菌，在普通培养基上能生长，如加入少量血清或血液，生长更旺盛；于鲜血琼脂培养基上经 24~48h 猪丹毒杆菌菌落为光滑型（S 型），毒力强。而慢性和带菌猪或经人工长期培养的多为粗糙型（R 型）菌落，毒力较弱。

明胶穿刺培养 3~4d 后，沿穿刺线呈试管刷状生长，不液化明胶，是本菌培养的特征之一。由于本菌菌体表面具有一层蜡样膜，因此对外界环境、盐腌、火熏、干燥、腐败和日光等抵抗力较强。在病死猪的肝、脾里 4℃ 159d，毒力仍然强大。露天放置 77d 的病死肝脏、深埋 1.5m 231d 病猪尸体、12.5% 食盐处理冷藏于 4℃ 148d 的猪肉中，都可以分离到猪丹毒杆菌。但一般较低浓度的消毒药，如 1% 的克辽林、1% 的漂白粉、5% 的石灰乳、1% 的氢氧化钠均可在 5~10min 灭活。对 0.1% 的升汞、5% 的石炭酸及 70% 的酒精的灭菌作用较差。

流行病学：本病主要发生于猪，各种年龄猪都有发生，其中以 3~6 个月龄的后备猪和架子猪最多发。其他畜禽如牛、羊、狗、马、鸡、鸭、火鸡、鸽、麻雀、孔雀等也有发病的报道。人也可以感染发病，称为类丹毒，取良性经过。试验动物以鸽和小鼠最易感。

病猪和带菌猪是本病的传染源。病猪的粪尿和口、鼻、眼及局部病变均含有丹毒杆菌。健康猪群或猪场带菌猪比例可达 30%~50%，其带菌部位主要是扁桃体、胆囊及回盲瓣的腺体。此外与其接触的牛、羊、鸡、麻雀也能带本菌。

本菌在弱碱性土壤中存活可达 90d，甚至最长可达 14 个月。

本病主要由病猪、带菌猪及其他带菌动物排菌，污染饲料、饮水、土壤、用具和场舍等，经消化道传染。也可通过皮肤损伤及蚊等吸血昆虫传播。

流行特点：猪丹毒的易感性除有年龄的特点外，一年四季均能发生。但在一些较寒冷的地区最多见发生于 6~9 月份，特别是雨后发生更多，其他月份零星散发。在气温较高且气温变化较小的地区，9~12 月份发生较多，甚至有的地方常年发生。多呈地方流行。

症状　猪丹毒的潜伏期长短，与猪的抵抗力强弱、感染途径、病原菌的数量及其毒力等有密切关系。潜伏期多为 3~5d，最短 1d，最长可延至 8d。按病程和临床表现分为急性、亚急性和慢性三型。

急性型（败血型）：流行初期最常见，表现突然爆发，体温骤然上升高达 42℃ 以上，食欲废绝，有渴感，有的发生呕吐。病猪常寒颤，卧地不起，强行驱赶、行走不稳，步态僵硬。站立时，背腰拱起。眼结膜充血，两眼清亮有神，很少有分泌物。粪便干燥呈栗状，附有黏液，病的后期有的病猪出现腹泻。呼吸促迫，心跳加快，通常在发病 1~2d 后后死前，耳后、颈部、胸、腹部及四肢内侧的皮肤上出现红色或暗红色紫斑。病程短，一般多在 2~4d 死亡，致死率可高达 80% 以上。

流行初期发生的几头猪多呈最急性死亡，死前不见上述症状，而死于圈舍内。

亚急性型（疹块型）：病初病猪精神委顿，食欲不振，一般体温升高到 41℃左右。经 1~2d 后，在病猪背、胸、腹侧、颈部及四肢外侧等皮肤上呈现出大小不一、呈方形、菱形、多边形或不规则形状的、红色或暗红色疹块。稍突出于皮肤，界限明显。疹块数量不一，从几个到十几个。黑色皮肤的猪疹块不一观察到，可用力贴皮肤上触摸，可以感觉到有疹块。有的疹块在急宰刮毛后可一目了然（如图 6.20）。随着疹块的出现，体温逐渐下降，全身症状好转。经数天后疹块颜色珠鸡消失，凸起部下陷，最后形成干痂，脱落而自愈。病重的在疹块表面形成浆液性疱疹，疱液干涸后结成硬痂覆盖在体表上，长久不掉，剥落后还遗留明显的瘢痕。

疹块型一般为良性经过，病程多为 1~2 周，病死率为 1%~2%。

慢性型：多由急性或亚急性转变来的，主要表现有慢性关节炎、慢性心内膜炎和皮肤坏死等。皮肤坏死病多单独发生，而慢性关节炎和心内膜炎型有时发生在同一头猪身上。

慢性关节炎可发生在四肢关节，常见于腕、跗关节，而膝、髋关节少见。呈炎性肿胀，病腿僵硬、疼痛，急性症状消失后，而以关节增粗变形为主，表现一肢或两肢的跛行或卧地不起，生长缓慢、消瘦。病程可达数周或数月。

慢性心内膜炎：主要表现为消瘦、贫血、全身衰弱，常伏卧，厌走动，强行走动，则举步缓慢，全身摇晃。听诊心音有杂音，心跳频数、亢进、节律不齐等。呼吸急促。病猪不能治愈，严重者 2~4 周死亡。

慢性型猪丹毒有的形成皮肤坏死。常发生于病猪的肩、背、耳、尾等部位，患部皮肤肿胀，病初色呈暗红色、坏死、干硬呈皮革状，逐渐与其皮下层新生组织分离，犹如一层甲壳。坏死区有时范围很大，波及整个北部皮肤（图 6.21）。约经 2~3 个月，坏死皮肤脱落而自愈。

病理变化：急性型剖检时，主要以急性败血症的全身变化和体表皮肤出现红斑为特征。

鼻、唇、耳、耳后部、胸、腹及腿内侧等处皮肤和可视黏膜呈不同程度的紫红色。全身淋巴结发红肿大、充血、切面多汁，呈浆液出血性炎症。脾淤血肿大，质地柔软，表面呈樱红色，边缘增厚、切面外翻、凹凸不平、呈暗红色，脾小梁和滤泡结构模糊，红髓易刮下。肾脏肿大呈暗红色，切面皮质部肾小球明显，有均匀分布的小红点，这是肾小囊积聚多量出血性渗出物形成的、呈出血性肾小球肾炎。胃及肠道黏膜呈急性卡他出血性炎症，黏膜表面，黏液增多，呈小点出血或弥漫性出血，其中以胃和十二指肠最为明显。肝脏充血，呈红棕色。肺充血或水肿。心脏内外膜以及其他脏器浆膜或黏膜有点状出血等。

亚急性型除皮肤疹块典型病症外，全身败血变化轻微。

慢性猪丹毒关节炎是一种增生性炎症，不化脓，外观肿胀而坚硬，切开关节囊，见有多量浆液纤维素渗出、黏稠，关节滑膜面充血，肉芽增生，关节软骨溃疡呈蚕蚀样，关节囊增厚。慢性心内膜炎常呈疣状心内膜炎，就是心脏的瓣膜上附着由肉芽组织和纤维蛋白所组成的凝聚物，外观呈灰白或黄白色似花椰菜样的赘生物。多见于二尖瓣，其次是三尖瓣和半月状瓣。

诊断　亚急性疹块型猪丹毒根据临床表现，皮肤特殊疹块，一般较容易确诊。

急性型猪丹毒根据流行病学特点　多发生于架子猪、后备猪及多发的季节；临床上呈急性败血症，病猪体温 42℃ 以上，皮肤紫斑，死亡急剧；再结合病理变化特征，急性出血性胃肠炎，以胃和十二指肠最为严重。脾脏肿大，呈樱红色，切面脾小梁和滤泡模糊不清。肾脏淤血肿大，肾小球明显。全身淋巴结肿大呈弥漫性紫红色，切面多汁等败血症病理变化。再结合猪群中出现疹块型也不难确诊。

必要时采取病猪耳静脉血或病死猪的心血、脾、肝、淋巴结和肾等制成涂片或触片。革兰氏或瑞氏染色、镜检，发现菌体平直或稍弯的，成对或小丛状的纤细小杆菌，可帮助确诊。

慢性型猪丹毒多是有急性和亚急性转归来的，结合临床表现和病理变化一些特征就

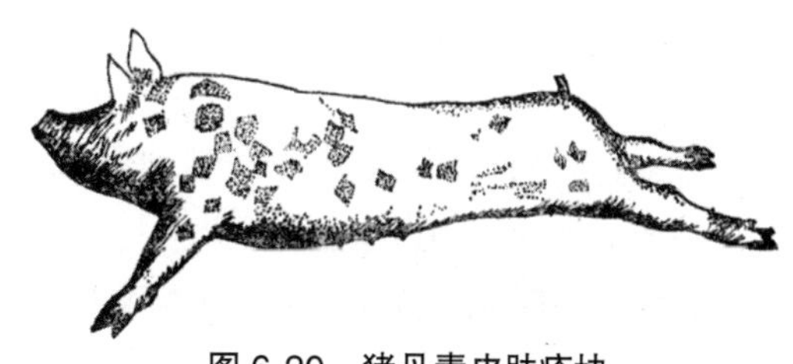

图 6.20　猪丹毒皮肤疹块

更容易确诊了。

鉴别诊断　急性型猪丹毒应与急性猪瘟、急性弓形虫病的症状和病理变化相似。应注意类症鉴别。

防治：

（一）平时预防措施

1. 加强饲养管理：搞好饲养管理和防疫卫生工作，提高猪群的抗菌能力。购入的猪只，必须先隔离观察 2~4 周，确认健康后，方可混群饲养。经常保持用具、运动场及圈内等的清洁，定期用 10% 石灰乳等消毒。食堂残羹、下脚料喂猪时，必须事先煮沸再喂。

2. 加强检疫：对农贸市场、交通运输和屠宰时要严格检验。如发现病猪或带菌产品时，应立即采取隔离、消毒、产品处理等措施，防止病原扩散。

图 6.21　猪丹毒

皮肤坏死

3. 预防接种：在猪丹毒常发地区，每年春秋或夏冬二季定期进行预防注射。目前使用的菌苗有猪丹毒弱毒菌苗、猪丹毒氢氧化铝甲醛菌苗，用法和剂量要按瓶签说明。还有猪丹毒 GC 系弱毒菌苗可口服，也可以注射用，安全性、稳定性和免疫原性均好。皮下注射为 7 亿个菌，用于口服剂量加倍，免疫期分别可达 5 个月和 9 个月。猪的三联苗或二联苗（猪瘟、猪丹毒、猪肺疫三联苗或猪瘟、猪丹毒二联苗）部分地区也开始应用。仔猪免疫预防最好在断乳时进行，才能获得确实的免疫效果。

（二）发病后的扑灭措施

1. 隔离消毒措施：猪群中发生猪丹毒时，应及时对全群猪进行检查，发现病猪立即隔离治疗。对猪圈、用具、运动场等认真消毒。粪便和垫料最好烧毁或堆肥发酵处理。病猪尸体深埋或化制。急宰病猪的血液和割除的病变组织器官化制和深埋，没有病变的肉和脏器可高温处理后利用。急宰场地和可能污染的地方与用具等在工作完毕后，必须彻底消毒。

对同群未发病的猪只，用中等治疗量的青霉素或其他适宜的抗生素注射，每天两次，连续 3~4d，可收到控制疫情的效果。

2. 病猪的治疗：应用青霉素和猪丹毒免疫血清同时注射效果最好，单独使用也有效。应用免疫血清按 0.5ml/kg 体重肌肉注射。青霉素按每千克体重 3 万 ~4 万 IU 肌肉注射，每天至少注射 2 次，连续 2~3d。体温恢复正常症状好转后，再坚持注射 2~3 次，免得复发或转为慢性。

若发现有的病猪用青霉素无效时，可改用四环素，按每千克体重 1 万 ~2 万 IU 肌肉注射，每天 1~2 次，知道痊愈为止。

硫酸卡那霉素及磺胺类药物对本病无效。

第二节　猪链球菌病

猪链球菌病主要是由具有 β 溶血性链球菌引起的一种传染病。临床上常见的是局部淋巴结肿胀，但以败血症链球菌病的危害最大。

病原　链球菌种类繁多，广泛分布于自然界。多数为非致病菌，致病性链球菌由于其种类不同，而引起人畜不同的疾病。

链球菌单个呈圆形球状细菌，单在、成对回落数个呈短链或数十个至上百个呈串珠状的长链。本菌不形成芽胞，无运动性，有的菌株具有荚膜。革兰氏染色一般呈阳性。

目前，应用血清学方法至少分成 A、B、C、D、E……U 等 19 个群。其中与猪链球菌病有关的是 C 和 E 群：C 群引起猪的急性败血症，E 群多引起局部淋巴结脓肿的猪链球菌病。

本菌为需氧或兼性厌氧菌。致病性链球菌对营养要求高，在加有葡萄糖、血清或血液培养基上才能生长良好，形成透明、发亮、光滑圆形、边缘整齐细小菌落。在鲜血琼脂培养基上形成 β 溶血。

抵抗力　本菌对外界环境抵抗力相当强，可耐干燥数周，冰冻条件下保持 6 个月活力，而毒力不变，70℃ 50min 死亡，煮沸 1~3min 死亡。对一般常用消毒药较敏感，如 20% 的石灰乳、0.1% 的新洁尔灭、5% 的来苏尔、2% 碘酊等 3~5min 灭活。

流行病学：自然条件下猪易感，不分品种、性别、年龄均有易感性，其中以架子猪、仔猪和怀孕母猪的发病率高。实验动物以家兔和小鼠最为敏感。

病猪和病愈后带菌猪为自然流行的主要传染源。病猪的鼻液、唾液、尿、血液、脓肿的浓汁等。未经严格处理的尸体、内脏、肉类就废弃物，是散布本病的主要原因。

本病主要经呼吸道或伤口及经口、咽喉等途径感染发病。但经胃管直接投入胃内不发病。

本病呈散发或地方性流行。新疫区，多呈急性爆发，发病率、病死率均高。季节性不明显，但以春秋季多发，有些地方延至初冬。

症状　本病潜伏期较短，自然感染潜伏期多为 1~3d，最长可达 8d。根据临床症状及病程可分为最急性、急性（败血型）、慢性（关节型）三种。

最急性型：病程短、多在 6.5~24h 内死亡，病猪头天晚上精神食欲正常，次日晨死于圈中。或突然减食或不食，体温升高达 41~42℃，精神沉郁，卧地不起，呼吸促迫，迅速死于败血症。

急性型：体温升高到 40~41.5℃，个别达 42℃以上，呈稽留热，少数病例出现间歇热。精神沉郁，呆立，头低垂，喜欢四肢伸直卧睡。个别病例一般或四肢疼痛，站立时悬蹄，跛行或后肢不全麻痹。有时出现神经症状，尤以 15kg 左右小猪多见，颈部强直，偏头或呈一个方向打转或跳跃。病猪食欲停止，喜喝冷水，结膜充血潮红，流泪，或脓性分泌物。鼻镜干燥、流浆液性、黏液脓性鼻汁。呼吸增数到 50~90 次 /min，间有咳嗽，心跳加快。一般大小便正常，个别极度衰竭。濒死期出现角弓反张，嘶叫，全身颤抖或四肢做划泳挣扎。在颈下、耳尖、腹下、四肢下部皮肤出现紫斑、出血斑。死亡时从天然孔流产暗红色血液。病程多在 3~5d，个别的 2d，长者达 8d。

慢性型：多由急性转归而来，多见于流行的中、后期，病程可拖延至 30 天。体温正常或稍高，病猪极度消瘦，有食欲但吃得少。呈现一肢或多肢关节炎，多发于肩、肘、腕、膝、跗关节等处关节周围肌肉肿胀，病猪表现悬蹄、高度跛行、疼痛感，稍以触动嘶叫不停、站立困难，严重时后躯麻痹，极度衰竭而死亡。

临床上以下颌淋巴结，有时见咽部、颈部淋巴结发生化脓性炎症，淋巴结脓肿。全身症状不明显，也不引起死亡。

病理变化：最急性型死亡的猪，病理变化不明显，以各脏器浆膜、黏膜出血为主要病理变化。

急性型链球菌病死亡的猪只尸僵较缓，体表面苍白，在颈、胸、腹下及四肢等处皮肤呈现紫斑或出血点。鼻腔、口腔等有时可见流出血样泡沫状液体，血液凝固不良。鼻黏膜充血。咽喉气管充血，常见有大量泡沫样分泌物。肺充血、间质水肿明显、局部有气肿，体积增大，表面有出血点，胃及肠浆膜和黏膜有小点状和斑状出血。脾淤血肿大，病程长的可增大 1~3 倍，呈暗红色或蓝紫色，柔软而易脆裂，有的在脾边缘有黑红色梗死区。肾脏多为轻度肿大，淤血和出血，颜色黑红。心包积液呈淡黄色，少数可见纤维素性心包炎，心包膜增厚。心内膜有出血斑点。

病程较长的慢性病例，病猪胸、腹腔内的液体混浊，含纤维蛋白絮状物，呈黄色。胸膜和腹膜等处常有纤维素附着。发炎的关节，关节囊膜滑膜面充血、粗糙、关节液混浊，常混有黄白色乳酪样块状物。关节周围皮下呈黄色胶样水肿，严重者周围肌肉组织化脓坏死。脑膜脑炎，脑膜有不同程度的充血、水肿、有的有出血点，切面可见灰质和白质的细小出血点。

颌下淋巴结脓肿这种病型除可见局部病变外，很少见到其他病变。

诊断　根据本病的流行病学特点、临床症状及病理变化特征一般可以作出初步诊断。但由于本病的临床表现和病理剖检变化比较复杂，容易与败血性和慢性猪丹毒、急性猪瘟等一些败血型及脑膜炎等疾病混淆，最好应用细菌学检查进一步确诊。

涂片镜检：采病猪的肝、脾、肺、血液、淋巴结、关节液、胸、腹腔积液等，均可作涂片、染色镜检，见到革兰氏阳性、单个成对、短链或长链状，就可以确诊为猪链球菌病。必要时用鲜血琼脂培养和实验动物接种有助确诊。

防治

1. 平时的预防：加强饲养管理卫生，经常保持圈舍清洁干净，建立定期卫生消毒制度。尽量做到自繁自养，不从有病的猪群引猪。切实搞好收购、宰前和宰后检疫工作，同时搞好市场猪苗交易管理和防疫消毒。注意阉割、注射和手术的消毒，防止感染。

2. 发病后的扑灭措施：立即隔离病猪，其他猪只防止串圈，停止放牧。对猪身、圈舍、地面、通道、用具等严格消毒。一般常用 3% 的臭药水、5%~10% 的石灰乳、1%~2% 火碱、3% 的来苏尔、0.1% 的新杰尔灭等消毒、粪尿和垫料堆积发酵处理等。

每天要多次检查猪群，发现病猪立即隔离治疗。治疗时常用青霉素、土霉素、四环素和磺胺类药物有较好的疗效。要求治疗越早越好，药量要足，病彻底好了再停药，否则疗效不佳或转为慢性型。

第三节　猪梭菌性肠炎

猪梭菌性肠炎还称猪红痢，是由 C 型魏氏梭菌引起的 7 日龄以内仔猪高度致死性疾病。病的主要特征：临床以排血便下痢；病理变化以肠道黏膜出血坏死为主要特征。病程短，死亡率高。

病原　本病的病原体为 C 型魏氏梭菌，还叫 C 型产气荚膜杆菌。菌体两端稍钝圆，大小为（4~8）μm × 1.5μm，芽胞呈卵圆形，位于菌体的中央或近端。动物体内外均能形成荚膜，革兰氏染色阳性较大的杆菌。

本菌在自然界存在分布极广泛，在人畜肠道、土壤、下水道、尘土中都有。其致病性，主要是 C 型菌株分泌 α 和 β 毒素，引起仔猪肠毒血症和坏死性肠炎。本菌的抵抗力和其他特征详见“羊梭菌性疾病”。

流行病学：本病主要侵害 1~3 日龄初生仔猪，一周龄以上的猪很少发病。在同一猪群各窝仔猪的发病率不同，高的可达 100%。死亡率一般为 20%~70%。此病一旦在某猪场存在，由于芽胞抵抗力特别强，常顽固地扎根，在猪场根除此病很困难。

本病主要由于发病猪群中母猪肠道内有较多量 C 型魏氏梭菌，随粪便排除体外，污染产圈和哺乳母猪的奶头，初生的仔猪通过吃奶或被污染地面等吞下本菌而感染。本菌进入空肠内繁殖，产生强烈外毒素，使受害肠壁充血、出血和坏死。细菌主要在肠壁繁殖，不进入血液但能侵入至肠道浆膜下和肠系膜淋巴结进行繁殖。

症状　本病在同一猪群不同窝仔猪之间的病程和病的经过差异很大。

最急性的是出生一天就有发病的，见初生仔猪突然排出血痢，后躯沾污血样稀便，虚弱无力，不愿走动，很快转为濒死状态。少数不见血痢，病仔猪昏倒而死。往往死于出生当天或次日。

急性型：病程常维持 2d。整个疾病过程中病猪排出带有灰色坏死组织碎片的红褐色液状粪便。病猪消瘦虚弱，一般于第三天死亡。

亚急性型：病猪呈持续性非出血性下痢，病初排黄色的软粪，而后变液状，内含有灰色坏死组织碎片，类似“米糊”状。最后极度消瘦、脱水，一般在出生 5~7d 死亡。

慢性型：病猪在一周以上时间，呈现间歇性或持续性腹泻，粪便呈黄灰色糊状，肛门周围附有粪痂。病猪渐进消瘦，生长停滞，于数周后死亡。

病理变化：本病的特征病理变化在空肠，有时扩展到整个回肠，十二指肠一般不受侵害。空肠或回肠呈暗红色，肠腔内充满血样的液体。整个病变肠断黏膜和黏膜下层呈弥漫性出血。肠系膜淋巴结呈鲜红色。病程稍长的病例，肠管出血不严重，而以坏死性肠炎为主，肠壁变厚，黏膜呈黄色或灰色坏死样伪膜，容易剥离掉。肠腔内有坏死组织碎片。在坏死肠段的浆膜下层及充血的肠系膜淋巴管中或淋巴结切面中有数量不等的小气泡。

心肌苍白，心外膜有出血点。肾呈灰白色，皮质部有小点状出血，膀胱黏膜也有小点状出血。

诊断　本病根据其流行必须特点、临床表现和病理变化特征，如主要发生于7日龄内的仔猪，排红色痢便。病程短、致死率高。病变肠段呈暗红色，肠腔充满含血液体，以坏死性肠炎为主，肠系膜下层有气泡等，一般可以初步诊断。与仔猪黄痢及猪传染性胃肠均不同，不易混淆。

必要时，可以通过小鼠接种和中和试验来确定诊断。

防治　本病的预防首先应搞好猪舍和周围环境的消毒工作。尤其是要对产房的地面和生产母猪的体表，特别是乳头和乳房进行清洗、消毒尤其重要，这样可以明显减少本病发生和传播。

应用C型魏氏梭菌福尔马林氢氧化铝类毒素，对产前一个月的母猪肌肉注射5ml，两周后再注射5~8ml母猪可得到免疫。初生仔猪如及时吮吸到免疫母猪初乳，即可防止本病。用抗仔猪红痢血清，直接给初生仔猪按3ml/kg体重肌肉注射，仔猪可以获得充分保护。由于本病的病程短，病情急，发病后药物治疗效果不佳。对初生仔猪用抗生素或磺胺类药物，每日口服2~3次，作紧急药物预防，效果还要好。

第四节　猪瘟

猪瘟是由猪瘟病毒引起的一种急性、热性、接触性败血性传染病。其特征临床呈败血症症状。病理变化以细小血管变性，从而引起出血、梗塞和坏死为特征。本病在世界上各养猪国家都有流行，因传染性强，病死率高而严重威胁着养猪业的发展。多年来广泛应用猪瘟兔化弱毒疫苗免疫接种，现已在全国基本上控制了猪瘟的流行。

病原　猪瘟病毒是一种小RNA病毒，属披盖病毒科，瘟疫病毒属，大小为34~50nm。为二十面体球状病毒，具有囊膜。病毒存在于病猪的血液和组织中，以淋巴结、脾脏和血液含毒量最高。病猪的粪尿及分泌物中也含较多量病毒。病毒主要能在猪源的元代细胞株上生长，包括猪的骨髓、淋巴结、肺、白细胞、睾丸、脾以及猪肾传代细胞等。也有在牛、羔羊、山羊、家兔等肾或睾丸元代细胞培养成功的报道。

病毒对腐败特别敏感，如尸体、血液、内脏和粪尿中的病毒，腐败后2~3d即失去毒力。骨髓中的病毒腐败15d才能失去毒力。日光直射5~9h病毒被破坏。0.5%的石炭酸不能杀死猪瘟病等毒。病猪的病理材料加等量的红颜0.5%石炭酸的50%甘油生理盐水，在温室内可保持数周，可用于送检病理材料。实践中常用5%~10%石灰乳、2%~3%氢氧化铝、5%的漂白粉等溶液进行消毒。

流行病学：本病只能引起猪和野猪感染发病。其他动物均有抵抗力。

病的病猪是主要的传染源。由于病猪的粪尿和各种分泌物排毒，散布于外界。病猪屠宰时病毒随各种未经消毒处理的产品和废料、废水广泛散播，造成本病的流行。潜伏期和病愈耐过猪也可能排毒。还有资料证明蚯蚓和肺丝虫体内及虫卵内能潜藏病毒。自热传染主要通过污染的饲料、饮水、用具等，特别是未经煮沸消毒的残羹传播。

自热感染的侵入门户主要是消化道，但也可以通过呼吸道（鼻腔黏膜），经扁桃体感染发病。经损伤皮肤或去势也能感染。

本病的流行特点：不分品种、性别，不同年龄的猪均易发病。一年四季均能发生，春秋更多发。当易感猪发病时，首先一头或数头发病，并呈最急性经过死亡。而后在猪群或地区蔓延开来，在1~3周内达到流行高峰。发病率和死亡率高。药物治疗均无效。

症状　本病潜伏期长短与猪瘟病毒毒力强弱和猪的抵抗力有关。一般多为5~7d，短的1d，最长可达21d。

根据临床表现和病程长短，可分为最急性、亚急性和慢性型四种。

最急性型　多见于流行初期，首先发生一头或几头猪。突然发病，高热稽留，食欲废绝，口渴，皮肤和黏膜出现紫绀和出血，不久病猪倒地，心衰，气喘和抽搐而死亡。病程1~2d，与一般急性败血病难以区别。

急性型：最多见的一种病型，症状具有典型性。病猪体温升高，可达40.5~42℃，一般多在41℃左右，在发病的第4~6d体温最高。在体温上升的同时，出现白细胞减少症，减少至10 000个/mm^3以下，甚至到3 000个/mm^3。血小板也相对减少至5万~10万/mm^3以下。

病猪被毛粗乱，精神委顿，伏卧在地呈嗜睡状。病猪似乎怕冷状，肌肉震颤，钻垫草，互相堆叠。站立行走不稳，拱背、四肢无力，行走弛缓、步态摇摆。使用减退，常吃几口就退槽，一般喜饮冷水，间有呕吐。多表现先便秘，后腹泻，排恶臭粪便，并常附着灰白色黏液，有的混有少量血液。

病猪多呈眼结膜炎，眼角多见脓性眼眵，甚至上行眼睑粘连。有些病猪可视黏膜发绀、苍白或有出血点。

皮肤有充血及出血点、斑，白色猪明显。出血点（斑）大小不一，多见于皮肤较薄的部位，如四肢内侧，颈下，胸或腹部皮肤。个别大小猪有的表现磨牙，局部麻痹和运动紊乱，昏睡或四肢划动等神经症状。妊娠母猪流产。公猪包皮内积尿，挤压时流出混有沉淀物、发异味的尿液。腹股沟淋巴结显著肿大。大多数病程为1~2周，病死率高。

亚急性型：常见于本病流行的中后期或者猪瘟流行常在地区。临床表现与急性型相似，但病情缓和，症状较轻，病程较长，可达3~4周。

慢性型：多是有急性或亚急性转归而来的。主要表现消瘦、贫血、全身衰弱、行走缓慢、无力。有时轻热、食欲不振、多便秘和腹泻交替出现。皮肤出血紫斑或坏死痂，病程长达一个月以上，最后多衰竭而死。

近年来，国内还常见一种所谓温和型猪瘟，是由毒力较弱的病毒株所引起的。其特征是潜伏期（2~3周）和病程长。时有轻热，症状和病理变化轻微，不典型。成年猪多能康复，而仔猪多死亡转归。因此还称“亚临床型”或“非典型猪瘟”。

病理变化：本病以出血和梗死为主要病理变化特征。

最急性型：病理变化不明显，或仅能见到某些脏器的浆膜或黏膜有少量的细小出血点，特别是肾脏。淋巴结轻度充血，肿胀等。

急性型：具有典型病理变化特征，主要呈全身败血症。皮肤有紫红色出血斑点，以耳根、四肢。胸、腹部多见。

全身淋巴结（特使以腹腔内各脏器所属淋巴结）肿大、充血、呈暗红色、切面多汁，周边出血明显或呈网状出血，呈红灰白相间的典型大理石样变。

脾不肿大，部分病例脾脏边缘有出血性梗塞，从米粒大小到豆答的呈暗紫红色或紫黑色，稍突起的梗死丘（图6.22）。甚至色泽明显变淡，呈“贫血肾”。肾膜下表面呈密集状或仅有较少量针头大的出血点。严重病例肾切面皮质、髓质、肾盂和肾乳头见到出血点。

扁桃体常出血一侧性或两侧性出血斑点，病程长者甚至出现坏死灶。同时多数病例在咽喉、会厌软骨、胆囊、膀胱等处的黏膜有出血点。心冠脂肪或心内外膜、尤其是心耳、肺脏表面或实质也有出血斑点。

亚急性和慢性型：除了可能见到与急性型类型的或较轻病变而外，其典型病变是在盲肠、结肠，特别是回盲瓣及周围的淋巴滤泡肿胀，并形成特征性同心轮层状或纽扣状溃疡，突出于黏膜表面，呈褐色或黑色，中央低陷，有的有剥脱现象（图6.23）。

慢性病例常因继发感染，见到纤维素性胸膜肺炎和弥漫性纤维素性坏死性肠炎病理变化。

诊断　猪瘟的早期确诊对于及时采取防制措施，以防止疫情蔓延和迅速扑灭具有重要意义。目前常以流行病学特点、临床表现和病理变化特征进行综合诊断。必要时，应作实验室检查和类症疾病鉴别诊断。

（一）综合性诊断

1. 流行病学调查：一般在流行开始，猪群中仅有1~2头发病，并呈最急性经过，然后1~3周出现发病高峰。同时要了解猪群免疫注射情况，药物治疗效果，临近猪群是否发生类似疾病，还要了解传染来源等，再结合本病的流行病学特点，为确诊提供重要资料。

2. 临床诊断：最急性型死亡迅速，症状不典型。最有诊断意义的是急性型的临床特征，如精神食欲状态，高热稽留、白细胞和血小板减少，全身衰弱，后躯无力，脓性结膜炎，先便秘后腹泻，病初皮肤出血紫斑，中后期有出血点，公猪包皮积尿，幼龄的猪出现特殊神经症状等。

3. 尸体剖检：多数淋巴结特别是内脏所属的淋巴结边缘出血，呈大理石样。脾脏不肿大，边缘有出血性梗死后丘。肾脏呈贫血肾，有出血点。扁桃体肿胀，出血或形成坏死灶。咽喉，胆囊，膀胱，直肠和心脏内、外膜等均有出血点。病程常的亚急性或慢性型，盲肠、结肠，特别是回盲结口有轮层状溃疡。结合流行病学和临床特征，可以作出较确实的诊断。

（二）实验室检查

1. 细菌调查：采病猪心包液、心血、肝、脾、淋巴结等涂片染色镜检或作分离培养等均为阴性，则猪瘟可能性大。如镜检除细菌，要具体分析是否是继发感染。

2. 兔体交互免疫试验：猪瘟病毒不能使家兔发病，但能使之产生免疫。而兔化猪瘟病毒则能使家兔产生热反应。如将病猪的病理材料，经抗生素处理后，接种兔体，经7d后再用兔化猪瘟病毒静脉注射。每隔6h测温一次，连续3d，如发生定型热反应，则不是猪瘟；如无任何反应即是猪瘟。试验时应设一组不接种病料作对照。

3. 荧光抗体法：采用可疑病猪的扁桃体、淋巴结、肝、肾等，制作冰冻切片、组织切片或组织压印片，用猪瘟荧光抗体处理后，在荧光显微镜下观察，如见细胞中有亮绿色荧光斑块，为阳性；青灰或带橙色，为阴性。快者2~3h可以作出诊断。此法特异性高，是一种快速诊断方法，我国已推广应用。

此外，酶标抗体试验，新城疫病毒强化试验，对流免疫电泳等方法也开始用于猪瘟的诊断。

（三）鉴别诊断

急性猪瘟临床上与急性猪丹毒、最急性猪肺疫、急性猪副伤寒有很多类似的表现。此外与败血性链球菌病和弓形虫病也应注意鉴别。

败血性链球菌病：常发生多发性关节炎，运动障碍、鼻黏膜充血、出血、喉头、气管充血、有多量泡沫、脾肿胀、脑和脑膜充血、出血，与猪瘟不同。

弓形虫病：发生于架子猪、后备猪，流行于夏季和秋初等炎热季节。临床症状表现为呼吸高度困难，白细胞总是增多，病初用硫胺类药物治疗有效，剖检明显肺水肿，肝、脾、淋巴结肿大，上述脏器都有程度不同的出血点和坏死灶。必要时作虫体检查加以区别。

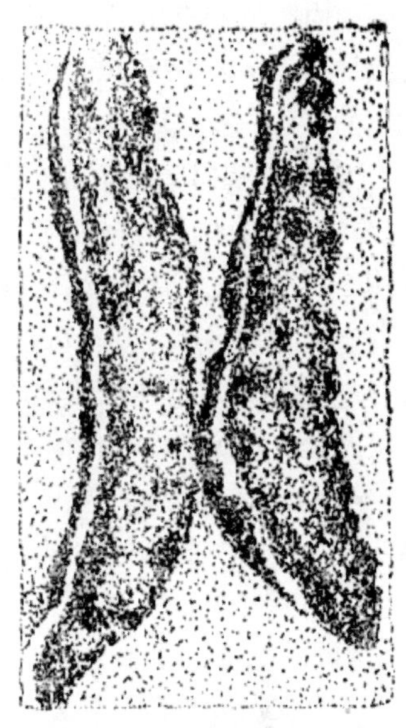

图 6.22　猪瘟脾脏边缘的出血性梗死

防治

（一）预防措施

1. 平时预防：原则上要做到杜绝传染源的传入和传染媒介的传播及提高猪群的抵抗力。具体措施主要有：严格执行“自繁自养”，必须引进新猪时，应从无疫区引入，及时免疫接种，返回后，隔离观察 2~3 周。保持猪场、圈舍清洁卫生，坚持定期消毒。严禁非工作人员、车辆和其他动物进入。加强饲养管理，利用残羹喂饲应充分煮沸。

按国家防疫条例规定，严格执行对猪的市场交易、运输、屠宰和进出口的检疫工作。

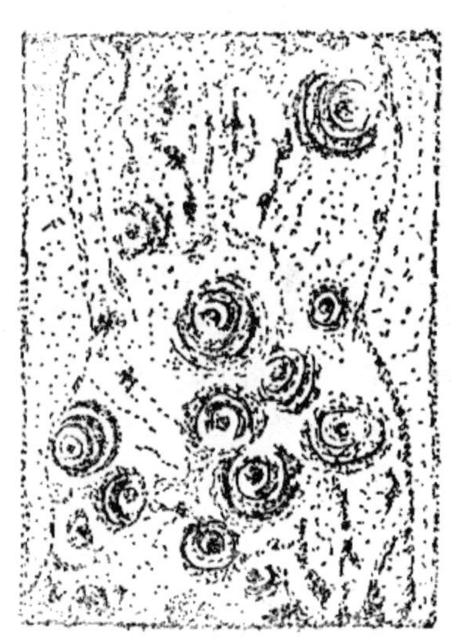

图 6.23　猪　瘟

大肠钮扣状肿

2. 预防接种：是预防猪瘟发生的主要措施，目前使用的疫苗有兔化弱毒和组织培养弱毒苗两种类型。不论使用哪种苗，大小猪都是皮下或肌肉注射 1ml，断乳后的猪（50 日龄以上的猪），4~6d 产生充分的免疫力，可持续近 18 个月。因此，有的地区对育肥猪采取“一猪一针”和种猪“一年一针”的免疫程序进行免疫接种。对一个月龄左右的哺乳仔猪，由于受母源抗体干扰和产生免疫力低弱，可维持 6 个月，因此，要求在断乳后及时补针。目前台湾和浙江等省对初生仔猪哺乳前接种猪瘟兔化弱毒苗，取得了较好的免疫效果。我国研制的猪瘟兔化弱毒苗，取得了较好的免疫效疫原性极好，免疫确实的猪可达 100% 保护；稳定性好，未发现反祖现象；安全性好，对大猪、小猪、妊娠母猪和体弱猪均无不良反应的特点，被世界上公认是最好的疫苗。

国内已研制成功了三联苗：即猪瘟、猪肺疫和猪丹毒三联苗，一次注射 1.0ml，对上述疾病均产生免疫力。还有把猪瘟兔化弱毒苗和猪丹毒弱毒苗混合制成二联苗，部分地区也有应用的。

（二）发病时紧急防制措施

1. 尽快确诊，及早如实上报疫情，并立即隔离病猪或扑杀病猪。对污染的场合、用具等用 2%~3% 氢氧化钠溶液彻底消毒。

2. 流行地区严禁向疫区外运出活猪、畜产品及饲料等。并停止生猪市场交易。

3. 扑杀的病猪和死猪以深埋处理为原则。处理病死猪场地、废物、废水、用具和工作人员及其衣物等都应严格消毒，以防散毒。

4. 对疫区内及周围受威胁区采取紧急免疫接种措施。对发生猪瘟的猪群中无症状的猪猪头接种疫苗，剂量可加至 2~5 头份，接种后除了病猪和潜伏期病猪外，都可产生保护力，能迅速扑灭疫情。

附非洲猪瘟：非洲猪瘟是由非洲猪瘟病毒引起的猪的一种急性、热性、高度接触性传染病。其特征为病程短、病死率高，临床症状和病理变化及部分流行病学均类似急性猪瘟，甚至更急剧；全身各器官组织有严重出血变化，许多部位发生水肿。

本病原发生于非洲，1957 年后相继传入西欧、南欧、中南美洲等地的某些国家，现在世界各地都受此病威胁，应引起高度重视。

病原　非洲猪瘟病毒与猪瘟病毒完全不同，属虹彩病毒科，是本科病毒引起家畜疾病的唯一动物病毒，是 DNA 病毒，成熟病毒颗粒为六面体，其大小为 175~225nm。

病毒广泛分布于病猪全身各组织器官和体液中，分泌物和排泄物都含有多量病毒。

本病毒在鸡胚卵黄囊内培养，能使鸡胚致死。在猪骨髓和猪白细胞中能够培养，并产生病变。

本病毒较猪瘟病毒对环境条件抵抗力更强。病毒在室温、干燥、腐败条件下可存活数周。在病理材料及血液中，室温、干燥、或冰冻条件下可存活 6 年不死。在热带地区，于被污染圈舍内经过 2 周还有传染性；在温带地区，圈舍至少停用 3 个月才失去传染性。土壤内的病毒在 23℃条件下可存活 120d。该病毒对高热较敏感，60℃ 10min、55℃ 30min 灭活。对消毒药如 0.25% 福尔马林经过 48h，2% 氢氧化钠 24h 才能灭活，此外对脂溶性消毒药也敏感。

流行病学：本病只引起猪和野猪感染发病。其他动物和人都不能感染发病。

病猪和隐性感染猪是主要传染源。病猪在发热前 1~2d 就开始从鼻咽部排毒。发热期从各种分泌物和排泄物中大量排毒。有些慢性或隐性及耐过的猪只可长期带毒，甚至终身带毒排毒。

本病主要通过消化道和呼吸道感染发病。还可能通过猪虱、蜱吸病猪血后传播，同时可经卵传递病毒。健猪被带毒虱子或蜱叮咬之后，可发生急性感染。

症状　本病的潜伏期为 5~9d，长的可达 25d，人工感染 2~5d。

病猪突然体温升高达 40.5℃ 以上，稽留约 4d，特别是此时通常不表现出临床症状。而是体温开始下降或死前 1~2d，病猪才开始表现出精神沉郁、全身衰弱、减食、不愿走动、后肢无力、心跳加快、有些病猪呼吸困难、咳嗽，眼和鼻有浆液性或黏液脓性分泌物。耳、鼻、四肢和腹下少毛的部位出现界限明显的紫绀区。有些病猪出现腹泻和呕吐，有的粪便带血。血液学变化也与猪瘟相似，白细胞总数明显减少。

慢性型常表现出慢性肺炎症状。病程达数周到数月。

病理变化：在耳、鼻端、腋部、腹壁、尾、外阴部等无毛或少毛部位的皮肤有界限明显的紫绀区。耳部紫绀常肿起。四肢、腹壁等处有出血块，中央黑色，四周干枯。

淋巴结的变化最典型。内脏所属淋巴结如胃、肝门、肾、肠系膜淋巴结等严重出血，呈血瘤状。胸部和颌下淋巴结变化稍轻。而外周淋巴结切面只出现轻度的周边出血。

胸腔和腹腔及心包有多量黄色透明的液体、或带红色。肾周围偶有弥漫性出血。腹股沟、胃与肝之间、肺小叶及胸膜下、肠系膜等处常有水肿，呈胶样浸润。

肝、脾一般无明显变化，有的脾肿胀、充血，极少数脾边缘有小梗死灶。胆囊充满胆汁，囊壁水肿，黏膜有淤血斑。约有半数病例存在急性、弥漫性、出血性胃炎，有时见溃疡。小肠有不同程度的炎症。盲肠和结肠常有出血和溃疡，类似猪瘟的轮层状，但小、深，表面有坏死组织碎片。

诊断　本病主要通过流行病学、临床表现和病理变化与猪瘟进行鉴别诊断。必要时进行动物接种试验或实验室诊断。

（一）与猪瘟鉴别诊断

1. 本病当病猪出现症状时，发热已约 4d，这时体温下降，经 1~2d 死亡；而猪瘟体温升高的同时，就出现明显症状，直到死亡。

2. 本病从病程上看象最急性猪瘟，而此型猪瘟仅见于流行初期的一头或数头猪；但猪瘟绝大多数为急性型，病程在 10d 以上。

3. 本病在少毛和无毛的各处皮肤出现界限明显的紫绀区，耳部紫绀区常肿胀，四肢、腹壁等处皮肤有出血块，中央黑色，四周干枯。而猪瘟无此变化。

4. 淋巴结尤其是腹腔脏器所属淋巴结有严重出现变化，呈血瘤状。而猪瘟则呈大理石样变。

5. 腹腔、胸腔、心包液体增多，呈黄色或带红色，肺小叶间、肠系膜、胆囊壁和某些肠管的浆膜或黏膜有水肿，呈胶样浸润。而猪瘟则少见这些病变。

（二）动物接种试验

是目前较可靠的诊断方法。采病猪的血液、脾、淋巴结或病变组织，血液加凝抗剂，病变组织制成 1∶10 悬液，加双抗处理后，按接种猪瘟免疫猪和易感猪分组，每头 10ml，如果 5d 两组猪均发病，为非洲猪瘟，而仅猪瘟易感猪发病则为猪瘟。

（三）实验室诊断

1. 病毒的分离培养和红细胞吸附试验。

2. 其他血清学试验：红细胞吸附和红细胞吸附抑制试验、免疫荧光试验、对流免疫电泳、酶联免疫吸附试验等目前均已应用于生产实际。

防治　目前，我国尚无本病发生。因此主要是加强对进口猪只和猪产品的检疫，彻底消毁国际机场和港口的垃圾物，防止本病传入。国际经验已证明，一旦发生非洲猪瘟，消灭本病的关键是早确诊断，尽快扑灭，彻底执行一系列消毒措施，拖延时间会造成难以弥补的损失。

第五节　猪流行性感冒

猪流行性感冒是由猪流行性感冒病毒引起猪的一种急性、热性、高度接触性传染病，其特征是突然发病，迅速蔓延全群。临床上以发热、肌肉或关节疼痛和上呼吸道炎症为主要症状。但死亡率不高。世界上现已有好多国家有本病发生。

病原　猪流行性感冒病毒属 RNA 病毒，大小 80~120nm，是甲型流感病毒的一个类型，与人的甲型流感病毒几乎完全相同，仅在抗药性或致病力方面有差异，故可能为人甲型流感病毒适应于猪后的变种。

病毒主要存在于病猪的鼻液、气管和支气管渗出液，肺和所属淋巴结等处，而血液、肝和脾等常无病毒。本病毒能在 10~12 日龄鸡胚、猪肾、猪睾丸、犊牛肾和人胚肾等单层细胞培养繁殖。对干燥和冰冻抵抗力强，冻干可保持数年。对高温和一般消毒药敏感，60 ℃ 20min，56℃ 30min 多被灭活；对酚、乙醚、甲醛和常用的消毒药均能灭活。

长期以来，本病被认为是猪流感病毒与嗜血杆菌共同作用所引起。目前，实验已证实单独接种病毒也能引起猪只发病。但嗜血杆菌和其他巴氏杆菌、链球菌等的继发感染可使病情更加复杂化。

流行病学：本病能使不同年龄、品种和性别的猪只感染发病。其他家畜和人不感染发病。但近年来有对牛、犬和人感染发病的报道。

病猪和病愈后带毒猪（带毒长达 6 周到 3 个月）是主要传染源。据研究，病毒可在隐性猪和慢性感染的猪群长期保持下来。

本病毒主要通过病猪咳嗽，随鼻液大量排出。健康猪与病猪直接接触或经污染的空气、尘埃，由呼吸道感染发病。

有人认为猪肺丝虫及其排出的虫卵含有猪流感病毒，并可随着虫卵在蚯蚓体内发育呈侵袭性幼虫，再传给健康猪。病毒隐伏在肺丝虫体内，当猪抵抗力降低时，病毒才脱离肺丝虫而引起猪感染发病。

本病多发生在气候骤变的晚秋、早春和寒冷的冬季。传播迅速，往往在 2~3d 内全群猪发病。发病率很高，而死亡率很低，一般为 1%~4%，如有并发症或继发感染，死亡可能增多。本病呈地方性流行或流行性。有时在某地区内许多地方的猪群同时发生和流行，而于几周内消失。

症状　本病的潜伏期数小时至数天，平均为 4d，最长达 7d。

突然发病，体温升高到 40.3~41.5℃ 。精神高度沉郁，食欲减退或废绝。常表现呼吸急促，腹式呼吸，伴有阵发性痉挛性咳嗽。眼和鼻有黏液性分泌物。粪便干硬。肌肉和关节疼痛。常卧地不愿起立和走动，触动时则发出惨叫声。如无并发或继发感染，多数病猪经 6~7d 康复。否则病情加重而复杂，病程延长，发生格鲁布性出血性肺炎或肠炎等而死亡。个别病例可转为慢性，病程达一个月以上而死亡。

病理变化 本病主要病变在呼吸器官，鼻、咽喉、气管和支气管黏膜充血，表面有大量泡沫样黏液，个别混有少量血液。肺脏病变通常局限于尖叶、心叶和中间叶，呈深紫红色、塌陷于肺表面的局灶性病变，病灶周围多见肺气肿病灶，界限较明显。右侧肺多见。颈淋巴结和纵隔淋巴结明显肿大、充血、切面多汁。脾脏轻度肿胀，胃肠常有卡他型炎症。如有其他疾病混合感染，病变就复杂了。

诊断 主要根据本病多发生于晚秋、冬季和初春，传播迅速，往往在2~3d不论大小猪全群发病，但死亡率很低等流行病学特征。结合临床上以呼吸道症状、肌肉和关节酸疼、病程短，多数在6~7d自愈等临床表现，死亡猪剖检变化：上呼吸道卡他性炎症和急性支气管肺炎、肺水肿、肺部炎症膨胀不全，即可作出诊断。为进一步确诊，可采取病肺细支气管渗出物作病料，进行病毒的分离培养，作血球凝集试验和血球凝集抑制试验鉴定。

还可用小鼠接种实验：病肺细支气管分泌物鼻腔接种小鼠，通常经3~4d发病，最后死于病毒性肺炎。肺病变具有特征性。

鉴别诊断 主要应与急性猪气喘病、猪肺疫等病区别。根据流行特点，临床表现，特别是病理变化方面的特征容易区别。

防治 目前，国内外对本病预防尚无有效疫苗。

平时应严格执行兽医卫生防疫制度。特别是在阴雨潮湿和气候多变及寒冷的季节，加强猪的饲养管理，保持猪舍的清洁、干燥、防寒保暖，经常更换垫料。定期驱除肺丝虫和消灭蚯蚓。发生本病时，立即隔离治疗病猪，改善猪的饲养管理卫生，补给丰富的有维生素的饲料。对污染的圈舍用10%~20%石灰乳，2%~5%漂白粉消毒处理以控制疫情的扩大蔓延。

对本病治疗尚无特效药。一般用对症治疗和使用抗生素或磺胺类药物控制继发感染。口服金烷胺盐酸盐，每日2次，每次1片，可减轻热反应和病毒排泄，也有一定的预防作用。中药可试用下列处方：

处方1：柴胡16g，土茯苓13g，陈皮19g，薄荷19g，菊花16g，紫苏16g，生姜为引。共煎水一次内服。

处方2：金银花、连翘、黄芩、牛蒡子、陈皮、甘草各10~16g。煎水内服。或银翘解毒丸2粒。冲服。

治疗的同时，都必须与加强饲养管理和消除诱因相结合，才能取得满意效果。

第三十五章　牛、羊的传染病

第一节　牛传染性胸膜肺炎

牛传染性胸膜肺炎又称牛肺炎，是由丝状支原体所致牛的地方性热性接触性传染病。主要侵害肺、胸膜和胸部淋巴结。特征性病理变化为浆液渗出性纤维素性肺炎和胸膜炎。

本病曾在许多国家造成巨大经济损失，新中国成立后，我国采取了一系列严格的防制措施，特别是研制成功牛肺疫疫苗并广泛使用，到现在基本控制。但世界各地仍有流行。

病原　牛肺疫丝状支原体是一种极为细小多形性的微生物。常有球形、环形、球杆形、丝状及分支状等。直径 50~150nm。可通过细菌滤器，一般染料着色不清楚，姬母萨和瑞特氏染色较好，革兰氏染色隐性。可在加有血清琼脂平板生长成透明露珠状中央有乳头状突起，呈草帽状典型菌落，中心向下长入培养基中，用接种针不易刮下。在血液培养基撒花那个可出现溶血。本菌还能在鸡胚中繁殖。

本菌对外界环境的抵抗力不强，干燥高温使迅速死亡，直射阳光下数小时失去毒力。一般消毒药，如 0.5% 福尔马林、0.1% 升汞、5% 漂白粉、1% 石炭酸能在几分钟内杀死。对青霉素、磺胺类药物和龙胆紫则有抵抗力。

流行病学：牛（黄牛、奶牛、牦牛、犏牛）最易感，其中以 3~7 岁牛多发，犊牛较少，水牛更少，其他动物及人无易感性。实验动物一般不感染。

病牛及潜伏期的带菌牛是本病的主要传染来源。在肺胸腔渗出液、淋巴结等含菌最多，病原体随呼吸道分泌物排出，以直接接触或通过飞沫引起传染。

本病在老疫区呈散发状，多为慢性和隐性传染，在新疫区，常为暴发性流行，发病率和死亡率都较高。牛群密集，畜舍拥挤，饲养管理不良，牛经常流动，长途驱赶都是本病发生的诱因。尤其新引入牛只是发生本病的主要原因之一。据报道，病牛康复 15 个月甚至 2~3 年后，还能感染健牛。发病率和死亡率依牛的品种不同有差异，一般发病率为 60%~70%，病死率约 50%~80%。

症状　潜伏期一般 2~4 周，最短 7d，最长可达 4 个月。按经过不同，可分为急性和慢性型。

急性型：症状明显而典型。体温升高达 40~42℃稽留。鼻孔张开，伸颈气喘，前肢分开，呼吸极度困难，发出呻吟声，呈腹式呼吸，按压肋间有疼痛表现，病畜不愿卧下，出现带痛性短咳，有时流出浆液性或脓性鼻液，肺部听诊，在病变部分肺泡音减弱或消失，有支气管呼吸音、啰音和胸膜摩擦音。如肺部病变面积大并有大量胸水时，叩诊浊音或水平浊音。病畜反刍迟缓，泌乳下降，结膜发绀，尿少而黄。后期在胸前、腹下和肉垂水肿，常有心脏衰竭，脉搏细弱而快，80~120 次 /min，慢性膨胀或腹泻便秘交替发生，体况迅速下降，多因窒息死亡。病程约一周。

慢性型：多由急性转来，病牛消瘦，常发带痛干性短咳，胸部叩诊有浊音区且敏感，使役能力下降，食欲时好时坏，此患畜在良好护理及妥善治疗下，可以逐渐恢复称为带菌者，弱病变区广泛，患畜日益衰弱，预后不良。

病理变化：牛肺疫特征性病理变化主要在胸腔。但又是全身性感染。典型病例是大理石样肺和浆液渗出性纤维素性胸膜肺炎，为全身性病理过程中突出的局部表现。

病的初期为小叶性支气管肺疫，呈局灶性充血和炎性水肿，中期病变呈典型的浆液性纤维素性胸膜肺炎。肺实质充血、出血更严重，呈鲜红而湿润的红色肝变，继而红细胞解体，白细胞增多，纤维素浸润的灰黄色肝变，淋巴管高度扩张，肺血管的栓塞和淋巴管的凝塞形成，病变部贫血、坏死、间质增宽，形成了大理石样外观。胸膜显著增厚，胸腔内积有黄色浑浊混有纤维素块液体 1 万 ~2 万 ml。并见胸膜与肺的患部粘连，心包膜与肺隔叶粘连，心包积液，支气管和纵隔淋巴结肿大出血。末期肺部病灶形成有包囊的坏死灶或病灶痕化。

诊断　据流行病学资料，临床症状及病理剖检，牛群中出现高热稽留，典型浆液纤维素性胸膜肺炎症状和肺脏大理石样变，可作出初步诊断。进一步确诊行以下综合性诊断。

1. 病原学检查：采取病变的肺组织、淋巴结、胸腔渗出液或气管分泌物做分离培养和形态学检查，检出丝状支原体即可确诊。

2. 血清学诊断：常用补体结合反应。与病理剖检的阳性率达 92%~98%。注射菌苗后，有部分牛会出现阳性或可疑反应，持续 3 个月，这期间不应做补反试验。大群检疫也用补体结合反应。现在采用琼脂扩散试验、血清凝集试验、荧光抗体技术对急性病牛检出率较高。变态反应试验对慢性病牛的检出率较高。

3. 特异性诊断：急性牛肺疫应注意与牛巴氏杆菌病鉴别，后者经过急剧呈败血症，胸型呼吸困难，有急性纤维素性胸膜炎，痛性干咳，咽颈部水肿，肺的肝变色彩一致，易查出两极着色的巴氏杆菌。慢性牛肺疫应与结核病鉴别，后者结核菌素试验阳性，体温一般正常或有弛张热，剖检时肺部有结核结节，无大理石样变，病原体为结核杆菌。

防治

（一）预防措施

1. 做到自繁自养，注意饲养管理认真做好防疫卫生和经常性消毒工作。

2. 为确保非疫区安全，不准从疫区引进牛。如要引进必须进行补体结合反应检疫，阴性者再接种菌苗，经 4 周后才能运回，到达后还要隔离观察一定时间，确认健康方可混群，原牛群事先接种菌苗。

3. 历年发生肺疫地区，每年定期注射牛肺疫兔化弱毒菌苗，连续 2~3 年，可防止再发。

（二）扑灭措施

1. 发生牛肺疫后，执行划定疫区，疫群，扑杀病牛，隔离有临床症状的病牛。被扑杀的牛，除病变部分销毁或深埋外，其他部分煮熟食用。

2. 牛舍用具，屠宰场及周围环境用 2% 来苏尔或 10%~20% 石灰乳消毒。

（三）治疗

1. 早期用新砷凡钠静脉注射，可得到临床治愈。病状消失肺部病灶包囊化，但这种牛长期带菌，继续隔离饲养，以防传染。新砷凡钠明 1g/100kg，溶于 5% 葡萄糖生理盐水 100~500ml，一次静脉注射，隔 4~7d 注射一次，一般不要经过 4 次。

2. 土霉素盐酸盐肌肉注射治疗本病，效果比新砷凡钠明好，5~100mg/kg 体重，用 10% 氯化镁制成 10% 溶液肌肉注射，连续 7d。链霉素 3~6g 肌肉注射每天一次，连用 5~7d。

3. 对症治疗：减轻支气管炎可内服氯化铵；促进渗出物的吸收可内服碘化钾，或注射氯化钙等；增强心脏活动，注射安钠咖、樟脑酒精糖液等。

第二节　羊链球菌病

羊链球菌病是由 C 群溶血性链球菌引起羊的一种急性热性败血性传染病。其特征是发热，急性咽喉炎，颌下淋巴结、咽背淋巴结及扁桃体肿大、坏死，咽喉部有黏性引缕状分泌物，各脏器广泛出血性炎症，大叶性肺炎和胆囊肿大。本病对养羊业造成一定损失。

病原　羊溶血性链球菌，按革兰氏分类法是属 C 群的一种兽疫链球菌。在病料及固定培养中，呈单个或双球菌，有荚膜，在液体培养物中呈长链，不形成芽胞，不运动，革兰氏染色阳性。用血清学方法，分成 A、B、C 等共 19 个群，C 群引起羊链球菌病。

本菌为兼性厌氧菌。在葡萄糖鲜血琼脂上生长良好，形成无色、透明、黏稠、露珠粘苔。在血琼脂平板上菌落周围可见到 B 型溶血环。

本菌存在于绵羊的血液、咽喉、肺、肾及淋巴结中。对外界环境的抵抗力很强。死羊胸水内本菌在 0~4℃ 能生存 160d 以上，在室温中可存活 100d 以上，深埋腐败肌肉和骨髓中可或 40d，直射日光下 6h 死亡，95℃ 加热 3~5min 死亡。2% 石炭酸、0.1% 升汞和 2% 来苏尔溶液等，都能将其很快杀死。

流行病学：本病主要发生于绵羊，山羊次之，牦牛和马不感染。实验动物小鼠最敏感，5 个细菌即能致死，家鸽、兔及禽有易感性，豚鼠有抵抗力。

病羊和带菌羊为主要传染源。病羊生前主要由呼吸道排菌，死后通过肉、骨、皮、毛等散播病原。传播途径主要是呼吸道，其次是伤口及消化道。

本病流行有明显的季节性，一般于冬春季节发病，新疫区危害最烈。常呈流行性或地方流行性。发病率 30% 左右，病死率可达 90% 以上。有的地区腐败梭菌、魏氏梭菌和大肠杆菌等继发感染，更易促使病羊的死亡。

发病机理：自然感染病例可见咽部有原发性病变。以滴鼻及喷雾人工感染，病原菌首先在咽扁桃体及其附近侵入咽背淋巴结，在咽部大量繁殖，发生咽喉炎，进而侵入颈部淋巴结。48h 后在肺、脾、肝可发现病原菌，通过血液循环到全身各组织器官大量生长繁殖，成为菌血症并很快发展成败血症，并从咽喉部急性发炎肿胀窒息，造成动物死亡。

症状　潜伏期自然感染 2~7d，人工感染 2~3d。病羊精神不振，食欲废绝，体温升高到 41℃ 以上。眼结膜充血、流泪或有黏脓性分泌物和脓性鼻漏。最主要病状见咽喉部肿胀、咳嗽，泡沫状流涎。下颌淋巴结及咽扁桃体肿大，呼吸迫促，故称羊“嗓喉病”。病程稍长时，卧地不起，磨牙，呻吟。粪便稀软有黏液和血液。病羊眼睑、乳房肿胀。孕羊常发生流产。体温逐渐下降，伴有抽搐、惊厥，突然呈神经症状而死。病程最急性病例于一天内死亡，急性病程为2~3d死亡。

病理变化：主要病变为出血性败血症。常见尸僵不全，血凝不良。实质器官的炎性肿胀和各器官广泛出血，全身淋巴结肿大出血和坏死。大叶性肺炎和胆囊的显著增大，以及鼻、喉、气管黏膜出血。尤其咽喉部肿胀，存有大量引缕性黏性渗出物。会厌软骨出血，咽扁桃体肿大、出血和坏死。咽背淋巴结紫红色和坏死。肾质地脆软，有贫血性梗死区及小点出血。第三胃干硬，胃肠黏膜肿胀，部分脱落。各器官浆膜面附着大量黏稠纤维素性渗出物。

诊断

1. 本病一般根据流行病学特点、临床症状和病理剖检变化可作出初步诊断。

2. 实验室诊断：应采取血液及实质器官病料涂片染色镜检，发现格拉斯染色阳性，单在、成双或成链有荚膜的球菌。

细菌培养鉴定：在鲜血琼脂上菌落呈 β 型溶血环以及血清学鉴定为C群。

动物试验：病料用生理盐水作成乳剂，腹腔注射家兔，若为羊链球菌病，家兔常在一日内迅速死亡。马丁肉汤24h培养物0.5ml，皮下注射家兔2~3d内死亡。1ml皮下或静脉注射绵羊，在24~48h内死亡。又能在病死实验动物病料中还原本菌等可确诊。

3. 鉴别诊断：本病与炭疽、羊快疫及巴氏杆菌极相似，必须注意鉴别。

防治

1. 预防措施：平时要加强饲养管理，做好抓膘保膘及防寒保温工作。不能由疫区掉进羊只或运入畜产品，并做好卫生消毒工作。

每年于发病季节之前，用羊链球菌氢氧化铝甲醛菌苗作预防注射，大小羊一次皮下注射3ml，3月龄以下羔羊，于第一次注射后，经2~3周再注射一次。注射后14~21d产生免疫力，免疫期为6个月以上。现已研制成弱毒菌苗，免疫性能更好。

2. 扑灭措施：发病后，做好封锁、隔离、消毒、检疫、药物防治及尸体处理。消毒药用5%漂白粉、5%克辽林、10%生石灰水、3%来苏尔等。皮毛可用15%盐水（内含2.5%盐酸）浸泡两天。未病的羊注射青霉素或羊链球菌血清有良好防预效果。

病初用青霉素或10%磺胺噻唑钠10ml肌肉注射，每天1~2次。或磺胺嘧啶6g，按本磺胺5~6g，混合加适量水口服，效果都很好。

在最后一只病羊痊愈或死亡后一个月，再无新病例发生，并经过彻底清理消毒后，才能解除疫区封锁。

第三十六章　家禽的传染病

第一节　鸡新城疫

鸡新城疫俗称“鸡瘟”，是鸡新城疫病毒引起的一种主要侵害鸡和火鸡的急性高度接触性传染。其特征为呼吸困难、下痢和神经症状，呼吸道和消化道黏膜出血。

本病于1926年首次发现于印尼。同年在英国新城也发生流行。为了与当时欧洲流行的鸡瘟相区别，而命名为鸡新城疫，又称亚洲鸡瘟、伪鸡瘟等。分布于世界各地，是危害养鸡业的最重要疾病之一。

病原　新城疫病毒在分类上是副粘病毒科黏病毒属的代表种。成熟的病毒粒子多数呈蝌蚪状，有的呈不规则的圆形，外有囊膜和放射状刺突，并含有能刺激宿主产生血凝抑制素和病毒中抗体的抗原成分。病毒粒子为120~300nm，多数在180nm左右。

病毒存在于病鸡的所有组织器官、分泌物和排泄物中，以脑、脾和肺含毒量最高，以骨髓含病毒时间最长。在不同时间或不同鸡群中分离的病毒株对鸡的致病力有明显差异。根据其病毒力的不同，可分为速发型、中发型和缓发型。所有毒株都能是鸡胚感染，并大多均能使鸡胚致死。胚体严重充血出血，以头足处最为明显。在死亡的鸡胚中以尿囊液和羊水中含毒量最高。当鸡胚含有较高的母源抗体时，缓发型毒株可能不引起死亡。鸡胚的死亡时间与接种途经、胚龄、接种剂量等有关。胚龄小接种剂量大，鸡胚死亡就快。

病毒能吸附在禽类（鸡、鸭、鹅）、人和某些哺乳动物红细胞表面上，并使红细胞发生凝集。在 本病慢性病鸡和康复后鸡以及人工免疫鸡血清中产生血凝抑制抗体，能特异性地抑制病毒凝集红细胞的作用。根据此原理，常用血凝和血凝抑制试验，诊断本病和免疫监测。

病毒的抵抗力不强，易为热、日光、腐败及常用消毒剂所杀死。如粪便汇总的病毒经72h失去毒力，夏天直射日光30min即可杀灭。常用消毒物如2%烧碱、10%来苏儿及3%石炭酸都能于几分钟内杀死病毒。但在低温条件下可长期保存，0~4℃可保存半年至一年。

流行病学：鸡、火鸡、珠鸡及雉鸡都有易感染，但以鸡最易感。各种年龄的鸡均可发病，以幼雏和中雏最常见。1周龄雏鸡由于母源抗体的作用和老鸡感受性低。水禽一般不发病（我国有灰鹤、黑颈鹤发病死亡的报道）。

病鸡及带毒鸡是主要传染源，病鸡在出现症状前24h，口鼻分泌物和粪便内均已含有病毒，痊愈鸡多数在症状消失后5~7d就停止排毒。而慢性病鸡带毒和排毒时间长。主要经呼吸道及消化道感染，也可通过交配、伤口及眼结膜传染。吸血昆虫、狗、猫、鼠及其他哺乳动物都可机械带毒而传播本病。一周四季均可发生，但春秋更为多见，常呈流行性。易感鸡群一旦传入速发型病毒，常在4~5d波及全群，死亡数剧增。发病率、病死率可达90%

以上。

发病机理：病毒经呼吸道和消化道侵入后，现在侵入局部繁殖，病迅速侵入血液，扩散至全身，引起败血症。病毒在血液中损伤血管壁，引起出血、浆液渗出或坏死变化，严重的消化扰乱即由此所致。同时由于循环障碍引起肺出血和呼吸中枢扰乱，结果导致呼吸困难。

病毒在血液中维持最高浓度约4d，若不死亡，则血中病毒显著减少，并有可能从内脏消失。在慢性病例后期，病毒主要存在于中枢神经系统和骨髓中，引起脑脊髓炎病变，而出现神经症状。

症状　自然感染的潜伏期一般为3~5d，人工感染为2~5d。根据临床表现和病程长短可分为三型。

最急性型：突然死亡，常无特征症状。多见于雏鸡及流行初期。

急性型：病初体温高达43~44℃，食欲废绝。精神委顿，不愿走动，离群呆立，羽毛松乱，鸡冠和肉髯呈暗红色。轻瘫。母鸡产卵停止。随着病程的进展，典型症状逐渐显露，病鸡出现呼吸困难，呼吸时张口伸颈，年龄愈小愈明显。口角流黏液，病鸡为了排出黏液，常出现摇头或吞咽动作。嗉囊内常充满液体，倒提病鸡常流出酸臭液体。粪便稀薄，常呈黄绿色，玷污肛门周围的羽毛。病程约2~5d。

亚急性或慢性型：多发生于流行后期的成年鸡群。初期症状与急性相似，但病程长，同时出现神经症状，患鸡翅和推麻痹，站立不稳。有的头颈向后或向一侧扭转，常附地旋转，反复发作，病程为10~20d。个别患鸡可以康复，但常遗留有扭颈或肢、翅瘫痹等后遗症。有的鸡貌似康复，当受到惊吓或喝水时突然后仰倒地，全身抽搐就地旋转，数分钟后由恢复正常。

近几年来新城疫流行中出现非典型性，往往发生于免疫鸡群中，由于鸡群免疫力较弱，当有强毒感染时，仍可发生鸡新城疫，但其发病率低，病死率也低。主要表现为呼吸和神经系统的障碍。病雏精神沉郁，瘫痪，羽毛松乱，呼吸困难，呼吸是哟啰音。部分鸡出现扭颈症状。排黄绿色稀粪。这种类型和慢性呼吸道病很易混淆。

病理变化：本病的主要病理变化是全身黏膜和浆膜出血，尤其以消化道和呼吸道为明显。嗉囊充满酸臭的液体。腺胃乳头常有鲜明的出血点，是本病特征的病变。肌胃角质层也常见有出血点。小肠、盲肠和直肠黏膜有弥漫性的出血点；小肠后段有时有溃疡。盲肠扁桃体常见肿大、出血和坏死。

气管充血出血。心冠脂肪有细小如针尖大的出血点。产蛋母鸡的卵泡和输卵管显著充血。脑膜充血出血。脾、肝、肾无特殊病变。雏鸡的病变不甚明显。仅见气管充血或出血，十二指肠卡他性或出血性炎症，腺胃乳头出血不明显。

诊断　根据本病传播快、发病率、死亡率高、抗生素治疗无效，结合临床症状，有排黄绿色稀便、呼吸困难和神经症状等可以怀疑为本病。

病理剖检变化有重要的诊断意义，在剖检时要多选择几只自然死亡的鸡。小肠出血和肠黏膜有岛屿状溃疡、腺胃乳头出现和气管充血出血是本病的重要病理变化。

鉴别诊断：应注意与以下几个病相区别。

真性鸡瘟：又称欧洲鸡瘟，是由A型流感病毒引起的，临床上除了呼吸苦难外，头部肿胀是其特征症状。病毒对红细胞的凝集性与新城疫病毒有不同。

禽霍乱：由于死亡急、冠紫和下痢在临床上易与新城疫相混淆。但禽霍乱不仅感染鸡、鸭、鹅也感染发病。多呈散发，用抗生素（土霉素）治疗有效。在剖检变化上肝有针尖大的灰白色坏死点是其特征，而新城疫无此病变。取心血或肝脏涂片染色镜检可发现两级着色的巴氏杆菌。

新城疫的确诊可采用鸡胚接种、中和试验和血凝与血凝抑制试验。

防治

（一）预防措施

新城疫的防疫一是要有严格的卫生防疫制度，防止媒介动物及污染物品将病原带入鸡群。在此基础上搞好疫苗接种是关键。

1. 疫苗的种类及使用

Ⅰ系苗（或称 Mukteswar 株）：属中等毒力活苗，对雏鸡有一定的毒力。2 个月龄以上的鸡接种后免疫期可达 1 年以上。接种方法为 100 倍稀释液胸肌注射 1ml，3~4d 产生免疫。Ⅰ系苗年龄小的鸡使用后会引起接种反应，出现腿麻痹，产蛋期的鸡使用后可出现暂时的产蛋减少。

Ⅱ系苗（或称 HB1 株）：毒力较Ⅰ弱，适于雏鸡免疫，多拥有雏鸡的首次免疫。使用方法是 10 倍稀释液滴鼻或点眼。也可用于饮水免疫。

Ⅲ系苗（或称 F 株）：毒力较弱，用得较少。

Ⅳ系苗（或称 La Sota 株）：毒力介于Ⅰ系与Ⅱ系之间。是国内外普遍采用的疫苗。可用于滴鼻、点眼、注射或饮水免疫。饮水免疫省工省力，便于大群免疫。但掌握不好往往导致免疫失败。饮水免疫首先要考虑水质，要求 pH 值在 6.8~7.2，不得超过 pH 值 8。不能用铁制器具盛水。含氟的自来水不宜使用。最好在水中加入 0.1~0.2% 的脱脂奶粉作为疫苗的保护剂。免疫前停水 3~4h，按每只鸡饮水量为 10~14 日龄 10~15ml，3~8 周龄 20~30 ml，成年蛋用鸡量 40ml，成年肉鸡用量 60 ml. 疫苗的量要比其他的接种途径增加 1/2~1/3。饮水器要充足，水深要淹没鼻孔。为了防止部分鸡漏掉，可在第二天重复饮 1 次。饮水免疫的缺点是不确实，免疫期短，一般不超过 2~3 个月，

油佐剂苗：这是一种死苗，安全可靠，抗体产生的滴度高。但接种较费力。

2. 免疫程序：鸡新城疫的免疫接种应遵循的原则是在保证鸡群有足够的免疫力的条件下减少不必要的接种次数。免疫程序可根据两个方面安排：

（1）根据鸡的年龄和疫苗的免疫期安排接种。种鸡和蛋鸡的程序为：来自免疫过的种鸡之雏鸡可于 7~10 日龄 Ⅱ系苗滴鼻首免，21~28 日龄Ⅱ系或 Ⅳ 系二免，2 月龄肌注Ⅰ系，产蛋前 2 周再注射一次Ⅰ系。肉仔鸡只需免疫前两次。也可用死苗活苗结合免疫。即 7 日龄油佐剂苗注射，同时Ⅱ系滴鼻，2 月龄肌肉注射 系，产蛋前 2 周再注射 1 次油佐剂苗。

（2）按免疫监测安排接种。即当雏鸡母源抗体降到 16 倍（常称 $4\log_2$），大鸡降到 8 倍（$3\log_2$）时要马上接种。在产蛋前如果抗体没上升最高水平亦需要接种，以免在产蛋期接种影响产蛋。这是一种可靠的方法。

3. 抗体监测：由于各种因素的影响，接种疫苗后而没有产生抗体，使免疫失败。所以

在接种疫苗后 10d 要抽样检查，抗体达到 64 倍（$6\log_2$）以上为合格，否则须再接种。

（二）发病后扑灭措施

鸡群一旦发病，应立即剔除病烧毁病鸡，然后按健康鸡、假定健康鸡、可疑鸡群进行紧急预防接种。小鸡选用Ⅱ系双倍量、大鸡Ⅰ系双倍量肌肉注射，4~5d 可控制疫情。要禁止用具及人员向健康群流动。以 2%~4% 的热火碱水对地面、用具和进出口消毒。饲料中增加维生素 A 和维生素 C 的用量，提高抗病能力。

有条件的可注射新城疫高免卵黄抗体，有显著疗效。

第二节　家禽流行性感冒

家禽流行性感冒又称真性鸡瘟或欧洲鸡瘟，是由禽流感病毒引起禽类的一种急性、高度致死性的传染病。本病在欧洲、美洲、亚洲、非洲不少国家均有发生。

病原　禽流感病毒在分类上属于正粘病毒科正粘病毒属 A 型流感病毒。目前在世界各地分离到的禽流感病毒有 80 多种，其性质基本相似。病毒颗粒呈短杆状或球状，直径约为 80~120nm。能在发育的鸡胚中生长，有些毒株接种鸡胚尿囊腔中可使鸡胚死亡，病引起鸡胚的皮肤和肌肉充血、出血。有些能在鸡肾细胞和鸡纤维细胞的组织培养上生长。

病毒存在于病禽的所有组织，体液、分泌物和排泄物中，并与红细胞有密切联系。病毒能凝集鸡和某些哺乳动物的红细胞，病能被特异的抗血清所抑制。被凝集的红细胞种类与鸡新城疫病毒有所不同，可用于鉴别。

病毒对热抵抗力较低，60℃ 10min，70℃ 2min 即可致弱，普遍消毒剂能很快将其杀死。低温冻干或甘油保存可使病毒存活多年。

流行病学：家禽汇以鸡和火鸡的易感染性最高，其次是珠鸡、野鸡和孔雀。鸭、鹅、鸽很少感染。

病禽是主要的传染来源。常通过消化道、呼吸道、损伤的皮肤和眼结膜感染。吸血昆虫也可传播病毒。病鸡的蛋可带毒，常使出壳后的雏鸡大批死亡。其他年龄的鸡感染后发病率和死亡率均很高。

症状　潜伏期一般为 3~5d。常突然暴发，最急性病例。不出现任何症状而突然死亡。一般病程为 1~2d。病鸡温度升高到 43~44℃以上，沉郁，不食，头翅下垂，鸡冠和肉髯呈黑色，母鸡产蛋停止，头部出现水肿，眼睑、肉髯肿胀。眼结膜发炎，分泌物增多。呼吸困难，常发出“咯咯”声。鼻有多量灰色和红色渗出物，病鸡为了排出分泌物。常有甩头动作。严重者可引起窒息。口腔黏膜有出血点，甚至有纤维蛋白渗出物，有的病鸡出现瘫痪、惊厥和盲眼。病死率 50%~100%，

病理变化：特征性的病变是口腔、腺胃、肌胃角质膜下层和十二指肠出血。胸骨内面、胸肌、腹部脂肪和心脏均有散在性出血点。头、眼睑、肉髯、颈和胸等部分肿胀组织呈淡黄色，肝、脾、肾、肺常见灰黄色小坏死灶。腹膜和心包有充血和积液，有些病例有纤维素性渗出物。卵巢和输卵管充血或出血，管壁肿胀。

诊断　根据流行病学、临床症状和剖检变化综合分析可作出初步诊断，进一步确诊应作

病毒分离、鉴定和血清学试验，方法可参照鸡新城疫的实验室诊断方法进行。

防治　由于本病传播迅速，病程短促，死亡率高，但已有有效的疫苗可供防制。因此要采取防制措施。特别是必须有严格检疫。一旦发现可疑本病，应及时进行封锁、隔离、消毒，按防疫条例规定，严格处理病禽、死禽和污染的环境。

第三节　鸡传染性支气管炎

鸡传染性支气管炎是由鸡传染性支气管炎病毒引起鸡的一种急性、高度接触性的呼吸道传染病。其特征为呼吸困难、咳嗽和气喘，产蛋鸡产蛋量急剧下降。

病原　鸡传染性支气管炎病毒属于管状病毒属中的一个代表种，多数呈圆形，大小约有 80~120nm，病毒核酸为单股 RNA，病毒主要存在与呼吸道渗出物中。肝、脾、血液、肾和腔上囊中也能发现病毒。根据报道已知知道有 10 个血清型，在致病性上也有差异，有的血清型引起肾炎（肾综合症）而无呼吸道症状。

病毒能在 10~11 日龄的鸡胚中生长。自然毒接种鸡胚，多数鸡胚能存活。但随着继代次数的增加，鸡胚发育停滞并出现死胚。特征性变化是胚胎发育受阻，胚体萎缩成小丸形。病毒还能在 15~18 日龄的鸡胚、肾、肺、肝细胞培养上生长。最常用的是鸡胚肾细胞，多次继代后可产生细胞病变，使细胞出现空斑，形成合胞体，继而细胞坏死。大多数病毒株在 56℃ 15min 失去活力。在低温条件下能够长期保存，-30℃病毒能存活 17 年。病毒不能抵抗一般消毒药，如 1% 来苏儿、0.01% 高锰酸钾、70% 酒精、1% 福尔马林等能在 3min 内将其杀死。

流行病学：本病仅发生于鸡，其他家禽均不感染。各种年龄的鸡均可发病，但以幼雏最为严重，发病率、死亡率均很高。

病鸡及带毒鸡是主要传染源，主要传播途径是经空气飞沫传染。此外，也可通过污染的蛋、饲料、饮水等经消化道传染。气温突变、过热、拥挤、通风不良等均可促进本病的发生。冬季到早春是多发季节，一旦发病，迅速蔓延全群。

症状　潜伏期为 36h 或更长一些，人工感染为 18~36h。

雏鸡看不到前去症状而突然出现呼吸症状，并迅速波及全群为本病特征。病鸡伸颈张口呼吸，喷嚏，呼吸时发出特殊叫声。常挤在一起。精神不振，食欲减少，昏睡，翅下垂。6 周龄以上的鸡仅表现气管啰音，咳嗽和喘息。成年鸡仅表现轻微的呼吸困难，不易觉察。主要表现产卵量下降，可由 70% 降到 30%，1 个月左右才能恢复，并产软壳蛋、畸形蛋或沙壳蛋，蛋白稀薄如水。一般不出现下痢，被侵害肾脏的毒株感染时，可引起肾炎、肠炎，常见急性下痢。

病理变化：主要病理变化是气管、支气管、鼻腔有多量灰白色或黄白色的黏性渗出物。雏鸡气管下段及支气管内哟黄白色浓稠的渗出物，甚至形成干酪样栓子。肺水肿。肾脏受侵害时可见肾肿大、苍白、充满尿酸盐。2 周龄的幼雏输卵管受损，发育异常，即使性成熟的也不能正常产蛋。

产蛋母鸡腹腔内可发现液状卵黄，卵泡充血、出血。

诊断　根临床症状张口呼吸、流星特点雏鸡多发，一旦发生迅速蔓延和剖检见鼻腔、气管有黄白色渗出物，肾肿胀等可以初步诊断。

进一步确诊本病可作实验室诊断。

病毒的分离鉴定　去患鸡初期鸡的球杆及肺组织，制成悬浮液，每毫升加青霉素和链霉素各 1 万 IU，置 4℃冰箱过夜，以抑制细菌污染。然后经尿囊腔接种于 10~11 日龄的鸡胚。初代接种的鸡胚，变化不明显，有的毒株可使少数鸡胚"侏儒"化，这是本病特征。也可将初代接种的鸡胚在接种后 48~96h 置冰箱冻死。手机尿囊液再经气管内接种易感鸡，如有本病毒存在，则被接种鸡在 18~36h 后出现症状，气管有啰音。

血清学诊断：包括血清中和试验和琼脂扩散试验。本病的血清学诊断主要是根据血清中抗体水平上升的情况来判定的。第一次在病初采取血样，第二次是在发病 2~3 周后，如果第二次抗体滴度较第一次为高，则可诊断为本病。

预防　注意要保持鸡舍的一定温度，特别是育雏两周龄内，绝对禁止温度过高过低。疫苗接种是预防的关键。目前使用的主要是鸡胚化弱毒苗，一是 H_{120}，毒力弱，适用于雏鸡。二是 H_{52}，毒力较强，适用于 1 月龄以上的鸡。免疫程序可在 3~4 日龄用 H_{120} 滴鼻（也可与新城疫Ⅱ系苗混用）。4~6 周龄再用 H_{52} 饮水。开始产蛋前再用 H_{52} 饮水一次。

治疗　发病后首先要提高鸡舍温度，避免挤堆加重死亡。也可投服光谱抗生素防止继发感染。在种鸡和蛋用鸡，由于雏鸡阶段（2 周龄）发生本病能导致输卵管发育受阻，以致不能产蛋，所以有症状的要全部淘汰，以免造成更大的损失。

第四节　鸡马立克氏病

马立克氏病是由马立克氏病病毒引起的一种淋巴组织增生性疾病。并的特征是病鸡的外周神经、性腺、虹膜、内脏器官发生淋巴样细胞浸润，引起内脏某些器官形成肿瘤。本病世界各国均有发生，是威胁养鸡业的重要疾病之一。

病原　马立克氏病病毒属于疱疹病毒群的 B 亚群病毒。病毒在鸡体组织内的存在主要有两种形式，即无囊膜的裸体病毒和有囊膜的完全病毒。前者直径为 85~100nm，存在于肿瘤病变中，为严格的细胞结合病毒，当细胞破裂死亡时，病毒亦随之失去其传染性，与细胞共存亡。后者直径约 130~170nm，存在于羽毛囊上皮细胞中，是完全病毒，外有厚的囊膜，这种非细胞结合性病毒，可脱离细胞而存活，而且对外界环境抵抗力很强，在传播本病方面有极其重要的作用。

鸡马立克氏病毒能在鸭胚成纤维细胞，鸡肾细胞上繁殖。被感染的细胞培养物常有疏散的灶形病变。感染的细胞可以含有两个或更多的细胞核，可见在核内包涵体。用含有马利克氏病毒的细胞培养物接种 4 日龄鸡胚卵黄囊内，接种后 12~15d 检查时，可于鸡胚的绒毛尿囊膜上发现有小的白色斑点的病灶，病灶的数量与接毒量有关。直接加重到第 11 日龄鸡胚的绒毛尿囊膜上亦可产生同样病灶，接种第五日后检查病灶比较明显。

马利克氏病毒对刚出壳的雏鸡有明显的致病力。腹腔接种马利克氏病毒的雏鸡，常于接种后 2~4 周，于某些器官、神经组织中产生显微病变，3~6 周可产生眼观的组织病变。

病毒对高温的抵抗力不强，22~25℃保存48h，37℃保存18h，56℃保存30min，60℃保存10min全部死亡。但在自然条件下，从羽毛囊上皮排出的病毒，因其外有保护性物质，在鸡舍的尘埃中能较长时间存在，在室温生存4周以上，病鸡粪和垫草上的病毒于室温下可保持传染性达16周之久。

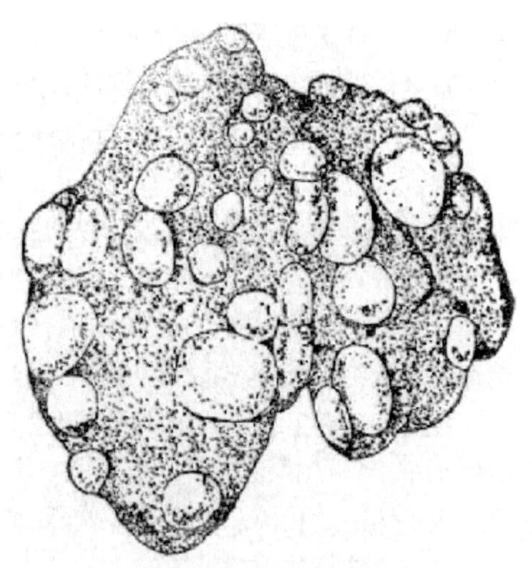

图6.24 鸡马立克氏病
肝脏肿瘤结节

流行病学：本病主要感染鸡、火鸡、山鸡和鹌鹑也有发病报道。常发生于2~5月龄的鸡，特别是大群饲养的鸡更严重。母鸡较公鸡易感，不同品种的鸡易感性有差异。

病鸡和带毒鸡是本病的传染来源。孵化室、育雏室的污染，是导致本病发生和免疫接种失败的重要原因。病鸡与健鸡通过直接或间接接触主要经呼吸道传染。一般不能垂直传播。本病一年四季均可发生，饲养密度愈高，感染率也愈高，死亡率可达10%~30%。

症状　本病的潜伏期较长，人工感染1日龄雏鸡后，第二或第三周开始排毒，第三、第四周出现临床症状及眼观病变。自然感染的潜伏期长于人工感染。

根据临床症状，本病可分为四种类型：即神经型（古典型）、内脏型（急性型）、眼型和皮肤型。有时混合发生。

神经型：主要侵害外周神经，由于侵害的部位不同，症状亦不相同。最常侵害坐骨神经，常见发生不全麻痹，步态不稳，以后完全麻痹，不能行走，称为一种特征姿势，即一肢向前，另一肢向后的“劈叉式”姿势；臂神经受侵害时，则翅膀下垂；当颈神经受侵害时出血头颈下垂和歪斜；当迷走神经受侵害时，则出现嗉囊扩张及呼吸困难；当腹神经受侵害时则常有下痢。

内脏型：幼龄鸡多发，死亡率高。主要表现鸡冠苍白、萎缩，下痢，病程短。

眼型：可发生一眼或双眼。主要为虹膜正常色素消失，虹膜逐渐丧失对光线强度适应的调节能力，呈同心环状或斑点状以及弥漫性的灰白色，故称“灰眼病”或“白眼病”，严重时失明。

皮肤型：皮表毛囊出现灰白色实硬的小结节，结节增大，融合形成大的肿块，最常见于颈部及两翘。

病理变化：外周神经病最常见于腹腔神经丛、内脏大神经、坐骨神经丛和臂神经丛等，表现神经干增粗，横纹消失。特别是坐骨神经多是一侧性的，比正常粗2~3倍，横纹消失。内脏病变主要表现内脏器官弥散性肿大，组织器官颜色变淡或形成大小不等的肿瘤块。常见于卵巢、肝脏、脾、肾、肺脏等。腺胃肿厚出血，肌肉有时也有肿瘤。法氏囊多见萎缩。

诊断　根据本病流行病学特点、特征症状和剖检变化基本上可作出诊断。但内脏型马利克氏病应与鸡淋巴性白血病相区别，二者眼观变化很相似。必要时可作血清学诊断，常用的方法是琼脂扩散试验。

防治　目前对本病尚无有效疗法。应采用下列措施预防。

做好疫苗接种工作。目前疫苗有三种：第一种是马立克强毒经人工致弱的弱毒苗。第二种是自然筛选的弱毒株。第三种是火鸡疱疹病毒，它与马立克氏病毒有交叉免疫作用。上述几种疫苗以火鸡疱疹病毒疫苗应用最广泛，给 1 日龄雏鸡颈后皮下注射 2 000~3 000 个病毒蚀斑单位。注射后 2 周产生免疫。在本病流行严重的地区可加大 1 倍剂量。在接种时要去疫苗一旦打开，要在 2h 内用完。用不完弃掉。

做好消毒工作。由于疫苗接种后需 2 周才能产生免疫力，孵化室和育雏室要严格卫生管理和消毒。

幼鸡对马立克氏病易感性高，要与其他不同年龄的鸡严格隔离。尽可能避免经空气传播。

一旦发病，要立即淘汰病鸡，加强饲养管理，减少发病。

第五节　鸡传染性法氏囊病

鸡传染性法氏囊病又称腔上囊炎或冈博罗病，是由病毒引起的一种急性接触性传染病。主要特征是腹泻、寒颤和法氏囊肿大或出血。本病在许多国家都有发生，不仅感染鸡死亡，而且能破坏法氏囊引起免疫抑制或免疫机能降低，致使其他的传染病疫苗接种达不到预期免疫效果，并容易感染其他传染病，给养鸡业造成重大的经济损失。

病原　传染性法氏囊病毒属于呼肠孤病毒科，呼肠孤病毒属成员，为双股 RNA 型。电子显微镜下观察到的病毒粒子，多呈晶格状排列，为 20 面体立体对称，直径约 50~60nm。无囊膜。

本病毒能在鸡胚上生长繁殖，经绒毛尿囊膜接种，在接种后 72h，胚胎、绒毛鸟囊膜和尿囊液、羊水中病毒浓度达到高峰。多数鸡胚在接种病毒后 3~7d 死亡，胚胎全身水肿，头、爪充血和点状出血。肝肿大，肝表面有斑纹状坏死灶。适应鸡胚的病毒，可以鸡胚成纤维细胞内增值，并形成蚀斑。

病毒抵抗力较强，56℃ 5h 仍存活，0.5% 酚和 0.125% 硫柳汞在 30℃ 作用 1h，对病毒无影响。0.5% 的福尔马林作用 6h 后毒价大为降低。0.5% 氯胺作用 10min 可杀死病毒。据报道病鸡舍在将病鸡清除后 54~122d 再放入易感鸡仍可感染发病。

流行病学：自然感染仅发生于鸡，各种品种的鸡都可感染，蛋用鸡感染后更严重。本病主要发生于 2~15 周龄的鸡，4~6 周龄最多发病。成年鸡呈隐性经过，11 日龄感染后很少见到症状。病毒不仅可通过直接接触传染，而且可通过污染的饲料、饮水、用具等由消化道传染。通过污染的尘土、空气由呼吸道传染。病毒可通过鸡蛋传递。其流行特点是突然暴发，传播迅速，发病率可高达 100%。死亡通常出现于发病后的第 2 或第 3d，第 4d 开始减少，1 周可停止死亡，死亡率高达 5~30%。初次暴发的鸡场通常发病率、死亡率高，一年后再次发病死亡率就大为减少。

症状　潜伏期为 2~3h。最初发现有的鸡啄自己的肛门现象。接着见病鸡采食减少，畏寒，不愿走动。病鸡排浅白色水样稀便，蹲地不起，呈昏睡状态。颈部羽毛竖起，肛门周围羽毛污染灰白色稀粪，脱水，挣扎死亡。

病理变化：病死鸡明显脱水。胸部和股部肌肉呈条纹状或斑状出血。法氏囊病变具有特征性：法氏囊肿大，浆膜水肿，严重时呈黄色胶冻样，有的可涉及泄殖腔表面。法氏囊黏膜有出血点，后弥漫紫红色，内有乳白色黏稠的或干酪样的内容物。也有的整个法氏囊出血呈紫葡萄粒样。腺胃与肌胃交界处有出血带或腺胃乳头有出血点。肾脏有不同程度的肿胀，肾小管因尿酸盐潴留可见明显扩张。脾轻度肿胀，表面有均匀的小坏死灶。

诊断　根据流行病学特点、症状及剖检变化特征，特别是法氏囊典型的病理变化可以诊断为本病。

由于本病出现腺胃出血，死亡快，很容易和及新城疫相混淆。但鸡新城疫各种年龄鸡均发病，死亡率高，呼吸困难，有特殊的神经症状等，剖检缺乏胸部、股部肌肉出血和法氏囊的典型病变。

进一步确诊可采用琼脂扩散试验。方法是取病变法氏囊，按 1:5 加入灭菌生理盐水制成乳剂，最好是反复冻融 3~5 次。取上清液加入到 8% 的氯化钠制成的琼脂平板外周孔，中央孔加阳性血清，并设阳性对照。一般于 24~48h 在被检病料中央孔之间出现沉淀线为阳性反应。

预防　疫苗接种是预防本病的重要措施。法氏囊弱毒疫苗对本病虽有一定的预防作用，但由于母源抗体的影响，接种方法以及亚型的出现，效果不太理想。最好是种鸡在产蛋前注射一次法氏囊灭活苗，使雏鸡在 20 日龄内能抵抗法氏囊病毒的感染。雏鸡分别于 14 日龄和 32 日龄用法氏囊弱毒苗饮水免疫。为了防止母源抗体的干扰，也可于 7 日龄、10 日龄、14 日龄分别用法氏囊弱毒苗 0.5 倍的剂量饮水免疫，可受到较好的效果。取当地病鸡有病变的法氏囊和脾脏制成灭活苗接种，效果最好。但病料来源受到限制。

加强消毒工作，在本病流行时，可用含氯的消毒剂饮水或拌料，并经常对地面喷洒消毒剂。加强饲养管理，避免应刺因素，饲料中增加维生素 C 的用量。

治疗措施：发病后最特效的治疗措施是注射康复鸡血清或高免卵黄抗体，每只 0.5~1ml。在本病的早期全群逐只注射，效果显著。发病后还应注意防止继发感染，特别是球虫病和大肠杆菌病等的继发感染。

第六节　鸭瘟

鸭瘟是由鸭瘟病毒引起的鸭的急性败血性传染病。临床特征为体温升高、两脚发软无力、下痢、流泪和部分病鸭头颈部肿大。剖检特征是食道黏膜小点出血，并覆盖有灰黄色假膜或溃疡灶，泄殖腔黏膜充血、出血、水肿和坏死，肝有不规则的大小不等的坏死灶及出血点。

本病传播迅速，发病率和死亡率都很高。

病原　鸭瘟病毒分类上属于疱疹病毒属，核酸类型为 DNA，具有囊膜，近似球形，其大小在 91~181nm。病毒存在于病鸭各内脏器官、血液、分泌物和排泄物中，以肝、脾、脑、血液、食道及泄殖腔中含毒量最高。鸭瘟病毒毒株之间的毒力有差异，但所有毒株的免疫原性相同。

鸭瘟病毒能够在 9~12 日龄鸭胚中生长繁殖和继代。初次分离时被接种的鸭胚在第 5~9d 死亡，随着继代次数增加，则提前至 4~6d 死亡。致死的胚体广泛出血和水肿。绒毛尿囊膜上有灰白色坏死斑点，有的胚体肝有坏死灶。病毒亦能适应于鹅胚，但不能直接适应于鸡胚，必须通过鸭胚或鹅胚几代后才能适应于鸡胚，连续通过鸭胚和鸡胚一定代数后，病毒对鸭的致病力减弱。

病毒对鸡、鸭、鹅、鸽和牛、羊、兔等动物的红细胞没有凝集现象。

病毒对外界环境抵抗力不强，0.1% 升汞 10min、0.5% 漂白粉或 5% 生石灰 30min，都可致弱或杀死病毒。加热 80℃ 5min 死亡。夏季阳光直射下 9h 毒力消失。但对低温则抵抗力强，在 -5~-7℃能保存毒力达 3 个月。本病毒对氯仿和乙醚等敏感。

流行病学：鸭瘟对不同年龄和品种的鸭均可感染，以番鸭、麻鸭、绵鸭易感性最高，北京鸭次之。在自然流行中，成年鸭和产蛋母鸭发病和死亡较为严重，一个月之内的雏鸭发病较少。在自然情况下，鹅和病鸭密切接触也能感染发病。某些野生水禽能感染，成为本病的自然疫源，鸡抵抗力很强。

病鸭、潜伏期鸭和病愈带毒鸭（至少带毒 3 个月）是本病的主要传染来源，通过分泌物、排泄物等大量排毒。病毒经污染的饲料、饮水、土壤、用具等，经消化道而感染。此外，也可经呼吸道、损伤的皮肤、交配及眼结膜传染。

鸭瘟一年四季都可发生，但一般以春夏之际和秋季流行最为严重。因为此时是鸭群放牧和大量上市的时节，饲养量多，各地鸭群接触频繁，很容易造成鸭瘟的发生和流行。

当鸭瘟传入一个易感鸭群后，一般在 3~7d 开始出现零星病例，再经 3~5d 陆续出现大批病鸭，整个流行过程一般为 2~6 周。

症状　自然感染的潜伏期一般为 3~4d，人工感染的潜伏期为 2~4d。病初体温升高至 43℃以上，呈稽留热。这时病鸭表现精神委顿，头颈缩起，食欲减少或停食，渴欲增加，羽毛松乱无光泽，两翅下垂。两脚麻痹无力，走动困难，严重的见病鸭静卧地上不愿走动，驱赶时，则见两翅扑地前进。当两脚完全麻痹时则伏卧不起。病鸭不愿下水。

流泪和眼睑水肿是鸭瘟的一个特征症状，病初流浆液性分泌物，眼周围的羽毛沾湿，以后流出黏液性或脓性分泌物，眼睑粘连。严重者眼睑水肿或翻于眼眶外，翻开眼睑见眼结膜充血或大小点出血，甚至形成溃疡。部分病鸭头颈部肿胀，俗称为“大头瘟”。病鸭从鼻腔流出稀薄或黏稠的分泌物，呼吸时发出鼻塞音，叫声嘶哑。同时病鸭发生下痢，排出绿色或灰白色稀粪，肛门周围羽毛稀粪污染结块。泄殖腔黏膜充血、出血、水肿，严重者黏膜外翻。用手翻开肛门，可见到泄殖腔黏膜覆有黄绿色的假膜，不易剥离。急性病程一般为 2~5d，亚急性经过 6~10d。病死率高达 90% 以上。

鹅感染鸭瘟时，体温升高到 42℃以上，有流泪、浆液和黏液性鼻液，双脚发软，肛门水肿等症状，似鸭的症状。

病理变化：鸭瘟呈全身急性败血症变化，体表皮肤有许多散在的出血斑。部分头颈肿胀的病例，皮下组织有黄色胶样浸润。眼睑常粘连在一起，下眼睑界面出血或有少量干酪样物。喉头部和口腔黏膜有淡黄色假膜覆盖，剥离后露出出血点和浅溃疡。食道黏膜有纵行排列的灰黄色假膜覆盖或小出血斑点，假膜易剥离，剥离后食道黏膜留有溃疡灶，这种病变具有特征性。有些病例腺胃与食道膨大部交界处有一条灰黄色坏死带或出血带。常黏膜充血、出血，以十二指肠和直肠最为严重。泄殖腔黏膜和食道黏膜的病变均具有特征性，黏膜表面覆盖一层灰褐色或灰绿色坏死结痂，粘着很牢固，不易剥离，黏膜有出血斑点和水肿，具有诊断意义。

肝脏不肿大，表面和切面有大小不等的灰黄色或灰白色的坏事点。少数坏死点中间有小点出血，后其外围有环状出血带，这种病变具有诊断意义。胆囊肿大，充满黏稠的胆汁。脾脏表面和切面有大小不等的灰黄色或灰白色坏死灶。

诊断　根据本病流行病学、症状和病理变化特征可以作出诊断。但新发病地区，还需要进行病毒的分离和鉴定或血清学试验才能确诊。

鸭瘟与鸭巴氏杆菌病某些病状很相似，应个别注意鉴别诊断。鸭巴氏杆菌病一般发病急，病程短。除鸭外，其他家禽也能发病。不表现神经症状和头颈肿胀现象。病理变化见肺脏充血、出血和水肿，心外膜出血明显。但缺乏鸭瘟的食道和泄殖腔黏膜的特征病变。用病鸭心血或肝涂片染色镜检，可见两极着色的巴氏杆菌。巴氏杆菌病应用磺胺类和抗生素治疗有效，但鸭瘟无效。鹅的病理变化与鸭相似。

防治　目前对鸭瘟尚无特效药物治疗。因此采取综合性预防措施，对防制本病的发生特别重要。在没有发生鸭瘟的地区或鸭场，应着重做好防预工作，严密防止疫病的传入和使鸭群建立有效免疫力。

不从疫区引进鸭子。在购入时一定要严格检疫。购入后隔离饲养一定时期确保没问题才能并群。不到疫区放牧。鸭群下水放牧应首先了解当地疫情，如果上有有病鸭就不宜在下游放牧。定期预防接种。鸭瘟鸭胚弱毒疫苗现已广泛使用，安全有效。注射前将疫苗加灭菌蒸馏水 1:200 倍稀释，3 月龄鸭肌肉注射 1ml，免疫期 6 个月，成年鸭接种免疫期可达 1 年。做好消毒卫生工作。鸭舍和运动常经常保持卫生清洁，定期消毒。装运鸭子的车辆和笼篓，每次用过后应当进行消毒。一旦发生鸭瘟，要严格执行封锁和隔离措施，将疫情控制在最小范围，及早扑灭。早期检出病鸭，消灭传染源。隔离饲养，停止放牧，防止扩大疫情。严格消毒。发病场舍，每天清粪，用 10%~20% 石灰乳或 5% 漂白粉消毒。对发病场的鸭群进行紧急预防接种，一般接种后一周死亡显著减少。受威胁地区也要进行预防接种。

第七节　小鹅瘟

小鹅瘟是由小鹅瘟病毒引起雏鹅的一种急性或亚急性败血性传染病。其特征以渗出性肠炎为主要病理变化，小肠黏膜发生坏死脱落，形成栓子。临床表现下痢和神经症状。

病原　小鹅瘟病毒在分类上属于细小病毒科。核酸类型为 DNA，大小为 20~25nm，无囊膜，呈六角形 20 面立体对称。病毒存在于病雏的各内脏组织、肠、脑及血液中。初次分离时不能在鸡胚及细胞培养内生长。可将病料制成悬液接种于 12~14 日龄鹅胚的绒毛尿囊腔内或绒毛尿囊膜上，鹅胚经 5~7d 死亡。在鹅胚连续通过多代以后，致死的日程可以稳定在 3d 左右。来自免疫母鹅的胚和雏对病毒的感染有抵抗力，在分离病毒时应注意。

本病毒能凝集黄牛精子，并为特异性抗体血清所抑制。

本病毒对不良环境的抵抗力较强，在 −20℃下至少能存活 2 年。能抵抗 56℃达 3h。

流行病学：本病在自然传染条件下只有雏鹅感染发病，各种品种的雏鹅易感性相似。最早发病的雏鹅一般在 4~5 日龄开始，数日内波及全群，病死率可达 70%~95% 以上。雏鹅的易感性随着日龄的增加而降低。10 日龄被传染后，病死率一般不超过 60%，病程也相应延长。20 日龄以上发病率较低，而 1 月龄以上的极少发病。成年鹅不易感。但成年鹅经肌肉或静脉接种鹅胚培养的强毒 4~5ml，可使其发病死亡。在每年全部更新种鹅的地区，本病的暴发与流行具有明显的周期性，在大流行后一二年内都不致再次流行本病。

病鹅是本病的传染来源。病毒随排泄物排出，污染场地、饲料和饮水，经消化道传染。带有病毒的种蛋孵出后，污染炕坊，可造成本病的传播。

症状　潜伏期为 3~5d，根据病程的长短不同，可分为最急性、急性和亚急性等病型。

最急性：7 日龄以内的雏鹅感染后，常呈最急性经过，不显任何症状而突然死亡，或是发现精神呆钝后倒地划动，很快死亡。

急性：1~2 周龄之间发病的多为急性型。病鹅食欲不振，虽能随群采食，但随采随丢，打瞌睡。但多饮水，排出灰白或淡黄绿色稀粪，并混有气泡。呼吸用力，鼻孔流出浆液性分泌物。喙端色泽变暗，病程 1~2d。临死前可以出血两腿麻痹或抽搐。

亚急性：多出现于流行末期，见于 15 日龄以上的雏菊，以委顿、消瘦和拉稀为主要症状，少数幸存者在一段时间内生长不良。

病理变化：最急性者病变不明显，只见小肠黏膜肿胀充血，有时可见出血，黏膜上覆盖有浓厚的黄色黏液，其他器官多无明显病变。

急性病例表现全身败血病变。有明显心力衰竭变化，心脏变圆，心房扩张、松弛，心肌苍白而无光泽；肝淤血肿大，质脆，少数肝实质有针头至粟粒大的坏死灶；肾稍肿暗红色，有时也有小坏死灶。胰脏肿大或有小坏死点。

本病的特征病变是小肠（空肠和回肠部分）的急性卡他性 ~ 纤维素性坏死性肠炎。表现小肠的中下段整片肠黏膜坏死脱落，与凝固纤维素性渗出物形成栓子堵塞肠腔。在靠近卵黄与盲肠部的肠段，外观极度膨大，质地坚实，如香肠状。剖开时有淡灰或淡黄色的栓子将肠腔塞满（图 6.25）。有的在小肠内形成扁平的长带状纤维蛋白凝固物，肠壁菲薄，内壁平整，色淡红或苍白，不形成溃疡。而有些部分肠黏膜表面附有散在的纤维素凝块，不形成栓子或条带。十二指肠和结肠呈急性卡他性炎症。脑膜和脑实质充血和有小出血点。

亚急性病变与急性相似。尤其是小肠特征病变更为明显。

诊断　本病具有特征的流行病学表现，遇有初孵不久的雏鹅发生大批死亡，结合症状和典型病变，即可作出初步诊断。但确诊必须作病原分离和鉴定。

鹅胚接种：采取病鹅的脾、胰或肝磨碎，用灭菌生理盐水制成悬液，离心取上清液，每毫升加入青霉素和链霉素个 1 000IU，接种于 12~14d 龄鹅胚绒毛尿囊膜内，每胚 0.5ml，孵育 5~8d，每天照蛋一次。取 5~7d 期间死亡的胚，吸取尿囊液，取胚胎观察病变。尿囊液不凝集鸡红细胞，且无细菌生长。典型病变主要为绒尿膜水肿，胚体皮肤充血、出

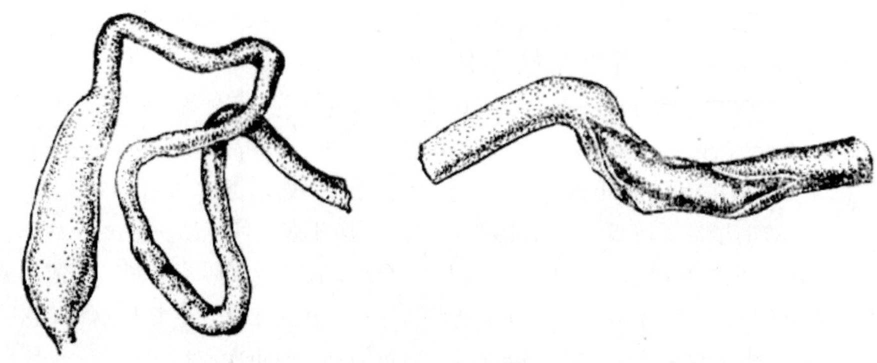

图 6.25 小鹅瘟

左 . 病鹅小肠显著膨大 右 . 病鹅小肠黏膜面显示堵塞的栓子物

血及水肿，部分胚的肝脏出现变性或坏死灶。如需进一步证明，可用已知的抗小鹅瘟血清，加不同稀释倍数的病毒培养液等量，分别接种鹅胚作中和试验。每毫升高免血清能中和 1 000~5 000 个鹅胚半数致死量，则可确诊为小鹅瘟病毒。所用鹅胚必须来自未经免疫的母鹅。

雏鹅接种：将上述尿囊液接种于 7~10 日龄的雏鹅，同时用已注射过抗小鹅瘟血清的雏鹅数只作对照。如试验鹅发病死亡，对照鹅不出现症状，即可诊断为小鹅瘟。

防治　用抗小鹅瘟血清防制效果显著。小鹅瘟抗血清的制备，可选用待宰的成年鹅，每只皮下注射鹅胚绒毛尿囊液病毒 100 倍稀释 1~2ml。相隔 7~10d 皮下注射鹅胚尿囊液毒原液 0.5~1ml，再隔 10~12d 放血制备血清。每毫升加青霉素、链霉素个 1 000IU。免疫血清在冻结状态下可保存两年。刚孵出的雏鹅皮下注射 0.3~0.5ml。对已发病的雏鹅，病初每只皮下注射 1~2ml。

对本病严重流行的地区，给成年母鹅接种小鹅瘟疫苗（或直接接种少量强毒），这是预防本病最经济而有效的方法。但在未发病的受威胁区不要用强毒免疫，以免散毒。目前使用较广的是江苏农学院研制的弱毒苗，效果较好。作法是在母鹅留种前 1 个月每只肌注尿囊液 500 倍稀释 0.5ml，15d 后在每只肌注尿囊液 0.1ml。再隔 10d 方可留种蛋，免疫母鹅的后代全部能抵抗自然及人工的病毒感染，其效果能维持整个产蛋期。如种鹅未进行免疫而雏鹅受到威胁时，也可用弱毒苗对刚出壳的雏鹅进行紧急预防接种。

本病主要通过炕坊污染传播，因此对炕坊中的孵化用具、设备，在每次使用后，必须清洁消毒，收购的种蛋用福尔马林熏蒸消毒，发生本病的炕坊应立即停止孵化，待全部器具彻底消毒后再继续孵化，并且出壳的雏鹅务必注射小鹅瘟抗血清，每雏 0.3~0.5ml。

附：鹅流行性感冒　鹅流行性感冒主要是小鹅的一种急性传染病，其特征为呼吸困难，从鼻腔流出大量浆液。本病在某些地区常引起严重损失，发病率和死亡率有时高达 90%~100%，一般在 10%~25%。

病原　国外一些研究者认为本病的病原体与流行性感冒嗜血杆菌相类似，称为 iee 败血嗜血杆菌。

鹅败血嗜血杆菌在病鹅组织涂片中，为革兰氏染色阴性的小杆菌，多呈对，似两极着色杆菌或双球菌样。在培养物中，一般为单在，无运动力，无芽胞，无荚膜，易为碱性复红着色，而沙黄染料则着色不佳。培养细小，如针头大，半透明。用纯培养物人工接种，经皮下、气管内及呼吸道途径接种，可使各种年龄的健康鹅发病，潜伏期为9~24h，症状与自然病例相同。

症状　本病一般仅发生于鹅群，0.5kg的鹅最多发病。

病鹅流鼻水，呼吸困难，摇头，有时亦有眼泪，常发出鼻鼾声，有时张口呼吸。同群未发病的鹅，亦有被病鹅甩出的黏液沾湿现象。病鹅羽毛蓬乱。缩头卧伏，不嗜饮食，病程约2~4d。发生的时间不同，鹅群不同，死亡率的差异很大。在出现重症病例的鹅群，少数病鹅遗留足部麻痹症，站立不稳或不能站立，短期内难于恢复，常被淘汰。

病理变化：鼻腔、气管及支气管内充满半透明的渗出液，肺淤血。心内外膜常有出血斑点。胆囊肿大，脾也有不同程度肿大，肝、肾轻度淤血。

防治　应用磺胺嘧啶口服，第一次0.25g，以后每4h给予0.125g，有时可获得良好效果。

曾试用鹅败血嗜血杆菌培养物制成灭活苗，给试验鹅进行肌肉注射和口服免疫，效果显著。

第三十七章　其他动物的传染病

第一节　兔葡萄球菌病

兔葡萄球菌病是由金黄色葡萄球菌引起的兔的常见传染病。其主要特征是呈致死性败血症或在不同组织器官形成化脓性炎症。发病局限于某一局部可引起乳房炎、鼻炎、脚皮炎、局部脓肿等。

病原　金黄色葡萄球菌，广泛存在于自然界，如空气、水、尘土和各种动物的体表，尤其是较肮脏而潮湿的地方存在更普遍。

本菌为需氧菌，普通培养基生长良好，在血液琼脂平板培养时，菌落较小，有些致病性菌株有明显的溶血环，这种菌株在兔的病例中最多见。呈圆球形或卵圆形，大小十分一致，直径约 0.8μm。排列呈葡萄球状，无鞭毛，不形成芽胞，某些菌株能形成荚膜，革兰氏阳性菌。

对干燥、冷冻的抵抗力较强，在干燥的浓汁和血液中能存活数月。经 30 次反复冻融 不死。80℃ 30min 杀死，煮沸迅速死亡。3%~5% 的石炭酸和 70% 的酒精数分钟后灭活。对苯胺染料如龙胆紫、结晶紫都很敏感。

流行病学：家兔是对葡萄球菌很易感的一种动物，特别是幼龄仔兔当受到应刺激因素影响时，广泛存在于外界环境中的金黄色葡萄球菌经损伤皮肤或黏膜感染呈急性发病。还可通过飞沫、尘埃等经呼吸道感染，也能经消化道，特别是哺乳仔兔吃患病母兔含有本菌的乳汁而发病。

症状和病理变化：由于本病的病菌侵入兔体的部位和扩散的情况不同，表现多种不同的症状和病理变化。

仔兔脓毒败血症：仔兔出生后 2~3d，多在腹部、胸部、颈部、颌下和腿内侧的皮肤上，形成粟粒大小的脓疱。多数病例在 2~5d 内因败血症而死亡。10~21 日龄的乳兔患病，多在上述部位的皮肤形成黄豆至蚕豆大呈白色凸出于皮肤的脓疱，病程较长，最后消瘦死亡。存活下来的患兔，脓疱结痂而自愈。脓疱中呈乳白色浓汁，多数死亡兔在肺和心脏上有许多白色小脓疱。

仔兔急性肠炎（又称仔兔黄尿病）：仔兔吃了患有本病的乳汁而引起急性肠炎。多全窝发生，患病仔兔肛门周围被痢便污染，腥臭。呈昏睡状，全身软弱，病程 2~3d 衰竭而死亡，病死率高。肠道黏膜尤其是小肠黏膜充血、出血，肠腔内充满黏液。膀胱扩张充满黄色尿液。

转移性能脓毒败血症　在患兔头、颈、胸、腹、背、腿等皮下或肌肉形成一个或几个脓肿，脓肿由豌豆大至鸡蛋大。一般皮下脓肿，患兔精神食欲不受影响。但当内脏器官形成脓肿，常引起器官功能障碍。皮下脓肿多在 1~2 月内自行破溃，流出浓稠、乳白色、酪状或乳油样浓汁，玷污并刺激皮肤，引起家兔的瘙痒而损伤皮肤，引起再感染或随血液循环或淋巴循环转移到其他部位形成脓肿或导致脓毒败血症，家兔迅速死亡。剖检多见皮下、心脏、肺、肝、脾等器官，甚至睾丸、关节发现脓肿。有些病例可见心包炎、胸、腹膜炎等病理变化。

乳房炎：多在分娩后不久，由母兔乳头外伤感染而发生的。乳房呈紫红或蓝紫色，体温升高。有的转为慢性脓肿。

脚皮炎：多发生在患兔后脚掌心的皮肤，前肢脚掌心皮肤较少。表现为红肿、脱毛，继而发生脓肿，然后形成大小不一、长久不愈的溃疡或出血面。患兔常站立不动，小心换脚休息，食欲减少、消瘦。有的转变成全身感染而死亡。

诊断　根据本病上述各种类型的临床和病理变化特征，可以作出初步诊断。进一步确诊必须作细菌学检查：采心血、肝、脾、浓汁涂片、染色镜检，发现葡萄球菌；或鲜血琼脂平板培养呈环状溶血、能发酵甘露醇、凝血浆酶，证明为金黄色葡萄球菌即可确诊。

防治　平时预防本病首先要保持兔笼、运动场的清洁卫生，定期消毒，清除一切锋利的物品，防止笼内拥挤，将性情暴躁好斗的兔分开饲养。特别是对产箱要用柔软、光滑、干燥清洁的绒毛或兔毛铺垫。产仔前后的母兔适当减少优质精料和多汁饲料，防止乳汁过浓；断乳时减少母兔的多汁饲料，可减少或避免发生乳房炎。对常发生本病的兔群，应清除发病诱因。对健兔可采用金黄葡萄球菌灭能苗，皮下注射 1ml。也可采用药物预防。

治疗　全身治疗应用抗生素如青霉素、庆大霉素等肌肉注射，或者口服磺胺噻唑或长效磺胺。对体表皮肤或皮下脓肿、脚皮炎等，用外科手术排脓和清除坏死组织，然后患部涂 3% 结晶紫、3% 石炭酸溶液或 5% 龙胆紫酒精溶液。

第二节　犬瘟热

犬瘟热是由犬瘟热病毒引起犬和一些经济动物及野生动物的一种高度接触性传染病。病的主要特征是呈双相热，鼻、眼、呼吸道和消化道黏膜炎症，部分病例伴有皮肤和神经系统的症状等。临床上时有细菌性继发感染。本病广泛存在于世界各地。称为犬和某些经济动物的常见病。

病原　犬瘟热病毒属副粘病毒科、麻疹病毒属、RNA 病毒。病毒形态具有多形性，但大多呈球形。其大小多在 150~300nm。病毒具有囊膜和囊膜突起。存在于病犬及其他患病动物的分泌物和尿液、血液、脾、肝、心、心包液、胸腹腔液等。粪中有无病毒尚不清楚。常用犬、雪貂和犊牛肾元代细胞和鸡胚成纤维细胞培养，6~7 日龄鸡胚培养也能生长。病毒通过鸡胚及细胞培养传代可使其毒力减弱，但仍保持其免疫原性。对低温干燥有较强的抵抗力，-70℃冻干保存毒力一年以上，-10~-14℃可存活半年到一年。对高温敏感，55℃存活 30min，100℃　1min 即失去活性。对多种消毒药如 0.75%~3% 福尔马林、3% 氢氧化钠、5% 石炭酸均较敏感。对乙醚和氯仿等敏感。

流行病学：犬科动物中犬、狼、豺、狐均易感染，犬尤其以幼龄犬最多发生；鼬科的貂、尤为雪貂，浣熊科中浣熊、密熊、白鼻熊及小熊猫等均易感染。而人类和其他家畜对本病均无易感性。

本病主要传染源是病犬、貂等发病动物和带毒动物。病愈犬和其他动物可较长时间带毒。传染途径主要是通过病犬与健犬直接接触经呼吸道感染，特别是飞沫对本病的传播具有特殊意义。此外，经消化道、交配等也能感染。

流行特点：本病多发生于养犬和貂比较集中地区。见于幼龄犬和育成貂群中多发。一年四季都有发生，其中以 12 月至翌年 5 月多发。自然条件下在疫区 2~3 年为一个流行周期。

症状　本病的潜伏期犬通常 3~7d；貂的潜伏期多为 9~14d，有的长达 3 个月。

犬病初多表现眼、鼻流浆液性分泌物，倦怠、食欲缺乏。初次体温升高达 39.5~41℃，一般持续 2d 左右，然后下降到接近常温，维持 2~3d，此时病犬似有好转，有食欲。第二次体温升高可持续数周，呈典型双向热。这时病情进一步恶化，呈急性经过，表现精神委顿，拒食。眼、鼻流黏液脓性分泌物，继而发生肺炎症状。常出现黏液或血液。病犬体重迅速减轻，萎靡不振，病死率很高。有些病犬发病后以神经症状为主，表现委顿、肌肉阵发性痉挛、共济失调、转圈、惊厥或昏迷等。当病犬出现惊厥症状之后，多以死亡转归。有些比例在其他症状消失后还遗留下舞蹈症和麻痹等症状。患本病的幼犬，在开始发热时，有些病例在腹下、腹内侧或其他部位的皮肤出现丘疹，常演变为脓疱。康复时脓干涸而消失。当本病与犬传染性肝炎混合感染时，症状表现更严重。

病理变化：犬瘟热病毒为泛嗜性病毒，对上皮细胞有特殊的亲和力，因此病变分布非常广泛。急性比例病初病变仅限于淋巴结，特别是肠系膜淋巴结和肠黏膜的淋巴滤泡呈髓样肿胀，增生，扁桃体红肿。呼吸道黏膜呈卡他性炎症，有黏液或脓性渗出物。引起初发生性增生性肺炎，肺水肿等。消化道黏膜呈卡他出血性炎症变化，胃肠黏膜肿胀，黏液增多，黏膜出血和出血性溃疡病理变化。肝脏淤血、质脆，胆肿大。脾脏急性病例肿大，慢性病例萎缩。淋巴结肿大，切面多汁。心肌脆弱，心内外壁出血。脑出血水肿。最有诊断意义病理变化是胸腺萎缩变性呈胶冻样。肾上腺皮质变性。有些病例在病的后期，皮肤出现水疱性或脓疱性皮炎。有些在趾掌表皮角质层增生，表现增厚（所谓“硬脚底病”）。

本病可在所有易感动物的肾盂、膀胱、神经细胞、支气管上皮细胞、肠系膜淋巴结等处形成圆形或卵圆形的胞浆内或核内包涵体。

诊断　根据本病流行病学多发生在 12 月至翌年 5 月，犬、貂较集中的地方，幼龄和育成犬貂多发，呈地方性发生，有周期性等特点。结合临床呈双相热，鼻、眼、呼吸道卡他性和脓性炎症，腹泻，神经症状和皮肤出现水疱性及化脓性皮炎等可初步诊断。

结合病理剖检变化，特别是作包涵体检查，细心刮取膀胱、支气管、胆管等黏膜上皮细胞涂片、自然干燥，用甲醇固定，苏木紫 ~ 伊红染色镜检。在上皮细胞的胞浆或胞核内，有呈圆形或卵圆形、直径 1~2μm 大小、呈红色包涵体。可由此确诊。但有时出现假阳性。必要时需作病毒的分离培养鉴定和血清学方法。病毒分离培养常用幼龄犬和雪貂或组织培养接种。血清学方法常用中和试验、补体结合反应和荧光抗体法等。

鉴别诊断：应注意与犬传染性肝炎、犬细小病毒性肠炎、狂犬病等鉴别。

犬传染性肝炎：是由犬传染性肝炎病毒引起的，病犬常见暂时性的角膜浑浊，出血后血凝时间延长。剖检的肝脏肿大，实质呈黄褐色并杂有暗红色斑点，胆囊壁高度水肿为特征的病理变化，腹腔有血样渗出液。而犬瘟热无上述变化，可以区别。

钩端螺旋体病：是由钩端螺旋体引起的，不发生呼吸道犬瘟热的神经症状不同。

上述各种类型的临床和病理变化特征，可以作出初步诊断。进一步确诊必须作细菌学检查：采心血、肝、脾、浓汁涂片、染色镜检，发现葡萄球菌；或鲜血琼脂平板培养呈环状溶血、能发酵甘露醇、凝血浆酶，证明为金黄色葡萄球菌即可确诊。

防治　实践证明按合理的免疫程序预防接种是防制犬瘟热的有效方法。目前主要使用的有鸡胚弱毒疫苗、细胞培养弱毒苗及雪貂驯化弱毒苗三种疫苗。其免疫程序通常是：对生后未吃初乳的，自自生后两周接种疫苗；对母犬的抗体效价不明的，在生后 9 周进行第一次免疫接种，第 15 周后进行第二次接种。对上述两种情况的犬，最好每年补注一次。具体用例、用法和注意事项要按标签说明使用。

水貂常用的有灭能苗和组织弱毒疫苗。对所有种貂于 1~2 月接种，对幼龄貂于 6~7 月份接种。结合平时严格消毒场地、笼舍、用具和粪便。耐过本病的貂和带毒貂一律于年终淘汰处理。防止猫等其他动物进入貂场。发病的犬和貂使用抗生素和磺胺类药物治疗，结合强心补液等对症治疗法，特别是早期进行治疗、控制细菌继发感染均收到良好的效果。

第三节　猫泛白细胞减少症

猫泛白眼白细胞减少症（还称猫传染性肠炎，俗称猫瘟）是由细小病毒主要引起猫的一种高度接触性传染病。主要特征是临床两次体温升高、呕吐、腹泻、白细胞减少；病理变化以回肠末端炎症和严重伪膜性炎症为主。1939 年首先发生于欧洲，以后世界均有发生。近年来，我国不少省市也有发生。

病原　本病病毒具有细小病毒属的主要特征，属双股 DNA 细小病毒。其大小直径 20~25μm。无囊膜，呈二十面体对称。可用猫肾细胞培养。病毒对正在分类的细胞具有选择性的亲和力，在细胞移植培养后 2~3h 接种病毒，可获得最好的培养效果。经 37℃培养 4~5d 后可见细胞产生明显病变，并可在细胞内产生核内包涵体。病毒在鸡胚中不能繁殖。在 4℃条件下能使 1% 的猪的红细胞发生凝集，可借以诊断。

本病毒对乙醚、氯仿、酸、酚和胰酶等有抵抗力，但 0.2% 的福尔马林能使之灭活，56℃ 30min 杀灭。在低温或在 50% 甘油中病毒可较长期存活。

流行病学：本病常发生于家猫，特别是 2~5 个月龄的猫最多发生。其他猫科动物如虎、豹、山猫、豹猫、印度猫等都能感染发病。一般认为狮、麝猫等不感染发病。主要传染源是感染早期的猫，病猫和治愈后带毒的猫等。病毒从粪、尿、唾液和呕吐物中排出。病愈后动物带毒达数周；出生后的小猫被感染，肾中带毒长达一年以上。

本病主要通过猫与病猫直接接触，或者吃了病毒污染物，经消化道感染。在疾病的急性阶段，通过跳蚤及其他吸血昆虫也可传播。在动物门诊发现去世后 5~9d 发病（占去世猫的 70%），通常发生于秋季，呈散发或地方性流行。

症状　本病人工感染潜伏期 2~3d，自然感染潜伏为 6d，个别长达 9d。

猫和其他动物发病后表现疲倦、厌食、发热。多表现辅相热，即第一次发热在几小时内体温达 40℃以上，一般持续 24h，仍然下降至正常体温。经 36~48h 后再度上升，这时症状开始严重，精神萎靡，被毛粗乱、躺卧不动，常于体温第二次升高至顶点后，不久而死亡，或者体温再次下降后康复。常见猫和有病动物出现呕吐，有带血的水样腹泻。由于大量失水，体重迅速减轻。常见视网膜发育不良，眼、鼻常见有脓性分泌物。如病毒引起子宫内感染常见到孕猫流产、死胎、早产或胎儿小脑发育不全，因此，生后 2~3 周龄的猫或其他动物表现共济失调等症状。血液学变化最明显的是，一部分病例受到病毒感染后不久直到体温升高时，白细胞逐渐下降，有些病例在发热后白细胞数急剧下降，从正常的 15 000/mm^3 降到 2 000/mm^3 或以下，20% 的病例白细胞数仅为 0~20 个。一般病程为 3~5d 或 7d，如能活 9d 以上的常可自愈。

本病如有其他病毒和细菌混合感染或继发感染，则病情复杂而严重。

病理变化：本病死亡的猫或其他动物，表现口和肛门周围湿润，常沾污分泌物和痢便，眼球塌陷，皮下干燥。主要病变是肠炎，最多见于回肠末端，或从空肠中、后段变粗，水肿，肠黏膜呈现轻度出血性炎症，或有严重假模性炎症。肠内容物少、水样、恶臭，颜色呈淡黄色。肠腔内有的形成绳索状纤维素渗出物，黏膜多呈弥漫性出血。长骨红骨髓呈胶冻样。

病理组织学主要变化：是小肠的肠腺上皮细胞变性和出现核内包涵体。骨髓和淋巴器官发育不全，实质变性等病变。

诊断　本病主要根据流行病学特点，最多发生 2—5 月龄的猫，致死率较高，多发生在秋天，呈散发或地方性流行。临床上呈复相热、腹泻、呕吐、脱水、白细胞显著减少等。再结合死后病理剖检变化特征，常见肠炎病变，主要在回肠末端或空肠中后段肠管增粗、水肿、肠黏膜出血性炎症。特别是病理组织学变化、小肠道的肠腺上皮细胞变性和出现核内包涵体，便于确诊。如果实验室条件好，可进行病毒分离培养鉴定和感染组织的荧光体检查、血清中和试验进一步确诊。

防治　本病常发生的地区，主要采取免疫预防接种，可收到良好的效果。目前，有三种疫苗。福尔马林灭活的组织苗，细胞培养灭活苗，人工培养弱病毒苗。现在主要用后两种苗。一般可在 8~10 周龄时作首次免疫接种，于 13~16 周龄作第二次免疫接种。如果首次免疫接种在 12 周龄以上时进行的，则可不必作二次免疫接种。如果使用的是灭活苗，最好是首次免疫之后 2 周时作第二次免疫，到 16 周龄时再进行第三次免疫接种。妊娠母猫不要用活苗。具体剂量、方法详见疫苗的标签说明。

治疗　有条件的应用高免血按 4ml/kg 体重注射，有一定的疗效。采用补液和维持电解质平衡等对症疗法，对疾病有缓解作用。具体可参考犬细小病毒性肠炎的治疗，但药物剂量要酌减。

第七篇

动物寄生虫病

第三十八章　吸虫病

第一节　吸虫通性

寄生于禽兽的吸虫，属于扁形动物门（Platyhelminthes）吸虫纲（Trematoda）。

一、吸虫的形态构造

吸虫多为雌雄同体，背腹扁平，呈叶状，少数为线状或圆柱状。大小不一，长度范围在0.1~75mm。体表光滑或有小刺、小棘等。虫体前端有口吸盘，腹面有腹吸盘，有的腹吸盘在后端，称为后吸盘，有的无腹吸盘。体表为角质层，里面为肌肉层，构成皮下肌肉囊，包裹着内部柔软组织，内脏器官包埋在柔软组织中。

消化系统：口孔位于口吸盘底部，其下为咽、食道和左右分支的肠管，肠管末端为盲断。食物残渣从口孔排出体外。

神经系统：在食道部有神经环，由此向虫体各部发出神经干，末梢终止于各器官组织。

排泄系统：由分布于虫体各处的焰细胞收集排泄物，经过毛细管、前后集合管、排泄总管，汇集到位于虫体后部的排泄囊。排泄囊开口于虫体末端的排泄孔。

生殖系统：生殖系统构造复杂。其雌性生殖系统有两个（个别有两个以上）睾丸，各有一条输出管汇合成输精管，输精管后端膨大称为贮精囊，其外围绕有前列腺，末端接雄茎，开口于虫体腹面的雌性生殖孔，贮藏精、前列腺和雄茎被包围在雄茎囊内。

雌性生殖系统由卵巢、卵模、卵黄腺、子宫、受精囊、劳氏管和雌性生殖孔等组成。卵巢一个，卵细胞在此生成后经输卵管通向卵模。卵模是虫卵受精和卵的形成处所，周围有梅氏腺，分泌有润滑作用的液体，有助于虫卵移向生殖孔。卵黄腺分布于虫体两侧，由卵黄管汇合成卵黄总管通入到卵模，供给虫卵营养物质。子宫呈弯曲的管状，一端与卵模相通，另一端开口于雌性生殖孔。其作用是接受精子和将成熟的卵排出。受精囊是贮藏精子的器官，与卵模相通。劳氏管是与卵模相通的小管，另一端开口于虫体背面，排出多余的卵黄物质，有时起阴道的作用。

二、吸虫的发育史

吸虫在发育过程中均需中间宿主。中间宿主多为软体动物——螺。有的还需要补充宿主。

成虫产生的虫卵由子宫经生殖孔排出，随宿主的粪便及其他的排泄物排出体外，在适宜的条件下孵出近似三角形、周围被有纤毛的毛蚴（有的吸虫在排出的卵中已含有毛蚴）。毛蚴从卵中逸出后在水中游动，遇到中间宿主时钻入体内，脱去纤毛发育为胞蚴。胞蚴呈袋状，体内充满胚细胞，胚细胞发育成许多雷蚴。雷蚴长袋状，有口吸盘、咽、袋状肠管、排泄系统和产孔，体内充满生殖细胞。生殖细胞再发育呈为子雷蚴或尾蚴，并由产孔排出。有些吸虫的胞蚴生成子胞蚴，由子胞蚴直接生成尾蚴，不经过雷蚴阶段。尾蚴分体部和尾部，体部有1~2个吸盘，还有消化系统、排泄系统、神经节和分泌腺。

尾蚴离开中间宿主在水中游动，有的从终末宿主皮肤或黏膜钻入，移行到寄生部位发育为成虫（如分体吸虫）；有的脱去尾部，被生囊腺分泌物包围形成囊蚴，被终末宿主吞食后发育为成虫（如片形吸虫）；有的则需进入补充宿主体内，发育为囊蚴或后尾蚴，与补充宿主一起被终末宿舍吞食。然后发育为成虫（如阔盘吸虫）

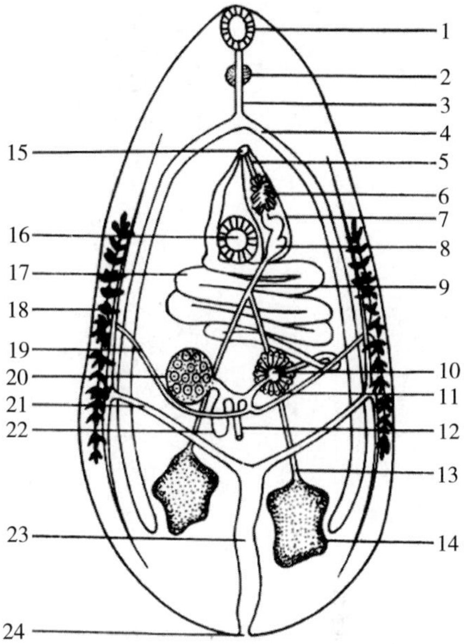

图 7.1　吸虫构造模式图

1. 口吸盘　2. 咽　3. 食道　4. 肠　5. 雄茎　6. 前列腺　7. 雄茎囊　8. 贮精囊　9. 输精管　10. 卵模　11. 梅氏腺　12. 劳氏管　13. 输出管　14. 睾丸　15. 生殖孔　16. 腹吸盘　17. 子宫　18. 卵黄腺　19. 卵黄管　20. 卵巢　21. 排泄管　22. 受精囊　23. 排泄囊　24. 排泄孔

三、吸虫的分类

吸虫分类尚未统一。按 La Ruc（1957）分类系统，根据成虫形态和尾蚴特征，吸虫纲分为单殖亚纲（*Monogenea*）、盾殖亚纲（*Aspidogastrea*）和复殖亚纲（*Dlgenea* ）。与人、畜关系最大的复殖亚纲，共有百余科，其分类及最重要的科如下：

（一）无体壁总目（*Anepitheliocystidia*）

1. 鸮形目（*Strigeata*）：鸮形科为该目代表，但以分体科（Schistosomatidae）最重要，其特征为体细长，雌雄异体。吸盘不发达，无咽，食道短。肠支在体后断复合为一，卵巢在肠联合处之前。雄虫睾丸4个以上。寄生于鸟类及哺乳动物血管内。

2. 棘口目（*Echinostomata* ）：最重要的科有：

（1）棘口科（*Echinostomatidae*）：体长形，表皮有棘，有头冠，其上有1~2排刺。睾丸前后排列，在虫体中部靠后。卵巢在睾丸之前。子宫在卵巢与腹吸盘之间。无受精囊。寄生于爬虫类、鸟类及哺乳类的肠道。偶尔在胆管及子宫。

（2）片形科（*Fasciolidae*）：大型虫体，成叶状，体表有刺，口腹吸盘附近。睾丸多有分支，生殖孔在腹吸盘之前。卵巢分支，子宫弯曲少，虫卵较大。受精囊不明显或缺。肠管简单或分支。寄生于哺乳类的胆管及肠道。

（3）同盘科（*Paramphistomatidae*）：虫体近似圆锥形，较厚。有或无口吸盘，腹吸盘发达，在虫体后端。睾丸前后或斜列于虫体中部或后部，生殖孔在体前部，其周围或有生殖吸盘。寄生于哺乳类的消化道。

（4）背斜科（*Notocotylidae*）：小型虫体，缺腹吸盘。冲体腹面有纵列腹腺，咽缺，食

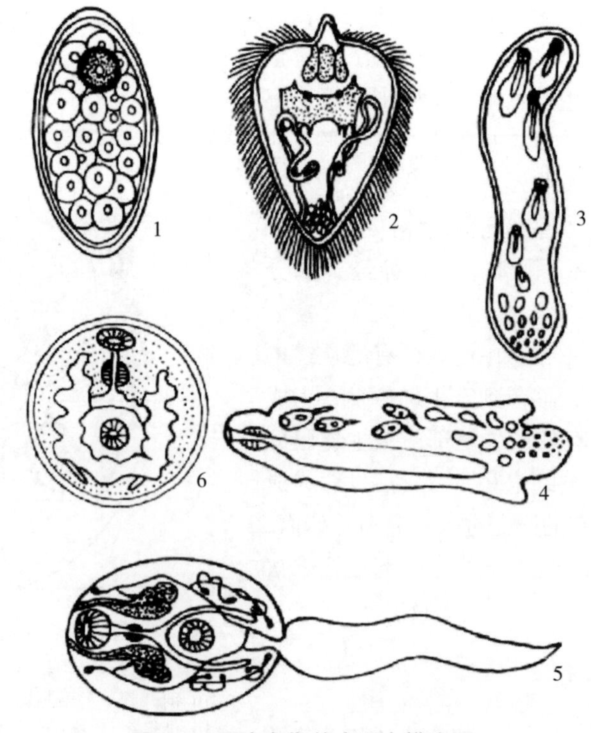

图 7.2　吸虫各期幼虫形态模式图

1. 虫卵　2. 毛蚴　3. 胞蚴　4. 雷蚴　5. 尾蚴　6. 囊蚴

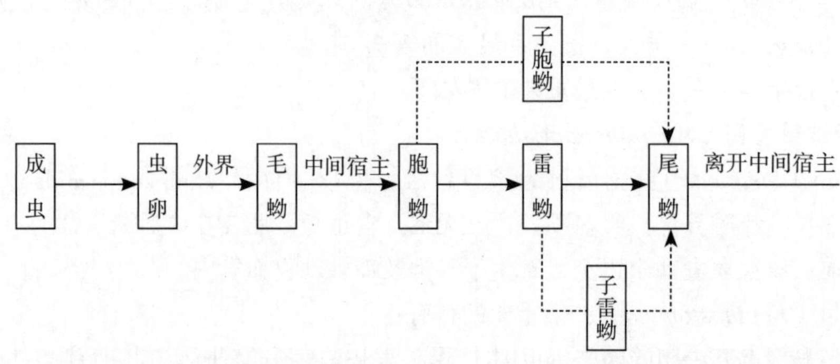

道短。睾丸并列于虫体后端，雄茎囊发达。卵巢位于睾丸之间或之后。生殖孔位于肠分叉处稍后。寄生于鸟类及哺乳类的大肠。

（二）有体壁总目（*Epitheliocystidia*）

1. 斜睾目（*Plagiorchiata*）：重要的科有：

（1）歧腔科（*Dicrocoeliidae*）：体较透明，有两个吸盘接近。睾丸离腹吸盘近，并行或斜位排列，在卵巢前方。雄茎囊发达，位于腹吸盘之前。子宫含卵多，上下盘绕。肠管离体后端较远。寄生两栖类、爬虫类、鸟类及哺乳类的肝、肠及胰脏。

（2）并殖科（*Paragonimidae*）：体具皮棘。肠管波浪状，伸至虫体末端。睾丸分支、并列。卵巢分支，在睾丸前。生殖孔在腹吸盘后缘。卵黄腺发达。寄生于猪、牛、犬、猫及人的肝脏。

（3）前殖科（*Prosthogonimidae*）：小型虫体，前尖后钝，睾丸平行排列于腹吸盘之后。卵巢位于腹吸盘和睾丸之间，或在腹吸盘背面。子宫大部分在虫体后部。两性生殖孔在口吸盘附近或分开。卵黄腺分簇。寄生于鸟类，较少在哺乳类。

2. 后睾目（*Opisthorchiata*）：重要的科为后睾科（*Opisthorchiidae*），其特征为小型虫体，有的较长。睾丸前后位或斜列，位于体后部。雄茎细小，雄茎囊一般缺。卵巢在睾丸前。子宫有许多弯曲。生殖孔紧靠腹吸盘前。寄生于胆管或胆囊，极少在消化道。以上各科签定如图 7.3。

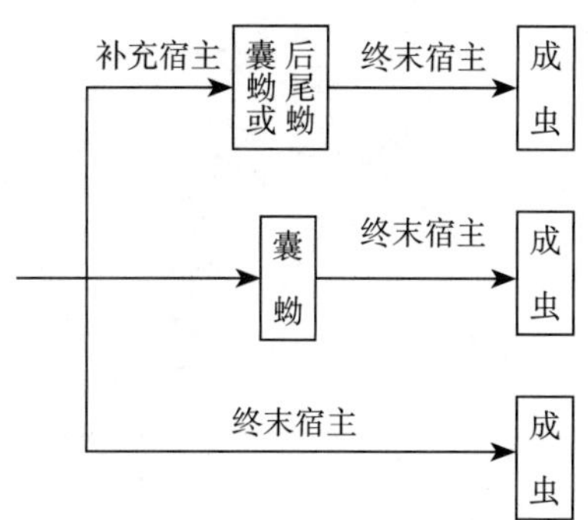

图 7.3　吸虫发育示意图

第二节　人畜共患吸虫病

一、片形吸虫病

片形吸虫病是由片形科、片形属的吸虫寄生于动物和人的肝脏胆管中引起的疾病。主要感染牛羊；其次为骆驼、鹿、猪、马、驴、骡、兔等野生动物。

病原体　病原体为肝片形吸虫和大片形吸虫。

肝片形吸虫（*Fasciola hepatica*）：呈扁平叶状。新鲜虫体棕灰色，固定后为灰白色。长 20~30mm，宽 8~10mm。虫体前部呈圆锥状突起，口吸盘位于突起尖端。突起基部骤然增宽，形似肩样，以后逐渐变窄。腹吸盘位于肩水平线中央。

大片形吸虫（*F.gigantica*）：与肝片形吸虫体态相似，但虫体较大，长 25~75mm，宽 5~12mm。圆锥状突起不明显，无肩样，虫体两侧缘较平行，后端较钝圆。腹吸盘内腔向后延伸形成盲囊。肝片形吸虫卵椭圆形，金黄色，卵模薄而光滑，一端有不明显的卵盖，卵内有一胚细胞，周围有卵黄细胞。大片形吸虫卵与之相似，只稍大。

发育史：中间宿主为椎实螺，我国主要是小土涡螺。

成虫在终末宿主肝脏胆管内产生虫卵。卵随胆汁进入肠道，而后随粪便排出体外。虫卵在 pH 值 5~7.5、温度 15~30℃水中，经 10~25d 发育为毛蚴。毛蚴在水中游动，遇到中间宿主钻入体内，在 35~50d 内经胞蚴、雷蚴或再经子雷蚴等阶段，发育为尾蚴。尾蚴离开螺体，在水面或植物叶上形成囊蚴，终末宿主吞食囊蚴而感染。

囊蚴进入终末宿主肠道，脱囊后从胆管开口钻入肝脏；或进入肠壁血管，随血流入肝；或穿过肠壁进入腹腔，然后从肝脏表面钻入到肝脏。到达肝脏后，穿破肝实质，进入肝脏胆管发育为成虫。从感染到发育为成虫约需要 2~4 个月，成虫可在终末宿主体内生存 3~5 年。

流行病学

1. 感染来源：病畜和带虫畜是重要的感染来源。

2. 繁殖力和抵抗力：片形吸虫的繁殖能力较强，一条成虫每昼夜可产 8000~13000 个虫

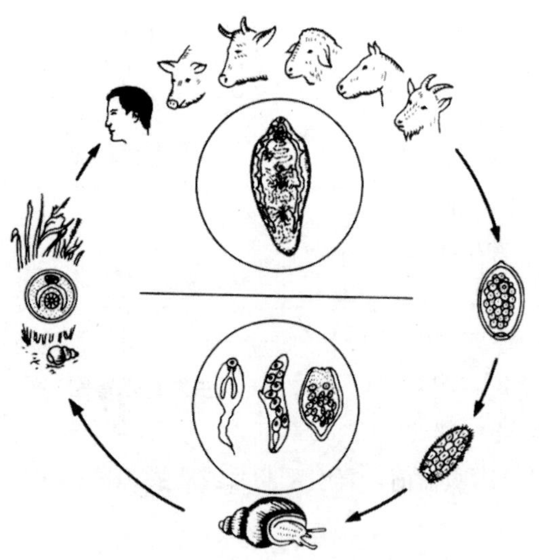

图 7.4　肝片形吸虫发育史

卵。幼虫期在中间宿主体内进行无性繁殖，一个毛蚴最后可以发育成数十至数百个尾蚴。虫卵对于干燥抵抗力较差，在干燥粪便中停止发育，完全干燥时迅速死亡。但保持一定的湿度就可以维持生命力。在潮湿环境中可生存几个月。对温度敏感，低于 −5℃和高于 40℃时可死亡。对常用消毒药抵抗力较强。囊蚴抵抗力更强。在水及湿草上可活 3~5 个月，在干草上可活 1~1.5 个月，在直射日光及完全干燥下，经 2~4 个周才能死亡，可抵抗 −4~6℃的低温。

3. 地理分析：肝片形吸虫病在我国普遍流行；大片形吸虫病主要见于南方。凡流行地区，与椎实螺孳生以及外界环境条件关系密切，多发生于地势低洼的牧场、稻田地区和江河流域等。

4. 季节动态：感染躲在夏秋季节，主要与片形吸虫在外界发育所需条件和时间、螺的生活规律以及降雨和气温等因素有关。感染季节决定了发病季节，幼虫引起的疾病多在秋末冬初，成虫引起的疾病多见于冬末和春季。

发病机理与病状：分急性型和慢性型。幼虫在终末宿主体内移行时，损伤肠黏膜、肝实质、肝脏血管和胆管。在肝实质钻成孔道，引起出血。由于机械性刺激、毒性物质、代谢产物和从肠道带入细菌的作用，引起急性肝炎和腹膜炎。虫体利用机体氨基酸，改变血清酶活性，影响分泌腺功能，导致蛋白质代谢紊乱。变态反应引起肝渗出性肿胀，血管壁、结缔组织、虫道和门静脉附近肝细胞坏死。

虫体进入胆管后，肝炎的慢性化，小叶间结缔组织增生，以及虫卵周围形成肉芽肿，致使发生肝硬化。分解产物吸收入血，引起全身中毒，血管壁通透性增强，血液成分外渗而发生水肿。虫体以宿主血液、胆汁为营养，是机体营养下降，其分泌物造成溶血和影响红细胞生成而引起贫血。虫体多时引起胆管扩张、增厚、变粗、甚至阻塞，胆管内壁有盐类沉积，胆汁停滞而发生黄疸和消化障碍。

急性型：是由幼虫引起的，多发生于绵羊和犊牛，见于秋末冬初。患畜表现体温升高，精神沉郁，食欲减退，有时腹泻。肝区扩大，触压和叩打有痛感。结膜由潮红黄染转为苍白黄染。迅速消瘦，经 5~10d 死亡，或转为慢性。

慢性型：是由成虫引起，多发生于冬末和春季。患畜表现精神沉郁，运动无力，消瘦，结膜苍白。绵羊下颌及牛颈下水肿，早晨明显，运动后减轻或消失。间歇性瘤胃臌气和前胃弛缓，腹泻，或腹泻与便秘交替发生。孕畜易流产和早产。肺部异位寄生时引起咳嗽。绵羊产毛量下降，乳牛产乳乳力低下。经 2~3 个月死亡或逐渐康复。

诊断　急性型根据流行病学、病状和剖检结果可确诊。剖检可见肝脏肿大，充血，表面有纤维素沉着和 2~5mm 长的暗红色虫道。肝脏质软，切开挤压时从胆管流出粘稠暗黄色的胆汁和童虫。

慢性型根据流行病学、病状、粪便检查及剖检结果可确诊。粪便检查用沉淀法或尼龙筛淘洗法。

剖检特点是尸体消瘦，皮下及其他脂肪沉积处水肿，呈胶冻样。肝脏病变区实质萎缩变硬，呈土黄色。胆管高度扩张，管壁显著增厚，在牛常有钙盐沉着而变得粗糙，挤压时流出污秽的棕绿色胆汁和虫体。

国内外广泛研究间接血凝实验、琼脂扩散反应、酶联免疫吸附试验等多种免疫学诊断方法，对急性片形吸虫病的早期诊断，具有重要的实际意义。

治疗　可选用下列药物：

三氯苯达唑（肝蛭净）：羊、鹿 10mg/kg，牛、马 12mg/kg，配成 5%~10% 混悬液灌服。

硝氯酚：牛、羊 3~4mg/kg，制成丸剂投于口腔，或配成混悬液灌服；硫双二氯酚（别丁），牛 50~70mg/kg，羊 100mg/kg；溴酚磷（蛭得净），牛、羊 12mg/kg；硫溴酚，绵羊 50~60mg/kg，山羊和水牛 30~40mg/kg，奶牛和黄牛 40~50mg/kg；丙硫苯咪唑（阿苯咪唑），羊 15~20mg/kg，牛 10~15 mg/kg；双酰胺苯氧醚，绵羊 150mg/kg。以上药物均配成混悬液灌服。上述药物中，三氯苯达唑、溴酚磷对急、慢性片形吸虫病均有效；双酰胺苯氧醚对急性片形虫病有效，且只用于绵羊；其他主要适用于慢性病。

预防

1. 定期驱虫：驱虫时间和次数可根据当地流行病学特点确定。南方可进行三次，第一次在感染高峰后的 2~3 个月进行成虫期前驱虫，以后每隔三个月进行第二三次成虫期驱虫。北方可于 3—4 月和 11—12 月进行两次驱虫。严重流行区，要注意地牛、羊以外的其他动物进行粪便检查，必要时亦驱虫。

粪便处理：将粪便进行生物热发酵处理。

3. 放牧：尽量将选择高燥地方放牧或兴建牧场。在感染季节放牧时，应每经 1.5—2 个月轮换一块草地。

4. 饮水及饲草卫生：避免饮用地表非流动水。在洼地收割的牧草，晒干后存放 2—3 个月再利用。

5. 消灭中间宿主：可用烧荒、洒药、疏通放牧地水沟以及大量饲养水禽等措施灭螺。

药物灭螺可用氨水、硫酸铜、石灰、五氯酚钠和血防 –67（粗制氯硝柳胺）等。氨水适用于稻田，1cm 的水层用 20% 的氨水按 30lm/m^2 洒入。硫酸铜适用于牧场、水池、沼泽地，牧场用 1∶5 000 硫酸铜溶液按 5lm/m^2 喷雾；水池、沼泽地按 1cm 水层 2g/m^2 使用。石灰适用于水沟及泥沼地，用量为 75 g/m^2 。五氯酚钠用于水池时，按 10~20g/m^2 投入；牧场按 5~10g/m^2 配成溶液喷洒；血防 –67 用于水池时，按 2g/m^3 投入；牧场用 2g/m^3。

6. 肝脏处理：废弃的患病肝脏经高温处理后再作动物饲料。

二、姜形吸虫病

姜片吸虫病是由片形科、片形属的布氏姜片吸虫寄生于猪和人的小肠中引起的疾病；犬和兔也可感染。

病原体　布氏姜片吸虫（*Fasciolopsis buski*），呈扁平的椭圆形，肥厚，似将片状。新鲜虫体肉红色，固定后为灰白色。长 20~70mm，宽 8~20mm。腹吸盘是口洗盘的 3~4 倍，与口吸盘靠近。虫卵椭圆形，淡黄色，内含一个胚细胞和许多卵黄细胞，一端有不明显的卵盖。

发育史：中间宿主为扁卷螺。成虫在终末宿主小肠内产生虫卵，卵随粪便排除体外。在 27~32℃的水中，经 3~7d 孵出毛蚴。毛蚴钻入扁卷螺体内；在 25~30d 经胞蚴、雷蚴、子雷蚴发育为尾蚴。尾蚴离开螺体，在水生植物上形成囊蚴。用附有囊蚴的水生植物喂猪或饮入含有囊蚴的水而感染，感染后 3 个月左右发育为成虫。成虫生存期为 12~13 个月。

流行病学：姜片吸虫繁殖能力较强，每条虫体一昼夜可产虫卵 1 万 ~5 万个；在螺体内进行无性繁殖，形成大量尾蚴。囊蚴在 30℃下可生存 3 个月，在 5℃的潮湿环境下可生存一年。

该病主要分布在用水生植物喂猪的南方。5—10 月均可感染，高峰期在 6—8 月。发病季节多在夏秋季，有时延续到冬季。3~6 月龄“架子猪”最易感染发病，成年猪感染率及发病率较低。

发病机理与病状：姜片吸虫在十二指肠寄生最多。对吸着部位产生机械损伤，引起肠黏膜发炎、水肿、出血，影响消化和吸收功能，使机体营养不良。

患猪以有幼龄为多。表现精神沉郁，被毛粗乱无光泽，食欲减退，逐渐消瘦。腹泻，粪便混有黏液。眼睑及腹下水肿。重者死亡，人以儿童为多。患者由于吃入附有囊蚴的水红菱、荸荠、茭白等水生植物而感染。表现消化功能紊乱，腹胀，腹痛，逐渐消瘦，贫血，浮肿。儿童可致发育不良，智力减退，少数患儿可致死亡。

诊断　根据流行医学、临床病状、粪便检查及剖检结果可确诊。粪便检查用沉淀或尼龙筛淘洗法。剖检可见小肠黏膜有点出血、水肿以至溃疡和脓肿，病可发现虫体。

治疗　可选用下列药物治疗病猪：敌百虫，100mg/kg，混于少量精料中，早晨空腹饲喂，隔日一次，两次为一疗程。六氯对二甲苯，200mg/kg；硫双二氯酚，100~200mg/kg；硝酸氰胺，10mg/kg；辛硫酸，0.12ml/kg。以上药物均混料饲喂。人可服用呋喃丙胺、六氯对二甲苯、槟榔煎剂等。

预防　每年春、秋季驱虫；人和猪的粪便发酵处理后，再作水生植物的肥料；水生植物洗净浸烫或做成青贮饲料后再喂猪；搞好灭螺。人不生食菱、荸荠、茭白等水生植物，食用前用沸水浸烫。

三、并殖吸虫病

并殖吸虫病是由并殖科、并殖属的吸虫寄生于动物和人的肝脏中引起的疾病。又称肺吸虫病。危害的动物有犬、猫、猪及肉食野生动物。

病原体　并殖吸虫种类很多，主要是卫氏并殖吸虫（*Paragonimus westermani*），虫体肥厚，红褐色，卵圆形。长 7.5~16mm，宽 4~6mm.。腹吸盘大小相近，腹吸盘位于体中横线之前。虫卵椭圆形，金黄色，卵壳薄厚不均，卵内有十余个卵黄细胞，常位于中央，大多有卵盖。

发育史：中间宿主为淡水螺类；补充宿主为淡水蟹及蝲蛄。成虫在终末宿主肝脏产生虫卵，卵随咳嗽进入口腔后被咽下到消化道，随粪便排除体外。卵落入水中，三周后发育成毛蚴。毛蚴遇到中间宿主时侵入体内，经胞蚴、雷蚴、子雷蚴发育为尾蚴。尾蚴从螺体逸出后侵入补充宿主体内，形成囊蚴。从毛蚴发育到囊蚴约需 3 个月。终末宿主吞食含有囊蚴的补充宿主后，幼虫在十二指肠破囊而出，穿过肠壁进入腹腔，徘徊于各内脏之间或侵入组织，尤其是肝脏。经 1~3 周，穿过膈肌、肺浆膜到肺脏发育为成虫。从囊蚴发育为成虫约需 2~3 个月，成虫成对被包围在肺组织形成的包囊内，包囊以微小管道与气管相通，虫卵则由管道进入小支气管。成虫寿命为 5~6 年，甚至 20 年。

发病机理与病状：幼虫移行期引起组织损伤和出血，形成内含血液的结节性病灶，病有炎性渗出。由于变态反应，是病灶周围逐渐形成肉芽组织薄膜，其内大量细胞浸润、积聚、死亡，形成脓肿。脓肿内容物液化，肉芽组织增生形成囊壁，变为囊肿。虫体转移或死亡后形成空囊，内容物被排出或吸收，纤维组织增生形成疤痕。上述变化主要发生于肺脏，也可发生于其他器官和肠、腹膜，甚至引起广泛性粘连。

动物主要表现体温升高，食欲不振，消瘦，咳嗽。有铁锈色痰液，有时腹痛、腹泻和血便。人由于侵害部位不同而症状各异。全身症状为食欲不振，倦怠无力，消瘦，低热，荨麻疹等。肺型以咳嗽、胸痛、咳血痰或铁锈色痰为主；腹型出现腹痛、腹泻，有时大便带血；脑型出现头疼、癫痫、半身不遂、视力障碍等；皮肤型可见皮下包块及结节等。

诊断　根据病状、检查痰液及粪便中虫卵确诊。痰液用 10% 氢氧化钠溶液处理后，离心沉淀检查。粪便检查用沉淀法。剖检变化主要是虫体形成的囊肿，可见于全身各内脏器官中，但以肺脏最为常见。肺脏中的囊肿，多位于肺的浅层，有豌豆大，稍凸出于肺表面，呈暗红色或灰白色，单个散在或积聚成团。切开时可见黏稠褐色液体，有的可见虫体，有的有脓汁或纤维素，有的成空囊。有时可见纤维素胸膜炎、腹膜炎及其与脏器粘连。国内外广泛研究应用皮内试验、补体结合试验、酶联免疫吸附试验等免疫学诊断方法。

防治　不用生蟹和蝲蛄做犬、猫等肉食动物的饲料；人及患畜粪便发酵处理；人禁食生蟹和蝲蛄；患病脏器损害轻微者，剔除病变部后可利用，重者工业用或销毁；搞好灭螺。治疗可用硫双二氯酚或吡喹酮。

四、枝睾吸虫病

枝睾吸虫病是由后睾科、枝睾属的吸虫寄生于动物和人的肝脏胆管及胆囊中引起的疾病。又称肝吸虫病。危害的动物有犬、猫、猪和肉食野生动物。

病原体　病原体主要为枝睾吸虫（*Clonorchis sinesis*），扁平叶状，狭长，前端较尖，后端较钝，呈半透明，褐色。长 10~25mm，宽 3~5mm。口吸盘略大于腹吸盘。虫卵小，黄褐色，形似灯泡，一端有卵盖，另一端有一个小突起，内含一毛蚴。

发育史　中间宿主为淡水螺；补充宿主为 70 多种淡水鱼和虾，主要的为鲤科鱼，如白鲩（青草）、黑鲩（青鱼）、鳊鱼、鲤鱼、麦穗鱼等；淡水虾如米虾、沼虾等。

成虫在终末宿主的胆管及胆囊中产生虫卵。卵随胆汁进入消化道，并随粪便排出体外，被中间宿主吞食后，在螺的消化道中孵出毛蚴。毛蚴进入螺的淋巴系统，经胞蚴、雷蚴约100d 发育为成熟的尾蚴。尾蚴离开螺体游于水中，遇到补充宿主，即钻入其肌肉内形成囊蚴。终末宿主吞食囊蚴的鱼、虾而感染。囊蚴进入终末宿主小肠，囊壁被消化，幼虫逸出，从十二指肠胆管中进入肝脏胆管，约经一个月发育为成虫。

流行病学

1. 感染来源：患病和带虫的犬、猫、猪和人是是主要的感染来源；其次是肉食野生动物。

2. 囊蚴抵抗力：囊蚴对鱼的感染率较高，有些地区可达 50%~100%，特别是夏、秋季节。囊蚴对高温敏感，90℃时 1s 死亡，在 4% 醋中 2h 可死亡。在烹制“全鱼”时，可因温度不够、时间不足而不能杀死囊蚴。

3. 流行因素：患病的人或动物粪便未经处理倒入鱼塘，易造成螺感染的机会。该虫的中间宿主与补充宿主所需生态条件大致相同，常共同孳生，使鱼感染。人的不良食鱼习惯是导致感染的主要原因，如食生鱼、烤鱼、烫鱼、干鱼等。动物感染多因利用厨房鱼、虾废物或吃到生鱼、虾引起。

病状　虫体寄生时引起胆管炎和胆囊炎，严重时发生肝硬化。动物在临床上多为慢性经过，病程较长。表现消化不良，食欲减退，下痢，腹水，逐渐消瘦和贫血，易并发其他疾病。人主要表现胃肠道不适，食欲不佳，消化障碍，腹痛。有门脉淤血症状，肝脏肿大，肝区隐痛，轻度浮肿，或有夜盲症。

诊断　根据流行病学、病状并结合粪便检查或剖检作出诊断。粪便检查用沉淀法。

少量寄生时五明显病变。大量寄生时可见胆囊肿大，胆管变粗，胆汁浓稠呈草绿色。肝脏结缔组织增生，表面有纤维素附着，有时肝硬化或脂肪变性。胆管和胆囊有虫体。

治疗　硫双二氯酚，犬、猪 80~100mg/kg，六氯对二甲苯，犬、猪 200mg/kg；吡喹酮，犬 70mg/kg（隔周服用一次）；丙硫咪唑，猪 100mg/kg。上述药物均喂服。也可用于人的治疗。

预防

1. 定期驱虫：流行地区的犬、猫和猪应全面检查，患病动物及时治疗。军猎犬应定期驱虫。

2. 饲料卫生：禁用生鱼、虾喂犬、猫、猪，厨房废弃物高温处理后再作饲料。

3. 粪便处理：鱼塘禁用终末宿主粪便，人、畜粪便应发酵处理。

4. 消灭中间宿主。

5. 人的饮食卫生：禁食生鱼、虾，改变不良的鱼、虾烹制和食用习惯，做到熟食。

五、阔盘吸虫病

阔盘吸虫病是由歧腔科、阔盘属的吸虫寄生于动物和人的胰腺中引起的疾病。主要感染牛羊；其次是猪、骆驼和鹿。

病原体　病原体主要为胰阔盘吸虫（*Eurytrema pancreaticum*）腔阔盘吸虫（*E.coleomaticum*）、枝睾阔盘吸虫（*E.cladorchis*）三种，其中以胰阔盘吸虫最为普遍。

阔盘吸虫呈扁平叶状，新鲜时为棕红色，固定后灰白色。胰阔盘吸虫呈长椭圆形，长8~16mm，宽5~5.8mm。口、腹吸盘略大小接近；枝睾阔盘吸虫最小，瓜籽形，口吸盘小与腹吸盘。胰阔盘吸虫卵小，椭圆形，棕褐色，卵模较厚，卵盖清晰，内含一毛蚴。

发育史：中间宿主为陆地螺；主要是丽螺。补充宿主，胰阔盘吸虫和腔阔盘吸虫为螽斯；枝睾阔盘吸虫为针蟋。

成虫在终末宿主胰腺中产生虫卵。卵随胰液进入肠道，而后随粪便排出体外。虫卵被中间宿主吞食后，毛蚴逸出，经胞蚴、雷蚴、子胞蚴发育为尾蚴。包裹着尾蚴的子胞蚴经螺的呼吸孔排出体外，被补充宿主吞食，在其体内发育为后尾蚴。终末宿主吞食含有后尾蚴的补充宿主而感染。后尾蚴在终末宿主小肠内逸出，由胰腺管开口钻入，上行到胰腺发育为成虫。

阔盘吸虫发育较慢，整个发育期为10~16个月。其中在中间宿主体内为6~12个月；在补充宿主体内为1个月；在终末宿主内为3~4个月。

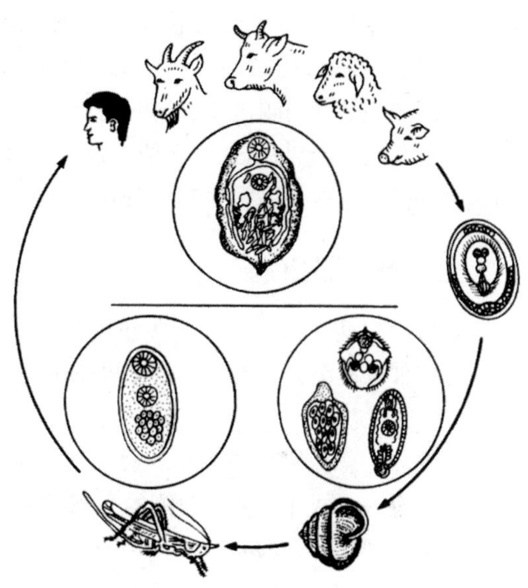

图7.5　阔盘吸虫发育史

症状　由于虫体刺激胰腺而产生炎症反应，结缔组织增生。分泌机能紊乱，使动物消化障碍，营养不良，经常下痢，贫血和水肿，逐渐消瘦。重度感染时，可因衰竭而死亡。

诊断　在低湿、低洼草地放牧的牛羊易发。根据病状、粪便检查或剖检结果确诊。粪便检查用沉淀法。

剖检变化为尸体消瘦，胰脏表面不平，呈紫红色，胰管壁增厚，黏膜表面有小结节，胰腺萎缩硬化。在胰管中见有虫体。

防治　对病畜和带虫畜驱虫。可用六氯对二甲苯，羊400~600mg/kg，牛300 mg/kg，配成混悬液灌服。隔日1次，3次为一疗程；也可用植物油或液体石蜡制成3%油剂肌肉注射。亦可用苯吡喹酮，绵羊30~40mg/kg，牛35mg/kg。应采用定期驱虫；粪便发酵处理；科学放牧；保持饲草及饮水卫生；消灭中间宿主等措施。

六、歧腔吸虫病

歧腔吸虫病是由歧腔科、歧腔属的吸虫病寄生于动物和人的肝脏胆管中引起的疾病。主要感染牛羊；其次是骆驼、鹿、马、驴、骡、兔等家禽及野生动物。

病原体：有中华歧腔吸虫（*Dirocoelium chinensis*）和矛形歧腔吸虫（*D.lanceatum*）。虫体扁平，半透明，长5~15mm，宽1.5~2.5mm。中华歧腔吸虫呈柳叶状，睾丸并列。矛形歧腔吸虫呈矛状，睾丸前后排列或斜列。

虫卵小，暗褐色，卵壳厚，一端有卵盖，左右不对称，内含有一毛蚴。

发育史：中间宿主为陆地螺，主要是条纹蜗牛和蚶小丽螺；补充宿主为蚂蚁。

发育过程与胰阔盘吸虫相似。在中间宿主体内发育期为3~5个月；在补充宿主体内发育期为1~2个月；在终末宿主体内发育期为2.5~3个月。

病状　多不明显，严重感染时可视黏膜轻度黄染，消化紊乱，腹泻与便秘交替，逐渐消瘦、贫血及颌下水肿，可引起死亡。

诊断　多发生于地势低洼潮湿草地放牧的牛羊。根据粪便检查和剖检可确诊。粪便检查可用沉淀法。剖检可见肝表面不平，肝小叶间质增生，胆管显露呈索状，管腔扩张，管壁增厚，黏膜面有出血点或溃疡。亦可见虫体。

防治　治疗较困难，可选用下列药物：

丙酸哌嗪（海托林），羊40~50mg/kg，牛30~40 mg/kg；噻苯唑，羊200~300mg/kg，牛50~100 mg/kg；六氯对二甲苯，羊300~400mg/kg，牛200 mg/kg；苯硫咪唑，牛羊5 mg/kg；上述药物均可配成混悬液灌服。苯硫脲脂（*Thiophenate*），羊50mg/kg，肌肉注射；吡喹酮，用法和剂量同阔盘吸虫病的治疗。

预防　应采用定期驱虫；粪便处理；选择高燥草地放牧；保持饲草及饮水卫生；消灭中间宿主等措施。国外用肝片形吸虫异源细胞苗或歧腔吸虫细胞乳剂免疫接种，效果良好。

七、棘口吸虫病

棘口吸虫病是由棘口科的吸虫寄生于禽兽和人的肠道中引起的疾病。棘口吸虫种类很多，有些种以禽类为主要宿主，也可感染哺乳动物和人；有些种以哺乳动物为主要宿主，也可感染禽及人。

病原体　棘口吸虫呈叶状，体表有小刺。呈肉红色，固定后为灰白色。虫体前端有头冠，其上有一或两环头棘。两侧的头棘成为角棘。腹吸盘明显大于口吸盘。

卷棘口吸虫（*Echinostonma recolutum*），为棘口属。主要寄生于家禽及野禽。长7~13mm，宽1.3~1.6mm。头棘有37个。

曲领棘缘吸虫（*Echinoparphium recurvatum*），为棘缘属。寄生于鸭、犬、兔和人。长为2~5mm，头棘有45个。

伊族真缘吸虫（*Euparyphium ilocanaum*），为真缘属。主要寄生于犬和人；其次是灵长类和田鼠。长4~5mm，宽1.0~1.4mm。头棘49个。

叶形棘隙吸虫（*Echinaochasmus perfoliatus*），为棘隙属。寄生于犬、猫、猪和人。长3~4mm，宽0.7~1.0mm。头棘24个。虫卵呈椭圆形，淡黄色，一端有卵盖，内含胚细胞。

发育史：棘口吸虫的中间宿主为淡水螺；补充宿主因种各异，有的为螺；有的为蛙或鱼。以卷棘口吸虫为代表，其中间宿主为椎实螺类的折叠萝卜螺、小土涡螺和凸旋螺；补充宿主除以上三种螺外，还有两种扁螺卷（半球多脉扁螺和尖口圆扁螺）和蝌蚪。

成虫在终末宿主直肠或盲肠中产生虫卵。卵随粪便排出体外。落于水中的虫卵，在31~32℃的温度下，经10d孵出毛蚴，毛蚴侵入中间宿主体内，经胞蚴、雷蚴、子雷蚴发育为尾蚴。在30℃的条件下，从毛蚴发育到尾蚴，约需70~80d。尾蚴离开螺体，遇到补充宿主时钻入体内，尾部脱落而形成囊蚴。终末宿主吞食含有囊蚴的补充宿主而感染。到达直肠和盲肠约 16~22d 发育为成虫。

病状 棘口吸虫对幼禽危害严重。虫体附着在肠黏膜上，引起出血性肠炎。患禽食欲消失，下痢，贫血，消瘦，生长发育受阻。重者因极度衰竭而死亡。哺乳动物患病后食欲减退，下痢，严重时有血便，逐渐消瘦、贫血。人感染后厌食，下痢，腹痛，大便带血和黏液。头痛、头晕，乏力。重度感染者，可有贫血、消瘦、发育不良，甚至合并其他疾病而死亡。

诊断 该病多流行于江河、湖泊和沼泽较多地区。根据病状和粪便检查确诊。粪便检查可用沉淀法。剖检可见肠道有卡他性出血性炎症，亦可发现虫体。

防治 治疗禽棘口吸虫病，可选用下列药物：氯硝柳氨，鸡 10 mg/kg，均混料饲喂。氢溴酸槟榔碱，鸡 3 mg/kg，鸭、鹅 1~2 mg/kg；硫双二氯酚，鸡 100~150 mg/kg，鸭、鹅 20~30 mg/kg，均用饭或面与药混匀后搓成小丸口服。

犬：可用 100~150 mg/kg 氯硝柳氨或硫双二氯酚；1~2 mg/kg 氢溴酸槟榔碱治疗。

预防应采用定期驱虫；粪便发酵；消灭中间宿主；禁止用未加工处理的贝类及鱼作畜禽饲料等措施。人体保健，应禁止食用生的或未熟的贝类、鱼或蛙。

八、日本分体吸虫病

日本分体吸虫病是由分体科、分体属的日本分体吸虫寄生于哺乳动物和人肠系膜血管中引起的疾病。又称血吸虫病。主要感染为牛；其次为羊、猪、马、兔、犬及野生动物。它是我国南方危害严重的人畜共患病。

病原体 日本分体（*Schistosoma japonicun*）线状，雌雄异体，常呈合抱状态。腹吸盘大于口吸盘，具有短而粗的柄，位于虫体近前方。

雄虫乳白色，短而粗，长 9~18mm，宽 0.5mm。从腹吸盘起向后，虫体两侧向腹面卷起，形成抱雌沟，雌虫常位于此沟内。两条肠管在虫体后 1/3 处合并成一条。睾丸 7 个，单列于腹吸盘后的背侧。

雌虫细长，暗褐色，长 12~26mm，宽 1.0~0.3mm。肠管在卵巢后合并。

发育史：中间宿主为钉螺。

日本分体吸虫多寄生于肠系膜静脉，有的也见于门静脉，雌雄虫交配周，雌虫产出的虫卵堆积于肠壁微血管，借助堆积的压力和卵内的毛蚴分泌的溶组织酶，使虫卵穿过肠壁进入肠腔，随粪便排出体外。落于水中的虫卵，在 25~30℃的温度下，很快孵出毛蚴，毛蚴钻入钉螺体内，约 6~8 周，经胞蚴、雷蚴、子胞蚴发育为尾蚴。尾蚴离开螺

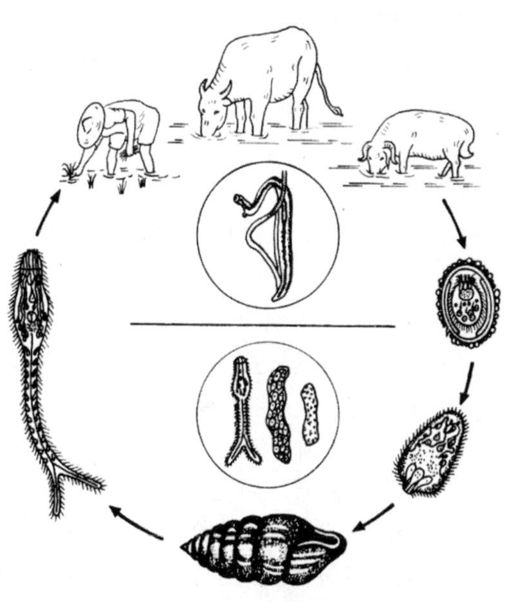

图 7.6 日本分体吸虫发育史

体在水中游动，遇到终末宿主后，借助于穿刺腺分泌的溶组织酶，从皮肤侵入机体。

尾蚴进入皮下组织的小静脉内，随血液循环到达肠系膜动脉，经毛细血管进入肠系膜静脉，随血液流到门静脉发育为成虫，然后移居到肠系膜静脉。从尾蚴侵入到发育为成虫需要30~50d，成虫生存期在3~5年以上。

流行病学

1. 感染来源与感染途径：主要感染来源是患病和带虫的牛和人，其次是其他被感染的动物。尾蚴经皮肤侵入终末宿主是主要的感染途径；也可以在终末宿主饮水时从口腔黏膜侵入；妊娠后期，移行的童虫可通过胎盘来感染胎儿。

2. 地理分析：该病只存在于有钉螺孳生的南方省、区。钉螺的存在对本病的流行起着决定性的作用。钉螺多生活在雨量充沛、土壤肥沃、气候温和地区，多见于小河内、沟渠旁、湖岸、稻田、沼泽地等。常于3月份开始出现，4—5月和9—10月是繁殖旺季。掌握钉螺的生态规律，对该病的防治具有重要意义。一般钉螺阳性率高的地区，人、畜感染率也高。

3. 种间差异和年龄特点：感耕牛感染存在着种间差异，黄牛感染率一般高于水牛。感染率还与年龄有一定的关系，一般黄牛的年龄越大，阳性率越高，水牛则随年龄增长而有降低趋势。

发病机理与病状：尾蚴侵入皮肤时，由于机械特性损伤和变态反应而引起皮炎。童虫移行时对所经过的器官组织造成损伤，尤其是肺脏微血管阻塞、破裂、细胞浸润。

成虫产卵时危害严重。在肠壁虫卵堆积处出现结节，周围组织炎症、溃疡和坏死，影响消化吸收。虫卵随血液进入肝脏沉积时，其周围肝组织发炎，细胞浸润，发生局部变态反应，虫卵形成成肉芽肿。肉芽肿退化形成瘢痕组织，最终导致肝硬化，使肝脏糖原转化、解毒、分泌胆汁等功能减退，给机体带来一系列不良后果。发病后的病状，因动物种类、年龄和感染强度等不同而异，分急性型和慢性型。

急性型：比较少见，感染的幼龄牛比较多。表现体温升高，呈不规则的间歇热。精神沉郁，倦怠无力。食欲减退，腹泻，粪中混有黏液、血液和脱落的黏膜；腹泻加剧者，最后出现水样便，排粪失禁。逐渐消瘦、贫血，经2~3个月死亡或转为慢性。经胎盘感染出生的犊牛，病状更重，死亡率高。

慢性型：多见。病毒表现为间歇性下痢，有时粪便中带血。精神不佳，食欲下降，日渐消瘦和贫血，生产力下降。幼畜发育不良，孕畜易流产。

人感染后先出现发炎，而后咳嗽、多痰、咯血，然后表现发热、下痢、腹痛。肝脾肿大，腹水增多，逐渐消瘦和贫血。常因衰竭而死亡。幸存者体质极度虚弱，成人丧失劳动能力，妇女不育，儿童发育受阻。

诊断　根据流行病学、病状及粪便检查可确诊。粪便检查用毛蚴化法，可见有毛蚴。

免疫学诊断有环卵沉淀反应试验、间接血凝反应、酶联免疫吸附试验等多种方法。剖检变化为尸体消瘦，腹水增多。病初肝脏肿大，后期萎缩硬化，肝表面和切面有粟粒至高粱粒大、灰白色或灰黄色结节。结节还可见于肠壁、肠系膜、心脏等器官。大肠（尤其是直肠）壁有小坏死灶、小溃疡及瘢痕。在肠系膜血管、肠壁血管及门静脉汇中可发现虫体。剖检可见肠道有卡他性出血性炎症，亦可发现虫体。

治疗　治疗病牛，可选用下列药物：

硝酸氰胺：黄牛 2 mg/kg，水牛 1.5 mg/kg，最高限量均为 600mg，配成 2% 混悬液静脉注射，但有副作用；按 40~601 mg/kg 内服较为安全。

硫酸氰醚（7804）：60~80 mg/kg，一次灌服；或 10~15 mg/kg，配成 10% 混悬液第三胃注射。

六氯对二甲苯：100 mg/kg，内服，每天一次，七次为一个疗程。

敌百虫：只用于水牛，15mg/kg（最高限量为 4500mg），内服，每天一次，五次为一疗程。

吡喹酮：黄牛 30 mg/kg，一次内服。病人可用吡喹酮或六氯对二甲苯治疗。

预防

1. 治疗：在流行区每年对任何家畜进行普查，对病人、病畜及带虫者进行治疗，以消除感染源。

2. 粪便处理：人、畜粪便经发酵处理后再作肥料。

3. 饮水卫生：防止人、畜用水被污染；不饮地表水，必须饮用时，须加入漂白粉，确实杀死尾蚴后方可。

4. 牛群管理：避免在有钉螺孳生地放牧；禁止病牛调动；老龄及病情较重牛应淘汰更新。

5. 消灭钉螺：可采用物理、化学和生物等方法。

九、东毕吸虫病

东毕吸虫病是由分体科、东毕属的吸虫寄生于动物肠系膜静脉血管中引起的疾病。主要感染牛、羊、鹿、骆驼等反刍兽；其次是马、驴等单蹄兽。人患此病是尾蚴侵入皮肤而引起皮炎，故称稻田皮炎、游泳皮炎或尾蚴性皮炎。

病原体　病原体种类较多，主要有土耳其斯坦东毕吸虫（*Ornitobilharzia turkestanicum*）彭氏东毕吸虫（*O.bomfordi*）、程氏东毕吸虫（*O.cheni*）。以及土耳其斯坦东毕吸虫结节变种，以前三种为普遍。其形态与日本分体吸虫相似。雄虫长 3~9mm，宽 0.4~0.5mm。体表光滑或有结节，呈“C”字形，睾丸 53~99 个。雌虫细短，长 3~3.5mm，宽 0.1~0.2mm。

虫卵椭圆形，灰白色，一端有一钮状物，另一端有一个小刺，内含有一毛蚴。

发育史与流行学：中间宿主为椎实螺，其发育过程、感染方式及移行途径与日本分体吸虫相似。在中间宿主体内发育期为 20~30d；在终末宿主体内发育为成虫需 2~3 个月。该病呈地方性流行，主要分布于长江以北多数省、区。流行于地势低洼、江河沿岸、水稻种植区等水源较丰富地区。该病与椎实螺的存在有密切关系。急性病例多见于夏秋季，慢性多见于冬春季。

病状　多为慢性，患畜表现精神不振，食欲减退，长期腹泻，粪便中混有黏液、黏膜和血丝。日渐消瘦、贫血，重者衰竭死亡。幼牛和羔羊发育不良，妊娠牛易流产，乳牛产乳量下降。人感染后几小时，皮肤出现米粒大红色丘疹，1~2d 内发展为绿豆大，周围有红晕及水肿，有时可连成风疹团，剧痒。

诊断　根据流行病学、病状及粪便检查确诊。粪便检查用毛蚴化法。

剖检与日本分体吸虫病相似。肝表面不平，质硬，有白色虫卵结节。肠黏膜增厚、粗糙、有溃疡灶。肠壁血管、肠系膜静脉及门静脉中可发现虫体，绵羊可达万条，牛数万条之多。

防治　治疗可选用下列药物：

六氯对二甲苯：绵羊 100 mg/kg，一次内服，牛 350mg/kg，内服，连用三天。

硝酸氰胺：绵羊 50 mg/kg，一次内服，牛 20mg/kg，连用三天为一个疗程。也可用 2% 混悬液静脉注射，绵羊 2~3 mg/kg，牛 1.5~2mg/kg。

吡喹酮：牛、羊 30~40mg/kg，内服，每天一次，两天为一个疗程。此外，也可试用硫酸氰醚，剂量及用法和日本分体吸收虫病一样。人以止痒、消炎、抗过敏与防止感染为防治原则。

预防　应采用对患畜及时诊断治疗；合理处理粪便；保持饮水卫生；科学管理畜群及灭螺等措施。

第三节　其他吸虫病

一、同盘吸虫病

同盘吸虫病是由同盘科、腹袋科及腹盘科等吸虫引起的疾病。虫种量很多。多数寄生于牛羊的瘤胃；少数寄生于单蹄兽、猪、犬的消化系统；个别种可寄生于人。

病原体　同盘吸虫中最常见的有鹿同盘吸虫和长形菲策吸虫。

鹿同盘吸虫（*Paramphistomum cervi*）为同盘科、同盘属。呈粉红色，形似鸭梨。长 8~10mm，宽 4~5mm。腹吸盘在虫体后端，大小是口吸盘的 2 倍。长形菲策吸虫（*Fischoeserius elongatus*），为腹袋科、菲策属。呈暗红色，圆柱状。长 12~22mm，宽 3~5mm。有腹袋，由口吸盘下方延伸到腹吸盘前。腹吸盘位于虫体后端，大小时口吸盘的 2.5 倍。

虫卵与肝片形吸虫相似，但鹿同盘吸虫卵为灰白色，半透明，卵黄细胞常偏于一端；长形菲策吸虫卵为褐色。

发育史：中间宿主为椎实螺和扁卷螺。

同盘吸虫的发育过程与肝片形吸虫相似。在中间宿主体内发育期约为 35d。尾蚴离开中间宿主，在水草上形成囊蚴，终末宿主吞食囊蚴而感染。幼虫在小肠脱囊，然后沿黏膜表层向前移行，最后进入瘤胃，约 2~4 个月发育为成虫。有的幼虫可进入胆囊、胆管，但不能发育为成虫。

发病机理与病状：幼虫移行而致小肠和真胃黏膜水肿、出血，发生急性炎症。成虫吸取宿主营养和造成瘤胃乳头萎缩、硬化而影响消化机能。

急性型：发生于夏秋季，由大量感染的幼虫引起。表现精神沉郁，食欲降低，顽固性腹泻，粪便水样伴有恶臭。动物迅速消瘦、贫血。肩前及腹股沟淋巴结肿大。颌下水肿，有时发展到整个头部以至全身。后期，动物极度瘦弱；卧地不起，终因衰竭而死亡。

慢性型：发生于冬春季，由成虫寄生所引起。只表现消化不良和营养障碍。

诊断　急性型根据流行病学、病和剖检确诊。发病期腹泻严重，下痢便中往往混有被排出的幼虫，可用水洗沉淀法检查。

剖检可见尸体消瘦，淋巴结肿大。真胃和小肠黏膜水肿，有出血点，有时见有纤维素性炎及坏死灶。在小肠、真胃、网胃和瘤胃见有大量幼虫。慢性型根据粪便检查和剖检确诊。粪便检查用沉淀法。只有发现大量虫卵时方可确诊。剖检可见瘤胃乳头硬化、萎缩。胃壁上有大量虫体。

防治　急性期用氯硝柳胺治疗，50mg/kg，配成混悬液灌服。慢性期用硫双二氯酚和六氯对二甲苯，剂量同肝片形吸虫病的治疗。

预防　同肝片形吸虫病。

二、禽前殖吸虫病

前殖吸虫病是由前殖科、前殖属的吸虫寄生于禽输卵管和泄殖腔中引起的疾病。有时还可寄生于直肠。主要感染鸡、鸭、鹅；其次为野鸭及鸟类。

病原体　前殖吸虫生殖孔开口于吸盘旁侧。常见种有：

卵圆前殖吸虫（*Prosthogonimus ovatus*），体扁，呈梨形，前端狭窄，后端钝圆。长3~6mm，宽1~2mm。口吸盘椭圆形，腹吸盘位于虫体前1/3处。

透明前殖吸虫（P.pellucidus），呈椭圆形，长5.8~9mm，宽2~4mm。口吸盘近似圆形。

楔形前殖吸虫（P.cuneatus），呈梨形。长2.8~7mm，宽1.7~3.7mm。口吸盘近似圆形。虫卵小，椭圆形，棕褐色，一端有卵盖，另一端有一小突起，内含胚细胞。

发育史：中间宿主为淡水螺。补充宿主为蜻蜓及其幼虫。

成虫在终末宿主体内产生虫卵，卵随粪便及泄殖腔的排泄物排出体外。虫卵（或虫卵遇孵出毛蚴）被中间宿主吞食后，毛蚴在螺体内发育为胞蚴和尾蚴（无雷蚴阶段）。尾蚴离开螺体游于水中，遇到蜻蜓幼虫时钻入体内，在其肌肉中经70d形成囊蚴。囊蚴无论在越冬蜻蜓幼虫或成虫体内均保持活力。终末宿主由于啄食含有囊蚴的蜻蜓幼虫哦或成虫而感染。蜻蜓被消化，囊蚴逸出，经肠进入泄殖腔，再转入卵管或法氏囊。在鸡体内经1~2周发育为成虫，3~6周后排出；在鸭体内经3周发育成熟，18周后排出。

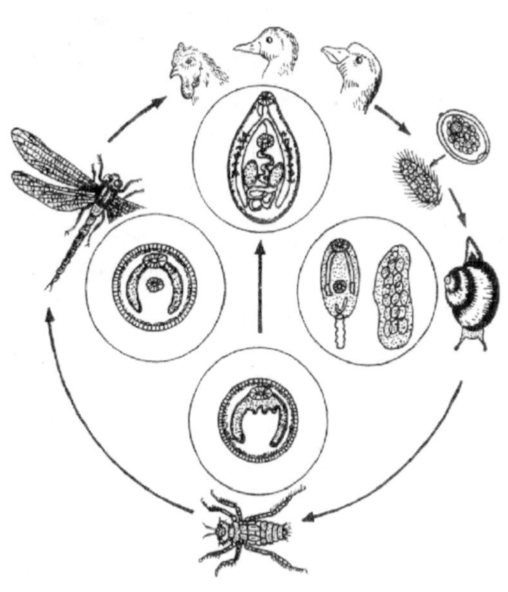

图7.7　前殖吸虫发育史

发病机理与病状：前殖吸虫在输卵管内，破坏卵壳腺的正常功能，引起形成蛋壳的石灰质机能亢进或降低；破坏蛋白腺功能，则使蛋白分泌过多。由于过多蛋白积聚，扰乱输卵管正常收缩运动，影响卵的通过，从而产生各种畸形蛋，或排出石灰质、蛋白液等。重症时可引起输卵管破裂或逆蠕动，以致输卵管内炎性物质或蛋白、石灰质进入或逆入腹腔，导致腹膜炎而死亡。

初期症状不明显，产出畸形蛋，以后畸形蛋的比例增加甚至产蛋停止。表现食欲减退或消失，精神委钝，羽毛粗乱，骚动不安。有时从泄殖腔排出石灰水样物。重者腹围增大，伸颈、吞咽空气，步态失常。后期体温升高，渴欲增加，泄殖腔突出，腹部及肛周羽毛脱落，以至衰竭死亡。

诊断　根据流行病状和剖检确诊。

剖检可见输卵管发炎，黏膜增厚、充血、出血。有的可见腹膜炎，腹腔容积增大，积有多量混浊渗出液，或混有脓液、卵黄块等。输卵管和泄殖腔内可见虫体。

防治　治疗可用氯硝柳胺，100~200mg/kg；吡喹酮，60 mg/kg；丙硫咪唑，100 mg/kg；均混料饲喂。六氯乙烷，每只鸡 0.2~0.5g，是、混料饲喂，每天一次，连用三天。上述药物适用于初期，后期效果欠佳。

预防　可进行预防性驱虫；消灭中间宿主；粪便作无害化处理；避免在清晨或傍晚以及雨后到池塘边放牧，以免食入蜻蜓。

三、禽前孔吸虫病

禽前孔吸虫病是由背孔斜、背孔属的吸虫寄生于禽的盲肠和直肠中引起的疾病。主要感染鸭、鹅、鸡；其次为野生水鸭及天鹅等。

病原体　种类很多，主要为细背孔吸虫（*Notocotylus attenuatus*），呈淡红色，两端钝圆。长 2~5mm，宽 0.6~1.5mm。最突出的特征为无腹吸盘。

发育史：中间宿主为圆扁螺。

成虫在终末宿主体肠腔内产生虫卵，卵随粪便排出体外。在适宜的环境下，3~4d 孵出毛蚴。毛蚴进入中间宿主体内，发育为胞蚴、雷蚴、尾蚴和囊蚴。或尾蚴离开螺体，附着在水生植物上形成囊蚴。终末宿主由于啄食含有或附有囊蚴的螺或水生植物而感染。幼虫附着在肠黏膜上，约经 3 周发育为成虫。

病状　轻度感染不显病状。严重感染时引起肠黏膜炎症，表现食欲不振，下痢，贫血或发育受阻。

诊断　用直接涂片法或漂浮法检查粪便，发现虫卵确诊。剖检可见虫体。

防治　同棘口吸虫病。

第三十九章　绦虫病

第一节　绦虫通性

寄生于畜禽的绦虫种类繁多，属于扁形动物门，绦虫纲，以圆叶目为多见，其次是假叶目绦虫。

一、绦虫的形态结构

绦虫呈带状，扁平，多位乳白色，虫体大小自数毫米至十米以上。整个虫体分为头节、颈节和体节三部分。

头节　为吸着器官，呈球形或梭形，一般分为三种类型：吸盘型—具有四个圆形吸盘，有的绦虫在头节顶端中央有顶突（吻突），其上还有一排或数排小钩；吸槽型——在背腹面各具有一沟样的吸槽；吸叶型——具有四个长形叶状的吸着器官，分别生在可弯曲的小柄上或直接长在头街上。

颈节　较纤细，链体的节片都是由颈节生长而成的。

体节（链体）　体节（节片）数量不等；根据其发育程度不同而分三类。紧接颈节的节片生殖器官尚未发育成形，称为未熟节片（幼节）；其后已形成两性生殖器官的，称为熟节片（成节）；最后部分的体节，子宫内充满虫卵，生殖器官的其他部分萎缩退化称为孕卵体节（孕节）。绦虫无体腔，体表为皮层，其下为肌层，内为实质。没有消化系统，营养物质通过体表吸收。

神经系统：头节有中枢神经节，向后发出 6 条神经干，贯穿于整个链体。

排泄系统：开始于焰细胞，由焰细胞发出细管汇集成排泄管与虫体两侧的纵排泄管相连，纵排泄管与每一体节后缘的横管相通，在最后体节后缘中部有一个总排泄孔通向体外。

生殖系统：雌雄同体，每个成熟节片内有一组或两组雌性和雄性生殖系统。生殖孔开口于节片的侧缘，有的种开口在节片中央。

雄性生殖系统由睾丸（数个至许多个）、输出管、输精管、雄茎囊、雄茎等组成，有的还有内外贮精囊。

雌性生殖系统由卵模、卵巢、卵黄腺（有的种类缺）、梅氏腺、子宫、阴道等组成。

二、绦虫的发育史

绦虫的发育需要一个或两个中间宿主。绦虫的受精方式有同体节受精、异体节受精以及不同链体间的受精等。

圆叶目绦虫寄生于终末宿主的小肠内，虫卵或孕卵节片随粪便排出体外，被中间宿主吞食后，卵内六钩蚴逸出，在特定的寄生部位发育为绦虫蚴期（即中绦期），因绦虫的种类不同，中间宿主也不同，在哺乳动物中间宿主体内发育为囊尾蚴、多头蚴、棘球蚴等类型的幼虫；以节肢动物和软体动物等2无脊椎动物作为中间宿主，发育为似囊尾蚴。以上各种类型的幼虫被各自固有的终末宿主吞食，在其消化道内发育成成虫。

假叶目绦虫的虫卵随宿主的粪便排出体外，落在水中，在适宜条件下孵化为钩球蚴。钩球蚴被中间宿主（甲壳纲昆虫）吞食后发育为原尾蚴，含有原尾蚴的宿主被补充宿主（鱼、蛙类或其他脊椎动物）吞食后发育为裂头蚴。当终末宿主吞食未熟的带有裂头蚴的补充宿主而感染，在其体内发育为成虫。

三、绦虫的分类

绦虫纲（Cestoida）包括两个亚纲：

（一）单节绦虫亚纲（*Cestodaria*）

虫体只有一个体节，一组生殖器官，主要寄生于冷血动物的消化道。

（二）多节绦虫亚纲（*Cestoda*）

与家畜和人类有关的为圆叶目和假叶目。

1. 圆叶目（*Cyclophyllidae*）：头节上有四个吸盘，顶端带有顶突，其上有钩或无钩。体节明显，生殖孔开口于体节侧缘，无子宫孔，虫卵缺卵盖，内含六钩蚴。主要有以下几科：

（1）裸头科（*Anoplocephalidae*）：头节无小钩及顶突，吸盘大，睾丸多，子宫多样。成虫寄生于哺乳动物，幼虫寄生于无脊椎动物。

（2）带科（*Taeniidae*）：头节有明显的四个吸盘，除牛肉绦虫外，顶突明显，子宫管状，有分支。幼虫有囊尾蚴、多头蚴、棘球蚴等类型，寄生于哺乳动物和人。成虫主要寄生于肉食动物和人。

（3）戴文科（*Davaineidae*）：头节顶突上有2~3排小钩，吸盘上有小棘，成虫多寄生于鸟（禽）类，幼虫寄生于无脊椎动物。

（4）戴宫科（*Dilepididae*）：有带小钩的顶突，吸盘有或无小棘，生殖器官为一或两组。成虫寄生于肉食动物和鸟类。

（5）膜壳科（*Hymenolepidae*）：头节上有科伸缩的顶突，其上多有8~10个小钩，生殖器官一组，睾丸大，常为1~3个，具有内外贮精囊，生殖孔多在同侧。寄生于哺乳动物和鸟类。

（6）中线科（*Mesocestoididae*）：无顶突，生殖孔在背面正中，子宫为一波状长袋状，位于节片的中线上。主要寄生于肉食动物。

2. 假叶目（*Pseudophyllidae*）：头节背腹面有两条沟槽，称为吸沟（槽）。虫体多有明显的分节，也有分节不明显的，甚至没有分节。生殖孔位于体节中间或边缘，子宫孔位于腹面。虫卵常有卵盖，排出时不含幼虫。假叶目中仅双叶槽科与人畜有关。

双叶槽科（*Diphyllobothyri Iidae*）：生殖孔开口在节片腹面子宫之前，子宫充满虫卵并盘曲于体节中部。虫卵有卵盖。

第二节 人畜共患绦虫病

一、猪囊尾蚴病（猪囊虫病）

猪囊尾蚴病是由带科带属的猪肉带绦虫的幼虫——猪囊尾蚴寄生于猪引起的疾病。其成虫寄生于人小肠内引起绦虫病，人亦可感染猪囊尾蚴，是一种重要的人畜共患病。

病原体 猪肉带绦虫（*Taenia solium*），亦称为钩绦虫，呈乳白色，扁平长带状，长2~7m。头节呈球形，其上有四个吸盘，有顶突，顶突上有两排小钩，25~50个。节片多，约700~1 000个，未熟节片宽而短，成熟节片长宽几乎相等，呈四方形，孕卵节片则长度大于宽度。在每个节片内含有一组生殖系统，生殖孔略突出，在体节两侧不规则的交互开口。孕卵节片内的子宫，由主干生出7~13对主侧枝。

猪囊尾蚴（*Cysticercus cellulosae*），又称猪囊虫，俗称“米糁子”、“豆”。成熟的猪囊尾蚴为椭圆形、白色透明的包囊，其大小为（6~8）mm × 5mm，囊壁上有一个内嵌的头节，头节形态与成虫相同，囊内充满液体。

虫卵为圆形或椭圆形，有一层薄的卵壳（常脱落），外层常为胚膜及胚层，胚膜较厚，既有辐射状花纹，内含有三对小钩的六钩蚴。

发育史：猪肉带绦虫寄生于在人的小肠，其孕卵节片不断脱落，随人粪便排出体外，节片自行收缩压挤或破裂而排出大量虫卵。猪吞食孕卵节片或虫卵而感染，虫卵的胚膜被胃血液带到全省各组织中，主要在肌肉纤维间，约经2个月发育为成熟的猪囊尾蚴。猪囊尾蚴可在猪体内生存数年，死亡后钙化。

人误食了未熟的或生的带有猪囊尾蚴的猪肉而感染，囊虫的包囊在胃肠内被消化，头节伸出，用吸盘及小钩固着在肠壁上，经2~3个月发育为成虫。人也可以成为中间宿主，或因误食猪肉带绦虫卵污染的食物感染，或因绦虫病患者发生胃肠逆蠕动时，小肠内的孕节或虫卵逆行到胃内，卵膜被消化，逸出的六钩蚴返回肠道钻入肠壁血管而发生自身感染。寄生于人体的囊尾蚴多见于脑、眼、皮下组织及肌肉等部位。

流行病学：本病在东北、华北、西北、西南等地区危害严重，其发生与流行和下列因素有关：

1. 感染来源及感染途径：猪肉带绦虫病的患者或带虫者是该病的感染来源。人的厕所及粪便管理和使用不合理，使猪吃入病人的粪便或被粪便污染的饲料和饮水而感染，有的地区养猪习惯于散养或猪圈与厕所相连等，更易造成猪食人粪的机会。

2. 人的肉食习惯：不合理的烹调和加工方法，使人吃入未熟的病肉和肉制品；使用被病肉污染而为清洗的炊具和餐具；个别地区有食生肉的习惯等均可造成感染机会。

3. 肉品卫生检验制度：有的地区对肉品缺乏严格的检验或食品卫生法执行不严格，病肉处理不合理，成为本病流行的重要因素。

4. 绦虫的繁殖力和虫卵的抵抗力：猪肉绦虫繁殖力很强，患者每月可由粪便排出200多个孕卵节片，每个节片含虫卵平均为4万个。虫卵在外界抵抗力较强，一般能存活1~6个月。

病状与危害　猪囊尾蚴致病作用主要决定于虫体寄生部位。一般在临床上很少出现症状，只有在强度感染时或某个器官受损伤严重时才会出现症状，多呈现营养不良、生长发育受阻。寄生于眼部，可发生眼球变位，视力障碍，甚至失明；寄生于脑部常可引起神经症状，甚至死亡；肌肉大量寄生时呈现两肩明显外张或臀部不正常肥胖等。

人感染绦虫后，表现消瘦、异食，消化不良、腹痛、恶心呕吐等。人患囊尾蚴病时依其寄生部位可分为：皮下及肌肉囊尾蚴、眼囊尾蚴病和脑囊尾蚴病等三类。主要临床表现分别是病人肌肉酸痛、全身无力；寄生于眼可表现眼球突出，视力障碍，甚至失明；寄生于脑可呈现癫痫样发作及较大范围肌肉痉挛，严重者预后不良。

该病对人类健康威胁很大，是重要的人畜共患病，病肉不能合理利用，甚至完全废弃，造成巨大经济损失。

诊断　猪囊尾蚴病生前诊断较为困难，对严重感染的猪，可视猪体外形及检查舌部有无囊状突起确诊。目前国内外正研究和推广免疫学诊断方法，如间接血凝试验、酶联吸附试验、对流免疫电泳试验及其他免疫学试验。死后诊断，检查咬肌、腰肌、肩外侧肌等部位发现囊虫确诊。人绦虫病通过粪便检查发现孕节和虫卵确诊。

治疗　近年来很多学者研究和推广用吡喹酮及丙酸咪唑治疗猪囊尾蚴病，效果良好。

吡喹酮：50mg/kg，混料饲喂，连用3d为一个疗程。也可用5倍液体石蜡溶解后肌肉注射，连用2d为一个疗程。

丙硫咪唑：20mg/kg，混料饲喂，每隔2d服一次，3d为一个疗程。也可用植物油配成6%混悬液一次肌肉注射。绦虫病人可用南瓜子槟榔合剂、硫双二氯酚、氯硝柳胺、甲苯咪唑及吡喹酮等治疗。囊尾蚴病人可用吡喹酮和丙硫咪唑治疗。

预防　为了预防本病必须兽医、人医和食品卫生部门密切配合，加强宣传，开展群众性综合防治工作。具体措施如下：

1. 加强肉食品卫生检验：严格肉品卫生检验制度，发现有猪囊尾蚴的病肉，按国家有关条例严格处理。防止人感染猪肉带绦虫。

2. 人群普查及驱虫：本病常在地区对人群进行普查，发现病人及时驱虫治疗，排出的虫体和粪便深埋或烧毁。

3. 加强粪便管理和圈养猪：修建合乎要求的厕所和猪舍，管好人粪便，做到人便入厕，猪圈养，切断感染途径，防止猪感染囊尾蚴。

4. 改善饮食卫生习惯：不吃生肉和半熟肉，生熟炊具分开使用。养成良好卫生习惯，杜绝本病流行。

国内外有关专家已研究抗猪囊尾蚴病虫苗。

二、牛囊尾蚴病（牛囊虫病）

牛囊尾蚴病是由带科带属的牛肉带绦虫的幼虫—牛囊尾蚴寄生于牛体肌肉里引起的疾病。羊和鹿偶有感染。

病原体　成虫是牛肉带绦虫（*Taenia saginata*），亦称为无钩绦虫，长4~8m。头节上仅有四个吸盘，无顶突和小钩，孕卵节的子宫每侧有15~30对主侧枝。

牛囊尾蚴（*Cysticercus bivis*），与猪囊尾蚴形态相似，大小为（5~9）mm×（3~6）mm，囊泡半透明椭圆形，内含有一乳白色内嵌的头节，头节形态与成虫相同。虫卵形略圆，与猪肉带绦虫相似。发育史及流行病学：发育史基本同猪肉带绦虫，经3~6个月发育为牛囊尾蚴。人感染后经3个月发育为成虫。成虫生命周期很长，有的学者认为ieke达60年以上。流行病学有以下特点：

1. 地理分布：本病无严格地区性，其流行主要取决于食肉习惯，城市污水处理方法，人粪管理和牛的饲料管理方式等。

2. 感染途径：牛吃入被虫卵污染的饲料、饮水而感染。母牛妊娠后期也可通过胚胎感染胎儿。

3. 繁殖力和虫卵的抵抗力：繁殖力很强，每个孕节含卵10万个以上，平均每日排卵可达72万个。虫卵在水中存活4~5周，液状粪便中存活10周，干燥牧场8~10周，低温牧场可达20周。

病状与危害：基本同猪囊尾蚴，通常病牛无症状。重度感染急性期，在感染后30~50d表现体温升高，咳嗽，肌肉振颤、运动障碍，以后转为慢性经过，病状逐渐消失。鹿感染后旨在脑内发育，表现为脑炎症状。人感染绦虫症状同猪肉带绦虫病。但其幼虫几乎不感染人。

诊断　基本同猪囊尾蚴病。因牛囊尾蚴寄生数量少，且在肌肉深层，不易发现，所以在肉品检验时特别注意。

防治　参考猪囊尾蚴病的防治措施。

病牛治疗可口服吡喹酮，剂量为30mg/kg，连用7d，或50mg/kg，连用2~3d。亦可试用芬苯咪唑，25mg/kg，连用3d。

目前，国外正在进行免疫预防的研究，试验证明六钩蚴分泌物及代谢产物抗原具有较好的免疫原性。

三、棘球蚴病

棘球蚴病是由棘球属绦虫的幼虫——棘球蚴寄生于哺乳动物及人的肝脏和肺脏引起的疾病。是对家畜和人危害极大的人畜共患病。

病原体　棘球属绦虫 主要有细粒棘球绦虫（*Echinococcus granulosus*）和多房棘球绦虫（*Echinococcus multilocularis*）两种，均为小型绦虫，体长2~6m。由一个头节和3~4个体节构成。头节上有吸盘、顶突和小钩。

幼虫主要有以下两型：

1. 单房型棘球蚴：是细粒棘球绦虫的幼虫，寄生于人以及牛、羊、猪和骆驼等动物。一般为球形充满液体的囊，大小为豌豆大至小儿头大。棘球蚴的囊壁分为两层，外层为角质层，乳白色，无细胞结构；内层为胚层（生发层），胚层生有许多原头蚴，还可以向腔内芽生出许多小泡，称为生发囊（亦称子囊）。生发囊内壁上生成数量不等的原头蚴。生发囊和原头蚴可从胚层上脱落于囊液中，称为“包囊砂”。这种棘球蚴称为兽型棘球蚴，常见于幼龄绵羊。

有的棘球蚴囊内的胚层不生出原头蚴，称为无头型棘球囊，子囊可在母囊内生长，称为内生性子囊，也可向母囊外衍生。子囊可产生孙囊和原头蚴，孙囊和子囊具有同样的结构和功能。其危害较内生的单房棘球蚴为大。这种类型多见于人。

2. 多房型棘球蚴：又称泡球蚴。是多房棘球绦虫的幼虫，寄生于鼠类，也可寄生于人、牛和猪。由无数囊泡聚集而成，囊泡大小为 2~5mm，囊内多为胶质物，囊壁有（鼠）或无（人及家畜）原头蚴。

发育史：成虫寄生于犬、狼、狐等肉食性动物小肠，孕卵节片随粪便排出体外污染了饲料、饮水，当中间宿主吃入虫卵后，六钩蚴在消化道内逸出，钻入肠壁血管内，随血循环进入肝脏、肺脏等处，经 5~6 个月即可发育成成熟的棘球蚴。当终末宿主吞食还有棘球蚴的脏器后，原头蚴在其小肠内约经 6~7 周发育为成虫。

流行病学：

1. 感染来源：犬是主要的感染来源。在自然流行区域内野生动物在疾病传播上起重要作用，往往与其他野生哺乳动物（中间宿主）一起形成自然疫源地，人和家畜进入后即可能被感染。

2. 地理分布：我国大部分省区均有发生，以牧区最为多见。

3. 虫的繁殖力和虫卵的抵抗力：中间宿主感染后发育成熟的棘球蚴，可有数万个甚至可达 200 万个原头蚴，犬关然后可发育为数以万计成虫。包囊在中间宿主的整个生命期中，长期保持着侵袭力。一条棘球绦虫每昼夜产卵 400~800 个，一个终末宿主可同时寄生数万条虫体，故排卵数量很大，虫卵抵抗力很强，在外界环境中可长期生存，5~10℃粪便中存活 12 个月，-20~20℃的干草中生存 10 个月，土壤中可存活 7 个月。对化学药物亦有相当强的抵抗力。

发病机理及病状　主要治病作用为机械压迫，造成组织萎缩和机能障碍。轻度感染症状不明显，严重干让时病畜消瘦、贫血。当虫体寄生在肝脏时，腹部右侧膨大，消化不良，营养失调。肺脏感染时，呼吸困难、咳嗽，听诊病变部位呼吸音减弱或消失。如果棘球蚴破裂，宿主呈现过敏反应，表现呼吸困难，咳嗽、体温升高，腹泻，全省症状恶化，极度虚弱，可造成休克死亡。

人感染棘球蚴病时虫体多存在肝脏，称为肝包虫病，表现消瘦、贫血、消化异常、虚弱。寄生其他部位时则引起相应的症状。

诊断　本病无特异性症状，生前诊断较困难，因此要采取流行病学和临床症状等作出初步诊断。目前正在研究免疫学诊断方法，其效果取决于特异抗原的纯度。国外学者成功地用单克隆抗体（MCAb）提纯棘球蚴抗原进行免疫学诊断，并已用于流行医学监测。人的棘球蚴可用 X 射线检查、超声波诊断及免疫学反应等确诊。

防治　家畜患棘球蚴病可用甲苯咪唑、氟苯咪唑和吡喹酮等药物治疗。人患本病初采用外科手术摘除囊体外，亦可用药物疗法。

防止本病发生必须采用下列综合措施：

1. 犬的管理与驱虫：对有经济意义的牧羊犬、护场犬及警犬等要加强管理，定期驱虫。驱虫的常用药物草靠肉食兽绦虫病。给犬驱虫，每年最少 4 次，高发区应进行 8~10 次。驱虫时将犬圈留饲养 2~3d，排出的粪便集中焚烧，严格处理。

2. 防止动物感染：严禁犬在畜舍、饲料库及饮水处饲养及出入，以免犬粪污染。

3. 严格屠宰检验制度：严格检验和处理患病器官。个屠宰场站不许养犬和有犬的活动，禁止患病器官被犬吃入。

4. 预防人的感染：养成饭前洗手的好习惯，生吃蔬菜要洗净，不喝生水，勿用手摸犬。

此外，国外正在研究抗棘球蚴虫苗。

四、多头蚴病

多头蚴病是由多头属多头绦虫的幼虫寄生于反刍动物脑所引起的疾病，又称脑包虫病。主要危害牛、羊，特别是犊牛和羔羊，亦可感染猪、马和人。

病原体　多头绦虫（*Multiceps　multiceps*），体长 40~100cm。顶突上有小钩 22~32 个，孕节子宫每侧有 18~26 个主侧枝。虫卵圆形，卵内含有六钩蚴。

脑头多蚴（*Coenurus　cerebralis*）为黄豆大至鸡蛋大充满液体的囊泡，囊膜为两层，外层是角质层，内膜为生发层，生发层有许多头节（100~200）个。

发育史：终末宿主是犬、狼、狐等肉食动物。多头绦虫的孕节随粪便排出体外，被牛、羊等中间宿主吃入多头绦虫的虫卵而感染。卵内六钩蚴在小肠内逸出，钻入肠壁血管，随血循环进入脑、脊髓等处，经 2~3 个月即可发育为多头蚴。终末宿主吃到病脑及脊髓而感染，约经 1.5~2.5 个月发育为成虫，成虫生命期为 6~8 个月数年。

发病机理及病状　感染初期六钩蚴进入脑组织，多沿脑膜移行，刺激所在部位发生急性脑膜及脑实质炎症。急性型症状以羔羊最为明显，表现体温升高，脉搏及呼吸加快，反应敏感或迟钝，无目的行走或长时间沉郁。重症病例，流涎、磨牙、斜视，头颈弯向一侧，做圆圈运动。有些病例经 5~7d 死亡，但多数病例症状逐渐减轻或消失，转为慢性。

慢性病例，在感染后 2~3 个月，虫体发育缓慢或停止，因而动物在此期间外观上不呈现异常现象。但在感染 4~6 个因虫体长大，压迫脑组织，使局部组织贫血、萎缩、功能障碍，其临床表现因多头蚴寄生部位不同而异。寄生大脑额区，患羊头部低垂于胸前，行走时高举前肢或向前冲，遇到障碍物时，将头抵住物体呆立不动或倒地；虫体寄生于大脑一侧表面时，病羊向着患侧做圆圈运动，虫体越大，转圈越小，对侧眼睛视力障碍或消失；寄生于小脑时，病羊站立或运动失去平衡，行走时步态蹒跚；寄生于脊髓时，行走后躯无力或麻痹，呈犬坐姿势。症状常反复出现，重症者最后因轻度消瘦或因重要神经中枢受害而死亡。

诊断　多头蚴常有特异性症状，综合流行病学资料基本可确诊。临床检查时要仔细观察患畜发作时的表现，同时查出头部患处皮肤隆起甚至穿孔等，以确定虫体寄生部位。剖检慢性病例可见到脑的某些部位有一个或几个包囊，位于脑组织的表面或深层，有时亦见于脊髓。多头蚴寄生部位及其临近组织呈现慢性炎症过程，脑组织萎缩，坏死变性等。

急性期生前诊断困难，可试用皮内变态反应。死后剖检可见脑膜充血和出血，脑膜表面有 3~5mm 长的虫道，虫道末端可发现幼小的多头蚴。

防治　正确诊断，确定虫体寄生部位，如在大脑表面时。可进行外科手术。局部剪毛消毒，切开皮肤，用圆锯取下头骨，以人用脊髓穿刺针徐徐刺入，如位置正确抽出针芯可有囊液流出，链接上注射器后吸取囊液，而后摘出虫体，缝合消炎即可。也可用此吡喹酮治疗，牛、羊 100~150mg/kg，内服，连用 3d 为一疗程。也可按 10~30mg/kg，1∶9 的比例与液体石蜡混合，做臀部深层肌肉注射。

预防措施　可参考棘球蚴病。主要防止犬感染多头绦虫，不使犬吃到带有多头蚴的羊、牛等动物脑及脊髓；消灭野犬，对牧羊犬进行定期驱虫；避免饲料、饮水被犬粪便污染。高发区每年注射两次吡喹酮，连续数年，可控制多头蚴病。

五、裂头蚴病

裂头蚴病是由双叶槽科绦虫的幼虫——裂头蚴寄生于人、畜引起的疾病，国内发现的裂头蚴主要为曼氏裂头蚴。

病原体　曼氏迭宫绦虫（*Spirometra mansoni*），长 60~100cm。头节指形细小，背腹面各具有一个纵列的吸槽。体节宽度大于长度，成节与孕节结构基本相似，每个体节内只有一组生殖器官，子宫有 3~4 个或 7~8 个盘旋，子宫开口于阴道孔之后。曼氏裂头蚴呈乳白色，长带状，长 3~30mm，或更长，宽 1~8mm 具有与成虫相似的头节，体不分节，但具有横皱纹。虫卵为卵圆形，两端稍尖，呈浅灰褐色，卵壳薄，有卵盖，内有卵胚细胞和卵黄细胞。

发育史：曼氏迭宫绦虫发育史需三个宿主。成虫寄生于犬、狼、狐等肉食动物的小肠。卵从子宫产出，随粪便排出体外，在水中适宜温度下经 3~5 周发育为钩球蚴。钩球蚴被中间宿主—剑水蚤吞食，在其体内经 1~2 周发育为原尾蚴。带原尾蚴的剑水蚤被补充宿主—蝌蚪吞食，在其体内发育为裂头蚴，如果带裂头蚴的补充宿主被鸟类、蛇等吞食，裂头蚴在其体内不能发育为成虫，而只能做为转续宿主。终末宿主吞食了受感染的补充宿主或转续宿主后，裂头蚴在其肠内经 3 周发育为成虫。人可成为曼氏迭宫绦虫的补充宿主或终末宿主。

病状　猪感染裂头蚴多在肌肉、肠系膜、网膜及其他组织寄生，一般无明显症状。严重感染表现营养不良，食欲不振，精神沉郁和嗜睡。

人感染裂头蚴，可因误食含有原尾蚴的剑水蚤，用省蛙皮肉敷治伤口，吃生的或不熟的蛙、蛇、猪肉而感染。被寄生的组织可出现炎症、坏死、化脓等病理变化。

诊断　生前诊断可从伤口找到裂头蚴。死后诊断可见寄生部位组织渗出性出血，胶样浸润，组织萎缩，并可发现裂头蚴。犬、猫生前依据粪便中虫卵检查，死后根据剖检发现虫体而确诊。

防治　在该病流行地区，应定期给猫、犬驱虫；加强兽医肉品卫生检验工作；实行圈养猪，避免吃到蛙；教育群众不以蛙皮肉敷伤口，不饮生水，不食生的或不熟的蛙、蛇、猪肉等。

六、克氏假裸头绦虫病

克氏假裸头绦虫是由膜壳科假裸头属的克氏假裸头绦虫寄生于猪小肠因引起的疾病。人偶有感染。

病原体　克氏假裸头绦虫（*Pseudanoplocephala crawfordi*），体长 97~167cm。头节近圆形，其上有四个吸盘和一个不发达的顶突，无小钩。成熟体节内只有一组生殖器官，生殖孔开口于同侧，偶有开口对侧者。虫卵圆形，棕褐色，卵壳较厚，内含六钩蚴。

发育史：成虫主要寄生于猪的小肠内。随粪便排出的孕节和虫卵被中间宿主赤拟谷盗吞食，在其体内经 30~50d 发育为似囊尾蚴，含似囊尾蚴的赤拟谷盗被猪吃入后，经 30d 虫体成熟。

病状　轻度感染常无症状，大量寄生时，可出现食欲不振，阵发性呕吐，腹泻、腹痛，粪便中常有黏液。逐渐消瘦，仔猪发育迟缓。人感染后主要表现腹痛、消瘦、贫血。

诊断　生前粪便检查发现虫体孕节或虫卵，和死后剖检发现虫体确诊。

防治　基本同其他绦虫病。治疗可用硫双二氯酚 80~100mg/kg；吡喹酮 50mg/kg，一次内服。也可用丙硫咪唑。人感染时用尼龙霉素治疗。

预防　应采取猪的定期驱虫、猪粪堆积发酵、防止饲料孳生赤拟谷盗。

第三节　其他绦虫病

一、细颈囊尾蚴病

细颈囊尾蚴是由带科带属的泡状带绦虫的幼虫——细颈囊尾蚴寄生于动物引起的疾病。主要寄生于猪、牛、羊等多种家畜和野生动物网膜、肠系膜及肝脏等处。

病原体　泡状带绦虫（*Taenia hydatigena*），体长 1.5~2m。头节上有吸盘和顶突，顶突上有 30~40 个小钩。孕节子宫每侧有 5~10 个分枝。虫卵近似椭圆形，内含一个六钩蚴。

细颈囊尾蚴（*Cysticercus tenuicollis*）呈囊泡状，囊体由黄豆大至鸡蛋大。囊壁乳白色，囊内充满透明液体，囊壁有一个乳白色而具有长颈的头节，俗称“水铃铛”。

发育史：成虫寄生于犬、狼等肉食动物的小肠内。孕节随粪便排出体外，污染牧草、饲料及饮水，被猪、牛、羊等中间宿主吞食，虫卵则在消化道内逸出六钩蚴病钻入肠壁血管，随血循环到肝、网膜、肠系膜等处，约经 3 个月发育成具有感染能力的细颈囊尾蚴。终末宿主吃入含有细颈囊尾蚴的脏器被感染，细颈囊尾蚴经 52~78d 发育为成虫。该病分布广泛，在我国各地均有发生。

病状　在一般情况下成年动物无明显临床症状，有时可见病畜消瘦，虚弱与黄疸，仔猪和羔羊发育受阻。

诊断　生前可试用免疫学方法诊断，死后发现虫体确诊。

防治　用吡喹酮可试治该病，用法和剂量同猪囊尾蚴病。

预防本病可参考棘球蚴病。主要是禁用患有细颈囊尾蚴的脏器喂犬等肉食动物；实行圈养猪；保持饲料饮水卫生，防止被犬粪污染；犬要定期驱虫。

二、豆状囊尾蚴病

豆状囊尾蚴病是由带属豆状带绦虫的幼虫—豆状囊尾蚴寄生于动物的肝脏、肠系膜和腹腔内引起的疫病。主要寄生于家兔，其他啮齿动物也可感染。

病原体　豆状带绦虫（*Taenia pisiformis*），长 60~200cm。生殖孔不规则的交互开口，链体边缘呈锯齿状，故又称锯齿带绦虫（*T.serrata*）孕节的子宫每侧有 8~14 个主侧枝。

豆状囊尾蚴（*Cysticercus pisiformis*）包囊很小，如豌豆，囊内含有一个白色头节。一般由 5~15 个或更多成串的附着在腹腔浆膜上。

发育史：发育过程与泡状带绦虫相似。孕卵体节和虫卵随犬粪便排出体外，当兔等中间宿主吞食虫卵后，六钩蚴在消化道逸出，钻入肠壁，随血循环到肝脏实质中发育 15~30d，以后再进入腹腔成串或成团的发育成熟。终末宿主吞食了含有豆状囊尾蚴兔的内脏后，约经 1 个月发育为成虫。

病状　豆状囊尾蚴对兔的致病力不强，多为慢性经过，主要表现消化机能异常，消瘦，幼兔发育缓慢，大量感染时可出现肝炎症状。

预防　与细颈囊尾蚴病相似。

三、反刍兽绦虫病

反刍兽绦虫病是由裸头科，莫尼茨属、曲子宫属和无卵黄属的绦虫寄生于牛、羊小肠引起的疾病。对羔羊和犊牛危害较严重。

病原体

1. 扩展莫尼茨绦虫（*Moniezia expansa*）：虫体呈乳白色长带状，长 1~6m。头节球形，有四个吸盘，五顶突及小钩。体节宽大于长度，最大宽度可达 16mm，每个成熟体节内有两组生殖器官，各向一侧开口，睾丸数百个，分布排泄管内侧。每个节片整个后缘分布一排环状节间腺。虫卵近似三角形或圆形，卵内有一个含六钩蚴的梨形器。

2. 贝氏莫尼茨绦虫（*M.benedeni*）：形态与扩展莫尼茨绦虫极为相似，但节片更宽，可达 26mm。节间腺呈密集条带状，集中分布于节片后缘中央部分。虫卵与前种相似，多呈正方形。

3. 盖氏曲子宫绦虫（*Helictonetra giardi*）：虫体长 1~2m，宽 12mm，每个字节只有一组生殖器官，左右不规则的交互排列。雄茎囊外伸，使虫体外观边缘不整齐，睾丸分布于排泄管外侧。子宫呈多弯曲的横列管状。虫卵似圆形，无梨形器，每 3~8 个卵由一个子宫周器官包围着。

4. 中点无卵黄绦虫（*Avitellina centripunctata*）：体长 2~3m，宽 2~3m，每个节片内只有一组生殖器官，左右不规则排列，睾丸位于排泄管两侧，无卵黄腺，各孕节子宫周器官均互相靠近并向前后连续，排列于节片中央，眼观虫体中央呈一条白线。虫卵椭圆形，内含六钩蚴，无梨形器。

发育史：莫尼茨绦虫孕节随宿主粪便排出体外，被中间宿主—甲螨（地螨）吞食，一般需经 100~200d 在其体内发育为似囊尾蚴，含似囊尾蚴的甲螨被羊、牛吞食后，在其小肠内经 40~50d 发育为成虫。成虫生命期为 2~6 个月。

盖氏曲子宫绦虫和中点无卵黄腺绦虫的发育史与莫尼茨绦虫相似，盖氏曲子宫绦虫的中间宿主可能是甲螨。有的学者证实，中点无卵黄腺绦虫的中间宿主是弹尾目昆虫的跳虫（长角跳虫、异跳虫、节跳虫和紫跳虫等）。

流行病学：

1. 年龄动态：莫尼茨绦虫多感染羔羊和犊牛，盖氏曲子宫绦虫对成畜、幼畜均可感染；中点无卵黄腺绦虫则多见于成年羊和牛。

2. 季节动态：莫尼茨绦虫的季节动态与甲螨活动规律及似囊尾蚴的发育期有关，而甲螨的繁殖能力和似囊尾蚴的发育期与气候直接相关，因此我国各地区感染季节不同，北方多于 5 月开始感染，6 月和 9—10 月达到感染高峰，而南方 3 月开始感染，4—6 月达到高峰。盖氏曲子宫绦虫春夏秋季都能感染，而中点无卵黄腺绦虫只秋季发生感染。

3. 地理分布：莫尼茨绦虫病和盖氏曲子宫绦虫病分布于全国各地，中点无卵黄腺绦虫病主要分布于高寒、干燥地区。

发病机理与病状 反刍动物肠道寄生的几种绦虫体型较大，生长很快，需从宿主机体夺取大量营养物质，影响食物在动物肠道的通过和消化吸收，大量虫体寄生时还可阻塞肠管，甚至引起肠破裂。虫体分泌的有毒物质和代谢产物，对各组织球杆有变态反应性及中毒作用，导致各器官的炎症和变性。

动物感染后的症状表现，因感染强度及年龄而异。轻度感染或成年动物感染一般不显症状，幼龄动物感染及成年动物重度感染时症状明显，其表现为消化紊乱，经常腹痛、肠臌气和下痢，下痢粪便中常混有脱落的绦虫节片。逐渐消瘦、贫血、精神沉郁，有的可出现痉挛，反应迟钝或消失。空口咀嚼及口吐白沫等神经症状。重症者多衰竭死亡。幼畜发育受阻，死亡率较高。

诊断 依据流行病学、临床症状和粪便检查结果确诊。粪便检查用饱和盐水漂浮法发现虫卵，或每天清晨检查畜舍新鲜粪便中有无孕节排出。亦可通过诊断性驱虫和死后剖检发现虫体确诊。

治疗 治疗药物很多，可选用下列药物：

硫双二氯酚，羊 75mg/kg，牛 50 mg/kg，配成混悬液灌服。驱除盖氏曲子宫绦虫则应加大剂量为羊 100 mg/kg，羊 70mg/kg。

丙硫咪唑：牛、羊 5~10mg/kg，用法同上。

吡喹酮：牛、羊 10~20mg/kg，用法同上。

预防：

1. 消灭中间宿主：对甲螨孳生场所，采取深耕土壤、开垦荒地、种植牧草、更新牧地等措施，减少甲螨繁衍。

2. 预防性驱虫：在年内放牧前与舍饲后 40d 进行驱虫。在该病流行地区最好采用成虫期前驱虫，在春季放牧后 30~35d 进行第一次驱虫，以后每隔 30~35d 进行一次，知道转为舍饲为止。

3. 放牧卫生：在感染季节避免在低湿地放牧，并尽可能地避免在清晨、黄昏和雨天放牧，以减少感染，有条件的地方可实行反刍动物与马属动物论牧。

4. 保护幼畜：将断奶后羔羊和犊牛赶到两年内没有放牧过反刍动物的草场去放牧，对预防莫尼茨绦虫病有重要意义。

5. 粪便发酵：及时清除圈舍粪便，堆肥发酵处理，杀灭虫卵。

四、肉食兽绦虫病

肉食兽绦虫病是多种绦虫寄生于肉食动物小肠引起疾病的统称，其中许多是人畜共患病的病原体。

病原体与发育史　寄生于肉食动物的绦虫中，棘球绦虫、多头绦虫、盖氏迭宫绦虫、泡状带绦虫和豆状带绦虫，其病原体形态特征及发育史在有关疾病中已阐述。此外还有犬复孔绦虫、线中殖孔绦虫和肥颈泡状带绦虫等，其中除肥颈泡状带绦虫外，其余均可偶尔感染人。

犬复孔绦虫（*Dipylidium caninum*）：寄生于犬、猫、狐、狼等肉食动物，人也可感染。体长 10~50cm，头节有吸盘，顶突和小钩。体节呈黄瓜子状，又称瓜实绦虫，成熟节片有两组生殖器官，两侧各有一生殖孔。虫卵圆形透明，具两层薄卵壳，内含六钩蚴。其中间宿主为蚤类，在蚤的成虫及幼虫体内约经 30d 发育为似囊尾蚴，终末宿主吞食蚤类感染，经 2~3 周发育为成虫。

线中殖孔绦虫（*Mesocestoides lineatus*）：寄生于犬、狐、猫、熊、鼬鼠等肉食动物小肠内，人偶可感染。体长 25~100cm，头节吸盘大，无顶突和小钩，成熟节片有一组生殖器官，子宫位于节片中央，呈纵行长囊状，使整个链体中央似有纵线贯穿，生殖孔开口于背面中央。虫卵长圆形，两层卵膜，内含六钩蚴。中间宿主为食粪甲虫，在其体内发育为似囊尾蚴；补充宿主为啮齿动物、禽类、爬虫动物和两栖动物，在其体内发育为四吸盘蚴。终末宿主吞食补充宿主感染。

肥颈泡状带绦虫（*T.taeniaeformis*）：主要寄生于猫，又称猫绦虫，其次是犬、狐等肉食动物，体长 15~60cm，头节大，有吸盘，顶突和小钩，颈短而粗。虫卵与其他带科绦虫相似。中间宿主为啮齿动物，在其肝脏发育为片形囊尾蚴，终末宿主捕食啮齿动物而感染。

病状　轻度感染时，不显临床症状，多为营养不良。严重感染时，食欲反常，消化不良，呕吐，稀便，有时腹痛，逐渐消瘦，贫血。个别病例，有伪狂犬病症状。多为慢性经过，少有死亡。

诊断　经常观察犬的体态，和粪便中有无孕节排出。用饱和盐水漂浮法检查粪便发现虫卵等综合确诊。

治疗　硫双二氯酚，犬 100mg/kg，猫 150 ~200mg/kg；氯硝柳胺，犬 100~150 mg/kg，猫 200 mg/kg；丙硫咪唑，犬、猫 10~15mg/kg；吡喹酮，犬、猫 5~10mg/kg。将药包在肉馅中投服或制成药饵喂给，经济动物的剂量一犬、猫为参考。

预防：

1. 严格肉品卫生检验制度，带有各种绦虫蚴的肉类废弃物，未经无害化处理不得喂犬及其他肉食兽。

2. 鱼、虾产区注意要防止将生鱼、虾喂动物，以防裂头绦虫病等发生流行。

3. 对有经济价值的警犬、牧羊犬等于年内每季度驱虫一次。驱虫后 2~3d 内排出的粪便要集中深埋或焚烧。

4. 搞好畜体及犬舍和其他肉食动物笼、穴的杀虫工作；防止猫绦虫病，还应搞好灭鼠工作。

五、鸡绦虫病

鸡绦虫病是由戴文科戴文属和赖利属的绦虫，寄生于鸡小肠引起的疾病。

病原体与发育史：

1. 节片戴文绦虫（*Davainea proglottina*）：寄生于鸡、颌的小肠，虫体短小，长 0.5~3mm，由 2~9 个体节组成，生殖孔规则的交互开口于每个体节的侧缘前半部。孕卵节片内子宫崩解为许多卵袋。每个卵袋中有 1 个卵。

发育中以软体动物蛞蝓为中间宿主，蛞蝓吞食后卵后六钩蚴在其体内约经 3~4 周发育为似囊尾蚴，鸡吞食含有似囊尾蚴的中间宿主约经 2 周，在小肠内发育为成虫。

2. 赖沟赖利绦虫（*Raillietina echinobothrida*）：寄生于鸡小肠，虫体长 25cm，吸盘圆形，其上有 8~10 列小钩，顶突上有 200 个小钩，排成两列。生殖孔常开口于一侧，偶有交互开口的。孕节的子宫内形成 90~150 个卵袋，每个卵袋内有 6~12 个虫卵。

发育中以蚂蚁为中间宿主，蚂蚁吞食虫卵后在其体内经 2 周发育为似囊尾蚴，中间宿主被鸡吞食后，经 3 周发育为成虫。

3. 四角赖利绦虫（*R.tetragona*）：寄生于鸡、鸽的小肠。虫体长 100~250mm，头节有四个长圆形的吸盘，吸盘上有 8~10 个小钩，顶突小，其上有 100 个小钩，生殖孔开口于节片同侧，每个卵袋内有 6~12 个虫卵。

中间宿主为蚂蚁和家蝇。其发育过程同棘沟赖利绦虫。

4. 有轮赖利绦虫（*R.cesticillus*）：寄生于鸡的小肠。虫体长 40~120mm，头节大，顶突宽而呈轮状，顶突上有 400~500 个小钩，吸盘小，无小钩，生殖孔不规则的交替开口于节片两侧，每个卵袋内只有一个虫卵。中间宿主为家蝇、金龟子、步行虫等昆虫。发育过程同前。

病状　虫体头节深入肠黏膜，是肠壁上形成结节样病变。吸盘及小钩使肠黏膜被破坏，引起肠炎，当虫体大量寄生时可阻塞肠管，甚至破裂而发生腹膜炎。轻度感染症状不显。严重感染时，表现出血性肠炎，消化障碍、消瘦、贫血。雏鸡生长停滞或死亡。成鸡产蛋性能明显下降。

诊断　综合流行病学、病状、粪便检查和尸体剖检而确诊。

注意夏秋季末雏鸡多发病；粪便检查主要是在粪便中发现孕卵节片，节片粟粒大，乳白色，肉质样，有时可见节片蠕动。

剖检在初期可见小肠黏膜肥厚，充血，刮去黏膜，镜下检查可发现绦虫头节；成虫寄生时黏膜有针尖大褐色结节，结节中心下陷，有时可见直径 8~10mm 溃疡，并可发现绦虫。

治疗　可选用硫双二氯酚，150~200mg/kg；氯硝柳胺，50~60mg/kg；丙硫咪唑，

15~20mg/kg；吡喹酮，10~15mg/kg。上述药物混在饲料内饲喂。也可用氢溴酸槟榔碱 1~1.5mg/kg，加适量水投服。

预防　预防性驱虫，每年 2~3 次全群性驱虫，集中生物热发酵处理粪便，以防止病原扩散而污染环境。雏鸡应在清洁的鸡舍和运动场中饲养。雏鸡和成鸡最好采取笼养方式。消灭中间宿主，搞好鸡场的灭蝇、防蝇和杀虫工作。

六、水禽绦虫病

水禽绦虫病是由膜壳科的绦虫寄生在鸭、鹅肠道内引起的疾病。

病原体与发育史　寄生于水禽的膜壳科绦虫种类很多，主要有：

1. 矛形剑（*Drepanidotaenia lanceolata*）：为禽类的大型绦虫，长 30~130mm，呈矛形，前部窄，后部逐渐变宽，最宽处达 8~18mm，睾丸 3 个。虫卵椭圆形，淡黄色，内含有六钩蚴。

剑带绦虫寄生在鹅、鸭小肠，也能感染某些野生游禽。孕节脱落排于水中，虫卵被中间宿主——剑水蚤吞食，约经 30d 发育为似囊尾蚴，终末宿主吃入含有似囊尾蚴的剑水蚤而感染，约经 3 周虫体发育成熟。

2. 冠状双盔带绦虫（*Dicrnotaenia coronula*）：寄生于鸭及野生水禽小肠后段和盲肠，虫体长 128~190mm，宽 3mm，吸盘正圆形，无钩。顶突上有 20~26 个小钩，排列呈冠状。生殖孔开口于体节同侧的前缘。

膜壳绦虫的中间宿主是剑水蚤及其他一些小的甲壳动物，螺蛳可做为本虫及某些膜壳绦虫的补充宿主。

病状　由于虫体的机械和有毒物质作用，使肠道发炎。表现腹泻，生长发育不良。消瘦贫血等，有的出现神经质症状。雏鸭严重感染可引起大批死亡。

诊断　粪便检查发现虫卵或孕节，诊断性驱虫和尸体剖检发现虫体即确诊。

治疗　治疗药可用硫双二氯酚，鸭 20~30mg/kg，鹅 600mg/kg；吡喹酮，鸭、鹅 10~15mg/kg；丙硫咪唑，10mg/kg；氯硝柳胺，100mg/kg。混在饲料内饲喂。

氢溴酸槟榔碱 1~1.5mg/kg，溶于水中投服。

预防　定期驱虫，成鹅、鸭每年进行 2 次驱虫，一次在初春放养之前，可避免水池污染。严重地区仔鸭、仔鹅可在放养期每月驱虫一次。

被污染的水池，应停用一年，使含似囊尾蚴的剑水蚤死亡后再放养水禽，以防感染。

第四十章　鞭毛虫病

鞭毛虫病是由动物鞭毛虫纲的原虫寄生于家畜所引起的一类疾病。

第一节　鞭毛虫通性

一、形态特征

本纲原虫有一根或多根鞭毛，故称鞭毛虫。虫体有卵圆形、梨形、圆形或叶片形等多种形态。具一根或多根鞭毛，但有少数种类为无鞭毛的阿米巴型。胞核为泡状核，多数是单个，少数具多个。虫体内有动基体（富基体）和毛基体，鞭毛由毛基体长出，有些鞭毛可游离于虫体外，当鞭毛与虫体之间胞膜相连时，随着鞭毛摆动，这部分胞膜也 随之波动，故称之为波动膜。某些种类内有轴柱，或体表有胞口。鞭毛虫的动基体是由数千个、小 DNA 环成，其结构不同具分类意义。大环的生物活性与锥虫的发育有关。

二、生物学特性

这类原虫主要以鞭毛运动，通过胞膜渗透或吞噬的方式摄取营养，以二分裂方式繁殖。少数种类具有有性繁殖。鞭毛虫多数是单宿主发育型原虫，如伊氏锥虫，少数为异宿主发育型原虫，如利什曼原虫。在流行病学上，除少数鞭毛虫，如马媾疫和牛胎毛滴虫由生殖道黏膜接触感染外，大多由吸血昆虫等生物媒介传播。某些鞭毛虫病具有自然疫源地特征。

三、分类

与兽医有关的鞭毛虫隶属于动物鞭毛虫纲的动基体目、双滴目和毛滴虫目。

（一）动基体目（*Kinetoplastida*）

有 1~4 根鞭毛，动基体具线粒体膜。多为寄生性原虫。

锥虫科（*Trypanosomatidae*）：呈叶状或圆形。包括锥虫和利什曼属。

（二）双滴目（*Diplomonadida*）

两侧对称；有 2 个核鞭毛体，各有 4 根鞭毛。多为寄生性原虫。

六鞭毛科（*Hexamitidae*）：有 6~8 根鞭毛，具双核。包括贾第属。

（三）毛滴虫目（*Trichomonadida*）

典型的具 4~6 根鞭毛，如有后行鞭毛则附着于波动膜上；有轴柱；通常无真正的包裹。寄生性原虫。

1. 单毛滴虫科（*Monocercomonadidae*）：具 3~5 根前鞭毛，后行鞭毛通常是游离的。包括组织滴虫属。

2. 毛滴虫科（Trichomonadidae）：具 4~6 根鞭毛，一根后行鞭毛附着在波动膜上。包括毛滴虫属和三毛滴虫属。

第二节　人畜共患鞭毛虫病

利什曼原虫病：利什曼原虫病是由锥虫科利什曼属的原虫寄生于动物和人而引起的疾病。又称黑热病。主要寄生于人，其次为犬、猫、狼、狐等肉食兽也可感染。

病原体　利什曼原虫种类很多，我国主要见于杜氏利什曼原虫（*Leishmania donovani*），其不同发育阶段可分无鞭毛体和前鞭毛体。

1. 无鞭毛体：见于犬和人的巨噬细胞内及 37℃组织培养中。呈椭圆或圆形，无游离鞭毛，大小为（2.9~5.7）μm×（1.8~4.0）μm，虫体一端有核，另一端或中央有一细小杆状动基体，其附近有一点状毛基体，由此发出一根鞭毛，但不游离出体外，故称之内鞭毛。

2. 前鞭毛体：见于白蛉胃内或 22~28℃组织培养中。成熟的虫体呈前宽后窄细长的纺椎形。比无鞭毛体大，长约 11.3~15.9μm。核位于虫体中部。动基体在虫体前端，鞭毛游离于体外，其长度相当于虫体的长度。

发育史：当雌白蛉叮咬病犬或病人时，将含杜氏利什曼原虫无鞭毛体的巨噬细胞摄入胃内，无鞭毛体的巨噬细胞摄入胃内，无鞭毛体逸出，并以纵二分裂方式进行大量繁殖，然后逐渐向白蛉前胃、食道和咽部移动，一般在白蛉感染后 7 于口器内出现具感染性的成熟前鞭毛体。当白蛉再次叮咬健康的犬和人时，前鞭毛体随白蛉的唾液注入犬或人的体内，被宿主皮下组织中的巨噬细胞吞噬后，脱去鞭毛，进行二分裂繁殖，产生大量无鞭毛体，并将巨噬细胞胀破。释放出的无鞭毛体被其他巨噬细胞吞噬，并随着血液循环带到全身各处，尤以肝、脾、骨髓和淋巴结等处为多，且繁殖更旺盛。最终导致巨噬细胞不断地破裂，游离的无鞭毛体有不断地侵入其他巨噬细胞，重复上述增殖过程。

流行病学：黑热病是一种具地域性流行特征的疾病。该病曾在我国长江以北至长城以南的广大地区流行十分猖獗。现已控制，但少数地区尚未有散发。本病在荒漠地带存在原发性自然疫源地，人或犬进入后，可在人与犬之间传播。

感染来源主要是犬和人，其次是狼、狐和鼠等野生动物。主要感染途径是通过白蛉叮咬或白蛉被击破在皮肤上经伤口而感染，但输入患者的血液也可能造成感染。

发病季节与当地白蛉的活动有关，故各地不尽一致，但秋季发病率都较其他各季为低。

症状　犬感染后多为隐性，少数呈急性经过。病犬表现为厌食、消瘦、精神萎靡，体温呈不规则升高，声音嘶哑，贫血，下痢，眼睑及鼻黏膜发炎，并出现溃疡，数日后死亡。

慢性病犬表现为头部和背部皮肤干燥、脱毛，有时有溃疡灶；体表淋巴结肿大。后期食欲不振，消瘦，鼻出血；足关节肿胀、强直，可能发生麻痹而瘫痪，最后死亡。

人感染后，一般都变现以内脏为主的全身感染症状，出现不规则发热、肝脾肿大、鼻衄、齿龈出血、贫血、消瘦，若不及时治疗，往往并发其他疾病而死亡。个别患者仅表现为皮肤有肉芽瘤样的结节，如黄豆大小，压之有弹性，无痛痒、不溃疡。

诊断　根据流行病学、病状和寄生虫检查确诊。寄生虫检查常用骨髓和淋巴结穿刺液或皮肤病变组织制片，经染色后镜检，发现无鞭毛体而确诊。也可以用酶联免疫吸附试验、单克隆抗体——抗原斑点试验等免疫学方法或地鼠接种或组织培养的方法确诊。

防治　病犬无治疗价值，确诊后一律捕杀。病人可用葡萄糖算锑钠或戊烷脒治疗。

预防　应采取综合性措施，加强对白蛉的防制。常用的方法是在白蛉成虫出现季节对室内外白蛉栖息的地方定期喷洒残效期较长的杀虫剂，如氨基甲酸脂类杀虫剂等。野外作业时应在皮肤裸露部位涂擦驱蛉剂。并结合开荒造林、农田水利建设等措施，清除白蛉幼虫的孳生地。

第三节　其他鞭毛虫病

一、伊氏锥虫病

伊氏锥虫病是由锥虫科锥虫属的伊氏锥虫寄生于动物的血液而引起的疾病。主要感染马属动物、牛和骆驼，其他哺乳动物，如猪、犬、猫及某些野生动物和啮齿类动物亦可感染。

病原体和发育史　伊氏锥虫（*Trypanosoma evansi*），呈弯曲的柳叶状，前尖后钝圆，大小为 18~30μm × 2.5μm。虫体中部有一椭圆形的泡状核，后端有点状动鸡体和毛基体，由毛基体生出一根鞭毛，沿虫体边缘的波动膜向前延伸，并游离出体外。

伊氏锥虫的发育史简单，只需一个宿主。虫体寄生于宿主的血浆和淋巴液内，以体表渗透吸收营养，并以纵二分裂方式进行大量繁殖。

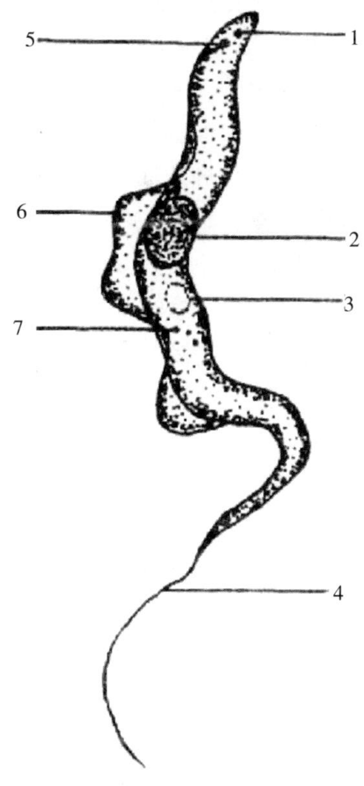

图 7.8　伊氏锥虫

1. 动基体　2. 核　3. 空泡　4. 游离鞭毛　5. 毛基体　6. 波动膜　7. 颗粒

流行病学

1. 感染来源：本病的感染来源为所有的病畜和各种带虫动物。带虫时间，可达 2—3 年，骆驼则达 5 年之久。

2. 感染途径：主要是由吸血昆虫（如牛虻和鳌蝇）在吸血是，经病畜体内的虫体传递给健康家畜。伊氏锥虫在吸血昆虫体内不发育繁殖，吸血昆虫仅引起机械特性传播伊氏锥虫的作用。也可经胎盘感染胎儿。肉食动物吞食新鲜病肉时，可经消化道的伤口而感染。此外，用污染虫体的注射器或手术器械诊疗健畜时，也可造成感染。

3. 发病季节：本病发生与吸血昆虫的活动有密切关系。发病季节多在 5—10 月，7—9 月为高峰期。但在华南地区，鳌蝇终年不断，伊氏锥虫病亦可常年产生。

病因　伊氏锥虫对宿主的致病作用主要是繁殖时产生的大量有毒物质所引起的。有毒物质首先侵害中枢神经。引起神经症状和体温升高，继而侵害心血管系统、网状内皮系统和其他各实质器官的细胞和组织，引起出血、溶血、贫血、水肿和黄疸。溶血的主要原因是溶解型（细胞毒型）变态反应所致。由于微循环障碍和造血机能障碍，红细胞减少，造成组织缺氧。大量的乳酸蓄积而产生酸中毒。肝功能被破坏，引起低血糖。导致病畜死亡的直接原因是严重的低血糖和酸中毒。

病状　牛感染后多呈慢性经过，少数为急性发作。人工感染的潜伏期，水牛为6d，黄牛为6~12d。病牛体温升高40~41.6℃，呈不规则间歇热型。可视黏膜先潮红，后苍白黄染，有出血点或血斑。多数病牛耐过急性期转为慢性。慢性病牛表现为精神委顿，行走无力，日见消瘦，四肢下部、胸前、腹下浮肿，皮肤龟裂，甚至溃烂，流出少量淡黄色黏液，结痂、脱毛，严重时，耳尖、尾端、角及蹄匣坏死脱落。晚期后肢麻痹，卧地不起，衰竭死亡。母牛感染时，常见流产、死胎或泌乳量减少，甚至停乳。因胎盘感染的犊牛可于出生后2—3周内发病死亡。

马感染后多呈急性经过，体温升高40℃以上，稽留热或驰张热，数日后转为间歇热。初期结膜发炎，潮红、肿胀，后期苍白、黄染、出血。反复数次发热后，病状加重，高度贫血。精神沉郁，食欲减退，逐渐消瘦，体表水肿，晚期后躯麻痹，到第死亡。

骆驼感染后常表现为突然发病，体温升高，呈弛张热型，食欲减退，反刍停止，水样腹泻，鼻镜干燥，易疲劳，甚至卧地不起，常于2~4日内死亡。慢性病骆驼表现为体温升降时间延长，食欲减退，驼峰缩小，贫血、消瘦，胸腹下部及阴筒和四肢水肿，体表淋巴结肿大，鼻梁两侧常见黄豆大至鸽卵大的皮下血肿，易破裂流血不止。慢性病骆驼有时可康复而成为带虫者。

诊断　根据流行病学、病状、剖检变化及血液寄生虫学检查确诊。剖检时见尸体消瘦，血液稀薄，凝固不良，皮下有黄色胶样浸润；淋巴结肿大；浆膜有小出血点。急性病例的脾肿大显著，髓质烂泥状。慢性病例脾较硬、色淡、包膜下有出血点；肝肿大、淤血，切面呈豆蔻样。骆驼和牛的第三四胃及小肠黏膜有出血灶。

血液寄生虫学检查可采用耳尖静脉血做血液压滴标本或血液涂片染色镜检，发现虫体确诊。也可用动物接种、间接血凝试验、琼脂扩散反应和酶联免疫吸附试验等方法诊断。实验动物中以小白鼠和犬对伊氏锥虫最易感，豚鼠、家兔和猫其次。常用病畜血液做腹腔或皮下接种小白鼠0.2~0.5ml或家兔15ml，接种后隔1~2d采血检查一次（家兔可隔3~5d），连续一个月以上查无虫体，可判为阴性。

治疗　本病于应早期治疗，病配合对症疗法和加强护理。伊氏锥虫有不同的地理株，各虫株对各种抗锥虫药的敏感性不同，应注意药物选择。

萘磺苯酰脲（拜耳205）：马10mg/kg，极量为4g，一个月后再注射一次；牛每头3~5g、骆驼每头5g，隔一周后再注射一次。用法为生理盐水配成10%溶液静脉注射。

甲基硫酸喹嘧啶（安锥赛）：马5mg/kg，牛3~5mg/kg、骆驼每头2mg/kg，用灭菌蒸馏水配成10%溶液一次皮下注射，必要时2周再用药一次。

贝尼尔（血虫净）：马3.5~4mg/kg、牛3.5~3.8 mg/kg，用灭菌蒸馏水配成5%溶液作深部肌肉注射。必要时隔5~12天再用药一次。

锥嘧啶（*Trypamidium*）：马0.5 mg/kg、骆驼0.5~0.7mg/kg，用灭菌蒸馏水配成

0.25%~0.5% 溶液作缓慢静脉注射；牛 1 mg/kg，用灭菌蒸馏水配成 1%~2% 溶液作臀部深层肌肉注射。

预防　疫区应每年在春季虻类出现之前和冬季对易感动物进行检查，发现阳性家畜及时治疗。对假定健康家畜可在发病季节内进行药物预防。常用安锥赛预防盐（含甲基硫酸喹嘧啶 1.5 份）、氯化喹嘧啶胺 2 份，颈部皮下注射，有效期防期为 3.5 月。配制时，先在 200ml 容量、有胶塞的玻璃瓶内装入灭菌蒸馏水 120ml，然后加入安锥赛预防盐 35g，用力振荡 10min，再加灭菌蒸馏水至 150ml，充分震荡后，方可使用。用量为，体重 150kg 以下，按每公斤体重用 0.05ml；体重 150~200kg 用 10ml，体重 200~350kg 用 15ml，体重 350kg 以上用 20ml。加强对调动家畜的检疫，调进的家畜须隔离观察 20d，确认健康后，方可合群饲养。搞好环境卫生，消灭传播媒介，病畜尸体应深埋或烧毁。手术器械和注射器要严格消毒。

二、马媾疫

马媾疫是锥虫科锥虫属的马媾疫锥虫寄生于马属动物的生殖器而引起的疾病。

病原体　马媾疫锥虫（*Trypanosoma eauiperdun*）在形态上与伊氏锥虫基本相同，大小为 22~28 μm × 1.4~2.6 μm。但马媾疫锥虫只感染马属动物，病原体在病马与健康马交配时，通过生殖器官黏膜的直接接触而感染健康马。也可在人工授精时，因所用器械消毒不严利用了含媾疫锥虫的精液而造成感染。

发育史：马媾疫锥虫在马的生殖器官黏膜组织内，以二分裂方式进行繁殖。

病状　本病的潜伏期一般为 2—3 月，病初体温常呈中度升高，以后逐渐恢复正常。典型的症状可分为三期：

第一期：即水肿期。公马阴茎肿胀，逐渐蔓延到包皮、阴囊、腹下及后肢内侧等部位，在水肿部位上的黏膜或皮肤上发生如豌豆大小的黄红色结节和溃疡。这种结节和溃疡可以自愈，愈后留下无色素的白斑。尿道黏膜潮红、肿胀，常排黄色黏液。母马生殖器官也发生相同的症状。病马性欲亢进，发情不正常。此期症状约持续一个月。

第二期：即皮肤病变期。病马在身体各部，特别是胸腹、臀部的皮肤陆续发生圆形或椭圆形的扁平肿块，直径约 4~20cm，内含浆液，时现时隐的“丘疹”。此时马媾疫所特有的症状之一。

第三期：即麻痹期。随着全身症状的逐渐恶化，病马某些运动神经出现不同程度的麻痹现象。常见的是颜面神经麻痹，表现为嘴唇歪斜，耳及眼睑下垂。若病情进一步恶化，则至卧地不起，极度衰竭而死。但土中马的症状往往不十分明显。

诊断　根据病状、血清学和动物接种试验确诊。血清学检查可用琼脂扩散试验，或间接血凝试验，或补体结合反应。

动物接种试验的方法是将病马阴道或尿道刮下与无菌生理盐水混合，然后在家兔的每个睾丸实质中注入 1ml，经 1~2 周后，可见家兔的生殖器官及阴唇周围的皮肤发生水肿，去水肿液涂片镜检，发现虫体，即可确诊。

防治　可用呋喃西林 1.4g，配成 0.14% 溶液，水浴消毒后，静脉注射，每天一次，连用3d，隔5d再进行第二次治疗。呋喃西林用量不应少于1g和大于1.8g。也可用贝尼尔，每公斤体重3.5mg，配成5%的溶液，深部肌肉注射，每天一次，连用3d。

在流行地区，应随时注意发现病马，及时隔离治疗，治疗后应于第10月、11月、12月经3次检查，均无再发迹现象，方可认为痊愈。对种公马要定期进行检查，尽可能采用人工授精，配种人员要注意消毒工作。配种前可用安锥赛预防盐进行预防注射。新调进的马须隔离检疫，每月1次，共检3次均为阴性时，方可认为健康而合群饲养。

三、禽组织滴虫病

组织滴虫病是由单毛滴虫科组织滴虫属的原虫寄生于禽的盲肠和肝脏引起的疾病。也称黑头病。主要感染鸡和火鸡，其次为珠鸡和某些野禽。

病原体和发育史　病原微组织滴虫（*Histomonas meleagridis*）在发育史中有鞭毛型和无病马型二种形态。鞭毛型虫体见于肠腔和盲肠黏膜间隙，呈椭圆形或阿米巴形，大小为（6~14）μm×（8~16）μm。最大直径达21~28μm。胞质可分内质和外质，内含空泡，核泡状，附近有一动基体，生出1根细长的鞭毛，有时2根或4根。

无鞭毛型虫体见于盲肠上皮组织和肝细胞内，呈圆形或椭圆形，大小为2μm×（3~8~10）μm。在火鸡体内可见14μm×18μm的大型虫体。虫体内部结构同鞭毛型，但无鞭毛。

组织滴虫在宿主体内，一二分裂繁殖。虫体在自然环境中很快死亡，但寄生于盲肠的虫体可进入鸡的异刺线虫体内，在其卵巢中繁殖，并进入异刺线虫的卵内。因受卵壳的保护，随异刺线虫卵排出外界的虫体可存活较长时间（6个月以上）。禽类因吞食含滴虫的异刺虫卵而感染。

病状　本病主要感染2周到4月龄的火鸡和2~4月龄的鸡，死亡率很高。成虫鸡带虫。潜伏期为15~20d，病鸡精神不振，食欲减退，羽毛蓬乱，两翅下垂，闭目呆立；下痢，粪便淡黄色或淡绿色。有时带血。病鸡后期头部皮肤因血液循环障碍而呈暗黑色。如不及时治疗，10d即可死亡。

诊断　根据病状、剖检特征和寄生虫学检查确诊。诊断时应注意盲肠内有无异刺线虫感染，并应与柔嫩艾美尔球虫病相区别。

剖检病变主要局限在盲肠和肝脏，其他器官无异常。盲肠呈单侧或双侧肿大，内容物干硬，横断面中央为黑色的凝血块，周围是干酪样坏死样，呈同心圆排列。急性病例见单侧盲肠呈出血性肠炎变化。肝脏肿大，表面有大小不等略为凹陷的溃疡灶。

寄生虫学检查可采用病鸡的新鲜盲肠内容物，放于玻片上，然后滴加40℃温生理盐水制成压滴标本，镜检可见摆式运动的虫体。

防治　治疗可用呋喃西林400ppm，拌料饲喂，连用7~10d，2-乙胺-5-硝基噻唑500~100mg/kg，拌料饲喂，连用14d。

预防应做好环境卫生，定期用3%苛性钠溶液喷洒鸡舍和运动场，保持鸡舍通风干燥；加强饲养管理，成年鸡与幼年鸡（包括火鸡）应分群饲养；对常发病鸡场应在2周龄起进行药物预防，同时做好驱除体内异刺线虫的工作。

四、牛毛滴虫病

牛毛滴虫病是由毛滴虫科三毛滴虫属的原虫寄生于牛的生殖器管引起的疾病。

病原体　病原为三毛滴虫（*Tritrichomonas foetu*），虫体呈纺锤形、长卵圆形或梨形，大小为（9~25）μm×（3~16）μm。有3根前鞭毛，1根后鞭毛，波动膜明显。体内有一纵轴，与波动膜相对的一侧有半月状的胞口。在不良环境下，虫体失去鞭毛和波动膜，多呈圆形且不活动。

发育史：胎三毛滴虫寄生于母牛的阴道、子宫和公牛的阴茎、包皮的黏膜表面及输精管内。通过胞口摄取黏膜、红细胞、微生物等食物或以体表渗透方式吸收营养，以纵二分裂繁殖。

流行病学：病牛是主要的感染来源，尤其是病公牛往往无临床症状，可带虫达三年之久，对本病的传播起着重要的作用。患病孕牛的胎液、胎膜及流产胎儿的第四胃内也有大量的虫体寄生可污染环境。感染多发生于配种季节，主要是通过病牛和健康牛交配时，生殖器官的直接接触而感染；在人工授精时，使用了带虫精液或沾染虫体的输精工具也能造成感染。

胎三毛滴虫对外界不良环境的抵抗力弱，干燥和一般消毒药均能杀死虫体。放牧和提供富含维生素A、维生素B和矿物质的全价饲料，有助于提高对本病的抵抗力。

发病机理与病状　胎三毛滴虫寄生于母牛生殖器后，引起阴道、子宫等炎症，当与化脓菌混合感染时，则发生化脓性炎症，影响发情周期，可造成长期不育。若母牛怀孕，虫体则可侵入胎儿，导致胎儿死亡或流产。感染公牛时，现引起包皮和阴茎发炎，继而侵入输精管、前列腺和睾丸，引起性机能障碍，性欲减退或不射精。

母牛感染后1~2d，阴道发生红肿，1~2周后，见有灰白色絮状物流出，同时在阴道黏膜上出现小疹样的毛滴虫性结节。若发生化脓性炎症则见体温升高，泌乳量显著下降。孕牛见死胎，流产后发情期延长，并有不妊娠等后遗症。

公牛感染后12d，包皮肿胀，分泌出大量脓性物，阴茎黏膜上发生红色小结节，不愿交配，但虫体侵入输精管、前列腺等时症状消失。

诊断　根据流行病学、临床病状和寄生虫学检查确诊。

寄生虫学检查可取阴茎、包皮和阴道分泌物，用生理盐水稀释2~3倍后，制成压滴标本，或用生理盐水冲洗生殖器官，收集冲洗液，经离心，检查沉渣，发现虫体确诊。也可用病料作含马血清、麦芽糖的肉汤培养或阴道接种雌豚鼠进行诊断。

防治　治疗时常用1%钾皂液、0.1%雷佛诺尔或其他消毒冲洗泌尿生殖道，然后用甲硝哒唑（灭滴灵）10mg/kg，配成5%溶液静脉注射，每天1次，连用3次为一疗程。

预防措施应加强牛群和新引进牛的检查。发现病牛及时隔离治疗；公母牛分开饲养；推广人工授精，减少或取代自然交配。对流产胎儿和被胎液等污染的环境要进行严格地消毒。

第四十一章　孢子虫病

孢子虫病是由孢子虫纲球虫亚纲的原虫寄生于动物和人引起的一类疾病。

第一节　孢子虫通性

一、形态特征

虫体呈球形、纺锤形、圆柱形、月牙形、椭圆形、圆点形等多种形态，胞膜较薄，有完整的截锥形类椎体，无运动器官，但个别种类的雄性配子可有鞭毛，均具有卵囊或孢子囊。

二、生物学特性

这类原虫除隐孢子虫和住肉孢子虫的无性繁殖期寄生于细胞外，其余均寄生于细胞内。虫体以屈伸、滑动或配子以鞭毛摆动而运动。以体表渗透吸取营养。在整个发育史中一般都具备裂殖生殖、配子生殖和孢子生殖三种形式的繁殖过程。有些虫种为单宿主发育型，如球虫和隐孢子虫；有些虫种为异宿主发育型，如弓形虫和往肉孢子虫等。主要是脊椎动物的寄生虫。

三、分类

与兽医有关的孢子虫隶属真球虫目内的四个科。

1. 艾美尔科（*Eimeriidae*）：在宿主细胞内发育；乱囊内含零至多个孢子囊，每个孢子化卵囊通常含 8~16 个子孢子。单宿主发育型，孢子生殖在外界完成。包括艾美尔属、等孢属、泰泽属、温扬属。

2. 住肉孢子虫科（*Sarocystidae*）：中间宿主和终末宿主多为脊椎动物，无性生殖阶段有包囊或假包囊。包含弓形虫属、贝诺孢子虫属、肉孢子虫属等。

3. 疟原虫科（*Plasmodiidae*）：裂殖生殖和配子生殖前期在脊椎动物体内进行，配子生殖后期和孢子生殖在无脊椎动物体内进行；通常在宿主细胞中形成色素。媒介为吸血昆虫。包括住白细胞属等。

4. 隐孢科（*Cryptosporidiidae*）：在细胞表面发育；卵囊中无孢子囊。单宿主发育型。孢子生殖在宿主体内完成。仅隐孢属。

第二节　人畜共患孢子虫病

一、弓形虫病

弓形虫病是由弓形虫属的原虫寄生于动物和人引起的疾病。目前已知中间宿主有 45 种哺乳动物、70 中鸟类和 5 种爬行类动物，也可感染人。终末宿主为猫。

病原体　弓形虫虽能在许多动物体内寄生，单病原体均系一个种，及龚地弓形虫（*Toxoplasma gondi*）根据其发育阶段的不同可分为五个虫型。滋养体和包囊两型出现在中间宿主内，裂殖体、配子体和卵巢只出现在终末宿主体内。这里仅介绍与诊断有密切关系的三种虫型。

1. 滋养体（速殖子）：呈新月形，一端较尖，另一端钝圆，大小为（4~7）μm×（2~4）μm，胞核位于中央稍偏钝断。多见于急性病例的肝、脾、肺和淋巴结等核细胞内或腹水中。

2. 包囊：呈球形，直径（20~40）μm，囊壁厚，含有数十个形似滋养体的包囊子（也称患殖子）。多见于慢性或耐过急性期的病例的脑、眼和肌肉组织。

3. 卵囊：圆形或近圆形，大小为 12μm×10μm，淡绿色，囊壁光滑，无膜孔和极粒，内含圆形合子。孢子化卵囊含 2 个孢子囊，每个孢子囊含 4 个子孢子。见于终末宿主的肠细胞或其粪便中。

发育史：终末宿主吞食孢子化的卵囊或滋养体和包囊后，游离的滋养体或子孢子一部分侵入肠道以外的其他器官组织内进行无性繁殖，另一部分则侵入肠上皮细胞内，现经数代裂殖生殖之后，转为配子生殖，最后形成卵囊。卵囊随宿主粪便排至外界，经 2~4d，发育为孢子化卵囊。

中间宿主可因吞食孢子化卵囊、滋养体或包囊而感染。虫体进入中间宿主体内后，可通过淋巴血液循环侵入全身有核细胞，在细胞内以内出芽方式反复进行无性繁殖，产生许多滋养体，有时滋养体簇集一个囊内，称之为假囊。当宿主产生了免疫力或其他的未知因素影响下，虫体繁殖速度减缓，一部分滋养体被消灭，另一部分滋养体则在宿主的脑和肌肉组织等处形成包囊。

流行病学：

1. 感染来源和感染途径：病畜和带虫动物（包括终末宿主）均为感染来源。猫多因吃了感染弓形虫的鼠和其他病畜的肉而感染；草食动物主要是吃了被卵囊污染的牧草而感染；其他家畜和人可因吃入含弓形虫的乳、肉和脏器，以及被卵囊污染的食物、饲料和饮水而感染。急性期病畜的分泌物和排泄物均可能含有弓形虫，可因其污染了环境而造成各种动物的感染。感染途径主要是消化道，也可通过呼吸道、皮肤和眼感染。有些动物和人还可以胎盘感染。

2. 易感性和季节动态：各种动物均可感染，但易感性大小与动物的年龄、免疫状态和营养等有关。一般以幼龄动物易感性最高，其次为免疫机能低下或体况不良的动物。在我国多见于 3~5 月龄的猪呈急性发作。本病的流行季节不明显，但以春、秋季节多发。

病因　弓形虫的致病作用与宿主免疫力的强弱变化有密切的关系。在急性感染期，滋养体是主要致病形式。由于机体尚未建立特异性免疫，弓形虫在侵入部位的细胞内大量繁殖，然后经血液循环扩散到全身其他组织和器官，虫体在细胞内寄生和增殖，不仅导致细胞被破坏，还释放处有毒物质，引起机体发热，受损组织发生以单核细胞浸润为主的炎症反应和水肿。在慢性感染期，包囊内的缓殖子是主要致病形式，一般来说，当机体有保护免疫存在时，从破裂的包囊中逸出的缓殖子即被杀死，只引起宿主的迟发型变态反应；但是一旦宿主免疫力下降，缓殖子便重新发育成滋养体，除造成前述急性期的病理变化外，还引起由迟发型变态反应所致的剧烈炎症反应，形成肉芽肿样炎症。完整的包囊一般不引起炎症反应，但数量过多时，可产生慢性炎症，如慢性脑炎、视网膜炎等症状。

病状　本病主要引起神经、呼吸及消化系统的症候群，此外还有流产和死胎。在临床中重症病例较少，多见轻症和隐性感染。

猪：一仔猪症状明显，多呈急性发作，病初高热稽留 40~42℃，持续 7~10d，精神沉郁，结膜高度发绀，皮肤出现紫红斑块，鼻镜干燥，流出浆液性、黏液性或脓性鼻液，户籍困难、咳嗽，全身发抖，食欲减退或废绝，粪便干硬，粪便表面覆盖有黏液，有的病猪后期下痢，排水样或黏液性或脓性恶臭粪便。后期衰竭，卧地不起，重者于发病一周左右死亡。隐性感染的母猪，怀孕后发生早产或产出发育不全的仔猪或死胎。

羊：羔羊体温升高，呼吸困难，流鼻液，多有转圈运动，左后陷入昏迷。成年羊多为隐性感染，怀孕时常于分娩前 4~6 周。

牛：少有发病。犊牛呈呼吸困难、咳嗽、发热，头部震颤。成年牛病初期有兴奋表现，其他症状与犊牛相似。

马：多为隐性感染。偶尔见进行性运动失调，先前肢后累及后肢，最后卧地不起。

犬：幼犬症状明显，发热、沉郁、食欲减少，眼、鼻有分泌物，咳嗽、呼吸困难。成年犬多为隐性感染，但易流产及早产。

猫：幼猫多为急性，高热，厌食，嗜睡，流鼻液，下痢，贫血，消瘦。成年猫多为慢性，发热、厌食，偶见神经症状，孕猫易流产。

兔：急性为发热，厌食，呼吸困难，眼、鼻有分泌物，后期运动失调，经 2~8d 后死亡。慢性表现为减食、消瘦、贫血、运动失调。

禽：急性表现为反应迟钝、厌食、共济失调、陈发性强直痉挛，严重者经 1~2 周死亡。慢性为进行性神经机能紊乱，最后麻痹、瘫痪、失明、头颈偏向一侧。

诊断　根据流行病学、病状和寄生虫学检查确诊。剖检见病猪的全身淋巴结肿大、切面多汁，有灰黄色环死灶和出血点；肿间质水肿，切面流出大量带泡沫液体；肝混浊肿胀，有小出血点及大小不等的坏死灶；胸腔和腹腔积水。牛为肺水肿。犬的消化道有溃疡，淋巴结大，肺有点状结节。猫为肺水肿，有散在小结节；肝肿大，有小坏死灶；心肌出血，有坏死灶。兔为肺和肠系膜淋巴结水肿，实质器官有坏死灶。禽的急性病例见肺水肿和局灶性坏死。肝出血、肿大、坏死；慢性病例见肝脾肿大，有小坏死灶，胃肠黏膜出血，脑膜下出血。

寄生虫学检查：急性病例常用肺、淋巴结和腹水作为涂片热色，镜检。慢性病例可取脑组织作组织混悬液检查，发现虫体确诊。

此外，还可通过动物接种或色素试验、间接血凝试验、皮内变态反应和酶联免疫吸附试验等免疫学的方法诊断。

动物接种的方法：是肝、肺、淋巴结或脑组织等病料，加 10 倍生理盐水共研磨，然后再加青、链霉素各 1 万 IU/ml，接种于小白鼠，腹腔注射 0.2~0.5ml，如不发病，可于第 20d 捕杀小鼠，按上述方法育传三代，发现虫体即可确诊。

治疗　磺胺类药物和氯苯胍有一定疗效。磺胺药物可按常规剂量和用法应用。氯苯胍：羊 12~18mg/kg，猪 12~24mg/kg 内服，连用 7d；禽按 1 000mg/kg 浓度混入饲料，连用 10~25d；猫 24 mg/kg，连用 3d 后减半投药至痊愈。

预防　本病的防制措施主要应防止猫粪污染饲草、饮水和饲料；消灭鼠类，防止野生动物闯入牧场；对病死畜禽和流产胎儿要深埋或高温处理；加强检疫，发现病畜及时隔离治疗，常发病猪场应定期药物预防；禁止用未煮熟的肉喂猫和畜禽，防止畜禽与猫、鼠接触。加强饲养管理和环境卫生，提高畜禽的抵病力。

二、住肉孢子虫病

住肉孢子虫病是由住肉孢子虫属的原虫寄生于动物和人体内引起的疾病。其中间宿主为哺乳动物、鸟类和爬行类等许多动物，终末宿主为食肉动物。人既可作为中间宿主，也可作为终末宿主。

病原体　寄生于家畜的住肉孢子虫有 20 余种。与人有关的主要是牛人头孢子虫（*Sarcoystis bovihominis*）同物异名——人住肉孢子虫（*S.hominis*）和猪人住肉孢子虫（*S.suihominis*），中间宿主分别是黄牛和猪，终末宿主均为人。其余各种住肉孢子虫可寄生于各种不同的畜禽，它们的终末宿主多为犬、猫和狐等食肉动物。

住肉孢子虫在不同噶与阶段有不同的形态。

1. 包囊（米氏囊）：见于中间宿主的肌纤维之间。呈纺锤形、圆柱形或卵圆形，乳白色。囊壁两层，外层有绒毛状突起，内层则向囊腔延伸将囊腔分隔成许多小室，靠近囊壁的小室充满球形或卵圆形的母细胞，而中央小室则充满由母细胞以内出芽方式的新月形缓殖子。缓殖子的近钝端有一个核，尖端有空泡。猪体内的包囊较小。约 0.5~5mm，而马、牛、羊体内的包囊均在 6mm 以上，肉眼容易看见。

2. 卵囊：见于终末宿主的小肠上皮细胞内或肠内容物中。呈椭圆形，囊薄，内含两个孢子囊，孢子囊大小为（12~16）μm×（8~11）μm，有 4 个子孢子。

发育史：含包囊的肌肉被终末宿主吞食后，囊内的缓殖子逸出并侵入肠上皮细胞直接发育为大、小配子，大小配子结合为合子，合子再发育为卵囊，卵囊在肠壁内发育为孢子化卵囊。成熟的卵囊多自行破裂，随粪便排至外界的卵囊少，多为孢子囊。卵囊或孢子囊被中间宿主吞食后，子孢子脱囊而出，现侵入血管内进行第三次裂殖生殖，产生的第三代裂殖子，随血液侵入全身的肌肉组织内发育为包囊。除孢子囊外，第三代裂殖子也具有对中间宿主的感染性。亦可经胎盘感染胎儿。

发病机理和病状　住肉孢子虫在裂殖生殖过程中，能产生大量的有毒物质，这些有毒物质可抑制多种酶的活性，影响胆汁形成和物质代谢；可使红细胞溶解和抑制造血机能，产生贫血、黄疸；裂殖增殖时可使血管上皮破裂，造成出血。由于贫血缺氧，是组织发生轻度酸中毒和水肿。严重感染时，也可损伤中枢神经系统。此外，第一代裂殖子可致敏机体，在第二三代裂殖子的刺激下引发变态反应，造成宿主休克，甚至死亡。包囊的致病作用较小。

成年动物多为隐性经过。幼年动物感染后，经 20~30d 可能出现症状。犊牛表现为发热，减食，流涎，淋巴结肿大，贫血，消瘦，尾尖脱毛，发育迟缓；羔羊症状与犊牛相似，但体温变化不明显；仔猪表现为精神沉郁、腹泻、跛行和发育不良。孕畜感染易发生流产。

人作为中间宿主时多无症状，少数病人发热，周身不适，及头疼痛。人吃入包囊后，有厌食、恶心、腹痛和腹泻症状。猫、犬及其他肉食动物感染后，症状不明显。

诊断　生前诊断困难，可用间接血凝试验，结合症状和流行病学综合诊断。慢性型病例于死后剖检发现包囊确诊。最常寄生部位：牛为食道肌、心肌和膈肌；猪为膈肌和心肌；绵羊为食道肌和心肌；禽为头颈部肌肉、心肌和肌胃。猪等小型包囊需做肌肉压片法检查。

急性型的病例剖检时可见皮下和横纹肌有出血点；肠系膜淋巴结肿大；胃肠黏膜有卡他性炎症；腹水增多，有时含血液；心肌有出血点；肺水肿、充血。用肌肉刮取物涂片可查出新月形虫体。但应与弓形虫区别。前者染色质少，着色不均，后者染色质多，着色均匀。

防治　急性期可用氨丙啉、氯苯胍、伯氨喹啉。具体方法参见第三节球虫病。

防治　措施应着重加强肉品检疫，防止猫、犬食入含感染性病原的肌肉，同时也要防止猫犬粪便污染饲料和水源。人应注意饮食卫生，不吃生肉和未煮熟的肉类食品。病肉须经高温 -20℃冷冻 3d 后，方可做饲料用。

三、隐孢子虫病

隐孢子虫病是由隐孢属的原虫寄生于动物和人引起的疾病。

病原体　隐孢子虫的卵囊呈球形或椭圆形，大小为 3~6μm，卵囊壁薄而光滑，无色。孢子化卵囊内无孢子囊，内含 4 个裸露的子孢子和一个残体。裂殖体为 8 个裂殖子组成的橘子状。我国已见报道的四种。

1. 火鸡隐孢子虫（*Cryplosporidium meleagridis*）：寄生于家畜和其他鸟类的肠道、法氏囊及呼吸道。卵囊小，呈卵形，大小 4.5μm × 4μm。

2. 鼠隐孢子虫（*C.muris*）：寄生于哺乳动物的胃腺。卵囊较大，卵圆形，大小为 7.4μm × 5.6μm。

3. 微小隐孢子虫（*C.parcum*）：寄生于哺乳动物和人的肠道。卵囊小，圆形或卵圆形，大小为 5.0μm × 4.5μm。

4. 贝氏隐孢子虫（*C.baileyi*）：寄生于禽类的肠道、法氏囊和呼吸道。因隐孢子虫无严格的宿主特异性，各种动物之间的交叉感染现象较普遍，虽然文献记载有多种，但他们均为同一种或几种尚未统一的意见。

发育史：动物因吞食孢子化卵囊感染，子孢子在宿主的黏膜上皮细胞表面或由上皮细胞凹陷形成的空腔内发育，经裂殖生殖后，产生的裂殖子发育为大、小配子，大小配子结合为合子，形成卵囊。孢子化卵囊随宿主粪便排出体外，通过污染饲料、饮水等物，重新感染动物。寄生于呼吸道的隐孢子虫，可能系呼吸道感染所致。

发病机理和病状　隐孢子虫可破坏寄生部位上的黏膜上皮，引起宿主的消化、吸收沟壑分泌机能障碍，并能降低宿主的免疫力、甚至破坏其免疫机能，而使宿主发病。潜伏期为2d以上。主要发生于幼龄动物，表现为腹泻、精神沉郁、厌食、贫血、消瘦。病禽可有呼吸困难症状，成年动物多为带虫者。人的感染发病主要与幼年儿童和免疫缺陷者，其症状与动物相似。

诊断　根据发病年龄、病状和寄生虫学检查确诊。待检粪便必须新鲜，用饱和盐水或饱和蔗糖溶液漂浮法检查卵囊，或取病料涂片，经甲醇固定后，可用美蓝或抗酸染色体镜检，发现卵囊后裂殖体而确诊。

剖检变化为犊牛以组织水，大、小肠黏膜水肿，有坏死灶，内容物存在纤维素块及黏液为特征；羔羊见真胃含凝乳块、肠管充满黄色水样内容物，小肠黏膜充血和肠系膜淋巴结充血水肿；仔猪见肠黏膜水肿，肠腔充满水样液体；禽类如鸡、鸭，可见心、肝和肾，以及肺脏有灰白色小坏死灶，法氏囊萎缩，积有黏液和气体，气囊壁增厚、混浊似云雾状。

防治　目前尚无特效疗法。可试用磺胺类或抗球虫药，注意对症治疗和防止续发细菌或病毒等微生物的感染。搞好环境卫生，畜禽的粪便及时用生物热处理，特别是哺乳期和产房的卫生。防止饮水和饲料被猫、鼠、犬和鸡类等动物的粪便污染。发现病禽要及时隔离治疗。

第三节　其他孢子虫病

一、球虫病

球虫病是由艾美尔属、等孢属、泰泽属和温扬属的原虫寄生于各种畜禽而引起的一类疾病。球虫具有严格的宿主特异性和寄生部位的选择性。各种畜禽的球虫不发生交叉感染，除截形艾美尔球虫寄生于鹅的肾上皮细胞外，其他已知的各种球虫均寄生于宿主消化系统的某些器官和组织的细胞内。

病原体　球虫卵囊呈椭圆形、圆形或卵圆形，囊壁二层，有些种类的卵囊一端有微孔，或在微孔上还有突出的微孔帽（极帽），有的微孔下有1~3个极粒，卵囊内含一团原生质。孢子化乱囊构造因种类不同而异，属的区别在于：艾美尔属的卵囊内含4个孢子囊，每个孢子囊含2个子孢子；等孢属的卵囊内含2个孢子囊，每个孢子囊含4个子孢子；泰泽属的乱囊内无孢子囊，每个孢子囊含4个子孢子。在孢子生殖过程中，有些球虫可形成残体。残体的有无及其在孢子囊内或外的位置，具有种的鉴别意义。

发育史：宿主吞食孢子化卵囊而感染，子孢子在消化液的作用下逸出卵囊，多数种的子孢子侵入特定肠段的上皮细胞内进行裂殖生殖。只有少数种类是侵入肝胆管上皮细胞或肾脏上皮细胞。经数代无性繁殖后，一部分裂殖子转化为小配子体，再分裂生成许多小配子（雄性），具两根鞭毛，能运动；另一部分则转化为大配子（雌性）。大小配子结合为合子，形成卵囊。卵囊随宿主粪便排至外界，在适宜的条件下，经数小时或数日发育为孢子化卵囊，也即感染性卵囊。外界中的孢子化卵囊若被宿主吞食，又重复上述发育。球虫的裂殖生殖和配子生殖在宿主体内进行，称为内生性发育，而孢子生殖在外界环境中进行，称为外生性发育。

病因　球虫在上皮细胞内大量增殖时，以致上皮细胞崩解，组织发生炎症，宿主的消化、吸收机能发生障碍，且因肠壁血管破裂，大量体液和血液流入肠管，导致消瘦、贫血和下痢。崩解的上皮细胞能产生有毒物质，引起自体中毒，临床上出现精神不振、足或翅轻瘫和昏迷等现象。因肠壁受损，易继发细菌感染。

（一）鸡球虫病

病原种类很多，目前世界公认的有 8 种，其中危害最大的有柔嫩艾美尔球虫（*Eimeria tenella*）、毒害艾美尔球虫（*E.necatrix*）二种，分别寄生于盲肠和小肠中段。

流行病学

1. 感染来源和感染途径：病鸡、耐过鸡和带虫鸡均为感染来源。耐过鸡长期带虫，可持续排出卵囊达 7 个月之久。球虫卵囊通过污染饮水和饲料经消化道感染鸡。猫、犬、鼠、鸟和昆虫，以及饲养员和其饲养工具均可机械性地传播本病。

2. 球虫的繁殖和抵抗力：鸡感染一个孢子化卵囊，7d 后可排出上百万个卵囊。潮湿温暖的场所，最有利于卵囊发育，在阴湿的土壤中，卵囊可存活 15~18 个月。一般消毒药无效。但卵囊对高温和干燥较敏感，当相对湿度为 21%~31%，气温在 18~40℃时，经 1~5d 死亡。

3. 年龄特点：本病多发生于 15~50 日龄雏鸡，其次为 2~3 个月龄幼鸡，前者多由柔嫩艾美尔球虫引起的，后者多由毒害艾美尔球虫所引起。成年鸡多为带虫者。

4. 流行季节和诱因：北方多见于 4—9 月，7—8 月为高峰期，南方各地及北方的密闭式现代化鸡场，一年四季均可发生，但以温暖、潮湿的季节多发。鸡舍潮湿、拥挤、通风不良、饲料品质差，以及缺乏维生素 A 和维生素 K 均能促进本病的发生和流行。

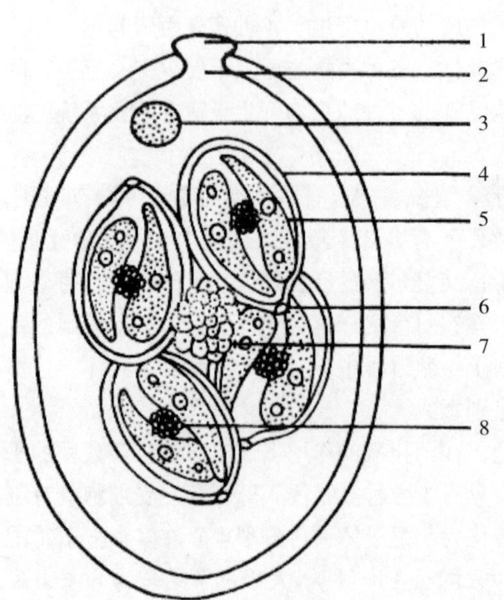

图 7.9　球虫孢子化卵囊构造模示图

1. 极帽　2. 微孔　3. 极粒　4. 孢子囊　5. 子孢子　6. 斯氏体　7. 外残体　8. 内残体

病状　急性型多见于 50 日龄以内的雏鸡。精神委顿、羽毛蓬松、缩头闭眼、离群独立；食欲减退，渴欲增强，嗉囊积液，污肛，粪便稀软带血，后为血便；迅速消瘦、贫血、鸡冠苍白，运动失调，翅膀轻瘫、喜卧。病末期患鸡昏迷或强直痉挛，多数死亡，死亡率可达 50%~80%，耐过鸡发育受阻。

慢性型多见于 2 月龄以上的幼鸡。症状较轻，病程可达数周至数月，表现为间歇性下痢，嗉囊积液，逐渐消瘦，足、翅常发生轻瘫，产蛋减少，肉鸡生长缓慢，死亡率低。

诊断　根据发病年龄、病状、病理变化

和寄生虫学检查确诊。

病理变化特点为出血性肠炎。急性病例多见盲肠充血肿大，黏膜出血，外观呈棕红色，如腊肠犬，其内容物为血凝块与脱落上皮的干硬栓塞物。慢性病例多见小肠黏膜有出血点，以及灰白色粟粒状结节。取病变黏膜涂片镜检，可发现卵囊、或裂殖和裂殖子。粪便检查用漂浮法检查，发现卵囊后可确诊。

防治　球虫易产生抗药性，治疗时应选用多种高效抗球虫进行交替使用后联合用药。氯苯胍按 30~33mg/kg 混入饲料，连续应用，肉鸡在宰前 5~7d 停止用药；硝苯酰胺按 250 mg/kg 混入饲料，连用 3~5d。预防量减半，可连续应用；敌菌净磺胺合剂按 200mg/kg 混入饲料，可连续应用。敌菌净与磺胺药的比例为 1∶5；呋喃唑酮按 50mg/kg 混入饲料，连用 7~10d。预防时与其他抗球虫药交替使用；氯羟吡啶（克球多，可爱丹）：按 250mg/kg 混入饲料，连续应用。预防量减半；莫能菌素按 125mg/kg 混入饲料，连续应用；常山酮按 4mg/kg 混入饲料，连续应用；氨丙啉按 125mg/kg 混入饲料，可连用 30d；盐霉素按 70mg/kg 混入饲料投喂。预防从 15 日龄开始，连续投药 30~45d；拉沙里菌素（Lasolocid）按 125mg/kg 混入饲料，宰前 5d 停药。

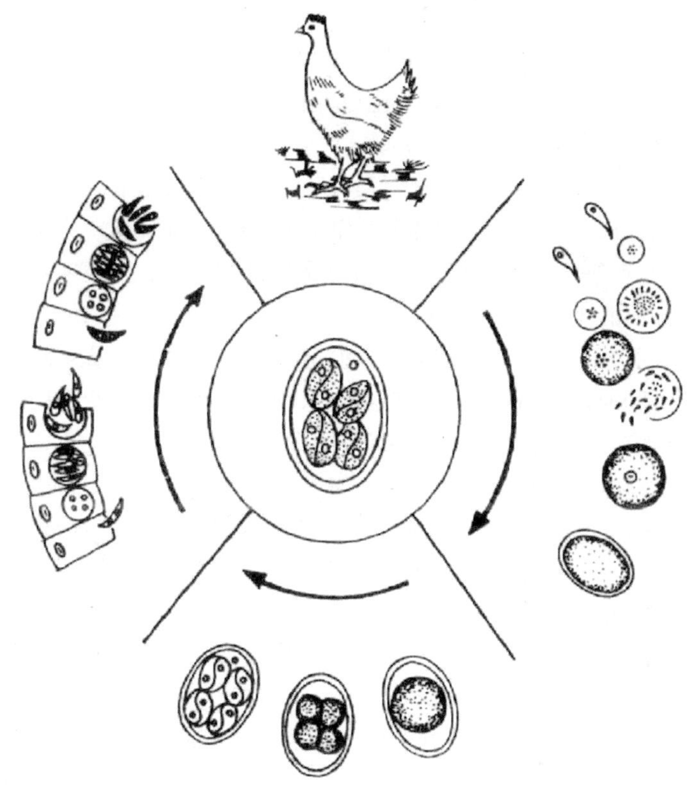

图 7.10　球虫发育史

此外，国外介绍三氮烯三酮（饮水浓度为 25mg/l）和国内报道蒽环类抗生素疗效亦佳。

预防　应采用综合性措施，方可获效。

1. 加强饲养管理：大、小鸡应分群饲养，合理调整饲养密度，注意补充蛋白质和维生素（尤其是维生素 A、维生素 K），发现病鸡应及时隔离治疗，病减少饲料中的麸皮和钙的含量。

2. 搞好鸡舍卫生：每天应及时消除鸡粪并作发酵处理，保持舍内通风干燥，定期用火焰和热碱水杀死环境中的卵囊，使用各种工具均应经常清洗，定期消毒。

3. 加强卫生防疫管理：凡进入鸡场的车辆和工作人员要严格控制，进出时要严格消毒，病死鸡要深埋或烧毁，禁止猫、犬等动物入肠。

4. 免疫接种和药物预防：可在 4~14 日龄用活虫苗供雏鸡饮水免疫，若在 18 周龄之前迁移的雏鸡应再免疫一次，也可用弱毒虫苗免疫。大型鸡场应常年用抗球虫药预防，中小型鸡场也应根据饲养条件和发病季节做好药物预防工作。

（二）兔球虫病

本病是家兔的一种长发病，尤以 3 月龄内的幼虫多发，死亡率很高。病兔通常是数种球虫的混合感染。兔球虫的种类有十几种，危害最大的是斯氏艾美尔球虫（*E.stiedae*），寄生于胆管上皮细胞内，其次是大型艾美尔球虫（*E.magna*）、梨形艾美尔球虫（*E.piriformis*）、肠艾美尔球虫（*E.intestinalis*）和黄色艾美尔球虫（*E.flavescens*），均寄生于肠上皮细胞内。

流行病学 与鸡球虫病相似。主要发生于幼兔。温暖潮湿的季节多发。晴雨交替、饲料骤变或单一可促进本病暴发。鼠和苍蝇等昆虫可机械性地散播本病。卵囊的抵抗力很强。家兔的混合感染很普遍。成年兔多为带虫者。

病状　病兔食欲减退或废绝，精神沉郁，消瘦和贫血明显，有时见鼻炎和结膜炎，唾液分泌增多，下痢，排尿频繁或常作排尿状；肝受损伤时，肝区确诊有痛感，可视黏膜黄染，腹围增大。病末期出现神经症状，发生四肢痉挛和麻痹。最后因极度衰竭死亡。病程 10d 至数周。病愈兔长期消瘦、生长发育不良。

诊断　根据流行病学、病状和寄生虫学检查确诊。生前用漂浮法做粪检，发现卵囊确诊。死后剖检可见肝肿大，表面和实质有白色或淡黄色的结节性病灶；肠黏膜出血，有卡他性炎症和灰白色结节。去结节压片，镜检，可发现兔球虫各发育期的虫体。

治疗　治疗药物同鸡球虫病。常用药物有磺胺二甲基嘧啶，按兔大小，每次口服 0.1~0.5g，连用 4~5d，也可拌料饲喂；氯苯胍胺按 40mg/kg 、敌菌净磺胺合剂按 200 mg/kg 混入饲料，连用一周；磺胺喹恶啉，按 500mg/kg 溶于水，连续饮用 5d，停 3d，再重复一次；莫能菌素按 40~50mg/kg 混入饲料，可连续应用。

预防　可参照鸡球虫病。仔兔断奶后，即应与母兔分笼饲养，兔舍应保持良好的通风条件和干燥、卫生环境。兔笼和饲槽等舍内用具应每周用热碱水或火焰消毒一次。勤换垫草。防止饲料单一或突然改变饲料，注意补充蛋白质和维生素。发病季节应用药物进行预防。

（三）牛球虫病

牛球虫的种类有十余种之多，多数是艾美尔属球虫，少数为等孢属球虫，均寄生于牛的肠上皮细胞内。致病最强的是邱氏艾美尔球虫（*E.zuerni*）和牛艾美尔球虫（*E.bovis*）。

流行病学：牛球虫病主要发生于 1~4 月龄的犊牛，其次是 1~2 岁的幼牛。发病季节南方多见于4~9月，北方多见于6~9月。饲料突然改变或因遭其他肠道寄生虫感染等因素使机体抵抗力下降时，易诱发本病。多雨年份以及常在低洼、沼泽地带放牧的牛群容易发病流行。舍饲时的牛群密度也影响本病的发生。

病状　急性型多见于犊牛，病初精神沉郁，被粗毛乱，体温正常或略有升高，粪稀薄带血液，约一周后症状加剧，体温升高40~41℃，瘤胃蠕动和反刍停止，肠蠕动增强，带血的稀粪中混有纤维素性假膜，恶臭。后期出现血便，体温下降，病牛多因极度衰竭贫血死亡。病程10~15d，少数在发病后1~2d内死亡。

慢性型表现为下痢、贫血和消瘦。病程长。

诊断　根据流行病学、病状和粪便寄生虫学检查，发现卵囊确诊。

剖检病牛可见肠系膜淋巴结肿大，肠壁黏膜（主要在大肠）呈出血性炎症变化，黏膜表面覆盖一层凝乳样薄膜。肠内容肠呈褐色、恶臭、含血液、黏膜碎片和纤维素性假膜。检查肠黏膜刮取和肠内容物，可发现卵囊。

防治　治疗药物常用硝苯酰胺，25~50mg/kg，连用5~7d；氨丙啉，20~75mg/kg，连用4~5d（预防量为5mg/kg，连用3周）；氯苯胍，30~40mg/kg，连续应用；磺胺二甲氧嘧啶，50mg/kg，连用1~3周（首次药量加倍）。

预防措施应重视牛舌卫生和大小牛分群饲养。有条件的牛场，犊牛应单独饲养，尤其是奶犊牛。在流行地区，由舍饲转为放牧或合群饲养后第6d即应用药物预防，连续用药12d以上，磺胺二甲氧嘧啶的预防期约为2~3周。牛舌要勤换垫草，保持舍内清洁干燥，饲料和饮水应卫生。发现病牛及时隔离治疗。

（四）羊球虫病

病原体种类较多，均寄生于绵羊或山羊的肠道上皮细胞引起急性或慢性肠炎。致病力最强的是雅氏艾美尔球虫（*E.ninakohlyakimovae*），其次是浮氏艾美尔球虫（*E.faurei*）错乱艾美尔球虫（*E.jntricata*）和阿氏艾美尔球虫（*E.arloing*）等。

流行病学：本病主要危害绵羊羔和山羊羔，发病重、死亡率高。成年羊多为带虫者。发病多在春、夏、秋三季，冬季很少发生。骤然更换饲料、羊圈潮湿或在低洼地上放牧均易感染。

病状　人工感染的潜伏期为11~17d。急性型多见1岁以下的羔羊，精神委顿，食欲减退或消失，渴欲增加，腹泻、粪中含血液和脱落的上皮，恶臭，迅速消瘦、贫血，有时见病羊肚胀、脱毛、眼、鼻黏膜有卡他性炎症。最终因衰竭死亡。疗程2~7d。慢性型表现为长期下痢、贫血、消瘦、发育受阻。

诊断和防治　与牛球虫病相同。

二、牛贝诺包子病

牛贝诺孢子病是由贝诺孢子虫属的原虫寄生于牛和羚羊所引起的疾病。

病原体　病原为贝氏贝诺孢子虫（*Besnoitia besnoiti*）其包囊呈圆形，灰白色，直径为0.1~0.5mm，囊壁二层，外层厚，内层薄，囊内无分割，含许多缓殖子。缓殖子呈新月状，大小为（6.7~10.4）μm×（1.5~3.7）μm。急性病例的血液和肺等组织中还可见速殖子，也呈新月状，大小为（4.5~7.5）μm×（1.5~3.5）μm。卵囊结构特征与等孢属相同。

发育史：与弓形虫相似。猫为终末宿主，牛和羚羊为中间宿主。卵囊随猫粪排至外界，进行孢子化发育。中间宿主因吞食孢子化卵囊而感染，子孢子在其消化道逸出，随血液侵入血管内皮细胞、筋膜和呼吸道黏膜上皮内进行内出芽生殖，经数代无性繁殖后，速殖子在宿主的皮下、结缔组织、浆膜和呼吸道黏膜形成包囊。猫吞食包囊而感染，贝诺孢子虫在猫体内营裂殖生殖和配子生殖。本病主要流行我国东北和内蒙古。

症状　病牛初期体温升高40℃以上，畏光，常躲于阴暗处，被猫粗乱，从阴囊和后肢内侧皮肤蔓延到全身，皮肤增厚，起褶、脱毛和皮屑增多，关节屈曲处皮肤龟裂，流出浆液性含血的渗出物，步履维艰，体表淋巴结肿大，角膜混浊，巩膜有针尖大的白色结节，鼻黏膜出血肿胀。后期消瘦，可引起死亡。种公牛可发生睾丸炎，孕牛易流产，乳牛泌乳量下降。

诊断　根据病状和活组织检查确诊。轻型病例可检查巩膜有无白色针尖结节，发现结节可剪下压片，镜检可见包囊。重者可取皮肤表面的乳突状结节压片镜检，发现包囊。诊断时应注意与螨病区别。

防治　目前，尚无特效疗法。预防应限制养牛单位和个人养猫，禁止用未经高温处理的病牛尸体及屠宰牛的废弃物喂猫。

三、禽住白细胞虫病

禽住白细胞虫病是由住白细胞属的原虫寄生于禽类动物所引起的疾病。

病原体　我国常见的住白细胞虫有两种。

沙氏住白虫（*Leucocytozoom sabrazesi*）：寄生于鸡。其配子体见于白细胞内，呈长圆形，大配子体为22μm×6.5μm，核较小，胞质着色深；小配子体为20μm×6μm，核较大，胞质着色浅。宿主细胞呈纺锤形，胞核呈狭长带状，围绕于虫体一侧。

卡氏住白虫（*L.caulleryi*）：寄生于鸡。其配子体可见于白细胞和红细胞内，呈近圆形，大配子体为12μm×14μm，小配子体为10μm×12μm，配子体几乎占居了整个宿主细胞。宿主细胞膨大为圆形，胞核成狭带状围绕虫一侧，或消失。

发育史：住白细胞虫的终末宿主是吸血昆虫。当吸血昆虫在病禽体上吸血时，将含有配子体的血细胞吸进胃内，虫体在其体内进行配子生殖和孢子生殖，产生许多子孢子，然后子孢子移行到唾液腺。当吸血昆虫再次到禽体上吸血时，将子孢子注入禽体内，子孢子先侵入肝细胞进行裂殖生殖，产生的裂殖子随血液或淋巴液侵入到全身各种器官的组织细胞再进行裂殖生殖，经数代裂殖增殖后，裂殖子侵入白细胞，尤其是单核细胞，发育为大、小配子体。但卡氏住白细胞在到达肝脏之前有一段在血管内皮细胞内裂殖增殖的过程；也可在红细胞内形成配子体，这是它的发育特点。

流行病学：住白细胞虫病的发生季节和地理分布与其传播媒介的活动和分布有密切关系。一般发生于4~10月。沙氏住白细胞虫的传播媒介是斑蚋，多发生于南方省区；卡氏住白细胞虫的传播媒介是库蠓，多发生于中部省区。

本病主要危害幼雏，发病率和死亡率都很高，中雏发病率低，成年鸡多为带虫者。

病状 1月龄内的雏鸡发病严重，表现为发热、厌食、精神沉郁、流涎、贫血、鸡冠和肉髯苍白、下痢、粪便呈绿色，双足轻瘫。病程一般约数日，严重者死亡。中雏和成年鸡感染后，症状轻微，表现贫血，排绿色粪便，生长缓慢，产蛋量下降或停止，偶有死亡。卡氏住白细胞虫引起的病鸡还见咯血和皮下出血。

诊断 根据流行病学、病状和血液寄生虫学检查确诊。取病禽的血液涂片，姬姆萨液染色后镜检，发现配子体确证。

剖检见肝、脾肿大明显，有出血点，肠黏膜有时可见溃疡，其他各器官和组织有出血点和出血斑。卡氏住白细胞虫病病例见其皮下组织有广泛性的出血点，为其典型特征之一。

防治 治疗药物有乙胺嘧啶（1mg/kg）、磺胺二甲氧嘧啶（10mg/kg）、克球多（125mg/kg），混入饲料投喂。

预防 主要应防止家禽与昆虫媒介接触，在蚋和蠓活动时期，每隔6~7d，在鸡舍内外用敌敌畏或蝇毒磷乳喷洒，以减少吸血昆虫的侵袭，同时对鸡群进行药物预防。鸡场场址选择应注意远离水源，远离一切适应蚋、蠓生存的地方。流行严重的种鸡场可改为秋孵育种，是幼雏避开蚋和蠓活动的高峰期。

第四十二章　纤毛虫病

纤毛虫病是纤毛门的某些原虫寄生于动物和人的体内所引起的一类疾病。

第一节　纤毛虫通性

纤毛虫是纤毛门所有原虫的通称，这类原虫的共同特征是至少在发育史某阶段虫体表面被有纤毛。即使在没有纤毛的阶段也还有表膜下纤毛结构。多数种类的胞核分化为大核和小核，体内有专门摄食和排泄的细胞器，即胞口、胞咽和胞肛。在原生动物亚界中是一类分化程度最高的原虫。纤毛虫以纤毛运动，通过胞口摄食食物，体内废弃物则由胞肛排出，多数营自由生活，少数营寄生生活，共生现象很普遍。无性生殖为横二分裂，有性生殖为接合生殖。

目前，已知与兽医有关的纤毛虫只有一种，隶属动基裂纲、毛口目、小袋科、小袋属结肠小袋虫（*Balantidium coli*）。

第二节　人畜共患纤毛虫病

结肠小袋虫病　结肠小袋虫病是由小袋属的结肠小袋虫寄生于哺乳动物和人的大肠引起的疾病。主要感染猪和人，其次是灵长目动物和反刍动物，其他哺乳动物也可感染。

病原体和发育史　结肠小袋虫有滋养体和包囊两种形态。滋养体呈椭圆形，大小为（30~200）μm×（20~150）μm。虫体前端有胞口，后接漏斗状胞咽，后端有胞肛。体表被有许多均一的纤毛。虫体中央有一肾形大核，其凹陷处有一小核。包囊呈圆形或卵圆形，囊壁厚，囊内有一团原生质，内含胞核。伸缩泡和食物泡。

动物和人因吞食包囊而感染，包囊内的虫体在肠腔中受消化液的影响脱囊而出，转变为滋养体，进入大肠以肠内容物为食，并以横二分裂增殖。当宿主抵抗力下降或其他因素的影响时，滋养体侵入肠细胞内生长繁殖，繁殖到一定时期，滋养体形成包囊，随粪便排出体外。滋养体随粪便排到外界也能形成包囊。包囊期基本上时结肠小袋纤毛虫生活史中的休眠期，包囊内的虫体不进行繁殖。

病状　本病多见于仔猪，严重感染时，发病明显，主要表现为腹泻，粪便内混有黏液和血液，恶臭。人的感染表现为顽固性下痢。

诊断　根据流行病学、病状和粪便作压滴标本或用沉淀法检查，阳性粪便可发现游动的滋养体，有时也可见包囊。死后剖检主要四结肠和直肠发生溃疡性肠炎。去刮取检查可发现滋养体和包囊。

防治　可用1 000mg/kg甲醛溶液200~500ml，加热至体温后灌肠；口服土霉素、黄连素、灭滴灵等药物有一定的疗效。

预防　应注意搞好禽舍卫生和消毒，防止粪便污染饮水和饲料。发现病畜要及时隔离治疗，并对周围环境进行彻底清扫和消毒。对各种易感动物要适时用药物预防，尤其是仔猪。饲养员要注意个人卫生，防止感染，杜绝人——猪传播。

参考文献

蔡宝祥等主编 . 1993. 动物传染病诊断学［M］. 南京 . 江苏科技出版社 .

蔡宝祥主编 . 2000. 家畜传染病学 . 第 4 版［M］. 北京：中农业出版社 .

陈溥言主编 . 2006. 兽医传染病学 . 第 5 版［M］. 北京：中国农业出版社 .

陈文彬主编. 2001. 诊断学（第五版）[M]. 北京：人民卫生出版社 .

丁明星主编 . 2009. 兽医外科学［M］. 北京：科学出版社 .

费恩阁主编 . 1995. 家畜传染病学［M］. 长春：吉林科学技术出版社 .

侯加法主编 . 2002. 小动物疾病学［M］. 北京：中国农业出版社 .

李国清主编 . 2006. 兽医寄生虫学［M］. 北京：中国农业出版社 .

林德贵主编 . 2004. 兽医外科手术学 . 第 4 版［M］. 北京：中国农业出版社 .

刘秀梵主编 . 2000. 兽医流行病学 . 第 2 版［M］. 北京：中国农业出版社 .

汪明主编 . 2003. 兽医寄生虫学［M］. 北京：中国农业出版社 .

王洪斌主编 . 2002. 家畜外科学 . 第 4 版［M］. 北京：中国农业出版社 .

王建华主编 . 2002. 家畜内科学（第 3 版）[M]. 北京：中国农业出版社 .

王俊东，刘宗平主编 . 2004. 兽医临床诊断学［M］. 北京：中国农业出版社 .

王民桢主编 . 1994. 兽医临床鉴别诊断学［M]. 北京：中国农业出版社 .

王书林主编 . 2001. 兽医临床诊断学 . 第 3 版［M］. 北京：中国农业出版社 .

王小龙主编 . 2004. 兽医内科学［M］. 北京：中国农业大学出版社 .

王小龙主编. 2001. 兽医临床病理学［M］. 北京：中国农业出版社 .

王宗元，史德洁，王金法等主编 . 1997. 动物营养代谢病和中毒病［M］. 北京：中国农业出版社 .

吴清民等主编 . 2002. 兽医传染病学［M］. 北京：中国农业大学出版社 .

熊云龙，王哲主编 . 1995. 动物营养代谢病［M]. 长春：吉林科学技术出版社 .

杨光友主编 . 2005. 动物寄生虫病学［M］. 成都：四川科学技术出版社 .

殷震等主编 . 1997. 动物病毒学 . 第 2 版［M］. 北京：科学出版社 .

赵辉元 . 1998. 人兽共患寄生虫病学［M］. 长春 . 东北朝鲜民族教育出版社 .

B.E. 斯特劳，S.D. 阿莱尔，W.L. 蒙加林等主编 . 2000. 猪病学 . 第 8 版 . 北京：中国农业大学出版社 .

第四十一章 孢子虫病

[illegible]

第一节 孢子虫病

一、概述

[illegible]

二、生物学特性

[illegible]

三、分类

与畜禽有关的孢子虫主要属于球虫目中的四个科。

1. [illegible]

2. [illegible]

3. [illegible]

4. 隐孢子科（Cryptosporidiidae）[illegible]